U0186470

5G NR and Enhancements

From R15 to R17

5G技术核心与增强

从R15到R17

（下册）

OPPO研究院　组编

沈嘉　杜忠达　张治　石聪　杨宁　唐海　编著

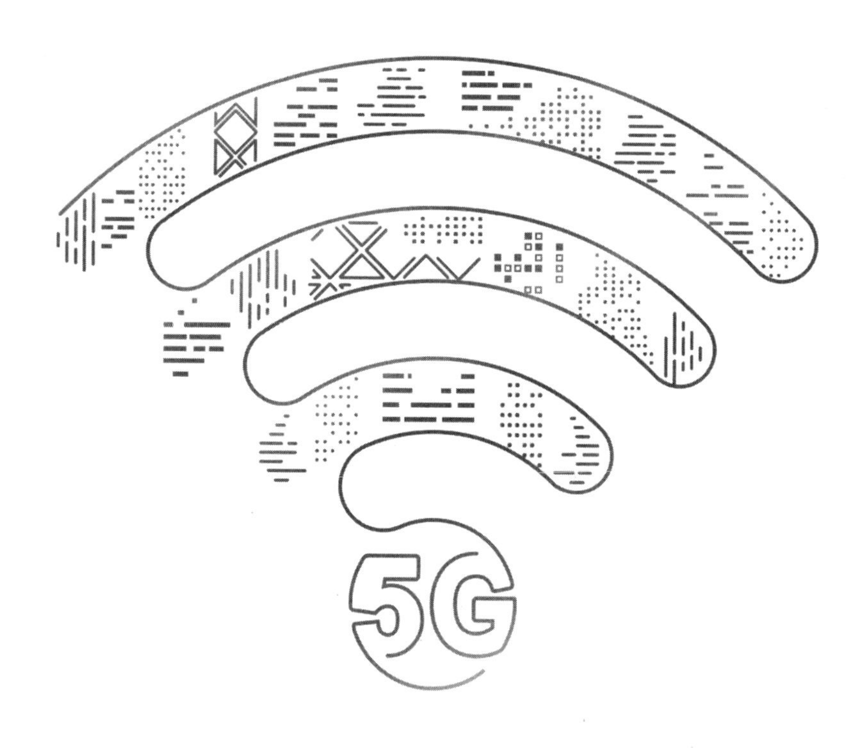

清華大學出版社

北京

内 容 简 介

本书是 OPPO 研究院的 5G 技术专家和国际标准化代表共同编著的一本 5G 技术的书籍。本书不仅介绍了 5G NR 标准的基础版本——R15，也介绍了包含 URLLC、非授权频谱通信、非地面网络、定位技术、广播多播等 5G 增强技术标准版本——R16 和 R17。本书的特色是深入地介绍了从无到有、由粗到细的 5G 技术方案遴选和标准形成的过程，不仅可以作为从事 5G 研发人员的工具书，也可以作为高校、企业中要投身 5G-Advanced 及 6G 研究的学生和研究人员的参考书。

图书在版编目 (CIP) 数据

5G 技术核心与增强：从 R15 到 R17 / OPPO 研究院组编；沈嘉等编著 . —北京：清华大学出版社，2023.11

（新时代 • 技术新未来）

ISBN 978-7-302-64437-8

Ⅰ . ① 5…　Ⅱ . ① O… ②沈…　Ⅲ . ①第五代移动通信系统—研究　Ⅳ . ① TN929.538

中国国家版本馆 CIP 数据核字 (2023) 第 153990 号

责任编辑：刘　洋
封面设计：徐　超
版式设计：方加青
责任校对：王荣静
责任印制：丛怀宇

出版发行：清华大学出版社
网　　址：https://www.tup.com.cn，https://www.wqxuetang.com
地　　址：北京清华大学学研大厦 A 座　　**邮　　编：**100084
社 总 机：010-83470000　　**邮　　购：**010-62786544
投稿与读者服务：010-62776969，c-service@tup.tsinghua.edu.cn
质 量 反 馈：010-62772015，zhiliang@tup.tsinghua.edu.cn
印 装 者：大厂回族自治县彩虹印刷有限公司
经　　销：全国新华书店
开　　本：185mm×260mm　　**印　　张：**52.25　　**字　　数：**1326 千字
版　　次：2023 年 12 月第 1 版　　**印　　次：**2023 年 12 月第 1 次印刷
定　　价：298.00 元（全二册）

产品编号：096069-01

目 录

第 10 章 用户面协议设计

石聪 尤心 林雪

第 11 章 控制面协议设计

杜忠达 王淑坤 李海涛 尤心 时咏晟

第 12 章 网络切片

杨皓睿 许阳 付喆

第 13 章　QoS 控制

郭雅莉　郭伯仁

第 14 章　5G 语音

许阳　陈景然

第 15 章　超高可靠低时延通信（URLLC）

徐婧　林亚男　梁彬　张文峰　张轶　沈嘉

第 16 章　超高可靠低时延通信（URLLC）——高层协议　付喆　刘洋　卢前溪

第 17 章　非地面网络（NTN）通信　李海涛　林浩　胡奕　赵楠德　吴作敏　于新磊

第 18 章 5G 非授权频谱通信

林浩 吴作敏 贺传峰 石聪

第 19 章 NR 定位技术

史志华 郭力 尤心 刘洋 张晋瑜 刘哲

第 20 章　5G 多播广播业务

马腾　王淑坤　卢飞

第 21 章　5G 多卡通信

范江胜　许阳　杨皓睿

第 22 章　5G 小数据传输

林雪　尤心

第 23 章　R17 与 B5G/6G 展望

杜忠达　沈嘉　肖寒

缩略语

第 10 章

用户面协议设计

石聪　尤心　林雪

10.1　用户面协议概述

用户面是指传输 UE 数据的协议栈及相关流程，与之对应的是控制面，控制面是指传输控制信令的协议栈及相关流程。关于控制面协议的介绍可以参考第 11 章的介绍，本章主要介绍用户面协议及相关流程，用户面协议栈如图 10-1 所示[1]。

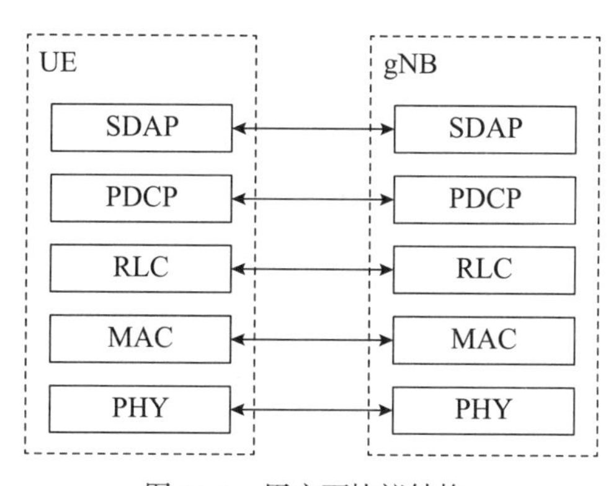

图 10-1　用户面协议结构

5G NR 用户面相对于 LTE 用户面增加了一个新的协议层——SDAP（Service Data Adaptation Protocol，业务数据适配协议）层，SDAP 层往下的协议栈延续了 LTE 结构。对于 NR 协议栈层 2 协议（即 PHY 以上的协议层）的主要特点归纳如下。

- SDAP 层：负责 QoS（Quality of Service，服务质量）流和 DRB（Data Radio Bearer，数据无线承载）之间的映射。
- PDCP（Packet Data Convergence Protocol，分组数据汇聚协议）层：负责加解密、完整性保护、头压缩、序列号的维护、重排序及按序递交等。相对于 LTE，NR PDCP 可以基于网络配置支持非按序递交功能。另外，为了提高数据包的传输可靠性，NR PDCP 还支持复制数据传输等功能，第 16 章会对该功能进行详细介绍。
- RLC（Radio Link Control，无线链路控制）层：负责 RLC SDU（Service Data Unit，业务数据单元）数据包切割、重组、错误检测等。相对于 LTE，NR RLC 去掉了数据包级联功能。

- MAC（Medium Access Control，媒体接入控制）层：负责逻辑信道和传输信道之间的映射、复用及解复用、上下行调度相关流程、随机接入流程等，相对于 LTE，NR MAC 引入了一些新的特性，如 BWP 的激活 / 去激活流程、波束失败恢复流程等。

从用户面处理数据的流程（以发送端的处理为例）来看，用户面数据首先通过 QoS 流的方式到达 SDAP 层，对于 QoS 流的描述具体可以参考第 13 章。SDAP 层负责将不同 QoS 流的数据映射到不同的 DRB，并且根据网络配置给数据加上 QoS 流的标识，生成 SDAP PDU（Packet Data Unit，数据包单元）递交到 PDCP 层。PDCP 层将 SDAP PDU（也就是 PDCP SDU）进行相关的处理，包括包头压缩、加密、完整性保护等，并生成 PDCP PDU 递交到 RLC 层。RLC 层根据配置的 RLC 模式进行 RLC SDU 的处理，如 RLC SDU 的切割以及重传管理等，相对于 LTE，NR RLC 去掉了级联功能，但是保留了 RLC SDU 的切割功能。MAC 层负责将逻辑信道的数据复用成一个 MAC PDU（也称为传输块），这个 MAC PDU 可以包括多个 RLC SDU 或 RLC SDU 的切割段，这些 RLC SDU 可以来自不同的逻辑信道，也可以来自同一个逻辑信道。一个典型的层 2 数据流如图 10-2 所示[1]。从图 10-2 中可以看出，对于某一个协议层，其从上层收到的数据称为 SDU，经过该协议层处理之后添加对应的协议层包头所产生的数据称为 PDU。MAC PDU 可以包含一个或者多个 SDU，一个 MAC SDU 可以对应一个完整的 RLC SDU，也可以对应一个 RLC SDU 的切割段。

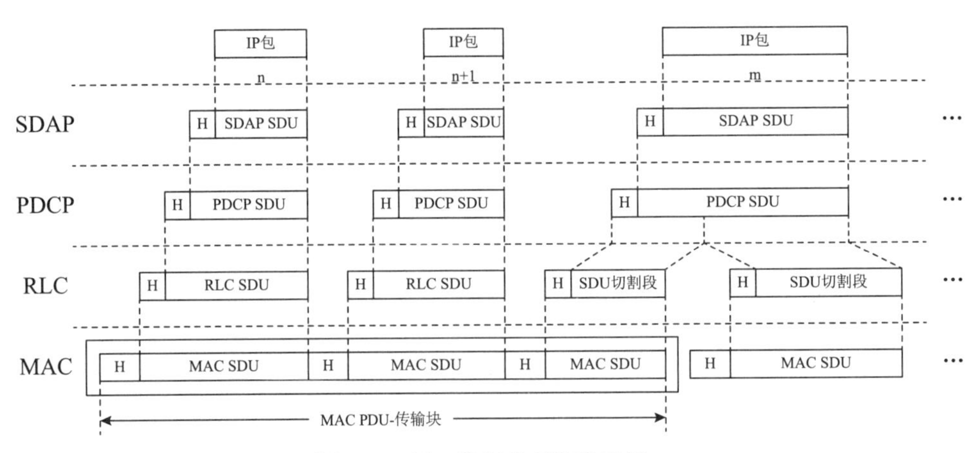

图 10-2　层 2 数据处理流程示例

从用户面支持的主要功能来看，5G NR 用户面的功能在设计之初就考虑了支持更多不同 QoS 类型的应用，如 URLLC 业务和 eMBB 业务，同时也考虑了支持不同的数据速率、可靠性以及时延要求[2]。具体来讲，为了更好地支持多种 QoS 类型的应用、更高的可靠性以及更低的时延要求，5G NR 的用户面主要在如下一些方面做了增强。

- MAC 层功能的增强[3]：MAC 层增强了一些 LTE 已有的流程，如对于上行调度流程，引入了基于逻辑信道的 SR（Scheduling Request，调度请求）配置，这样 UE 可以根据不同的业务类型触发对应的 SR，从而使得网络能够在第一时间调度合适的上行资源。上行配置资源引入了 RRC 预配置即激活的配置资源（Configured Grant，CG），即所谓的第一类型配置资源（CG Type1），使得终端可以更快速地使用该资源传输数据。基于逻辑信道优先级（Logical Channel Prioritization，LCP）的 MAC PDU 组包流程也会根据收到的物理层资源特性选择配置的逻辑信道，从而更好地满足该数据的 QoS 要求。最后，MAC PDU 的格式也有所增强，采用交织的格式有利于传输和接收端的快速处理。

- PDCP 层和 RLC 层功能的增强[4-5]：大部分的 NR PDCP 和 RLC 功能继承了 LTE。一方面，为了能够更快地处理数据，RLC 层去掉了级联功能而只保留数据包分段功能，这样的目的是实现数据包的预处理，也就是使得终端在没有收到物理层资源指示时就能把数据提前准备好，这是 NR RLC 相对于 LTE 的一个主要增强点。RLC 的重排序及按序递交功能统一放在了 PDCP 层，由网络配置，可以支持 PDCP 层的数据包非按序递交，这样也有利于数据包的快速处理。另外，为了提高数据包传输的可靠性，PDCP 引入复制数据传输功能，这部分内容会在第 16 章描述。
- 在 NR 后续协议演进增强中，为了支持更低的时延，引入了两步 RACH（Random Access Channel，随机接入信道）流程，这一部分也会在本章进行介绍。另外，在移动性增强中，引入了基于双激活协议栈（Dual Active Protocol Stack，DAPS）的增强移动性流程，这个流程对 PDCP 的影响也会在本章介绍。

下面几节，我们按照由上往下的顺序从各个协议层的角度介绍几个 NR 相对于 LTE 增强的用户面功能。

10.2　SDAP 层

首先，SDAP 是 NR 用户面新增的协议层[6]。NR 核心网引入了更精细的基于 QoS 流的用户面数据处理机制，从空口来看，数据是基于 DRB 来承载的，此时就需要将不同的 QoS 流的数据按照网络配置的规则映射到不同的 DRB 上。引入 SDAP 层的主要目的就是完成 QoS 流与 DRB 之间的映射，一个或多个 QoS 流的数据可以映射到同一个 DRB 上，同一个 QoS 流的数据不能映射到多个 DRB 上，SDAP 层结构如图 10-3[6] 所示。

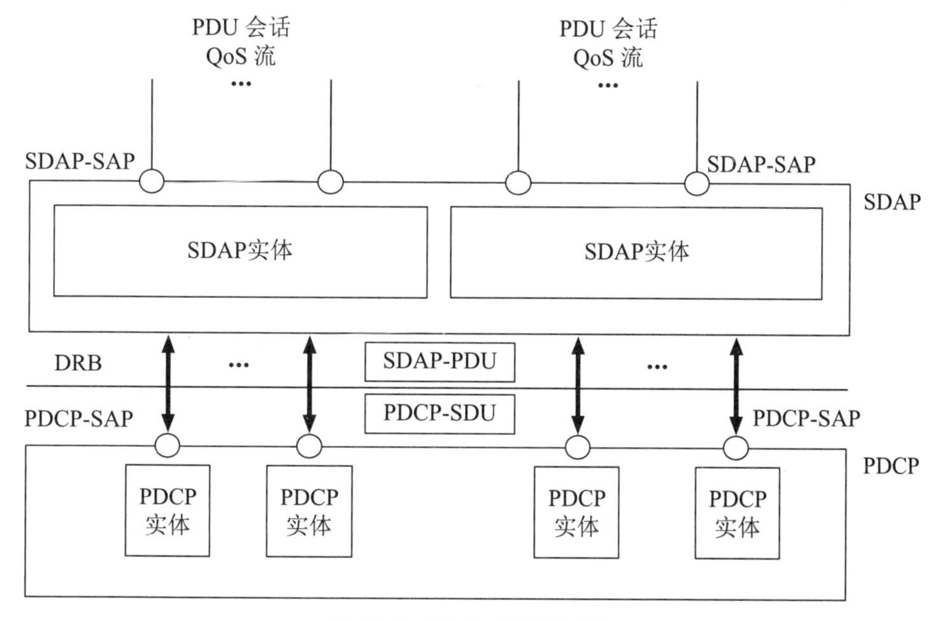

图 10-3　SDAP 协议层结构

从图 10-3 中可以看出，每个 UE 可以支持配置多个 SDAP 实体，每个 SDAP 实体对应一个 PDU 会话。一个 PDU 会话对应一个或者多个 QoS 流的数据，关于 PDU 会话的具体细节见第 13 章。SDAP 层的主要功能包括两方面，一方面是传输用户面数据，另一方面是保证数据的按序递交。

上行数据传输，当 UE 从上层收到了 SDAP SDU 时，UE 会根据存储的 QoS 流与 DRB 之间的映射关系来将不同的 QoS 的数据映射到对应的 DRB 上。如果没有保存这样的映射关系，则会存在一个默认的 DRB 负责承接 QoS 流的数据。确定好映射关系之后，UE 基于网络配置生成 SDAP PDU 并递交底层，在这里，SDAP PDU 可以根据网络侧配置携带 SDAP 包头，也可以不携带 SDAP 包头。

下行数据接收，当 UE 从底层接收到 SDAP PDU，SDAP 层会根据收到该 SDAP PDU 的 DRB 是否配置了 SDAP 包头来进行不同的处理。如果没有配置 SDAP 包头，则可以递交到上层。如果配置了 SDAP 包头，则 SDAP 需要去掉 SDAP 包头之后再将数据递交到上层。在这种情况下，UE 基于数据包头里的信息进行处理，如判断反向映射功能是否激活。这里反射映射指的是 UE 基于接收的下行数据的映射关系确定上行数据的映射关系，也就是说 UE 会判断下行数据包头中的 QoS 流标识，并存储该 QoS 流与 DRB 的映射关系，用于后续的上行传输，从而节省额外配置映射关系的信令开销，关于反向映射的进一步细节可以参考第 13 章的相关描述。

对上行而言，当 QoS 流与 DRB 的映射关系发生变化时，如基于网络配置更新一种 QoS 流与 DRB 的映射关系，或者通过反向映射导致上行的 QoS 流与 DRB 映射关系发生改变时，有可能导致对端 SDAP 层从新的 DRB 收到的数据早于旧的 DRB 数据，由于 SDAP 层没有重排序功能，这样可能会导致数据的乱序递交。为了解决这一问题，SDAP 层支持一种基于 End-Marker 的机制。该机制会使得 UE 侧的 SDAP 层在某个 QoS 流发生重映射时，会通过旧的 DRB 递交一个 End-Marker 的控制 PDU，这样，接收侧的 SDAP 在从旧的 DRB 收到 End-Marker 之前不会将新的 DRB 数据递交到上层，从而保障了 SDAP 层的按序递交。对于下行而言，QoS flow 与 DRB 之间的映射是基于网络实现的，UE 收到 SDAP PDU 后，恢复该 SDAP PDU 至 SDAP SDU 并递交到上层即可。

10.3 PDCP 层

对于上行，PDCP 层主要负责处理从 SDAP 层接收的 PDCP SDU，通过处理生成 PDCP PDU 以后递交到对应的 RLC 层。而对于下行，PDCP 层主要负责接收从 RLC 层递交的 PDCP PDU，经过处理去掉 PDCP 包头以后递交到 SDAP 层。PDCP 和无线承载一一对应，即每一个无线承载（包括 SRB 和 DRB）关联到一个 PDCP 实体。大部分 NR PDCP 层提供的功能与 LTE 类似，主要包括以下几个方面[5]。

- PDCP 发送或接收方序号的维护。
- 头压缩和解压缩。
- 加密和解密，完整性保护。
- 基于定时器的 PDCP SDU 丢弃。
- 对于分裂承载，支持路由功能。
- 复制传输功能。

- 重排序以及按序递交功能。

PDCP 层在数据收发流程上与 LTE 类似，一个改进是，NR PDCP 对于数据收发流程的本地变量维护以及条件比较中采用的是基于绝对计数值 COUNT 的方法，这样可以大大提高协议的可读性 [7]。COUNT 由 SN 和一个超帧号组成，大小固定为 32 bit。需要注意的是，PDCP PDU 的包头部分仍然包含 SN，而不是 COUNT 值，因此不会增加空口传输的开销。

具体而言，对于上行传输，PDCP 传输侧维护一个 TX_NEXT 的本地 COUNT 值，初始设置为 0，每生成一个新的 PDCP PDU，对应的包头中的 SN 设置为与该 TX_NEXT 对应的值，同时将 TX_NEXT 加 1。PDCP 传输侧根据网络配置依次对 PDCP SDU 进行包头压缩，完整性保护及加密操作 [5]。这里需要注意的是，NR PDCP 的包头压缩功能并不适用于 SDAP 的包头。

对于下行接收，PDCP 接收侧根据本地变量的 COUNT 值维护一个接收窗，该接收窗有如下几个本地变量需要维护。

- RX_NEXT：下一个期待收到的 PDCP SDU 对应的 COUNT 值。
- RX_DELIV：下一个期待递交到上行的 PDCP SDU 所对应的 COUNT 值，这个变量确定了接收窗的下边界。
- RX_REORD：触发排序定时器的 PDCP PDU 所对应的 COUNT。

在标准制定过程中，讨论了两种接收窗的机制 [8]，即基于 PULL 窗口的机制和基于 PUSH 窗口的机制。简单来说，PULL 窗口是用本地变量维护一个接收窗的上界，下界则为上界减去窗长。PUSH 窗口是用本地变量维护一个接收窗的下界，上界则为下界加上窗口。这两种窗口机制本质上都能工作，最后由于 PUSH 窗口机制从写协议的角度更简便，因此采用了基于 PUSH 窗口的机制。基于 PUSH 窗口机制，PDCP 接收侧对于接收的 PDCP PDU 有如下处理步骤。

① 将 PDCP PDU 的 SN 映射为 COUNT 值。在映射为 COUNT 值时，需要首先计算出该接收的 PDCP PDU 的超帧号，即 RCVD_HFN。计算出 RCVD_HFN 则得到了接收 PDCP PDU 的 COUNT 值，也就是 [RCVD_HFN，RCVD_SN]。

② PDCP 接收侧根据计算出的 COUNT，来决定是否要丢弃该 PDCP PDU，丢弃 PDCP PDU 的条件如下。

- 该 PDCP PDU 的安全性验证没有通过。
- 该 PDCP PDU 在 PUSH 窗口之外。
- 该 PDCP PDU 是重复接收包。

③ PDCP 接收侧会把没有被丢弃的 PDCP PDU 所对应的 PDCP SDU 保存在缓存中，并在不同的情况下根据接收包的 COUNT 更新本地变量，具体的情况如图 10-4 所示，分为如下几种。

- 当 COUNT 处于情况 1 和情况 4 时，丢弃该 PDCP PDU。
- 当 COUNT 处于情况 2 时，也就是在 PUSH 窗口内，但是小于 RX_NEXT，则可能相应地更新本地 RX_DELIV 值，并将保存的 PDCP SDU 递交到上层。
- 当 COUNT 处于情况 3 时，更新 RX_NEXT 值。

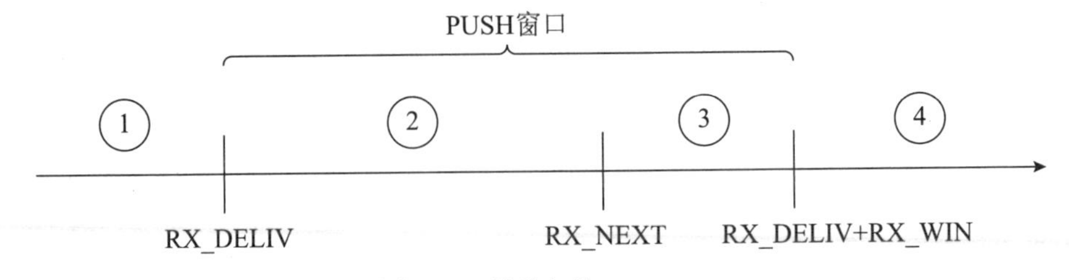

图 10-4 接收包的 COUNT

需要注意的是，网络也可以给 PDCP 层配置非按序递交接收方式。如果网络配置了 PDCP 层以非按序递交方式接收，则 PDCP 接收侧可以直接把生成的 PDCP SDU 递交到上层而不用等待之前是否有未接收到的数据包，这样可以进一步降低时延。

NR PDCP 还支持复制数据传输，简单地说，就是可以基于网络侧的配置和激活指令，将 PDCP PDU 复制成为相同的两份，并递交到不同的 RLC 实体，这部分内容在第 16 章将有详细的描述，这里不再赘述。

另外，在后续标准演进中，基于 DAPS 切换的移动性增强特性也对 PDCP 协议有一定的影响。对 DAPS 切换的具体介绍可以参考第 10 章，这里只介绍 DAPS 切换对于 PDCP 层的影响。具体的，DAPS 切换指的是在切换过程中，UE 向目标小区发起随机接入过程的同时保持与源小区的连接，这个设计对 PDCP 的主要影响在于以下 3 点。

第一，对于配置了 DAPS 的 DRB，该 DRB 对应的 PDCP 实体配置了两套安全功能和对应的密钥，以及两组头压缩协议，其中一套用于与源小区的数据处理，另一套用于目标小区的数据处理。DAPS PDCP 实体会基于待传输的数据是发送至还是接收于源小区或目标小区，来确定要使用的包头压缩协议、安全相关算法以对 PDCP SDU 进行处理。

第二，NR PDCP 引入了 PDCP 重配置流程，具体的，协议规定 PDCP 实体与 DAPS PDCP 实体之间的转换过程定义为 PDCP 重配置过程。当上层要求对 PDCP 实体进行重配置以配置 DAPS 时（PDCP 实体重配置至 DAPS PDCP 实体），UE 会基于上层提供的加密算法、完整性保护算法和头压缩配置为该 DRB 建立对应的加密功能、完整性保护功能以及头压缩协议。也就是说，当 UE 收到 DAPS 切换命令时，会添加目标小区对应的头压缩协议以及安全相关功能。反之，当上层指示重配置 PDCP 以释放 DAPS 时（DAPS PDCP 实体重配置至 PDCP 实体），UE 会释放所要释放小区对应的加密算法、完整性保护算法和头压缩配置。举例来说，如果 RRC 层在 DAPS 切换完成释放源小区时指示重配置 PDCP，那么，UE 会删除源小区对应的头压缩协议以及安全相关的配置功能。如果 RRC 层在 DAPS 切换失败回退至源小区时指示重配置 PDCP，UE 会删除目标小区对应的头压缩协议以及安全相关功能。

第三，DAPS 切换会影响 PDCP 层状态报告的触发条件。PDCP 状态报告主要用于通知网络侧当前 UE 下行数据的接收状况，使网络侧进行有效的数据重传或新传。现有的 PDCP 状态报告是在 PDCP 重建或者 PDCP 数据恢复时触发的，而且只针对 AM DRB。对于 DAPS 切换，源小区在切换准备期间就可以给目标小区转发数据，然而，DAPS 切换执行期间 UE 依然保持与源小区的数据收发，这样一来，当 UE 与目标小区成功建立连接并开始收发数据时，目标小区可能会下发冗余的数据给 UE，从而带来额外的开销。同样的情况在释放源小区时也会发生，所以对于 AM DRB，DAPS 切换引入了新的 PDCP 状态报告触发条件，即当上层请求上行数据切换以及指示释放源小区时，都会触发 PDCP 状态报告。对于 UM DRB，由于

UM DRB 对于时延比较敏感且不支持重传，所以这里的 PDCP 状态报告主要是为了避免网络侧下发冗余的数据给 UE，UE 只会在上层请求了上行数据切换时才触发 PDCP 状态报告。

10.4 RLC 层

NR RLC 跟 LTE RLC 的基本功能类似，可以支持 TM（Transparent Mode，透明模式）、UM（Unacknowledge Mode，非确认模式）和 AM（Acknowledge Mode，确认模式）3 种模式。3 种 RLC 模式的主要特征概述如下。

- RLC TM：也就是透明模式，当 RLC 处于 TM 模式时，RLC 直接将上层收到的 SDU 递交到下层。TM 模式适用于广播、公共控制以及寻呼逻辑信道。
- RLC UM：也就是非确认模式，当 RLC 处于 UM 模式时，RLC 会对 RLC SDU 进行处理，包括切割、添加包头等操作。UM 一般适用于对数据可靠性要求不高且时延比较敏感的业务逻辑信道，如承载语音的逻辑信道。
- RLC AM：也就是确认模式，当 RLC 处于 AM 模式时，RLC 具有 UM 的功能，同时还能支持数据接收状态反馈。AM 适用于专属控制以及专属业务逻辑信道，一般对可靠性要求比较高。

NR RLC 的基本的功能总结如下[4]。

- 数据收发功能，即传输上层递交的 RLC SDU 以及处理下层收到的 RLC PDU。
- 基于 ARQ 的纠错（AM 模式）。
- 支持 RLC SDU 的分段（AM 和 UM）以及重分段（AM）功能。
- RLC SDU 丢弃（AM 和 UM）等功能。

RLC 配置在不同的模式，相应的数据收发流程也有不同，但是基本的流程与 LTE RLC 类似。这里介绍一下相对于 LTE RLC，NR RLC 的一些增强。

第一个增强是在 RLC 传输侧去掉了数据包的级联功能（Concatenation）。在 LTE 中，RLC 支持数据包级联，也就是说 RLC 会把 PDCP PDU 按照底层给出的资源大小级联成一个 RLC PDU，MAC 层再将级联之后的 RLC PDU 组装成一个 MAC PDU。这意味着数据包的级联需要预先知道上行调度资源的大小，对于 UE 来说，也就是需要先获得调度资源，才能进行数据包的级联操作。这种处理使得生成 MAC PDU 时产生额外的处理时延。

为了优化这个实时处理时延，NR RLC 将级联功能去掉，这也就意味着 RLC PDU 最多只包含一个 SDU 或者一个 SDU 的切割片段。这样，RLC 层的处理可以不用考虑底层的物理资源指示，提前将数据包准备好，同时 MAC 层也能将相应的 MAC 层子包头生成并准备好。唯一需要考虑的实时处理时延在于，当给定的物理资源不能完整地包含已经生成的 RLC PDU 时，RLC 仍然需要进行切割包操作，但是这个时延相对于传统的 LTE RLC 处理可以大大减少。

NR RLC 另外一个增强是在 RLC 接收侧不再支持 SDU 的按序递交，也就是说，从 RLC 层的角度，如果从底层收到一个完整的 RLC PDU，RLC 层去掉 RLC PDU 包头之后可以直接递交到上层，而不用考虑之前序号的 RLC PDU 是否已经收到[15]。这主要是为了减少数据包的处理时延，也就是说，完整的数据包可以不必等序列号在这个数据包之前的数据包头到齐之后再往上层递交。当 RLC PDU 中 SDU 包含的是切割部分时，RLC 接收侧不能将该 RLC SDU 递交到上层，而是需要等到其他切割段收到之后才能递交上层。

10.5 MAC 层

MAC 层的主要架构如图 10-5 所示[3]。

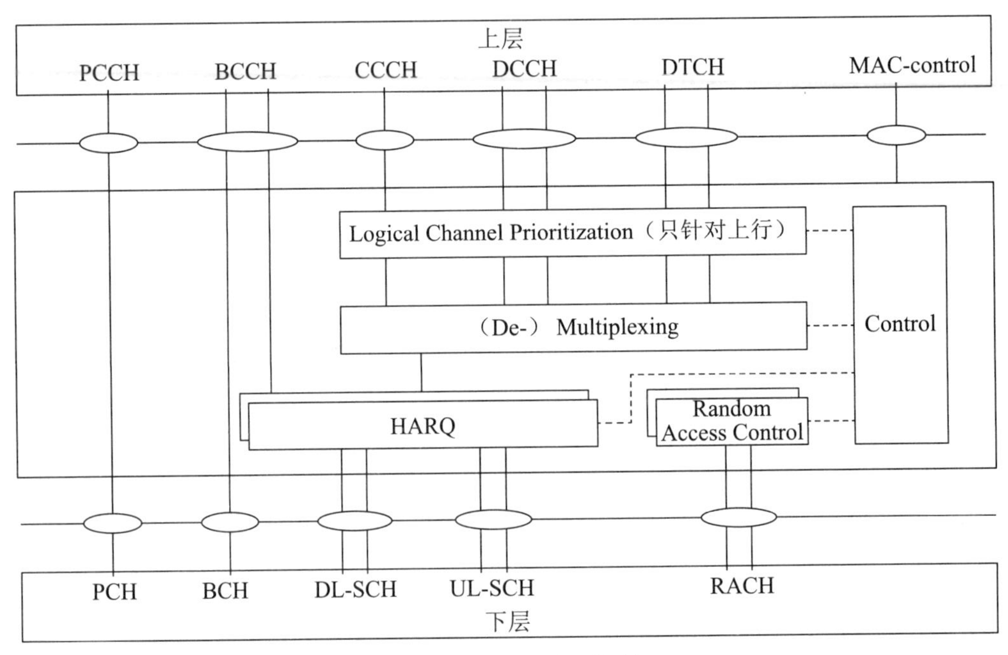

图 10-5 MAC 层主要架构[3]

大部分 NR MAC 层的功能沿用 LTE 的设计，如上下行数据相关的处理流程、随机接入流程、非连续接收相关流程等，但在 NR MAC 中引入了一些特有的功能或将现有的功能根据 NR 的需求做了一些增强。

对于随机接入，NR MAC 中基于竞争的 4 步随机接入流程是以 LTE 的流程为基础进行了一些支持波束管理的改进，同时在此基础上，后续标准的演进也引入了两步随机接入流程，以进一步减少时延。

在数据传输方面，NR MAC 既支持动态调度也支持非动态调度。其中，为了更好地支持 URLLC 业务，在上行动态调度流程上，NR MAC 对 SR 和 BSR 的上报流程进行了优化，使得 NR MAC 更好地支持 URLLC 业务。另外，基于 LCP 的上行组包流程也进行了相应的优化，使得特定的逻辑信道数据能够复用到更加合适的上行资源上传输。在非动态调度流程上，LTE 中支持的非动态调度（Semi-persistent Scheduling，SPS）也在 NR 中得到了沿用，只不过 NR 在此基础上引入了一种新的上行配置资源，称为第一类型配置资源（CG Type1），把 LTE 中支持的上行 SPS 称为第二类型配置资源（CG Type2）。

在终端省电方面，时域上 NR DRX（Discontinuous Reception，非连续接收）机制以 LTE 的 DRX 机制为基础，其基本功能没有变化。在后续的标准演进中，为了更好地省电，引入了唤醒机制，对 DRX 流程有一定的影响，这部分内容在第 9 章有详细描述。在频域方面，NR 最大的一个特性是引入了 BWP 机制，NR MAC 层也相应地支持 BWP 的激活和去激活机制以及相应的流程，这部分内容在第 4 章有详细介绍。

在 MAC 层的 MAC PDU 格式方面，NR MAC PDU 相对于 LTE 也做了一些增强，具体体现在支持所谓的交织性 MAC PDU 格式，以此来提高收发侧的数据处理效率。

最后，NR MAC 层支持一些新的特性，如对于波束失败的恢复流程，以及相应的复制数据激活、去激活流程等。

NR MAC 相对于 LTE 的一些增强特性的总结如表 10-1 所示。

表 10-1　MAC 层的主要功能

功　能	LTE MAC	NR MAC
随机接入	4 步竞争随机接入 4 步非竞争随机接入	支持波束管理的 4 步竞争随机接入； 支持波束管理的 4 步非竞争随机接入； 两步竞争随机接入； 两步非竞争随机接入
下行数据传输	基于 HARQ 的下行传输	基于 HARQ 的下行传输
上行数据传输	调度请求（SR）； 缓存状态上报（BSR）； 逻辑信道优先级（LCP）	增强的调度请求（SR）； 增强的缓存状态上报（BSR）； 增强的逻辑信道优先级（LCP）
半静态配置资源	下行 SPS； 上行 SPS	下行 SPS； 第一类型配置资源； 第二类型配置资源
非连续接收	DRX	DRX
MAC PDU	上下行 MAC PDU	增强的上下行 MAC PDU
NR 特有		BWP； 基于随机接入的波束恢复流程

下面具体介绍 NR MAC 层的一些增强特性。

1. 随机接入过程

随机接入过程是 MAC 层定义的一个基本过程，NR MAC 沿用了 LTE 的基于竞争 4 步随机接入流程与基于非竞争随机接入流程。在 NR 中，由于引入了波束操作，将前导资源与参考信号进行关联，如 SSB 或 CSI-RS，这样可以基于 RACH 流程进行波束管理。简单来说，UE 在发送前导码时，会测量相应参考信号并选择一个信号质量满足条件的参考信号，并用这个参考信号关联的随机接入前导资源传输相应的前导码。有了这个关联关系，网络在收到 UE 发送的前导码时就能从 UE 的角度知道哪个参考信道是比较好的，并用与这个参考信号对应的波束方向发送下行信息，具体的流程参考第 8 章。另外，NR 引入了一些新的随机接入触发事件，如基于波束失败的随机接入、基于请求系统消息的随机接入等。

在后续标准的演进中，为了进一步优化随机接入流程，引入了基于竞争的两步随机接入流程以及基于非竞争的两步随机接入流程，其目的是减小随机接入过程中的时延和信令开销。另外，考虑到 NR 也需要支持非授权频谱，两步随机接入过程相对于 4 步随机接入过程能进一步减少抢占信道的次数，从而提高频谱利用率，关于非授权频谱的具体描述可以参见第 18 章。以基于竞争的随机接入流程为例，4 步随机接入流程和两步随机接入流程如图 10-6 所示。

基于竞争的 4 步随机接入过程需要进行 4 次信令交互。

- 第一步：UE 选择随机接入资源并传输前导码，这一步消息称为第一步消息（Msg.1）。在发送 Msg1 之前，UE 需要测量参考信号的质量，从而选择出一个相对较好的参考信号以及对应的随机接入资源和前导码。
- 第二步：UE 在预先配置的接收窗口中接收网络发送的 RAR（Random Access Response，随机接入响应），这一步消息称为第二步消息（Msg.2）。RAR 包含用于后续上行数据传输的定时提前量、上行授权以及 TC-RNTI。

- 第三步：UE 根据随机接入响应中的调度信息进行上行传输，也就是第三步消息（Msg.3）的传输，Msg.3 会携带 UE 标识用于后续的竞争冲突解决。一般来说，根据 UE 所处的 RRC 状态，这个标识会不一样。处于 RRC 连接态的 UE 会在 Msg.3 中携带 C-RNTI，而处于 RRC 空闲态和非激活态的 UE 会在 Msg.3 中携带一个 RRC 层的 UE 标识。不管是什么形式的标识，这个标识都能让网络唯一地识别出该 UE。
- 第四步：UE 发送完 Msg.3 之后会在一个规定的时间内接收网络发送的竞争冲突解决消息。一般来说，如果网络能够成功地接收到 UE 发送的 Msg.3，网络就已经识别出这个 UE，也就是说竞争冲突在网络侧被解决了。对于 UE 侧，如果 UE 能够在网络调度的第四步消息（Msg.4）中检测到竞争冲突解决标识，则意味着冲突在 UE 侧也得到了解决。

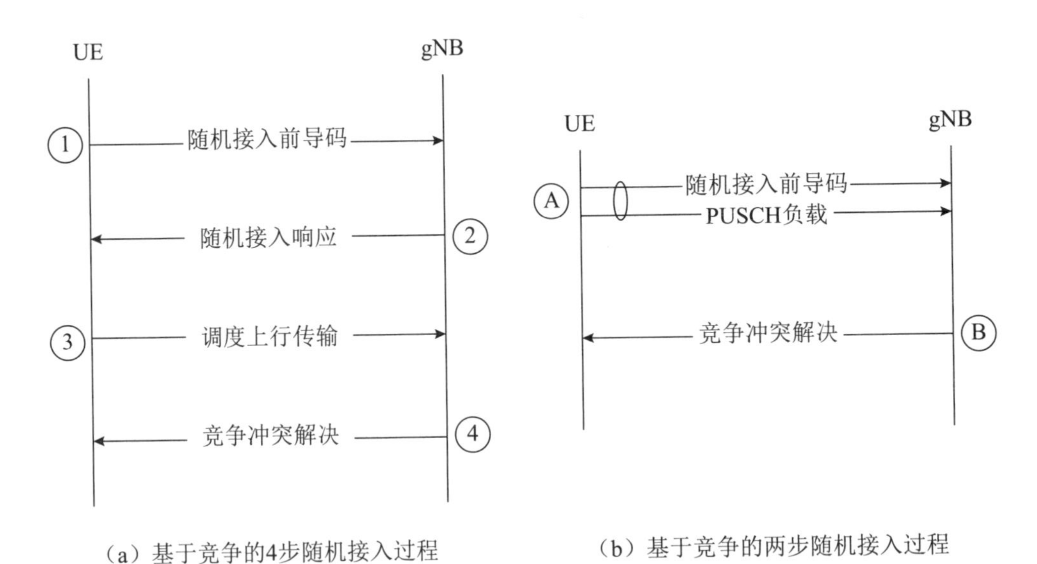

图 10-6 基于竞争的 4 步和两步随机接入过程

在基于竞争的 4 步随机接入过程的基础上，NR 进一步引入了基于竞争的两步随机接入过程，其中只包含两次信令交互。具体的，第一条消息称为消息 A（Msg.A），Msg.A 包含在随机接入资源上传输的前导码以及在 PUSCH 上传输的负载信息，可以对应到基于竞争的 4 步随机接入过程中的 Msg.1 和 Msg.3。第二条消息称为消息 B（Msg.B），Msg.B 可以对应基于竞争的 4 步随机接入过程中的 Msg.2 和 Msg.4，Msg.B 在后面会有详细介绍。

在目前的协议中，基于竞争的 4 步随机接入的触发事件同样适用于基于竞争的两步随机接入。因此，当 UE 同时配置了两种类型的竞争随机接入资源时，如果某一个事件触发了基于竞争的随机接入过程，则 UE 需要明确知道该选择哪个随机接入类型。竞争随机接入类型的选择在标准的制定过程中有两种比较主流的方案[16]。一种方案是基于无线链路质量，也就是说网络为 UE 配置用于判断无线链路质量的门限，满足门限的 UE 选择竞争两步随机接入，也就是说只有当信道质量足够好时 UE 才可以尝试使用竞争两步随机接入流程，这个目的在于提高基站成功接收到 Msg.A 的概率。这种方案的弊端在于，当满足门限的 UE 足够多时，竞争两步随机接入仍然有可能造成较大的资源冲突。另一种方案是基于随机数的选择方案，也就是说网络根据随机接入资源的配置情况向 UE 广播一个负载系数，UE 利用生成的随机数与负载系数进行比较，确定随机接入类型，以实现两种接入类型间的负载均衡。综合考虑物理层的反馈以及方案的简便性，最终确定将基于无线质量的方式作为选择随机接入类型的准则。

UE 在选择两步随机接入流程并传输 Msg.A 之后，需要在配置的窗口内监听 Msg.B。参考基于竞争的 4 步随机接入的设计，对于不同 RRC 连接状态的 UE，有不同的 Msg.B 监听行为。一般来说，当 UE 处于 RRC 连接态，也就是说 UE 在 Msg.A 中携带了 C-RNTI 时，UE 会监听 C-RNTI 加扰的 PDCCH 和 Msg.B-RNTI 加扰的 PDCCH。当 UE 处于 RRC 空闲态或者非激活态时，没有一个特定的 RNTI，因此 UE 在 Msg.A 中携带 RRC 消息作为标识，并监听 Msg.B-RNTI 加扰的 PDCCH。Msg.B-RNTI 的计算参考 4 步随机接入过程中用于调度 RAR 的 RA-RNTI 的设计，也就是基于 UE 在传输 Msg.A 时选择的随机接入资源的时频位置。考虑到两步随机接入资源和 4 步随机接入资源会重用，为了避免不同类型的 UE 在接收网络反馈时产生混淆，Msg.B-RNTI 在 RA-RNTI 的基础上增加一个偏置量。

对于 Msg.B 消息，如前所述，其对应的是基于竞争 4 步随机接入过程中的 Msg.2 和 Msg.4，因此它的设计需要考虑 Msg.2 和 Msg.4 的功能。一方面，Msg.B 要支持竞争冲突的解决，如竞争冲突解决标识和对应 UE 的 RRC 消息。另一方面，Msg.B 也要支持 Msg.2 的内容，如随机避让指示以及 RAR 中的内容。原因主要是，对于网络侧，在接收解码 Msg.A 时，一种可能是网络能够成功解码出 Msg.A 的所有内容，如前导码以及 Msg.A 的负载消息，这样网络可以通过 Msg.B 发送竞争冲突解决消息，也就是对应 Msg.4 的功能。另一种可能是网络只解出了 Msg.A 中的前导码，没有解出 Msg.A 中的负载。对于这种情况，网络并没有识别出该 UE，但是网络仍然可以通过 Msg.B 发送一个回退指示（对应 Msg.2 的功能）来指示这个 UE 继续发送 Msg.3，而不用重新传输 Msg.A。这种回退也可以称为基于 Msg.B 的回退，如图 10-7 所示。

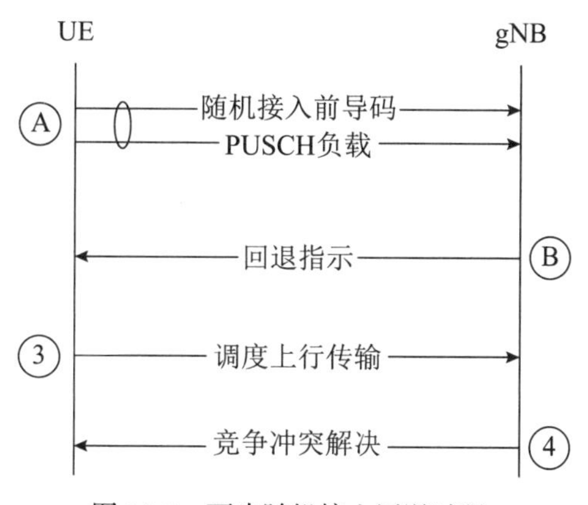

图 10-7 两步随机接入回退过程

如果 UE 在收到 Msg.B 的回退指示，并基于回退指示所包含的调度资源传输 Msg.3 之后，仍未接入成功，则终端可以重新尝试 Msg.A 的传输。此外，网络可以为终端配置 Msg.A 的最大尝试次数。当终端尝试的 Msg.A 的次数超过这个配置的最大次数时，则终端可以切换到基于竞争的 4 步随机接入过程继续进行接入尝试。

2. 数据传输过程

下行数据传输过程基本沿用 LTE 的设计，在 NR MAC 中同样支持基于 C-RNTI 的动态调度以及基于 RRC 配置的非动态调度。由于下行调度的调度算法取决于基站的实现，这里不进行过多赘述。

上行数据传输方面，NR 支持动态调度以及非动态调度。对于上行动态调度，同样的，NR MAC 支持调度资源请求（Scheduling Request，SR）以及缓存状态上报（Buffer Status Report，BSR）流程。相比 LTE，这两个流程都有相应的增强。

首先，对于 SR，其作用是当 UE 存在待发送上行数据时，用于请求网络侧的动态调度资源。在 LTE 中，SR 只能通知网络 UE 是否有数据要传，网络在收到 UE 发送的 SR 时，只能基于实现调度上行资源。在 NR 中，由于 UE 支持各种不同类型的业务，同时 NR 支持的物理层资源属性也不一样，有些物理资源可能更适合传输时延敏感性业务，有些更适合传输高吞吐量业务等。因此，为了能够让网络在第一时间就知道 UE 想要传输的数据类型，从而在调度该 UE 时更有针对性，NR 对 SR 做了增强。具体的，通过 RRC 层配置，可以将不同的逻辑信道映射到不同的 SR 配置上，这样，当某个逻辑信道触发了 SR 传输时，UE 能采用对应的 SR 配置资源来传输该 SR。网络侧可以根据逻辑信道与 SR 配置的关系推导出收到的 SR 对应哪个或者哪些逻辑信道，从而能够在第一时间为 UE 调度更加合适的物理资源。

其次，对于 BSR 上报流程，其作用也与 LTE 类似，主要适用于 UE 向网络上报当前 UE 的带传输数据缓存状态，以便网络能够进一步调度上行资源。对于 BSR，NR 在 LTE 的基础上增加了逻辑信道组的个数，也就是说，由 LTE 中最多支持 4 个逻辑信道组的缓存状态上报增加到 NR 中最多支持 8 个逻辑信道组的缓存状态上报。主要目的是支持精度更高的逻辑信道缓存状态上报，以便于网络更精确地调度。逻辑信道组数量的增加导致了 BSR MAC CE 的格式发生了变化，具体的，NR 主要支持长、短两种 BSR MAC CE 的格式。其中，对于长 MAC CE 格式，又可以分为可变长度的长 BSR MAC CE（Long BSR MAC CE）以及可变长度的长截短 BSR MAC CE（Long Truncated BSR MAC CE）。短 MAC CE 格式又可以分为短 BSR MAC CE（Short BSR MAC CE）以及短截短 BSR MAC CE（Short Truncated BSR MAC CE）。截短 BSR MAC CE 是 NR 中新引入的 BSR MAC CE 类型，主要用于当上行资源不足而 UE 有大于一个逻辑信道组的缓存数据要上报时，UE 可以让网络知道有一些逻辑信道组的数据没有放在该资源中上报。不同的 BSR MAC CE 的格式主要用于不同的上报场景，与 LTE BSR 上报场景类似，这里不再赘述。

最后，上报完 SR 或者 BSR 之后，当 UE 获得上行传输资源时，UE 需要根据上行资源的大小组装对应的 MAC PDU 进行上行传输。NR MAC 层采用基于 LCP 的上行组包流程，相对于 LTE，该流程也进行了相应的优化。在 LTE 中，对于上行传输，MAC 层会根据 RRC 层给逻辑信道配置的优先级等参数来决定给每个逻辑信道分配资源的顺序和大小。在 LTE 中，给定的授权资源在物理传输特性上，如子载波间隔等参数，是没有区别的，LCP 流程针对所有有待传数据的逻辑信道的处理方式都是一样的。也就是说对于给定的资源，如果这个资源足够大，则理论上所有逻辑信道的数据都可以在该资源上传输。在 NR 中，为了支持具有不同 QoS 要求的业务，不同的逻辑信道的数据需要在具有特定物理传输属性的上行资源上传输，如 URLLC 业务需要在子载波间隔足够大、物理传输信道（PUSCH）足够短时才能满足其时延要求。为了区别不同的资源属性，需要对 LCP 流程进行增强。在 NR 研究阶段，就已经形成了相关结论，认为网络需要支持某种控制方式使得不同逻辑信道的数据能够映射到不同属性的物理资源上[9,10]。

为了实现上述目的，在 NR 标准化阶段，讨论了一种基于传输特征（Transmission Profile）的机制来达到限制逻辑信道数据在特定物理资源传输的目的[11]。也就是说，RRC 给终端配置一个或多个传输特征，每个不同的传输特征具有一个唯一的标识，且映射到一系列物理层参数值上。同时，RRC 也给逻辑信道配置一个或者多个传输特征标识，指示该逻辑信道只能在具有对应的物理层参数的授权资源上传输。终端在获得上行资源时，会根据该资源的属性推导出一个唯一的传输特征标识，然后从所有逻辑信道中选出可以匹配到该传输特征标识的逻辑信道，再按照 LCP 的流程对这些逻辑信道进行服务。实际上，传输特征的方式是将一系列的物理资源参数打包对应成一个特征标识，考虑到实现的复杂度以及前向兼容性问题，这个方案最终没有通过。NR 规定了一种更简单的逻辑信道选择流程，也就是给每个逻辑信道直接配置一系列的物理层资源参数，这些参数如下所述。

- 允许的子载波间隔列表（allowedSCS-List）：这个参数规定了该逻辑信道的数据只能在具有对应子载波间隔的资源上传输。
- 最大 PUSCH 时长（maxPUSCH-Duration）：这个参数规定了该逻辑信道的数据只能在小于该参数的 PUSCH 资源上传输。
- 允许 CG Type1 资源（configuredGrantType1Allowed）：这个参数规定了该逻辑信道是否允许使用 CG Type1 资源进行传输。
- 允许的服务小区（allowedServingCells）：这个参数规定了该逻辑信道的数据所允许的服务小区。

MAC 层在收到一个上行资源时，可以根据该上行授权资源的指示或者相关配置参数，来决定该授权资源的一些物理属性，如这个授权资源的子载波间隔、该授权资源的 PUSCH 时长等。确定了这些物理资源属性之后，MAC 层会将具有待传数据的逻辑信道筛选出来，使得这些逻辑信道所配置的参数能够匹配该授权资源的物理属性。对于这些筛选出来的逻辑信道，MAC 层再基于 LCP 流程将逻辑信道的数据复用到上行资源上。

前面提到的上行传输资源可以是基于网络动态调度的上行传输资源，也可以是基于 RRC 层配置的非动态调度传输资源。对于非动态调度传输资源，NR 重用了 LTE 的上行 SPS 资源使用方式，也就是说，RRC 配置一组资源的持续周期、HARQ 进程数等参数，UE 通过接收 PDCCH 来激活或者去激活该资源的使用，这种类型的资源在 NR 中称为 CG Type2。另外，在 NR 中，为了更好地支持超低时延要求的业务，在 CG Type2 的基础上引入了只需要 RRC 层配置就能激活使用的资源类型，称为 CG Type1。具体的，RRC 提供周期、时间偏移、频域位置等相关的配置参数，使得 UE 在收到 RRC 配置时，该资源就能激活使用，可以减少由 PDCCH 额外激活所带来的时延。

3. MAC PDU 格式

NR MAC PDU 的格式相对 LTE 也做了增强，早在 NR 研究阶段就已经决定了 NR MAC PDU 的格式需要采用一种交织（Interleave）结构，也就是说 NR MAC PDU 中包含的 MAC 子包头与其对应的负载（Payload）是紧邻在一起的，这不同于 LTE 将所有负载的子包头都放在整个 MAC PDU 的最前面[12~14]。NR MAC PDU 的这种交织结构所带来的好处是可以使得接收端在处理 MAC PDU 时能够采用类似“流水线”的处理方式，也就是说，可以将其中的 MAC 子包头和其对应的负载当成一个整体去处理，而不用像 LTE 那样只有等所有的 MAC PDU 中的子包头和负载都处理完才算处理完整个 MAC PDU。这样可以有效地降低数据包的处理时延。

在决定了 MAC PDU 的交织结构之后，另一个问题是 MAC 子包头的位置摆放问题，即放置在对应的负载前面和后面的问题[12,13]。一种观点认为 MAC 子包头应该放置于对应负载的前面，其主要原因是这样可以加快接收端按“流水线”方式处理的速度，因为如果接收端按照从前往后的顺序，可以一个接一个地将 MAC 子 PDU 处理完成。而认为将 MAC 子包头放置在对应负载后面的主要原因是，可以让接收端从后往前处理，同时考虑到 MAC CE 的位置一般放置在后面，这样可以有利于接收端快速处理 MAC CE。最后经过讨论，认为将 MAC 子包头放在对应负载后面的方案带来的好处不如放在前面明显，且会增加接收端处理的复杂度，因此最终决定将 MAC 子包头放置于对应负载前面。

对于 MAC CE 在整个 MAC PDU 中的位置，也有不同的观点。其中一种观点认为，对于下行 MAC PDU，MAC CE 放置在最前面；对于上行 MAC PDU，MAC CE 放置在最后面[12]。另一种观点认为，上下行 MAC PDU 的 MAC CE 位置应该统一，且放置在最后[13,14]。一般来说，合理的方式应该是尽可能地让接收端先处理控制信息，对于下行，MAC CE 一般在调度之前就能产生，因此可以放在最前面。但是对于上行，有一些 MAC CE 并不能预先产生，而是需要等到上行资源之后才能生成，强行让这些 MAC CE 放置在整个 MAC PDU 的最前面会减缓 MAC PDU 的生成速度。因此，最终在 MAC 层采用的方式是将下行 MAC PDU 的 MAC CE 放置在最前面，而上行 MAC CE 的位置放置在 MAC PDU 的最后面。

10.6 小　结

本章主要介绍了用户面协议栈以及相关流程，按照协议栈从上往下的顺序依次介绍了 SDAP 的相关流程、PDCP 层的数据收发流程以及引入 DAPS 对 PDCP 层的影响、RLC 的主要改进，最后具体介绍了 MAC 层相对 LTE 的一些主要增强特性。

参考文献

[1] 3GPP TS 38.300 V15.8.0 (2019-12). NR and NG-RAN Overall Description; Stage 2 (Release 15).
[2] 3GPP TS 38.300 V15.8.0 (2019-12). Study on Scenarios and Requirements for Next Generation Access Technologies (Release 15).
[3] 3GPP TS 38.321 V15.8.0 (2019-12). Medium Access Control (MAC) protocol specification (Release 15).
[4] 3GPP TS 38.322 V15.5.0 (2019-03). Radio Link Control (RLC) protocol specification (Release 15).
[5] 3GPP TS 38.323 V15.6.0 (2019-06). Packet Data Convergence Protocol (PDCP) specification (Release 15).
[6] 3GPP TS 37.324 V15.1.0 (2018-09). Service Data Adaptation Protocol (SDAP) specification (Release 15).
[7] R2-1702744. PDCP TS design principles. Ericsson discussion Rel-15 NR_newRAT-Core.
[8] R2-1706869. E-mail discussion summary of PDCP receive operation. LG Electronics Inc.
[9] R2-163439. UP Radio Protocols for NR.Nokia, Alcatel-Lucent Shanghai Bell.
[10] R2-166817. MAC impacts of different numerologies and flexible TTI duration Ericsson.
[11] R2-1702871. Logical Channel Prioritization for NR InterDigital Communications.
[12] R2-1702899. MAC PDU encoding principles. Nokia, Alcatel-Lucent Shanghai Bell.
[13] R2-1703511. Placement of MAC CEs in the MAC PDU. LG Electronics Inc.
[14] R2-1702597. MAC PDU Format.Huawei, HiSilicon.
[15] R2-166897. Reordering in NR. Intel Corporation discussion.
[16] R2-1906308. email discussion report: Procedures and mgsB content. ZTE Corporation.

第 11 章

控制面协议设计

杜忠达　王淑坤　李海涛　尤心　时咏晟

11.1　系统消息广播

5G NR 的系统消息在内容、广播、更新、获取方式和有效性等方面总体上和 4G LTE 之间有很大的相似性，但也引入了一些新的机制，如按需请求（On-demand Request）的获取方式，使得 UE 可以“点播”系统消息。

11.1.1　系统消息内容

与 LTE 类似，5G NR 系统消息的内容也是按照消息块（System Information Block，SIB）的方式来定义的，可以分成主消息块（MIB）、系统消息块 1（SIB1，也称为 RMSI）、系统消息块 *n*（SIB*n*，*n*=2~14）。除了 MIB 和 SIB1 是单独的一个 RRC 消息之外，不同的 SIB*n* 可以在 RRC 层合并成一个 RRC 消息，称为其他系统消息（Other System Information，OSI），而一个 OSI 中所包含的具体的 SIB*n* 则在 SIB1 中规定。

UE 在初始接入阶段，在获得时频域同步以后，第一个动作就是获取 MIB。简单地说，MIB 所包含参数的主要作用是让 UE 知道当前小区是否允许驻留、是否在广播 SIB1，以及获取 SIB1 的控制信道的配置信息是什么。如果 MIB 指示当前小区上没有广播 SIB1，那么 UE 在这个小区的初始接入阶段就结束了；如果广播了 SIB1，那么 UE 接下去就会进一步获取 SIB1。比较特殊的情况是在切换时，UE 在获取了目标小区的 MIB 以后，会先根据收到的切换命令中所包含的随机接入信息完成切换，然后才会获取 SIB1。在 MIB 中，有另外两个重要的信元与小区选择和重选有关。一个是 CellBarred 信元，表示当前小区是否被禁止接入。如果是，那么处于 RRC_IDLE（RRC 空闲状态）或者 RRC_INACTIVE（RRC 非激活状态）状态的 UE 就无法在这样的小区驻留。这样做的原因是在网络中有些小区可能不适合 UE 驻留，如在 EN-DC（LTE NR 双连接）架构中的 SCG（辅小区群）节点上的小区。SCG 只有在 UE 建立了 RRC 连接以后才可能配置给 UE。让 UE 在获取 MIB 后就知道该小区被禁止接入是为了让 UE 在这个小区上跳过小区驻留的后续过程，从而节省 UE 的能耗。另一个是 intraFreqReselection 信元，表示如果当前小区是当前频率的最佳小区，而又不允许 UE 驻留时，是否允许 UE 选择或者重选到当前频率上的次佳小区。如果这个信元的值是“not allowed”，那么就表示不允许，也就是说 UE 需要选择 / 重选到其他的服务频率上去，否则就可以。一般情况下如果网络中只有一个频率时，这个值会设为“allowed”，因为别无选择；否则总是会设为“not allowed”。UE 工作在次佳小区的不利因素是会受到最佳小区信号的同频干扰。因为小区被禁止接入而导致小区不可选择或者重选的有效时间是 300 s，也就是说 UE 在 300 s 以后还需要重新检查这个限制是否还存在，直到 UE 允许选择到该小区或者离开。

UE 在获取 MIB 以后，一般情况下会继续获取 SIB1。SIB1 主要包含了以下几类信息。

- 与当前小区相关的小区选择参数。
- 通用接入控制参数。
- 初始接入过程相关公共物理信道的配置参数。
- 系统消息请求配置参数。
- OSI 的调度信息和区域有效信息。
- 其他参数，如是否支持紧急呼叫等。

其中，通用接入控制参数的具体细节请参见第 11.3 节，初始接入过程相关公共物理信道的配置参数相关的具体细节请参见第 6 章。系统消息请求配置参数和 OSI 的调度信息的具体细节请参见第 11.1.2 节，OSI 的有效性请参见第 11.1.3 节。

表 11-1 列出了 SIB 的内容。

表 11-1　SIB 内容

SIB 序号	SIB 内容
SIB2	同频、异频和 LTE 与 NR 间小区重选的公共参数以及频率内小区重选需要的除了邻近小区之外的其他配置参数
SIB3	频率内小区重选所需要的邻近小区的配置参数
SIB4	频率间小区重选所需要的邻近小区和所在的其他频率的配置参数
SIB5	重选到 LTE 小区所需要的 LTE 频率和邻近小区的配置参数
SIB6	ETWS（地震和海啸预警系统）的主通知消息
SIB7	ETWS 的第二通知消息
SIB8	CMAS（公共移动警报系统）通知消息
SIB9	GPS（全球定位系统）和 UTC（协调世界时）时间信息
SIB10	HRNN（私有网络的可读网络名列表）
SIB11	RRC_IDLE 和 RRC_INACTIVE 状态下提前测量配置信息
SIB12	侧行链路通信的配置参数
SIB13	LTE 侧行链路通信的配置参数（LTE 系统消息块 21）
SIB14	LTE 侧行链路通信的配置参数（LTE 系统消息块 26）
SIB15	有关灾难漫游信息的配置参数
SIB16	网络切片相关的小区重选参数
SIB17	为处于空闲状态和不激活状态下 UE 配置的 TRS 参考信号
SIB18	用于私有网络选择的群标识的配置参数
SIB19	用于卫星通信的辅助信息
SIB20	广播业务的控制信道 MCCH 的配置信息
SIB21	广播组播业务在频率层的分布信息

SIB2~SIB5 与小区重选有关，具体的相关内容参见第 11.4.2 节。SIB6~SIB8 利用 5G NR 系统消息的广播机制来广播与公共安全相关的消息，这 3 个系统消息的广播和更新方式有别于其他的 OSI，具体内容请参见第 11.1.2 节。SIB9 提供了全球同步时间，可以用于 GPS 的

初始化或者校正 UE 内部的时钟等。

11.1.2　系统消息的广播和更新

MIB 是通过映射到 BCH（广播传输信道）信道的 BCCH（广播逻辑信道）信道进行广播的。SIB1 和 OSI 是通过映射到 DL-SCH（下行共享信道）信道的 BCCH 信道进行广播的，在用户面上，对层 2 协议（Layer 2 protocol），包括 PDCP（分组数据汇聚协议）、RLC（无线链路控制协议）和 MAC（媒体接入控制）层来说是透明的。也就是说，RRC 层在进行了 ASN.1（抽象语法符号 1）编码后直接发送给物理层进行处理。

MIB 和 SIB1 的广播周期是固定不变的，分别是 80 ms 和 160 ms。MIB 和 SIB1 在各自的周期内还会进行重复发射，具体内容请参见第 6 章。OSI 消息的调度信息包含在 SIB1 中，其调度方式与 LTE 系统类似，即采用周期 + 广播窗口的方式。图 11-1 所示是系统消息调度的一个示例。

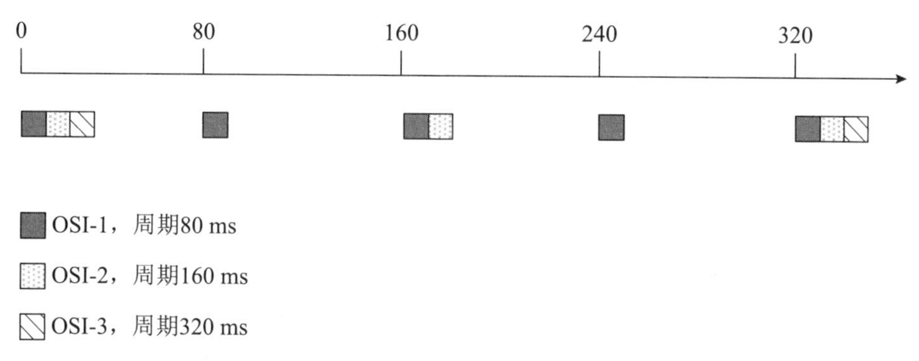

图 11-1　OSI 调度示意图

图 11-1 中的每个小框代表一个广播窗口，最小的窗口值是 5 个时隙，最大可达 1280 时隙。窗口的大小和载波的子载波间隔（SCS）以及系统的带宽有关，FR1 载波的广播窗口一般要大于 FR2 的广播窗口。在一个小区中所有 OSI 的广播窗口是一样的，在周期重叠的地方按照 OSI 在 SIB1 调度的顺序依次排列。OSI 的调度周期范围是 80~5120 ms，按 2 的指数增加。

一般来说，一个 OSI 可以包含一个或者多个 SIB*n*。但是当 SIB 中包含的内容比较多时，一个 OSI 可能只包括一个 SIB*n* 中的一个分段。这种情况适用于广播 ETWS 的 SIB6 和 SIB7，以及广播 CMAS 的 SIB8。这是因为 5G NR 中系统消息的大小最大不能超过 372 字节。而 ETWS 和 CMAS 的通知消息一般都会超过这个限制，所以在 RRC 层中对这些 SIB 进行了分段。UE 需要在收到 SIB 分段后，再在 RRC 层进行合并，然后才能得到完整的 ETWS 或者 CMAS 的通知消息。

5G NR 更新系统消息时，会通过寻呼消息通知给 UE。收到寻呼消息的 UE 一般会在下一个更新周期获取新的系统消息（除了 SIB6、SIB7 和 SIB8 外）。一个更新周期是缺省寻呼周期的整数倍。与 LTE 系统不一样的是，触发系统消息更新的寻呼消息承载在一个 PDCCH 上，称为短消息（Short Message）。这样做的原因是这个消息本身需要包含的内容很少，目前只有 2 bit。另外，UE 也因此无须像接收其他类型的寻呼消息那样需要对 PDSCH 进行解码，从而可以节省 UE 的处理资源和耗电。

短消息中的 1 bit 用来表示 systemModification，用于除 SIB6、SIB7 和 SIB8 以外的 SIB*n* 的更新。另外 1 bit etwsAndCmasIndication 如果是 1，那么 UE 会在当前更新周期就会试图接

收新的 SIB6、SIB7 或 SIB8。这是因为这些系统消息的内容是用于广播公共安全相关的信息，如地震、海啸等，所以基站在收到这些消息时会马上广播，否则会引入不必要的时延。

从 UE 的角度来看，监听短消息的行为和 UE 所在的 RRC 状态有关。在 RRC_IDLE 或者 RRC_INACITVE 状态时，UE 监听属于它自己的寻呼机会。在 RRC_CONNECTED 状态时，UE 会每隔一个更新周期、在任何一个寻呼机会至少监听一次短消息。但是协议还规定 UE 会每隔一个缺省寻呼周期、在任何一个寻呼机会至少监听一次短消息，用于接收更新 ETWS 或者 CMAS 的寻呼短消息。所以，实际上支持接收 ETWS 或者 CMAS 的 UE，在 RRC_CONNECTED 状态会每隔一个缺省寻呼周期进行监听。

除了周期性广播的方式外，SIB1 和 SIB*n* 还可以通过专用信令的方式发给 UE。其原因是 UE 当前所在的 BWP 不一定会配置用于接收系统消息或者寻呼的 PDCCH（物理下行控制信道）信道。在这种情况下，UE 就无法直接接收广播的 SIB1 或者 SIB*n*。另外，除了 PCell 外的其他服务小区的系统消息，假如 UE 配置了载波聚合或者双连接，也是通过专用信令发送给 UE 的，这点与 LTE 系统是一样的。

NR UE 会发现除了 MIB 和 SIB1 之外的 OSI 可能没在进行广播，即使 SIB1 中对这些系统消息进行了调度。这就需要介绍 5G NR 特有的按需广播的机制。详细内容请参见第 11.1.3 节。图 11-2 所示是 3GPP 阶段 2 协议 TS 38.300[6] 中的一个插图，其中包括上述 3 种系统消息的传送方式。

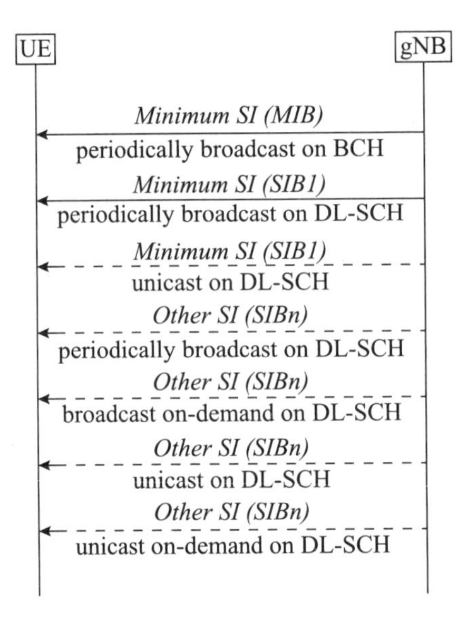

图 11-2　系统信息获取过程

11.1.3　系统消息的获取和有效性

从 UE 的角度，获取系统消息的基本原则是如果本地还没有系统消息，或者系统消息已经无效，那么 UE 需要获取或者重新获取系统消息。那么 UE 是怎么判断某个 SIB 是否有效呢？

在时间有效性上，5G NR 和 LTE 系统的方式是一样的。每个 SIB*n* 都有一个 5 比特长的标签（Value Tag），范围为 0~31。SIB*n* 的标签的初始值是 0，并且在每次更新时加 1。5G NR 还规定一个本地系统消息最长的时效是 3 小时。这两个条件结合在一起就要求网络在 3

小时内更新系统消息的次数不能多于 32 次，否则 UE 可能会误以为已经更新的系统消息是有效的而不进行重新获取，导致网络和 UE 之间的系统消息不同步。这种可能性会发生在离开某个小区一段时间（小于 3 小时）后又重新回来的 UE 上。

5G NR 还引入了区域的有效性。在 SIB1 的调度消息中有一个参数——系统消息区域标识（systemInformationAreaID）。在每个 SIB*n* 的调度信息中会被标注是否在这个区域标识规定的区域内有效。如果 SIB1 中某个区域标识或者某个 SIB*n* 被标注不在当前的区域标识规定的区域内有效，那么这个 SIB*n* 的有效区域就是本小区。

如图 11-3 所示，配置有相同区域标识（对应到图中）的小区通常形成一个连贯的区域。同一个区域中各个小区的某个相同的 SIB*n* 在这个区域内有效。引入区域有效性的原因在于某些系统消息在不同的小区之间往往是相同的。例如，用于小区重选的 SIB2、SIB3 和 SIB4，假如这些消息中没有特别的和某个邻近小区相关的信息，如 Blacklist（黑名单小区），那么邻近小区的描述都是以频率为粒度进行配置的。对于处于同一个频率的小区来说，这些以频率为粒度配置的邻近小区以及相关的参数很有可能在某个区域内是一样的。在这种情况下，UE 在获取了该区域中某个小区的这些 SIB 以后，就没有必要再次获取其他邻近小区相同的 SIB。区域有效性的设置以 SIB 为粒度，而不是以 OSI 为粒度的原因是不同小区中 SIB 到 OSI 的映射可能是不一样的，而且如前所述，决定是否具备区域有效性的是系统消息的内容，而不是调度的方式。表 11-2 示出了系统性消息有效性相关的属性。

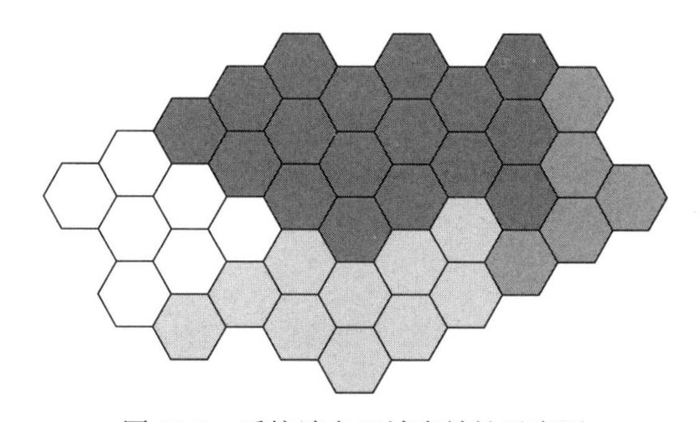

图 11-3　系统消息区域有效性示意图

表 11-2　系统消息有效性参数

系统消息参数	MIB	SIB1	SIB*n*
有效时间	3 小时	3 小时	3 小时
标签	—	—	0~31
有效区域	本小区	本小区	本小区或者小区所在区域

回到 11.1.3 节开始提出的 SIB 有效性的问题，答案是如果 UE 在获取了某个小区的 SIB1 以后，发现所关心的 SIB*n* 的标签在 3 小时内没有发生改变，而且在有效区域内，那么这个 SIB*n* 就是有效的，否则就是无效的。UE 一旦发现某个 SIB*n* 无效，就需要通过 SIB1 的调度信息来获取正在广播的 SIB*n*。如果这个 SIB*n* 在 SIB1 中的广播状态是“非广播”，那么 UE 需要通过按需广播的机制来获取。引入时间有效性是为了避免网络和 UE 之间系统参数的不一致，引入区域有效性主要是为了节省 UE 的耗电。

引入按需广播的原因主要是节省网络的能源。MIB 和 SIB1 是 UE 在该小区进行通信所不可或缺的系统消息，所以必须周期性广播，否则 UE 无法接入该小区。但是其他的系统消息，如用于小区选择和重选的 SIB，在小区中没有驻留的 UE 时是没有必要广播的。这在网络比较空闲的时段，如深夜的商业区，是每天都会发生的事情。

在 5G NR 系统中，按需广播是基于随机接入过程来进行的，一共有两种方式。第一种方式是通过 RACH 过程中第一个消息，也就是发送的 Preamble（前导）来表示 UE 想要获取哪个 OSI。如果 SIB1 中配置的用于系统消息请求的 Preamble 的资源只有一个，那么网络接收到 Preamble 时，会认为有 UE 想要所有在 SIB1 中标识为“非广播”的 OSI。如果 SIB1 中配置的资源多于一个，那么 Preamble 和标识为“非广播”的 OSI 之间按照 Preamble 配置的顺序和被调度的顺序有一一对应关系，所以网络可以根据收到的 Preamble 判断 UE 到底想要哪个 SIB。为了防止随机接入信道的拥塞，在后一种情况下，不同的 Preamble 的发送时机被安排在不同的随机接入资源关联周期内，最大的发送周期是 16 个随机接入资源关联周期。

第二种方式是通过 RRC 消息来表示 UE 想要获取的 SIB。这个消息称为 RRCSystemInfoRequest（系统消息请求），在 R15 和 R16 的版本中，最大可以请求 32 个 OSI。这个 RRC 消息可以通过随机接入过程的第三个消息（Msg 3）发给网络。

网络在接收到 UE 的系统消息请求的信息后，开始系统消息广播的过程。而从 UE 的角度，在发送系统消息请求以后，可以马上开始准备系统消息获取的过程，而无须等待下一个系统消息更新周期。按需请求系统消息的方式在 R15 中只适用于处在 RRC_IDLE 和 RRC_INACTIVE 状态的 UE。在 R16 中，UE 在 RRC_CONNECTED 状态时也可以触发这个过程，在这种情况网络通过专用信令把 UE 要求的系统消息发送给 UE。

11.2 寻　呼

NR 系统的寻呼主要有三种应用场景，即核心网发起的寻呼、gNB 发起的寻呼和 gNB 发起的系统消息更新的通知。

核心网发起的寻呼和 RRC_IDLE 状态下 NAS（非接入层）的移动性管理是配套的过程，即寻呼的范围就是 UE 当前注册的跟踪区（Tracking area，TA）。设定的跟踪区是寻呼的负荷和位置更新的频度之间的一个折中。这是因为跟踪区越大，位置更新的频度越少，但是系统寻呼的负荷就越大。核心网发起的寻呼通常只是针对处于 RRC_IDLE 状态的 UE。处于 RRC_INACTIVE 状态的 UE 会接收到 gNB 发起的寻呼。这是由于在 RRC_INACTIVE 状态下，NR 引入了与跟踪区类似的概念，即通知区（RAN Notification Area，RNA）。处于 RRC_INACTIVE 状态的 UE 只有跨越 RNA 移动时，才需要通过通知区更新的流程（RNA Update）告诉网络新的 RNA。当有新的下行数据或者信令（如 NAS 信令）需要发送给 UE 时，会触发 gNB 发送的寻呼过程。这个寻呼过程的发起者是 UE 在 RRC_INACTIVE 状态下的锚点 gNB，即通过 RRCRelease（RRC 释放）消息让 UE 进入 INACTIVE 状态的 gNB。由于一个 RNA 下所包括的小区有可能覆盖多个 gNB，所以 gNB 发起的寻呼也需要通过 Xn 接口进行前转。

这两种寻呼机制之间并不是完全独立的。核心网可以提供一些辅助信息给 gNB 来确定 RNA 的大小。而且核心网发起的寻呼是 gNB 发起的寻呼的一种回落方案。当 gNB 在发起寻呼以后没有收到 UE 的寻呼响应时，会认为 UE 和网络之间在 RNA 这个层面上已经失去了同步，gNB 因此会通知核心网。核心网会触发在 TA 范围内的寻呼过程。而 UE 如果在 RRC_INACTIVE 状态下收到核心网的寻呼消息以后，就会先进入 RRC_IDLE 状态，然后才响应寻呼消息。核心网和 gNB 触发的寻呼消息可以通过寻呼消息中包含的 UE 标识来区分。包含 I-RNTI（INACTIVE 状态下的无线网络临时标识）的寻呼消息是 gNB 触发的寻呼消息；包含 NG-5G-S-TMSI（5G 系统临时移动注册号码）的寻呼消息是核心网触发的寻呼消息，三种寻呼消息的对比如表 11-3 所示。

表 11-3　三种寻呼消息的对比

寻呼类型	寻呼的范围	相关的状态	卷积的标识	包含的 UE 标识
核心网发起的寻呼	跟踪区	RRC_IDLE	P-RNTI	NG-5G-S-TMSI
gNB 发起的寻呼	通知区	RRC_INACTIVE	P-RNTI	I-RNTI
Short Message	小区	RRC_IDLE，RRC_INACTIVE，RRC_CONNECTED	P-RNTI	N/A

系统消息的更新在 RRC 协议中称为短消息（Short Message），实际上是一个包含在 PDCCH 信道中的 RRC 信息，里面包含 2bit，其中 1bit 表示触发的是除了 ETWS/CMAS 消息（SIB6、SIB7、SIB8）之外的其他系统消息的更新，另外 1bit 表示触发的是 ETWS/CMAS 消息（SIB6、SIB7、SIB8）的更新。系统消息更新的过程请参见第 11.1 节的内容。处于任何一个 RRC 状态的 UE 都可能会接收到这个 Short Message 来更新系统消息。

上述三种寻呼消息的 PDCCH 信道上都加扰了小区中配置的公共寻呼标识 P-RNTI（寻呼无线网络临时标识）。核心网发起的寻呼消息和 gNB 发起的寻呼消息中可以包含多个寻呼记录（Paging Record）。其中，每个 Paging Record 中包含的是针对某个具体的 UE 的寻呼消息。

寻呼消息的发送机制详细记录在参考文献 [3] 的第 7.1 节中。其基本的原理对于核心网发起的寻呼和 gNB 发起的寻呼来说是一样的。从网络的角度来说，会在系统消息更新周期内的每个寻呼机会（Paging Occasion，PO）上发送。而处于 RRC_IDLE 和 RRC_INACTIVE 状态的终端只会监听与自己相关的 PO。而处于 RRC_CONNECTED 状态的 UE 监听的 PO 不一定与自己的标识相关联，目的是尽可能避免和其他专用的下行数据发生冲突。

在介绍具体的寻呼机制之前，需要先介绍两个基本的概念，即寻呼帧（Paging Frame，PF）、寻呼机会（Paging Occasion，PO）。在 LTE 系统中，PF 和 PO 的定义很简单，PF 就是在一个 DRX 周期中包含 PO 的无线帧，而 PO 就是一个在 PF 中可以发送寻呼消息的子帧。在 NR 中，如果 PDCCH 的监听机会（PDCCH Monitoring Occasion，PMO）是由 SIB1 中的寻呼搜索空间定义，那么 PF 的定义可以与 LTE 保持一致，而 PO 的定义则需要改成包含多个 PMO 的无线时隙。其中，PMO 的个数和这个小区中 SSB BURST 集合中实际发送的 SSB 的个数相等。当 PMO 是由 MIB 中的 0 号搜索空间来定义时，PO 的定义可以沿用新的定义，但是 PF 实际上是指向 PO 的参考无线帧。这个参考无线帧实际上包含了 SSB BURST。而这个参考无线帧和所关联的 PO 所在无线帧（以及所在的无线时隙和 OFDM 符号）之间的关系是固定的，所以 UE 可以根据参考无线帧精确定位 PO。

协议中定义了确定 PF 的公式，适用于上述两种情况。

$$(\mathrm{SFN}+\mathrm{PF\_offset}) \bmod T=(T \operatorname{div} N) \times(\mathrm{UE\_ID} \bmod N) \tag{11-1}$$

其中的参数含义如下：

- SFN：表示 PF 所在的无线帧的帧号。
- PF_offset：无线帧偏移。

- T：寻呼周期。
- N：在寻呼周期 PF 的个数。
- UE_ID：UE 的标识，等于 5G-S-TMSI mod 1024。

式（11.1）比 LTE 中 PF 的公式多一个参数，即 PF_offset，这样做是有原因的。如果寻呼搜索空间是由 SIB1 配置的，那么这个 PF_offset 是不需要的。如果搜索空间是由 MIB 配置的，那么这个搜索空间和 UE 获取 SIB1 的搜索空间是相同的，而获取 SIB1 的寻呼搜索空间和小区中 SSB 在时频域上的相对位置是固定的，一共有 3 种模式。在模式 1 中，搜索空间在 SSB（同步信号块）的几个 OFDM 符号之后，而且搜索空间必定出现在偶数帧内，所以在这种情况下 PF_offset 总是等于 0。在模式 2 和模式 3 中，搜索空间和 SSB 在相同的时域上，所以 PF 就是 SSB 所在的无线帧。而 NR 系统允许 SSB 所在的无线帧可以是任何无线帧。SSB 的周期可以是 5 ms、10 ms、20 ms、40 ms、80 ms、160 ms。当周期大于 10 ms 时，SSB 所在的无线帧可以是满足下述条件的任何无线帧。

$$\text{SFN mod}(P/10) = \text{SSB\_offset} \tag{11-2}$$

其中，P 是上述 SSB 的周期，SSB_offset 的范围是 0~$(P/10)-1$。

例如，当 P=40 ms 时，式（11-2）就变成 SFN mod 4=SSB_offset，其中 SSB_offset =0、1、2、3。

在式（11-1）中，周期 T 的取值是 320 ms、640 ms、1 280 ms、2 560 ms，而 N 是一个可以被 T 整除的常数，而且 T/N 是偶数。所以，如果式（11-1）中没有 PF_offset 这个参数，PF 必须在偶数帧内。而这和前述模式 2 和模式 3 中对 PF 的要求是矛盾的。为了满足 NR 系统 PF 设置的灵活性，在式（11-1）中增加了 PF_offset 参数。从数学上来说，PF_offset 和 SSB_offset 是一致的。

计算 PO 的公式如下。

$$\text{i\_s} = \text{floor}(\text{UE\_ID}/N) \bmod Ns \tag{11-3}$$

其中，UE_ID 和 N 的含义和式（11-1）中的参数是一致的。Ns 表示一个 PF 中 PO 的个数，可以是 1、2 和 4。

如果搜索空间是由 MIB 中的参数定义的，那么在模式 1 中 Ns=1，在模式 2 和模式 3 中 Ns=1 或 2。如果搜索空间是由 SIB1 中的寻呼搜索空间定义的，那么 Ns 可以是 1、2 和 4。

在协议中还增加了两个参数用来定义 PO 的位置。第 1 个参数用来定义与一个 SSB 对应的 PMO 的个数，目的是为 NR-U 小区增加寻呼机会。第 2 个参数用来定义一个 PF 中每个 PO 开始的 PMO 的序号，可以称为 PO_Start。这个参数只适用于搜索空间由 SIB1 中寻呼搜索空间定义的情况。在这种配置下，PF 中所有的 PMO 按照时间先后进行排序。在没有 PO_Start 参数时，每个 PO 所拥有的 PMO 是按序排列的，即第 1 个 PO 所对应的 PMO 序号是 0~$(S-1)$ 个 PMO，第 2 个 PO 所对应的 PMO 的序号是 S~$(2S-1)$，依次类推。其中，S 是 SSB BURST 实际发送的个数。这个方法的一个主要问题是 PO 所对应的 PMO 总是在 PF 中最前面的 PMO，从而使得 PMO 在时间上分布不均匀。而寻呼过程通常会触发随机接入过程，所以又会导致 PRACH 资源使用不均匀。为了克服这个问题，引入了 PO_Start（寻呼机会开始符号），从而使得每个 PO 开始的 PMO 可以是 PF 中所有 PO 中的任一个。

11.3　RRC 连接控制

11.3.1　接入控制

UE 在发起呼叫之前，要进行接入控制。接入控制从执行者的角度来区分一共有两种，一种是由 UE 自己执行的，在 NR 系统中统称为 UAC（Unified Access Control）；另一种由基站根据 RRCSetupRequest（RRC 建立请求）消息中的“RRC 建立原因”（RRC Establishment Cause）来执行。后一种的关键在于 UE 的 NAS 层在发起呼叫时，会根据接入标识和接入类别映射得到“RRC 建立原因”。具体的映射表格可以参见参考文献 [1] 的表 4.5.6.1。这个 “RRC 建立原因” 由 RRC 层编码在 RRCSetupRequest 消息中发送给 gNB。而 gNB 如何根据 “RRC 建立原因”进行接入控制则是 gNB 的内部算法。如果 gNB 接纳 UE 发起的 RRCSetupRequest 消息，那么会发送 RRCSetup 消息进行响应，否则会发送 RRCReject（RRC 拒绝）消息进行拒绝。详细内容请参见第 11.3.2 节。

本节重点介绍 UAC 机制。首先需要明确接入标识（Access Identity）和接入类别（Access Category）的概念。接入标识表征 UE 的身份特征，类似于以前的 3GPP 系统中的 Access Class 的概念。在 NR 中，目前已经标准化的接入标识有 0~15，其中 3~10 是未定义的部分，具体的定义可以参见参考文献 [1] 的表 4.5.2.1。接入类别则表征 UE 发起呼叫的业务属性，从参考文献 [1] 的表 4.5.2.2 中可以看到 0~7 是标准化的接入类别，而 32~63 是运营商定义的接入类别，其他的则是未定义的接入类别。

NR 小区的 SIB1 会定义具体的接入控制参数，其中关键的参数称为“uac-BarringFactor”“uac-BarringTimer”和“uac-BarringForAccessIdentity”，与接入类别之间有映射关系的是前两个参数。所以，UE 在某个小区执行 UAC 过程时，必须先获得这个小区的 SIB1。

UE 的 AS 层执行 UAC 的过程可以分成 3 个步骤。步骤 1 是根据 NAS 层所给的接入类别来判断是否可以直接进入“绿色通道”或 “红色通道”。接入类别 0 表示 UE 发起的响应寻呼的过程，这个接入类别不需要经过 UAC 的过程，而且也会体现在 “RRC 建立原因”中。也就是说被叫过程是无条件被接纳的。接入类别 2 表示紧急呼叫。UE 只有在当前正处于被网络拒绝建立 RRC 连接状态，即 T302 正在运行时，才需要对这个接入类别进行 UAC 的过程，否则也不需要经过 UAC 的过程。也就是说紧急呼叫在网络特别繁忙时，也需要经过 UAC 控制过程。除了上述情况以外，如果 UE 发现对应到当前的接入类别网络并没有广播任何相关的 UAC 参数，也会认为可以直接进入“绿色通道”。进入“红色通道”的意思是被直接拒绝。在 T302 运行时，除了接入类别 0 和类别 2 之外，其他所有的接入类别都会执行 UAC 过程。而当某个接入类别在执行 UAC 时没有通过，UE 内部会针对这个接入类别启动定时器 T390（其时间长度就定义在 uac-BarringTimer 参数）。当相同的接入类别在 T390 运行期间被再次发起时，就会被直接拒绝。除了上述进入“绿色通道”或“红色通道”的情况外，其他的接入类别会进入“黄色通道”，并且执行步骤 2 的过程。

在步骤 2 中要检验接入标识。接入标识 1、2、11~15 对应的通道定义在参数 uac-BarringForAccessIdentity 中。这个参数其实就是一个位图，被设置为 1 的接入标识可以直接进入“绿色通道”，被设置为 0 的接入标识直接进入“红色通道”，只有接入标识 0 没有对应的位图，因为需要在步骤 3 中进行判断。

在步骤 3 中首先根据接入类别确定控制参数“uac-BarringFactor”“uac-BarringTimer”。然后 AS 层会产生一个 0~1 的随机数。这个随机数如果小于对应的 uac-BarringFactor 则认为通过了 UAC 控制，否则会启动定时器 T390，其长度是（0.7+0.6 uac-BarringTimer）。

11.3.2 RRC 连接控制

在介绍 RRC 连接控制的具体内容之前，首先介绍 NR 系统引入的 RRC_INACTIVE 状态。RRC_INACTIVE 状态的引入有两个主要目的，一是省电，二是缩短控制面的接入时延。当 UE 处于 RRC_CONNECTED 状态时，是否发送数据主要取决于当前业务的模型。有些业务，如微信这样的社交媒体类的应用，有时数据包之间的间隔时间会比较长。在这种情况下，如果让 UE 一直处于 RRC_CONNECTED 状态，对用户体验来说并没有什么帮助，但是为了保持 RRC 连接，UE 需要持续不断地对当前的服务小区和邻近小区进行测量，以便在当前小区保持无线连接，并且在跨越小区时通过切换避免掉话。UE 的测量以及测量报告的发送都会要求 UE 的硬件处于活动状态。在 RRC_CONNECTED 状态配置 DRX（非连续接收）在一定程度上可以节省电池的消耗，但是并不能彻底解决问题。有一种选择是释放 RRC 连接，然后在有数据需要发送和接送时，再重新建立 RRC 连接。这种解决方案的问题是，用户的体验会比较差，这是因为从 RRC_IDLE 状态建立 RRC 连接需要经过整套的呼叫建立过程，包括建立 gNB 到核心网的控制连接和传输通道，而这个过程通常需要几十毫秒，甚至更长时间。另一个问题是，频繁的释放和连接会导致大量的控制信令。在业务比较繁忙时，这样的信令会导致所谓的信令风暴，从而对核心网的稳定运行造成冲击。RRC_INACTIVE 状态可以认为是两个方案之间的一个折中。

如图 11-4 所示，处于 RRC_INACTIVE 状态的 UE 保持了 NAS 层的上下文和 AS 层无线承载的配置，但是会挂起所有信令无线承载和数据无线承载，并且释放半静态的上行无线资源，如 PUCCH/SRS 资源等。而 gNB 除了保持 AS 层的无线承载之外，会保留 Ng 接口和这个 UE 相关的上下文。

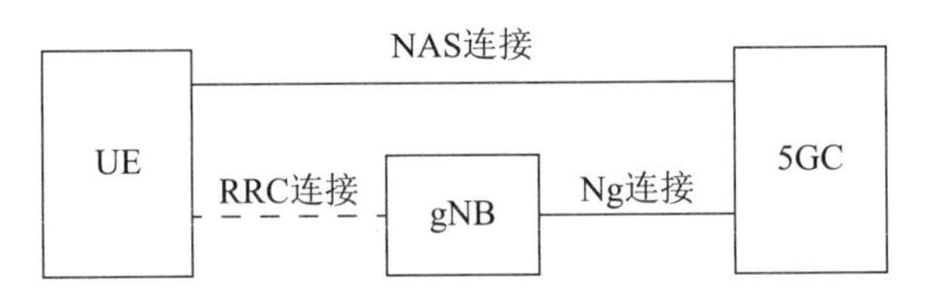

图 11-4　RRC_INACTIVE 状态说明

当 UE 需要发送和接收数据时，UE 需要重新进入 RRC_CONNECTED 状态。因为只要恢复 RRC 连接和相关的无线配置，就可以节省 Ng 连接和 NAS 连接的建立过程，从而使得控制面的时延缩短到 10 ms。在 R17 中引入了在 RRC_INACTIVE 状态发送和接送小数据包的方案，从而避免进入 RRC_CONNECTED 状态。在结合 2-step RACH（两步随机接入过程）之后，这样的方案不仅仅可以缩短控制面时延，还可以节省 MAC 层和 RRC 层的信令，从而达到省电的目的。但是 RRC_INACTIVE 状态省电的功能主要还在于，在这个状态下需要服从 RRC_IDLE 状态的移动性管理的规则，而不是 RRC_CONNECTED 状态下的移动性管理规则，从而节省不必要的 RRM（无线资源管理）测量和信令开销。

除了服从 RRC_IDLE 状态下的移动性管理和测量规则外，UE 还需要在跨越 RNA 时或周期性地进行通知区更新过程（RNA Update），目的是通知网络当前所在的 RNA。当 UE 在 RNA 内移动时，除了周期性的 RNA Update 过程外，在跨越小区时不需要通知网络。

图 11-5 给出了不同 RRC 状态在关键指标上定性的对比图。

RRC 连接控制主要包括两个部分：一部分是在不同 RRC 状态之间转换时的 RRC 连接维护的过程；另一部分是指在 RRC_CONNECTED 状态下无线链路的维护过程，包括无线链路失败和因此导致的 RRC 重建，如图 11-6 所示。在配置了双连接的前提下，MCG（主小区群）或 SCG（辅小区群）的无线链路还可以单独维护。

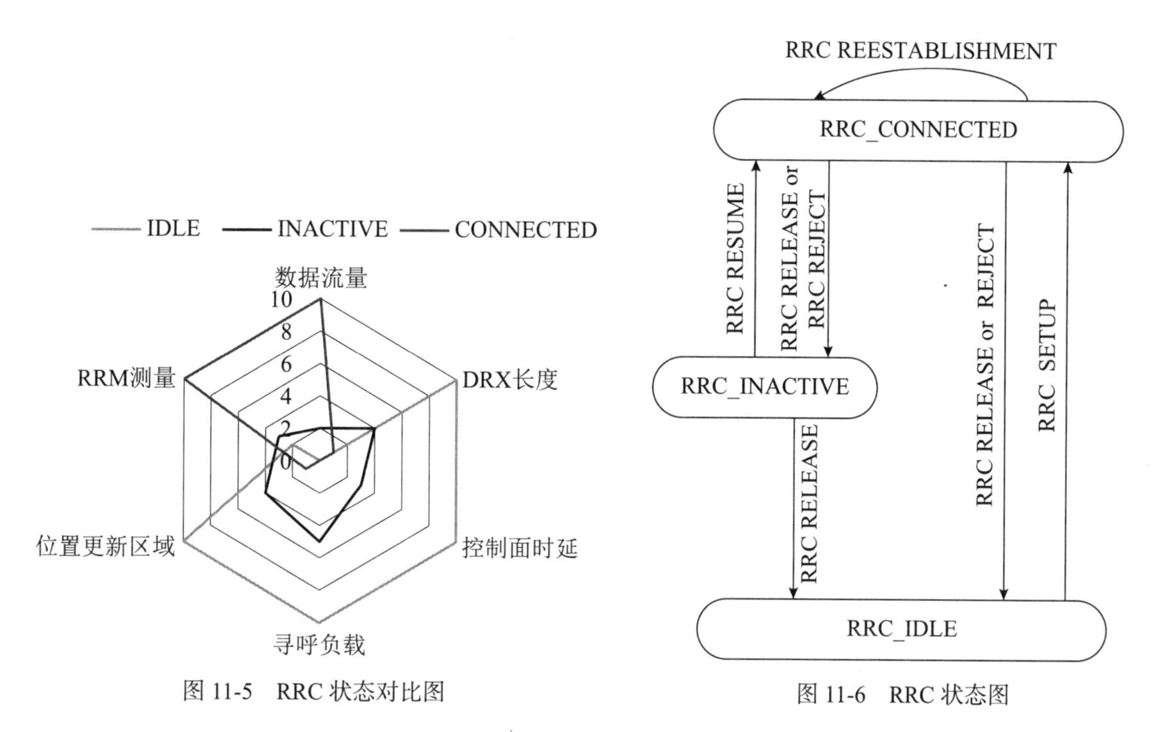

图 11-5　RRC 状态对比图

图 11-6　RRC 状态图

在这个状态机中，RRC_INACTIVE 状态回退到 RRC_IDLE 状态是一种比较少见的情况。这种情况实际上从 RRC_INACTIVE 状态向 RRC_CONNECTED 状态转换时的一种异常情况，也就是说 gNB 在收到 RRCResumeRquest（RRC 恢复请求）消息以后，gNB 发送 RRCRelease 消息让 UE 进入到 RRC_IDLE 状态。下面将重点介绍 RRC 连接建立和释放的过程，UE 在 RRC_INACTIVE 状态和 RRC_CONNECTED 状态之间的转换过程以及 RRC 重建的过程。

RRC 连接过程有两个握手过程，图 11-7 所示为参考文献 [2] 中的图 5.3.3.1-1。

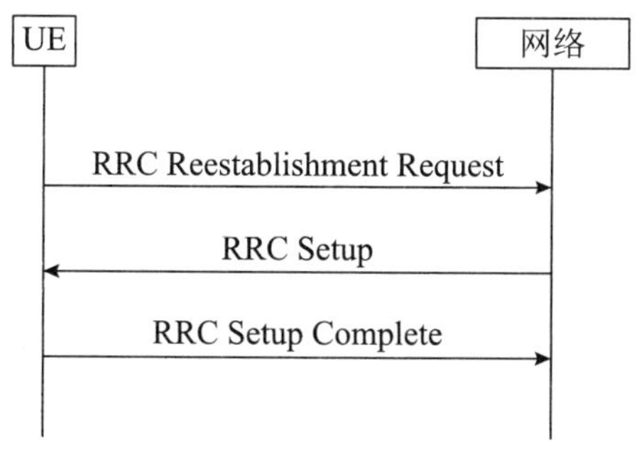

图 11-7　RRC 连接过程

RRCSetupRequest 消息中包含了 UE ID 和“RRC 建立原因”。如果 UE 在当前选择的 PLMN 中曾经注册过，那么 UE ID 是 NAS 层的临时标识，称为“ng-5G-S-TMSI”。这个标识的完整长度是 48 bit。而 RRCSetupRequest 消息是承载在 MAC RACH 过程的消息 3 中发送给网络的。RACH 过程的消息 3 受限于上行的网络覆盖，在没有 RLC 层的 ARQ 机制帮助下（因为 RLC AM 配置参数是通过后续的 RRCSetup 消息进行配置的，所以这个消息只能通过 RLC TM 模式进行发送），消息 3 本身的大小有限制。当消息 3 用来承载 RRCSetupRequest 消息时，消息 3 被限制在 56 bit。在扣除了 8 bit 的 MAC 层协议头开销以后，RRCSetupRequest 消息的大小被限制在 48 bit。为了在同一个消息中表示 4 bit 的“RRC 建立原因”，在消息中只能包含 ng-5G-S-TMSI 低位的 39 bit。在扣除了 RRC 层的协议头开销以后，这个消息中还保留 1 bit，用于将来的消息扩展。ng-5G-S-TMSI 的高位 9 bit 将通过 RRCSetupComplete（RRC 建立完成）消息发送给 gNB。RRCSetupRequest 消息之所以需要包含 39bit 的 ng-5G-S-TMSI，目的是尽可能地保证这个消息中 UE ID 的唯一性，而这样的唯一性之所以重要是因为这个消息会作为 MAC 层 RACH 过程中冲突解决的依据。而 ng-5G-S-TMSI 之所以具备唯一性是因为这个 UE ID 是由 5GC 统一分配的。当 UE 在当前的 PLMN 中不曾注册过时，那么就只能选择一个 39 bit 的随机数。UE 产生的随机数从理论上来说可能会与某个 UE 的 ng-5G-S-TMSI 雷同，从而造成 RACH 过程的失败，但是这样的概率是很低的，因为只有两个有雷同 UE ID 的 UE 正好在相同的时刻发起 RACH 过程才会发生这样的冲突。

RRCSetup 消息中包含了 SRB1、SRB2 的承载配置信息以及 MAC 层和 PHY 层的配置参数。UE 在按照 RRCSetup 消息中的配置参数配置了 SRB1 和 SRB2 以后，就会在 SRB1 上发送 RRCSetupComplete 消息。SRB1 采用 RLC AM 模式进行发送，所以其大小没有特殊的限制。在 RRCSetupComplete 消息中包含 3 部分内容。第一部分是 UE ID 信息。当 RRCSetupRequest 消息中包含 39 bit 的 ng-5G-S-TMSI 时，UE ID 就是剩余的 9 bit，否则 UE ID 包含完整的 48 bit 的 ng-5G-S-TMSI。第二部分是一个 NAS 消息。第三部分是 gNB 需要的路由信息，包括 UE 注册的网络切片列表、选择的 PLMN、注册的 AMF 等内容。gNB 利用这些信息确保能够包含的 NAS 消息路由到合适的核心网网络节点，并且把完整的 ng-5G-S-TMSI 和允许的网络通过 Ng 接口的 INITIAL UE MESSAGE（初始 UE 消息）发送给核心网。

如果 gNB 在检查了“RRC 建立原因”以后认为网络比较拥塞时不接纳当前的这个呼叫，那么会通过 RRCReject 消息拒绝 UE 接入。这样，RRC 连接建立的过程就失败了。

UE 在 RRC_CONNECTED 状态时，gNB 可以通过 RRCRelease 消息让 UE 进入 RRC_INACTIVE 状态。在这个 RRCRelease 消息中有一个称为“SuspendConfig”的参数，其中包含 3 部分内容。第一部分是分配给 UE 的新的 ID，即 I-RNTI。除了 40 bit 的完整的 I-RNTI（称为 fullI-RNTI）之外，还有一个 24 bit 的短 I-RNTI（称为 shortI-RNTI）。第二部分是和 RRC_INACTIVE 状态下移动性管理相关的配置参数，包括专用的寻呼周期（PagingCycle）、通知区（RNA）和用于周期性 RNA UPDATE 过程的定时器（t380）的长度。这些参数在 11.1 节中已经介绍过了。第三部分是和安全相关的参数，即 NCC 参数。在后面的 RRCResume 过程的介绍中会详细介绍这两个 UE ID 和 NCC 的使用方式。

UE 可能会因为被寻呼，或者发起 RNA Update 过程，或者发送数据而发起 RRC 恢复过程。这个过程的流程图（见图 11-8）可以参见参考文献 [2]。

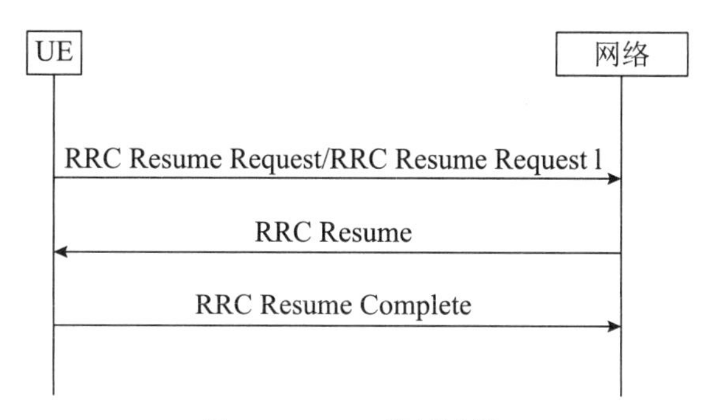

图 11-8　RRC 恢复过程

UE 在发送 RRCResumeRequest/RRCResumeRequest1（RRC 恢复请求）之前，也需要进行接入控制过程，有些特别的地方是接入类别的确定。如果 UE 是为了响应 gNB 的寻呼，那么接入类别设置为 0，如果是因为 RNA Update，那么接入类别为 8。其他的都与本章介绍的 UAC 机制一致。

发送的 RRCResumeRequest 和 RRCResumeRequest1 之间的差异在于包含的 I-RNTI 的长度。与 RRC 建立过程中的 RRCSetupRequest 的原因类似，这两个消息的大小受一定的限制。为了保证覆盖 RRCResumeRequest 也采用 48 bit。由于消息中同时还需要包含 16 bit 的 Short-MAC-I（短完整性消息鉴权码）和 RRC 恢复的原因，所以包含的 I-RNTI 只有 24 bit，也就是前文中提到的 ShortI-RNTI。没有完整 I-RNTI 的缺陷是 gNB 根据 I-RNTI 确定锚点 gNB（挂起 UE 进入 RRC_INACTIVE 状态的 gNB）时，可能会存在一定的歧义。为了解决这个问题，比如在覆盖范围比较小的小区，UE 会发送包含 40 bit I-RNTI 的 RRCResumeRequest1。小区的 SIB1 中有一个参数来指明 UE 是否允许发送 RRCResumeRequest1。

这两个消息都会包含 Short-MAC-I 用于安全验证和 UE 上下文的确定。Short-MAC-I 实际上是 16 bit 的 MAC-I。在 RRCResumeRequest 或 RRCResumeRequest1 的 Short-MAC-I 计算的对象是 source PCI（源小区物理小区标识）、target Cell-ID（目标小区标识）、source C-RNTI（源小区分配的 C-RNTI）。采用的是 UE 在锚点 gNB 使用的旧的完整性保护的密钥和算法。假设当前的服务 gNB 就是原来的锚点 gNB，那么这个 gNB 会按照相同的密钥和算法对前述计算对象进行计算和验证。如果完整性验证通过，那么 gNB 才会根据 UE 的上下文来应答 RRCResume（RRC 恢复）消息。这个 RRCResume 消息的目的是恢复 SRB2 和所有的 DRB，并且配置 MAC 和 PHY 层的无线参数（SRB1 在接收到 RRCResumeRequest 消息时就认为已经恢复）。RRCResume 消息通过 SRB1 发送给 UE，UE 会接收和处理这个 RRCResume 消息，在 SRB1 上应答 RRCResumeComplete（RRC 恢复完成）消息。至此，这个 UE 就进入 RRC_CONNECTED 状态。

表 11-4 中，K_{gNB} 是根据 NCC 对应的旧的 K_{gNB} 或者 NH，采用平行或者垂直的密钥推算方式进行推算得到的，推算时还需要输入当前服务小区的 PCI 和频点信息。详细内容可以参考协议 33.501 中的第 6.9.2.1.1 节。

表 11-4　RRC 恢复过程消息

RRC 消息	承载的 SRB	采用的安全密钥	安全措施
RRCResumeRequest(1)	SRB0	无	无
RRCResume	SRB1	K_{gNB} 或者 NH 和对应的 NCC	完整性保护和加密
RRCResumeComplete	SRB1	K_{gNB} 或者 NH 和对应的 NCC	完整性保护和加密

如果当前的服务 gNB 不是锚点 gNB，那么当前的 gNB 需要把收到的信息和服务 gNB 的信息包括 PCI 和临时分配的 C-RNTI 前转给锚点 gNB。如果锚点 gNB 根据前转的信息完成 Short-MAC-I 验证，那么会把保留的相关 UE 的上下文，包括安全上下文，前转给服务 gNB。然后服务 gNB 才会继续后续的流程。图 11-9 所示为参考文献 [4] 的图 8.2.4.2-1，标识在 old NG-RAN node（旧的下一代无线接入网络节点）和 new NG-RAN node（新的下一代无线接入网络节点）之间通过 RETRIEVE UE CONTEXT REQUEST（获取 UE 上下文请求）消息和 RETRIEVE UE CONTEXT RESPONSE(获取 UE 上下文请求响应)消息来交换 UE 上下文的过程。

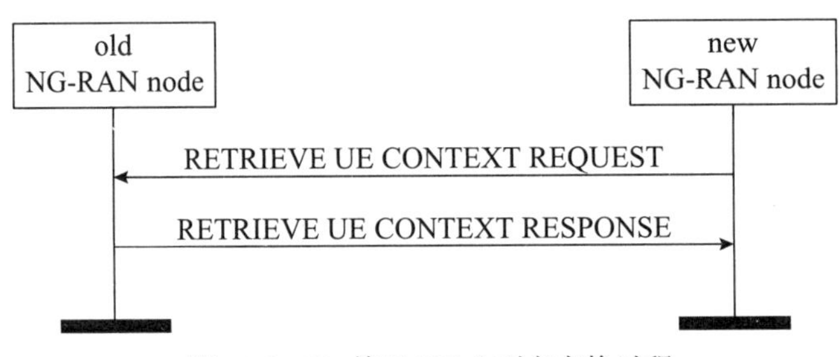

图 11-9　Xn 接口 UE 上下文交换过程

RRC 连接恢复的流程也可能出现不同的异常流程，表 11-5 列出了各种可能的情况。

表 11-5　RRC 连接恢复的流程中的异常流程

gNB 响应的消息	UE 的处理	进入的 RRC 状态
RRCSetup	UE 清除原有的上下文，然后开始 RRC 连接的建立过程	RRC_CONNECTED 状态
RRCRelease	UE 释放上下文	RRC_IDLE 状态
RRCRelease（带有 SuspendConfig）	UE 接收新的进入 RRC_INACTIVE 状态的配置	RRC_INACTIVE 状态
RRCReject（RRC 拒绝）	UE 清除原有的上下文，并且启动 T302 定时器	RRC_IDLE 状态

NR 的 RRC 重建过程和 LTE 系统的 RRC 重建过程的触发原因比较类似。其目的也是恢复 SRB1 和激活新的安全密钥。

从表 11-6 可以看出，NR 的 RRC 重建过程对 RRCRestablishment 消息的安全保护比较好。SRB1 的配置依赖于缺省配置的好处是消息很简单，但是因为缺少必要的 PUCCH 资源的配置，gNB 在发送了 RRCRestablishment 消息以后，必须在适当的时间给 UE 发送一个 UL Grant，让 UE 能够在这个 UL Grant 上发送 RRCRestablishmentComplete，否则当 UE 处理 RRCRestablishment 以后，并且需要发送完成消息时，会因为没有发送 SR（Schedule Reuqest）的 PUCCH 资源而发起 RACH 过程，从而延误完成消息的发送。

表 11-6　NR 和 LTE 的 RRC 重建消息对比

RRC 重建过程	LTE 系统	NR 系统
RRCRestablishmentRequest（RRC 重建请求）	在 SRB0 发送，没有安全保护	在 SRB0 发送，没有安全保护
RRCRestablishment（RRC 重建）	在 SRB0 上发送，没有安全保护。包含 SRB1 的无线配置和 NCC 参数	在 SRB1 上发送，采用完整性保护，但是没有加密。SRB1 的配置采用缺省配置，包含 NCC 参数
RRCRestablishmentComplete（RRC 重建完成）	在 SRB1 上发送，采用完整性保护和加密	在 SRB1 上发送，采用完整性保护和加密

gNB 在收到 RRCReestablishmentRequest 消息以后，如果无法定位到 UE 的上下文，那么发送 RRCSetup 消息发起 RRC 的建立过程。而 UE 在收到 RRCSetup 消息以后，则会清除现有的 UE 上下文，开始一个 RRC 的建立过程。这个异常处理是 LTE 系统所没有的。下述流程图（见图 11-10）可以参见参考文献 [2] 的图 5.3.7.1-2。

NR 系统 RRC 连接控制在引入 MR-DC（多接入技术双连接）架构时，也对控制面进行了一定的改进。从模型的角度，产生 RRC 消息内容的网络节点有两个，即 MCG 和 SCG [5]。下述流程图（见图 11-11）可以参见参考文献 [5] 的图 4.2.1-1，其中 Master Node（主节点）在后文中也称为 MN，Secondary Node 在后文中也称为 SN。

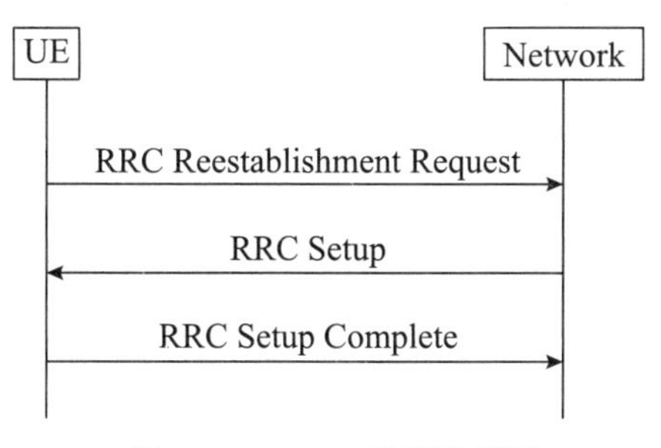

图 11-10　RRC 重建流程图

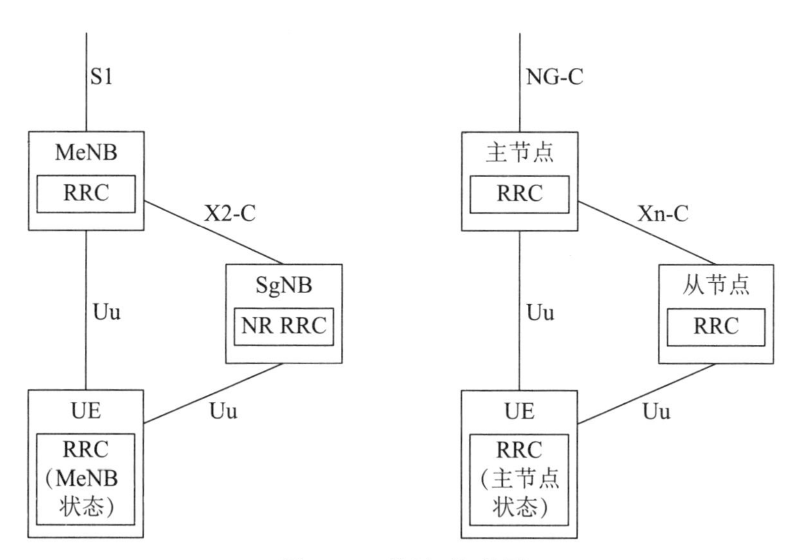

图 11-11　控制面架构图

在 MR-DC 架构中，如果 SCG 是 gNB，那么网络还可以配置一个新的无线信令承载，称为 SRB3。SCG 的初始配置消息总是需要通过 MCG 的 SRB1 发送给 UE 的，在这种情况下 SCG 只负责 RRC 的内容和 ASN.1 编码，而 PDCP 的安全处理则由 MCG 负责。对于之后的其他消息，网络可以选择承载在 MCG 上的 SRB1 或者 SCG 上的 SRB3 上发送。如果采用 SRB3 发送，那么安全处理则由 SCG 的 PDCP 协议层负责完成，其中密钥和 MCG 的配置不一样，而安全算法则可能相同。尽管有可能采用 SRB1 或 SRB3 发送 RRC 信令，RRC 的状态机还是只有一个。

在 MR-DC 的这种架构下，NR 系统引入了 MCG 和 SCG 链路单独维护和恢复的机制。SCG 的无线链路失败的原因可能有以下几个。

- 主辅小区（PSCell）上发生了无线链路失败。
- 主辅小区（PSCell）上发生了随机接入失败。
- SCG 上 RLC AM 的无线承载在 RLC 上重发的次数超过了规定的次数。
- SCG 上 RRC 重配或者 SCG 更换流程失败。
- SRB3 上承载的信令的完整性验证失败。

在发生了这些事件之后，UE 暂时挂起 SRB3 和 DRB 的发送和接收过程，并且会通过 MCG 上的 SRB1 发送一个 SCGFailureInformation（SCG 失败信息）给网络。这个消息包含发生 SCG 链路失败的原因以及服务小区和邻近小区的一些测量结果。网络在接收到这个消息以后，会采用适当的处理方式。

在 R16 中，NR 系统还引入了 MCG 链路失败和恢复的过程，前提是 SCG 的链路还在正常工作。MCG 发生无线链路失败以后，UE 会挂起 MCG 上的 SRB 和 DRB 的发送和接收过程，并且通过 SCG 上的 SRB1（假设 SRB1 配置成分离式承载）或 SRB3 发送给网络。类似地，在这个小区中不但包括 MCG 链路失败的原因，还会上报服务小区和邻近小区的一些测量结果。网络在接收到这个消息以后，会采用适当的处理方式。UE 等待网络处理的时间由一个定时器 T316 来限制。如果 T316 超时的时候还没有得到网络的及时处理，那么就会触发 RRC 重建过程。

11.4 RRM 测量和移动性管理

11.4.1 RRM 测量

1. RRM 测量模型

NR 系统由于引入了波束赋形的概念，导致在 RRM 测量的实现上 UE 是针对各个波束分别进行测量的。波束测量对测量模型带来了一些影响，主要体现在 UE 需要从波束测量结果推导出小区的测量结果。

如图 11-12 所示[6]，UE 物理层执行 RRM 测量，获得多个波束的测量结果并递交到 RRC 层。在 RRC 层，这些波束测量结果经过一定的筛选后只有满足条件的才作为小区测量结果的计算输入。在筛选条件的确定上，3GPP 讨论中主要涉及以下几类方案[7]。

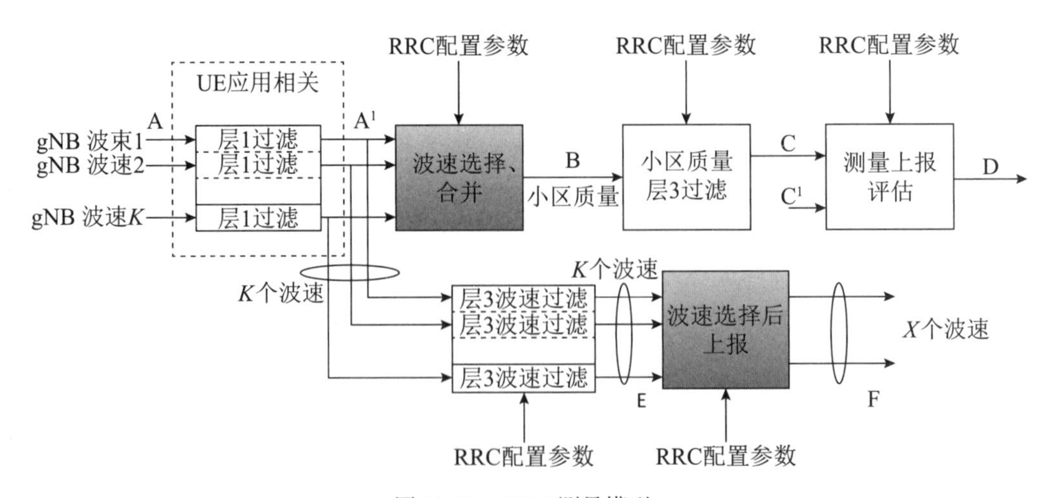

图 11-12　RRM 测量模型

- 方案 1：选择 N 个最好的波束测量结果。
- 方案 2：选择满足一定门限值的 N 个最好的波束测量结果。
- 方案 3：选择最好波束以及与最好波束质量相差一定门限值的 N–1 个较好的波束测量结果。

3 种方案的初衷都是选择最好的一些波束来计算小区测量结果。方案 1 对波束测量结果不做质量上的要求，因而不利于网络准确地使用由此计算的小区测量结果。方案 2 和方案 3 的差别不是很大，只是方案 3 相比方案 2 而言，对波束测量结果的绝对值没有严格控制。最终，3GPP RAN2 NR Adhoc June 会议讨论中通过投票表决采用方案 2。在方案 2 的实现上，UE 通过 RRC 专用信令获取该门限值和最大波束个数 N，并对满足门限的 N 个最大的波束测量结果取线性平均得到小区测量结果。当网络不配置门限和 N 时，UE 选择最好的波束测量结果作为小区测量结果。为了降低测量过程中的随机干扰，生成的小区测量结果要经过 L3 滤波后才能触发测量上报。以上是 UE 上报小区测量结果的过程，在一些场景中，网络可能要求 UE 上报波束测量结果，此时物理层递交的波束测量结果仍要经过 L3 滤波操作才能进行测量上报。

针对连接态的 UE，5G 系统测量的基本配置继承了 LTE 系统的框架，包括以下几个部分。

测量对象标识 UE 执行测量所在的频点信息，这一点与 LTE 系统相同。不同的是，在测量参考信号方面，NR 系统支持 SSB 和 CSI-RS 两种参考信号的测量（详见第 6.4.1 节）。对于 SSB 测量，频点信息是测量对象所关联的 SSB 频点，由于 5G 系统支持多个不同子载波间隔的传输，测量对象中需要指示测量相关的 SSB 子载波间隔。对于 SSB 参考信号的测量配置，测量对象中还要额外指示 SSB 测量的时间窗信息，即 SMTC 信息，网络还可以进一步指示 UE 在 SMTC 内对哪几个 SSB 进行测量等信息。对于 CSI-RS 参考信号的测量配置，测量对象中包含 CSI-RS 资源的配置。为了使 UE 能从波束测量结果推导出小区测量结果，测量对象中还配置了基于 SSB 和 CSI-RS 的波束测量结果筛选门限值以及线性平均计算所允许的最大波束个数。针对波束测量结果和小区测量结果的 L3 滤波，测量对象中还根据不同的测量参考信号分别指示具体的滤波系数。

上报配置主要包括上报准则、参考信号类型和上报形式等配置信息。与 LTE 系统一样，NR 支持周期上报、事件触发上报、用于 ANR 目的的 CGI 上报和用于测量时间差的 SFTD 上报。对于周期上报和事件触发上报，上报配置中会指定参考信号类型（SSB 或者 CSI-RS）、测量上报量（RSRP、RSRQ 和 SINR 的任意组合）、是否上报波束测量结果以及可上报波束的最大个数。对于事件触发上报，上报配置针对每个事件会指定一个测量触发量，从 RSRP、RSRQ 和 SINR 中选择其一。目前 5G 系统继承了 LTE 系统的 6 个 intra-RAT 测量事件（即 A1 到 A6 事件）和 2 个 inter-RAT 测量事件（即 B1 和 B2 事件）。

与 LTE 系统一样，NR 系统采用测量标识与测量对象和上报配置相关联的方式，如图 11-13 所示。这种关联方式比较灵活，可以实现测量对象和上报配置的任意组合，即一个测量对象可关联多个上报配置，一个上报配置也可以关联多个测量对象。测量标识会在测量上报中携带，供网络侧作为参考。

测量量配置定义了一组测量滤波配置信息，用于测量事件的评估和上报以及周期上报。测量配置中每一个测量量配置都包含了波束测量量配置和小区测量量配置，并分别针对 SSB 和 CSI-RS 定义了两套滤波配置信息，而每套滤波配置信息又针对 RSRP、RSRQ 和 SINR 分别定义了 3 套滤波系数。具体的配置关系如图 11-14 所示。测量对象中所使用的 L3 滤波系数就是对应于这里的一个测量量配置，通过测量量配置序列中的索引来指示。

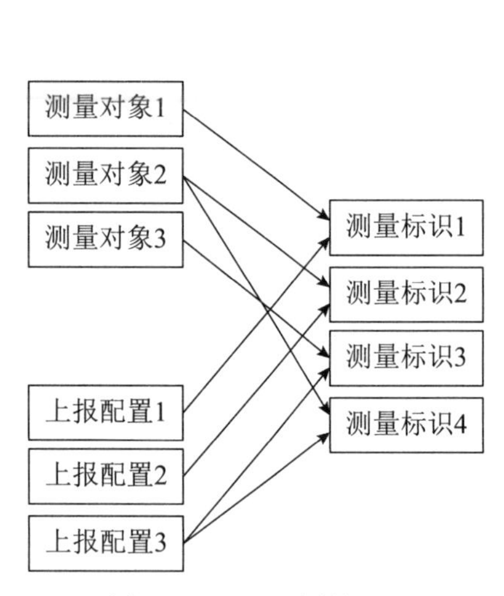

图 11-13　RRM 测量配置

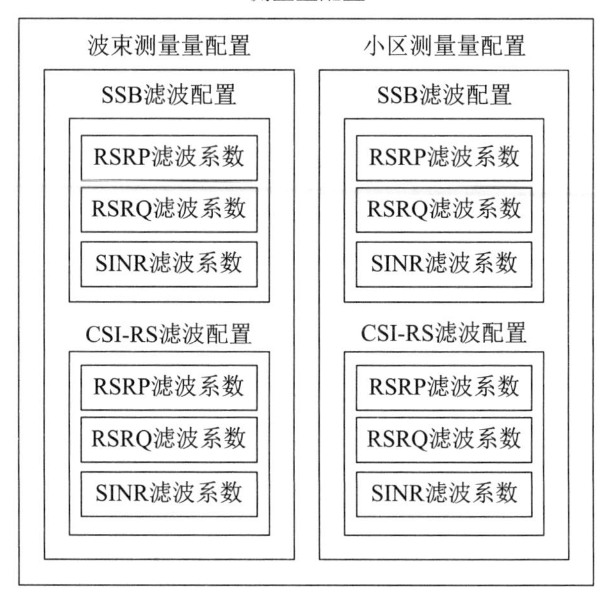

图 11-14　测量量配置

与 LTE 系统相同，对于连接态的 NR UE，在进行异频或者异系统测量时，需要网络侧配置测量间隔（详见第 6.4.2 节）。在测量间隔内，UE 停止所有业务和服务小区的测量等。对于同频测量，UE 也可能需要测量间隔，如在当前激活的 BWP 并没有覆盖到待测量的 SSB 频点时。在配置方式上，NR 支持 per UE 和 per FR 两种测量间隔。以 EN-DC 为例，在配置 per UE 测量间隔时，辅节点（SN）将要测量的 FR1 和 FR2 频点信息通知给主节点（MN），MN 决定最终的测量间隔，并将测量间隔配置信息通知给 SN。在按频率范围配置测量间隔时，SN 将要测量的 FR1 频点信息通知给 MN，MN 将要测量的 FR2 频点信息通知给 SN，MN 来配置 FR1 的测量间隔，SN 来配置 FR2 的测量间隔。MN 配置的测量间隔，UE 在执行测量时参考的是 PCell 的无线帧号和子帧号。相应的，SN 配置的测量间隔，UE 基于 PSCell 的无线帧号和子帧号来计算测量间隔。

2. 测量执行和测量上报

为了满足 UE 节电的需求，网络可以在测量配置中包含 s-measure（RSRP 值）参数。UE 用 PCell 的 RSRP 测量值和 s-measure 参数对比，用于控制 UE 是否执行非服务小区的测量，这点与 LTE 系统相同。与 LTE 系统不同的是，由于 NR 支持 SSB 和 CSI-RS 两种测量，因此在 3GPP 讨论中出现了以下两种关于 s-measure 配置的方案。

- 方案 1：配置两个 s-measure 参数，一个针对 SSB-RSRP 值，另一个针对 CSI-RSRP 值，两个 s-measure 参数分别控制邻小区 SSB 测量和 CSI-RS 测量的启动。
- 方案 2：只配置一个 s-measure 参数，网络指示该门限值是针对 SSB-RSRP 还是 CSI-RSRP 值，一个 s-measure 参数控制所有邻小区的测量（包括 SSB 测量和 CSI-RS 测量）启动。

最终 RAN2#100 次会议讨论认为方案 1 虽然在配置使用 s-measure 上更灵活，但方案 2 更简单且足以满足终端省电的需求，最终采用了方案 2，即 UE 按照配置的 s-measure 值来开启或停止所有邻小区的 SSB 和 CSI-RS 测量。

NR 系统的测量上报过程与 LTE 系统大体相同，区别在于 NR 中增加了 SINR 测量结果和波束测量结果的上报。UE 在上报波束测量结果时，同时上报波束索引以作为标识。

3. 测量优化

NR 系统的第一条 RRC 重配置消息一般情况下无法为 UE 配置合适的 CA 或 MR-DC 功能，因为此时网络侧还没有获取到 UE 的测量结果。第一条 RRC 重配置消息往往会配置测量任务。网络可以根据测量上报的结果来配置合适的 CA 或 MR-DC 功能。在实现过程中，这个过程的时延比较大，因为从 UE 开始执行测量到上报测量结果需要一段时间。为了快速配置 SCell 或 SCG，网络可以要求 UE 在 RRC_IDLE 状态或者 RRC_INACTIVE 状态下执行提前测量（Early Measurement），并在进入 RRC_CONNECTED 状态时上报给网络，这样网络可以根据提前测量的结果，快速配置 SCell 或 SCG。gNB 配置的测量目标频点可以包含 NR 频点列表和 E-UTRAN 频点列表。其中，NR 的频率列表只支持 SSB 的测量，不支持 CSI-RS 的测量，SSB 频点包含同步 SSB 和非同步 SSB 两种。

提前测量通过专用信令 RRCRelease 消息或者系统广播（原来的 SIB4 和新引入的 SIB11）进行配置。其中，系统广播中的测量配置对于 RRC_IDLE 状态的 UE 和 RRC_INACTIVE 状态的 UE 是公用的。如果通过 RRCRelease 接收到提前测量配置，则其内容会覆盖从系统广播获取的测量配置。如果 RRCRelease 配置的 NR 频点没有包含 SSB 的配置信息，那么会采用 SIB11 或者 SIB4 中的 SSB 配置信息。

只有在小区系统广播指示当前小区支持提前测量上报（也就是 idleModeMeasurements），UE 才会在 RRCSetupComplete 或 RRCResumeComplete 消息通过一个参数（idleMeasAvailable）指示 UE 是否存在可以上报的提前测量的测量结果。然后网络侧通过 UEInformationRequest（UE 信息请求）要求 UE 在 UEInformationResponse（UE 信息请求响应）消息中上报提前测量结果。对于 RRC_INACTIVE 状态的 UE，提前测量结果的请求和上报还可以通过 RRCResume 消息和 RRCResumeComplete 消息来完成。

UE 执行提前测量需要在规定的时间内完成，这个时间由 RRC 释放消息中配置的 T331 来控制。UE 在获取了提前测量的测量配置以后，就会启动这个定时。UE 在 RRC_INACTIVE 和 RRC_IDLE 状态之间转换时是不需要停止这个定时器的。

提前测量还可能需要在有效区域（validity AreaList）内执行。有效区域可以在专用信令中配置，也可以在 SIB11 中配置。有效区域由一个频点和该频点内小区列表组成。网络侧如果没有配置有效区域，则意味着没有测量区域限制。

11.4.2　移动性管理

NR 系统中 UE 的移动性管理主要包括 RRC_IDLE 或 RRC_INACTIVE 状态的小区选择和重选过程以及连接态 UE 的切换过程。

1. RRC_IDLE 或 RRC_INACTIVE 状态移动性管理

对于 RRC_IDLE 或 RRC_INACTIVE 状态的 UE 来说，能够驻留在某个小区的前提是该小区的信号质量（包括 RSRP 和 RSRQ 测量结果）满足小区选择 S 准则，这一点与 LTE 系统是一样的。UE 选择到合适的小区后会持续进行小区重选的评估，评估小区重选所要执行的测量是按照各个频点的重选优先级来划分并进行的。具体内容如下所述。

- 对于高优先级频点，邻小区测量是始终执行的。
- 对于同频频点，当服务小区的 RSRP 和 RSRQ 值均高于网络配置的同频测量门限时，

UE 可以停止同频邻小区测量，否则就要进行测量。

- 对于同优先级和低优先级频点，当服务小区的 RSRP 和 RSRQ 值均高于网络配置的异频测量门限时，UE 可以停止同优先级和低优先级频点的邻小区测量，否则就要进行测量。

通过测量获取多个候选小区后，如何确定小区重选的目标小区的过程与 LTE 系统基本是一样的，采取高优先级频点上小区优先重选的原则。具体内容如下所述。

- 对于高优先级频点上的小区重选，要求其信号质量高于一定门限且持续指定的时间长度，另外 UE 驻留在源小区时间不短于 1 s。
- 对于同频和同优先级频点上的小区重选，需要满足 R 准则（按照 RSRP 排序），新小区信号质量好于当前小区且持续指定的时间长度，另外 UE 驻留在源小区时间不短于 1 s。
- 对于低优先级频点上的小区重选，需要没有高优先级和同优先级频点小区符合要求，源小区信号质量低于一定门限，低优先级频点上小区信号质量高于一定门限且持续的指定时间长度，另外 UE 驻留在源小区时间不短于 1 s。

在同频和同优先级频点上的小区重选过程中，当出现多个候选小区都满足要求时，LTE 系统会通过 RSRP 排序的方式选出最好的小区作为重选的目标小区。考虑到 NR 系统中 UE 是通过波束接入小区的，为了增加接入过程中 UE 通过好的波束接入成功的概率，确定目标小区时需要同时兼顾小区信号质量和好的波束个数。为了达到这一目的，3GPP 会议讨论中涉及了以下两类方案。

- 第一类方案：将好的波束个数引入排序值中，如将好的波束个数乘以一个因子附加到小区测量结果上，UE 选择排序值最高的小区作为目标小区。
- 第二类方案：不改变排序值的计算（即仍使用小区测量结果排序），在选择目标小区前先挑选信号质量相近的最好几个小区，然后选择好的波束个数最多的小区作为目标小区。

最终，RAN2#102 次会议通过投票表决通过了第二类方案。

2. 连接态移动性管理

连接态 UE 的移动性管理主要通过网络控制的切换过程来实现，NR 系统继承了 LTE 系统的切换流程，主要包括切换准备、切换执行和切换完成 3 个阶段。

在切换准备阶段，源基站收到 UE 发送的测量上报后会做出切换判决并向目标基站发起切换请求，如果目标小区接纳了该请求，则会通过基站间接口发送切换应答消息给源基站，该消息中包含目标小区的配置信息，即切换命令。

在切换执行阶段，源基站将切换命令发送给 UE。UE 收到切换命令后即断开源小区的连接，开始与目标小区建立下行同步，然后利用切换命令中配置的随机接入资源向目标小区发起随机接入过程，并在随机接入完成时上报切换完成消息。UE 在接入目标小区的过程中，源基站将 UPF 传来的数据包转发给目标基站，并将转发前源小区内上下行数据包收发的状态信息发送给目标基站。

在切换完成阶段，目标基站向 AMF 发送路径转换请求，请求 AMF 将 UPF 到接入网的数据包传输路径转换到目标基站侧。一旦 AMF 响应了该请求，则表明路径转换成功，目标基站就可以指示源基站释放 UE 的上下文信息了。至此，整个 UE 的连接就切换到目标小区内。

如前所述，在 NR 的 R15 版本中，切换过程相比 LTE 系统没有进行过多的改动和增强。其中，与 LTE 系统切换不同的一点是，NR 系统内的切换不意味着一定会伴随安全密钥的更新，这主要是针对 NR 系统中 CU 和 DU 分离的网络部署场景。如果切换过程是发生在同一个 CU 下的不同 DU 之间，则网络在切换过程中可以指示 UE 不更换安全密钥，即此时在切换前后使用相同的安全密钥不会造成安全隐患。当不需要更新安全密钥时，PDCP 实体也可以不进行重建，因此 NR 系统内切换时 PDCP 重建的操作也是受网络控制的，这一点与 LTE 系统不同，LTE 系统内的切换是一定要执行密钥更新和 PDCP 实体重建的步骤。

3. 连接态移动性优化

针对以上基本的切换流程，NR 技术演进时提出了进一步的优化，主要体现在用户面业务中断时间缩短和控制面切换鲁棒性增强的优化上。

（1）业务中断时间缩短优化

移动性的中断时间是指 UE 不能与任何基站交互用户面数据包的最短时间。在现有的 NR 切换流程中，当终端收到切换命令后，UE 会断开与源小区的连接并向目标小区发起随机接入过程，在此期间内，UE 的数据中断时间至少长达 5 ms。为了缩短用户数据的中断时间，NR 引入了一种新的切换增强流程，也就是基于双激活协议栈的切换（本书称为 DAPS 切换）。

DAPS 切换的主要思想是，当 UE 收到切换命令后在向目标小区发起随机接入的同时保持和源小区的数据传输，从而在切换过程中实现接近 0 ms 的数据中断时间。在缩短切换中断时间的标准化讨论之初，DAPS 只是其中一种候选方案，另一种候选方案是基于双连接的切换（本书中称为基于 DC 的切换）[8,9]。

图 11-15 给出了现有切换过程中 UE 与网络侧协议栈的示意图，UE 同一时间只会保持与一个小区的连接以及其对应的协议栈。基于 DC 的切换（见图 11-16）的主要思想是首先将目标小区添加为主辅小区（PSCell），然后通过角色转换过程将目标小区（主辅小区）转换为主小区（PCell），同时将源小区（主小区）转换为主辅小区，最后将转换为辅小区的源小区释放，达到切换至目标小区的目的。基于 DC 的切换通过在切换期间保持与两个小区的连接，UE 也可以达到接近 0 ms 的中断时间并提高了切换的可靠性，但是由于需要引入新的角色转换的流程，且支持的公司较少，最终并未被标准采纳。

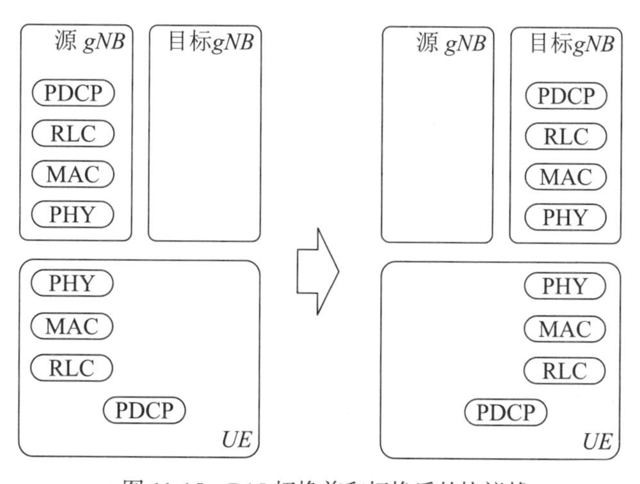

图 11-15　R15 切换前和切换后的协议栈

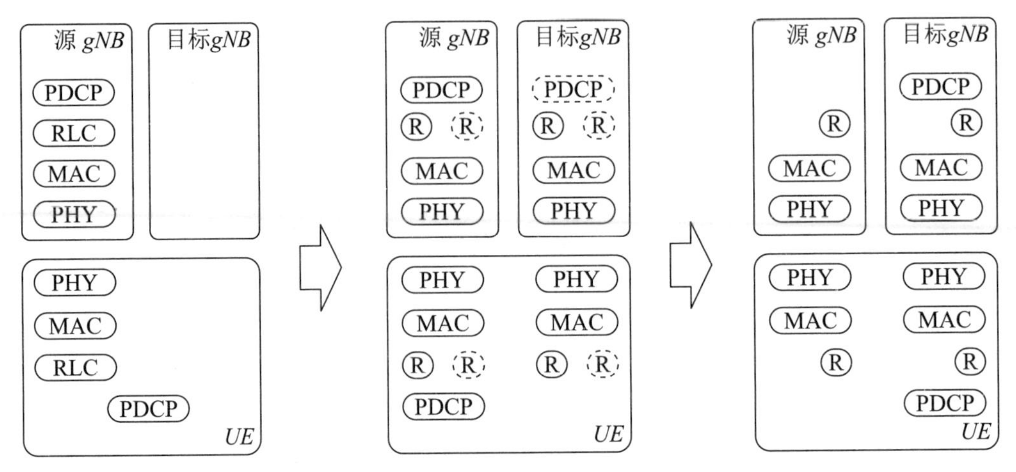

图 11-16　基于 DC 的切换在切换前、切换中和切换后的协议栈

如图 11-17 所示，DAPS 切换的协议栈架构比较简单，主要包括建立目标侧的协议栈，并且在接入目标小区期间保留源侧的协议栈，当切换完成时释放源侧协议栈。DAPS 切换的流程和普通切换类似，主要包括了切换准备、切换执行和切换完成几个阶段。DAPS 切换可以基于数据无线承载（DRB）来配置，也就是说网络可以配置部分对业务中断时间要求比较高的 DRB 进行 DAPS 切换。对于未配置 DAPS 切换的 DRB，执行切换的流程和现有的切换基本一致。

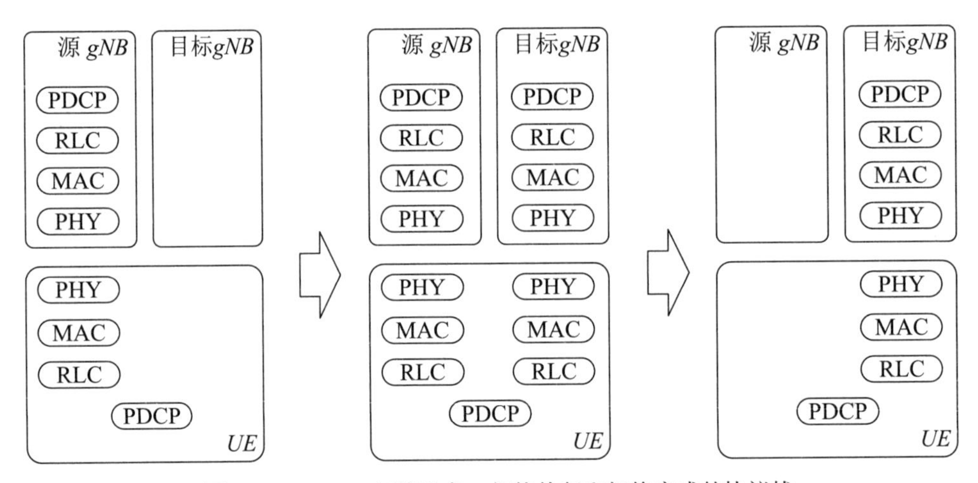

图 11-17　DAPS 切换准备、切换执行和切换完成的协议栈

在切换准备期间，源小区确定在 DAPS 切换期间的源小区配置并在切换请求消息中携带该配置信息，考虑到 UE 能力问题，R16 版本的 DAPS 切换不同时支持双连接（DC）和载波聚合（CA），也就是说在 DAPS 切换期间，UE 只维持与源小区 PCell 和目标小区的 PCell 的连接，那么源小区在发送切换请求之前就需要先释放 SCG 以及所有 SCell。

目标基站基于收到的源小区配置以及 UE 能力确定在 DAPS 切换期间的目标小区配置并生成切换命令，然后在切换请求响应消息中将 DAPS 切换命令发送给源小区，源小区收到后会透传该 DAPS 切换命令给 UE。

UE 收到切换命令后开始执行 DAPS 切换，对于配置了 DAPS 的 DRB，UE 会建立目标侧的协议栈，具体包括以下几点。

- 基于切换命令中的配置将源小区侧的标准 PDCP 实体重配置至 DAPS PDCP 实体，详见第 10.3 节。
- 建立目标侧的 RLC 实体以及对应的逻辑信道。
- 建立目标侧的 MAC 实体。

SRB 的处理与 DRB 有所不同，UE 收到切换命令后会基于配置信息建立目标侧 SRB 对应的协议栈，由于 UE 只有一个 RRC 状态，UE 会挂起源小区的 SRB，并且将 RRC 信令处理切换到目标小区以处理目标侧的 RRC 消息。对于未配置 DAPS 的 DRB，UE 对于协议栈的处理与现有切换一致。

当完成上述步骤后，UE 开始向目标小区发起随机接入过程以获得与目标小区的上行同步。我们前面提到 DAPS 的主要思想是同时维持源小区和目标小区的协议栈，也就是说 UE 在向目标小区发起随机接入过程的同时保持与源小区的连接，UE 和源小区之间的数据传输也是保持的。

在 UE 向目标小区发起随机接入期间，UE 会保持对源小区的无线链路监测，如果源小区链路失败，则 UE 会释放与源小区的连接并停止与源小区之间的数据收发。

反之，若此时 DAPS 切换失败，UE 未成功接入目标小区，且源小区未发生无线链路失败，那么，UE 可以回退到与源小区的连接，从而避免了由于切换失败导致的 RRC 连接重建立过程，此时对于协议栈的处理包括以下几部分内容。

- 对于 SRB，UE 会恢复源侧已挂起的 SRB，并向网络侧上报 DAPS 切换失败，同时释放目标侧 SRB 对应的 PDCP 实体、RLC 实体以及对应的逻辑信道等。
- 对于配置了 DAPS 的 DRB，UE 会将 DAPS PDCP 实体重配置至标准 PDCP 实体，并释放目标侧的 RLC 实体以及对应的逻辑信道等。
- 对于未配置 DAPS 的 DRB，UE 会回退到接收切换命令之前的源小区配置，包括 SDAP 配置、PDCP 与 RLC 状态变量、安全配置以及 PDCP 和 RLC 中存储在传输和接收缓冲区中的数据等。
- 同时 UE 会释放所有目标侧的配置。

当 UE 成功接入目标小区后，UE 就会把上行数据传输从源小区侧切换到目标小区侧。在标准讨论过程中，关于 UE 支持单上行数据传输还是同时保持与源小区和目标小区的上行数据发送经历了很长时间的讨论，一方面考虑到 UE 上行功率受限问题，另一方面由于此时网络侧的上行锚点在源小区侧，如果同时发送上行数据给源小区和目标小区，目标小区向源小区转发已收到的数据会带来额外的网络侧 X2 接口传输时延，因此，最终通过了单上行数据传输的方案。

UE 成功完成随机接入过程后，就会立即执行上行数据切换，其中上行数据切换包括向目标侧发送待传输的以及未收到正确反馈的 PDCP SDU，同时 UE 会继续源侧 HARQ 和 ARQ 的上行重传。源小区维持与 UE 的下行数据传输，那么这些下行数据对应的 HARQ 反馈、CSI 反馈、ARQ 反馈、ROHC 反馈也会继续向源小区上报。

在 UE 成功接入目标小区之后且释放源小区之前，UE 同时保持源小区和目标小区的连接，UE 会维持正常的目标侧无线链路监测，源小区侧所有无线链路失败的触发条件也都保持。若此时目标小区发生了无线链路失败，UE 会触发 RRC 连接重建立过程；反之若源小区发生了无线链路失败，UE 不会触发 RRC 连接重建立过程，同时会挂起源侧所有的 DRB，并释放与源小区的连接。

当目标小区指示 UE 释放源小区时，UE 会释放与源小区的连接并停止与源小区的上行数据发送和下行数据接收，包括重置 MAC 实体并释放 MAC 的配置、物理信道配置以及安全密钥配置。对于 SRB，UE 会释放其对应的 PDCP 实体、RLC 实体以及对应的逻辑信道配置；对于配置了 DAPS 的 DRB，UE 会释放源侧的 RLC 实体以及对应的逻辑信道，并将 DAPS PDCP 实体重配置为标准 PDCP 实体。

（2）切换鲁棒性优化

切换鲁棒性优化的场景主要针对高速移动场景，如蜂窝网络覆盖的高铁场景。高速移动场景下 UE 监测到的源小区信道质量会急剧下降，这样容易造成切换过晚，从而导致较高的切换失败率。具体体现在以下两个方面。

- 如果测量事件参数设置不合理，如测量上报阈值配置过高，则容易导致在触发测量上报时由于源小区的链路质量急剧变差而无法正确接收测量上报的内容。
- 高速移动给切换准备过程带来了新的挑战，目标小区反馈切换命令后，由于源小区链路质量急剧变差，UE 可能无法正确地接收源小区转发的切换命令。

条件切换（Conditional Handover，CHO）是在标准化制定过程中公认的能够提高切换鲁棒性的一项技术。与传统的由基站触发的立即切换过程不同，条件切换的核心思想是在源小区链路质量较好时提前将目标小区的切换命令内容提前配置给 UE，并同时配置一个切换执行条件与该切换命令内容相关联。当配置的切换执行条件满足时，UE 就可以自发地基于切换命令中的配置向满足条件的目标小区发起切换接入。由于切换条件满足时 UE 不再触发测量上报，且 UE 已经提前获取了切换命令中的配置，因而解决了前面提到的测量上报和切换命令不能被正确接收的问题。

条件切换过程也分为三个阶段。

在切换准备阶段，源基站收到 UE 发送的测量上报（通常，配置给 CHO 测量上报的门限会早于正常切换过程所配置的上报门限）后决定发起条件切换准备过程，并向目标基站发送切换请求消息，目标基站一旦接纳了切换请求就会响应一套目标小区配置发送给源基站，源基站在转发目标小区配置时会同时配置一套切换执行条件给 UE。

展开来说，条件切换配置包含两部分，分别是目标小区配置和切换执行条件配置。其中，目标小区配置就是目标基站响应的切换命令，源基站必须将其完整且透明地转发给 UE，不允许对其内容进行任何修改，这一原则同传统切换保持一致。与传统切换同样相同的是，切换命令可以采用完整配置的方式，也可以采用增量配置的方式。当采用增量配置方式时，源小区最新的 UE 配置将作为增量配置的参考配置。

切换执行条件配置主要是 UE 用来评估何时触发切换的配置。在条件切换配置的讨论中，3GPP 采用了最大化重用 RRM 测量配置的原则，并决定将传统切换中广泛使用的测量上报事件引入到切换执行条件配置中，这其中主要是针对 A3 和 A5 两个测量事件。区别是，当切换执行条件配置中的 A3 或 A5 事件触发时，终端将不再进行测量上报，而是执行切换接入的操作。为了实现以上区分，在 RRC 信令设计上，标准讨论中决定将 A3 和 A5 事件重新定义到上报配置中的一个新的条件触发配置分支上，这样，切换执行条件就可以通过测量标识的形式配置给 UE，而不会与测量上报相关的测量配置相互影响。在讨论过程中，一些网络设备厂商提出，为了最大限度地不偏离传统切换判决中的网络实现，配置给终端的切换执行条件需要考虑多种因素，如多个参考信号（SSB 或 CSI-RS）、多个测量量（RSRP、RSRQ 以及 SINR）和多个测量事件等。相反，终端厂商希望切换执行条件的配置尽量简单，便于 UE 实现。最终，通过标准会议的讨论和融合，针对切换执行条件的配置，达成了以下限制和灵活度。

- 最多两个测量标识。
- 最多一个参考信号（SSB 或 CSI-RS）。
- 最多两个测量量（RSRP、RSRQ 和 SINR 中的两个）。
- 最多两个测量事件。

由于条件切换配置是提前下发给 UE 的，并且由于终端移动方向具有一定的不可预见性，源基站并不能精准地知道 UE 最终会向哪个候选小区发起切换接入，因此，在实际网络部署中，源基站会向多个目标基站发起切换请求，并将多个目标基站反馈的切换命令都转发给 UE，同时配置相应的切换执行条件。也就是说，终端通常收到的是一组候选小区的条件切换相关配置。

在切换执行阶段，UE 会持续评估候选小区的测量结果是否满足切换执行条件。一旦条件满足，UE 立即中断和源小区的连接，与该小区建立同步，然后发起随机接入过程，并在随机接入完成时向目标基站上报切换完成消息。

前面提到，由于终端移动方向是不可预见的，网络通常会给终端配置一组目标小区的条件切换相关配置，这实际上也给终端选择切换执行的目标小区提供了很大的灵活性。在标准讨论初期，主要有以下两类方案。

- 方案 1：终端可以进行多次目标小区的选择，即一个目标小区接入失败后，终端仍继续评估其他目标小区是否满足切换执行条件。
- 方案 2：终端只允许进行一次目标小区的选择，若该目标小区接入失败，则终端触发连接重建立过程。

方案 1 的优势是可以最大化利用网络配置给 UE 的条件切换配置资源，缺点是由于多个目标小区的逐个尝试，整个切换过程的时延较难控制，网络侧可能需要额外配置一个单独的定时器来控制多小区接入的时长。方案 2 的优势是简单、利于终端实现，缺点是由于只能选择其中一个目标小区接入，会造成网络资源的浪费。最终，3GPP 采纳更为简单的方案 2，而针对其缺点，3GPP 引入了连接重建立的增强。具体来说，在连接重建立过程中，如果终端选择到的小区是一个 CHO 候选小区，那么终端可以直接基于该小区的条件切换配置执行切换接入；否则，终端执行传统的连接重建立过程。这种增强的处理实际上也融合了方案 1 的一些好处，一定程度上利用了已有的条件切换配置。

上述方案 2 虽然简单，但也仍然有一些问题需要解决。例如，终端如何从满足条件的多个目标小区中选择其中一个？标准讨论中一些观点认为，终端应该选择信道质量最好的小区作为最终的目标小区。另一些观点认为，应该模拟 RRC_IDLE/RRC_INACTIVE 状态小区重选过程中终端选择目标小区的行为，终端应该优先选择好的波束个数最多的小区，这样可以提高接入成功的概率。还有一些观点认为，网络应该为多个目标小区配置响应的优先级，这些优先级可以体现该目标小区所在频点的优先级以及该小区的负载情况。由于方案太多难以融合，最终，3GPP 决定不规范终端的行为，即如何选择目标小区留给终端实现。

切换完成阶段与传统切换过程类似，包括路径更换过程等。值得提及的是，由于源基站不能准确地预测 UE 何时满足切换执行条件发起切换接入，因此源基站何时进行数据转发是一个需要解决的问题。基本上来说，有以下两个方案。

- 方案 1：前期转发，即在发送完条件切换配置时就开始向目标基站发起数据转发过程，以使得目标基站在 UE 连接到目标小区后能够第一时间进行数据传输。

- 方案 2：后期转发，即当终端选择目标小区进行切换接入后，目标基站通知源基站进行数据转发。

方案 1 的好处是切换过程中数据中断的时间较短、业务连续性好，缺点是源基站需要向多个目标基站进行数据转发，网络开销大。方案 2 恰恰相反，好处是只向一个目标基站进行数据转发，节省网络开销，缺点是终端接入目标小区成功后目标基站不能立即传输数据给终端，需要等到源基站转发数据后才可以。两个方案各有利弊，最终 3GPP RAN3 讨论决定两类数据转发方案都支持，具体使用哪种留给网络侧实现。

11.5 小　结

NR 系统的系统消息广播从广播机制的角度与 LTE 系统相比，最大的区别是引入了按需请求的方式，其目的是减少不必要的系统消息广播，减少邻区同频干扰和能源的消耗。NR 不仅引入了新的寻呼原因，其发送机制也为了适应波束管理进行了相应的优化，更加适合在高频系统中使用。RRC 状态中 RRC_INACTIVE 状态的引入是在节电和控制面时延之间做了一个折中，同时也因此引入了新的 RRC 连接恢复流程。RRM 测量基本上沿用了 LTE 的框架，但也引入了新的参考信号，即基于 CSI-RS 的测量。RRC_CONNECTED 状态下的移动性管理最大的亮点是引入了基于双激活协议栈的切换，这样的机制使得用户面的中断时间接近 0 ms；而条件切换的方式则在很大程度上提高了切换的鲁棒性。

参考文献

[1] 3GPP TS 24.501. Non-Access Stratum (NAS) protocpol for 5G System (5GS).
[2] 3GPP TS 38.331. Radio Resource Control (RRC) protocol specification V15.8.0.
[3] 38.304. User Equipment (UE) procedures in idle mode and in RRC Inactive state.
[4] 38.423. Xn Application Protocol (XnAP).
[5] 37.340. Evolved Universal Terrestrial Radio Access (E-UTRA) and NR; Multi-connectivity.
[6] 3GPP TS 38.300 V16.2.0 (2020-06). Study on Scenarios and Requirements for Next Generation Access Technologies (Release 16).
[7] R2-1704832. RRM Measurements open issues. Sony.
[8] R2-1910384. Non DC based solution for 0ms interruption time. Intel Corporation, Mediatek Inc, OPPO, Google Inc., vivo, ETRI, CATT, China Telecom, Xiaomi, Charter Communications, ASUSTeK, LG Electronics, NEC, Ericsson, Apple, ITRI.
[9] R2-1909580. Comparison of DC based vs. MBB based Approaches. Futurewei.

第 12 章

网络切片

杨皓睿　许阳　付喆

网络切片是 5G 网络引入的新特性，也是 5G 网络的代表性特征。早在 5G 研究的第一个版本（R15 版本），网络切片就被写入标准，并在第二个版本（R16 版本）的研究中进一步优化。后续，在 R17 版本中，网络切片再引入新的特性。本章将对网络切片引入的背景、架构、相关流程与参数等进行详细介绍。

12.1　网络切片的基本概念

本节主要介绍网络切片的基本概念，为后续深入地理解网络切片打下基础。

12.1.1　引入网络切片的背景

随着通信需求的不断提高，无线通信网络需要应对各种不断出现的新兴应用场景（详见第 2 章）。目前可以预测的场景主要有增强移动宽带（Enhanced Mobile Broadbrand，eMBB）、超高可靠性低时延通信（Ultra-Reliable Low Latency Communications，URLLC）、海量物联网（Massive Internet of Things，MIoT）、车联网技术（Verticle to Everything，V2X）等。

目前，包括 4G 在内的现有无线通信网络并不能满足这些新的通信需求。首先，现有无线通信网络部署环境无法根据不同的业务需求进行资源优化。这是因为，现有无线通信网络中的所有业务都共享这张网络中的网络资源，所有需要路由到相同的外部网络的业务数据传输共用相同的数据连接，只能通过不同的业务质量（Quality of Service，QoS）承载进行区分。但是，不同的业务根据自身提供的服务不同，对资源的需求也千差万别。另外，随着更多新兴业务场景的产生，除了单纯的高速率外，还产生更多维度的需求，例如：高可靠性、低时延等。显然，一张通用的网络无法满足不同业务场景的定制化需求。其次，因为某些业务基于安全等因素的考虑，需要与别的业务进行隔离，这样，一张统一的网络也无法满足不同业务相互隔离的需求。

为了解决上述问题，网络切片的概念应运而生[6]。网络切片针对不同的业务或厂商进行定制化设计，还可以实现网络资源的专用和隔离，在满足不同业务场景需求的同时，也可以提供更好的服务。

对于网络切片的架构设计，在 5G 网络研究初期，基于网络切片的隔离程度，对于网络切片的架构曾设计了 3 种可选方案[1]。这 3 种可选方案对网络切片的分割程度不同，如图 12-1 所示。

- 方案一，所有的核心网网元都进行隔离。
- 方案二，只有部分核心网网元进行隔离。
- 方案三，核心网的控制面网元共用，用户面网元进行隔离。

经过各个公司的激烈讨论，基于现实部署的可行性和技术复杂度等方面的考量，再根据不同网元的功能和控制粒度，最终决定选择方案二（方案三可以认为是方案二的子集）。因为 UE 的移动管理和业务数据传输管理是独立的，所以不需要将接入与移动性管理功能（Access and Mobility Management Function，AMF）分割到各个网络切片，而是不同的网络切片共用 AMF。只有针对具体业务传输管理的网元，即会话管理功能（Session Management Function，SMF）和用户面功能（User Plane Function，UPF）进行隔离。这里的隔离可以通过虚拟化技术进行软件层面的隔离，也可以使用部署不同的真实网元来实现物理上的隔离。

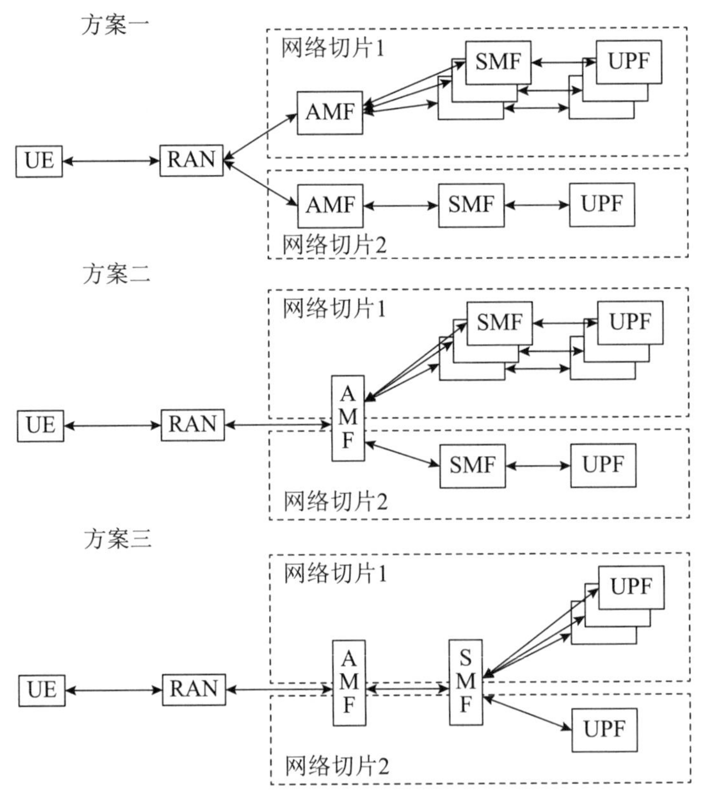

图 12-1　网络切片架构示意图

不同的业务需要不同的网络切片，这就意味着一个运营商需要部署多个网络切片来给不同的业务提供服务，另外，对于请求多个业务的用户设备（User Equipment，UE），也需要能够同时接入不止一个网络切片。所以，需要明确如何标识网络切片。

12.1.2　如何标识网络切片

标准中定义的网络切片标识称为单一网络切片选择辅助信息（Single-Network Slice Selection Assistance Information，S-NSSAI）。S-NSSAI 是一个端到端的标识，即 UE、基站、

核心网设备都可以识别的切片标识。

S-NSSAI 由两部分组成，即切片 / 服务类型（Slice/Service Type，SST）和切片差异化（Slice Differentiation，SD），如图 12-2[5] 所示。其中，SST 用于区分网络切片应用的场景类型，位于 S-NSSAI 的高 8 位比特（bit）。另外，SD 是在 SST 级别之下更加细致地区分不同的网络切片，位于 S-NSSAI 的低 24 位比特。例如，SST 为 V2X 时，通过 SD 区分不同的车企。

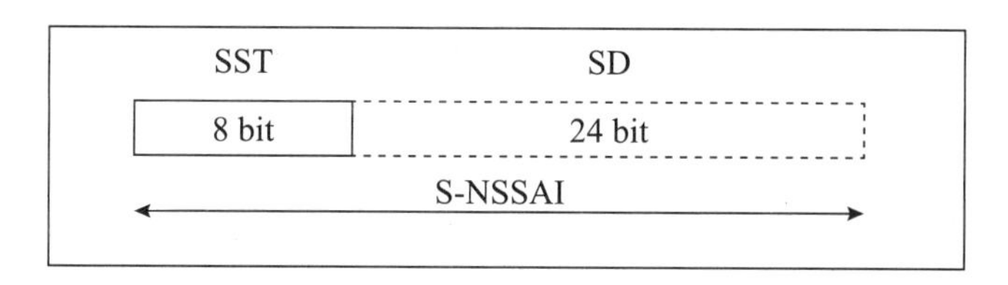

图 12-2　S-NSSAI 格式（引自 TS 23.122[5] 的第 28.4.2 节）

考虑到网络切片的定制化特性，每个运营商都会针对与自己进行合作的应用厂商部署不同的网络切片。所以，统一全世界运营商部署的网络切片的标识是不切实际的。但是，也的确存在全世界大部分运营商都普遍支持的业务。例如，传统的数据流量业务、语音业务等。所以，SST 的取值分为标准化取值和非标准化取值。现有的标准化 SST 值有 4 个，分别代表 eMBB、URLLC、MIoT、V2X。除了 V2X 在 R16 中引入外，其他 3 个值都是在 R15 标准中定义。非标准化取值可以由运营商根据自己部署的网络切片进行定义。

考虑到 UE 可以使用多个网络切片的场景，S-NSSAI 的组合被定义为 NSSAI。直到 R16，NSSAI 可以分为配置的 NSSAI（Configured NSSAI）、默认配置的 NSSAI（Default Configured NSSAI）、请求的 NSSAI（Requested NSSAI）、允许的 NSSAI（Allowed NSSAI）、挂起的 NSSAI（Pending NSSAI）、拒绝的 NSSAI（Rejected NSSAI）。Default Configured NSSAI 中的 S-NSSAI 只包含标准化取值的 SST，是所有运营商可以识别的参数。除了 Default Configured NSSAI，其他 NSSAI 中的 S-NSSAI 会包含其适用的运营商定义的取值，需要和其适用的公共陆地移动网络（Public Land Mobile Network，PLMN）进行关联。UE 只有在其关联的 PLMN 下才可以使用该 NSSAI。

12.2　网络切片的业务支持

网络切片部署的最终目的是为 UE 提供服务。当 UE 需要在网络切片中进行业务数据传输时，UE 需要先注册到网络切片中，收到网络的许可后，再建立传输业务数据的通路，即数据包单元（Packet Data Unit，PDU）会话。以下详细介绍 UE 注册和 PDU 会话建立流程。

12.2.1　网络切片的注册

UE 需要使用网络切片，必须先向网络请求，在获得网络的允许后才能使用。详细的注册流程图见 TS 23.502[2]，简略流程可见图 12-3，注册流程包括如下步骤。

首先，对于不同的网络切片，网络需要控制可以接入该切片的 UE，网络会为 UE 配置 Configured NSSAI。Configured NSSAI 中的网络切片对应于 UE 签约的网络切片。UE 可以基于 Configured NSSAI 来决定 Requested NSSAI。

Requested NSSAI 由业务对应的一个或多个 S-NSSAI 组成。UE 获得 Configured NSSAI

后，当 UE 需要使用业务时，UE 确定当前 PLMN 对应的 Configured NSSAI。如果 UE 保存有当前 PLMN 对应的 Allowed NSSAI，例如，UE 曾注册到该 PLMN、获得并保存收到的 Allowed NSSAI，则 UE 从 Configured NSSAI 和 Allowed NSSAI 中选择业务对应的 S-NSSAI。如果 UE 没有当前 PLMN 对应的 Allowed NSSAI，则只从 Configured NSSAI 中选择业务对应的 S-NSSAI。

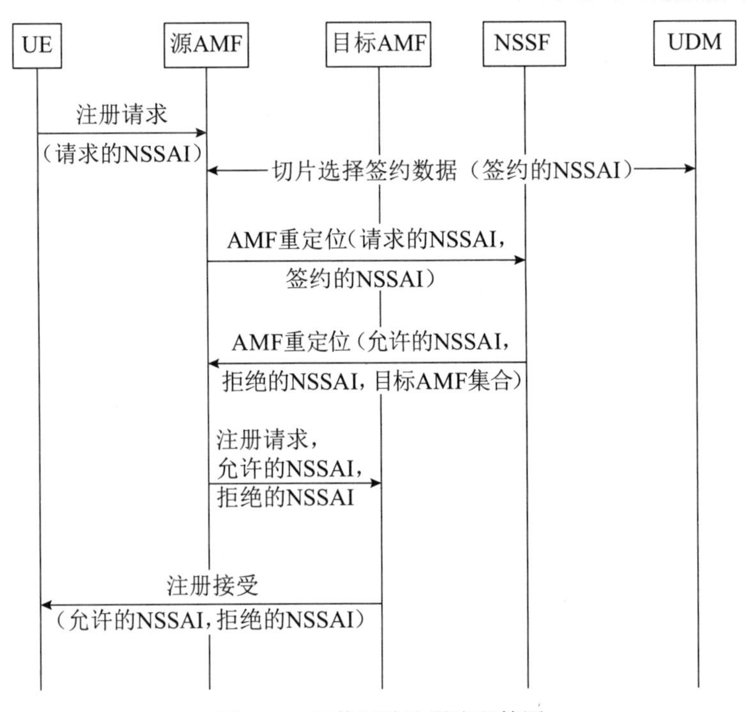

图 12-3　网络切片注册流程简图

UE 将 Requested NSSAI 携带在注册请求（Registration Request）消息中发送给 AMF。另外，UE 在没有具体业务或只需要使用默认网络切片等情况下，可以不携带 Requested NSSAI。

当 AMF 收到 Requested NSSAI 后，AMF 需要确定允许 UE 使用的网络切片，即 Allowed NSSAI。在收到 Registration request 后，AMF 首先对 UE 进行鉴权，如果通过，则从统一数据管理功能（Unified Data Management，UDM）获取 UE 的切片选择签约数据（Slice Selection Subscription Data）。切片选择签约数据包含 UE 签约的网络切片（Subscribed NSSAI），其中存在默认网络切片和需要进行二次授权的网络切片。AMF 结合 Requested NSSAI 和 UE 签约的网络切片确定 Allowed NSSAI，再判断自己是否可以支持 Allowed NSSAI。如果 AMF 无法支持这些 Allowed NSSAI，AMF 需要触发 AMF 重定向来选择另一个能够支持这些 Allowed NSSAI 的目标 AMF。可以由源 AMF 或网络切片选择功能（Network Slice Selection Function，NSSF）来确定目标 AMF，取决于源 AMF 是否配置有确定目标 AMF 的配置信息。如果 AMF 没有配置确定目标 AMF 的信息且网络部署了 NSSF，可由 NSSF 来完成 AMF 重定位（AMF relocation）。下面以 NSSF 确定目标 AMF 为例来进一步说明该步骤。

源 AMF 将 UE 签约的网络切片和 Requested NSSAI 发送给 NSSF。NSSF 根据收到的信息，将 Requested NSSAI 中 UE 签约允许的网络切片作为 Allowed NSSAI，不允许的切片作为 Rejected NSSAI，确定可以支持 Allowed NSSAI 的 AMF 集合（set），再将该 AMF 集合和 Allowed NSSAI 发送给源 AMF。源 AMF 再从该 AMF 集合中选择一个 AMF 作为目标 AMF。目标 AMF 被确定之后，源 AMF 将从 UE 收到的 Registration request 消息、Allowed NSSAI、Rejected NSSAI 转给目标 AMF。

目标 AMF 再把 Allowed NSSAI、Rejected NSSAI 放在注册接受（Registration Accept）消息中发送给 UE。针对 Rejected NSSAI，AMF 同时会通知 UE 该被拒绝的网络切片不可使用的范围。R16 之前，被拒绝的网络切片的不可使用范围可以是整个 PLMN 或者 UE 当前的注册区域。

另外，R16 中引入网络切片的二次认证，即需要第三方厂商和 UE 针对是否允许 UE 使用该网络切片进行再次鉴权。AMF 会把在注册完成时仍需进行二次认证的网络切片作为 Pending NSSAI，把二次认证成功的网络切片放在 Allowed NSSAI，把二次认证失败的网络切片放在 Rejected NSSAI，再把 Pending NSSAI、Allowed NSSAI、Rejected NSSAI 放在 Registration accept 消息中发送给 UE。

12.2.2 网络切片的业务通路

UE 在网络切片中注册成功后，还无法真正地使用网络切片提供的服务，仍需要请求建立业务数据所需的 PDU 会话，在相应的 PDU 会话建立完成后，UE 才能开始使用业务。

1. URSP 介绍

用户设备路径选择策略（UE Route Selection Policy，URSP）用于将特定的业务数据流按需绑定到不同的 PDU 会话上进行传输，由于 PDU 会话的属性参数中包含 S-NSSAI，因此可以使用 URSP 规则实现将特定的业务数据流绑定到不同的网络切片上的目的。

如图 12-4 所示，不同的数据流可以匹配到不同的 URSP 规则上，而每个 URSP 规则对应不同的 PDU 会话属性参数，包括区分不同网络切片的 S-NSSAI 参数。不同的 PDU 会话可以将数据传输到网络外部的应用服务器（Application Server，AS）。

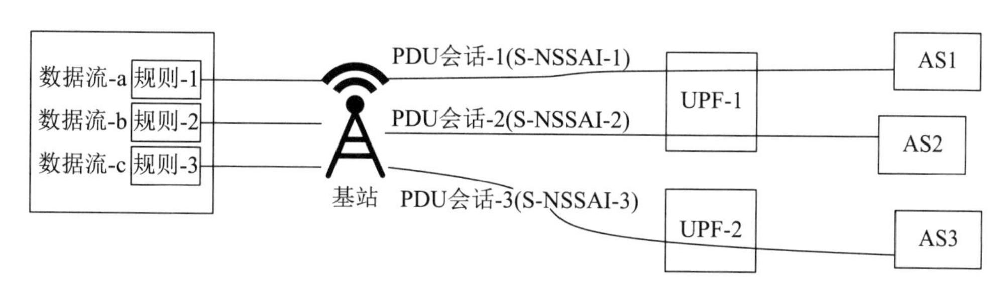

图 12-4 根据 URSP 规则绑定应用数据流到对应的会话上传输

每个 URSP 策略可以包含多个 URSP 规则，每个 URSP 规则中包含数据描述符（Traffic Descriptor，TD）用来匹配特定业务的特征。在 3GPP 的定义中，数据描述符可以使用以下参数用于匹配不同的数据流。

- 应用标识（Application Identifier）：包含操作系统（Operation System，OS）ID 和应用程序（Application，APP）ID，其中 OS ID 用于区分不同终端厂商的操作系统，APP ID 用于区分该操作系统下的应用标识。
- IP 描述符（IP descriptor）：包含目的地址、目的端口、协议类型。

- 域描述符（Domain descriptor）：目标全限定域名（Fully Qualified Domain Name，FQDN），同时带有主机名和域名的名称。
- 非 IP 描述符（Non-IP descriptor）：用来定义一些非 IP 的描述符，常见的就是虚拟局域网（Virtual Local Area Network，VLAN）ID、媒体接入控制（Media Access Control，MAC）地址。
- 数据网络名称（Data Network Name，DNN）：DNN 是运营商决定的参数，不同的 DNN 会决定核心网不同的出口位置（也就是 UPF），也决定能够访问的不同的外部网络。比如，IP 多媒体系统（IP Multimedia System，IMS）-DNN、Internet-DNN 等。
- 连接能力（Connection capability）：安卓平台定义的参数，应用层在建立连接前可以用该参数告知建立连接的目的，比如用于“ims”“mms”或“internet”等。

为了实现 URSP，3GPP 在 UE 中引入了 URSP 层。如图 12-5 所示，当新的应用发起数据传输时，OS/APP 向 URSP 层发起连接请求消息，其中连接请求消息会包含该应用数据流的特征信息（前面所述的数据描述符参数中的一个或多个），URSP 层根据上层提供的参数进行 URSP 规则的匹配，并尝试将该应用数据流通过匹配上的 URSP 规则对应的 PDU 会话属性参数进行传输，这里如果该 PDU 会话已经存在，则直接绑定传输，如果不存在，则 UE 会尝试为该应用数据建立 PDU 会话，然后绑定传输。绑定关系确立后，UE 会将后续该应用的数据流按照该绑定关系进行传输。

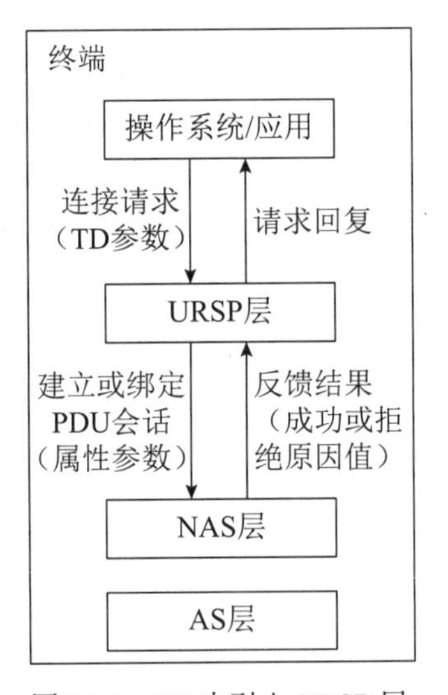

图 12-5　UE 中引入 URSP 层

关于 URSP 规则的详细描述可以参见 TS 23.503[3]。

2. 业务通路的打通

当产生 UE 内部的业务时，如上述章节介绍，UE 根据 URSP 确定该业务对应的 PDU 会话的属性，例如，DNN、S-NSSAI、会话与服务连续性模式（Session and Service Continuity mode，SSC mode）等。另外，URSP 规则中可能还指示 PDU 会话需要优先使用的接入技术类型：3GPP access 或 Non-3GPP access。3GPP access 包括 LTE、NR 等接入技术，Non-3GPP access 包括无线局域网等接入技术。这是因为 5G 网络支持 UE 通过 3GPP access 或 Non-3GPP access 接入核心网，所以需要 URSP 中指示 UE 该 PDU 会话应该优先使用哪种接入技术类型接入网络。UE 使用这些 PDU 会话属性触发 PDU 会话建立流程，简略流程见图 12-6，详细流程可参见 TS 23.502[2]。

UE 将 PDU 会话的 DNN、S-NSSAI 等属性参数放在上行 NAS 传输（UL NAS transport）消息中，并携带 PDU 会话建立请求（PDU Session Eestablishment Rrequest）消息，发送给 AMF。

AMF 根据 DNN、S-NSSAI 等信息选择能服务的 SMF，并将 UL NAS transport 消息中的参数和 PDU 会话 establishment request 消息发送给选择的 SMF。SMF 再选择切片中的 UPF，并打通 UPF 和基站之间的隧道，用于传输用户数据。

SMF 再将 PDU 会话建立接受（PDU Session Eestablishment Aaccept）消息发送给 UE，通知 UE 会话建立成功并给 UE 分配一个 PDU type 对应的地址（PDU Address）。PDU Session Establishment Accept 消息放在下行 NAS 传输（DL NAS Transport）消息中，并由 AMF 转发给 UE。之后，UE 可以使用该 PDU 会话传输对应业务的数据。

当 UE 的签约信息或网络部署发生变化时，网络可能会向 UE 更新 Allowed NSSAI。UE 收到 Allowed NSSAI 后，将 Allowed NSSAI 中的 S-NSSAI 与已经建立的 PDU 的 S-NSSAI 进行比对。如果某个 PDU 会话的 S-NSSAI 不在 Allowed NSSAI 中，UE 需要本地释放该 PDU 会话。

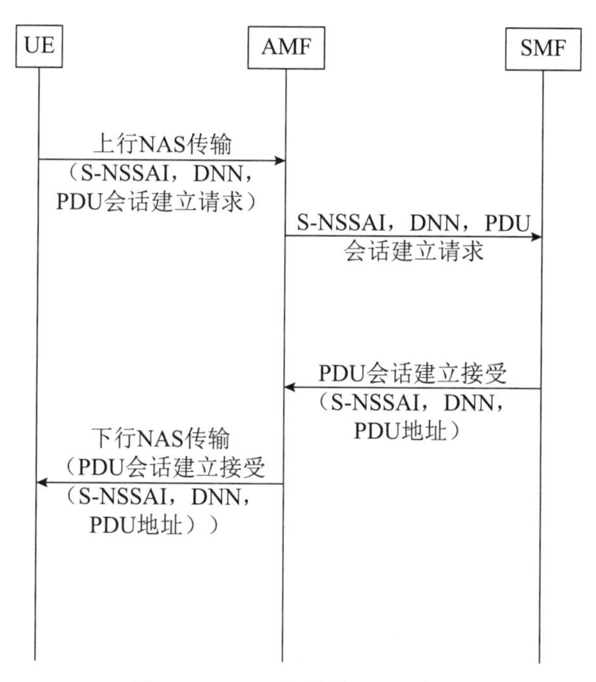

图 12-6 PDU 会话建立流程简图

3. 如何支持与 4G 网络的互操作

UE 从 4G 网络移动到 5G 网络时，为了数据传输不间断，也就是保证业务的连续性，4G 网络中的分组数据网络（Packet Data Network，PDN）连接需要切换到 5G 网络，发送给 UE 的 PDN 连接关联的地址保持不变，例如，IPv4 地址。为了实现关联的地址不变，4G 网络中的 PDN 网关（PDN Gateway，PGW）的控制面和 5G 网络的 SMF 共同部署，称为 PGW-C+SMF。

UE 在移动到 5G 网络时需要发起注册，在注册请求中携带 Requested NSSAI，并获得

Allowed NSSAI。空闲态的 UE 直接发起注册，连接态的 UE 在切换流程之后发起注册。根据第 12.2.1 节中的描述，如果 UE 没有将现有 PDN 连接对应的 S-NSSAI 放入 Requested NSSAI 中，该 S-NSSAI 也不会被包含在 Allowed NSSAI 中。这就导致 UE 会本地释放该 PDN 连接（或者说，PDU 会话）。

所以，为保证 UE 移动到 5G 网络时，PDN 连接对应的 PDU 会话不被释放，UE 需要在注册时将 PDN connection 关联的 S-NSSAI 加入到 Requested NSSAI，以达到 Allowed NSSAI 包含该 S-NSSAI 的目的。这就要求 UE 在 5G 网络注册之前获得 PDN connection 关联的 S-NSSAI。

为了达到上述目的，当 UE 在 4G 网络建立 PDN 连接时，PGW-C+SMF 会根据网络配置和 APN 等信息，将该 PDN connection 关联的 S-NSSAI 发送给 UE。

当 UE 在连接态时，4G 基站会触发切换流程。切换过程中，移动管理实体（Mobility Management Entity，MME）会根据 TAI 等信息选择 AMF，并将保存的 UE 的移动性管理上下文发给 AMF，其中就包含 PGW-C+SMF 的地址或 ID。AMF 寻址到 PGW-C+SMF 并从 PGW-C+SMF 获得和 PDU 会话相关的信息，例如，PDU 会话 ID、S-NSSAI 等。

但是，MME 选择的 AMF 不一定可以支持所有 PDN 连接关联的网络切片，这就会导致部分 PDN 连接无法被转移到 5G 网络，造成业务中断。在 R15 讨论时，大多数公司认为，初期的 5G 网络并不会部署很多网络切片，该问题发生的概率不高，所以在 R15 先不进行优化。另外，在切换过程中，AMF 无法获取 UE 正在使用的网络切片，所以 AMF 无法根据切片信息选择 SMF，在 R15 的切换过程中，AMF 只能选择缺省 SMF 来为 UE 服务。

在 R16 的协议制定中，该问题得到了解决。在 R16 的 TS 23.502[2] 中，当 AMF 从 PGW-C+SMF 获得 S-NSSAI 后，AMF 可以结合这些 S-NSSAI，按照 12.2.1 节中 AMF relocation 的描述，选择一个更合适的目标 AMF。也就是将 AMF relocation 过程嵌入切换过程。这样，PDU 会话就可以被尽可能多地保留，用户也获得更好的服务体验。目标 AMF 在获取 UE 使用的切片信息后，也可以根据所使用的切片信息来选择 SMF 来为 UE 服务。

12.3 网络切片拥塞控制

由于网络切片的负荷有限，当大量信令同时产生时，网络切片可能出现拥塞。针对这些拥塞的网络切片，AMF 或 SMF 如果收到 UE 发送的会话管理信令，可以拒绝这些信令。

为了防止 UE 不断地重复发起信令从而造成网络切片的进一步拥塞，AMF 或 SMF 在拒绝信令的同时，可以向 UE 提供回退计时器（back-off timer）。R15 中，UE 将 back-off timer 与 PDU 会话建立过程中携带的 S-NSSAI 进行关联。如果 UE 在 PDU 会话建立过程中没有提供 S-NSSAI 或者该 PDU 会话是从 4G 网络转移过来的，则 UE 将 back-off timer 关联到 no S-NSSAI。

在 back-off timer 超时之前，UE 不可重复发起针对该 S-NSSAI 或 no S-NSSAI 的会话建立、会话修改信令。

考虑到 UE 的移动性，除了上述 timer，网络还会指示 UE 该 back-off timer 是否适用所有 PLMN。

但是，网络切片的拥塞控制不适用于高优先级 UE、紧急业务和 UE 更新移动数据开关（PS data off）状态的信令。

12.4　漫游场景下的切片使用

当 UE 在漫游时，因为某些业务需要从漫游网络路由回归属网络，所以 PDU 会话会使用漫游网络和归属网络的网络切片。在漫游场景下，与上述内容的不同之处如下。

- S-NSSAI 中可以包含漫游网络 SST、漫游网络 SD、对应的归属网络 SST、对应的归属网络 SD。对应的归属网络 SST 和 SD 可选。
- UE 在注册时，如果 UE 有漫游网络对应的 Configured NSSAI 时，UE 需要提供漫游网络的 S-NSSAI 和对应的归属网络的 S-NSSAI 作为 Requested NSSAI。如果 UE 没有漫游网络对应的 Configured NSSAI，但是存有 PDU 会话对应的归属网络的 S-NSSAI 时，UE 只需要提供归属网络的 S-NSSAI 作为 Requested Mapped NSSAI。
- AMF 将漫游网络的 S-NSSAI 和归属网络的 S-NSSAI 放在 Allowed NSSAI、Pending NSSAI 中发给 UE。
- Rejected NSSAI 适用于当前服务网络。当二次认证失败需要拒绝 UE 所请求的 S-NSSAI 时，Rejected S-NSSAI 中包含归属网络的 S-NSSAI。除了二次认证失败，需要拒绝 UE 所请求的 S-NSSAI 时，Rejected S-NSSAI 中包括漫游网络的 S-NSSAI。
- UE 在会话建立时，需要提供漫游网络的 S-NSSAI 和归属网络的 S-NSSAI。
- 如果 Back-off timer 适用于所有 PLMN，则该 back-off timer 和归属网络的 S-NSSAI 进行关联。

12.5　网络切片的准入控制

在 R17 版本中，为了控制网络切片的使用量，标准中引入了网络切片准入控制的新特性。核心网中引入新的网元 NSACF（Network Slice Admission Control Function），通过对网络切片接入量的统计，进而判断 UE 是否可以接入网络切片。

12.5.1　最大 UE 数量控制

当 UE 执行注册流程，向 AMF 请求某一个网络切片的注册时，AMF 需要先通过向 NSACF 询问 UE 是否可以接入请求的这个网络切片。NSACF 检查当前 UE 是否已经注册到这个请求的网络切片。如果 UE 之前已经被计数，则无需重复计数注册某网络切片的 UE；如果 UE 还没注册，则检查增加该 UE 后是否超过该网络切片允许的最大 UE 数值。如果超过，则不允许 UE 接入网络切片。只有 NSACF 允许 UE 接入时，AMF 才可以将该网络切片作为 Allowed NSSAI 发给 UE。同时，AMF 将没有通过 NSACF 的网络切片作为 Rejected NSSAI 发给 UE。另外，AMF 还可以发送与网络切片关联的回退计时器给 UE。UE 收到回退计时器后启动计时器，在计时器到期后则可以重新请求之前因为达到 UE 最大数而被拒绝的网络切片。

12.5.2　最大会话数量控制

当 UE 执行会话建立流程，向 SMF 请求在某个网络切片建立会话时，SMF 需要先向 NSACF 询问是否可以在该网络切片中建立会话。NSACF 检查该网络切片中建立会话的个数是否达到最大值。如果达到最大值，NSACF 通知 SMF 不允许建立会话，反之，则允许会话建立。

如果会话建立被拒绝，SMF 会通知 UE 会话建立拒绝，并可以提供回退计时器给 UE。UE 收到回退计时器后启动计时器，在计时器到期后则可以重新请求在之前被拒绝的网络切片中建立会话。

12.5.3 与 EPS 的互操作

为了支持与 EPS 的互操作，防止 PDN 连接在被转移到 5G 时因为网络切片的准入控制被释放，部分网络切片需要针对在 EPS 中建立的 PDN 连接进行计数。

当 UE 在 EPS 下建立 PDN 连接时，PGW-C+SMF 确定 PDN 连接对应的网络切片，并向 NSACF 询问是否允许在该网络切片中建立 PDN 连接。NSACF 检查该网络切片允许接入的 UE 数量和 PDN 连接数是否都小于最大值。只有都小于最大值，NSACF 才允许网络切片的使用，也就是建立 PDN 连接。

当 UE 移动到 5G 时，PGW-C+SMF 向 NSACF 通知减少该 UE 在网络切片中的计数，同时，AMF 向 NSACF 通知增加该 UE 在网络切片中的计数。另外，因为在 PDN 连接建立时，NSACF 已经对 PDN 连接进行了计数，所以，当 PDN 连接被转移到 5G 时，无需对该 PDN 连接（或 PDU 会话）再次计数。

12.6 网络切片的同时注册限制

R17 版本中，网络和 UE 可选地支持基于签约的网络切片同时注册限制。网络切片同时注册限制是指有些网络切片不允许 UE 同时注册，有些网络切片则允许 UE 同时注册。例如，有些网络切片对安全隔离要求比较高，则不允许 UE 在使用该网络切片的同时使用别的网络切片。

UE 在注册时需要向 AMF 指示自己是否支持 NSSRG。

如果 UE 支持 NSSRG，为了实现该限制，AMF 会配置 Network Slice Simultaneous Registration Group（NSSRG）给 UE。NSSRG 和 Configured NSSAI 一起被配置给 UE。NSSRG 来自于 UE 的签约信息，和 UE 签约的网络切片关联。

当 UE 收到 NSSRG 后，UE 只能请求使用相同 NSSRG 的网络切片。这样，不同 NSSRG 的网络切片就不会被同时注册，从而达到隔离限制的目的。AMF 收到 Requested NSSAI 后，结合签约的网络切片的 NSSRG，将属于相同 NSSRG 的网络切片作为 Allowed NSSAI。

如果 UE 在注册请求中没有携带 Requested NSSAI，AMF 会根据 UE 签约的默认网络切片的 NSSRG 来决定 Allowed NSSAI。

如果 UE 不支持 NSSRG，AMF 将与默认签约网络切片相同 NSSRG 的网络切片作为 Configured NSSAI 发给 UE。

12.7 RAN 侧网络切片增强

R17 版本中，RAN 侧也对网络切片进行了增强，其目的是实现 UE 更快、更好地接入需求的网络切片。其包括两种特性：

- 基于切片的小区重选。

- 基于切片的随机接入。

具体内容将在以下章节进行详细的阐述。

12.7.1 基于切片的小区重选

若 UE 支持基于切片的小区重选过程，当 UE 从 UE NAS 层获取到切片信息，并且从基站获取到基于切片的小区重选信息时，UE 可以执行基于切片的小区重选。从 UE NAS 层获取到的切片信息包括切片组标识和对应的优先级信息。基于切片的小区重选信息包括切片组信息和对应切片的针对频点的重选优先级。基于切片的小区重选信息可以通过 SIB 和 RRCrelease 消息指示给 UE。相比 SIB 中的基于切片的小区重选信息，RRCrelease 中基于切片的小区重选信息优先使用。

在 RAN2#114 会议中，RAN2 提出了以下多种可能的重选方案。

- 方案一，仅考虑频点优先级，不考虑切片优先级。即 UE 选择的频点为支持任意切片的频点优先级最高的频点。
- 方案二，优先考虑频点优先级。即切片优先级仅在最高优先级的频点确定后才作为考虑因素。
- 方案三，仅考虑切片优先级。即 UE 将选择优先级最高的切片，并选择支持该切片的任何频率。
- 方案四，先考虑切片优先级，再考虑频点优先级。即 UE 将选择优先级最高的切片，并选择支持所选切片的最高优先级频率。
- 方案五，选择支持切片最多的频点。即 UE 驻留的频率支持比任何其他频率更多的切片。按照大多数公司的理解，方案五更适用于没有频点优先级和 / 或切片优先级提供的场景。
- 方案六，UE 根据该频率的最好小区中所支持的切片确定绝对频点优先级，然后遵循现有的小区重选过程。对于此方案，支持的公司认为该方案是基于方案四基础上的一个方案。方案六与方案四的主要区别在于，方案六中认为，在某个频点的最好小区不支持需求切片的情况下，需要按照最好小区支持的切片来重新确定该频点的优先级。
- 方案七，对于每一个频率，UE 基于现有的绝对频点优先机制，为配置的切片中可用的切片选择频点优先级最高的频点驻留。

在对每种方案的优缺点进行反复分析后，同时，基于各个公司对基于切片的小区重选流程的倾向和理解，最终方案四、五、六、七被确定作为后续的小区重选研究方向。

经过 RAN2#114 会后邮件的讨论，更多的公司参与到对方案四的讨论和完善的过程中，最终方案四被大家认可，并在 RAN2#115 会议上同意了方案四对应的基于切片的小区重选流程。

然而，在 RAN2#116 次会议中，部分公司对方案四提出了质疑，认为其存在以下缺点。

- 无法重用现有的协议流程，以实现连续的小区重新选择评估过程。
- 需要在“回退到现有小区重选”和“重新启动基于切片的小区重选”的流程之间进行切换。
- 可能需要 RAN4 重新定义 idle 模式下的测量。

基于此，新方案的倡导公司建议 RAN2 采用不涉及 iteration 的方案，以便更好地重用现有的 TS 38.304 小区重选流程。最终，在 RAN2#116bis 会议上，经过新一轮的投票，RAN2 选择了一个各个公司可以接受的方案，作为 RAN2 的工作假设（该工作假设在 RAN2#117 会议得到了确认）。所述妥协方案的主要思路为：（1）考虑 NAS 层提供所有切片优先级的切片所对应的频点优先级和现有的频点优先级；（2）在重选流程中不引入 iteration 过程；（3）在确定频点优先级时不引入频点优先级确定公式。

最终，基于该方案，基于切片的小区重选过程将按照以下规则确定频点的优先级顺序，并在确定频点优先级顺序后，沿用现有的小区重选流程。

- 基于 NAS 层提供的 slice/slice 组优先级，支持高优先级 slice/slice 组的频率比支持低优先级 slice/slice 组的频率具有更高基于切片的频率优先级。
- 在支持相同优先级的 slice/slice 组的频率中，按照 SIB 或 RRCRelease 中指示针对该 slice/slice group 的频率优先级。
- 在支持同一 slice/slice 组的频率中，未配置针对该 slice/slice 组的频点优先级的频率比其他配置了针对该 slice/slice 组的频点优先级的频率的重选优先级低。
- 支持任意 slice/slice 组的频率优先级高于不支持任何 slice/slice 组的频率优先级。
- 对于不支持任何 slice/slice 组的频率，UE 按照 SIB 中指示的频点优先级确定频点的优先顺序。

12.7.2 基于切片的随机接入

为了支持基于网络切片的随机接入，RAN2 同意对 RACH 资源进行切割，将其中一部分 RACH 资源专用于基于切片的随机接入过程，保证网络通过 RACH 资源的使用尽快知道 UE 需求的切片信息。

具体地，网络可以通过 SIB1 消息，携带基于切片组的 RA prioritization 配置和 RA partitioning 配置。RA prioritization 配置包括 scalingFactorBI 和 powerRampingStepHighPriority。RA partitioning 配置包括 preamble 和 / 或 PRACH 资源。

UE NAS 层向 UE 接入层提供在 RACH 过程中需要考虑的网络切片组信息。UE 将使用针对该网络切片组的 RACH 资源，执行随机接入过程。特别的，如果针对 UE NAS 层提供的网络切片组，没有配置对应的 RACH 资源，则终端将使用普通的 RACH 配置执行随机接入过程。

12.8 小　结

本章介绍了网络切片的背景知识、网络切片的注册、业务通路的建立、网络切片拥塞控制等内容，并且介绍了针对漫游场景的网络切片相关适配、网络切片的准入控制、网络切片的同时注册限制、RAN 侧网络切片增强。通过本章的阅读，希望为读者提供有用的网络切片的相关知识，帮助读者对网络切片建立基本的概念，对网络切片实际部署的意义有所展望。

参考文献

[1] 3GPP TS 23.799 V14.0.0 (2016-12). Study on Architecture for Next Generation System (Release 14).
[2] 3GPP TS 23.502 V16.3.0 (2019-12). Procedures for the 5G System (5GS) (Release 16).

[3] 3GPP TS 23.503 V16.4.0 (2020-3). Policy and charging control framework for the 5G System (5GS) (Release 16).

[4] 3GPP TS 24.501 V16.4.1 (2020-3). Non-Access-Stratum (NAS) protocol for 5G System (5GS) (Release 16).

[5] 3GPP TS 23.003 V16.1.0 (2019-12). Numbering, addressing and identification (Release 16).

[6] 3GPP TR 22.891 V1.0.0 (2015-09). Feasibility Study on New Services and Markets Technology Enablers (Release 14).

[7] 3GPP TS 38.304 V16.5.0 (2020-09). User Equipment (UE) procedures in Idle mode and RRC Inactive state (Release 17).

[8] 3GPP TS 38.321 V16.5.0 (2020-09). Medium Access Control (MAC) protocol specification (Release 17).

第 13 章

QoS 控制

郭雅莉　郭伯仁

13.1　5G QoS 模型的确定

QoS（Quality of Service）即服务质量，5G 网络通过 PDU 会话提供 UE 到外部数据网络之间的数据传输服务，并可以根据业务需求的不同，对在同一个 PDU 会话中传输的不同业务数据流提供差异化的 QoS 保障。为了更容易理解 5G 网络 QoS 模型的确定，我们首先对 4G 网络的 QoS 模型进行一些回顾。

在 4G 网络中，通过 EPS 承载的概念进行 QoS 控制，EPS 承载是 QoS 处理的最小粒度，对相同 EPS 承载上传输的所有业务数据流进行相同的 QoS 保障。对于不同 QoS 需求的业务数据流，需要建立不同的 EPS 承载来提供差异化的 QoS 保障。在 3GPP 规范中，4G 网络的 QoS 控制在 TS 23.401[1] 的第 4.7 节定义。

如图 13-1 所示，UE 与 PGW 之间的 EPS 承载由 UE 与基站之间的无线承载、基站与 SGW 之间的 S1 承载、SGW 与 PGW 之间的 S5/S8 承载共同组成，无线承载、S1 承载、S5/S8 承载之间具有一一映射的关系。每个 S1 承载、S5/S8 承载都由单独的 GTP 隧道进行传输。PGW 是 QoS 保障的决策中心，负责每个 EPS 承载的建立、修改、释放和 QoS 参数的设定，以及确定每个 EPS 承载上所传输的业务数据流。基站对于无线承载的操作和 QoS 参数设定完全依照核心网的指令进行，对于来自核心网的承载管理请求，基站只有接受或者拒绝两种选项，不能自行进行无线承载的建立或者参数调整。

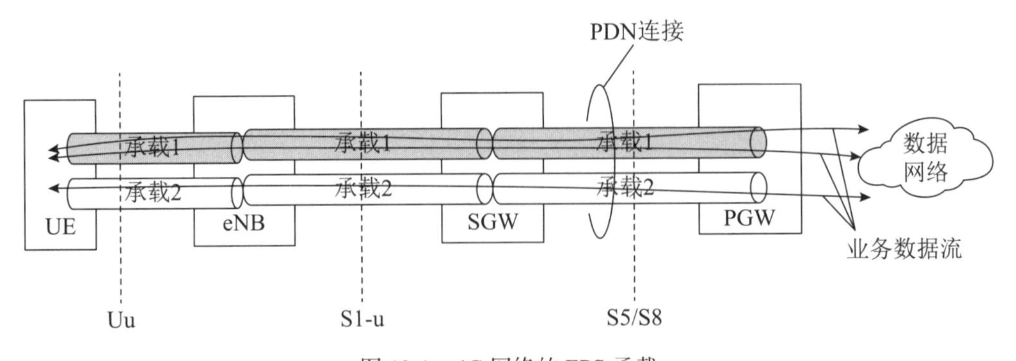

图 13-1　4G 网络的 EPS 承载

4G 网络中，单个 UE 在空口最多支持 8 个无线承载，因此对应最多支持 8 个 EPS 承载进行差异化的 QoS 保障，无法满足更精细的 QoS 控制需求。多段承载组成的端到端承载在承载管理过程中，对于每个 EPS 承载的处理都要进行单独的 GTP 隧道的拆建，信令开销大、过程慢，对于差异化的应用适配也不够灵活。4G 网络定义的标准化 QCI 只有几个有限的取值，对于不同于当前运营商网络已经预配的 QCI 或者标准化的 QCI 的业务需求，则无法进行精确的 QoS 保障。随着互联网上各种新业务的蓬勃发展，以及各种专网、工业互联网、车联网、机器通信等新兴业务的出现，5G 网络中需要支持的业务种类，以及业务的 QoS 保障需求远超 4G 网络中所能提供的 QoS 控制能力，为了对种类繁多的业务提供更好的差异化 QoS 保证，5G 网络对 QoS 模型进行了调整。

5G 网络的 QoS 模型在 3GPP 规范 TS 23.501[2] 的第 5.7 节定义，如图 13-2 所示。

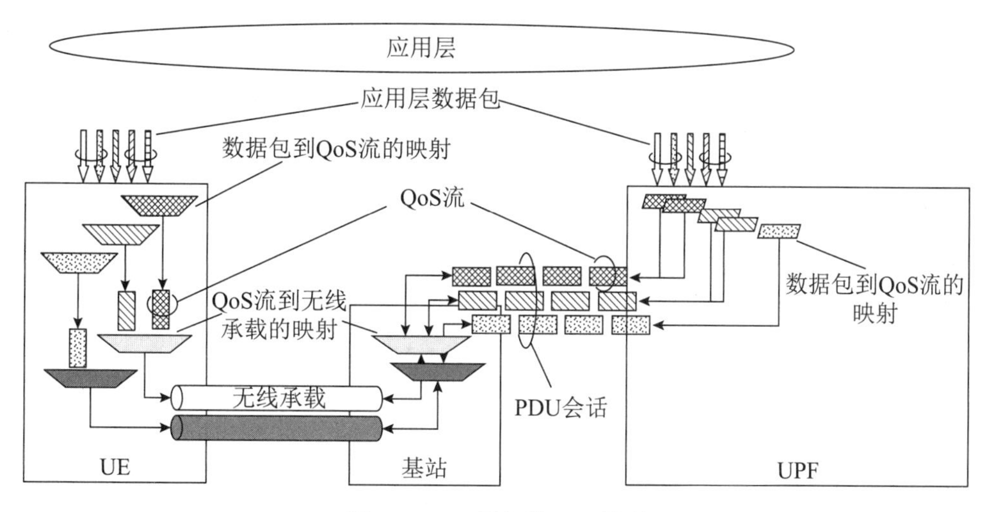

图 13-2　5G 网络的 QoS 模型

5G 网络在核心网侧取消了承载的概念，以 QoS Flow（QoS 流）代替，一个 PDU 会话可以最多有 64 条 QoS 流，5GC 和 RAN 之间不再存在承载，5GC 和 RAN 之间的 GTP 隧道为 PDU 会话级别，隧道中传输的数据包的包头携带 QoS 流标识（QFI），基站根据数据包头中的 QFI 识别不同的 QoS 流。因此，不需要在每次建立或者删除 QoS Flow 时对 GTP 隧道进行修改，减少了会话管理流程处理所带来的信令开销，提高了会话管理流程处理的速度。

空口的无线承载数在 5G 网络中也扩展到最大 16 个，每个无线承载只能属于一个 PDU 会话，每个 PDU 会话可以包括多个无线承载，这样核心网中相应最多可以有 16 个 PDU 会话，从而最多支持 $16 \times 64=1024$ 个 QoS 流，相比 4G 网络的最大 8 个 EPS 承载，大大提高了差异化 QoS 的区分度，从而进行更精细的 QoS 管理。QoS 流到无线承载的映射在 5G 网络中变成了多到一的映射，具体的映射关系由基站自行确定。为此，在 5G 系统中，基站增加了专门的 SDAP 层进行 QoS 流和无线承载的映射处理，具体 SDAP 层的技术请参考本书 10.2 节的描述。基站根据映射关系可以自行进行无线承载的建立、修改、删除，以及 QoS 参数设定，从而对无线资源进行更灵活的使用。

在 5G 网络中，不仅支持标准化 5QI 及运营商网络预配的 5QI，还增加了动态的 5QI 配置、时延敏感的资源类型，以及反向映射 QoS、QoS 状态通知、候选 QoS 配置等特性，从而可以对种类繁多的业务提供更好的差异化 QoS 保证。

13.2 端到端的 QoS 控制

13.2.1 端到端的 QoS 控制思路介绍

本节具体介绍通过 5G 网络进行数据传输的端到端的 QoS 控制思路。这里以 UE 和应用服务器之间的数据传输为例，并且由应用层的应用功能（AF）主动向 5G 网络提供业务需求。5G 网络也可以支持其他场景的通信，例如 UE 和 UE 之间的通信，或者 UE 主动向 5G 网络提供业务需求等方式，各种场景下基本的 QoS 控制方式与本节是一致的。

在业务数据开始传输之前，UE 对端的 AF 向 PCF 提供应用层的业务需求。如果是运营商可信的 AF，可以直接向 PCF 提供信息；如果是运营商不可信的第三方 AF，可以通过 NEF 向 PCF 提供信息。应用层业务需求包括用于业务数据流检测的流描述信息，对于 IP 类型的数据包，一般是由源地址、目标地址、源端口号、目标端口号、IP 层以上的协议类型所组成的 IP 五元组信息。应用层业务需求还包括 QoS 相关的需求，如带宽需求、业务类型等。

PCF 可以根据从 SMF、AMF、CHF、NWDAF、UDR、AF 等各种渠道收集的信息，以及 PCF 上的预配置信息进行 PCC 规则的制定。并将 PCC 规则发送给 SMF，PCC 规则是业务数据流级别的。

SMF 根据收到的 PCC 规则、SMF 自身的配置信息、从 UDM 获得的 UE 签约等信息，可以为收到的 PCC 规则确定合适的 QoS 流，用来传输 PCC 规则所对应的业务数据流。多个 PCC 规则可以绑定到同一个 QoS 流，也就是说，一个 QoS 流可以用于传输多个业务数据流，是具有相同 QoS 需求的业务数据流的集合。QoS 流是 5G 网络中最小的 QoS 区分粒度，每个 QoS 流用 QFI 进行标识，归属于一个 PDU 会话。每个 QoS 流中的所有数据在空口具有相同的资源调度和保障。SMF 会为每个 QoS 流确定如下信息。

- 一个 QoS 流配置（QoS profile），其中包括这个 QoS 流的 QoS 参数：5QI、ARP、码率要求等信息，QoS profile 主要是发给基站使用的，是 QoS 流级别的。
- 一个或多个 QoS 规则，QoS 规则中主要是用于业务数据流检测的流描述信息以及用于传输这个业务数据流的 QoS 流的标识 QFI，QoS 规则是发给 UE 使用的，主要用于上行数据的检测，是业务数据流级别的。
- 一个或多个包检测规则及对应的 QoS 执行规则，主要包括用于业务数据流检测的流描述信息以及用于传输这个业务数据流的 QoS 流的标识 QFI，发给 UPF 使用，主要用于下行数据的检测，但也可以用于上行数据在网络侧的进一步检测和控制，是业务数据流级别的。

SMF 将 QoS 流配置发送给基站，将 QoS 规则发送给 UE，将包检测规则及对应的 QoS 执行规则发送给 UPF，SMF 还将业务数据流级别的码率要求以及 QoS 流级别的码率要求也提供给 UE 和 UPF。

基站收到 QoS 流配置信息之后，根据这个 QoS 流的 QoS 参数，将 QoS 流映射到合适的无线承载，进行相应的无线侧资源配置。基站还会将 QoS 流与无线承载的映射关系发送给 UE。

在业务的 QoS 流及无线资源准备完毕之后，业务数据开始传输。

下行数据的处理机制如下。

- UPF 使用从 SMF 收到的包检测规则对下行数据进行匹配，并根据对应的 QoS 执行规则在匹配的数据包头添加 QoS 流的标识 QFI，然后通过 UPF 与基站之间的 PDU 会话级别的 GTP 隧道将数据包发送给基站。UPF 会丢弃无法与包检测规则匹配的下行数据包，此外 UPF 还会对下行数据包进行码率控制。

- 基站从与 UPF 之间的 PDU 会话级别的 GTP 隧道收到数据包，根据数据包头携带的 QFI 区分不同的 QoS 流，从而将数据包通过相应的无线承载发送给 UE。

上行数据的处理机制如下。

- UE 首先将待发送的数据包与 QoS 规则中的流描述信息进行匹配，从而根据匹配的 QoS 规则确定业务数据所属的 QoS 流，UE 在上行数据包头添加相应的 QFI。之后 UE 的接入层（AS 层）根据从基站获得的 QoS 流与无线承载的映射关系确定出对应的无线承载，将上行数据包通过相应的无线承载发送给基站。UE 会丢弃无法与 QoS 规则中的流描述信息相匹配的下行数据包，此外，UE 还会对上行数据包进行码率控制。
- 基站将收到的上行数据通过 PDU 会话级别的 GTP 隧道发送给 UPF，发送给 UPF 的上行数据包头中携带 QFI。
- UPF 会使用从 SMF 收到的包检测规则对收到的上行数据进行校验，验证上行数据是否携带了正确的 QFI。UPF 也还会对上行数据包进行码率控制。

以上端到端的 QoS 控制思路是以接入网为 3GPP 的基站为例进行说明的，如图 13-3 所示，也可以用于 UE 通过非 3GPP 接入点接入网络的情况。QoS 流的 QFI 可以是 SMF 动态分配的，也可以是 SMF 直接使用 5QI 的值作为 QFI 的值。对于这两种情况，SMF 都会将 QFI 及对应的 QoS profile 通过 N2 信令发送给基站，涉及 PDU 会话建立、PDU 会话修改流程，以及在每次 PDU 会话的用户面激活时都会再次将 QoS profile 通过 N2 信令发送给基站。

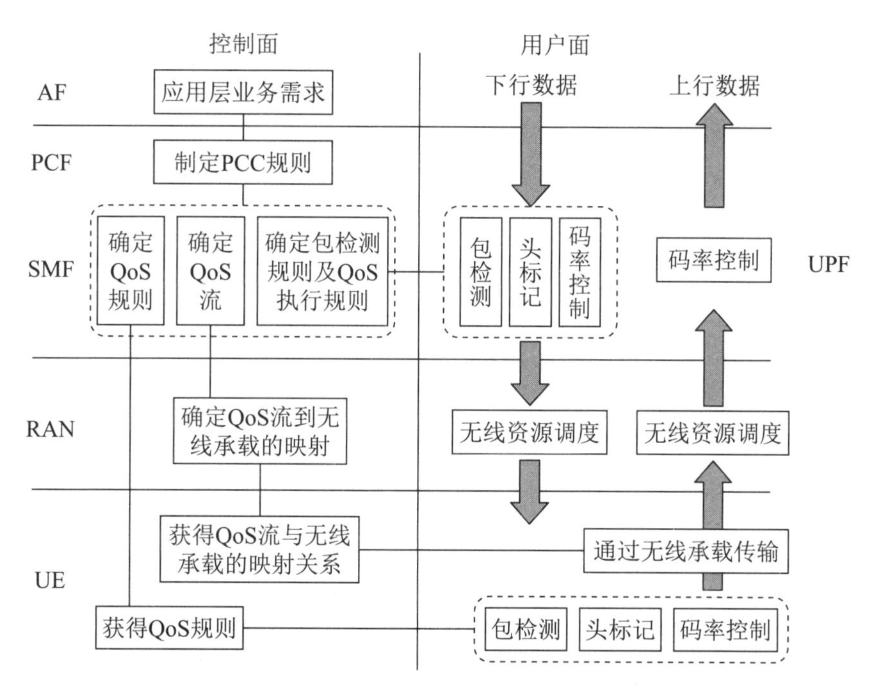

图 13-3　端到端的 QoS 控制

但是在 UE 通过非 3GPP 的接入点接入网络的情况下，某些非 3GPP 的接入点可能不支持从 SMF 通过控制面信令的方式获得 QFI 及对应的 QoS profile。于是 5G 系统中还设计了另一种 QoS 控制方式，SMF 直接使用 5QI 的值作为 QFI 的值，SMF 发送给 UPF 的信息以及 UPF 对数据的处理与上面的介绍一致，但是 SMF 不需要将 QFI 及对应的 QoS profile 通过 N2 信令发送给基站。基站上预配有 ARP 的取值，基站根据从 UPF 收到的下行数据包携带的 QFI 得到对应 5QI 的值，再根据预配的 ARP 的取值就可以进行相应的无线资源调度。这种 QoS 控制方式只适用于非 GBR 类型的 QoS 流，并且仅适用于非 3GPP 的接入方式。

13.2.2 PCC 规则的确定

在第 13.2.1 节中，我们讨论了 5G 网络进行数据传输的端到端的 QoS 控制思路，其中 PCF 负责 PCC 规则的制定，并将 PCC 规则发送给 SMF，从而影响到 SMF 对 QoS 流的建立、修改、删除，以及 QoS 参数的设定。那么 PCC 规则具体包括哪些内容？这些内容又是如何产生的呢？

PCC 规则包括的信息主要用于业务数据流的检测和策略控制，以及对业务数据流进行正确的计费。根据 PCC 规则中的业务数据流模板检测出来的数据包共同组成了业务数据流。在 3GPP 规范中，5G 网络的 PCC 规则在 TS 23.503[3] 的第 6.3 节定义。在表 13-1 中仅列出了 PCC 规则中的主要 QoS 控制参数所需要的信息名称和信息描述。

表 13-1　PCC 规则中的主要 QoS 控制参数

信 息 名 称	信 息 描 述
规则标识	在 SMF 和 PCF 之间一个 PDU 会话中的唯一 PCC 规则标识
业务数据流检测	该部分定义用于检测数据包所归属的业务数据流的信息
检测优先级	业务数据流模板的执行顺序
业务数据流模板	对于 IP 数据：可以是业务数据流的过滤器集合，也可以关联到应用检测过滤器的应用标识。 对于以太网格式的数据：用于检测以太网格式数据的过滤器集合
策略控制	该部分定义如何执行对业务数据流的策略控制
5QI	5G QoS 标识，对业务数据流所授权使用的 5QI
QoS 通知控制	指示是否需要启用 QoS 通知控制机制
反向映射 QoS 控制	指示是否对 SDF 使用反向映射 QoS 机制
上行 MBR	业务数据流的授权上行最大码率
下行 MBR	业务数据流的授权下行最大码率
上行 GBR	业务数据流的授权上行保证码率
下行 GBR	业务数据流的授权下行保证码率
ARP	业务数据流的分配和保持优先级，包括优先级、资源抢占能力、是否允许资源被抢占
候选 QoS 参数集	定义业务数据流的候选 QoS 参数集，一个业务数据流可以有一个或多个候选 QoS 参数集

PCF 根据从各种网元例如 SMF、AMF、CHF、NWDAF、UDR、AF 等收集的信息，以及 PCF 上的预配置信息进行 PCC 规则的制定。以下列举一些 PCF 制定 PCC 规则的信息，需要说明的是，PCF 并不一定需要所有的这些信息进行 PCC 规则的制定，下面的举例只是列举了一些 PCF 从各种网元可能获得的用于策略制定的信息。

- AMF 提供的信息，包括 SUPI、UE 的 PEI、用户的位置信息、RAT 类型、业务区域限制信息、网络标识 PLMN ID、PDU 会话的切片标识。

- SMF 提供的信息，包括 SUPI、UE 的 PEI、UE 的 IP 地址、默认的 5QI、默认的 ARP、PDU 会话类型、S-NSSAI、DNN。
- AF 提供的信息，包括用户标识、UE 的 IP 地址、媒体类型、带宽需求、业务数据流描述信息、应用服务提供商信息。其中，业务数据流描述信息包括源地址、目标地址、源端口号、目标端口号、协议类型等。
- UDR 提供的信息，如特定 DNN 或者切片的签约信息。
- NWDAF 提供的信息，如一些网元或者业务的统计分析或者预测信息。
- PCF 可以在任何时间对制定的 PCC 规则进行激活、修改、去激活操作。

13.2.3　QoS 流的产生和配置

5G 的 QoS 模型支持两种 QoS 流类型：保证码率（也就是 GBR 类型）和非保证码率（也就是 Non-GBR 类型）。每个 QoS 流，无论是 GBR 类型还是 Non-GBR 类型，都对应一个 QoS 流配置，其中至少包括 5G QoS 标识 5QI，及分配与保持优先级 ARP。对于 GBR 类型的 QoS 流，QoS 流配置中还包括保证流码率 GFBR 和最大流码率 MFBR。SMF 会将 QoS 流的 QFI 及对应的 QoS 流配置一起发给基站，用于基站侧的资源调度。

每个 PDU 会话存在一个与 PDU 会话相同生命周期的默认的 QoS 流，默认 QoS 流是 non-GBR 类型的 QoS 流。

SMF 根据 PCC 规则确定一个 PDU 会话范围内的业务数据流到 QoS 流之间的绑定关系。最基本的用于 PCC 规则到 QoS 流绑定的参数为 5QI 和 ARP 的组合。

对于一个 PCC 规则，SMF 检查是否有一个 QoS 流具有与这个 PCC 规则相同的绑定参数，也就是相同的 5QI 和 ARP。如果存在这样的 QoS 流，则 SMF 将这个 PCC 规则绑定到该 QoS 流，并可能对该 QoS 流进行修改，如将这个 QoS 流现有的 GFBR 增大以支持新绑定的 PCC 规则的 GBR，一般认为 QoS 流的 GFBR 会设置为绑定到这个 QoS 流上的 PCC 规则的 GBR 之和。如果没有这样的 QoS 流，SMF 新建一个 QoS 流，SMF 为新建的 QoS 流分配 QFI，并根据 PCC 规则中的参数确定这个 QoS 流相应的 QoS 参数，将 PCC 规则绑定到这个 QoS 流。

SMF 还可以根据 PCF 的指示将一个 PCC 规则绑定到默认的 QoS 流上。

QoS 流的绑定还可以基于一些其他的可选参数，如 QoS 通知控制指示、动态设置的 QoS 特征值等，在此不再详述。

QoS 流绑定完成之后，SMF 将 QoS 流配置发送给基站，将 QoS 规则发送给 UE，将包检测规则及对应的 QoS 执行规则发送给 UPF，SMF 还将业务数据流级别的码率要求以及 QoS 流级别的码率要求也提供给 UE 和 UPF。因此，业务数据流的下行数据就可以在 UPF 侧被映射到正确的 QoS 流进行传输，业务数据流的上行数据在 UE 侧也可以被映射到正确的 QoS 流进行传输。

当 PCC 规则中的绑定参数改变时，SMF 就要重新对 PCC 规则进行评估以确定新的 QoS 流绑定关系。

如果 PCF 删除了一个 PCC 规则，则 SMF 相应地删除 PCC 规则和 QoS 流之间的关联，当绑定到一个 QoS 流的最后一个 PCC 规则也被删除时，SMF 相应删除这个 QoS 流。

当一个 QoS 流被删除时，如根据基站的指示无法保证空口资源的情况下，SMF 也需要删除绑定到这个 QoS 流的所有 PCC 规则，并向 PCF 报告这些 PCC 规则被删除了。

13.2.4 UE 侧使用的 QoS 规则

UE 基于从 SMF 收到的 QoS 规则进行上行数据的包检测，从而将上行数据映射到正确的 QoS 流。QoS 规则中包括以下信息。

- SMF 分配的 QoS 规则标识，这个 QoS 规则标识在一个 PDU 会话中唯一。
- 根据 QoS 流绑定的结果，用于传输这个业务数据流的 QoS 流的标识 QFI。
- 用于业务数据流检测的流描述信息，根据 QoS 规则所对应的 PCC 规则中的业务数据流模板产生，主要包括上行的业务数据流模板，但是可选的也可以包括下行的业务数据流模板。
- QoS 规则的优先级，根据相应的 PCC 规则的优先级产生。

QoS 规则是业务数据流级别的，一个 QoS 流可以对应多个 QoS 规则。

每个 PDU 会话会有一个默认的 QoS 规则。对于 IP 和以太网类型的 PDU 会话，默认 QoS 规则是一个 PDU 会话中唯一的一个可以匹配所有上行数据的 QoS 规则，并且具有最低的匹配优先级。也就是一个数据包在无法与其他 QoS 规则匹配的情况下，才可以通过与默认 QoS 规则匹配的方式进行相应 QoS 流的传输。

对于非结构化的 PDU 会话，也就是这个 PDU 会话中的数据包头无法用固定格式进行匹配，这种 PDU 会话仅支持默认 QoS 规则，并且默认 QoS 规则不包括业务数据流检测的流描述信息，从而可以允许所有的上行数据与默认 QoS 规则匹配，并通过默认 QoS 规则进行所有数据包的 QoS 控制。非结构化的 PDU 会话只支持一个 QoS 流，通过这个 QoS 流传输 UE 与 UPF 之间的所有数据并进行统一的 QoS 控制。

13.3 QoS 参数

13.3.1 5QI 及对应的 QoS 特征

5QI 可以理解为指向多种 QoS 特征值的一个标量，这些 QoS 特征值用于控制接入网对一个 QoS 流的 QoS 相关的处理，例如可用于调度权重、接入门限、队列管理、链路层配置等。5QI 分为标准化 5QI、预配置 5QI、动态分配 5QI 几种。对于动态分配的 5QI，核心网在向基站提供 QoS 流的配置时，不但包括 5QI，还要包括这个 5QI 对应的完整的 QoS 特征值的集合。对于标准化和预配置的 5QI，核心网只需要提供 5QI，基站就可以解析出这个 5QI 对应的多种 QoS 特征值的集合。另外，对于一个标准化或预配置的 5QI，也允许核心网提供与标准化或者预配置所不同的一个或者多个 QoS 特征值，用于修改相应的标准化或者预配置的 QoS 特征值。标准化 5QI 主要用于比较通用的、使用频率高的业务，用 5QI 这个标量代表多种 QoS 特征值的集合，从而对信令传输进行优化。动态分配的 5QI 主要用于标准化 5QI 无法满足的不太通用的业务。

5QI 对应的 QoS 特征值如下所述（见表 13-2）。

- 资源类型：包括 GBR 类型、时延敏感的 GBR 类型、Non-GBR 类型。
- 调度优先级。
- 包延迟预算（PDB）：代表 UE 到 UPF 的数据包传输时延。
- 包错误率（PER）。

- 最大数据并发量（MDBV）：用于时延敏感的 GBR 类型。
- 平均时间窗：用于 GBR 和时延敏感的 GBR 类型。

表 13-2　标准化 5QI 与 QoS 特征值之间的对应关系

5QI	资源类型	调度优先级	PDB	PER	MDBV	平均时间窗
1	GBR	20	100 ms	10^{-2}	—	2000 ms
2		40	150 ms	10^{-3}	—	2000 ms
3		30	50 ms	10^{-3}	—	2000 ms
4		50	300 ms	10^{-6}	—	2000 ms
65		7	75 ms	10^{-2}	—	2000 ms
66		20	100 ms	10^{-2}	—	2000 ms
67		15	100 ms	10^{-3}	—	2000 ms
71		56	150 ms	10^{-6}	—	2000 ms
72		56	300 ms	10^{-4}	—	2000 ms
73		56	300 ms	10^{-8}	—	2000 ms
74		56	500 ms	10^{-8}	—	2000 ms
76		56	500 ms	10^{-4}	—	2000 ms
5	Non-GBR	10	100 ms	10^{-6}	—	—
6		60	300 ms	10^{-6}	—	—
7		70	100 ms	10^{-3}	—	—
8		80	300 ms	10^{-6}	—	—
9		90	—	—	—	—
69		5	60 ms	10^{-6}	—	—
70		55	200 ms	10^{-6}	—	—
79		65	50 ms	10^{-2}	—	—
80		68	10 ms	10^{-6}	—	—
82	时延敏感 GBR	19	10 ms	10^{-4}	255 bytes	2000 ms
83		22	10 ms	10^{-4}	1354 bytes	2000 ms
84		24	30 ms	10^{-5}	1354 bytes	2000 ms
85		21	5 ms	10^{-5}	255 bytes	2000 ms
86		18	5 ms	10^{-4}	1354 bytes	2000 ms

资源类型用于确定网络是否要为 QoS 流分配专有的网络资源。GBR 类型的 QoS 流和时延敏感的 GBR 类型的 QoS 流需要专有的网络资源，用于保证这个 QoS 流的 GFBR。Non-GBR 类型的 QoS 流则不需要专有的网络资源。相比 4G 网络，资源类型中增加了时延敏感的 GBR 类型，用于支持高可靠、低时延的业务，这种业务，如自动化工业控制、遥控驾驶、智能交通系统、电力系统的能量分配等，对传输时延要求很高，并且对传输可靠性要求也比较高。从表 13-2 也可以看出，相比其他 GBR 类型和 Non-GBR 类型的 5QI，时延敏感的 GBR 类型的 5QI 所对应的包时延预算 PDB 取值明显很低，包错误率也比较低。在 4G 网络中，对于 GBR 业务的码率保证，在基站侧计算时候一般是预配一个秒级的时间窗，根据这个时间窗计算传输的平均码率是否满足 GBR 的要求，但是因为这个时间窗太长，很可能出现虽然从秒级的时间窗内看码率得到了保证，但是从更短的毫秒级时间窗却发现一段时间内传输码率较低的问题。为了更好地支持高可靠、低时延业务，5G 网络对于时延敏感的 GBR 类型的 5QI 还增加了 MDBV，用于表示业务在毫秒级时间窗内需要传输的数据量，从而更好地

保证对高可靠、低时延业务的支持。

调度优先级用于 QoS 流之间的调度排序，既可以用于一个 UE 的不同 QoS 流之间的排序，也可以用于不同 UE 的 QoS 流之间的排序。当拥塞发生时，基站不能保证所有 QoS 流的 QoS 需求，则使用调度优先级选择优先需要满足 QoS 需求的 QoS 流。在没有拥塞发生时，调度优先级也可以用于不同 QoS 流之间的资源分配，但并不是唯一决定资源分配的因素。

包时延预算定义了数据包在 UE 和 UPF 之间传输的最大时延，对于一个 5QI，上下行数据的包时延预算是相同的。基站在计算 UE 与基站之间的包时延预算时，使用 5QI 对应的包时延预算减去核心网侧包时延预算，也就是减去基站和 UPF 之间的包时延预算。核心网侧包时延预算可以是静态配置在基站上的，也可以是基站根据与 UPF 之间的连接情况动态确定的，还可以是 SMF 通过信令指示给基站的。对于 GBR 类型的 QoS 流，如果传输的数据不超过 GFBR，网络需要保证 98% 的数据包的传输时延不超过 5QI 所对应的包时延预算，也就是 2% 以内的传输超时可以认为是正常的。但是对于时延敏感类型的 QoS 流，如果传输的数据不超过 GFBR 并且数据并发量也不超过 MDBV，则超过 5QI 所对应的包时延预算的数据包会被认为是丢包并计入 PER。对于 Non-GBR 类型的 QoS 流，则允许拥塞导致的超过包时延预算的传输时延和丢包。

包错误率定义已经被发送端的链路层处理但是并没有被接收端成功传送到上一层的数据包的比率的上限，用于说明非拥塞情况下的数据包丢失。包错误率用于影响链路层配置，例如 RLC 和 HARQ 的配置。对于一个 5QI，允许的上下行数据的包错误率是相同的。对于 non-GBR 类型和普通的 GBR 类型的 QoS 流，超过包时延预算的数据包不会被计入 PER，但是时延敏感类型的 QoS 流比较特殊，如果传输的数据不超过 GFBR 并且数据并发量也不超过 MDBV，超过 5QI 所对应的包时延预算的数据包就会被认为是丢包并计入 PER。

平均时间窗仅用于 GBR 和时延敏感的 GBR 类型的 QoS 流，用于表示计算 GFBR 和 MFBR 的持续时间。该参数在 4G 网络中也是存在的，但是在 4G 标准中并未体现，一般是预配在基站侧的一个秒级的时间窗。在 5G 网络中增加了平均时间窗这个特征值，使得核心网可以根据业务需要对时间窗的长度进行更改，从而更好地适配业务对码率计算的要求。对于标准化和预配置的 5QI，虽然已经标准化或者预配置了 5QI 所对应的平均时间窗，但是也允许核心网提供不同取值的平均时间窗，用于修改相应的标准化或者预配置的平均时间窗的取值。

最大数据并发量仅用于时延敏感的 GBR 类型的 QoS 流，代表了在基站侧包时延预算的周期内，需要基站为这个 QoS 流支持处理的最大数据量。对于时延敏感的 GBR 类型的标准化和预配置 5QI，虽然已经标准化或者预配置了 5QI 所对应的最大数据并发量，但是也允许核心网提供不同取值的最大数据并发量，用于修改相应的标准化或者预配置的最大数据并发量的取值。

UDM 中为每个 DNN 保存有签约的默认 5QI 取值，默认 5QI 是 non-GBR 类型的标准化 5QI。SMF 从 UDM 获得签约的默认 5QI 取值之后，用于默认 QoS 流的参数配置，SMF 可以根据与 PCF 的交互或者根据 SMF 的本地配置修改默认 5QI 的取值。

当前，5G 系统中标准化 5QI 与其所指代的 QoS 特征值之间的对应关系在 3GPP 规范 TS 23.501[2] 的第 5.7 节定义，如表 13-2 所示。需要说明的是，该表中的数值在 TS 23.501 的不同版本中会略有不同，所以在此仅为示例，便于理解标准化 5QI 与其所指代的 QoS 特征值之间的对应关系，后续不再根据 TS 23.501 的版本变化进行本表格数值的修改。

13.3.2 ARP

分配与保持优先级（ARP）具体包括优先级别、资源抢占能力、是否允许资源被抢占 3 类信息，用于在资源受限时确定是否允许 QoS 流的建立、修改、切换，一般用于 GBR 类型的 QoS 流的接纳控制。ARP 也用于在资源受限时抢占现有的 QoS 流的资源，如释放现有 QoS 流的资源，从而接纳建立新的 QoS 流。

ARP 的优先级别用于指示 QoS 流的重要性。取值是 1~15，1 代表最高的优先级。一般来说，可以用 1~8 分配给当前服务网络所授权的业务。9~15 分配给归属网络授权的业务，因此可以用于 UE 漫游的情况。根据漫游协议，也可以不局限于此，从而进行更弹性的优先级别的分配。

资源抢占能力指示是否允许一个 QoS 流抢占已经分配给另外一个具有较低 ARP 优先级的 QoS 流的资源。可以设置为“允许”或者“禁止”。

是否允许资源被抢占指示一个 QoS 流已经获得的资源是否可以被具有更高 ARP 优先级的 QoS 流所抢占。可以设置为“允许”或者“禁止”。

UDM 中为每个 DNN 保存签约的默认 ARP 取值，SMF 从 UDM 获得签约的默认 ARP 取值之后，用于默认 QoS 流的参数配置，SMF 可以根据与 PCF 的交互或者根据 SMF 的本地配置修改默认 ARP 的取值。

对于默认 QoS 流以外的 QoS 流，SMF 将绑定到这个 QoS 流的 PCC 规则中的 ARP 优先级别、资源抢占能力、是否允许资源被抢占设置为 QoS 流的 ARP 参数，或者在网络中没有部署 PCF 的情况下，也可以根据 SMF 的本地配置进行 ARP 的设置。

13.3.3 码率控制参数

码率控制参数包括 GBR、MBR、GFBR、MFBR、UE-AMBR 和 Session-AMBR。

- GBR 和 MBR 是业务数据流级别的码率控制参数，用于 GBR 类型的业务数据流的码率控制，在第 13.2.2 节 PCC 规则所包括的参数中已经进行了介绍。MBR 对 GBR 类型的业务数据流是必需的，对于 Non-GBR 类型的业务数据流是可选的。UPF 会执行业务数据流级别的 MBR 的控制。
- GFBR 和 MFBR 是 QoS 流级别的码率控制参数，用于 GBR 类型的 QoS 流的码率控制。GFBR 指示基站在平均时间窗内保证预留足够的资源为一个 QoS 流传输的码率。MFBR 限制为 QoS 流传输的最大码率，超过 MFBR 的数据可能会被丢弃。在 GFBR 和 MFBR 之间传输的数据，基站会根据 QoS 流的 5QI 所对应的调度优先级进行调度。QoS 流的下行数据的 MFBR 在 UPF 进行控制，基站也会进行上下行数据的 MFBR 的控制。UE 可以进行上行数据的 MFBR 控制。
- UE-AMBR 和 Session-AMBR 都用于 Non-GBR 类型的 QoS 流控制。
- Session-AMBR 控制一个 PDU 会话所有 Non-GBR 类型的 QoS 流的总码率。在每个 PDU 会话建立时，SMF 从 UDM 获得签约的 Session-AMBR，SMF 可以根据与 PCF 的交互或者根据 SMF 的本地配置修改 Session-AMBR 的取值。UE 可以进行上行数据的 Session-AMBR 的控制，UPF 也会对上下行数据的 Session-AMBR 进行控制。
- UE-AMBR 控制一个 UE 的所有 Non-GBR 类型的 QoS 流的总码率。AMF 可以从 UDM 获得签约的 UE-AMBR，并可以根据 PCF 的指示进行修改。AMF 将 UE-AMBR

提供给基站，基站会重新进行 UE-AMBR 的计算，计算方法是，将一个 UE 当前所有 PDU 会话的 Session-AMBR 相加后的取值与从 AMF 收到的 UE-AMBR 的取值进行比较，取最小值作为对 UE 进行控制的 UE-AMBR。基站负责执行 UE-AMBR 的上下行码率控制。

13.4 反向映射 QoS

13.4.1 为什么引入反向映射 QoS

反向映射 QoS 最初是在 4G 网络中引入的，用于 UE 通过固定宽带，如 WLAN，接入 3GPP 网络的 QoS 控制。固定宽带网络中可以通过数据包头的 DSCP 进行 QoS 的区分处理。4G 网络的反向映射 QoS 机制在 3GPP 规范 TS 23.139 [4] 的第 6.3 节定义，如图 13-4 所示，当 UE 通过固定宽带接入 4G 核心网之后，对于下行数据，PGW 基于来自 PCF 的策略获得业务数据流模板和 QoS 控制信息，在匹配的数据包头打上相应的 DSCP 再发送到固定宽带网络，固定宽带网络基于DSCP进行QoS控制并发送给UE。而对于上行数据，UE依靠反向映射机制，根据下行数据的包头产生相应的用于上行数据的数据包过滤器和 DSCP 信息，从而在匹配的上行数据包头打上相应的 DSCP 再发送到固定宽带网络。UE 根据下行数据的包头产生用于上行数据的数据包过滤器，例如把下行数据包头的源 IP 地址、源端口号作为上行数据包过滤器的目标 IP 地址、目标端口号，把下行数据包头的目标 IP 地址、目标端口号作为上行数据包过滤器的源 IP 地址、源端口号，采用这样的方式进行反向映射。

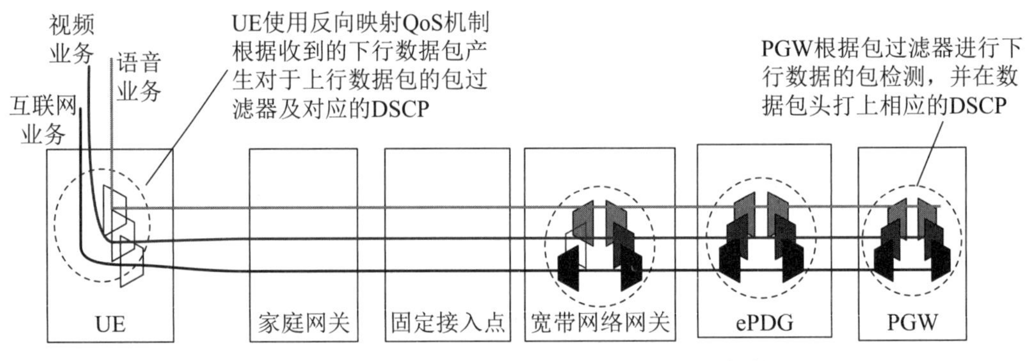

图 13-4 UE 通过固定宽带接入 LTE 的 QoS 控制

这种反向映射的 QoS 控制机制也就是通过用户面包头的指示进行 QoS 控制，避免了控制面为了交互 QoS 参数在核心网与基站之间，以及核心网与 UE 之间所产生的大量信令交互，提高了网络对业务数据 QoS 控制的反应速度。在 5G 网络中，考虑对多种新业务的支持，很多互联网业务会使用大量非连续的地址 / 端口信息，或者频繁变化的地址 / 端口信息，因此网络向 UE 配置的 QoS 规则中的流描述信息（也就是流过滤器）数量可能非常多，大大增加了网络与 UE 之间 NAS 消息中需要传输的信元数量，用于更新 QoS 规则中流描述信息的 NAS 消息也会非常频繁。因此，在 5G 网络的 QoS 模型设计之初，把反向映射 QoS 机制引入 5G QoS 模型就是一个重要话题。

另外，在第 13.2.1 节中，我们介绍了一种特殊的 QoS 控制方式，也就是直接使用 5QI

的值作为 QFI 的值，因为 UPF 会将 QFI 添加在每个数据包的包头发送到基站，基站根据数据包头的 QFI 就可以对应出 5QI 的取值，从而进行差异化的 QoS 控制，SMF 也不再需要通过 N2 信令将 QoS 流配置发送到基站。如果与这种 QoS 控制方式相配合，则可以在 5G 网络中达到类似图 13-4 所示的用户面 QoS 控制机制，避免了 SMF 与基站之间以及 SMF 与 UE 之间的 QoS 控制信令，达到信令更少、QoS 控制反应速度更快的效果。遗憾的是，这种 QoS 控制方式仅用于 Non-3GPP 接入方式，并且仅用于 Non-GBR 类型的业务，所以对于大部分的业务，5G 网络还是需要基于 N2 信令的 QoS 控制方式，但是可以通过反向映射机制取得一部分的用户面 QoS 控制方式的优势。

13.4.2 反向映射 QoS 的控制机制

反向映射 QoS 机制可以用于 IP 类型或者以太网类型的 PDU 会话，不需要 SMF 提供 QoS 规则就可以在 UE 侧实现上行用户面数据到 QoS 流的映射。UE 根据收到的下行数据包自行产生 QoS 规则。反向映射 QoS 机制是业务数据流级别的，同一个 PDU 会话中，甚至同一个 QoS 流中都可以既存在通过反向映射 QoS 进行控制的数据包，也存在通过普通 QoS 控制方式进行控制的数据包。

如果 UE 支持反向映射 QoS 功能，则 UE 需要在 PDU 会话流程中向网络指示自己支持反向映射 QoS。一般来说，UE 支持反向映射 QoS 的指示在 PDU 会话的生命周期中是不会改变的。但是在某些特殊情况下，UE 也可以收回之前发送给网络的支持反向映射 QoS 的指示。这种情况下，UE 需要删掉这个 PDU 会话中所有 UE 自行产生的 QoS 规则，网络也可以通过信令向 UE 提供新的 QoS 规则，用于之前通过反向映射 QoS 功能控制的业务数据流。因为这种场景比较特殊，UE 在这个 PDU 会话的生命周期内不允许再次向网络指示支持反向映射 QoS。

UE 自行产生的 QoS 规则包括以下几个方面。

- 一个上行数据包过滤器。
- QFI。
- QoS 规则的优先级。

IP 类型的 PDU 会话，上行数据包过滤器基于收到的下行数据包产生。

- 当协议标识为 TCP 或者 UDP 时，使用源 IP 地址、目标 IP 地址、源端口号、目标端口号、协议标识产生上行数据包过滤器。也就是把下行数据包头的源 IP 地址、源端口号作为上行数据包过滤器的目标 IP 地址、目标端口号，把下行数据包头的目标 IP 地址、目标端口号作为上行数据包过滤器的源 IP 地址、源端口号，采用这种方式进行反向映射。
- 当协议标识为 ESP 时，使用源 IP 地址、目标 IP 地址、安全参数索引、协议标识产生上行数据包过滤器。还可以包括 IPSec 相关信息。

以太网类型的 PDU 会话，上行数据包过滤器基于收到的下行数据包的源 MAC 地址、目标 MAC 地址产生，还包括以太网类型数据包的其他包头字段信息。

UE 自行产生的 QoS 规则中的 QFI 设置为下行数据包头所携带的 QFI。所有 UE 自行产生的 QoS 规则中的 QoS 规则优先级设置为一个标准化的值。

当网络确定为一个业务数据流使用反向映射 QoS 控制方式时，SMF 通过 N4 接口的信令向 UPF 指示为这个业务数据流启用反向映射 QoS 控制。UPF 收到指示后，对这个业务数据流的所有下行数据包，在每个数据的包头添加 QFI，同时还额外添加反向映射指示 RQI。包头中添加了 QFI 和 RQI 的数据包通过基站发送到 UE。

UE 上会设置一个反向映射计时器，可以采用默认的取值，或网络为每个 PDU 会话设置一个反向映射计时器的取值。

UE 收到一个携带 RQI 的下行数据包之后产生。

- 如果 UE 上不存在对应于这个下行数据包的 UE 自行产生的 QoS 规则，则 UE 产生一个新的 UE 自行产生的 QoS 规则，这个规则的数据包过滤器根据这个下行数据包头信息反向映射生成，并且为这个自行产生的 QoS 规则启动一个反向映射计时器。
- 如果 UE 上已经存在对应于这个下行数据包的 UE 自行产生的 QoS 规则，则 UE 重启这个 UE 自行产生的 QoS 规则的反向映射计时器。如果这个 QoS 规则中只有数据包过滤器与下行数据包头对应，但是 QFI 与下行数据包头携带的 QFI 不同，则 UE 使用下行数据包头中所携带的新的 QFI 修改 UE 侧已经存在的、对应于这个下行数据包的 UE 自行产生的 QoS 规则。

在一个 UE 自行产生的 QoS 规则所对应的反向映射计时器过期之后，UE 删除相应的自行产生的 QoS 规则。

当网络决定不再为一个业务数据流使用反向映射 QoS 控制方式时，SMF 通过 N4 接口的信令删除发给 UPF 的对这个业务数据流的反向映射 QoS 指示。UPF 收到删除指示后，不再对这个业务数据流的下行数据包添加 RQI。

使用反向映射 QoS 控制方式的业务数据流可以与其他使用普通非反向映射 QoS 控制方式的业务数据流绑定到同一个 QoS 流进行传输。只要一个 QoS 流中包括至少一个使用反向映射 QoS 控制方式的业务数据流，SMF 就会在通过 N2 信令向基站提供的 QoS 流配置中增加反向映射属性 RQA。基站根据收到的 RQA 可以对这个 QoS 流开启基站侧对于反向映射 QoS 的控制机制，例如 SDAP 层的反向 QoS 映射配置。

13.5 QoS 通知控制

13.5.1 QoS 通知控制介绍

在 LTE 网络中，对于 GBR 类型的承载，在基站侧资源无法保证承载所需要的 GBR 时，基站会直接发起承载的释放。如果业务可以接受降级到更低的 GBR，则可以重新发起新的较低 GBR 承载的建立，但是这样会导致业务中断，业务体验效果较差。

5G 网络中为了进一步提高业务体验，而且考虑对一些新业务（如 V2X 业务）的支持，新业务可能对业务中断比较敏感，甚至业务中断会造成实际业务使用中较为严重的后果，5G 网络对于 GBR 类型的 QoS 流增加了 QoS 通知控制机制。

QoS 通知控制机制指示当基站无法保证 QoS 流的 QoS 需求时继续保持 QoS 流并通知核心网 QoS 需求无法保证的状况，用于可以根据网络状况进行 QoS 需求调整的 GBR 业务，如业务可以根据网络状况进行码率调整。对于这种业务，PCF 在 PCC 规则中设置 QoS 通知控制指示，SMF 在执行业务数据流到 QoS 流的绑定时除了考虑第 13.2.3 节的绑定参数，还需要考虑 PCC 规则中的 QoS 通知控制指示，并根据绑定到 QoS 流的 PCC 规则中的 QoS 通知控制指示为这个 QoS 流设置 QoS 通知控制指示，通过 QoS 流配置发送到基站。

对于一个 GBR 类型的 QoS 流，如果设置了 QoS 通知控制指示，当基站发现这个 QoS 流的 GFBR、PDB 或者 PER 无法保证时，基站继续保持这个 QoS 流并继续努力尝试为这个 QoS 流分配资源去满足 QoS 流配置中的参数，同时基站向 SMF 发送通知消息，指示 QoS 需求无法保证。之后如果基站发现 GFBR、PDB 或 PER 又可以得到满足，则再次发送通知消息给 SMF 指示可以保证 QoS 需求。

13.5.2 候选 QoS 配置的引入

QoS 通知控制机制虽然解决了 GBR 业务在 QoS 需求无法得到保证时无线资源被立即释放的问题，但是基站在向核心网发送了 QoS 需求无法保证的通知之后，因为核心网和应用的交互相对较慢，而且应用侧是否需要调整业务 QoS 需求或者调整成怎样的 QoS 需求也是不可预测的，基站只能一边尽量分配资源去满足原来的 QoS 需求，一边等待从核心网发来的调整指示，这时候基站对资源的分配其实具有一定的盲目性。在 5G 网络 QoS 通知控制机制中引入了候选 QoS 配置，用于让基站了解 QoS 需求无法得到保证时，业务可调整到的后续 QoS 需求，从而进一步提高资源利用的效率，提高业务根据无线资源状况对 QoS 需求调整的速度。

候选 QoS 配置是依赖于 QoS 通知控制机制的一种可选优化，仅用于启用了 QoS 通知控制的 GBR QoS 流。PCF 通过与业务的交互，在 PCC 规则中设置一组或者多组候选 QoS 参数集。SMF 在相应的 QoS 流的配置中对应增加一组或者多组候选 QoS 参数集，通过 QoS 流配置发送到基站。

当基站发现无线资源无法保证一个 QoS 流的 QoS 需求时，基站需要评估无线资源是否可以保证某个候选 QoS 参数集，如果可以，则在向 SMF 通知 QoS 需求无法保证时也指示可以保证的候选 QoS 参数集。基站具体操作如下。

- 当基站发现这个 QoS 流的 GFBR 或者 PDB 或者 PER 无法保证时，基站首先按照候选 QoS 参数集的优先级逐个评估当前无线资源是否可以保证某个候选 QoS 参数集。如果可以保证某个候选 QoS 参数集，则基站向 SMF 指示最先匹配到的可以保证的候选 QoS 参数集。如果没有匹配的候选 QoS 参数集，基站向 SMF 指示 QoS 需求无法保证并且没有任何可以保证的候选 QoS 参数集。
- 当基站发现可以保证的 QoS 参数集发生变化时，再次向 SMF 指示当前最新的 QoS 状态。
- 基站总是努力尝试为比当前状态更高优先级的候选 QoS 参数集分配资源。
- SMF 收到基站侧的通知之后需要通知给 PCF。
- SMF 还可以将 QoS 改变的信息通过给 UE。

13.6 QoS 监控

13.6.1 QoS 监控介绍

在 R16 中，为了辅助 URLLC 业务，引入了 QoS 监控机制。QoS 监控主要用于包时延的测量。UE 与锚点 UPF 之间的包时延由定义在 3GPP 规范 TS38.314[5] 中接入网部分的上下行包时延的和基站与锚点 UPF 之间的上下行包时延两部分组成。基站需要为接入网部分的上下行包时延测量提供 QoS 监控。基站与锚点 UPF 之间的上下行包时延的 QoS 监控可以在不同的粒度级别上执行，即每个 UE 的每个 QoS 流级别，或每个 GTP-U 路径级别。这取决于运营商的配置、第三方应用程序请求，以及 URLLC 服务的 PCF 策略控制。

如果从 AF 接收到 QoS 监控请求，PCF 会根据业务数据流生成授权的 QoS 监控策略。PCF 将授权的 QoS 监控策略包含在 PCC 规则中，并将其提供给 SMF。

13.6.2 每个 UE 的每个 QoS 流级别的 QoS 监控

SMF 可以在 PDU 会话建立或修改过程中为一个 QoS 流激活 UE 和锚点 UPF 之间的端到端上下行包时延测量。

SMF 通过 N4 接口向锚点 UPF、通过 N2 信令向基站发送 QoS 监控请求消息，来启动锚点 UPF 和基站之间的 QoS 监控。 QoS 监控请求消息中的监控参数可以由 SMF 基于 PCF 的 QoS 监控策略或者本地配置得出。基站收到来自 SMF 的 QoS 监控请求消息后启动对接入网部分上下行包时延的测量，并将测量结果通过上行数据包上报给锚点 UPF。

如果基站和锚点 UPF 时间同步，则可以支持基站和锚点 UPF 之间的单向包时延监控。如果基站和锚点 UPF 时间不同步，则需要假设基站和锚点 UPF 之间的上行包时延和下行包时延是相同的。对于上述两种情况，锚点 UPF 均会创建监控包，并将其以一定的测量频率发送至基站。该测量频率由锚点 UPF 根据从 SMF 收到的 QoS 监控报告频率来决定。具体 QoS 监控流程如下。

- 锚点 UPF 将 QFI、QoS 监控包指示、本地时间 $T1$ 封装进 GTP-U 包头中，其中 QoS 监控包指示用于指示此数据包用于上下行包时延测量，本地时间为锚点 UPF 发出下行监控包的时间。
- 基站记录接收到的 GTP-U 包头中的本地时间 $T1$，以及收到该下行监控包的时间 $T2$。
- 当基站收到来自 UE 的该 QFI 所对应的上行数据包或者当基站发送了一个虚拟上行数据包作为监控响应时，基站将 QoS 监控包指示、接入网包时延测量结果、本地时间 $T1$、$T2$ 以及监控响应包发送时间 $T3$ 封装在该监控响应包的 GTP-U 包头中。该响应包通过 N3 接口发送给 UPF。基站何时发送虚拟上行数据包作为对锚点 UPF 的监控响应取决于基站的实现。
- 锚点 UPF 在接收到监控响应包时记录本地时间 $T4$，并根据包含在监控响应包的 GTP-U 包头中的时间信息计算基站和锚点 UPF 之间的往返时延（如果时间不同步）或者上下行包时延（如果时间同步）。如果基站和锚点 UPF 时间不同步，锚点 UPF 通过计算 $(T2-T1+T4-T3)/2$ 得到其与基站之间的包时延。如果基站和锚点 UPF 时间同步，锚点 UPF 可以通过（$T4-T3$）得到上行包时延，并通过（$T2-T1$）得到下行包时延。锚点 UPF 根据收到的接入网上下行包时延结果和上述计算得出的基站和锚点 UPF 之间的上下行包时延，可以计算出锚点 UPF 与 UE 之间的上下行包时延。当某些特定的条件满足时（例如达到报告阈值），锚点 UPF 将上述计算结果报告给 SMF。显然，如果基站和锚点 UPF 时间不同步，可能会导致上下包时延计算结果不准确。

如果 N3/N9 接口上的冗余传输被激活，UPF 和基站对两个用户面路径执行 QoS 监控。

UPF 将两条用户面路径的包时延分别上报给 SMF。

13.6.3　GTP-U 路径级别的 QoS 监控

基于本地配置的策略，SMF 可以请求激活针对基站和所有 UPF 之间的所有 GTP-U 路径的 QoS 监控。或者，当在 PCC 规则中接收到 QoS 监控策略并且与 PCC 规则中的 5QI 所对应的差分服务代码点的 QoS 监控尚未激活时，SMF 激活用于当前 PDU 会话的所有 UPF 和基站的 QoS 监控。在这种情况下，SMF 执行 QoS 流绑定而不考虑 PCC 规则中 QoS 监控策略。SMF 分别通过 N4 接口和 N2 接口向每个涉及的 UPF 和基站发送 QoS 监控策略。此处，PCC 规则包含的 QoS 监控策略只用于触发 SMF 指示 UPF 启动基于 GTP-U 的 QoS 监控。

一个 GTP-U 发送方通过发送 Echo 消息并测量从发送请求消息到接收响应消息之间经过的时间，对 GTP-U 路径上的接收方执行往返时延（RTT）估计。GTP-U 发送方通过加和 RTT/2、处理时间以及来自上游 GTP-U 发送方（即用户平面路径中紧邻的前一个 GTP-U 发送方）的累积包时延（如果可用）来计算当前累积的包时延，因此测量的累积包时延用于估计自用户平面数据包进入 3GPP 域以来经过的时间。

GTP-U 发送方会定期确定往返时延，以检测传输时延的变化。QoS 监控由 GTP-U 端点（用户面功能）执行，该端点接收并存储 QoS 监控策略，包括 QoS 流 PDB 参数。通过将测量的累积包时延与存储的 QoS 参数（即 PDB）进行比较来执行 QoS 监控。如果 GTP-U 端点（锚点 UPF，在累积包时延报告的情况下）确定包时延超过请求的 PDB，则节点触发 QoS 监控警报信令到相关 SMF 或 OA&M。

QoS 监控可以被用于测量传输路径的包时延并将 QoS 流映射到适当的网络实例、DSCP 值。具体流程如下。

- 包时延测量通过使用 3GPP 规范 TS 28.552[6] 中定义的 GTP-U Echo 请求和响应在相应的用户平面传输路径中执行。该包时延测量用于特定的 URLLC 业务而与给定 QoS 流的相应 PDU 会话和 5QI 无关。
- 基站测量接入网的包时延并将其通过 N3 接口提供给 UPF。
- UPF 计算上下行包时延。
- UPF 根据某些特定条件向 SMF 报告 QoS 监控结果，例如首次、周期性、事件触发、当达到向 SMF 报告的阈值时。如 3GPP 规范 TS 23.548[7] 的第 6.4 节所述，UPF 可以支持通过本地 NEF 通知 AF。
- UPF 测量每个传输资源的网络跳转时延，通过在传输资源上发送 Echo 请求并在收到 Echo 响应时测量 RTT/2 来计算网络跳转时延。
- UPF 将 { 网络实例，差分服务代码点 } 映射到传输资源并测量每个 IP 目标地址和端口的时延。
- 执行 QoS 监控的 UPF 可以为 SMF 提供相应的 { 网络实例，差分服务代码点 } 以及测量的相应传输路径的累积包时延。
- 基于此，SMF 可以根据给定 QoS 流的 {5QI，QoS 特征，ARP}，确定 QoS 流映射到适当的 { 网络实例，差分服务代码点 }。

13.7　QoS 统计与预测

13.7.1　QoS 统计与预测介绍

随着深度学习技术的突破和计算能力的提升，5G 网络在 R15 中引入了网络数据分析功能（NWDAF），将人工智能与通信网络结合在一起，随后在 R16 发布了相应的 3GPP 规范 TS 23.288[8] 对 NWDAF 的整体架构、工作流程及应用场景进行了阐明，并在 R17 对该智能化架构进行了进一步的增强。

NWDAF 可以从其他的网元、AF、OAM 中收集数据进行机器学习模型训练与推断，并将数据分析结果提供给其他网元和 AF。根据数据分析请求或者订阅消息中的分析目标时间为过去的时间段还是未来的时间段，数据分析结果可以是对过去的统计，或者是对未来的预测。

13.7.2　QoS 持续性分析

QoS 持续性分析可以是某个区域内过去目标时间段内的 QoS 变化的统计，也可以是未来目标时间段内 QoS 变化可能性的预测。订阅 QoS 持续性分析的网元会在分析请求消息中阐明下列信息。

①分析的类别：QoS 持续性。

②分析的目标：满足筛选条件的所有 UE。

③分析筛选信息。

- QoS 需求：5QI 及其对应的 QoS 特征（包括资源类型、PDB、PER 等），其他适用的 QoS 参数。
- 位置信息：感兴趣的区域或路径。

④分析目标时间段：请求 QoS 可持续性分析的过去或者未来的时间段。

⑤报告阈值：当分析结果满足预设的阈值时，NWDAF 将会向分析请求者返回数据分析报告。

⑥通知关联 ID 与通知地址。

当 QoS 需求中的 5QI 为 GBR 类型时，报告阈值为 3GPP 规范 TS28.544[9] 中所定义的 QoS 流可保持能力 KPI。当 QoS 需求中的 5QI 为非 GBR 类型时，报告阈值为 3GPP 规范 TS28.544[9] 中所定义的基站 UE 吞吐量 KPI。NWDAF 提供 QoS 持续性分析的流程如下。

①需要 QoS 持续性分析的网元向 NWDAF 请求订阅分析，该请求消息中包含的信息如上文所述。

② NWDAF 从 OAM 中收集生成 QoS 持续性分析结果所需要的数据。

③ NWDAF 验证分析报告触发条件是否满足，并生成分析结果，下发至对应的分析订阅者。

- 当目标时间为过去时，NWDAF 验证 QoS 变化统计结果是否满足通知的触发条件，如果满足则将统计结果通知给订阅该分析的网元。该统计结果中主要包括 QoS 变化发生的位置、时间以及满足的阈值。
- 当目标时间为未来时，NWDAF 将目标 5QI 的 KPI 的预测值与报告阈值进行比较，来判断是否需要将预测到的潜在的 QoS 变化通知给订阅该分析的网元。该 QoS 变化预测结果中主要包括 QoS 变化可能发生的时间、地点以及可能会满足的阈值。

13.8 小　结

本章介绍了 5G 网络的 QoS 控制，通过对 4G 网络 QoS 控制方式的回顾和对比，阐述了 5G 网络 QoS 模型的产生原因，并对 5G 网络中的 QoS 控制方式、QoS 参数，以及 5G 网络中所引入的反向映射 QoS、QoS 状态通知、候选 QoS 配置、QoS 监控、QoS 统计与预测等特性进行了详细介绍。

参考文献

[1] 3GPP TS 23.401 V16.5.0 (2019-12). General Packet Radio Service (GPRS) enhancements for Evolved Universal Terrestrial Radio Access Network (E-UTRAN) access (Release 16).
[2] 3GPP TS 23.501 V16.4.0 (2020-03). System architecture for the 5G System (5GS) Stage 2(Release 16).
[3] 3GPP TS 23.503 V16.4.1 (2020-04). Policy and charging control framework for the 5G System (5GS); Stage 2(Release 16).
[4] 3GPP TS 23.139 V15.0.0 (2018-06). 3GPP system - fixed broadband access network interworking Stage 2 (Release 15).
[5] 3GPP TS 38. 314 V16.4.0 (2021-09). Layer 2 Measurements (Release 16).
[6] 3GPP TS28. 552 V17.5.0 (2021-12). Management and orchestration; 5G performance measurements (Release 17).
[7] 3GPP TS23.548 V17.1.0 (2021-12). 5G System Enhancements for Edge Computing; Stage 2 (Release 17).
[8] 3GPP TS23.288 V17.3.0 (2021-12). Architecture enhancements for 5G System (5GS) to support network data analytics services (Release 17).
[9] 3GPP TS23.554 V17.5.0 (2021-12). Management and orchestration; 5G end to end Key Performance Indicators (KPI)(Release 17).

第 14 章

5G 语音

许阳　陈景然

语音业务是运营商收入中重要的一项，在 2G、3G、4G 中运营商的“长尾效应”突出。所谓“长尾效应”是指语音、短信、流量占比很高（通常可以占据 90% 或以上），而其他几十甚至几百项增值业务的总收入占比则很低。因此，语音业务一直是运营商关注的重点业务，在 5G 时代仍将会是重点业务。

回顾 4G 语音方案，主流方案包括如下几种（见表 14-1）。

表 14-1　4G 主流语音方案

语音方案	描　述
VoLTE/eSRVCC	语音业务基于 IMS 提供，并支持从 LTE 切换到 2G/3G 网络的语音连续性。 UE 和网络均需支持 IMS 协议栈，需支持 SRVCC 功能，改动较大
CSFB	UE 单待，当有语音业务需求时，UE 主动请求回落至 2G/3G，通过电路域建立语音连接。 UE 和网络需支持重定向或切换方式的回落功能，重用 2G/3G 网络的语音功能，改动适中，但通话建立时间较长
SvLTE	UE 双待，语音业务由传统 2G/3G 网络提供。对网络改动小，但 UE 需要支持双待，对手机芯片有较高要求，且耗电量高

5G 时代，由于全网络 IP 化的趋势不可阻挡，传统的 CS 域语音正逐渐被淘汰，将被基于 IMS 网络的 4G VoLTE 和 5G VoNR 语音代替。CS 业务以及传统的短信业务在 5G 时代将逐渐被淘汰，取而代之的是 VoNR/VoLTE 业务以及 RCS 业务。这种演进趋势有助于运营商在降低网络的维护成本同时进一步提升相关业务的用户体验。

随着 5G 的到来，虽然，相较于其他业务，语音的重要性相比 4G 有所降低，但是仍然是运营商的重要收入和服务内容，相比 OTT 的语音功能（如微信语音），运营商的 5G 语音具有如下不可替代的优势。

- 原生态嵌入，不需要安装第三方 App。
- 使用电话号码即可拨通电话，不需要 OTT 软件进行好友认证。
- 可以与 2G、3G、4G 用户以及固话用户互通。
- 具有专有承载和领先的编码能力，保障用户的语音质量。相比 OTT 语音数据与普通上网流量同时传输，5G 语音数据会在运营商网络中优先传输，且编码效率具有优势。
- 紧急呼叫功能。此功能可以让用户在没有 SIM 卡时通过任意运营商网络拨通紧急呼叫号码（如中国的 110、美国的 911），保障紧急情况下的人身安全。

同时相比 4G 时代，5G 语音业务有如下发展趋势。

- 更好的通话质量，采用 EVS 高清语音编码，有效提升 MOS 值。语音计费与流量计费合并，即通过语音的 IP 数据流量计费，而非时长计费。
- 业务连续性进一步提升，VoNR 通话中的 5G 用户移动到 4G 网络下也可以无缝切换。

14.1 IMS 介绍

VoLTE 和 VoNR 是未来 5G 网络下语音的可实现方式，其中，VoLTE 和 VoNR 都是通过 IMS 协议实现的，其区别主要在于 VoLTE 是 IMS 数据包通过 4G LTE 网络进行传输，5G VoNR 是 IMS 数据包通过 5G NR 网络进行传输。

在 5G 网络中，IMS 网络的总体架构与 4G 相同，主要区别在于进一步支持了 EVS WB 和 SWB 两种超高清语音编解码技术，以便进一步提升通话质量。

本章将介绍 IMS 的基本功能和流程，并着重从 UE 的视角阐述支持 IMS 的 UE 所需要具备的能力。

14.1.1 IMS 注册

为了执行 IMS 业务，IMS 协议栈需要支持以下两个重要的 IMS 层用户标识。

（1）PVI（Private User Id）：又称 IMPI，是网络层的标识，具有全球唯一性，存储在 SIM 卡上，用于表示用户和网络的签约关系，一般也可以唯一标识一个 UE。网络可以使用 PVI 进行鉴权来识别用户是否可以使用 IMS 网络，PVI 不用于呼叫的寻址和路由。

PVI 可以用“用户名 @ 归属网络域名”或“用户号码 @ 归属网络域名”来表示。习惯上常采用“用户号码 @ 归属网络域名”的方式。

（2）PUI（Public User Id）：又称 IMPU，是业务层标识，可由 IMS 层分配多个，用于标识业务签约关系、计费等，还表示用户身份并用于 IMS 消息路由。PUI 不需要鉴权。

PUI 可以采用 SIP URI 或者 Tel URI 的格式。SIP URI 的格式遵循 RFC3261 和 RFC2396 规范，如 1234567@domain、Alex@domain。Tel URI 的格式遵循 RFC3966 规范，如 tel:+1-201-555-0123、tel:7042; phone-context=example.com。

为了提供 IMS 语音业务，UE 需要执行 IMS 注册。注册过程的目的是在 UE、IMS 网络之间建立一个逻辑路径，该路径用来传递后续的 IMS 数据包。IMS 注册完成后能实现以下功能。

- UE 可以使用 IMPU 进行通信。
- 建立了 IMPU 与用户 IP 地址之间的对应关系。
- UE 可以获取当前的位置信息和业务能力。

注册过程如图 14-1 所示，UE 在使用 IMS 业务前，应在 IMS 中注册，IMS 网络维持用户注册状态。用户注册到 IMS，注册由 UE 发起，S-CSCF 进行鉴权和授权，并维护用户状态。UE 可以通过周期性注册更新保持注册信息，如果超时未更新，网络侧会注销用户。

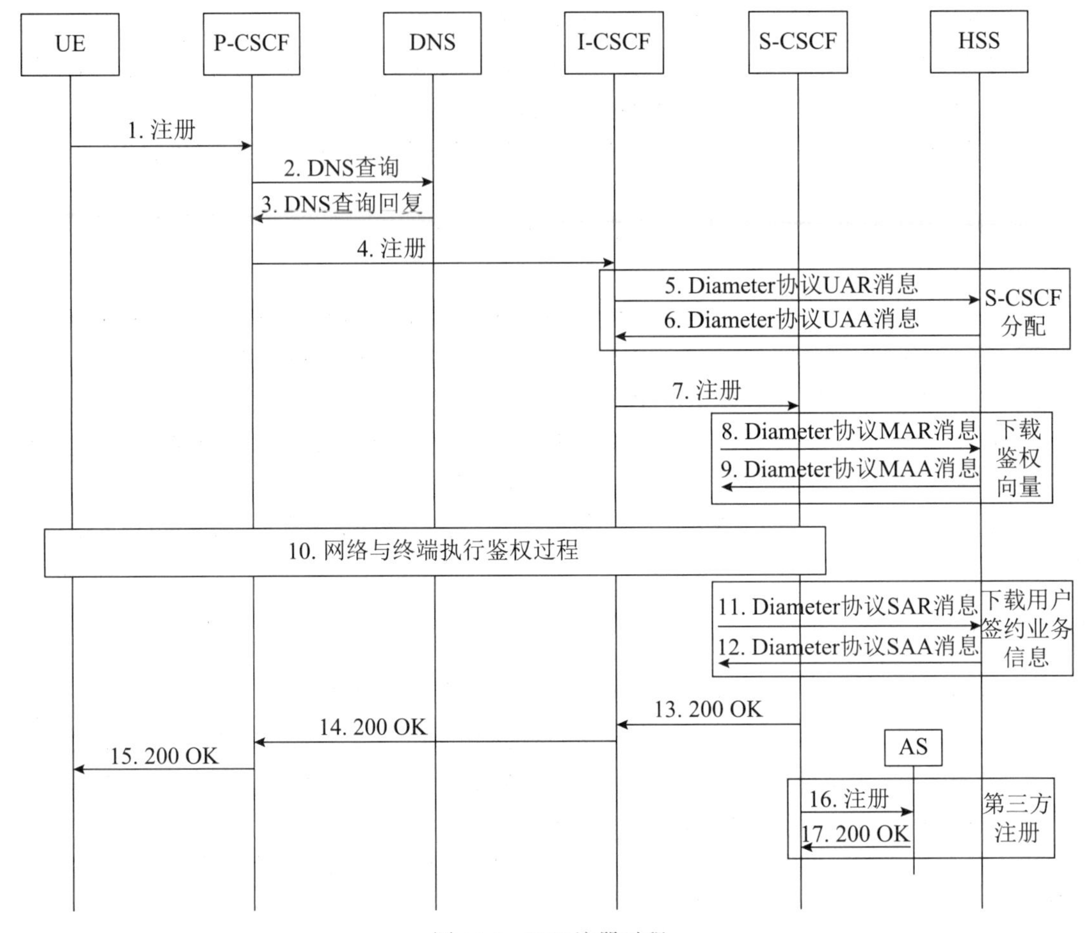

图 14-1　IMS 注册过程

注册完成后，UE、核心网网元和 IMS 网元将获得以下信息（如表 14-2 所示）：简言之，UE 注册后，各个节点将被打通，IMS 网元具备了找到 UE 的能力，UE 也获得了提供语音业务的必要参数。

表 14-2　注册前后 UE 和网络侧获得的数据

网　元	注 册 前	注 册 中	注 册 后
UE	IMPU、IMPI、域名、P-CSCF 名称或地址、鉴权密码	IMPU、IMPI、域名、P-CSCF 名称或地址、鉴权密码	IMPU、IMPI、域名、P-CSCF 名称或地址、鉴权密码
P-CSCF	DNS 地址	I-CSCF 地址、UE IP 地址、IMPU、IMPI	I-CSCF 地址、UE IP 地址、IMPU、IMPI
I-CSCF	HSS 地址	S-CSCF 地址	无
S-CSCF	HSS 地址	HSS 地址、用户签约业务信息、P-CSCF 地址、P-CSCF 网络标识、UE IP 地址、IMPU、IMPI	HSS 地址、用户签约业务信息、P-CSCF 地址、P-CSCF 网络标识、UE IP 地址、IMPU、IMPI
HSS	用户签约业务信息、鉴权数据	P-CSCF 地址	S-CSCF 地址

IMS 注册完成后，后续在如下情况下还会发起注册。

- 周期性注册。
- 能力改变或新业务请求触发的注册。
- 去注册（去注册也使用“注册请求”消息执行）。

对于更详细的 IMS 注册流程描述，请参见 TS23.228[1] 的第 5 章。

14.1.2 IMS 呼叫建立

由于注册过程已经完成，主叫侧（MO 过程）和被叫侧（MT 过程）的各 IMS 网元可根据 SIP INVITE 消息中的被叫 PUI 标识进行下一跳路由。

对于主叫域和被叫域之间的路由，需要通过 ENUM 网元实现。具体地，主叫 I-CSCF 将被叫 PUI 发送至 DNS，以查询被叫 I-CSCF 地址，被叫 I-CSCF 向被叫 HSS 发送查询信息，以获得被叫 S-CSCF 地址。

一个典型的 IMS 呼叫建立流程如图 14-2 所示，呼叫建立过程主要包括如下重要内容。

- 媒体协商过程

通过 SDP 协议承载主叫 UE 支持的媒体类型和编码方案，与被叫 UE 进行协商（一般通过 SIP Invite 和 Response 消息中的 SDP 请求 - 应答机制）。双方所协商的媒体类型包括音频、视频、文本等，每种媒体类型可以包括多种编码制式。

- 业务控制

主叫和被叫的 S-CSCF 均可以根据在 IMS 注册过程中获得的用户签约信息来判断该 SIP Invite 消息中请求的业务是否允许执行。

- QoS 资源授权

即专用 QoS 流 / 承载建立过程，S-CSCF 触发 UE 的专用承载 / 数据流建立过程，在首次 SDP 请求应答后触发核心网会话修改流程。

- T-ADS（被叫接入域选择）过程

判断被叫用户最近驻留在哪一个域（如 PS 域或 CS 域），通过 S-CSCF 触发 AS 向 HSS 查询被叫 UE 当前驻留的域（比如 EPC 或 CS），然后 S-CSCF 根据被叫 UE 的域选择向指定域发送消息。

- 资源预留过程

为了保证协商的媒体面可以成功建立，需要在主叫和被叫侧预留资源。资源预留通常发生在媒体协商过程完成并获得对端确认后。

- 振铃过程

发生在资源预留成功之后。

详细的 IMS 呼叫建立流程及描述请参见 3GPP TS23.228[1] 的第 5 章。

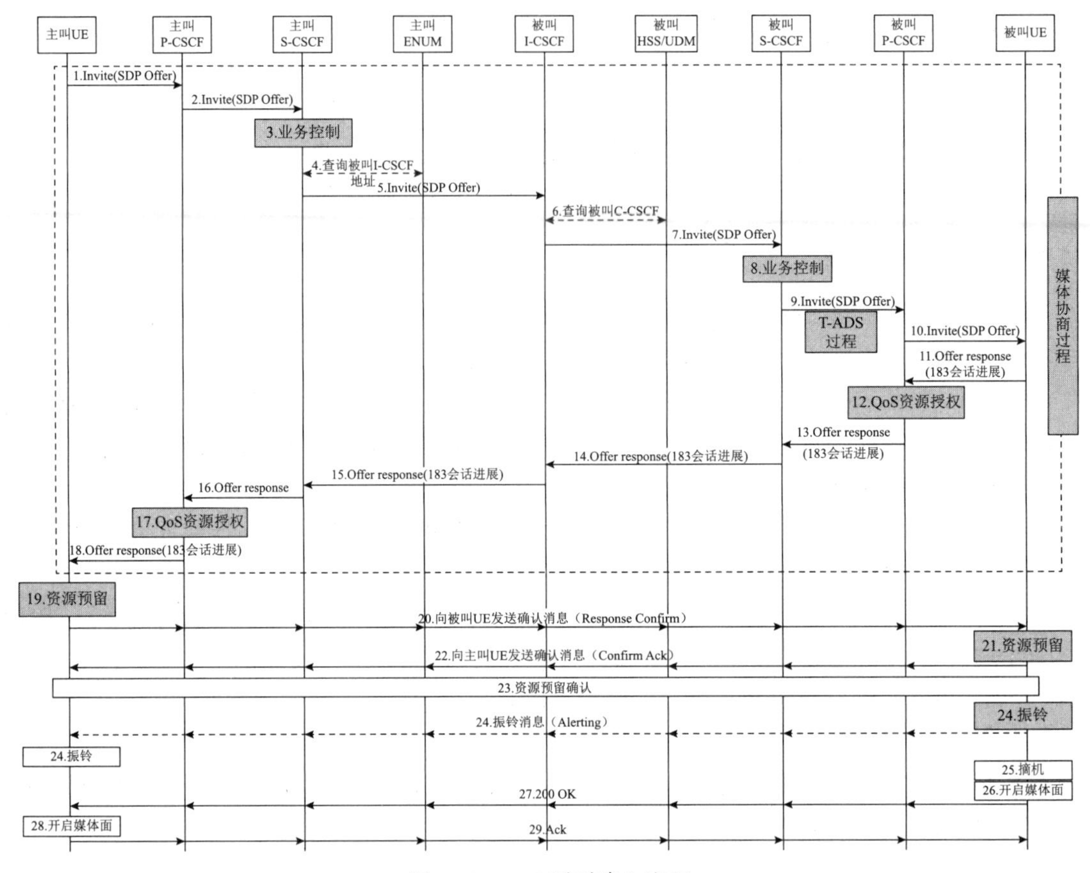

图 14-2　IMS 呼叫建立流程

14.1.3　异常场景处理

由于无线网络资源是有限的，并且 UE 具有移动性，因此在 5G 语音进行的过程中，有一些异常场景将不可避免地出现。常见的异常场景以及 UE 侧的处理方式如下。

1. PDU 会话丢失

如果 UE 和网络之间的 PDU 会话丢失，网络侧必须终止正在进行的 SIP 会话。为此，UE 应当尝试重新建立一个 PDU 会话，该情况下网络侧会重新为该 UE 建立一个新的 QoS 数据流。

可以看到，为了支持 IMS 语音业务，UE 的 IP 地址是不能改变的，虽然在 5G 标准中引入了 SSC Mode-2、SSC Mode-3（即 IP 地址改变的情况下业务仍然不断）模式，但是该模式不适用于 5G 语音业务。

2. 语音 QoS 数据流丢失

通常，用于语音的 QoS 数据流是由 5QI=1 对应的 QoS 参数建立的。为了实现 5QI=1 的 QoS 数据流，基站使用的资源会比用于传输普通上网数据的 QoS 数据流要多。在网络拥塞或弱覆盖等情况下，基站资源可能无法保证 5QI=1 的 QoS 数据流并释放该 QoS 数据流。这种情况下，UE 的语音业务数据将根据 QoS Rule 被映射到“match-all”的 QoS 数据流上。虽然该 QoS 数据流一般没有 GFBR 保障，但能够通过“Best Effort”方式尽量保障 5G 语音数据的传输，以便尽量保证语音业务不会被中断。

3. 网络不支持 IMS Voice 的指示

运营商在网络的部署上，可能存在部分地区不支持 IMS 语音的情况。这种情况一般见于运营商网络中基站密度和空口容量有限的情况下，虽然能够保障一般上网数据的传输（普通上网数据对于 QoS 的要求较低），但无法保障大量的用户在该地区同时发起语音的需求，即不能支持大量的 5QI=1 的 QoS 数据流的建立。这种情况下，网络侧 AMF 会在 NAS 消息中指示 UE"IMS Voice over PS Session is not supported"，以便 UE 不要在该区域的 5GS 网络上发起语音业务。

然而，对于在该区域以外已经发起语音业务并移动到该区域的用户，虽然 UE 仍然会收到"IMS Voice over PS Session is not supported"指示，但不影响当前正在进行的语音通话，即 UE 不会释放当前正在进行的 IMS 语音会话，但当前会话结束后，UE 不会在该区域再次发起语音业务。

4. UE 回落到 EPS 后执行语音业务失败

考虑到语音业务需要优先保障以及无线网络环境的不确定性，在 3GPP R16 标准中，在 RRC Release 或 Handover Command 消息中新引入了一个参数"EPS Fallback Indication"。该情况下，UE 即使建立与目标小区的连接失败，仍然优先选择 E-UTRA 小区再次尝试建立连接，以此来尽可能地保障语音业务的成功率，详见 TS38.306[3] 第 5 章的描述。

关于 EPS Fallback 流程的描述，请参见本书第 14.2.2 节。

14.2　5G 语音方案及使用场景

除了要支持第 14.1 节所述的 5G 语音的业务功能外，5G 语音的发展还要受核心网能力和覆盖问题的影响。

核心网能力主要考虑如下几个方面。

- 合法监听（Lawful Interception，LI）问题。
- 计费问题。
- 漫游问题。
- 现有网络的升级改造问题。
- 5G 网络与 4G 网络的对接兼容性问题。

上述这些问题需要核心网的支持，而对于普通业务数据则不需要过多地考虑上述限制。

覆盖问题较好理解，在 5G 建网初期，由于频谱、基站数等客观因素的限制，5G 网络的覆盖范围必然小于 4G 网络，因此即便 5G 网络可以支持原生的语音业务，UE 在 5G 网络和 4G 网络之间的频繁移动也会造成 4G/5G 的跨系统切换，这对于网络负担和用户体验都提出了巨大的挑战。

根据上述原因，考虑到 5G 网络部署的实际情况，5G 网络下的语音方案分为两种：VoNR 和 EPS/RAT Fallback。前者是 UE 用户直接在 5G 网络上完成 IMS 呼叫的呼叫建立（包括 MO Call 和 MT Call），后者则是 UE 用户回落至 4G 网络 / 基站完成 IMS 的呼叫建立。无论是 VoNR 还是 EPS/RAT Fallback，UE 都是在 5G 网络上进行核心网注册以及 IMS 注册，并在 5G 网络执行数据业务，区别仅为语音呼叫发生时行为不同。EPS/RAT Fallback 可以较好地满足运营商在 5G 建网初期的语音需求，但长期来看，VoNR 才是最终目标。VoNR 和 EPS/RAT Fallback 会在后续的章节进行详细介绍。

此外，可以看到，5G 网络下已不支持 4G 语音 CSFB 方案，也就是说 UE 不能在语音呼叫发生的情况下发送业务请求消息（Service Request）申请回落至 2G、3G 的 CS 域执行呼叫建立。

14.2.1 VoNR

如图 14-3 所示，VoNR（Voice over NR）的前提是 5G 网络支持 IMS 语音业务，UE 在建立呼叫时直接在 5G 网络上完成即可。

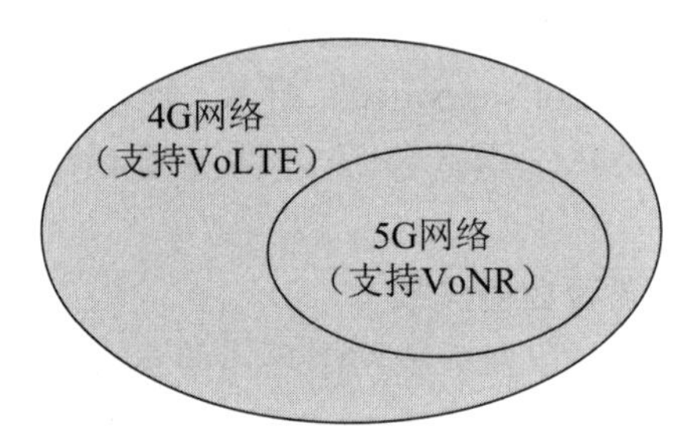

图 14-3　5G 网络支持 VoNR

为了能够进行 VoNR 呼叫建立，结合本书第 14.1 节介绍的各层能力，UE 需要完成如下过程（见图 14-4）。

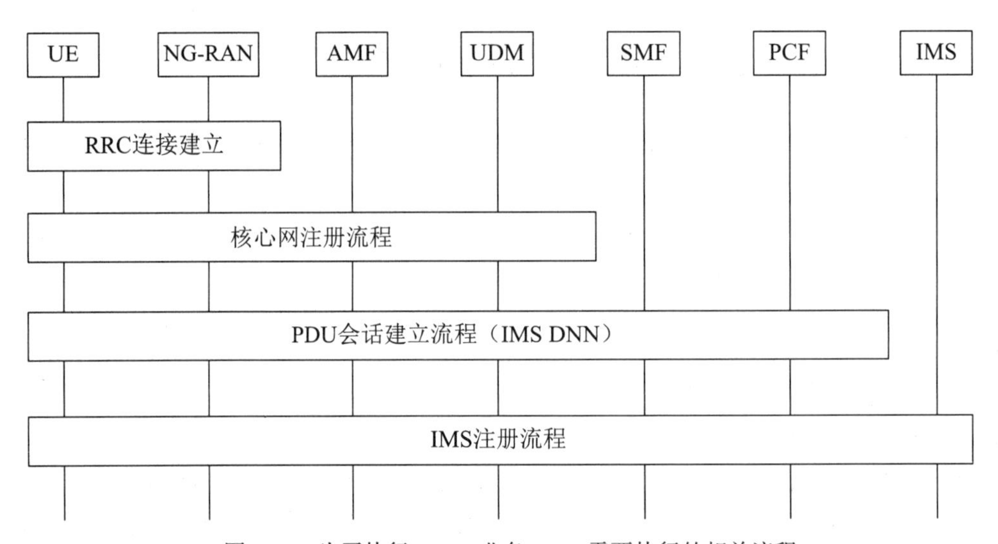

图 14-4　为了执行 VoNR 业务，UE 需要执行的相关流程

1. RRC 连接建立

UE 通过随机接入完成与基站之间的 RRC 连接建立。UE 在 RRC 连接建立完成后，基站可以向 UE 请求上报语音相关能力参数（IMS Parameters），包括 VoNR 的支持情况、VoLTE 的支持情况、EPS Fallback 的支持情况等。UE 在 AS 层上报的语音能力相关参数，可用于核心网决定是否支持语音业务，同时核心网也会存储相关能力参数，供后续使用。

2. 核心网注册过程

完成 RRC 建立后，UE 向 AMF 发送注册请求（Registration Rquest）消息，注册请求中包含语音能力相关的参数：Attach with “Handover” flag（携带“切换”标志的附着）、Dual Conectivity with NR（与 NR 组成的双连接）、SRVCC capability（SRVCC 能力）和

class mark-3（分类标记 -3）。

AMF 接收到“注册请求”后，从 UDM 中获取签约信息，签约信息中语音相关参数包括 STN-SR（会话转移编号）、C-MSISDN（关联的移动台国际用户识别码），用于执行 5G-SRVCC（5G 单无线语音连续性）使用。

此外，AMF 还可以发起 UE capability match（UE 能力匹配）流程，来获得基站上该 UE 对于语音的支持参数，包括 RRC 建立过程中 UE 发送给基站的语音相关参数，详细流程请参见 TS23.502[2] 的第 4.2.8a 节。

AMF 根据注册请求、签约信息、基站上的无线能力参数以及本地配置等，判断是否向 UE 发送指示支持语音业务，详细的判断依据请见 TS23.501 的第 5.16.3.1 节。这里需要注意的是，AMF 判断无论是为该 UE 执行 VoNR 还是 EPS/RAT Fallback（EPS/RAT 回落），都向 UE 发送相同的指示，即在 NAS 消息“注册回复”消息中携带“IMS voice over PS session is supported（支持 IMS 语音）”的指示。也就是说，UE 不需要判断是通过 VoNR 还是 EPS/RAT Fallback 流程实现语音业务，该判断仅网络侧知道即可。对 UE 侧，只要在 AMF 回复的 NAS 消息中接收到“IMS voice over PS session is supported”指示，就认为本网络在该注册区支持 IMS 语音，并继续执行 PDU 会话建立流程。

VoNR 即语音呼叫流程在连接 NR 的 5GC 上完成，具体内容在本节阐述，EPS/RAT Fallback（EPS/RAT 回落）流程即语音呼叫流程在 EPS 上完成或在连接 E-UTRA 的 5GC 上完成，具体内容在本章的后面阐述。

对于整个注册过程的详细描述可以查阅 3GPP TS23.502[2] 的第 4.2.2 节。

3. PDU 会话建立

一个 UE 在核心网注册完成后，可以建立多个 PDU 会话，其中 UE 需要专门发起一个用于语音业务的 PDU 会话，即 UE 向 SMF 发送 NAS 消息“PDU 会话建立请求”，该 NAS 消息中携带如下语音相关参数。

- IMS DNN（IMS 数据网络名称），专门用于 IMS 业务的 DNN 参数。
- SSC Mode（会话和业务连续性模式），对于 IMS 语音业务，当前只能选择 SSC Mode=1，即 UE 处于连接状态的通话过程中，其核心网用户面网关（UPF）不能改变。
- PDU Session Type（PDU 会话类型），对于 IMS 业务的 PDU 会话，其 PDU 会话类型只能是 IPv4、IPv6 或 IPv4v6 3 种，对于 Ethernet（以太网）、Unstructure（非结构化）的类型不予支持。此外，由于 IPv4 地址数量的枯竭，5G 系统优先考虑使用 IPv6 类型。

SMF 接收到“PDU 会话建立请求”消息后，可以从 UDM 中获取会话管理相关的签约信息，并且从 PCF 中获取 PCC 策略，其中 PCC 策略中携带用于传输 IMS 信令的 PCC 规则，SMF 根据该 PCC 规则与基站和 UPF 交互建立 5QI=5 的 QoS 数据流，用于承载 IMS 信令。这里需要注意的是，5QI=5 的 QoS 数据流是在 PDU 会话建立过程中就完成的，而用于承载 IMS 语音数据的 5QI=1 的 QoS 数据流则是在语音通话建立过程中完成的，且在语音通话结束后会被释放。5QI=1 和 5QI=5 两个重要的 5G 语音相关数据流的关键参数如表 14-3 所示。

表 14-3 VoNR 相关的 QoS 数据流

5QI 取值	资源类型	默认优先级	数据包延时预算	数据包错误率	默认最大数据突发量	默认平均时间窗	举例业务
1	GBR	20	100 ms	10^{-2}	—	2000 ms	IMS 语音
5	Non-GBR	10	100 ms	10^{-6}	—	—	IMS 信令

QoS 数据流的详细描述请查看本书第 13 章。

除了建立语音相关的 QoS 数据流外，SMF 需要进行的另一件重要的事情是为该 UE 发现 P-CSCF，如第 4.1.2 节所述，P-CSCF 是 IMS 网络的接入点，UE 的 IMS 信令和语音数据均需要通过 P-CSCF 发给 IMS 的其他网元进行路由和处理。

SMF 执行完 PDU 会话的建立过程后，会在 NAS 消息"PDU 会话建立回复"消息中携带如下语音相关参数。

- P-CSCF 的 IP 地址或域名信息，用于 UE 能够与正确的 P-CSCF 进行通信。
- UE 的 IP 地址。

对于完整的 PDU 会话建立的详细描述可以查看 3GPP TS23.502[2] 的第 4.3.2.2 节。

4. IMS 注册

用于 IMS 业务的 PDU 会话建立完成后，UE 即可通过 5QI=5 的 QoS 数据流向 P-CSCF 发起 IMS 注册请求过程。具体的 IMS 注册过程已在第 14.1.2 节详细阐述，在此不再赘述。

14.2.2 EPS Fallback/RAT Fallback

1. EPS Fallback（EPS 回落）流程

如第 14.2 节开头所述，由于核心网能力和覆盖范围的原因，5G 网络建设初期执行 VoNR 的难度较大，由于现网 VoLTE 的建设已经相当成熟，很多运营商均考虑在 5G 网络建设初期使用 VoLTE 来解决语音需求。换句话说，5G 用户执行非语音业务时可以使用 5G NR 网络，当需要进行语音业务时，将通过 EPS Fallback 过程回落到 4G LTE 网络执行 VoLTE 语音通话。

可能有不少人看到"EPS Fallback"这个词，就会想起4G语音使用的"CS Fallabck（CSFB）"方案，的确，两者的基本思想都是将 UE 从"*n*"G 网络回落到"*n*–1"G 网络来执行语音业务，但是两者又存在着一些本质的区别，表 14-4 从 UE 角度阐述了两者的主要区别。

表 14-4 EPS Fallback 和 CS Fallback 的对比

类　别	EPS Fallback	CS Fallback
支持 IMS 协议栈	需要，属于 IP 通话	不需要，属于电路域通话
高清语音编码	支持 EVS、AMR-WB（注释 1）	最高支持 AMR-WB
在语音通话建立前执行注册	UE 在核心网注册网络后必须进行 IMS 注册，才可以后续执行语音建立流程	UE 只在核心网执行联合附着
第一条语音通话建立消息	UE 不需要等待回落完成，在 5G 网络即可发送 SIP Invite/183 Ack 消息	UE 需要等待回落完成，在 CS 域发送 Call setup 消息
UE 发起回落请求	不需要，网络侧在 IMS 语音建立过程中通过切换或重定向触发向 4G 网络的回落	需要 UE 发起 Extended Service Reuqest 请求消息触发网络执行向 2G/3G 网络的切换或重定向

注：高清语音编码的详细描述请参见 3GPP TS26.114[6] 的 5.2.1 节。

在 3GPP 5G 标准讨论初期，争论的焦点是 EPS Fallback 是由 UE 触发（像 CSFB 一样 UE 发起 Service Request 来触发），还是由基站触发。在讨论过程中，大多数公司认为相比于 4G 时借用 CS 域进行语音业务，5G 网络和 4G 网络在使用 IMS 协议执行语音业务这一点上是没有区别的（即同为 PS 域的语音业务），所以，"从 VoLTE 到支持 VoNR"会比"从 CS 域到支持 VoLTE"简单很多。这也就意味着运营商会在 5G 建网初期使用 EPS Fallback，而不久就可以过渡到在 5G 网络直接发起语音业务（即 VoNR）。因此，为了减少对 UE 复杂度的影响，最终选择了基于网络侧触发的方式执行 EPS Fallback，换言之，UE 只需要正常地执行 IMS 协议栈流程和 UE 内部的 NAS 和 AS 模块功能，不需要为感知和判断 EPS Fallback 进行任何增强。

EPS Fallback 流程如图 14-5 所示，UE 可以通过触发重定向和切换两种方式实现回落，不管是哪一种回落方式，其用户面网关（PGW+UPF）均不能改变，即 IP 地址不会发生改变。UE 回落到 EPS 后，核心网会再次触发专有语音承载的建立以用于语音业务。同时，需要注意的是，整个 EPS Fallback 过程不影响 IMS 层的信令传输，即 IMS 层执行的 4.1.3 节所述的 IMS 呼叫建立流程不会因为 EPS Fallback 过程而中断。

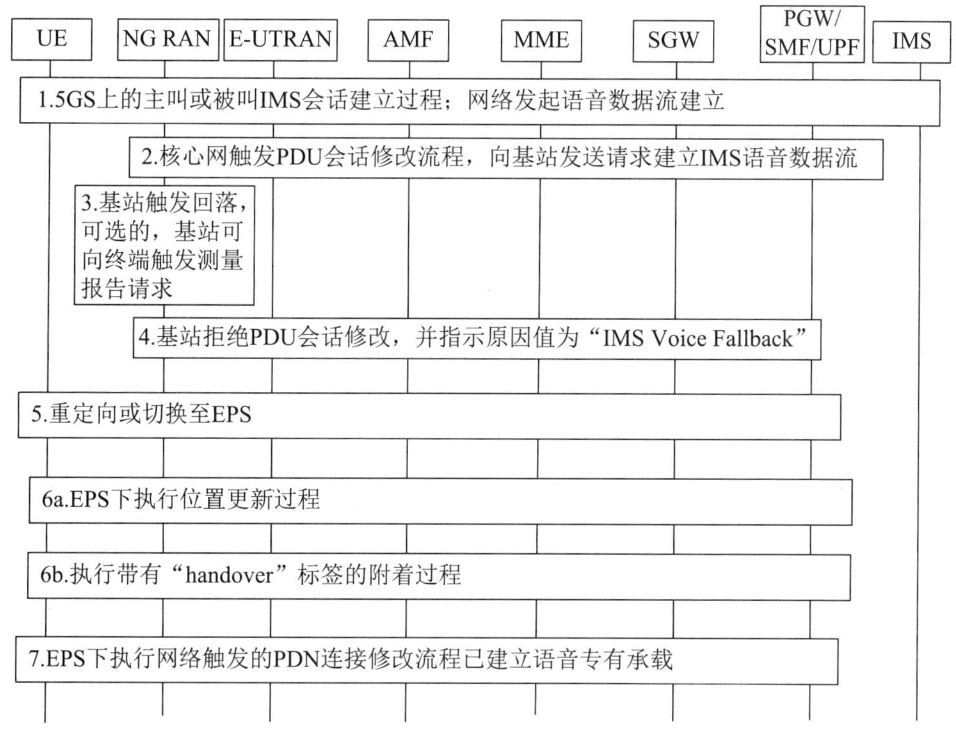

图 14-5 EPS Fallback 流程

详细的 EPS Fallback 流程描述请参见 TS23.502[2] 的第 4.13.6.1 节。

2. RAT Fallback（RAT 回落）流程

除了 EPS Fallback 外，3GPP 还引入了 RAT Fallback 场景，该场景与 EPS Fallback 过程很像，唯一的区别是核心网 5GC 不变，即 UE 从连接 5GC 的 NR 基站回落到同样连接 5GC 的 E-UTRA 基站。RAT Fallback 的使用场景也主要是考虑 5G 建网初期的 NR 基站覆盖较少，而使用 E-UTRA 将能够避免频繁的 Inter-RAT 切换，从而减轻网络负担并保证业务的连续性。但是，由于 5G 建网初期，5GS 核心网也是新部署的网络，正如本书第 14 章开头所述，即便是仅 5GC 支持语音业务也不是一件容易的事情，RAT Fallback 存在较大的部署困难。可以预见，在 5G 建网最初几年，EPS Fallback 会是很多运营商使用的语音回落方式，然后再逐渐过渡到 VoNR。

RAT Fallback 的详细描述请参见 TS23.502[2] 的第 4.13.6.2 节。

14.2.3 Fast Return（快速返回）

Fast Return（快速返回）是指 UE 在执行 EPS Fallback 或 RAT Fallback 并完成语音业务后能够快速返回 5G 网络。

使用 Fast Return 功能时，UE 可以接收到 E-UTRA 基站发来的 NR 邻区信息，并按照基站的指示执行重定向或切换流程回到 NR 小区，省去了 UE 测量邻区信号强度、读取 SIB 消息等时间，因此，返回速度快，准确率高，可以避免 UE 受到现网复杂环境的影响。

相比之下，如果没有快速返回功能，则 UE 在 E-UTRA 基站下执行完语音业务后，只能等到没有其他数据业务传输并回到空闲态后，按照“频点优先级”执行小区重选回到 NR 小区。在外场环境下 UE 容易受到现网复杂环境的影响，接入请求被拒绝的可能性大，这时 UE 需要重新选择其他小区接入，耗费的时间明显高于快速返回。

Fast Return 功能的关键点是需要 E-UTRA 基站能够准确判断通过重定向或切换到本小区的 UE 是由于 EPS Fallback 导致的，而非其他原因（如 UE 移动性、NR 小区信号质量不佳等）导致的。

为此，在 EPS Fallback 或 RAT Fallback 过程中，E-UTRA 基站会从核心网侧接收到 Handover Restriction List 以及 RFSP Index，其中 HRL 中包含 Last Used PLMN ID（最后使用的 PLMN 标识），RFSP Index（接入制式和频率选择策略索引）用于指示该 UE 是否能够接入 NR 频点，基站结合这两个参数以及本地的策略配置就可以判断出该 UE 是否执行了 EPS Fallback 或者 RAT Fallback，从而在语音业务执行完成后（语音业务完成后 5QI=1 的 QoS 数据流会被删除）主动发起重定向或切换流程，使 UE 返回 5G 网络。

快速返回功能虽然简单，但可以有效提升用户体验，能够尽量让用户待在 5G 网络下，体验更好的服务质量。因此，在 4G CSFB 时，大部分运营商就部署了 Fast Return 机制，相信在 5G EPS Fallback 和 RAT Fallback 中也会被大量使用。

详细的描述请见 TS23.501[4] 的第 5.16.3.10 节。

14.2.4 语音业务连续性

语音业务的一个重要特征就是移动性，对于 IMS 语音来讲，通话中的语音业务需要保证 IP 地址不变性，即通话过程中锚定的 UPF 不能改变。虽然在 5G 引入了 SSC Mode-3 模式，也就是先建后切的方式实现业务由 UPF-1 无缝切换到 UPF-2，但是该模式需要应用层的改动。目前 IMS 语音业务仍只支持 SSC Mode-1 模式，即通话过程中的锚定点不能改变，以避免业务的改动。

除了 UPF 锚点不变外，UE 还需要支持如下功能以保障移动过程中的语音业务连续性。

- 5G 系统内切换：UE 按照同系统内跨基站切换的流程执行操作即可，详见 3GPP TS 23.502[2] 的第 4.9 节。
- 5G 与 4G 系统间切换：UE 在 5GS 和 EPS 系统之间切换，详见 3GPP TS 23.502[2] 的第 4.11 节。
- 除上述两个必选功能外，3GPP R16 还定义了可选功能 5G-SRVCC（单无线语音连续性），即正在进行语音业务的 UE 移动出 5G 覆盖区域的情况下，若没有 4G 覆盖或者 4G 覆盖不支持 VoLTE，则 5G 基站触发 NG-RAN → UTRAN 的 SRVCC 过程，切换到 3G CS 域执行语音业务。由于 SRVCC 涉及 Inter-RAT Handover（跨 RAT 切换）

和 Session Transfer（会话转移）两个流程，对于空口和网络侧的部署要求都很高，因此，截至目前没有任何运营商考虑 5G-SRVCC 功能。关于详细的描述和流程，请参见 3GP PTS23.216[7] 中的 5G-SRVCC 相关章节。

14.3　紧急呼叫

14.3.1　紧急呼叫和普通呼叫的区别

紧急呼叫是指在拨打紧急救助电话（如美国的 911，中国的 119、110）时，UE 即便在没有 SIM 卡、资费不足或没有当前 SIM 卡的运营商网络覆盖的情况下，仍可以通过任意支持紧急呼叫业务的运营商网络拨打紧急呼叫。

紧急呼叫在欧美都是非常重要的功能，在中国也越来越受重视。虽然宽泛地讲，紧急呼叫也是语音业务的一种，但细节上与普通语音呼叫业务有如下主要区别（见表 14-5）。

表 14-5　紧急呼叫与普通呼叫的区别

类　　别	紧 急 呼 叫	普 通 呼 叫
注册过程中的鉴权	不需要	需要
呼叫限制	业务具有最高的抢占优先级，且一般的接入和移动性不适用于紧急呼叫业务	须遵从接入和移动性限制
主叫和被叫功能	一般仅支持主叫功能（因此不需要提前执行 IMS 注册），但部分国家有“call back”功能，即在紧急呼叫拨打后，支持被叫端呼叫该用户	主叫和被叫必选支持，因此必选执行 IMS 注册
执行呼叫的 IMS 网络	绝大多数情况下，UE 在漫游地拨打紧急呼叫号码，将由漫游地的 IMS 服务器（专有 CSCF）为其服务	绝大多数情况下，由归属网络的 IMS 执行呼叫流程
PDU 会话的建立	PDU 会话是在执行通话时建立	一般情况下，提前建立好
域选功能	UE 可以根据网络侧对于紧急呼叫的支持情况，在执行紧急呼叫时自主离开并选择其他网络	UE 不能自主选择其他网络，必须听从网络侧的命令执行
EPS/RAT Fallback 能力	在网络允许的情况下， UE 可以主动发起 EPS/RAT Fallback 流程	是否执行 Fallback 完全由网络侧决定，UE 不能主动请求也不需要感知

关于 5G 紧急呼叫详细的描述请参见 3GPP TS23.167[5] 以及 3GPP TS23.501[4] 的第 5.16.4 节。

14.3.2　卫星场景下对紧急呼叫的支持

3GPP 在 R17 中加入了对卫星场景的支持，将卫星接入作为一种新的接入方式，进一步扩大了 3GPP 网络的覆盖范围。卫星因运行轨道的高低不同，可分为 GEO、MEO、LEO 等。同时，地面终端通过卫星接入 3GPP 网络时，由于卫星轨道高度较高，会产生额外的传播时延。数据从 UE 发送到卫星，再从卫星发送到地面站算起，GEO 产生的额外传播时延约为 540 ms，1 200 km 轨道高度的 LEO 卫星额外时延约为 42 ms，600 km 轨道高度的 LEO 卫星额外时延约为 26 ms。而如表 14-3 所示，携带 IMS 语音和信令的 QoS 流最大的包时延预算为 100 ms，因此，GEO 卫星无法满足现有的语音业务对于时延的需求，而 LEO 卫星可以满足。

相较于普通的语音呼叫，紧急呼叫有额外的需求。网络需要将紧急呼叫路由到合适的 PSAP，从而令 PSAP 可以安排适当的紧急响应，例如派出消防或救护车队。而当 UE 采用卫星接入进行紧急呼叫时，由于卫星的移动，以及卫星的波束在地面的覆盖面积较大，甚至一个波束可能会覆盖多个国家，导致 UE 接收的通过卫星发送的广播消息中的 cell ID 无法对应于一个固定的且精度足够的地理位置，当 UE 在向 IMS 发送的请求消息中，携带该 cell ID 时，P-CSCF 和后续的网元无法将 UE 的紧急呼叫路由到正确的 PSAP，从而产生错误。

为解决这个问题，在讨论初期，出现了多种方法，例如第一种方法是网络向 UE 提供一个可以与固定地理位置对应的 cell ID，该 cell ID 与 UE 自己通过广播消息获取的 cell ID 解耦。第二种方法是不依赖 UE 在请求消息中携带的位置信息，而是由网络侧网元（例如 P-CSCF）在收到 IMS 请求后向核心网的其他网元获取 UE 的位置信息。考虑到第二种方法对 UE 的影响较小和对现有的流程改动较小，最终 3GPP 同意了第二种方案。为了让 IMS 网元可以确定是否采用网络侧提供位置的方式， UE 需要在使用卫星接入到 5GC 时，UE 在 IMS 请求中提供一个 UE 采用卫星接入的指示，以便让 IMS 网元知道，IMS 请求消息中的 UE 位置信息不准，从而决定向核心网其他网元获取 UE 位置信息，保证将紧急呼叫路由到正确的 PSAP。

14.4 小　结

本章对 5G 语音进行了详细的介绍，回顾了 4G 语音的发展，结合未来语音业务的发展趋势，从 UE 的视角以及网络部署的实际情况引出了 5G 语音的相关重要特性，使读者能够“知其然，更知其所以然”，主要包括以下几方面。

- 语音业务的演进趋势以及 5G 语音业务的优势。
- 从 5G 网络部署视角引出 5G 语音的解决方案：VoNR、EPS/RAT Fallback。
- 从 AS 层、NAS 层和 IMS 层讲述了 5G 语音的工作过程和重要特性。
- 紧急呼叫业务的主要特点和卫星场景下对紧急呼叫的支持。

参考文献

[1] 3GPP TS23.228 V16.4.0 (2020-03). IP Multimedia Subsystem (IMS); Stage 2.
[2] 3GPP TS23.502 V16.4.0 (2020-03). Procedures for the 5G System (5GS).
[3] 3GPP TS38.306 V16.0.0 (2020-04). NR; User Equipment (UE) radio access capabilities.
[4] 3GPP TS23.501 V16.4.0 (2020-03). System architecture for the 5G System (5GS).
[5] 3GPP TS23.167 V16.1.0 (2019-12). IP Multimedia Subsystem (IMS) emergency sessions.
[6] 3GPP TS26.114 v16.5.2 (2020-03). IP Multimedia Subsystem (IMS); Multimedia Telephony; Media handling and interaction.
[7] 3GPP TS23.216 v16.3.0 (2019-12). Single Radio Voice Call Continuity (SRVCC); Stage 2.

第 15 章

超高可靠低时延通信（URLLC）

徐婧　林亚男　梁彬　张文峰　张轶　沈嘉

URLLC（Ultra-reliable and Low-latency Communication, 超高可靠低时延通信）是 5G 三大应用场景之一，也是传统移动通信网络向垂直行业拓展的一个重要方向。URLLC 突破传统网络对速率的追求，强调时延和可靠性的需求，需要新的技术手段对其进行支持。

URLLC 的标准化是一个循序渐进的过程。在 NR（New Radio，新空口）的第一个标准版本 R15 中，URLLC 设计目标场景单一，典型的例子是 32 byte 业务包在 1 ms 时延内传输可靠性达到 99.999%。为满足这个指标，在 NR 灵活配置的基础上，进行了增强，包括：快速的处理能力（处理能力 2）、超低码率的 MCS（Modulation and Coding Scheme，调制编码机制）/CQI（Channel Quality Indicator，信道质量指示）设计、免调度传输和下行抢占机制，以满足基本的 URLLC 需求。

在 NR 的第二个标准版本 R16 中，对 URLLC 单独建立 SI（Study item，研究项目）和 WI （Work item, 工作项目）项目。在 SI 阶段，首先，讨论了 URLLC 增强的应用场景，主要包括 4 个场景：AR（Augmented Reality，增强现实）/VR（Virtual Reality，虚拟现实）、工业自动化（Factory Automation）、交通运输业（Transport Industry）和电网管理（Electrical Power Distribution）。其次，针对上述 4 个场景，提出了 7 个研究方向，包括：下行控制信道增强、上行控制信息增强、调度 /HARQ（Hybrid Automatic Repeat Request，混合自动重传请求）处理增强、上行数据共享信道增强、免调度传输增强、上行抢占技术和 IIoT（Industrial Internet of Things，工业互联网）增强（包括下行半持续传输增强和用户内多业务优先传输机制）。在 WI 阶段，针对上述 7 个方向，进行了深入和细致的讨论，清晰了技术细节。其中大部分方向都被纳入了标准，但也有一些技术方向，例如，调度 /HARQ 处理增强和用户内多业务优先传输的部分方案难以达成共识而夭折。

考虑到标准技术可以直接参考 3GPP 38 系列协议，本章尽量避免重复说明，侧重介绍一些关键技术点的标准化推动过程，便于读者理解标准方案的着眼点和技术优势。

15.1　下行控制信道增强

15.1.1　压缩的控制信道格式引入背景

一次完整的物理层传输过程至少包括控制信息传输和数据传输两部分。以下行传输为例，下行传输过程包括下行控制信息传输和下行数据传输。因此，下行数据传输的可靠性取决于下行控制信道和下行数据共享信道的可靠性，即 $P=P_{PDCCH} \times P_{PDSCH}$，其中 P 为数据传输的可靠性，P_{PDCCH} 为下行控制信道的可靠性，P_{PDSCH} 为下行数据共享信道的可靠性。如果考虑重传，还要考虑上行 HARQ-ACK 反馈的可靠性与第二次传输的可靠性。对于 URLLC 的可靠性要求，如 R15 的 99.999% 和 R16 的 99.999 9%，如果要保证一次传输达到 99.999% 或 99.999 9% 可靠性，下行控制信道的可靠性至少也要达到相应的量级。因此下行控制信道可靠性增加是 URLLC 需要考虑的一个主要问题之一。在 R15 阶段，高聚合等级（聚合等级 16）和分布式 CCE（Control-Channel Element，控制信道单元）映射被采纳，既适用于 URLLC 也适用于 eMBB（Enhanced Mobile Broadband，增强移动宽带），详见第 5 章。这里主要讨论 R16 URLLC 增强项目中专门针对 URLLC 的 PDCCH（Physical Downlink Control Channel，物理下行控制信道）增强方案，包括如下 2 种提高 PDCCH 可靠性的方案。

- 方案 1：减小 DCI（Downlink Control Information，下行控制信息）的大小。使用相同的时频资源传输比特数量较小的 DCI 可以提高单比特信息的能量，进而提高整个下行控制信息的可靠性。减少 DCI 的大小通常通过压缩或者缺省 DCI 中的指示域来实现。
- 方案 2：增加 PDCCH 传输资源。使用更多的时频资源传输一个 PDCCH，例如，增加 PDCCH 的聚合等级或者采用重复传输。

方案 1 压缩 DCI 大小不仅有利于提高下行控制信道的可靠性，而且能够缓解 PDCCH 的拥塞。但压缩 DCI 势必会引入调度限制。结合 URLLC 业务需求和传输特征，例如，数据量小、大带宽传输、下行控制与数据信道紧凑传输等，DCI 大小的压缩对 URLLC 传输的限制可忽略。对于方案 2，由于在 R15 阶段已经引入了比 LTE 更高等级的聚合等级，即聚合等级 16。经评估[1]，该聚合等级已经接近甚至能够满足可靠性需求。另外更高的聚合等级势必增加时频资源开销，无法适用小带宽传输。因此，在 R16 阶段，没有考虑进一步增加聚合等级。对于重复传输方案，重复资源映射方案需要讨论，例如，CORESET（Control Resource Set，控制资源集合）内重复和 CORESET 间重复。对于 URLLC，为了满足低时延需求，还需要支持灵活的重复起点位置，这将增加终端盲检测的复杂度。考虑到标准化和实现复杂度问题，PDCCH 重复传输没有被采纳。经过 3GPP 讨论，在 R16 URLLC 增强项目中，方案 1 被 NR 标准接受。

15.1.2 压缩的控制信道格式方案

经过仿真评估，综合考虑了 PDCCH 可靠性、PDCCH 资源利用率、PDCCH 拥塞率、PDSCH/PUSCH（Physical Uplink Shared Channel，物理上行共享信道）容量等方面，在 3GPP RAN1 96 会议上确定了压缩 DCI 格式的设计目标。

①支持可配置的 DCI 格式，该 DCI 格式的大小范围为：

- 最大的 DCI 比特数可以大于 DCI format 0_0/1_0 的比特数；
- 最小的 DCI 比特数比 DCI format 0_0/1_0 的比特数少 10~16 bit。

结合 URLLC 业务需求和传输特征，压缩 DCI 格式的设计主要考虑如下 3 个方面。

②针对大数据传输的信息域取消，包括以下内容。

- 第二个码字的 MCS。
- 第二个码字的 NDI（New Data Indicator，新数据指示）。
- 第二个码字的 RV（Redundancy Version，冗余版本）。

- CBG（Codebook Group，码字组）传输信息。
- CBG 清除信息。

③针对 URLLC 数据传输特征优化设计部分信息域，包括以下内容。

- 频域资源分配。考虑到 URLLC 多采用大带宽传输，不仅可以获得频率分集增益，也可以压缩时域符号数目，降低传输时延。但频率资源分配类型 1 的指示颗粒度是 1 个 PRB（Physical Resource Block，物理资源块），对于大带宽传输来说过于精细，因此，考虑提高频域资源分配类型 1 的指示颗粒度，压缩频域资源分配域的开销。
- 时域资源分配。考虑到 URLLC 下行控制信息和下行数据传输多采用紧凑模式，即下行数据传输紧随下行控制信息之后，降低时延。因此，采用下行控制信息位置作为下行数据信道时域资源指示的参考起点，则下行数据信道时域资源的相对偏移取值有限，进而可以减少时域资源分配域的开销，或者在下行时域资源分配域开销不变的情况，可以增加下行时域资源分配的灵活度。该优化技术的好处主要体现在本时隙内调度时，因此，该优化仅适用于 $K0=0$ 的情况，其中 $K0$ 为下行控制信息与下行数据之间的时隙间隔，详见第 5 章描述。
- RV 版本指示。RV 版本指示通常采用 2 bit，分别对应｛0,2,3,1｝。当 RV 版本指示域压缩到 0 bit，采用 RV0 保证其自解码性质。当 RV 版本指示域压缩到 1 bit，采用｛0,3｝还是｛0,2｝，有过一番争论。｛0,2｝可以获得较好的合并增益，并且被非授权频谱采纳。但 RV2 自解码特性略差，对于 RV0 没有接收到的情况，可能会影响到数据的检测接收。考虑到上行传输，若第一次调度信令漏检，基站可在第二次调度时指示 RV0 克服自解码问题。因此，有些公司建议下行传输采用｛0,3｝，上行传输采用｛0,2｝，但因为是优化非必要的增强并且会增加终端复杂度，在标准讨论后期，标准采用了基本方案，即上下行传输均采用｛0,3｝。
- 天线端口。考虑到 URLLC 多采用单端口传输，MU-MIMO（Multi-User Multiple-Input Multiple-Output，多用户—多输入多输出）也不适用 URLLC 传输。因此，消除天线端口指示域，且天线端口默认采用天线端口 0 也是有效减少 URLLC DCI 大小的一种方法。该域是否存在可以通过是否配置 DMRS（Demodulation Reference Signal，解调参考信号）配置信息来区别，这也是一种常见的确定 DCI 域的方式。但是考虑到 DMRS 配置信息不仅包含 DMRS 配置参数，也包含 PTRS（Phase-tracking Reference Signals，相位追踪参考信号）配置参数，所以，直接将 DMRS 配置参数取消会导致 PTRS 无法配置。因此，标准最后引入了专门的配置信令指示天线端口域是否存在。

④大部分信息域仍然保留 DCI format0_1/1_1 中的可配置特性，包括载波指示、PRB 绑定大小指示、速率匹配指示等。

为了减少终端盲检测次数，标准约束了 DCI size（DCI 大小）的数目。在 R15 阶段，标准规定终端在一个小区中可以监测的 DCI size 不超过 4 个，并且，使用 C-RNTI 加扰的 DCI 大小不超过 3 个，因此，对于不同 DCI format 引入了 DCI size 对齐的规则。在 R16，引入 DCI 格式 0_2/1_2，既要避免增加终端盲检测复杂度，也要保留引入压缩 DCI 格式的优势，标准最终采用如下 DCI size 对齐方案。

- 首先，DCI 格式的对齐顺序是：DCI 格式 1_1 和 0_1 优先对齐，如果仍然超过 DCI size 的个数限制，则进一步对 DCI 格式 1_2 和 0_2 对齐。

- 其次，DCI 格式 0_1/1_1 与 DCI 格式 0_2/1_2 通过网络配置，保证其 DCI size 不同。这样做的好处是在检测 PDCCH 前就可以区别 DCI 格式。

15.1.3 基于监测范围的 PDCCH 监测能力定义

理论上，PDCCH 监测能力的增强会提高 URLLC 调度的灵活性，改善 PDCCH 的拥塞程度，降低时延。然而，PDCCH 监测能力增强也会增加终端的复杂度。为了减少对终端复杂度的影响，一种方式是约束配置，例如，限制支持增强 PDCCH 监测能力的载波数，保持多载波上的 PDCCH 监测总能力不变，或者避免多载波上的 PDCCH 监测总能力显著增加。又例如，限制 PDSCH/PUSCH 传输，包括 PRB 数目、传输层数和传输块大小等，这样，终端在保持处理时间不变的情况下，通过简化 PDSCH/PUSCH 传输节约出的处理时间，可以用于 PDCCH 的监测。另一种方式是约束 PDCCH 监测范围，避免 PDCCH 堆积，即 PDCCH 监测能力针对较短的时间范围定义。因此，R16 标准在 R15 标准的基础上，进行了增强，采纳了第二种方式。具体地，R15 采用基于时隙的 PDCCH 监听能力定义，R16 引入基于监听范围的 PDCCH 监听能力定义。

PDCCH 监测能力针对较短的时间范围定义的方式，其时间范围的定义包括以下两种方案。

- 方案 1：PDCCH 监测时机，定义详见第 5 章介绍。
- 方案 2：PDCCH 监测范围，即在 R15 PDCCH 监测范围定义的基础上进行了修订。PDCCH 监测范围定义了两个时间范围参数（X，Y），其中 X 表示两个相邻的 PDCCH 监测机会之间间隔的最小符号数，Y 表示在一个监测间隔 X 内的 PDCCH 监测时机的最大符号数。

考虑到不同搜索空间中的 PDCCH 监测时机在时域上可能重叠，因此，基于 PDCCH 监测时机定义的 PDCCH 监测能力，无法避免短时间内大量 PDCCH 监测的需求，不能缓解终端监测的复杂度。进而，标准采纳了基于 PDCCH 监测范围的 PDCCH 监测能力定义的方式。并在 R15 PDCCH 监测范围定义的基础上进行了如下修订。

- 引入子载波间隔（Subcarrier Spacing，SCS）因素。监测范围采用符号数标识，PDCCH 监测处理时间用绝对时间衡量。不同 SCS 下，两者的对应关系不同。
- 去掉组合（X，Y）=（1,1）。从时延需求的角度，一个时隙内 7 个监测范围已经足够。从实现的角度，该组合会增加终端的复杂度。

在确定监测范围的定义后，基于监测范围的 PDCCH 监测能力的定义也有以下两种方案。

- 方案 1：直接定义一个监测范围内的 PDCCH 监测能力。
- 方案 2：定义一个时隙内的 PDCCH 监测能力，一个监测范围内的 PDCCH 监测能力为一个时隙内的 PDCCH 监测能力除以一个时隙内包含的非空监测范围的数目。

方案 1 直接在 R15 能力信令上拓展，即在上报监测范围长度和间隔的同时，将该监测范围的 PDCCH 监测能力一同上报即可，标准化工作量小。方案 2 意在将终端能力的利用率最大化，即对于没有配置 PDCCH 监测时机的监测范围，不消耗监测能力，则把这些监测能力平摊到配置了 PDCCH 监测时机的监测范围（非空监测范围）内。大多数公司认为确定一个 PDCCH 监测范围内的监测能力，是确定一个时隙的监测能力的前提。所以，建议优先讨论第一个方案。

在确定了基于监测范围的 PDCCH 监测能力的定义后，基于监测范围的 PDCCH 监测能力数值的确定主要从 URLLC 灵活调度需求和终端复杂度两方面考虑，最终确定的基于监测范围的PDCCH监测能力在一个时隙内的累计能力约为基于时隙的PDCCH监测能力的两倍。

基于监测范围的 PDCCH 监测能力包括用于信道估计的非重叠 CCE 的最大数目（C）和 PDCCH 候选最大数目（M）。

15.1.4 多种 PDCCH 监测能力共存

在 R15 已有的基于时隙的 PDCCH 监测能力的基础上引入基于监测范围的 PDCCH 监测能力，两者的共存问题引起大家关注。尤其考虑到其 PDCCH 监测能力背后对应的下行控制信息传输需求。R15 已有的基于时隙的 PDCCH 监测能力更适合 eMBB 调度和公共控制信息传输，基于监测范围的PDCCH监测能力更适合URLLC调度。为此，标准讨论了如下4种方案，下面以 PDCCH 候选最大数目为例说明。

- 方案 1：上报一个监测范围内的监测能力，每个监测范围的监测能力相同。如图 15-1 所示，监测范围为｛2,2｝，每个监测范围内的 PDCCH 候选最大数目均为 $M1$。

$M1$	$M1$	$M1$	$M1$	$M1$	$M1$	$M1$

图 15-1 支持多业务的 PDCCH 监测能力方案 1

- 方案 2：上报两个监测范围内的监测能力 1 和监测能力 2，监测能力 1 为一个时隙中第一个监测范围的 PDCCH 监测能力，监测能力 2 为一个时隙中第一个监测范围以外其他每个监测范围的 PDCCH 监测能力。如图 15-2 所示，监测范围为｛2,2｝，第一个监测范围的 PDCCH 候选最大数目为 $M1$，其他监测范围内的 PDCCH 候选最大数目为 $M2$。通常 $M1$ 大于 $M2$，$M1$ 考虑了 URLLC、eMBB 调度和公共控制信息传输的需求，$M2$ 仅考虑 URLLC 的调度需求。

$M1$	$M2$	$M2$	$M2$	$M2$	$M2$	$M2$

图 15-2 支持多业务的 PDCCH 监测能力方案 2

- 方案 3：上报两套监测范围内的监测能力，其中一套包含两个监测能力，监测能力 1 和监测能力 2，监测能力 1 为一个时隙中第一个监测范围的 PDCCH 监测能力，监测能力 2 为一个时隙中第一个监测范围以外其他每个监测范围的 PDCCH 监测能力。另外一套仅包含一个监测能力 3 $\text{监测能力3} = \dfrac{\text{监测能力1} - \text{监测能力2}}{\text{一个时隙内监测范围的数目}} + \text{监测能力2}$，每个监测范围内的监测能力相同。如图 15-3 所示，监测范围为｛2,2｝，第一套第一个监测范围的 PDCCH 候选最大数目为 $M1$，其他监测范围内的 PDCCH 候选最大数目为 $M2$，通常 $M1$ 大于 $M2$。第二套每个监测范围内的 PDCCH 候选最大数目为 $M3$。第一套监测能力为非均匀配置，主要用于第一个监测范围有公共信息传输的场景，第二套监测能力为均匀配置。

$M1$	$M2$	$M2$	$M2$	$M2$	$M2$	$M2$

$M3$	$M3$	$M3$	$M3$	$M3$	$M3$	$M3$

图 15-3 支持多业务的 PDCCH 监测能力方案 3

- 方案 4：对于 eMBB 和 URLLC 分别上报监测能力。如图 15-4 所示，基于监测范围的 PDCCH 候选最大数目 $M1$ 用于支持 URLLC 业务，基于时隙的 PDCCH 候选最大数目 $M2$ 用于支持 eMBB 业务和公共控制信息传输。

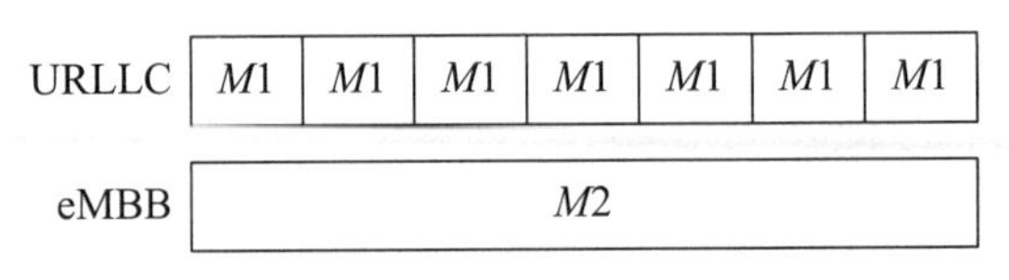

图 15-4　支持多业务的 PDCCH 监测能力方案 4

对于方案 2 和方案 3 存在时间上非均匀的监测，非均匀的监测不能将终端能力充分发挥，或者需要终端实现非均匀的监测能力，实现复杂度高。因此，方案 2 和方案 3 被排除。对于方案 4，针对多种业务类型独立设置监测能力，并且通过多个独立的处理单元实现，复杂度略高。不过，这一点可以复用多载波工作架构实现，减少对终端的影响。但是，终端在 PDCCH 检测之前如何区别业务也需要进一步研究。URLLC 和 eMBB 的 PDCCH 监测能力独立，无法共享也会造成处理能力浪费。对于方案 1，实现和标准化简单，而且 URLLC 和 eMBB 可以共享 PDCCH 监测能力，所以，标准采纳了方案 1。但是，如何支持多种业务和公共控制信息的传输以及相应的 PDCCH 丢弃规则需要进一步讨论。

15.1.5　PDCCH 丢弃规则增强

由上节可知，终端上报一个监测范围内的监测能力 M，在监测范围内的候选 PDCCH 数目或者用于信道估计的非重叠的 CCE 数目大于监测能力时，则需要丢弃 PDCCH。但 PDCCH 丢弃的实现复杂度高，因此，如何增强 PDCCH 丢弃也成为一个争论点。

- 方案 1：任意监测范围内都可以执行 PDCCH 丢弃。
- 方案 2：有限的监测范围内可以执行 PDCCH 丢弃，例如，只有一个监测范围能够执行 PDCCH 丢弃。

方案 1 支持灵活的调度，但是频繁的 PDCCH 丢弃评估增加了终端的复杂度。方案 2 虽然限制了调度的灵活性，但也比较适配 eMBB 和公共控制信息的调度位置，如图 15-5 所示。考虑到第一个监测范围内包含了公共控制信息，甚至还有 eMBB 和 URLLC 业务调度信息的传输，所以，允许第一个监测范围内的 PDCCH 配置数目大于 PDCCH 监测能力。其他监测范围内仅包含 URLLC 业务调度信息传输，为其配置的 PDCCH 配置数目必须小于 PDCCH 监测能力。方案 2 在终端复杂度和调度灵活性之间有较好的平衡，标准采纳了方案 2。

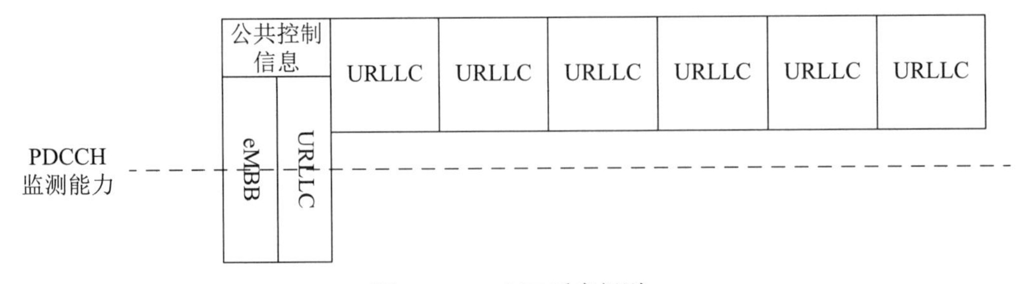

图 15-5　PDCCH 丢弃规则

15.1.6　多载波下 PDCCH 监测能力

多载波场景下，当配置的载波数大于终端上报的 PDCCH 监测能力对应的载波数时，多个载波配置的 PDCCH 监测数目之和需要小于或等于终端上报的 PDCCH 监测能力对应的载波数与单个载波 PDCCH 监测能力的乘积，即 PDCCH 的监测配置需要根据 PDCCH 监测总能力进行缩放。基于监测范围的 PDCCH 监测能力也存在多载波缩放的问题。但与基于时隙的 PDCCH 监测能力不同，基于监测范围的 PDCCH 监测能力对应的监测范围对于不同载波可能存在时间不对齐的问题，如图 15-6 所示。如果直接采用基于时隙的 PDCCH 监测能力对应的缩放机制，其只限定了多个载波的 PDCCH 监测能力在载波间的缩放，但没有限定在各个载波的哪些监测范围内缩放，存在方案不清楚的问题。进一步地，如果基于监测范围的 PDCCH 监测能力的多载波缩放约定在相同编号的监测范围内，由于多载波的监测范围不对齐，可能在一定时间范围内的 PDCCH 监测负荷超过终端的能力。例如，载波 1 的第一监测范围的 PDCCH 监测能力与载波 2 的第一监测范围的 PDCCH 监测能力之和小于 M，但由于载波 1 的第一和第二监测范围与载波 2 的第一监测范围都重叠，则在较短的时间范围内需要对载波 1 的第一监测范围的 PDCCH 监测、载波 2 的第一监测范围的 PDCCH 监测和载波 1 的第二监测范围的 PDCCH 监测，这样就会超过终端的多载波 PDCCH 监测能力 M（M 为 PDCCH 监测能力对应的载波数 × 单载波的 PDCCH 监测能力）。

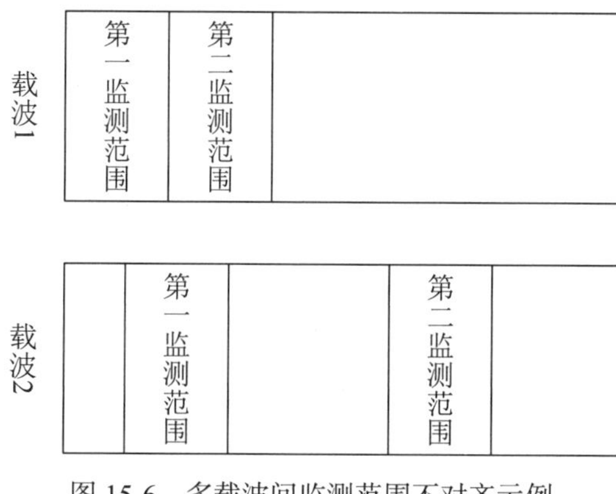

图 15-6　多载波间监测范围不对齐示例

因此，对于基于监测范围的 PDCCH 监测能力在多载波间缩放的问题，引入了一个限制，即对于不同的监测范围或监测范围不对齐的多载波，独立确定各自监测范围对应的 PDCCH 监测总能力。对于监测范围相同且对齐的多载波，联合确定该监测范围对应的 PDCCH 监测总能力。

此外，对于基于时隙的 PDCCH 监测能力和基于监测范围的 PDCCH 监测能力的载波数独立配置。也支持基于监测范围的 PDCCH 监测能力的载波数和基于时隙的 PDCCH 监测能力的载波数的组合上报。具体的约束为：

- pdcch-BlindDetectionCA-R15 最小值为 1，pdcch-BlindDetectionCA-R16 最小值为 1。
- pdcch-BlindDetectionCA-R15 + pdcch-BlindDetectionCA-R16 的取值范围 3~16。
- pdcch-BlindDetectionCA-R15 可选值为 1 ~15。
- pdcch-BlindDetectionCA-R16 可选值为 1 ~ 15。

15.2 上行控制信息增强

如第 5 章所述，5G NR 相对 LTE 的一大创新，是采用了“符号级”的灵活时域调度，从而可以实现更低时延的传输，包括引入了符号级的“短 PUCCH（Physical Uplink Control Channel，物理上行控制信道）”，以实现快速的 UCI（Uplink Control Information，上行控制信息）传输，包括低时延的 HARQ-ACK 反馈和 SR（Scheduling Request，调度请求发送）。但面向 URLLC 的低时延和高可靠传输要求，R15 NR PUCCH 在如下几个方面还有很大的提升空间。

- 虽然 R15 NR 的 PUCCH 已经缩短到符号级，但 UCI 的传输机会仍然是“时隙级”的，如在一个时隙内只能传输一个承载 HARQ-ACK 的 PUCCH，无法实现“随时反馈”HARQ-ACK。
- R15 NR 的 URLLC 业务的 UCI 和 eMBB 业务的 UCI 不能相互独立地生成，如 URLLC 业务的 HARQ-ACK 和 eMBB 业务的 HARQ-ACK 需要构建在一个码本内，使 URLLC HARQ-ACK 的时延和可靠性被 eMBB HARQ-ACK “拖累”（比如 eMBB HARQ-ACK 通常包含很多 bit，造成合成后的 HARQ-ACK 码本很大，无法实现很高的传输可靠性），无法针对 URLLC HARQ-ACK 进行专门的优化。
- 即使设计了 URLLC 和 eMBB 业务的 UCI 的分开生成机制，但如果物理层无法区分这两种 UCI，无法识别它们的“高、低优先级”，也无法将 URLLC 和 eMBB UCI 与分配给它们的资源形成一一映射，从而“保护”URLLC UCI 的资源专用性。
- 最后，即使定义了 UCI 的“高、低优先级”，并为它们分配“专用”资源，但由于基站调度的“先后”顺序，也很难完全避免资源冲突问题。当优先级高的后调度资源需要“抢占”优先级低的先调度资源，需要设计相应的冲突解决机制，以切实保证 URLLC UCI 的优先性。

这些 R15 NR 中的问题，在 R16 URLLC 项目中得以增强，我们将在本节中依次介绍[2~7]。

15.2.1 多次 HARQ-ACK 反馈与子时隙（sub-slot）PUCCH

R15 NR 虽然引入了长度只有几个符号的“短 PUCCH”，为快速反馈 UCI 提供了很好的设计基础，但一个终端在一个时隙内只能传输一个承载 HARQ-ACK 的 PUCCH，大大限制了反馈的时效性。如图 15-7（a）所示，终端接收 PDSCH 1，并且在上行时隙 1 反馈 HARQ-ACK，而在稍晚的时刻，终端又收到一个下行业务（PDSCH 2）需要尽快反馈 HARQ-ACK。按 R15 NR 机制，如果 PDSCH2 对应的 HARQ-ACK 也在上行时隙 1 反馈，为了保证终端有足够的处理时间，只能在上行时隙 1 靠后的资源反馈，并且 PDSCH1 的 HARQ-ACK 也要在该 PUCCH 资源传输，这样会延后 PDSCH1 的 HARQ-ACK 反馈。或者在下一个上行时隙反馈，这样会延后 PDSCH 2 的 HARQ-ACK 反馈。因此，R15 终端在一个时隙内只能传输一个承载 HARQ-ACK 的 PUCCH 的限制，不可避免地造成下行业务的反馈时延增大。

要解决这个问题，需要在一个上行时隙中提供多次 HARQ-ACK 反馈机会，如图 15-7（b）所示，PDSCH 2 的 HARQ-ACK 能够在同一个时隙中传输，就可以保证 HARQ-ACK 的随时反馈，满足 URLLC 下行业务的反馈时延要求。

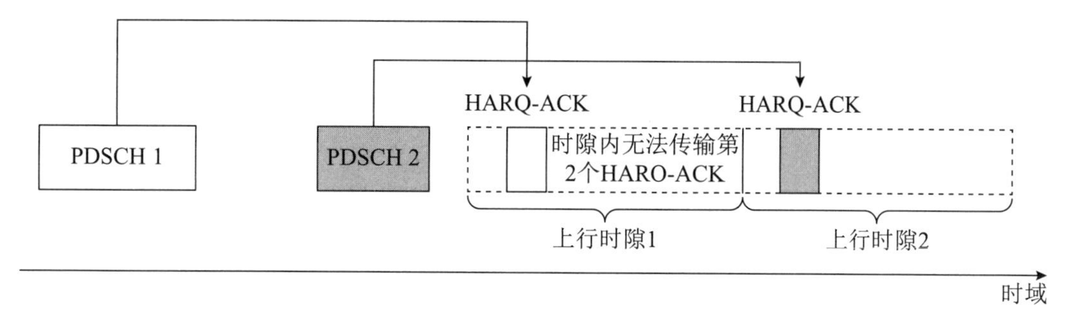

（a）时隙内无法多次反馈 HARQ-ACK 造成 HARQ-ACK 反馈延迟

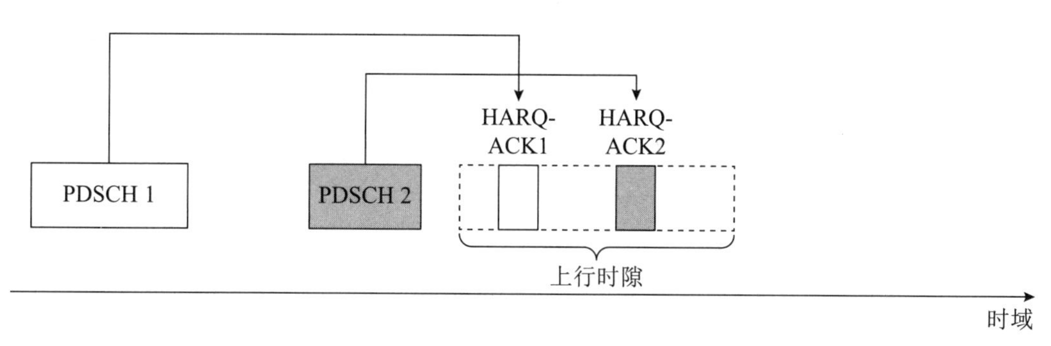

（b）时隙内多次反馈 HARQ-ACK 可以保证 HARQ-ACK 随时传输

图 15-7　为什么要支持一个时隙多次反馈 HARQ-ACK

1. 基于子时隙（sub-slot）的 HARQ-ACK 方案

如第 5.5 节所述，R15 NR PUCCH 资源分配仍然是基于时隙的，虽然从基站的角度，一个时隙内可以复用多个终端的“短 PUCCH”，但一个终端在一个时隙内只会拥有一个承载 HARQ-ACK 的 PUCCH 资源。要想支持一个终端在一个时隙内多次反馈 HARQ-ACK，需要对 R15 NR PUCCH 资源分配的诸多方面进行重新设计，包括：

- 如何在一个时隙内划分多个 HARQ-ACK？
- 如何将 PDSCH 关联到多个 HARQ-ACK？
- 如何为多个 HARQ-ACK 分配时频资源？
- 如何指示从 PDSCH 到 HARQ-ACK 的时域偏移（即 K_1）？

针对这些问题，在 R16 NR 标准化中提出了多种候选方案，比较典型的包括“基于子时隙（sub-slot）的方案”和“基于 PDSCH 分组（PDSCH grouping）的方案”。

sub-slot 方案是将一个上行时隙进一步划分为更短的 sub-slot，一个 sub-slot 只包含几个符号，然后在 sub-slot 这个单元内尽可能重用 R15 的 HARQ-ACK 码本构建、PUCCH 资源分配机制、UCI 复用等机制。具体方法如下。

- K_1 以 sub-slot 为单位指示。
- 落入一个 sub-slot 的 HARQ-ACK 复用在一个 HARQ-ACK 码本中传输。
- 在下行时隙中也按一个“虚拟”的 sub-slot 网格确定 PDSCH 与 HARQ-ACK 的关联关系，即以 PDSCH 结尾所在的“虚拟 sub-slot”来计算 K_1 的起始参考点。通过起始参考点和 K_1 计算出 HARQ-ACK 所在的 PUCCH 开始的 sub-slot。
- PUCCH 所在的符号以 sub-slot 的起点为参考点编号，需要配置“sub-slot 级”的 PUCCH 资源集。

以图 15-8 为例，假设一个上行时隙划分为 7 个 sub-slot，每个 sub-slot 长度为 2 个符号。根据 PDSCH 1 和 PDSCH 2 末尾所在的“虚拟 sub-slot”和 K_1 计算出它们的 HARQ-ACK 均落在 sub-slot 1 中，起始符号 S 分别为 Symbol 0 和 Symbol 1，因此这两个 HARQ-ACK 复用在一起，在 sub-slot 1 中传输。根据 PDSCH 3 和 PDSCH 4 末尾所在的“虚拟 sub-slot”和 K_1 计算出它们的 HARQ-ACK 均落在 sub-slot 4 中，起始符号 S 分别为 Symbol 0 和 Symbol 1，因此这两个 HARQ-ACK 复用在一起，在 sub-slot 4 中传输。需要说明的是，PDSCH 实际上并不是真的存在 sub-slot 结构，下行的“虚拟 sub-slot”网格仅仅是用于定位 K_1 的起始参考点的方法。

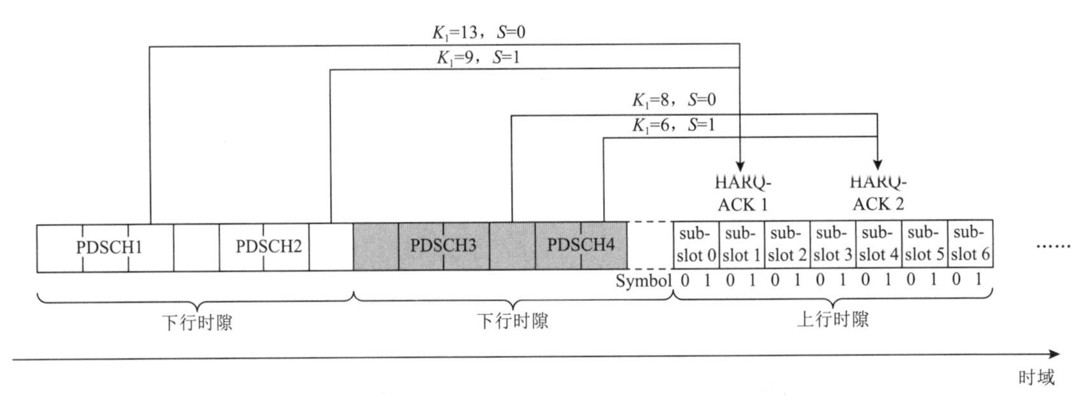

图 15-8　基于 sub-slot 的 HARQ-ACK 反馈机制示意

PDSCH grouping 方案并不需要将一个上行时隙划分为 sub-slot，然后通过 PUCCH 的时域位置来确定哪些 PDSCH 的 HARQ-ACK 复用在一起传输，而是可以通过更“显性”的方式确定 PDSCH 到 PUCCH 之间的关联关系。具体方法如下。

- K_1 仍以 slot 为单位指示。
- 通过调度 PDSCH 的 DCI 中的指示信息（如 PRI（PUCCH Resource Indicator，PUCCH 资源指示符）或新增加的一个 PDSCH grouping 指示符），确定这个 PDSCH 关联到上行时隙中的哪个 HARQ-ACK 码本，即对 PDSCH 进行“分组”，分到一组的 PDSCH 的 HARQ-ACK 复用到一个 HARQ-ACK 码本中传输。
- 保持 R15 的 PUCCH 资源集配置不变，采用“时隙级”PUCCH 资源，相对时隙边界定义 PUCCH 资源。

以图 15-9 为例，假设在调度 PDSCH 的 DCI 中包含 1 bit 的 PDSCH grouping 指示符，指示这个 PDSCH 关联到哪个 HARQ-ACK 码本。PDSCH 1 和 PDSCH 2 被指示关联到 HARQ-ACK 1，PDSCH 3 和 PDSCH 4 被指示关联到 HARQ-ACK 2。无须依赖 sub-slot 结构就可以实现在一个 slot 里多次反馈 HARQ-ACK。

可以看到，上述两种方案都可以实现在一个时隙内多次反馈 HARQ-ACK。sub-slot 方案的好处是只要定义了 sub-slot 结构，将操作单位从 slot 改为 sub-slot，就可以重用 R15 的 HARQ-ACK 码本生成方法，无须引入新的机制，但 K_1 和 PUCCH 资源的定义也要改为“sub-slot 级”。PDSCH grouping 方案的优点是可以重用 R15 的 K_1 和 PUCCH 资源的定义和资源集配置方法，且 K_1 具有较大的指示单位 slot，在指示距离 PDSCH 较远的 HARQ-ACK 时效率更高（而 URLLC 通常采用距离 PDSCH 很近的快速 HARQ-ACK 反馈），但需要设计额外的 PDSCH grouping 机制，如在 DCI 中加入新的指示信息。PDSCH grouping 方案的 HARQ-

ACK 的资源位置不受 sub-slot 网格的限制，似乎更为灵活，但同时也可能带来更复杂的 PUCCH 资源重叠问题，后续可能要设计更为复杂的资源冲突解决机制。

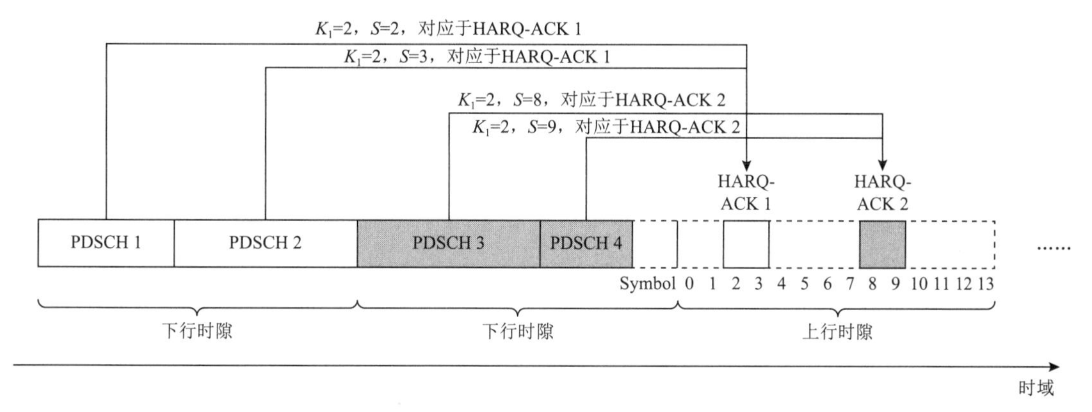

图 15-9　基于 PDSCH grouping 的 HARQ-ACK 反馈机制示意

经过反复研究和讨论，决定采用基于 sub-slot 的方案，实现一个时隙内多次反馈 HARQ-ACK。

2. sub-slot PUCCH 资源是否可以跨越 sub-slot 边界的问题

某个 sub-slot 内的 HARQ-ACK PUCCH 必须从这个 sub-slot 内起始，且 PUCCH 资源的起始符号是相对于这个 sub-slot 的边界定义的，如图 15-8 所示，PUCCH 起始符号 S 只有两个值：Symbo 0 和 Symbol 1。但是还需要确定：PUCCH 资源的长度是否也要限制在 sub-slot 内？还是可以跨越 sub-slot 边界，进入下一个 sub-slot？

- 方案 1：不允许 PUCCH 资源跨越 sub-slot 边界。

如果 sub-slot PUCCH 不能跨越 sub-slot 边界，则意味着较长的 PUCCH 是不允许使用的，尤其是这种 2 个符号构成的 sub-slot 结构，只能使用 1~2 个符号长的 PUCCH，从而只能用于有良好上行覆盖的场景，且承载的 UCI 容量也不能太大。

- 方案 2：允许 PUCCH 资源跨越 sub-slot 边界。

R15 NR 标准可以灵活地支持各种长度的长 PUCCH 和短 PUCCH（如第 5.5 节所述），如果允许 PUCCH 资源跨越 sub-slot 边界，即使采用了很短的 sub-slot，也可以使用比较长的 PUCCH 资源，可以支持小区边缘覆盖，并承载较大容量的 UCI。

方案 2 引起的一个疑问是：URLLC 业务是否需要长 PUCCH 来传输 HARQ-ACK？长 PUCCH 是否能取得低时延的效果？应该说即使使用了长 PUCCH 传输 HARQ-ACK，方案 2 仍然可以通过在一个时隙内提供更多“PUCCH 起始”的机会，从而可以降低 UCI 时延，只采用短 PUCCH 和降低传输时延没有必然的联系。

但方案 1 确实是比较简单、够用的方案，即假设终端的信号覆盖质量是相对“慢变”、“稳定”的，如果基站配置终端采用 2 个符号长的 sub-slot，说明当前的信号覆盖可以支撑这样短的 PUCCH 的上传，不需要更长的 PUCCH 弥补覆盖不足，信号覆盖质量突然变差不是一个常见的场景。而且 sub-slot PUCCH 主要用于传输 URLLC 业务的 HARQ-ACK，很多 HARQ-ACK 复用在一起形成很大 HARQ-ACK 码本的情况（如很多时隙的 HARQ-ACK 复用在一起的 TDD 系统、很多载波的 HARQ-ACK 复用在一起的载波聚合等）不是需要考虑的主流场景。而方案 2 由于不能把 PUCCH 限制在 sub-slot 内，会延伸到下一个 sub-slot，可能造成复杂的“跨 sub-slot”的 PUCCH 重叠场景，需要设计复杂的冲突解决机制。

因此，经过研究、讨论，最终确定不允许 sub-slot PUCCH 跨越 sub-slot 边界，即 $S+L$ 必须小于等于 sub-slot 长度，这和 R15 NR 的设计（$S+L$ 必须小于等于 slot 长度）相似，只是把 slot 换成了 sub-slot。需要说明的是 PUCCH 不允许跨越 slot 边界，无论是基于 slot 的 PUCCH 还是基于 sub-slot 的 PUCCH，都必须遵守此限制。

需要说明的是，sub-slot 概念是为了解决在一个时隙内多次传输 HARQ-ACK 而引入的，因此一个遗留问题是：其他类型的 UCI（如 SR、CSI（Channel Stat Information，信道状态信息）报告）是否应该基于 sub-slot？如果一个 PUCCH 配置（即 RRC 参数集 PUCCH-Config）是基于 sub-slot 的，那么是只有用于 HARQ-ACK 的资源不能跨越 sub-slot 边界，还是 CSI、SR 也不能跨越 sub-slot 边界？一种意见认为，SR 和 CSI 的长度不应受到 sub-slot 的限制，如 R15 SR 本身就可以在一个时隙内多次传输，不需要采用 sub-slot 进行增强，这和 HARQ-ACK 的情况不同。CSI 反馈有可能具有相当大的容量，在一个 sub-slot 中可能无法容纳。但另一种意见认为：将 HARQ-ACK 限制在 sub-slot 内是为了避免复杂的“跨 sub-slot”PUCCH 冲突场景，这个问题不仅对 HARQ-ACK 存在，对其他类型的 UCI 也是存在的，只有将所有 UCI 均限制在 sub-slot 内，才能重用 R15 的冲突解决机制，简单地将单位从 slot 换到 sub-slot。经过讨论，最终确定在配置 sub-slot 的 PUCCH-config 中，SR、CSI 等 UCI 也不能跨越 sub-slot 边界。

3. sub-slot 长度与 PUCCH 资源集的配置问题

接下来的一个相关问题是：是否可以为不同的 sub-slot 配置不同的 PUCCH 资源集，还是所有 sub-slot 共享一个 PUCCH 资源集？这涉及另外两个问题：是否允许 PUCCH 资源跨越 sub-slot 边界？是否存在不等长度的 sub-slot 同时使用的场景？

如图 15-10 所示，以一个 slot 包含 2 个 sub-slot（sub-slot 长度 =7 个符号）为例，如果允许 PUCCH 资源跨越 sub-slot 边界，则 sub-slot 0 可以配置长度超过 7 个符号的 PUCCH 资源（如图中 sub-slot 的 PUCCH resource 3、4），而 sub-slot 1 只能配置长度小于等于 7 个符号的 PUCCH 资源。这种情况下，如果两个 sub-slot 共享一个 PUCCH 资源集，意味 sub-slot 0 也只能使用 $S+L\leqslant 7$ 的 PUCCH 资源（即允许 PUCCH 资源集跨越 sub-slot 边界的好处大大缩水），要么可以在资源集中配置 $S+L>7$ 的 PUCCH 资源，但只能由起始于 sub-slot 0 的 PUCCH 使用，起始于 sub-slot 1 的 PUCCH 不能使用，这又减少了 sub-slot 1 的可用 PUCCH 资源数量。或者还要对配置的长 PUCCH 资源做“截断”处理，供 sub-slot 1 使用，带来额外的复杂度。因此，如果允许 PUCCH 资源跨越 sub-slot 边界，则也应该允许针对不同的 sub-slot 配置不同的 PUCCH 资源集（如位于 slot 头部的 sub-slot 与位于 slot 尾部的 sub-slot 可以配置不同的资源集）。但是，正如（1）小节所述，R16 NR PUCCH 资源不允许跨越 sub-slot 边界，因此配置 sub-slot 特定（sub-slot-specific）的 PUCCH 资源的主要理由也就不存在了。

另外一个相关的问题是 sub-slot 的长度，由于一个时隙包含 14 个符号、2 个符号和 7 个符号的 sub-slot 都可以做到所有的 sub-slot 等长度（1 个时隙分别包含 7 个和 2 个 sub-slot）。但如果想要支持别的 sub-slot 长度，就会出现不等长的 sub-slot 结构。如图 15-11 所示，如果一个 slot 包含 4 个 sub-slot，一个 slot 只能分割成 2 个包含 3 个符号的 sub-slot（图中 sub-slot 0、3）和 2 个包含 4 个符号的 sub-slot（图中 sub-slot 1、2）。而 $S+L=4$ 的 PUCCH 资源只能用于 sub-slot 1、2，不能用 sub-slot 0、3。因此，如果想充分利用 PUCCH 资源集中的资源，最好能为 3 个符号长的 sub-slot 和 4 个符号长的 sub-slot 分别配置一个 PUCCH 资源集。

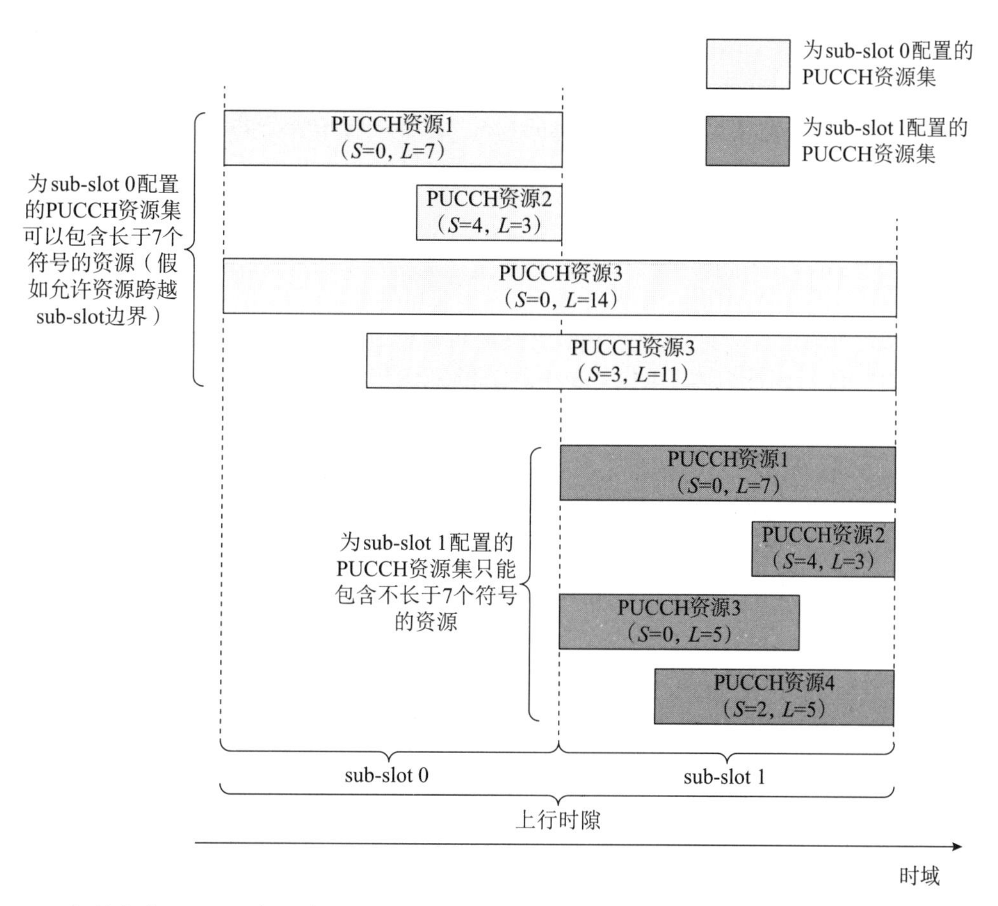

图 15-10　如果允许 PUCCH 资源跨越 sub-slot 边界，则应该为不同的 sub-slot 配置不同的 PUCCH 资源集

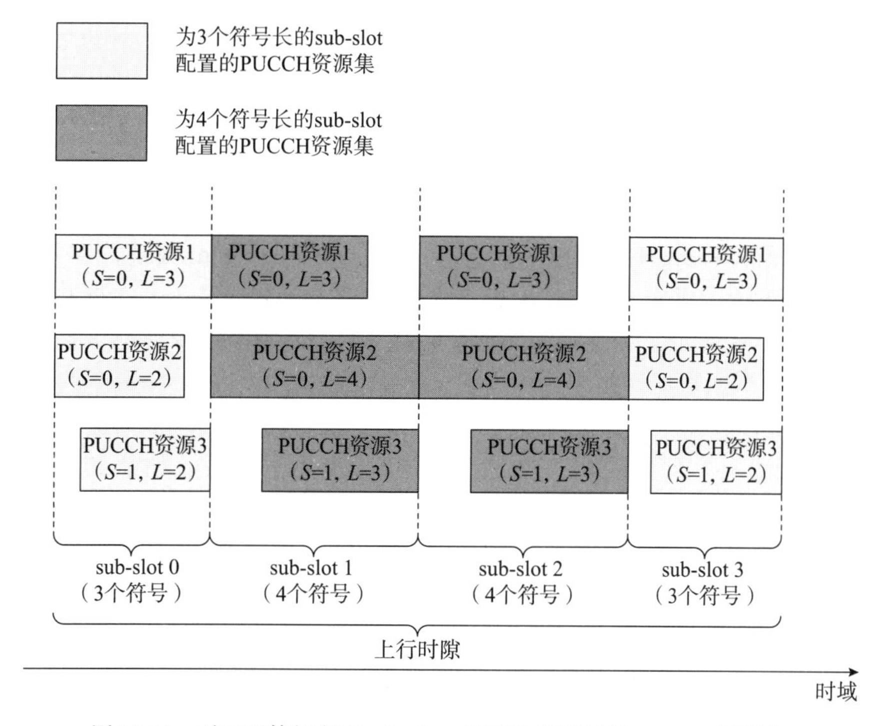

图 15-11　对于不等长度的 sub-slot，应该配置不同的 PUCCH 资源集

经过讨论，最终决定采用比较简单的设计，即只支持2个符号和7个符号两种sub-slot长度，不使用会造成不等长 sub-slot 长度的 sub-slot 结构。一种 sub-slot 结构下，所有 sub-slot 都采用相同的 PUCCH 资源集。这样针对一种 sub-slot，只要配置一种公共的 PUCCH 资源集即可。

15.2.2 多 HARQ-ACK 码本

构建 HARQ-ACK 码本的目的是为了将多个 PDSCH 的 HARQ-ACK 复用在一起传输，以提高传输效率。这在所有 PDSCH 都是一种业务类型时，是没有问题的。但 URLLC 是和 eMBB 具有很大差异的另一种业务，要求更高的可靠性和更低的时延，但并不追求很高的频谱效率和用户容量。因此，将 URLLC PDSCH 和 eMBB PDSCH 的 HARQ-ACK 复用在一个码本中是不太合理的。首先，URLLC 的 HARQ-ACK 要求快速反馈、在一个时隙内多次反馈，而 eMBB 的 HARQ-ACK 在一个时隙内仅反馈一次，如果将两种 HARQ-ACK 复用在一个码本中，即便 URLLC HARQ-ACK 采用了 sub-slot 结构，也只能“等到”与 eMBB HARQ-ACK 复用在一起以后再传输，无法保证低时延。在可靠性方面，一个码本窗口内的 URLLC HARQ-ACK 码本通常可以保持一个比较小的尺寸，实现高可靠性的传输。但如果必须和 eMBB HARQ-ACK 复用在一个码本里，则大容量的 HARQ-ACK 码本无法保证传输可靠性。

因此，R16 URLLC 在 PUCCH 方面的另一项增强，就是支持并行构建多个 HARQ-ACK 码本，分别用于不同优先级的业务（具体的优先级指示方法见第 15.2.3 节）。为了简化设计，R16 首先支持并行构建两个不同的 HARQ-ACK，因为就近期看来，区分两个优先级（URLLC 为高优先级，eMBB 为低优先级）就够了。接下来，需要解决两个问题：一是如何将 PDSCH 以及它们的 HARQ-ACK 关联到这两个码本？二是这两个码本采用哪些资源和配置参数构建？

第一个问题类似于第 15.2.1 节介绍的 PDSCH grouping 问题，最终通过 DCI 中的优先级指示实现这种关联关系，详见第 15.2.3 节。第二个问题关系到 PUCCH 的参数集配置问题。在 R15 NR 中，一个 UL BWP（Bandwidth Part，带宽部分）只配置有 1 个 PUCCH 的参数集（PUCCH-Config）。如果维持只有一个 PUCCH-Config，则只能在同一套 RRC 参数集内挑选参数构建两个 HARQ-ACK 码本，无法实现针对 eMBB 和 URLLC 的分别优化。PUCCH-Config 中明确应该对 eMBB 和 URLLC 分开配置的参数包括以下几个。

- sub-slot 配置：即采用 2 个符号、7 个符号的 sub-slot 还是 14 个符号的 slot。
- K_1 集合：即从 PDSCH 到 HARQ-ACK 间隔的 slot 或 sub-slot 数量。
- PUCCH 资源集：即在一个 slot 或 sub-slot 内可供 HARQ-ACK 传输的 PUCCH 时频资源。

由于 sub-slot 结构本身是为了 URLLC 业务引入的，eMBB HARQ-ACK 码本和 URLLC HARQ-ACK 码本有很大可能性是采用不同的 sub-slot 配置。由于 sub-slot 长度不同，K_1 的指示单位不同（比如分别为 slot 和 sub-slot），共享同一套 K_1 集合是非常不合理的，应该允许分开配置。由于 sub-slot 配置不同，PUCCH 资源也应该分开配置。如第 15.2.1 节介绍的，因为 PUCCH 资源被限制在 sub-slot 内，两种不同长度（如 3 个符号和 4 个符号）的 sub-slot 都应该分别配置 PUCCH 资源集，更不要说基于 sub-slot 的 PUCCH 资源集和基于 slot 的 PUCCH 资源集，其起始符号、长度都应该分开配置，才能实现各自优化的 PUCCH 资源分配。其他参数，如空间传输参数、功率控制参数等，也都适合分开优化。因此，最终决定，PUCCH-Config 中所有和 HARQ-ACK 相关的参数都可以配置两套。虽然从原理上说，这两套 PUCCH-Config 参数集是分别针对 eMBB 和 URLLC 业务的，但标准中也不做这种限定。

另外，虽然比较合理的配置是一个 PUCCH-Config 用于基于 slot 的 PUCCH，另一个 PUCCH-Config 用于基于 sub-slot 的 PUCCH，但从标准的灵活性角度考虑，各种组合也都是允许的，以适应各种终端类型的需要。

- 两个 PUCCH-Config 一个基于 slot，一个基于 sub-slot：比如适合同时支持 eMBB 业务和 URLLC 业务的多功能终端。
- 两个 PUCCH-Config 均基于 sub-slot：比如适合支持不同等级 URLLC 业务的 URLLC 终端。
- 两个 PUCCH-Config 均基于 slot：比如适合支持不同等级 eMBB 业务的 eMBB 终端。

需要说明的是，并非只有 URLLC 业务需要低时延传输，一些 eMBB 业务（例如 VR（虚拟现实）、AR（增强现实））也需要低时延传输。从这个角度说，sub-slot HARQ-ACK 反馈在 eMBB 业务中也是有应用场景的。

15.2.3　优先级指示

为兼顾 URLLC 业务的可靠性及系统效率，3GPP RAN1 确定：针对不同的业务，终端可支持最多两个 HARQ-ACK 码本，且不同码本可以通过物理层区分。通过下述物理层参数确定 PDSCH（Physical Downlink Shared Channel，物理下行共享信道）或指示 SPS（Semi-persistent Schedulin，半持续调度）资源释放的 PDCCH 所对应的 ACK/NACK 信息所属的 HARQ-ACK 码本的方案随之被提出来了。

①方案 1：通过 DCI 格式确定对应的 HARQ-ACK 码本。

R16 URLLC 下行控制信道增强中，支持引入压缩的 DCI 格式以提高下行控制信道的可靠性及效率。因此可使用 DCI 格式隐式区分 HARQ-ACK 码本，即 DCI 格式 0_1/1_1 对应码本 1，新 DCI 格式对应码本 2。

该方案的主要缺点是在调度上带来较大的约束，即 R15 DCI 格式 0_0/0_1/1_0/1_1 只能用于调度 eMBB 业务，新的 DCI 格式只能用于调度 URLLC 业务。另外，强制不同业务使用不同的 DCI 格式，终端需要盲检更多的 DCI 格式，从而增加 PDCCH 的盲检次数。

②方案 2：通过加扰 DCI 的 RNTI 确定对应的 HARQ-ACK 码本。

R15 中，对于数据信道支持两种 MCS 表格，其中一个表格的设计初衷是为了保证 URLLC 业务的可靠性，即 MCS 表格中包括更低的编码速率。若使用该 MCS 表格进行数据传输时，基站将使用一个特定的 MCS-C-RNTI 对 DCI 进行加扰，具体参见 15.4.1 节介绍。由于 MCS-C-RNTI 的引入本身就是为了满足 URLLC 业务更低可靠性的要求，将该 RNTI 进一步推广用于指示 URLLC 业务对应的 HARQ-ACK 码本也是一个顺理成章的方案。

该方案的缺点同样是限制了调度的灵活性，即对于 URLLC 业务必须使用低码率 MCS 表格，而 eMBB 业务则无法使用低码率 MCS 表格。

③方案 3：通过在 DCI 中设置显示的指示信息确定对应的 HARQ-ACK 码本。

该方案可以进一步划分为通过 DCI 已有信息域或新增信息域指示 HARQ-ACK 码本。

- 方案 3-1：通过 PDSCH 的时长 /mapping type 区分 HARQ-ACK 码本。例如 PDSCH 时长小于一定长度或 URLLC 使用 PDSCH mapping Type B 时为 URLLC 传输。
- 方案 3-2：通过 HARQ 进程号区分 HARQ-ACK 码本。该方案实际上是将一些 HARQ 进程号预留给 URLLC 业务使用。
- 方案 3-3：通过 HARQ 反馈定时 K_1 区分 HARQ-ACK 码本。具体地，URLLC 业务使用反馈定时集合中数值小的 K_1，eMBB 业务使用反馈定时集合中数值大的 K_1。

- 方案 3-4：通过独立的信息域指示 HARQ-ACK 码本。

方案 3-1~ 方案 3-3 实质上都是为了支持 URLLC 业务而对 eMBB 业务引入调度限制，势必会造成 eMBB 性能出现一定的损失。很多公司是不认同这样的设计原则的。方案 3-4 的缺点在于增加 DCI 开销。但由于终端最多只支持 2 个 HARQ-ACK 码本，因此在 DCI 中增加 1 bit 即可。

④方案 4：通过传输 DCI 的 CORESET/search space 确定对应的 HARQ-ACK 码本。

对 eMBB 与 URLLC 分别配置独立的 CORESET 或者搜索空间，进而通过 CORESET 或者搜索空间区分 HARQ-ACK 码本。而使用独立的 CORESET 或者搜索空间调度不同的业务，将会提高 PDCCH 阻塞概率，另外增加终端进行 PDCCH 盲检的数量。对于基于搜索空间确定 HARQ-ACK 码本的方案，还存在搜索空间时频资源重叠的问题，进而增加了检测复杂度。

从上述分析可知，除方案 3-4 之外的所有其他方案都会引入调度限制，造成 eMBB 传输性能损失或 PDCCH 盲检增加。而方案 3-4 不会引入任何调度限制且 DCI 实际只会增加 1 bit 开销，对检测性能影响不大。因此 3GPP 最终确定，在 DCI 中可配置 1 bit 信息域用于指示对应的 HARQ-ACK 码本的优先级信息。另外，该优先级信息同样用于解决 ACK/NACK 反馈信息与其他上行信道时域资源冲突问题。相应的，其他上行信道也要支持优先级指示。

- 对于动态调度的 PUSCH，其优先级信息通过 DCI 中的独立信息域指示。
- 对于高层信令配置的 PUSCH、SR，其优先级信息通过高层信令配置。
- 对于使用 PUCCH 传输的 CSI 信息，其优先级固定为低优先级。
- 对于使用 PUSCH 传输的 CSI，其优先级信息取决于 PUSCH 的优先级信息。

15.2.4 用户内上行多信道冲突

在 NR R15 阶段，当多个上行信道时域资源冲突时，要将所有上行信息复用于一个上行信道内进行传输，而影响复用传输的两个主要因素为：重叠信道中 PUCCH 所使用的格式和复用处理时间。

在 NR R16 讨论初期，为了提高 URLLC 业务的可靠性和降低时延，曾经试图针对不同上行信道冲突情况分别给出解决方案，表 15-1 列出了当时提出的部分冲突解决方案。本节主要关注物理层解决方案。高层解决方案详见第 16 章。

表 15-1 不同业务类型上行信息冲突解决方案

	URLLC SR	URLLC HARQ-ACK	CSI	URLLC PUSCH
URLLC SR	—	—	—	—
URLLC HARQ-ACK	重用 R15 机制	—	—	—
CSI	方法 1：丢弃 CSI。 方法 2：若满足约束条件，进行复用传输。约束条件包括：时序、时延、可靠性、CSI 资源优先级等		—	—
URLLC PUSCH	支持将 SR（非 BSR）直接复用于 PUSCH 中进行传输	重用 R15 机制	方法 1：丢弃 CSI。 方法 2：若满足约束条件，进行复用传输；否则丢弃 CSI。约束条件包括：时序、CSI 资源优先级等	—

续表

	URLLC SR	URLLC HARQ-ACK	CSI	URLLC PUSCH
eMBB SR	方法 1：丢弃低优先级 SR。 方法 2：终端实现解决	方案 1：丢弃 eMBB SR。 方案 2：若满足约束条件，进行复用传输；否则丢弃 eMBB SR。约束条件包括：时序、时延、可靠性、PUCCH 格式等	R15 已支持	方案 1：丢弃 eMBB SR。 方案 2：若满足约束条件，进行复用传输；否则丢弃 eMBB SR。约束条件包括：时序、PUSCH 中是否包括 UL-SCH
eMBB HARQ-ACK	方案 1：丢弃 eMBB HARQ-ACK。 方案 2：若满足约束条件，进行复用传输；否则丢弃 eMBB HARQ-ACK。约束条件包括：时序、时延、可靠性、PUCCH 格式、动态指示等		R15 已支持	方案 1：扩展 beta 取值范围，即 beta 可小于 1。当 beta 取 0 时，表示 eMBB UCI 不可复用于 URLLC PUSCH 中传输。 方案 2：丢弃 eMBB PUCCH
eMBB PUSCH	方法 1：URLLC SR 为正时，丢弃 eMBB PUSCH。 方法 2：若时延和/或可靠性满足约束条件，则复用传输；否则丢弃 eMBB PUSCH	方案 1：丢弃 eMBB PUSCH。 方案 2：若时延和/或可靠性满足约束条件，则复用传输	R15 已支持	

RAN1 #98bis 会议上，以支持多 HARQ-ACK 码本反馈为出发点（参见第 15.2.1 节），同意支持两级物理层优先级指示，即高优先级、低优先级。并在该次会议上针对上行信道冲突问题（仅限控制信道与上行数据信道，控制信道与控制信道之间的冲突问题）的解决方案达成结论：当高优先级上行传输与低优先级上行传输重叠且满足约束条件时，取消低优先级上行传输。其中的约束条件主要考虑：取消低优先级上行传输所需要的处理时间、高优先级上行传输准备时间。由于相较于常规的上行传输准备，此时终端需要先进行丢弃判断再开始进行数据准备，因此时序约束相较于 R15 的 PUSCH 准备时间增加了额外的时间量，具体地，高优先级上行传输与对应的 PDCCH 结束符号之间的时间间隔不小于 $T_{\mathrm{proc},2}+d1$，其中，$T_{\mathrm{proc},2}$ 为 R15 定义的 PUSCH 准备时间，$d1$ 取值为 0、1、2，由终端能力上报信息报告给基站。满足上述约束时，终端在第一个重叠时域符号之前取消低优先级传输。另外，为了降低终端实现的复杂度，R16 进一步规定：终端确定一个低优先级传输与一个高优先级传输冲突后，终端不期待在高优先级传输对应的 DCI 之后再收到一个新到 DCI 再次调度该低优先级传输。

上述结论扩展用于解决多个优先级不同的上行信道冲突问题时，为了不引入额外的终端处理，终端通过如下步骤确定实际发送的上行信道。

- 步骤 1：针对每一个优先级，分别执行 R15 的复用处理机制，得到 2 个不同优先级的复用传输信道。
- 步骤 2：若步骤 1 得到的 2 个复用传输信道重叠，则传输其中高优先级信道。

15.3 终端处理能力

15.3.1 处理时间引入背景与定义

NR 系统为支持多种业务、多种场景，引入了灵活的调度机制，例如，灵活的时域资源分配和灵活的调度时序。同时，在标准中也定义了相应的处理能力，确保基站指示的调度时序能够给予终端足够的时间处理数据。R15 标准分别针对超低时延和常规时延需求两类业务定义了两种处理能力。终端默认支持普通处理能力（UE capability 1）以满足常规时延需求，快速处理能力（UE capability 2）需要上报以满足超低时延需求。终端是否支持快速处理能力，要由终端自己上报。因为快速处理能力依赖更高级的芯片技术，芯片的成本和复杂度也相应增加，因此有特定业务需求的终端才需要支持快速处理能力。虽然两种处理能力是考虑多种业务，如 URLLC 和 eMBB 需求引入的，但协议并没有约束处理能力和业务之间的对应关系。因此，本节的内容不受限于 URLLC。

目前，标准定义的处理能力包括[9]：

- PDSCH 处理时间 $N1$，用于定义 PDSCH 最后一个符号结束位置到承载 HARQ-ACK 的 PUCCH 第一个符号起始位置之间的最短处理时间需求。
- PUSCH 处理时间 $N2$，用于定义 PDCCH 最后一个符号结束位置到 PUSCH 第一个符号起始位置之间的最短处理时间需求。

15.3.2 处理时间的确定

处理时间的确定除了考虑业务需求，还要考虑终端的实现成本和复杂度。标准在确定处理时间时，一方面基于理论模型分析结果，另一方面参考各家公司反馈的数据。

下面以下行数据处理过程为例，简要说明处理时间的理论模型分析方法[8]。图 15-12 所示是一种典型的下行数据处理模型。为了提高处理速度，各个功能模块之间存在一定的并行处理情况，而并行程度受物理层信号设计影响较大。具体地，左图为仅有前置导频的下行数据处理过程，右图为包含额外导频的下行数据处理过程。对于左图，数据的解调、解码在信道估计之后（即第三个符号）就开始了，可以实现接收和处理并行，因此当数据接收完成后仅需要少量的数据处理时间。对于右图，因为额外导频在数据的末端，数据的解调、解码需要等到数据接收完成之后才能进行，因此当数据接收完成后仍然需要较长的数据处理时间。由此可见，处理时间受导频位置影响较大。类似地，数据的映射方式也会影响到数据的接收检测。对于先频后时的映射方式，终端可以在接收到少量符号后就进行 CB（Codelock，码块）级的检测。但对于时域交织的映射方式，终端需要等到所有符号接收完后才能重构一个完整的 CB，并进行检测。

影响处理时间的因素很多，包括：数据带宽、数据量、PDCCH 盲检测、DMRS 符号位置、数据映射方式、SCS 配置等。在各家公司反馈处理能力数据前，先对评估假设达成共识，如表 15-2 所示[10]。在此共识的基础上，各家公司反馈了处理能力数据，经讨论确定了最终的终端处理能力。这个过程既是基站厂商和终端芯片厂商的博弈，也是各个芯片厂商之间的博弈。

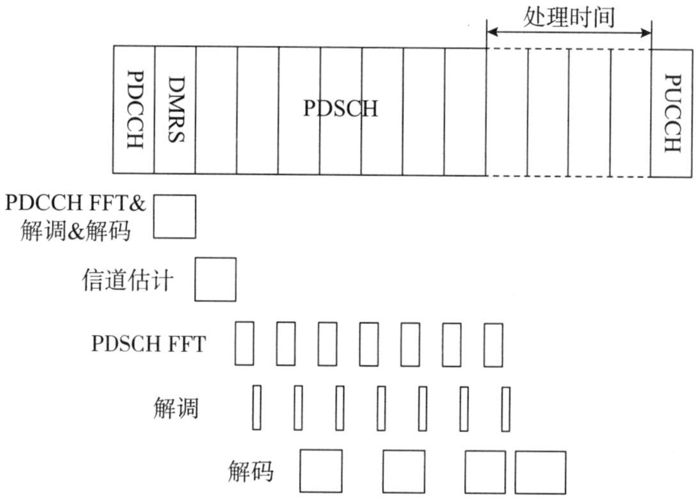

（左）仅有前置导频

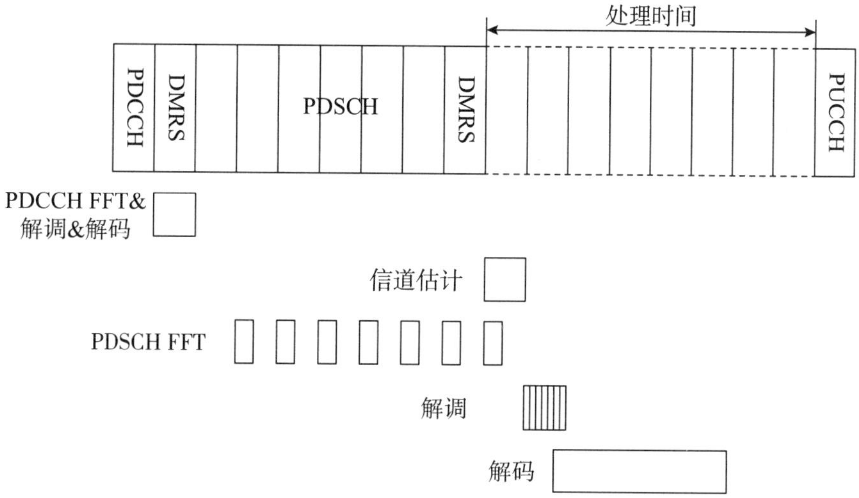

（右）前置导频 + 额外导频

图 15-12　下行数据处理过程示意图

表 15-2　处理时间的影响因素和评估假设（*N*1、*N*2）

	*N*1	*N*2
标准假设	单载波 / 单 BWP/ 单 TRP（Transmission and Reception Point，发送接收点）： • 所有 MCS 配置；最多 4 层 MIMO 数据流和 256QAM。 • 最多 3 300 个子载波。 PDCCH： • 与 PDSCH 的参数集 / BWP 相同。 • 一个对应 PDSCH 的调度分配。 • 44 次盲检测，一个符号 CORESET。 PDSCH： • PDSCH 不会先于 PDCCH。 • 时域长度 14 符号。 • 先频后时，无时域交织。 PUCCH： • 短 PUCCH 格式	单载波 / 单 BWP/ 单 TRP： • 所有 MCS 配置；最多 4 层 MIMO 数据流和 256QAM。 • 最多 3 300 个子载波。 PDCCH： • 与 PUSCH 的参数集 / BWP 相同。 • 一个对应 PUSCH 的调度分配。 • 44 次盲检测，一个符号 CORESET。 PUSCH： • 时域长度 14 符号。 • 无时域交织。 • DFTsOFDM 或者 OFDM。 • 前置参考信号。 • 无 UCI 复用

续表

	N1	N2
候选因素	• 子载波间隔 SCS。 • DMRS 配置。 • [峰值速率百分比]。 • [资源映射方式]	• 子载波间隔 SCS。 • 资源映射方式。 • [峰值速率百分比]

标准中定义的处理能力是基于一定的传输参数假设确定的。对于超越上述条件的情况，标准也定义了一些特例，尤其是处理能力 2。对于处理能力 2，定义了一些回退模式，即满足如下两种情况时，终端回退到处理能力 1。

- μPDSCH = 1 且调度的 PRB 数目超过 136，终端按照处理能力 1 检测 PDSCH。如果终端需要接收一个或多个 PDSCH，其 PRB 数目超过 136，则终端至少需要在这些 PDSCH 结束位置后的 10 个符号之后才能按照处理能力 2 接收新的 PDSCH 。
- 配置了额外解调参考信号（dmrs-AdditionalPosition ≠ pos0）。

15.3.3 处理时间约束

如第 5 章所述，NR 支持灵活的调度配置。但为了保证终端有足够的时间处理，调度配置需要满足一定的时序条件。该时序条件以处理时间为基准，也将子载波间隔等因素考虑进来。标准中定义了 PDCCH-PUSCH、 PDSCH-PUCCH 的时序条件。本节将对上述规则进行详细介绍。

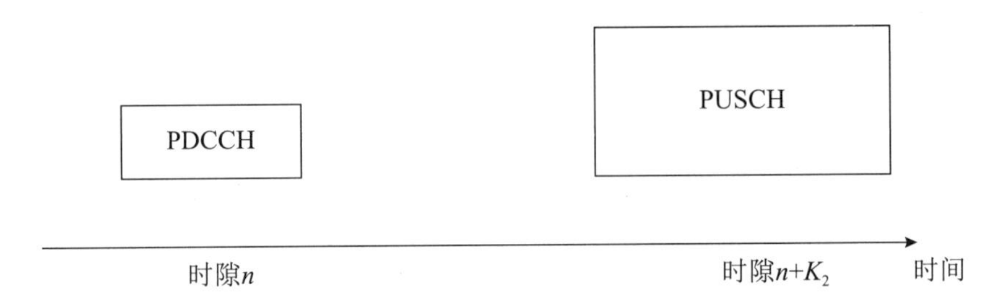

图 15-13 PUSCH 准备时间示意图

如图 15-13 所示，终端在时隙 n 接收到 PDCCH，当前调度的 PUSCH 传输所在的时隙是时隙 $n+K_2$，K_2 由 DCI 或高层信令配置。考虑到终端需要解调 PDCCH、准备 PUSCH，基于 K_2 确定的 PUSCH 的起始时间不应该早于对应 PDCCH 结束位置后 $T_{\text{proc},2}=\max\left((N_2+d_{2,1})(2048+144)\cdot\kappa 2^{-\mu}\cdot T_c, d_{2,2}\right)$ 时间之后的第一个上行符号。其中，N_2 是根据终端能力及子载波间隔 μ 确定的。如果 PUSCH 中的第一个 OFDM 符号只发送 DMRS，则 $d_{2,1}=0$，否则，$d_{2,1}=1$。如果调度 DCI 触发了 BWP 切换，$d_{2,2}$ 等于切换时间，否则，$d_{2,2}$ 是 0。

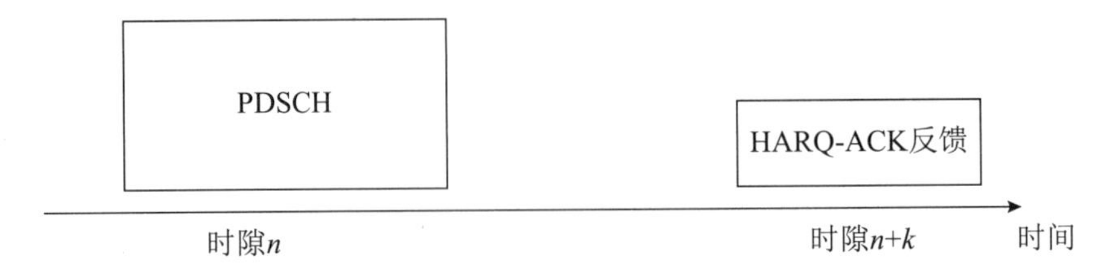

图 15-14 PDSCH 接收时间示意图

终端接收 PDSCH 之后，需要向 gNB 发送反馈信息，告知 gNB 当前 PDSCH 是否正确接收。如图 15-14 所示，终端在时隙 n 接收到 PDSCH，则需要在时隙 $n+k$ 发送反馈信息，k 是调度 PDSCH 的 DCI 中 PDSCH-to-HARQ_feedback timing 域指示的或由高层信令配置。考虑到终端处理 PDSCH 的时间，基于 k 确定的承载 ACK/NACK 的 PUCCH 起始符号不早于 PDSCH 结束后 $T_{\mathrm{proc},1}=(N_1+d_{1,1})(2048+144)\cdot\kappa 2^{-\mu}\cdot T_{\mathrm{C}}$ 时间之后的第一个上行符号。其中，N_1 是根据子载波间隔 μ 确定的。$d_{1,1}$ 与终端的能力等级、PDSCH 的资源等信息相关。

15.3.4　处理乱序

NR R15 虽然支持灵活调度，具体设计参见第 5 章，但是为了降低终端实现的复杂度，对一个载波内的数据处理依然定义了比较严苛的时序关系。

PDSCH 时序满足如下条件。

- 终端不期待接收两个相互重叠的 PDSCH。
- 对于 HARQ 进程 A，在对应的 ACK/NACK 信息完成传输之前，终端不期待接收到一个新的 PDSCH 对应的 HARQ 进程号与 HARQ 进程 A 相同。图 15-15 所示的例子中，终端不期待接收 PDSCH 2，其承载的 HARQ 进程与 PDSCH 1 承载的 HARQ 进程的编号相同。

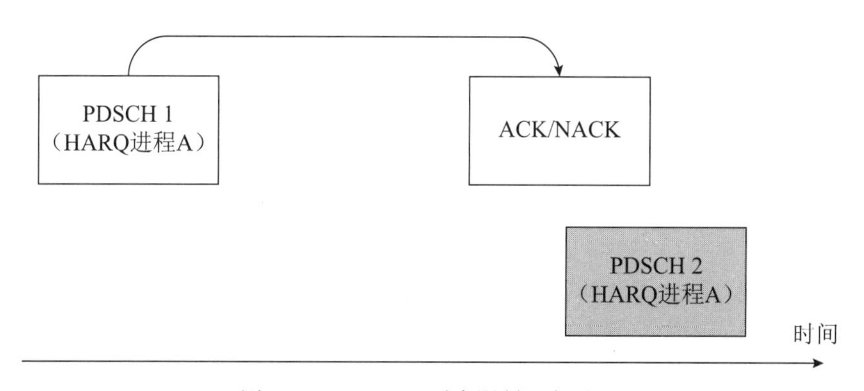

图 15-15　PDSCH 时序限制示意图一

- 终端在时隙 i 中收到第一 PDSCH，其对应的 ACK/NACK 信息通过时隙 j 传输。终端不期待收到第二 PDSCH，其起始符号在第一 PDSCH 起始符号之后，但对应的 ACK/NACK 信息通过时隙 j 之前的时隙传输。图 15-16 所示的例子中，终端不期待收到 PDSCH 2，其对应的 ACK/NACK 信息在时隙 j 之前传输。

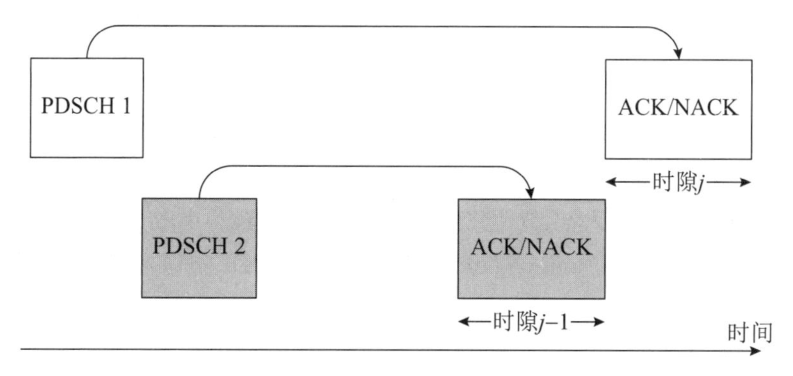

图 15-16　PDSCH 时序限制示意图二

● 终端收到第一 PDCCH 用于调度第一 PDSCH。终端不期待收到第二 PDCCH，其结束位置晚于第一 PDCCH 的结束位置，但其调度的第二 PDSCH 的起始位置早于第一 PDSCH 的起始位置，如图 15-17 所示。

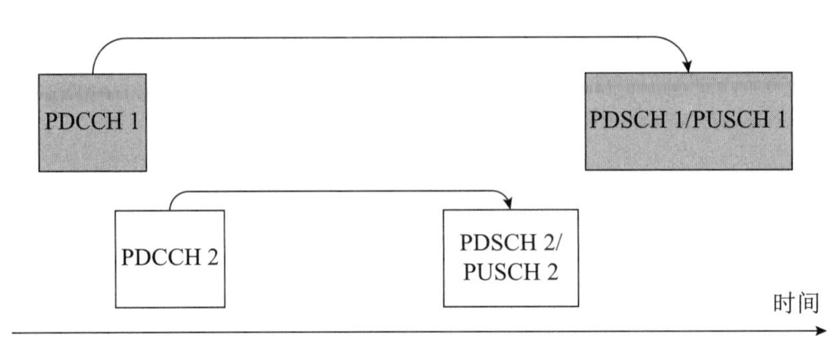

图 15-17　PDSCH/PUSCH 时序限制示意图

PUSCH 时序需要满足下述条件。

● 终端不期待发送两个相互重叠的 PUSCH。
● 终端收到第一 PDCCH 用于调度第一 PUSCH。终端不期待收到第二 PDCCH，其结束位置晚于第一 PDCCH 的结束位置，但其调度的第二 PUSCH 的起始位置早于第一 PUSCH 的起始位置。图 15-17 所示的例子中，终端不期待收到 PDCCH 2。

NR R16 讨论之初，为了更好地满足 URLLC 业务短时延需求，曾提出支持乱序调度及反馈（out-of-order scheduling/HARQ），即突破图 15-16、图 15-17 所示的时序限制，使得晚到达的 URLLC 数据可以更早地传输或反馈。此时，UE 优先处理时间在后的高优先级信道是各公司基本的共识。但标准化过程中，大家主要的争议点在于如何处理时间在前的低优先级信道。

①方案 1：终端总是处理时间在后的信道。由 UE 实现确定是否处理时间在前的信道。

②方案 2：作为一种终端能力，对于有能力的终端需要处理两个信道。

③方案 3：在满足某些约束条件下（如具有载波聚合能力），终端处理两个信道；否则，终端行为不做定义。

④方案 4：终端放弃处理时间在前的信道。

● 方案 4-1：终端总是放弃处理时间在前的信道。
● 方案 4-2：定义一些调度限制条件，如调度的 PRB 数、TBS（Transport Block Size，传输块大小）、层数、时间在前与时间在后信道之间的间隔等。若满足限制条件，则放弃处理时间在前的信道。

上述标准化方案对应的实现方案可大致分为两类：一类实现方案是终端采用同一个处理进程处理两个优先级的信道，则终端需要具备暂停低优先级信道和切换高优先级信道的能力。另一类实现方案是终端采用两个处理进程分别处理两个优先级的信道。不同的实现方案对产品的研发影响大，经过协商，终端厂商接受通过能力上报支持个性化的实现方案。但多样的终端类型会增加基站调度的复杂度，因此基站厂商强烈反对。由于各家公司的观点一直不能够收敛，最终在 R16 没有支持 out-of-order scheduling/HARQ，即数据调度及反馈依然要遵守 R15 定义的时序限制。

15.4　数据传输技术

15.4.1　CQI 和 MCS

通常，数据传输需要配置合适的调制编码以适应信道质量变化，并满足业务可靠性需求。URLLC 与 eMBB 的评估场景和覆盖需求相同，但 URLLC 的可靠性需求更高，因此，针对 eMBB 设计的 MCS 表格无法匹配 URLLC 高可靠性传输。R15 后期针对 URLLC 业务，优化了 MCS 和 CQI 机制。

1. CQI 和 MCS 表格设计

CQI 表格设计主要是为了满足 URLLC 高可靠性需求，其中，URLLC 的可靠性要求达到 99.999%，其对应的目标 BLER 为 10^{-5}。但是新设计的 CQI 表格中对应最低码率的 CQI 是否对应目标 BLER=10^{-5} 存在分歧，在标准讨论中主要包括以下两种方案。

- 方案 1：最低码率 CQI 对应目标 BLER=10^{-5}。考虑到 URLLC 的低时延需求，在很多情况下，只能有一次传输机会。例如，系统资源拥塞时，数据等待传输时间过长，只能有一次传输机会，或者大多数 TDD 配置下，调度传输和反馈存在较大的时间间隔，完成一次传输的时间间隔拉大，在目标时延要求下，也只能实现一次传输。该方案就适用于这种只有一次传输机会的传输方案。但目标 BLER=10^{-5} 的 CQI 测试方案复杂，相应的终端实现复杂度也高。因此，遭到终端芯片厂商的反对。
- 方案 2：最低码率 CQI 对应目标 BLER 大于 10^{-5}，例如 10^{-3} 或 10^{-4}。虽然 URLLC 的目标 BLER=10^{-5}，但是，通过一次传输实现，频谱效率低。在满足时延需求的前提下，尽可能采用自适应重传机制，可以明显地提高系统频谱效率。因此，URLLC 传输也需要配置目标 BLER>10^{-5}，如 10^{-3} 或 10^{-4} 的 CQI。而且目标 BLER>10^{-5} 的 CQI 测试方案相对简单，且终端实现复杂度也低。

考虑到不同目标 BLER 对应的 CQI 可以折算得到，例如，对于方案 1，基于目标 BLER=10^{-5} 和 BLER=10^{-1} 的第一 CQI 和第二 CQI，可以较好地估算出目标 BLER=10^{-5} 和 BLER=10^{-1} 之间的任意 BLER 对应的 CQI。标准最终采用了方案 1。

CQI 表格设计除了明确最低码率，还需要从系统资源效率和 CQI 指示开销等方面考量 CQI 指示精度和 CQI 元素个数。考虑到标准化的工作量，面向 URLLC 设计的 CQI 表格在已有 CQI 表格的基础上做了简单修订，具体地，在最低频谱效率对应的 CQI 元素前填补了 2 个 CQI 元素面向低 BLER 需求，去掉最高频谱效率和次高频谱效率对应的 2 个 CQI 元素，保证 CQI 元素个数不变。

MCS 表格设计类似 CQI 表格设计，与 CQI 表格对应的频谱效率一致，在已有 MCS 表格的基础上补充相应低频谱效率对应的 MCS 元素，去掉高频谱效率对应的 MCS 元素。

2. CQI 和 MCS 表格配置方法

NR 系统包含多个 CQI 和 MCS 表格，如何配置指示 CQI 和 MCS 表格是一个需要标准化的问题。

对于 CQI 表格的配置，通过 CSI-ReportConfig 中 cqi-Table 配置 CQI 报告对应的 CQI 表格。

对于 MCS 表格配置，考虑到 URLLC 和 eMBB 业务是动态变化的，一些动态配置方式被提出。但考虑到一个 MCS 表格覆盖较大范围的频谱效率，信道环境变化也是连续的，因此，一些公司认为 MCS 表格无须动态指示配置。

对于半静态传输方式，如 ConfiguredGrant 和 SPS 传输，由于传输参数是通过 RRC 信令配置的，因此，MCS 表格通过 RRC 信令配置也是顺理成章的。

对于动态传输方式，传输参数可以通过动态配置方式指示，多种 MCS 表格配置方式被充分讨论，经过几轮讨论后，收敛到如下两种方案。

①方案 1：通过搜索空间和 / 或 DCI 格式隐性指示 MCS 表格。

- 方案 1-1：当新 MCS 表格被配置，则公共搜索空间中的 DCI format0_0/1_0 对应已有 MCS 表格；用户专属搜索空间中的 DCI format 0_0/0_1/1_0/1_1 对应新 MCS 表格。否则，采用已有方案。
- 方案 1-2：当新 MCS 表格被配置，则公共搜索空间中的 DCI format0_0/1_0 对应已有 MCS 表格；用户专属搜索空间中的 DCI format 0_0/1_0 对应第一 MCS 表格，DCI format 0_1/1_1 对应第二 MCS 表格。其中，第一 MCS 表格和第二 MCS 表格通过高层信令配置。否则，采用已有方案。

②方案 2：通过 RNTI 指示 MCS 表格。

当新 RNTI 被配置，则通过 RNTI 指示 MCS 表格。否则，采用已有方案。

方案 1-1 的好处是对虚警概率和 RNTI 空间无影响，但 MCS 表格基本属于半静态配置状态，调度灵活性受限，即对于信道条件好的情况，难以配置高频谱效率的 MCS。此外，因为依赖 RRC 配置，RRC 重配置期间，存在模糊问题。方案 1-2 在方案 1-1 的基础上支持基于 DCI 格式指示 MCS 表格配置。当配置两个 DCI 格式时，MCS 表格配置可以动态切换，但由于检测的 DCI 格式增加，PDCCH 盲检测预算会受影响。当仅配置一个 DCI 格式时，只能支持一个 MCS 表格配置，调度灵活性的问题仍然存在。方案 2 支持基于 RNTI 指示 MCS 表格的配置，能够快速切换 MCS 表格配置。但该方法消耗了 RNTI，增加了虚警概率。对于虚警概率的影响，可以通过合理的搜索空间配置控制。两个方案各有利弊，最后标准对两者进行了融合，形成如下方案。

- 当新 RNTI 没有配置，通过扩展 RRC 参数 mcs-table，支持半静态的新 MCS 表格配置。当新 MCS 表格被配置，则公共搜索空间中的 DCI format0_0/1_0 对应已有 MCS 表格，用户专属搜索空间中的 DCI format 0_0/0_1/1_0/1_1 对应新 MCS 表格。
- 如果新 RNTI 配置，通过 RNTI 指示 MCS 表格，支持动态的新 MCS 表格配置。具体地，如果 DCI 通过新 RNTI 加扰，则采用新 MCS 表格。

上述规则也适用于 DCI format 0_2/1_2。

15.4.2 上行传输增强

在 R15 中，通过上行传输机制优化（例如引入免调度传输机制）降低上行传输时延。但是，上行传输仍然存在一些限制，进而影响调度时延。

- 一次调度无法跨越时隙。
- 同一个进程数据的传输需要满足一定的调度时序要求。
- 重复传输采用时隙级别的重复机制。

为了减少这些时延，在 R16 阶段，上行传输做了进一步的增强，引入背靠背重复传输机制。背靠背重复传输机制主要具备如下特点。

- 相邻的重复传输资源在时域首尾相连。

- 一次调度的资源可以跨越时隙。这样可以保证在时隙后部到达的业务分配足够的资源或进行即时调度。
- 重复次数采用动态指示方式，适应业务和信道环境的动态变化。

针对背靠背重复传输方案，标准讨论了 3 种基本的资源指示方式[11]。

- 方案 1：微时隙重复方案（见图 15-18）

时域资源分配指示第一次重复传输的时域资源，剩余传输次数的时域资源根据第一次重复传输的时域资源、上下行传输方向配置等信息确定。每一次重复传输占用连续的符号。

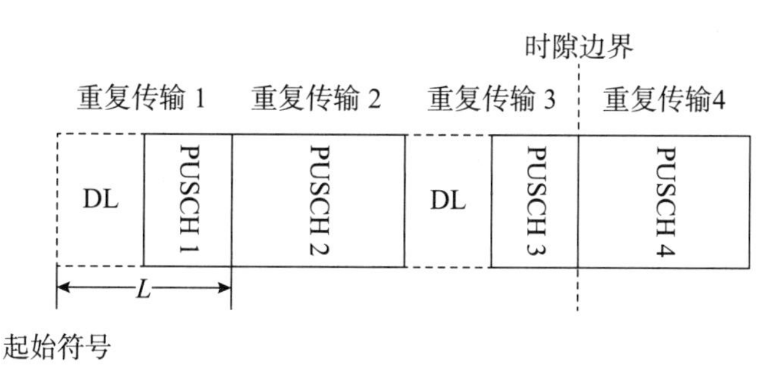

图 15-18 微时隙重复方案

- 方案 2：分割重复方案（见图 15-19）

时域资源分配指示第一个符号时域位置和所有传输的总长度。根据上下行传输方向、时隙边界等信息对上述资源进行切割，进而分割成一次或多次重复传输。每一次重复传输占用连续的符号。

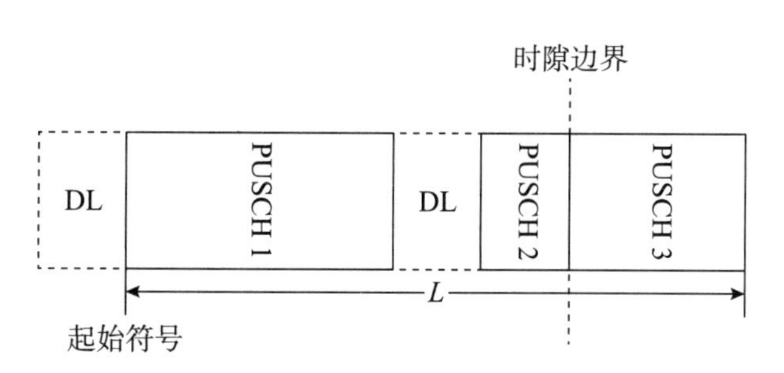

图 15-19 分割重复方案

- 方案 3：多调度重复方案（见图 15-20）。

多个 UL grant 分别调度多个上行传输，多个上行传输在时域上连续。并且允许第 i 个 UL grant 在第 i–1 个 UL grant 调度的第 i–1 次上行传输结束之前发起调度。

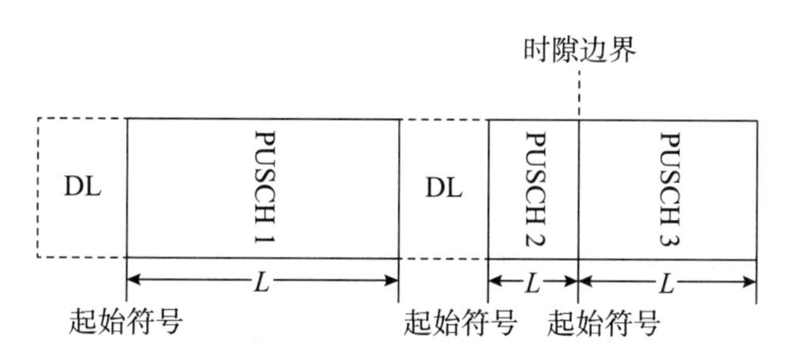

图 15-20 多调度重复方案

方案 1 的优点是资源指示简单，但为了适配时隙边界，需要精细划分每次重复传输的长度，重复次数增加会导致参考信号开销增加。方案 2 的优势是资源指示简单，但每次重复传输的长度差异大，且资源指示长度过长增加了 PUSCH 解调、解码的复杂度。方案 3 的资源指示灵活准确，但指示开销最大。方案 3 由于资源指示开销过大，先被排除。结合方案 1 和方案 2 的优点，最终确定了标准方案，即时域资源分配指示第一次重复传输的时域资源，剩余传输次数的时域资源根据第一次重复传输的时域资源、上下行传输方向配置等信息确定。遇到时隙边界则进行切割，使得每个重复传输的 PUSCH 的时域资源属于一个时隙。

上行传输增强的时域资源指示沿用了 R15 时域资源指示机制，即高层信令配置多个时域资源位置，物理层信令指示多个时域资源位置中的一个。在 R15 中，对于高层信令配置的每一个时域资源位置采用 SLIV（Start and Length Indicator Value，起点长度指示）方式指示。但对于上行传输增强，高层信令配置的每一个时域资源位置包含起始符号、时域资源长度和重复次数 3 个信息域。

上述上行重复传输方式为类型 B PUSCH repetition。R16 在引入类型 B PUSCH repetition 的同时，增强了 R15 的时隙级重复传输，即重复传输次数可以动态指示，称为类型 A PUSCH repetition。类型 A 和类型 B PUSCH repetition 通过高层信令配置确定。

15.4.3 上行传输增强的时域资源确定方式

重复传输的资源指示方式给出了每一次重复传输的时域资源范围，但该时域资源范围内可能存在一些无法用于上行传输的符号，例如，下行符号、用于周期性上行探测信号传输的符号等。因此，实际可用的上行传输资源需要进一步限定。在 R16 上行传输增强中，定义了两种时域资源。

- 名义 PUSCH repetition：通过重复传输的资源分配指示信息确定。不同名义 PUSCH repetition 的符号长度相同。名义 PUSCH repetition 用于确定 TBS、上行功率控制和 UCI 复用资源等。
- 实际 PUSCH repetition：在重复传输的资源分配指示信息确定的时域资源内去掉不可用的符号，得到每一次可以用于上行传输的时域资源。不同的实际 PUSCH repetition 的符号长度不一定相同。实际 PUSCH repetition 用于确定 DMRS 符号、实际传输码率、RV 和 UCI 复用资源等。

注意：实际 PUSCH repetition 并不是最终真正用于传输上行数据的资源。对于实际 PUSCH repetition 中的一些特定符号，还会做进一步的不发送处理。下面也分两部分来介绍真正用于传输的 PUSCH repetition 资源。

1. 步骤 1：实际 PUSCH repetition 资源的确定

对于实际 PUSCH repetition 资源的确定方案，既要避免传输资源冲突，也要考虑相关信令的可靠性问题。标准针对如下 3 种情况分别进行了讨论。终端通过考虑 3 种情况确定出不可用符号，据此对名义 PUSCH repetition 进行分割，形成实际 PUSCH repetition。

（1）上下行配置

上下行配置方式包括半静态配置和动态配置两种。对于半静态上下行配置，配置信息可靠性较高，直接根据配置信息的指示结果将传输方向冲突的符号（例如，半静态配置的下行符号）定义为不可用符号。对于灵活符号和上行符号都当作可用符号。

如图 15-21 所示，一个上行重复传输的重复次数为 4。其中，第一次 PUSCH repetition

所在的符号为半静态配置的下行符号，被定义为不可用符号。第二次和第三次 PUSCH repetition 所在的符号为半静态配置的灵活符号，被定义为可用符号。第四次 PUSCH repetition 所在的符号为半静态配置的上行符号，被定义为可用符号。

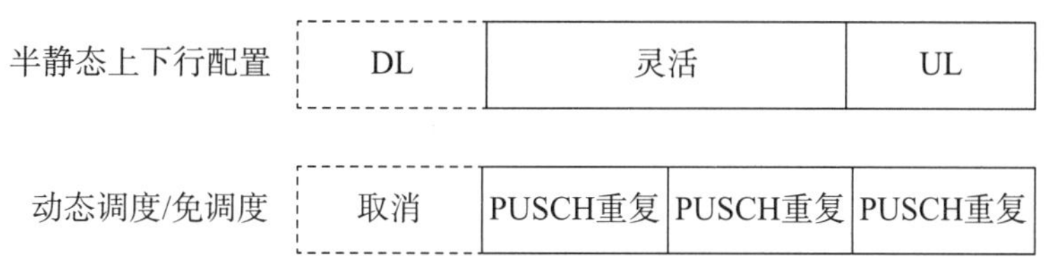

图 15-21　上行重复传输时域资源示例

（2）不可用符号图样

除了传输方向冲突的时域资源外，还有一些不可用符号，例如，SRS 符号、SR 符号等。为了避免与这些不可用符号的冲突，R16 支持由高层信令配置不可用符号图样 InvalidSymbolPattern，并通过下行控制信息指示不可用符号图样是否生效。具体地，当高层信令配置不可用符号图样，但下行控制信息没有包含不可用符号图样指示域，则不可用符号图样配置的符号为不可用符号。当高层信令配置不可用符号图样，并且下行控制信息包含不可用符号图样指示域，则根据下行控制信息中不可用符号图样指示域确定不可用符号图样配置的符号是否为不可用符号。

（3）切换间隔配置

如上下行配置部分讨论的，对于上行重复传输，灵活符号资源通常是可用的。但下行传输到上行传输切换过程中需要预留一个保护间隔。该保护间隔可以通过合理分配上行重复传输资源、配置不可用符号等方式避让。对于合理分配上行重复传输资源的方案，可能带来传输时延。对于配置不可用符号图样的方案，无法解决动态的上下行切换保护间隔问题。所以，标准引入了切换间隔配置。对于靠近下行符号的前 N 个符号为不可用符号，N 为配置的切换间隔。

（4）广播及相关下行控制信息

SIB1 中的 ssb-PositionsInBurst 对应的符号、ServingCellConfigCommon 中 ssb-PositionsInBurst 对应的符号以及 MIB 中用于传输 Type0-PDCCH CSS 的 CORESET 的符号 pdcch-ConfigSIB1。

2. 步骤 2：不发送的实际 PUSCH repetition 的确定

确定实际 PUSCH repetition 之后，对于如下两类实际 PUSCH repetition 会做不发送处理。

（1）半静态配置的灵活符号

对于免调度传输，如果配置了动态上下行配置，那么半静态配置的灵活符号根据动态上下行配置的情况，确定是否不发送。

- 当终端能够获得一个实际 PUSCH repetition 的所有符号的动态上下行配置信息，则如果该实际 PUSCH repetition 包含了动态下行符号和动态灵活符号，则该实际 PUSCH repetition 不发送。
- 当终端只能获得一个实际 PUSCH repetition 的部分符号的动态上下行配置信息，则如果该实际 PUSCH repetition 包含了半静态配置的灵活符号，则该实际的 PUSCH repetition 不发送。

（2）单符号处理

对于分割确定的单符号的处理，标准讨论了 3 种解决方案。

- 方案 1：正常传输，不做特殊处理。
- 方案 2：丢弃。
- 方案 3：与相邻 PUSCH repetition 合并，形成一个 PUSCH repetition。

方案 1 对标准化影响小，并且参考信号传输也有利于提高用户检测性能，但单符号的 PUSCH repetition 无法承载 UCI 信息。方案 2 简单，且可以避免上行无效传输，但丢弃规则还有待讨论。方案 3 效率高但方案复杂， 且合并后的 PUSCH repetition 可能造成用户之间的参考信号不对齐，影响用户识别和上行传输检测性能。对于分割确定的单符号，标准最终采纳了方案 2。

15.4.4 上行传输增强的频域资源确定方式

通常，上行传输通过跳频获得频率分集增益。在 R15 中，上行重复传输是基于时隙的重复，所以，采用隙间跳频或时隙内跳频获得频率分集增益。对于背靠背重复传输，重复颗粒度变得更加精细，跳频时域颗粒度是否也相应调整是一个需要讨论的问题。标准讨论了如下 4 种方案。

- 方案 1： 时隙间跳频。
- 方案 2： 时隙内跳频。
- 方案 3： PUSCH repetition 间跳频，传输重复可以是名义 PUSCH repetition 或者实际 PUSCH repetition。
- 方案 4： PUSCH repetition 内跳频，传输重复可以是名义 PUSCH repetition 或者实际 PUSCH repetition。

在考虑跳频方案时，主要保证上行传输资源能够获得均等的频率分集增益，即对应两个频域资源上的时域资源长度尽可能相同。另外，尽量避免过多的跳频导致较多的导频开销。最终，标准采纳了时隙间跳频和名义 PUSCH repetition 间跳频。

15.4.5 上行传输增强的控制信息复用机制

上行传输增强定义了两类时域资源：名义 PUSCH repetition 和实际 PUSCH repetition。而上行控制信息复用传输与 PUSCH repetition 资源有直接关系。相应地，上行控制信息复用方案也需要增强，具体包括：复用时序、承载上行控制信息的 PUSCH repetition 选择和上行控制信息复用资源确定等方面 [12]。

1. 复用时序

复用时序用于保证终端有足够的时间实现上行控制信息复用。复用时序的确定包括两个主要方案。

- 方案 1：基于与上行控制信道重叠的第一次实际的 PUSCH repetition 的起始符号确定，如图 15-22 所示。
- 方案 2：基于与上行控制信道重叠的第 i 次实际的 PUSCH repetition 的起始符号确定，其中，第 i 次实际的 PUSCH repetition 的起始符号与最近的下行信号的间隔不小于上行控制信息复用的处理时间，i 小于等于实际的 PUSCH repetition 的最大次数，如图 15-23 所示。

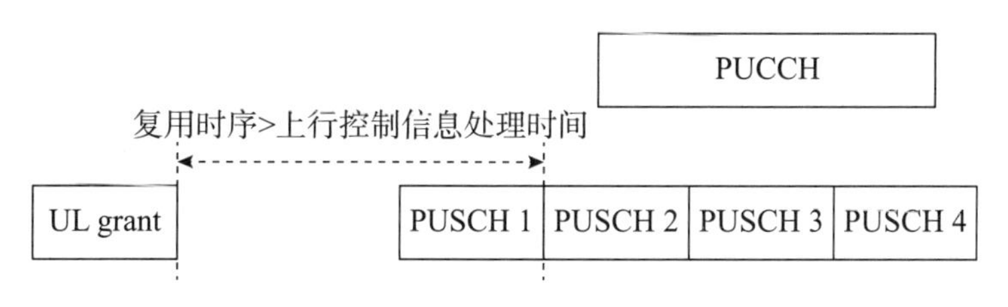

图 15-22　上行控制信息复用时序示例 1

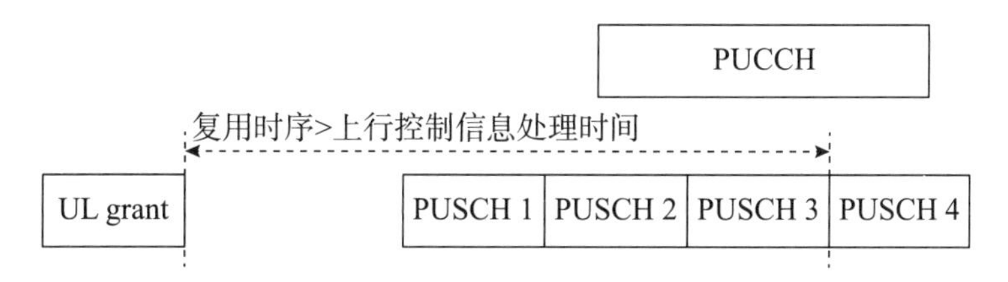

图 15-23　上行控制信息复用时序示例 2

方案 1 沿用了 R15 的设计思路，方案 2 允许上行控制信息复用到第一个重叠的、实际的 PUSCH repetition 之后满足处理时延的其他 PUSCH repetition 上，增强了复用资源选择的灵活度，也就增加了上行控制信息资源分配和上行数据传输调度的灵活度，降低了上行控制信息或上行重复传输的时延。但是方案 2 需要对 PUSCH repetition 进行选择，增加了终端的复杂度，并且需要将 TA 考虑进来，而 TA 估计在终端和基站之间可能存在误差，可能造成基站和终端确定的 PUSCH repetition 不同。标准最后采用了方案 1。

2. 承载上行控制信息的 PUSCH repetition 选择

- 方案 1：与上行控制信道重叠的第一次实际的 PUSCH repetition。如图 15-24 所示，第二个实际的 PUSCH repetition 是与 PUCCH 重叠的第一个实际的 PUSCH repetition，则上行控制信息复用在该实际的 PUSCH repetition 上。但第二个实际的 PUSCH repetition 的资源可能会比较少，无法将所有上行控制信息复用，则会造成上行控制信息丢失。

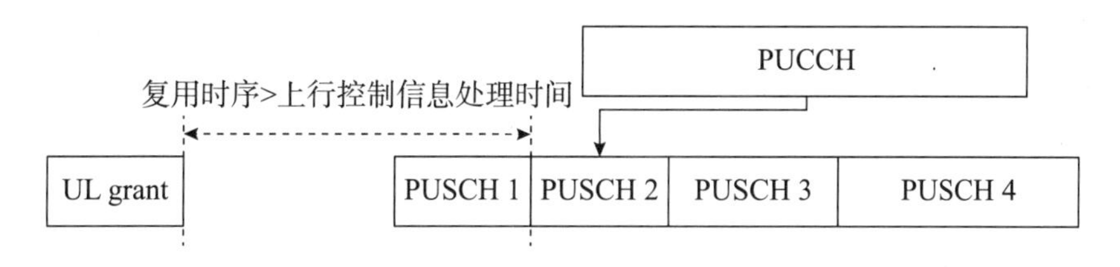

图 15-24　复用上行控制信息的 PUSCH repetition 选择示例

- 方案 2：与上行控制信道重叠的、最近的且上行控制信息复用资源充足的实际的 PUSCH repetition。如图 15-25 所示，第三个实际的 PUSCH repetition 是与 PUCCH 重叠的第一个能够承载所有上行控制信息的实际的 PUSCH repetition，则上行控制信息复用在该实际的 PUSCH repetition 上。
- 方案 3：与上行控制信道重叠的符号数最多、最近的实际的 PUSCH repetition。如图 15-26 所示，第四个实际的 PUSCH repetition 是与 PUCCH 重叠的符号数最多的 PUSCH repetition，则上行控制信息复用在该 PUSCH repetition 上。

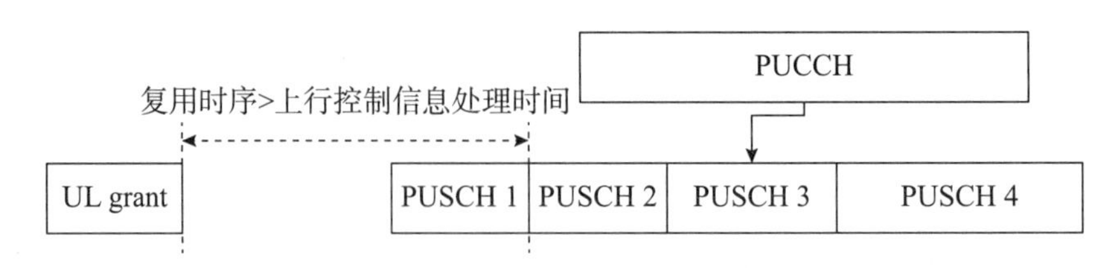

图 15-25　复用上行控制信息的 PUSCH repetition 选择示例

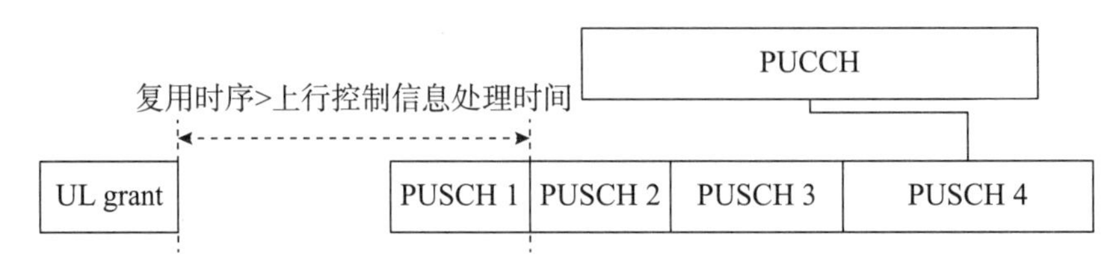

图 15-26　复用上行控制信息的 PUSCH repetition 选择示例

方案 1 顺延了 R15 设计，实现简单且上行控制信息传输时延低，但可能造成上行控制信息丢失。方案 2 在保证上行控制信息不丢失的前提下，尽可能地降低上行控制信息传输时延。方案 3 资源选择策略简单，且上行控制信息传输资源最大化，避免了上行控制信息丢失损失，但上行控制信息传输时延不可控。标准最终采用了方案 1。

15.5　免调度传输技术

由于上行业务是由终端发起的，通常，基站在获知上行业务需求后才会发起合理的调度。因此，传统的上行传输过程比较复杂，主要包括：终端上报业务请求、基站发起调度获知业务需求、终端上报调度请求、基站基于调度请求发起上行调度、终端基于上行调度传输数据。复杂的上行业务传输过程不可避免地带来了调度时延。对于 URLLC 来说，这个调度时延可能导致业务无法在时延要求范围内完成传输，或者传输次数压缩到 1 次，无法获得自适应重传机制的增益，使用传输资源的效率低。因此，在 NR 阶段，针对 URLLC 低时延的需求，引入免调度传输技术。免调度传输技术的基本思想是基站预先为终端分配上行传输资源，终端根据业务需求可以在预分配的资源上直接发起上行传输。免调度传输技术与 LTE 系统的 SPS 技术有相似之处，即资源都是预先配置的，但针对 URLLC 的低时延特性，免调度传输技术在灵活的传输起点、资源配置、多套免调度资源机制上做了进一步的物理层优化设计。免调度高层技术详见第 16 章。

15.5.1　灵活传输起点

免调度传输技术的传输资源是预先分配的，在简化上行传输过程的同时，也带来了预分配资源使用低效的问题。为了避免上行用户间干扰，预分配资源被配置后，一般不会动态调度给其他用户使用。对于不确定性业务来说，没有业务需求时就会造成传输资源浪费。通常，免调度传输资源会基于上行业务的到达特性（例如，周期和抖动）和传输时延需求等确定资源传输参数，例如，免调度传输资源的周期。对于 URLLC，周期设置过长可能导致资源等待的时延。如图 15-27 所示，对于一个周期为 8 ms，抖动范围 –1~1 ms 的业务，基站为其配置了 8 ms 周期的免调度资源，即传输资源自 2 ms 时刻开始每间隔 8 ms 出现一次。由于业务到达存在抖动，业务无法正好在第 2 ms 时刻前到达，如图 15-27 所示，该业务在 2.5 ms 时刻到达时，则需要等待 7.5 ms 才能等到下一个资源。另一方面，周期设置过短会导致系统传输资源的浪费。如图 15-28 所示，对于同样一个业务，基站为了将等待资源的时延控制在 1 ms 内，为其配置了 1 ms 周期的免调度资源。对于一个周期为 8 ms 的业务，配置的免调度资源达到需求的 8 倍，造成了大量资源浪费。

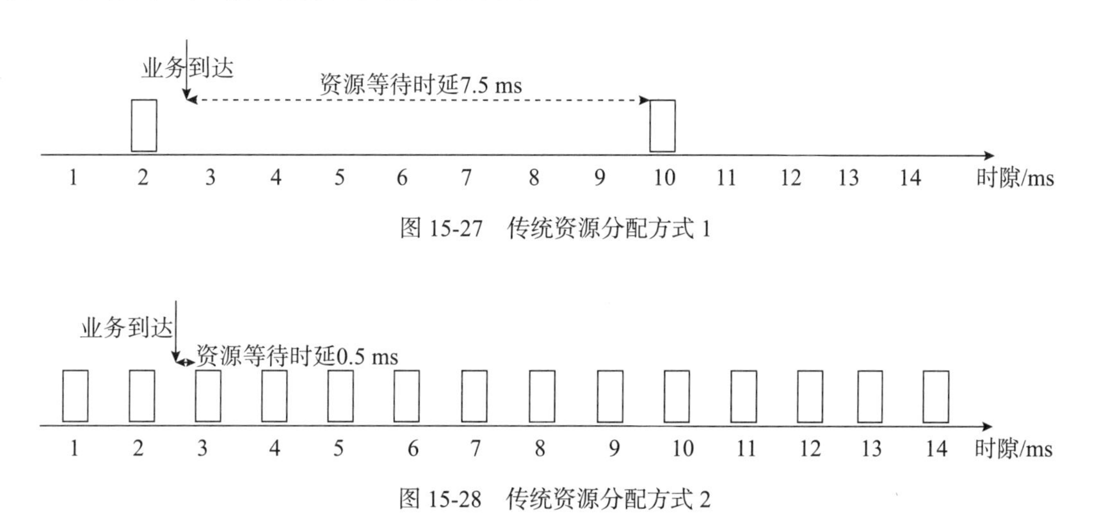

图 15-27　传统资源分配方式 1

图 15-28　传统资源分配方式 2

为了平衡传输时延和系统资源的使用效率，NR 系统在重复传输的基础上引入了灵活传输起点，既避免了过多的冗余资源配置，也克服了业务到达抖动造成的过长的资源等待时间。具体地，基站可以根据业务到达周期配置免调度资源周期，根据业务到达抖动和时延需求，在一个周期范围内配置一定重复次数的资源，并且允许终端在这些重复的资源上灵活发起传输，即使业务到达发生抖动，也能在较小的时间范围内发起传输，无须等待到下一个资源周期。对于上述例子中同样的业务，如图 15-29 所示，基站为其配置了周期为 8 ms，重复次数为 2 的免调度资源。当业务在 2.5 ms 到达时，可以在第一周期内的第二个重复资源上传输，资源等待时延为 0.5 ms，但系统预留资源仅为所需资源的 2 倍，相比传统资源分配方式 2，资源开销缩减到 1/4。

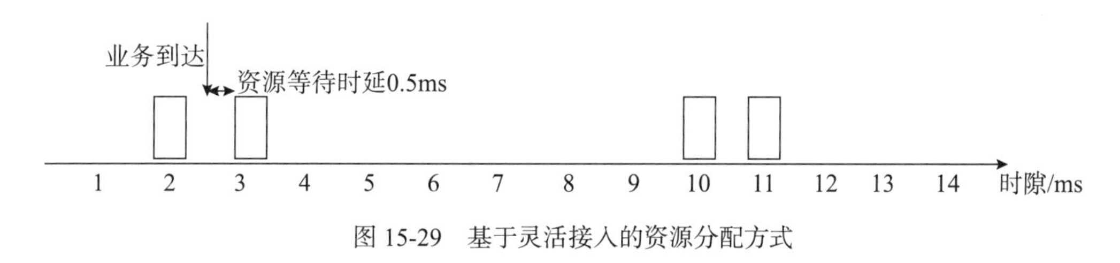

图 15-29　基于灵活接入的资源分配方式

此外，为了避免资源混叠导致基站无法区别多个周期上的上行数据的问题，限制了重复传输最晚在预配置的结束位置处结束，保证各个周期的传输资源是独立的。

灵活传输起点大大减少了资源等待时延，但是基于传统 RV 序列 {0,2,3,1} 的重复传输，由于数据传输不一定都包含 RV0，所以终端可能无法把完整的原始信息发送出去。

为了保证灵活传输起点的上行传输能够把完整的原始信息发送出去，NR 系统对于灵活接入的初次传输的 RV 进行了约束，即初次传输的 RV 采用 RV0。同时，为了能够支持灵活接入，引入了 RV {0,0,0,0} 和 RV {0,3,0,3} 两种序列。对于 RV{0,0,0,0} 的情况，终端可以在任意的位置发送初始传输，如图 15-30（a）所示。重复次数为 8 的最后一次传输除外。对于这种例外情况，考虑到重复次数为 8 的配置通常用于信道质量差的用户，对于这些用户，发起一次传输，传输可靠性，包括参考信号检测和数据信道的解调检测都难以保证。因此，对于重复次数为 8 的配置，做了特殊处理。对于 RV｛0,3,0,3｝的情况，终端可以在任意 RV0 的位置发起初始传输，如图 15-30（b）所示。对于 RV ｛0,2,3,1｝的情况，终端仅能在第一个传输位置发起初始传输，如图 15-30（c）所示。

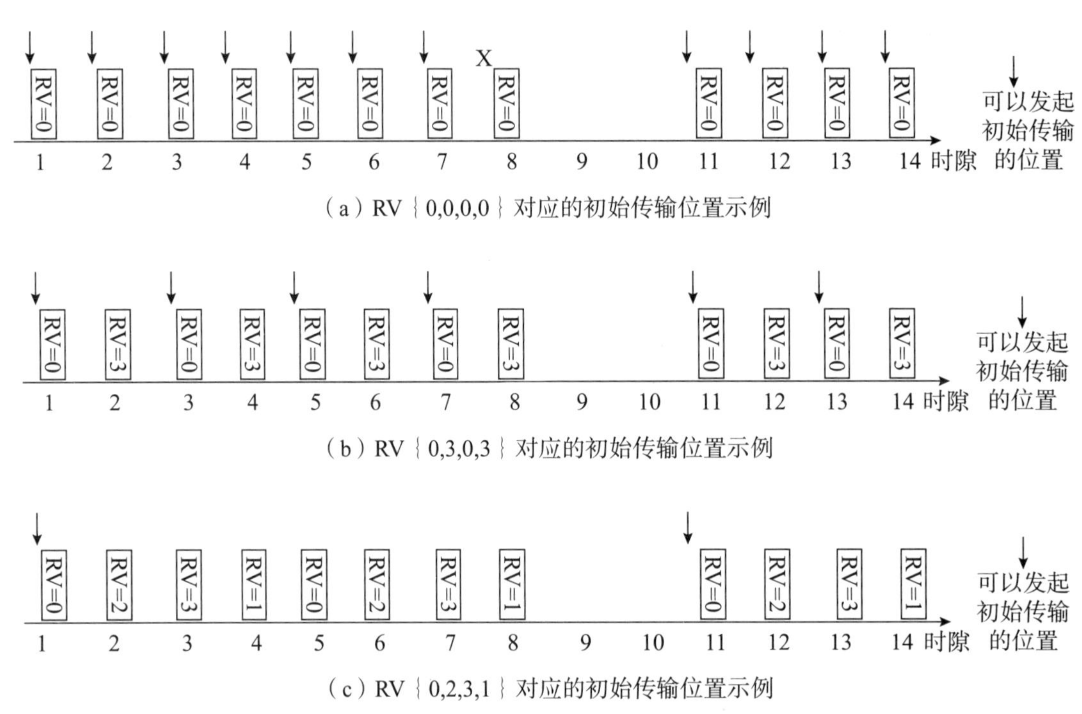

图 15-30　RV 对应的初始传输位置示例

在 R15 中，一个 BWP 只能激活一套免调度传输，引入灵活传输起点机制可以降低 URLLC 业务传输时延。在 R16 中，支持多套免调度传输，对于不同时刻到达的业务，可以采用与之匹配的免调度资源传输，因此，在 R16 中，是否采用灵活传输起点机制通过高层信令配置。

15.5.2　资源配置机制

免调度资源配置方式包括两种：类型 1 免调度资源配置方式和类型 2 免调度资源配置方式。

- 类型 1 免调度资源配置方式通过高层信令配置免调度资源上传输所需要的特定资源配置信息（与动态上行传输不同或者免调度传输特有的信息）。类型 1 免调度资源配置方式一旦由高层信令配置完成，免调度资源就被激活。
- 类型 2 免调度资源配置方式通过高层信令配置免调度资源上传输所需要的部分特定资源配置信息，通过下行控制信息激活并完成剩余特定资源配置信息的配置。

相较类型 1，类型 2 具有动态资源激活 / 去激活，部分资源参数重配置的灵活性。但是由于需要额外的下行控制信息激活过程，引入了额外的时延。类型 1 和类型 2 各有利弊，可以适配不同的业务类型。例如，类型 1 可以用于时延敏感的 URLLC 业务，类型 2 可以用于需求具备时效性的 VoIP（Voice over Internet Protocol，基于 IP 的语音传输）业务。

1. 重复传输

重复传输是保证数据可靠性的一种常见方法，结合灵活的传输起点，对于 URLLC 高可靠和低时延的需求，更是一举两得。因此，也成为重点研究技术点。在 NR 系统中，引入了灵活的资源配置方式，例如，符号级的时域资源分配方式。同样地，在重复传输方式上也存在时隙级重复传输和背靠背重复传输两种方式，如图 15-31 所示。

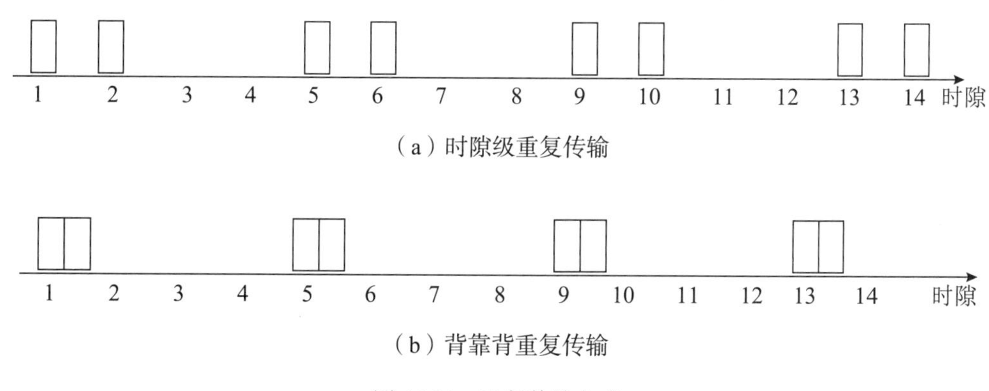

图 15-31　重复传输方式

- 时隙级重复传输的传输资源基于时隙为单位进行重复，重复资源在每个时隙内的位置是完全相同的。对于一次重复传输时域资源少于 14 个符号的情况，多次重复传输之间会存在间隙。该方式资源确定简单，但重复传输之间存在间隙，引入一定的时延。
- 背靠背重复传输的相邻重复传输之间的时域资源是连续的。背靠背重复传输避免了重复传输之间的时延，有利于低时延业务的传输。但是，背靠背重复传输资源确定较复杂，例如，跨时隙、SFI 互操作等问题需要解决。

考虑到 R15 标准即将冻结，R15 优先采纳了时隙级重复传输方案。在 R16 上行重复传输增强项目中，针对 URLLC 低时延需求，引入背靠背重复传输，详见第 15.4.2~15.4.5 节。至此，NR 系统支持时隙级重复传输和背靠背重复传输两种传输方案。

2. 资源配置参数

动态上行传输的传输参数主要通过高层信令 PUSCH-Config 配置，对于免调度传输，考虑到免调度传输用于 URLLC 业务，业务传输需求不同于常规业务，免调度传输的传输参数主要通过高层信令 ConfiguredGrant-Config 独立配置。对于免调度重传传输，它承载 URLLC 业务，但在动态资源区域传输，因此，对于免调度重传传输参数的配置存在两种方案。

- 方案 1：免调度重传调度的传输参数以 PUSCH-Config 为基础，部分参数基于 ConfigureGrant-Config，优化传输性能。
- 方案 2：免调度重传调度的传输参数以 ConfiguredGrant-Config 为基础。

方案 1 不需要额外的下行控制信息域对齐操作，因为无论是动态调度还是免调度重传的 DCI 信息域都是由 PUSCH-Config 确定的，自然对齐。方案 2 需要额外的下行控制信息域对齐操作，动态调度的 DCI 信息域由 PUSCH-Config 确定的，而免调度重传的 DCI 信息域由 ConfiguredGrant-Config 确定的，两个高层参数配置独立，可能导致对应的 DCI 信息域不同。标准采纳了方案 1。

当免调度重传调度的传输参数以 PUSCH-Config 为基础，而免调度激活 / 去激活的传输参数以 ConfiguredGrant-Config 为基础时，采用同一个 CS-RNTI 加扰的下行控制信息分别实现免调度重传调度和激活 / 去激活操作时，只能通过 NDI 区别免调度重传调度和激活 / 去激活两类操作。识别 NDI 的前提是 NDI 在下行控制信息中的比特位置确定。但是由于两个功能的下行控制信息基于不同的高层参数确定，NDI 位置并不是天然对齐的。为了保证 NDI 位置对齐，标准对 ConfiguredGrant-Config 的参数配置做了约定，保证基于 ConfiguredGrant-Config 确定的信息域长度不大于基于 PUSCH-Config 确定的信息域长度。对于基于 ConfiguredGrant-Config 确定的信息域长度小于基于 PUSCH-Config 确定的信息域长度的情况，相关信息域采用补零方式对齐 [13]。

15.5.3 多套免调度传输

在 R15 阶段，考虑到系统设计的复杂度和应用需求的必要性，限制一个 BWP 仅能激活一个免调度传输资源。但在 R16 阶段，考虑到如下两种因素，引入了多套免调度资源传输机制。

- 存在多种业务类型，其业务到达周期、业务包大小等业务需求存在较大差异。如图 15-32 所示，免调度资源 1 用于短周期，存在业务抖动且时延敏感的小包业务。免调度资源 2 用于长周期，业务到达时间确定但包较大的业务。适配业务的资源分配方式既能满足业务传输需求，也能优化系统资源效率。

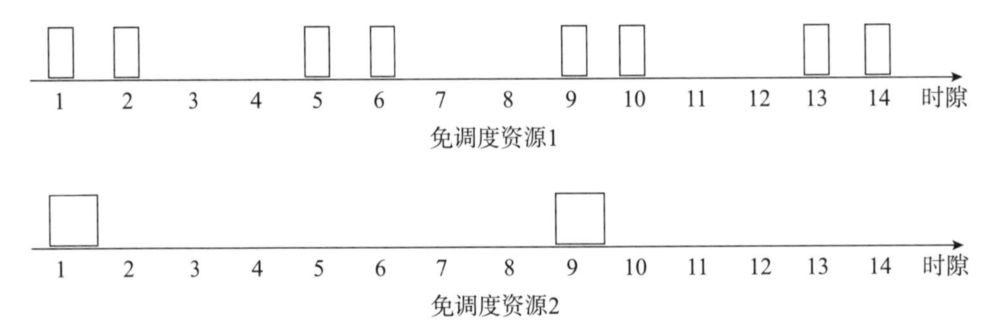

图 15-32　适应多类型业务的多套免调度资源分配方式

- 灵活传输起点技术仅能适应低时延的需求，但由于结束位置固定，实际使用资源减少，业务的可靠性无法保证。为了同时解决时延和可靠性的需求，引入多套免调度资源适应不同时间到达的业务，且保证充分的重复。如图 15-33 所示，当业务在时隙 1、5、9、13 到达时，采用免调度资源 1。当业务在时隙 2、6、10、14 到达时，采用免调度资源 2。

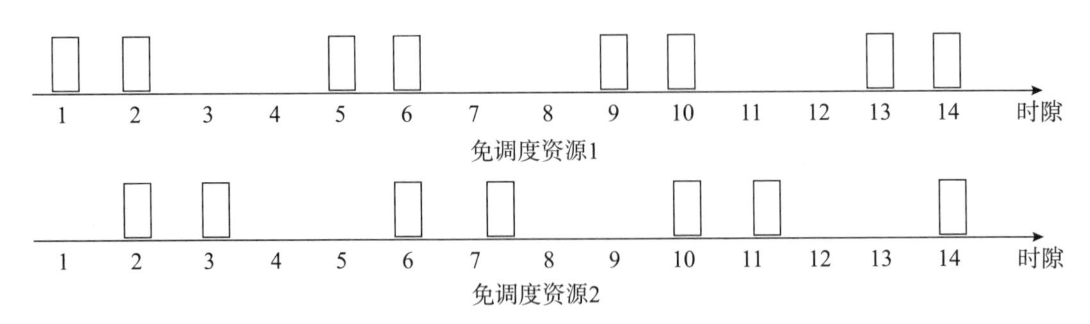

图 15-33　适应业务到达时间的多套免调度资源分配方式

在 R15 阶段，对于类型 2 的免调度传输机制，需要用一个下行控制信息来激活或去激活免调度传输资源。在 R16 阶段，引入多套免调度传输机制，尤其对于类型 2 的免调度传输机制，如果沿用 R15 激活 / 去激活信令设计方式，则下行控制信令开销增加。为了控制下行控制信令的开销，对于激活 / 去激活信令的独立方案和联合方案进行讨论。

对于激活信令，多套免调度传输资源联合方案可以减少信令开销，但是多套免调度传输资源共享部分资源配置，也会造成传输资源约束，对于适配不同业务类型的免调度资源尤其不适用。为了保证各套免调度传输资源的优化，下行控制信息需要优化设计，是否需要引入新的下行控制信息格式也不确定。由于各个公司无法达成共识，R16 也没有采纳联合激活机制。

对于去激活信令，由于其不存在资源配置的功能，仅是一个开关作用，联合去激活不需要太多额外的下行控制信息设计工作，且减少下行控制信息开销的好处显而易见。因此，联合去激活机制被采纳。为了支持联合去激活，需要提前配置联合去激活的多套免调度传输资源集合映射表，去激活的下行控制信息通过指示集合编号起到联合去激活的效果。

15.5.4　容量提升技术

对于免调度传输，存在资源浪费的问题。为了解决这个问题，可以考虑使用 NOMA（Non-orthogonal Multiple Access，非正交多址接入）技术，提升免调度资源的容量。当然，NOMA 作为一种先进的多址接入技术，也曾是 5G 预选技术中的一个热门技术，其应用场景非常广泛 [14]。在 RAN1 #84bis 会议讨论，确定了 NOMA 的应用场景及其预计效果，具体如表 15-3 所示。

表 15-3　NOMA 应用场景

应用场景	需　求	预计效果
eMBB	频谱效率高 用户密度大 用户体验公平	使用 NOMA 获得更大的用户容量 信道衰落和码域干扰不敏感 链路自适应对 CSI 精度不敏感
URLLC	可靠性高 时延短 需要与 eMBB 业务复用	分级增益提高可靠性，并通过精准的接入设计避免冲突 时延减少，通过 grant-free 增加传输机会 非正交复用多重业务
mMTC	海量接入 小包传输 功率效率高	增加接入密度 使用免调度传输减少信令开销和降低功耗

NOMA 技术发送端处理是在现有的 NR 调制编码的框架下，在部分模块增加 NOMA 处理的实现，如图 15-34 所示。

NOMA 传输处理的特征在于增加了 MA（Multiple Access，多址接入）的标识及其相关的辅助功能。讨论了 MA 标识的实现方案，MA 标识相关的辅助功能和 NOMA 接收算法，具体内容如下所述。

1. MA 标识的实现方案

（1）方案 1：比特级处理方式

通过比特级处理实现 NOMA 传输主要是通过随机化来区分用户。随机化具体的实现方式有加扰和交织两种。

- 通过比特级加扰的方式实现的 NOMA 传输，例如 LCRS（Low Code Rate Spreading，低码率扩展）和 NCMA（Non-orthogonal Coded Multiple Access，非正交码多址接入），使用了相同的发送流程，都包括信道编码、速率匹配、比特加扰以及调制。用户在比特加扰时使用用户专属的方式，因此，比特加扰功能可以作为 MA 标识。
- 通过比特级交织实现的 NOMA 传输，有 IDMA（Interleave Division Multiple Access，交织块多址接入）和 IGMA（Interleave-Grid Multiple Access，交织网多址接入）。使用用户专属的交织方式可以是用户的 MA 标识。例如，使用 NR LDPC 的交织器代替速率匹配模块中的普通交织器，可以通过交织方式的不同区分用户。

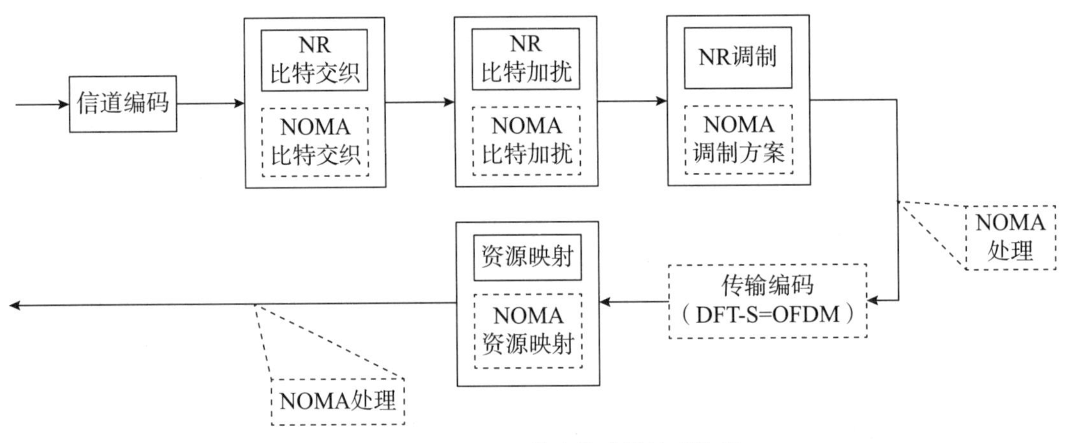

图 15-34　NOMA 技术发送端处理流程

（2）方案 2：调制符号级处理方式

通过符号级处理时限 NOMA 传输主要是通过调整符号的特征来区分用户，主要方法有基于 NR 调制方式的扩展、用户使用特定的调制方式、对调制符号加扰和使用零比特填充的调制符号交织方法。

- 基于 NR 调制方式的扩展

使用低密度和低相关性序列进行的符号扩展，可以作为 MA 标识来区分用户。同时，为了调整频谱效率，可以从 BPSK、QPSK 或高阶 QMA 调整的星座图中选取星座点作为 MA 标识的调制符号。用于符号扩展的序列可以是 WBE 序列、有量化元素的复数序列、格拉斯曼（Grassmannian）序列、GWBE（Generalized welch-bound equality）序列、基于 QPSK 的序列、稀疏传播矩阵、基于多用户干扰生成的序列等。

- 用户使用特定的调制方式

调整符号的扩展通过修改比特与调制符号的映射方式实现。例如将符号扩展与调制方式结合的 SCMA（Sparse Code Multiple Access，稀疏码多址接入）技术，将 *M* 个比特映射到 *N* 个符号。不同的输入比特数 *M* 有不同的映射方法，最终映射成稀疏的调制符号序列。

- 调制符号加扰

使用调制符号加扰实现 NOMA 传输的有 RSMA 技术，其使用混合的短码扩展和长码加扰作为 MA 标识。加扰序列可以根据用户组识别号或小区识别号生成，对应用户组专属或者小区专属的加扰序列。用于加扰的序列可以是 Gold 码、Zafoff-Chu 序列，或者 2 者的组合。

- 使用零比特填充的调制符号交织方法

使用零比特填充的调制符号交织方法实现 NOMA 传输的有 IGMA 技术。使用零填充和调制符号交织，实现稀疏的调制符号到 RE 映射并作为 MA 标识，进而区分不同的用户。

（3）方案 3：用户专属的 RE 稀疏映射方式

上述 SCMA、PDMA（Pattern Division Multiple Access，模式块多址接入）和 IGMA 技术中，都提出了稀疏的调整符号到 RE 映射作为 MA 标识。具体地，都包括零填充和调制符号的交织与映射，也可以通过稀疏扩展序列来实现稀疏调制符号到 RE 的映射，稀疏扩展序列是可以配置的，并且决定 MA 标识的稀疏性。

（4）方案 4：OFDM 符号交错传输方式

在这一方式中，用户专属的起始传输时间是 MA 标识的一部分。在周期内，通过不同的传输起始时间来区用户。

2. MA 标识相关的辅助功能

（1）方案 1：每个用户多分支传输（Multi-branch transmission per UE）

用户划分多分支过程可以在信道编码之前或者信道编码之后进行，在划分多分支后，每个分支有专属的 MA 标识，并且分支专属 MA 标识替代用户专属的 MA 标识。不同分支专属的 MA 标识可以是正交的，也可以是非正交的。不同分支专属的 MA 标识也可以是共享的。

（2）方案 2：用户或传输分支特定的功率分配（UE/branch-specific power assignment）

对于 GWBE 和多分支传输方案等 NOMA 技术，用户或分支专属的 MA 标识设计中考虑了功率分配的问题。

3. NOMA 的接收算法

（1）方案 1：MMSE-IRC

通过 MMSE（Minimum Mean Squared Error，最小均方误差）算法可以抑制小区间干扰，可以使用没有干扰消除的 MMSE 接收算法进行 NOMA 接收。使用一次 MMSE 检测和信道译码来解码用户数据。

（2）方案 2：MMSE-hard IC

使用有干扰消除的 MMSE 接收算法，使用译码器输出的硬信息进行干扰消除。干扰消除可以采用连续、并行或混合过程进行。对于连续干扰消除方式，成功译码一个用户时，将其从用户池中删除，对剩余的用户进行译码。并行干扰消除时，采用迭代检测和译码，每次迭代中，多个用户并行译码，译码成功后，将用户从用户池中删除。

（3）方案 3：MMSE-soft IC

使用有干扰消除的 MMSE 接收算法，使用译码器输出的软信息进行干扰消除。干扰消除可以采用连续、并行或混合过程进行。对于连续和并行干扰消除方式，与 MMSE-hard IC 类似。对于混合干扰消除方式，在每次迭代中，使用硬信息干扰消除成功的用户才会被从用户池中删除。

（4）方案 4：ESE+SISO

使用迭代检测和译码，每次迭代更新状态信息，其状态信息包括均值和方差。

（5）方案 5：EPA+ hybrid IC

采用迭代检测和解码。 每个 EPA 和信道解码器之间的外部迭代需要 EPA 内部的因子节点 / 资源元素（FN/RE）和变量节点（VN）/ 用户之间的消息传递。干扰消除可以采用连续、并行或混合过程进行。

经过长时间的研究、讨论，NOMA 技术方案仍然比较分散，3GPP 难以就方案选择达成一致，因此 NOMA 技术最终没有被标准采纳。

15.6 半持续传输技术

半持续传输技术是用于下行的免调度传输技术，主要用于小包周期性业务传输，可减少下行控制信令开销。在 R15 中，半持续传输基本沿用了 LTE 方案。在 R16 中，考虑到 URLLC 的一些特征，到达时间存在抖动和低时延需求，半持续传输技术以及相应的 HARQ-ACK 反馈进行了增强[16]。本章仅关注物理层增强部分，高层增强技术详见第 16 章。

15.6.1 半持续传输增强

R16 中半持续传输增强包括多套半持续传输和短周期半持续传输。与多套免调度传输一样，考虑到业务到达的抖动性，R16 引入多套半持续传输机制。多套半持续传输资源的激活 / 去激活信令设计类似于多套免调度传输，即多套半持续传输资源的激活是独立的，但去激活可以是联合的。

多套半持续传输与多套免调度传输设计在如下两点存在差别。

- 考虑到同一个优先级的下行传输对应同一个 HARQ-ACK 码本的约束，联合去激活的多套半持续传输也要属于同一个优先级。
- 对于多套半持续传输时域资源直接重叠的情况，接收半持续传输序号较小的半持续传输并反馈 HARQ-ACK。通过合理配置保证半持续传输序号的排序与优先级保持一致，即半持续传输序号越小，优先级越高。对于间接重叠情况，终端可接收间接重叠的多套半持续传输。一个时隙内接收的下行传输数目取决于终端上报的能力。

R15 中，半持续传输的最小周期为 10 ms，难以满足 URLLC 业务需求。R16 中，半持续传输的最小周期扩展到 1 ms。

15.6.2 HARQ-ACK 反馈增强

NR R15 中 UE 只支持一套 SPS PDSCH 配置，其最小周期为 10 ms。在不考虑与动态调度 PDSCH 的 ACK/NACK 复用传输的情况下，每个 SPS PDSCH 根据半静态配置的 PUCCH 资源（PUCCH 格式 0 或 PUCCH 格式 1）和激活信令中指示的 K_1，得到一个独立的 PUCCH 传输对应的 ACK/NACK 信息，如图 15-35 所示。

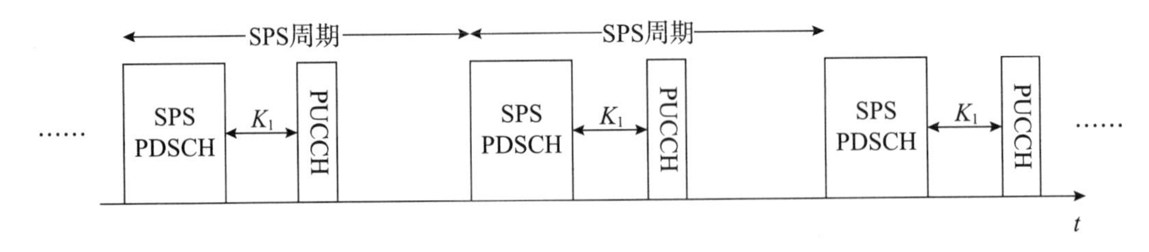

图 15-35 R15 SPS PDSCH 对应的 ACK/NACK 反馈机制

R16 支持多套 SPS PDSCH 传输后，原有的一对一反馈机制将无法适用。3GPP 针对多套 SPS PDSCH 传输的 ACK/NACK 反馈增加，主要讨论了如下两个问题。

1. 如何确定每个 SPS PDSCH 对应的 HARQ-ACK 反馈时间?

以图 15-36 为例，基站配置给终端 4 套 SPS 资源且 SPS 周期均为 2 ms。如何确定每个 SPS PDSCH 对应的传输 ACK/NACK 的时隙，标准化过程中提出了如下方案。

（1）方案 1：将 ACK/NACK 推迟到第一个可用的上行时隙内传输

以图 15-36 中 SPS 配置 1 为例，若基站指示 K_1 的取值为 2，由于时隙 3 为下行时隙，则时隙 1 中的 SPS 配置 1 对应的 ACK/NACK 信息将从时隙 3 推迟到时隙 5 进行传输。而时隙 3 中的 SPS 配置 1 对应的 ACK/NACK 信息不需要推迟，仍然在时隙 5 中传输。

（2）方案 2：针对每个 SPS 传输配置 K_1

以图 15-36 为例，需要针对时隙 1~4 中所有 SPS 传输分别配置 K_1，例如：时隙 1 中的 SPS 传输对应的 K_1 取值为 4，时隙 2 中的 SPS 传输对应的 K_1 取值为 3，时隙 3 中的 SPS 传输对应的 K_1 取值为 2，时隙 4 中的 SPS 配置 3 对应的 K_1 取值为 1，时隙 4 中的 SPS 配置 4 对应的 ACK/NACK 无法在时隙 5 中的 PUCCH 传输（无法满足译码时延要求），需要指示其他取值。

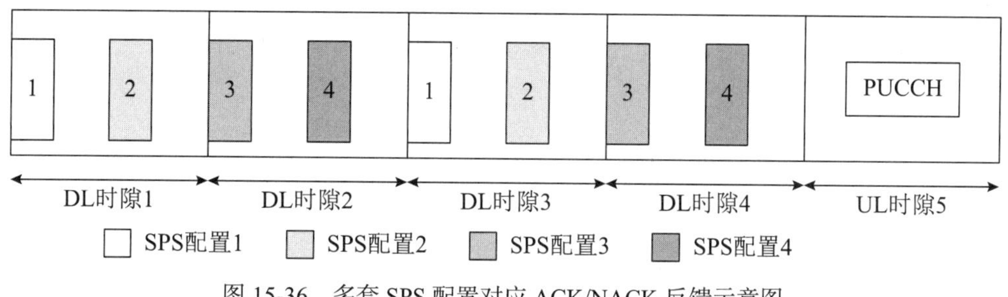

图 15-36　多套 SPS 配置对应 ACK/NACK 反馈示意图

方案 1 终端实现较为复杂，方案 2 信令开销大。在 3GPP RAN1 讨论过程中，方案 1、2 都没有得到通过，最终确定配置多套 SPS 资源时，不对 HARQ-ACK 反馈时序进行增强，即沿用 R15 的机制，针对每套 SPS 配置指示一个 K_1。以图 15-36 中 SPS 配置 1 为例，若基站指示 K_1 的取值为 2，则时隙 1 中的 SPS 配置 1 对应的 ACK/NACK 需要在时隙 3 中传输，由于时隙 3 为下行时隙，因此该 ACK/NACK 无法传输。而时隙 3 中的 SPS 配置 1 对应的 ACK/NACK 在时隙 5 中传输。

2. 如何配置 PUCCH 资源？

虽然 HARQ-ACK 反馈时序没有进行增强，但多套 SPS 配置后，依然存在多个 SPS PDSCH 对应的 ACK/NACK 信息需要通过同一个时隙进行反馈。以图 15-36 中为例，若基站指示 SPS 配置 1、2 对应的 K_1 取值为 4，SPS 配置 3、4 对应的 K_1 取值为 3，则时隙 5 中的 PUCCH 需要承载 4 比特 ACK/NACK 信息。对于一个 UE，不同时隙中承载的 SPS PDSCH 对应的 ACK/NACK 信息的比特数量可能是不同的，如何确定每个时隙中实际使用的 PUCCH 资源是另一个需要讨论的问题。

- 方案 1：针对多套 SPS 配置多个公共 PUCCH 资源。根据当前时隙中实际反馈的 ACK/NACK 比特数目，从多个公共资源中选择一个作为实际使用的 PUCCH 资源。
- 方案 2：针对多套 SPS 配置多组公共 PUCCH 资源。根据当前时隙中实际反馈的 ACK/NACK 比特数目，从多组公共资源中选择一组，并根据最后一个 DCI 激活信令中的指示从该组资源中选择一个作为实际使用的 PUCCH 资源。

对于 SPS PDSCH 基于激活信令确定 PUCCH 资源所能够提供的调度灵活性有限，而配置的 PUCCH 资源开销却显著增加。因此 3GPP RAN1 98bis 会议上同意使用方案 1 确定复用传输多个 SPS PDSCH 对应的 ACK/NACK 信息的 PUCCH 资源。

15.7 用户间传输冲突

在 NR 系统设计时，为了支持 URLLC 的灵活部署，不仅考虑 URLLC 和 eMBB 独立部署网，也考虑同一个网络支持 URLLC 和 eMBB 两种业务。然而，URLLC 业务和 eMBB 业务的需求不同，URLLC 业务需要被快速调度并传输，时延低至 1 ms。eMBB 业务相对 URLLC 业务的时延需求较宽松。相应地，URLLC 的调度时序短，eMBB 的调度时序长，如图 15-37 所示。由于两者的调度时序不同，可能存在两种业务间的冲突。尤其为了保证 URLLC 能够及时调度，系统允许 gNB 调度 URLLC 时，使用已经调度给 eMBB 业务的资源。图 15-37 以上行传输为例，对于下行传输也存在类似的用户间资源冲突问题。此时，URLLC 终端和 eMBB 终端在相同的资源上进行数据传输，URLLC 终端和 eMBB 终端的数据传输会成为彼此的干扰，使得 URLLC 和 eMBB 的可靠性难以满足需求。为了解决这种冲突的情况，3GPP 具体讨论了下行抢占技术，上行取消传输技术和上行功率调整方案[17~23]。

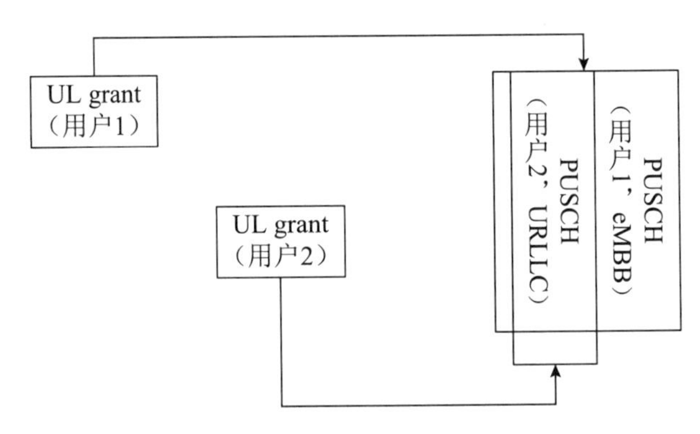

图 15-37 URLLC 和 eMBB 传输冲突

15.7.1 冲突解决方案

在 3GPP 会议讨论中，针对 URLLC 和 eMBB 共存并且传输资源存在冲突的情况，对下行 PDSCH 传输和上行 PUSCH 传输分别进行了讨论。本节以 URLLC 终端和 eMBB 终端的数据传输资源存在冲突的情况为例阐述用户间冲突的解决方案。

针对用户间下行 PDSCH 传输，在讨论过程中，有以下几种候选方案。

（1）方案 1：抢占 eMBB PDSCH 资源，并丢弃相应传输

对于已经调度给 eMBB 终端的 PDSCH，gNB 可以抢占被调度的资源，用于调度 URLLC 终端，并且，gNB 发送信令，告知 eMBB 终端被抢占的资源。eMBB 终端收到 gNB 发送的抢占信令后，终端认为信令指示的资源上没有发送给自己的数据，也就是说终端会忽略在这些资源上收到的数据。

（2）方案 2：抢占 eMBB PDSCH 资源，并延迟发送相应传输

对于已经调度给 eMBB 终端的 PDSCH，gNB 可以抢占被调度的资源，用于调度 URLLC 终端。URLLC 的 PDSCH 传输结束后，gNB 恢复被抢占资源上 eMBB 数据的传输，其使用的资源可以是通过 DCI 显式指示的，也可以是通过高层信令的配置。

方案 1 需要增加新的信令，终端在解调、解码 PDSCH 时，需要对部分数据做特殊处理或者不处理。方案 2 需要改变传统的 PDSCH 处理流程，即一个调制后的数据块拆分成多个

部分，通过多次调度，调度到多个时频资源上发送。由于调制后数据块的拆分方式是动态变化的，并不是总能找到一个与抢占资源的资源数和信道条件完全匹配的时频资源块。而且也会带来资源碎片的问题。方案 1 较方案 2 而言，标准化和实现的复杂度低。经研究讨论，方案 1 最终被采纳。

针对用户间上行 PUSCH 的传输冲突，在讨论过程中，有以下几种候选方案。

（1）方案 1：抢占 eMBB PUSCH 资源，对应的 eMBB PUSCH 取消传输

通过 UL CI（Uplink Cancellation Indication，上行取消传输信令），指示 eMBB PUSCH 和 URLLC PUSCH 的冲突资源。终端收到 UL CI，根据自己的传输信息和 UL CI 指示的冲突资源的信息，确定是否需要取消传输以及如何取消传输。

（2）方案 2：对 URLLC PUSCH 进行功率调整

通过开环功率调整指示信令，在 eMBB PUSCH 和 URLLC PUSCH 存在资源冲突时，更新 URLLC 终端的功率参数，采用较高的发送功率进行数据传输。

方案 1 可以将来自 eMBB 的干扰消除干净，保障 URLLC 的可靠性。但方案 1 需要 eMBB 终端具备快速停止的处理能力，增加了 eMBB 终端的复杂度，而增益却在 URLLC 终端。而且考虑到系统中，还存在一些不支持该功能的终端，对于来自这些终端的干扰，是无法消除的。方案 2 通过增强 URLLC 终端的能力克服干扰，避免增加 eMBB 终端的复杂度。并克服了方案 1 无法解决的问题。但方案 2 一方面干扰消除不彻底，另一方面对于功率受限的用户，无法保证 URLLC 的可靠性。方案 1 和方案 2 各有利弊，而且存在一定的互补性，均被 3GPP 会议采纳，并分别进行了讨论。

对于方案 1，在讨论初期，设定终端收到 UL CI 后，如果 UL CI 指示的资源与自己的传输资源存在冲突时，终端取消当前传输，否则，终端不会取消传输。考虑到终端恢复上行传输的复杂度，取消传输的范围是从冲突资源的起点开始直到当前传输的结束位置。而不仅仅是冲突资源部分。对于重复传输情况，取消传输针对每一个重复传输独立执行，如图 15-38 所示。

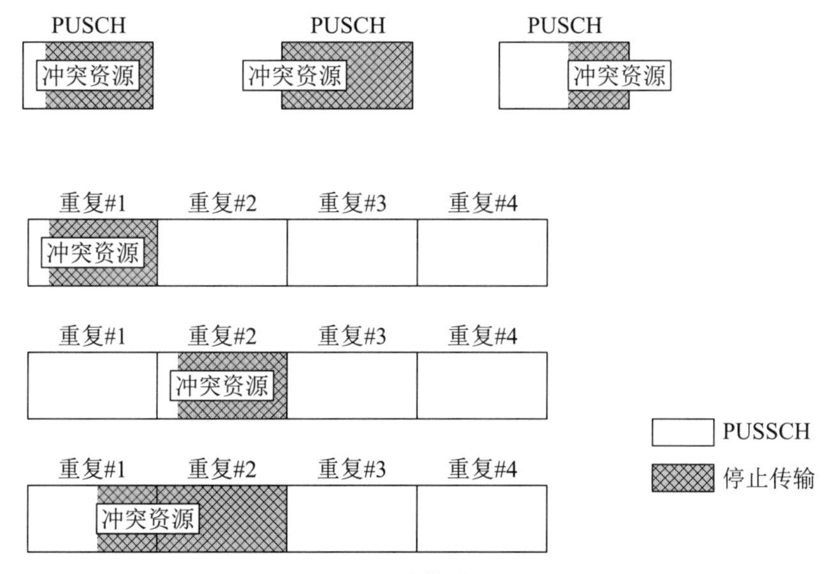

图 15-38　取消传输的 PUSCH

在后期讨论过程中，针对 UL CI 指示资源与终端 PUSCH 传输资源存在冲突时，是否需要根据 PUSCH 的优先级确定 PUSCH 是否取消传输的问题进行了进一步的讨论。部分公司支持忽略优先级直接进行取消传输，部分公司支持根据优先级确定是否传输，如果优先级指示信息指示的优先级为高优先级，则 PUSCH 不取消传输，否则，PUSCH 取消传输。忽略优先级取消传输的方案，不管优先级的高低，在 UL CI 指示的资源与 PUSCH 资源存在冲突时，PUSCH 都取消传输。对应的，会降低 URLLC 的传输效率。主要原因是，调度信息中的优先级指示主要用于同一用户的不同业务的优先级指示，对不同用户存在指示不准确的情况，即同一种业务，对于不同的用户，可能是不同的优先级，例如，某种业务对于用户 1 是高优先级，对于用户 2 是低优先级。此时，如果按照优先级进行取消传输，则会出现同一种业务对不同的用户有不同的取消传输的情况。最终经讨论决定，引入高层参数配置是否根据优先级进行 PUSCH 取消传输。

15.7.2 抢占信令设计

抢占信令的设计主要考虑抢占信令的发送时间、与被抢占传输的时序关系、抢占信令的格式、发送周期、需要的检测能力等，这些问题在 3GPP 会议上进行了详细讨论。

首先对 DL PI（Downlink Pre-emption Indication，下行抢占指示）进行介绍，对于 DL PI 的信令设计，主要从下面几个方面讨论。

1. 抢占信令的信令类型

（1）方案 1：组公共 DCI

一个或多个终端属于一个组，接收相同的抢占信令。采用冲突资源指示的方式，终端接收抢占信令后，对冲突资源上的数据做特殊处理或者不接收检测。

（2）方案 2：UE 专属 DCI

一个抢占信令只发给一个终端。如果多个终端的传输资源都受到 URLLC 业务抢占，则需要发送多个抢占信令。

方案 1 采用组播方式，多个用户共享信息，信令开销小。方案 2 采用用户专属 DCI，可以针对性地指示冲突资源，指示精度高。而且用户专属 DCI 可以采用优化的传输方式，例如波束赋形，提高下行控制信息的传输效率。但当多个终端的传输资源都受到 URLLC 业务抢占时，信令开销较大。考虑到 URLLC 常采用大带宽资源分配方式，受影响的用户不止一个。标准采纳了方案 1。

2. 下行抢占信令的发送时间

DL 用于指示 PDSCH 的资源冲突情况。关于 DL PI 信令的发送时机，标准中讨论了如下 4 种方案，如图 15-39 所示。

- 方案 1：DL PI 在冲突时隙 n，冲突资源之前发送。
- 方案 2：DL PI 在冲突时隙 n，冲突资源之后发送。
- 方案 3：DL PI 在冲突时隙的下一个时隙的 PDCCH 资源上发送。
- 方案 4：DL PI 在冲突时隙的 k 个时隙之后的 PDCCH 资源上发送。

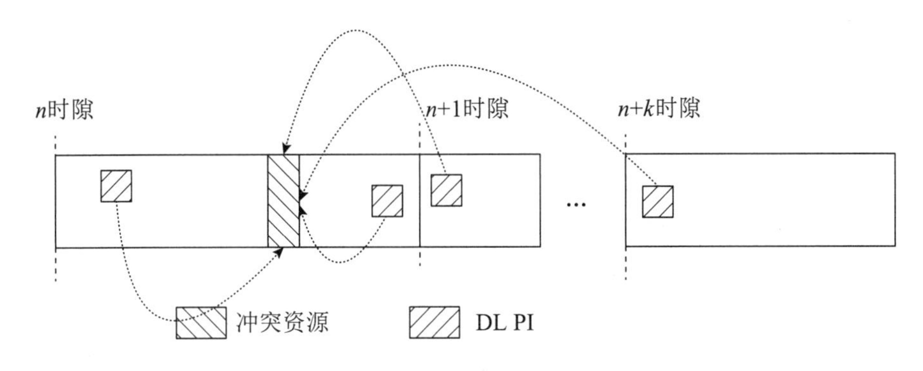

图 15-39　DL PI 发送时间示意图

方案 1~ 方案 4 在实现时，都需要空闲的 PDCCH 资源用于传输 DL PI，其区别主要在于 DL PI 的发送时间与冲突资源或有冲突 PDSCH 资源的时间关系。在 R16 讨论时，对以上方案进行了仿真比较，方案 1 对于性能没有明显影响，方案 1 和方案 2 的实现复杂度较高。对于方案 3 和方案 4，DL PI 指示两个 DL PI 之间的资源抢占情况，DL PI 之间的时间间隔越短，其指示的抢占信息越及时、准确。最终标准采纳了方案 3，并放松了 PDCCH 位置的约束。具体地，为 DL PI 配置专属搜索空间，发生冲突传输时，在冲突时隙之后的第一个时隙发送 DL PI。

3. 下行抢占信令的格式

DL PI 采用 DCI 格式 2_1。DCI 格式 2_1 携带多个抢占信息域，每个信息域包含 14 bit，与一个载波相对应，其对应关系为高层信令配置。DCI 格式 2_1 的负载大小可变，最小 14 bit，最大为 126 bit。

UL CI 信令设计的讨论，与 DL PI 类似。但 UL CI 在 DL PI 之后讨论，很多方法参考了 DL PI，见表 15-4。

表 15-4　DL PI、UL CI 信令设计比较

	DL PI	UL CI
信令类型	组公共 DCI	组公共 DCI
信令发送时间	冲突资源之后	冲突资源之前
DCI 大小	最小 14 bit，最大 126 bit	最小 14 bit，最大 126 bit
资源指示方式	指示颗粒度可配置，指示资源范围固定	指示颗粒度可配置，指示资源范围可配置

UL CI 与 DL PI 信令的主要区别在于信令的发送时间和资源的指示方式，其中，资源指示方式详见第 15.7.3 节。对于信令的发送时间，DL PI 可以在 PDSCH 接收或冲突资源之后发送，终端在解码 PDSCH 时，或者在重传合并时，才会参考 DL PI 指示。UL CI 的作用是取消 PUSCH 传输，故而，只有在冲突资源之前发送 UL CI，才可以起到取消传输的作用。因此，UL CI 的传输必须在冲突资源之前发送，并且保证终端有足够的取消传输的处理时间。

15.7.3　抢占资源指示

抢占信令指示被抢占的资源，本节主要讨论抢占信令指示的资源范围是如何确定的。

对于 DL PI 指示的资源范围，在确定 DL PI 的周期发送方式之后，进行了讨论，主要包括以下方面。

1. 抢占信令指示的时域范围

由于抢占信令是周期发送的，时域范围是当前抢占信令之前的一个信令发送周期的时间长度对应的一组 OFDM 符号集合，可以确保所有的时域信息都可以被抢占信令指示，避免了不能被指示的情况。信令发送周期对不同的子载波间隔的服务小区对应不同的 OFDM 符号数。

2. 抢占信令指示的频域范围

- 半静态配置频域范围，由高层信令指示抢占信令指示的频域范围，配置灵活。
- 协议约定频域范围，比如，协议约定 DL PI 指示的是当前激活的 DL BWP。

讨论决定采用协议约定的方法确定抢占信令指示的频域范围，即当前激活的 DL BWP。这样可以使得抢占信令指示的频域范围最大，并节省配置频域范围的信令开销。

3. 抢占信令的指示方法

针对抢占信令的指示方法，研究了如下几个方案。

（1）方案 1：时域 / 频域分别指示

具体来说，时域指示方法包括：

- 先指示时域范围中的某个时隙，再指示被指示时隙中的 OFDM 符号。
- 将时域范围用 Bitmap 指示，每个 bit 指示相同的时域长度。

频域指示方法包括：

- 使用 Bitmap 指示 RBG 的占用情况。
- 使用起点 + 终点的方法指示 RB 占用情况。

（2）方案 2：时域 / 频域联合指示

如图 15-40 所示，将抢占信令指示的时频域范围划分为二维格式，每个 bit 指示图中的一个格子，每个格子代表 x 个 OFDM 符号和 y 个 PRB 的时频范围。

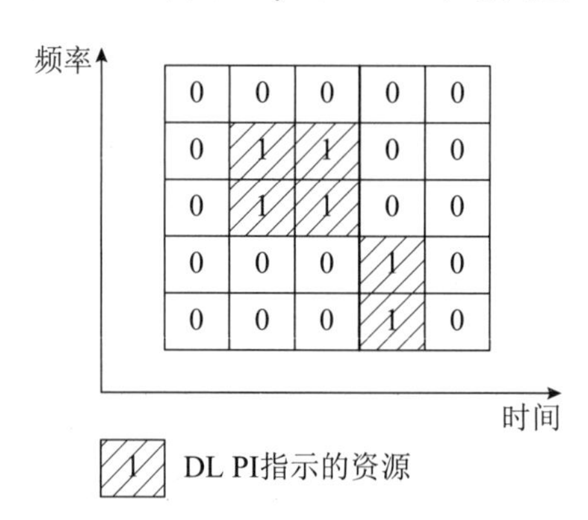

图 15-40　DL PI 资源指示方案

方案 1 指示精度高于方案 2，但开销大。经过讨论决定采用方案 2，并设定 $\{M,N\}$，M 表示将抢占信令指示的时域范围分为 M 个时域组，N 表示将抢占信令指示的频域范围分为 N 个频域组，$\{M,N\}$ 的取值有 2 种，$\{14,1\}$ 和 $\{7,2\}$。

对于 UL CI 如何指示 RUR（Reference Uplink Resource，参考资源范围），尽可能参考 DL PI 指示方法的设计，降低标准化和实现的复杂度。但是，考虑到 PUSCH 与 PDSCH 的传输过程不同，上行取消传输与下行抢占过程存在一定差异，因此，在 UL CI 资源指示上还有额外的考虑。

1. RUR 与 UL CI 搜索空间周期的关系

用于传输 URLLC 的 PUSCH 较 PDSCH 有更小的时域资源，为了更加精确地指示取消传输的 PUSCH 资源，UL CI 指示的时域资源范围与指示颗粒度较 DL PI 更加灵活和精确。时域资源确定的具体讨论如下。

- 根据 UL CI 的传输周期确定，即传输周期为 RUR 的时域长度。
- 由高层信令配置 RUR 包含的 OFDM 符号数目。

经过会议的讨论，如果搜索空间周期大于 1 个时隙，则使用搜索周期作为 RUR 的时域范围。否则，通过高层信令配置的方法，确定时域范围。

2. UL CI 与 RUR 起点的时序关系

DL PI 在 PDSCH 之后传输，并且对时延不敏感。而 UL CI 用于指示终端取消传输 PUSCH，故而，UL CI 需要在被取消传输的 PUSCH 资源之前传输并且能够在短时间内取消传输。因此，UL CI 与 RUR 起点的间隔不能太长，一种直观的方法是直接参考终端的最小处理时间 $T_{proc,2}$，确定 UL CI 到 RUR 起点的时间间隔。然而，这种时序关系的定义通常不会把 TA 考虑进来。如果把 TA 考虑进来，就可能造成不同终端 RUR 起点在基站侧不对齐，这样就可能无法按照基站的期待取消，或者需要过度取消保证干扰消除干净。因此，标准采纳了高层信令配置的方式。考虑到取消过程需要满足处理能力 2 对应的处理时间 $T_{proc,2}$，因此，采用在 $T_{proc,2}$ 基础上再加一个偏移量的方式，该偏移量通过高层信令配置。

3. RUR 的频域资源确定

用于传输 URLLC 的 PUSCH 和 PDSCH 在频域资源上有很大区别，PDSCH 在频域上占用更多的资源，而上行传输存在功率受限的问题，因为 PUSCH 的频域范围不会太大，故而 UL CI 和 DL PI 相比，其指示范围和指示颗粒度都有所区别。频域资源确定的具体讨论如下：

- 采用协议约定方式，将终端所在 BWP 上的所有 PRB 作为 RUR。
- 由高层信令配置 RUR 包含的 PRB 的位置和数目。

考虑到终端在进行上行传输时，会存在功率限制，PUSCH 的频域资源不一定会占满整个载波带宽，故而选择灵活性较好的由高层信令配置确定频域资源的方法。

4. 取消传输信令的指示方法

虽然 UL CI 的指示方法在 R16 阶段又进行了新的讨论，但最终还是采用了 DL PI 所采用的方法，即时域 / 频域联合指示。

15.7.4　上行功率控制

对于 eMBB PUSCH 和 URLLC PUSCH 的传输资源存在冲突时，除了取消 eMBB PUSCH 传输，还可以通过调整 URLLC PUSCH 传输功率的方法，提高 URLLC PUSCH 的接收信噪比，进而保证 URLLC PUSCH 的可靠性。

该场景的功率控制目的与传统的功率控制不一样，具有突发性，变化范围大，没有延续性等特征，因此，在现有功率控制机制上做了进一步的调整。

1. 功率参数的选择

- 方案 1：设定不同的开环功率参数，通过信令指示使用哪一个参数进行功率计算。
- 方案 2：增加闭环功率调整步长的个数，在资源冲突时，使用较大的闭环功率调整步长，使得传输功率可以快速调整。

闭环功率调整有累计和非累计两种方式。DCI 中有闭环功率调整信息时，对于非累计的方式，虽然新的闭环功率调整步长对于之后的传输没有影响，但是对冲突资源的干扰不固定，不同的干扰情况需要使用不同的闭环功率调整步长来提高译码 SINR（signal-to-noise and interference ratio，信噪比），因此，需要增加较多的闭环功率调整步长，并且实现需要根据干扰情况使用不同的调整步长，复杂度较高。对于累计方式，如果按照现有的规则累计，则会影响后续的传输功率确定，如果不累计，则需要更改现有的闭环功率调整规则，并且需要增加信令指示当前的闭环功率调整参数是否需要累计。采用更新开环功率参数的方式，不存在多次传输之间的累计问题，而且可以达到相同的功率控制效果，因此，标准采纳了开环功率参数调整方式。

2. 功率参数指示方式

（1）方案 1：组公共 DCI

组公共 DCI 中包含组内每个终端和每个资源区域需要使用的功率调整参数。当组内有一个终端需要进行功率调整时，就需要发送组公共 DCI。组公共 DCI 同样适用于免调度传输。

（2）方案 2：UE 专属 DCI

在上行调度 DCI 中，增加功率参数指示域，用来指示当前调度传输时使用的功率参数。UE 专属 DCI 适用于动态调度传输。

方案 1，各家公司无法达成一致意见，没有被采纳。方案 2 对标准修改较少，被采纳。

15.8 R17 增强技术

15.8.1 SPS ACK/NACK 增强

R16 引入多套半持续传输和短周期半持续传输时，ACK/NACK 反馈并未做增强，仍然沿用了 R15 机制。对于一个在 TDD 载波内传输的 SPS PDSCH，若其半静态配置的 PUCCH 所占有的时域符号中包括下行符号，那么该 PUCCH 不传输，对应的 ACK/NACK 信息被丢弃。这种简化处理显然会降低 TDD 载波内的下行半持续传输的效率，因此在 R17 阶段提出对 TDD 载波内的 SPS ACK/NACK 反馈进行增强，以避免 SPS ACK/NACK 丢弃。讨论之初各公司提出了多种方案。

- 方案 1：将 SPS ACK/NACK 推迟到第一个可用的 PUCCH 内传输。
- 方案 2：基站动态指示 / 触发终端传输延迟的 SPS ACK/NACK。
- 方案 3：针对每次 SPS 传输独立指示反馈时延 k_1。
- 方案 4：终端从预配置的一组反馈时延 k_1 中选择第一个可用的 k_1 用于确定传输 SPS ACK/NACK 的时隙。
- 方案 5：为推迟的 SPS ACK/NACK 额外配置专用的 PUCCH 资源。

RAN1 #103 次会议中达成结论：采用方案 1 和方案 2 解决 SPS ACK/NACK 丢弃问题。相比其他方案，方案 1 的优点在于无额外的信令开销，而方案 2 中基站可以灵活控制反馈信息的传输。进一步地，方案 2 不仅可以用于传输被丢弃的 SPS ACK/NACK，还可以用于传输被丢弃的低优先级动态 ACK/NACK 信息，即实现 ACK/NACK 重传。方案 2 的具体标准化细节将在第 15.8.2 节中统一介绍，本节将主要介绍方案 1 的标准化细节。

对于一个在时隙 n 中传输的 SPS PDSCH，其半静态配置的反馈时隙 $n+k_1$ 中的 PUCCH 资源与下行符号冲突时，如何确定第一个可用的 PUCCH 是方案 1 需要解决的主要问题。针对这个问题，不同公司也提出了如下几种方案。

①方案 A：第一个有效的 PUCCH。

终端自时隙 $n+k_1$ 开始，逐时隙判断当前时隙中的 PUCCH 资源是否有效，即判断 PUCCH 资源是否与下行符号冲突，以确定第一个有效的 PUCCH。若当前时隙中有动态 ACK/NACK，则 SPS ACK/NACK 与动态 ACK/NACK 进行复用，并使用下行控制信令指示的 PUCCH 资源传输。由于该 PUCCH 资源是由基站动态指示的，因此该 PUCCH 资源不应该与下行符号冲突。换句话说，有下行控制信令指示的 PUCCH 资源总是有效的。若当前时隙中无动态 ACK/NACK，则根据所有待传输的 SPS ACK/NACK 信息比特数量从半静态配置的 SPS PUCCH 资源中确定一个 SPS PUCCH 资源，并判断该 SPS PUCCH 资源是否与下行符号冲突。如果存在冲突，则将所有待传输的 SPS ACK/NACK 推迟到下一时隙重新判断资源的有效性；若不存在冲突，则 SPS ACK/NACK 将在当前时隙传输。方案 A 的最大优势在于反馈时延较小。

②方案 B：第一个有效时隙内的 PUCCH。

根据 TDD 上下行配置，终端自时隙 $n+k_1$ 开始确定第一个上行时隙或包括上行符号的时隙作为有效时隙传输时延的 SPS ACK/NACK。该方案的优点是反馈时序关系半静态确定，终端与基站对于反馈码本的理解无歧义，但该方案的反馈时延可能会大于方案 A 的反馈时延。

③方案 C：相同 SPS 配置对应的下一个有效 PUCCH 资源。

方案 C 的时延最大，考虑到 URLLC 对时延敏感的特性，3GPP 最终确定采用方案 A。另外，为了保证反馈信息的有效性，避免传输无效反馈信息造成的资源、功率浪费，针对每个 SPS 配置可通过高层信令配置一个 SPS HARQ-ACK 最大推迟时延，取值范围为 1~32，单位为时隙。举例来说，若配置的 SPS HARQ-ACK 最大推迟时延为 32，在时隙 n 中传输的 SPS PDSCH，若在时隙 $n+32$ 及之前无法得到可用的 PUCCH，则该 SPS HARQ-ACK 将被丢弃。

当推迟的 SPS HARQ-ACK 信息和其他 HARQ-ACK 信息（动态调度对应的 HARQ-ACK 或非推迟 SPS HARQ-ACK）复用传输时，其他 HARQ-ACK 信息按照预配置的方式（Type-1 HARQ 码本或 Type-2 HARQ 码本）生成码本，而所有推迟的 SPS HARQ-ACK 信息按照 R15 Type-1 HARQ 码本生成方式得到一个子码本，并将该子码本附加在其他 HARQ-ACK 信息之后进行传输。

15.8.2 ACK/NACK 重传

1. 概述

如第 15.2.4 节所述，R16 URLLC 项目引入了上行多信道冲突的解决机制，即当同一个终端高优先级的上行传输与低优先级的上行传输重叠且满足约束条件时，终端传输高优先级上行传输，取消低优先级的上行传输。这将导致低优先级的 HARQ-ACK 被丢弃，由于基站无法获得低优先级的下行数据对应的 HARQ-ACK 信息，因此无论低优先级的下行数据是否被终端正确接收，基站都会调度其重传，eMBB 的频谱效率会降低。同理，如第 15.7 节所述，当 URLLC 终端和 eMBB 终端被调度在相同的资源上进行上行传输时，R16 还支持 URLLC 终端的上行传输对 eMBB 的上行传输进行抢占，尽管 PUCCH 的资源是无法被抢占的，复用在 eMBB 的 PUSCH 上的 HARQ-ACK 也有可能是被取消传输的，因此 URLLC 和 eMBB 终端间的上行抢占也会导致 eMBB 的频谱效率降低。此外，由于 R16 URLLC 支持短周期的 SPS，在 TDD 系统中，SPS HARQ-ACK 很可能和半静态配置的上行符号冲突，丢弃 SPS

HARQ-ACK 同样会导致对应的 SPS 传输效率降低。基于以上 HARQ-ACK 丢弃的问题，在 R17 URLLC 项目中，HARQ-ACK 重传技术被提出来。

针对 HARQ-ACK 重传，在讨论过程中，有如下几种候选方案。

（1）方案 1：R16 NR-U 中引入的 Type 3 HARQ-ACK 码本。

在 R16 NR-U 中，引入了 Type 3 HARQ-ACK 码本的概念，当 DCI 触发了 Type 3 HARQ-ACK 码本时，终端将对所有载波、所有 HARQ 进程的 HARQ-ACK 信息进行反馈。

（2）方案 2：增强的 Type 3 HARQ-ACK 码本。

该方案对 R16 引入的 Type 3 HARQ-ACK 码本进行增强，使得终端仅需要对部分载波、部分 HARQ 进程的 HARQ-ACK 信息进行反馈。

（3）方案 3：DCI 触发一个新的 PUCCH 资源，用于 HARQ-ACK 重传。

该方案为使用 DCI 触发一个新的 PUCCH 资源，在新的 PUCCH 资源上对被丢弃的 HARQ-ACK 码本进行重传。

（4）其他方案：例如被丢弃的 HARQ-ACK 的自动重传等。

在讨论过程中，也有很多其他方案被提出，例如 URLLC 终端只能抢占 eMBB 终端的 PUSCH 资源，而无法抢占 PUCCH 资源，因此 HARQ-ACK 被丢弃很可能是由于 PUSCH 被丢弃导致，因此可以在 PUSCH 重传的同时自动重传丢弃的 HARQ-ACK 信息。由于这些方案的应用场景受限，所以没有进行进一步的讨论，在此不再赘述。

在 RAN1 #103e 次会议 UE feature 的讨论中，同意了 R16 NR-U 中引入的 FG 10-15/10-16，即"Enhanced dynamic HARQ codebook"和"One-shot HARQ ACK feedback"（R16 的 One-shot HARQ ACK feedback 即 Type 3 HARQ-ACK 码本）也适用于授权频段，因此如果网络设备和终端设备部署的话，方案 1 是可以天然被支持的，标准化工作较少。然而，方案 1 也存在缺点，例如需要反馈所有载波、所有 HARQ 进程的 HARQ-ACK 信息，导致 HARQ-ACK 码本的负载较大。方案 2 的优点在于可以降低 HARQ-ACK 的负载，但是灵活性和如何设计增强方案强相关。方案 3 的优点在于"按需"动态指示重传的 HARQ-ACK 码本，HARQ-ACK 的负载会较低，且可以支持对 SPS release DCI/Scell dormancy 指示的 HARQ-ACK 的重传，缺点是标准化工作量较大。由于各有优缺点，标准最终同时采纳了方案 1~方案 3。

2. Type 3 HARQ-ACK 码本

Type 3 HARQ-ACK 码本是 R16 NR-U 中引入的，对所有载波、所有进程的 HARQ-ACK 信息进行反馈，且只支持 DCI format 1_1 来触发。如第 15 章所述，物理层优先级（PHY priority）与压缩的控制信道格式（DCI format 0_2/1_2）是 R16 URLLC 项目中引入的，由于 NR-U 和 URLLC 为 R16 中两个并行的工作项目，因此 R16 并没有支持两个项目引入的 feature 的互操作。在 R17 HARQ-ACK 重传的讨论中，考虑到 PHY priority 与 DCI format 0_2/1_2 是 URLLC 的重要特性，且为了 Type 3 HARQ-ACK 码本方案的完整性与广泛应用，支持使用 DCI format 1_2 来触发 Type 3 HARQ-ACK 码本，以及基于物理层优先级的操作虽然 R17 支持触发 DCI 中的 PHY priority 指示域可以指示出承载 Type 3 HARQ-ACK 码本的 PUCCH 的优先级，但是对于 Type 3 HARQ-ACK 码本的构建，如 HARQ 进程的 A/N 映射，是和物理层优先级无关的，即不管高优先级还是低优先级的 HARQ-ACK 信息，都是要按照 R16 的规则映射到 Type 3 HARQ-ACK 码本的。

3. 增强的 Type 3 HARQ-ACK 码本

如概述中所述，该方案对 R16 引入的 Type 3 HARQ-ACK 码本进行增强，使得终端仅需要对部分载波、部分 HARQ 进程的 HARQ-ACK 信息进行反馈。因此在增强的 Type 3 HARQ-ACK 码本的讨论中，对于物理层优先级以及压缩 DCI 格式的支持，都遵循 Type 3 HARQ-ACK 码本的结论，额外地，还需要解决如下问题。

（1）支持哪些类型的增强 Type 3 HARQ-ACK 码本?

在讨论过程中，针对增强的 Type 3 HARQ-ACK 码本包含哪些 HARQ-ACK 信息，诸多候选方案被提出。

①方案 1：载波子集的所有 HARQ 进程 。

②方案 2：每个载波的 HARQ 进程子集。

③方案 3：激活载波的所有 HARQ 进程。

④方案 4：仅 SPS 的 HARQ 进程。

⑤方案 5：仅激活 SPS 的 HARQ 进程。

……

由于方案 1/2 比较简单，且其他方案都可以通过方案 1/2 的合理实现来支持，所以最终标准仅支持了方案 1 和方案 2。

（2）支持一个还是多个增强的 Type 3 HARQ-ACK 码本?

针对标准是只支持一个增强的 Type-3 HARQ-ACK 码本，还是支持多个增强的 Type 3 HARQ-ACK 码本，通过 DCI 动态指示其中一个，也有过很激烈的讨论。

①只支持一个增强的 Type 3 HARQ-ACK 码本的理由是实现简单，终端无须准备多个增强的 Type 3 HARQ-ACK 码本，且如果触发 DCI 的同时用于调度 PDSCH，对 DCI 大小的影响小，更加灵活与低负载的 HARQ-ACK 重传可以通过 One-shot HARQ-ACK retransmission 的特性来实现；缺点是不够灵活，且增强 Type 3 HARQ-ACK 码本的负载不可变。

②支持多个增强的 Type 3 HARQ-ACK 码本，通过 DCI 动态指示其中一个进行重传的优点是灵活性高，基站可控的 HARQ-ACK 负载；缺点是会增加 DCI 负载与相对更高的实现复杂度。

经过讨论，标准最终支持多个增强的 Type 3 HARQ-ACK 码本并通过 DCI 动态指示其中一个的方案，终端通过终端能力信令上报可最多同时配置的增强 Type 3 HARQ-ACK 码本数。

（3）用于触发增强的 Type 3 HARQ-ACK 码本的 DCI 是否可以调度 PDSCH ?

针对此问题，标准最终的设计和 Type 3 HARQ-ACK 码本的设计原则保持一致，既允许用于触发增强的 Type 3 码本的 DCI 调度 PDSCH，又支持不调度 PDSCH，根据 DCI 中的频域资源分配指示域的值来确定是否调度 PDSCH。

①和 R16 Type 3 码本的规则一致，当频域资源指示域的值设定为全 0 或者全 1 时，DCI 不调度 PDSCH，终端根据 DCI 中新增的指示增强 Type 3 码本的指示域来确定被触发的增强 Type 3 码本，如果没有配置新增指示域，根据 MCS 指示域来确定被触发的增强 Type 3 码本。

②和 R16 Type 3 码本的规则一致，当频域资源指示域有效时，DCI 调度 PDSCH，终端根据 DCI 中新增的指示增强 Type 3 码本的指示域来确定被触发的增强 Type 3 码本，如果没有配置新增指示域，终端在配置的多个增强 Type 3 码本中选择第一个索引的增强 Type 3 码本。

4. One-shot HARQ retransmission

如图 15-41 所示，One-shot HARQ retransmission 的工作方式为：终端在时隙 m 收到触发

DCI，触发时隙 n 上的 HARQ-ACK 码本，在时隙 $m+k$ 的 PUCCH 上重传。

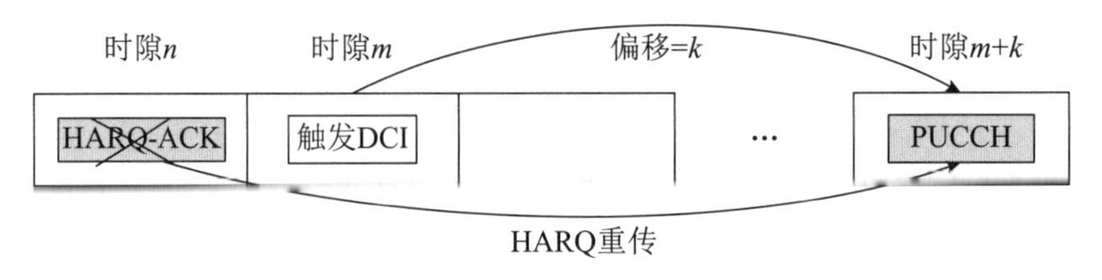

图 15-41　One-shot HARQ retransmission 工作方式

和 R16 Type 3 CB 以及 enhanced Type 3 CB 类似，One-shot HARQ retransmission 也支持 DCI format 1_1 和 DCI format 1_2 来触发，以及基于物理层优先级的操作，即触发 DCI 中的物理层优先级指示域用于指示承载重传 HARQ-ACK 信息的 PUCCH 的优先级，同时也用于确定被重传 HARQ-ACK 码本的优先级。针对 One-shot HARQ retransmission 的设计，需要考虑如下问题。

（1）触发 DCI 可以触发一个还是多个 HARQ-ACK 码本的重传？

①只触发一个 HARQ-ACK 码本重传：优点是终端实现简单，不需要对多个 HARQ-ACK 码本进行级联，且对于良好的工作系统，短时间内有多个需要重传的 HARQ-ACK 码本的概率较低；缺点是如果有多个 HARQ-ACK 码本需要被重传，需要发送多个触发 DCI，DCI 开销大。

②触发多个 HARQ-ACK 码本的重传，多个被重传的 HARQ-ACK 码本级联：优点是有多个 HARQ-ACK 码本需要被重传时，只需要发送一个触发 DCI，DCI 开销小；缺点是终端实现复杂。

经过讨论，标准最终只支持一个触发 DCI 只能触发一个 HARQ-ACK 码本的重传。

（2）DCI 如何触发 HARQ-ACK 码本的重传?

针对 DCI 如何触发 HARQ-ACK 码本的重传，讨论过程中出现了两类技术方案。

①方案 1：显式触发，即使用 DCI 中的显式触发指示来触发 HARQ-ACK 码本的重传，这种方式比较简单，但是需要增加额外的 DCI 开销。

②方案 2：隐式触发，隐式触发的工作方式多种多样，例如可以根据触发 DCI 的 HARQ 进程号来确定被触发的 HARQ-ACK 信息，隐式触发的方式比较复杂，且应用性、广泛性差，优点是不需要增加额外的 DCI 开销。

经过讨论，标准最终支持使用 DCI 中显式的指示域的方式来触发 One-shot HARQ retransmission。

（3）如何确定被重传的 HARQ-ACK 码本？

对于终端在时隙 m 上收到的触发 DCI，用于重传的 PUCCH 资源在时隙 $m+k$ 上是比较显然的，然而被重传的 HARQ-ACK 码本所在的时隙 n 是如何确定的，在讨论过程中出现了两个分支。

①方案 1：n=m–HARQ_retx_offset，如图 15-42 所示，即 HARQ_retx_offset 定义了触发 DCI 和被重传的 HARQ-ACK 码本之间的时隙偏移（slot offset）。

②方案 2：$n = m + k -$ HARQ_retx_offset，如图 15-43 所示，即 HARQ_retx_offset 定义了新的 PUCCH 资源和被重传的 HARQ-ACK 码本之间的时隙偏移（slot offset）。

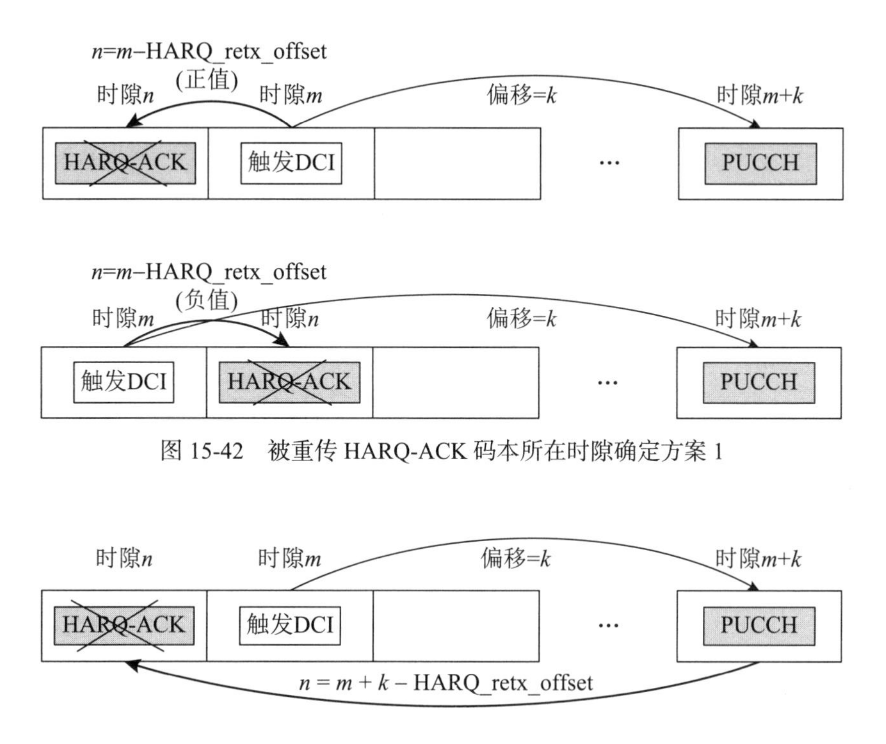

图 15-42　被重传 HARQ-ACK 码本所在时隙确定方案 1

图 15-43　被重传 HARQ-ACK 码本所在时隙确定方案 2

方案 1 的好处在于由于触发 DCI 所在的时隙 slot m 早于用于重传的 PUCCH 资源所在的时隙 $m+k$，所以 DCI 中用于指示 HARQ_retx_offset 的指示域需要的比特数较少；缺点在于触发 DCI 可能在被重传的 HARQ-ACK 码本之前发送，即 m 小于 n 的情况，需要 HARQ_retx_offset 候选值既包括正值也包括负值；方案 2 的好处是避免了 HARQ_retx_offset 取值范围混合正值和负值，这是因为用于重传的 PUCCH 资源肯定在被重传的 HARQ-ACK 码本之后，但缺点是 DCI 开销将会增大。经过讨论，标准最终支持方案 1，且 HARQ_retx_offset 是通过 MCS 指示域来指示的。

此外，虽然触发 DCI 可以在被重传的 HARQ-ACK 资源之前发送，但是为了处理简单，触发 DCI 的发送并不影响被重传的 HARQ-ACK 所在的原始 PUCCH 的处理过程，包括 HARQ 复用、传输、丢弃等。

（4）触发 DCI 是否可以调度 PDSCH?

针对用于触发 HARQ-ACK 重传的 DCI 是否可以调度 PDSCH 的问题，和 R16 Type 3 CB 以及 enhanced Type 3 CB 不同，标准最终规定，触发 DCI 不可以调度 PDSCH，这是因为触发 one-shot HARQ-ACK retransmission，需要在 DCI 中包括触发指示域、HARQ_retx_offset 指示域等，如果触发 DCI 同时用于调度 PDSCH，这些指示域将无法复用现有的比特域以重解释的方式指示上述信息，只能通过增加 DCI 负载来实现，这将会降低 PDCCH 的可靠性。

此外，当用于 HARQ-ACK 重传的 PUCCH 上需要传输新传的 Type-1/Type-2 HARQ-ACK 码本时，终端将被重传的 Type-1/Type-2 HARQ-ACK 码本附加在相同优先级的新传 Type-1/Type-2 HARQ-ACK 码本后面进行传输。

15.8.3 PUCCH 小区切换

1. 概述

NR R15/R16 中每个 PUCCH group 内只有一个小区可以用于传输 PUCCH，若可以传输 PUCCH 的小区为 TDD 小区，尤其是下行主导的 TDD 小区，由于可用的上行资源有限，URLLC 的时延需求很难满足。如图 15-44 所示，小区 1 的子载波间隔为 30 kHz，上下行配比为 DL:UL=4:1，小区 2 的子载波间隔为 30 kHz，上下行配比为 DL:UL=2:3，小区 1 为可用于传输 PUCCH 的小区。假设终端在小区 1 的时隙 0 上收到 PDSCH，根据 PDSCH 的处理时间，终端可以在 PDSCH 的结束符号后的 10/13 个符号后即可反馈 HARQ-ACK 信息。若 PUCCH 只能在小区 1 上反馈，因为时隙 1~ 3 都是全下行时隙，没有可用的上行资源，基站最小可以指示 k_1=4（时隙 4）来反馈 HARQ-ACK，而如果支持在小区 2 上也可以反馈 HARQ-ACK 信息的话，基站可以指示 k_1=2（时隙 2）来反馈 HARQ-ACK，反馈时延可缩短 1 ms 以上。

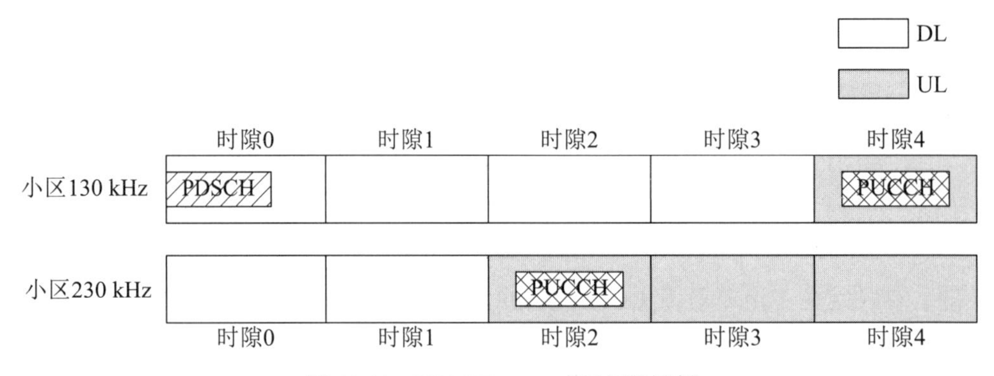

图 15-44　PUCCH group 小区切换示例

此外，PUCCH 小区切换可以有效地将上行反馈在不同小区上负载均衡，同时基站可以选择信道质量较好的小区进行上行反馈，提升 PUCCH 传输的可靠性。

基于上述原因，在 R17 IIoT and URLLC 项目中，支持 PUCCH 小区切换的特性，在讨论过程中，有如下几种候选方案。

方案 1：基于 DCI 动态指示的 PUCCH 小区切换。

方案 2：基于半静态规则的 PUCCH 小区切换，例如对于任意参考时隙，按照预先规定的规则来选择传输 PUCCH 的小区，比如 PCell 优先级最高，其次是 SCell，SCell 可以进一步按照其包含的上行符号数的多少来确定优先级。

方案 3：基于 RRC 配置的 PUCCH 小区时间图样的 PUCCH 小区切换。

方案 1 的优点在于基站可以动态地指示每次调度所选择的 PUCCH 小区，且标准影响小，缺点在于会增加 DCI 信令开销，且无法解决 SPS HARQ-ACK 的 PUCCH 小区切换的问题。方案 2 的优点在于可以克服方案 1 的缺点，然而方案 2 中的半静态规则设计会比较复杂，标准影响大，且基站不可控。方案 3 是基于 RRC 配置的 PUCCH 小区时间图样来指示不同时间单元对应的 PUCCH 小区，其相比于方案 2 标准影响与实现复杂度降低，且基站对 PUCCH 小区选择有一定程度的控制，缺点是无法应对动态 TDD 上下行转换的影响，且增加了 RRC 信令的开销。经过讨论，最终在 RAN1 #105e 次会议中，支持方案 1 和方案 3。

针对方案 1（以下称为动态 PUCCH 小区切换）和方案 3（以下称为半静态 PUCCH 小区切换），有一些共性的问题需要解决。

（1）是否适用于 SUL

在 R17 中针对此问题进行了激烈的讨论，支持 SUL（Super Uplink，超级上行链路）的好处是可以提高上行资源利用率、快速的 HARQ 反馈等，然而，既然存在纯上行的 SUL 载波，那么 PUCCH 可以直接配置在 SUL 载波上，就不需要 PUCCH 小区切换了。最终，标准规定，PUCCH 小区切换只针对 PUCCH 配置在 NUL（Normal Uplink，常规上行链路）载波上的 TDD 小区进行。

（2）支持的 UCI 类型

标准规定，对于半静态 PUCCH 小区切换，支持所有的 UCI 类型，对于动态的 PUCCH 小区切换，只适用于动态调度的 HARQ-ACK，这是因为 SR/CSI 在 PUCCH 上的传输是半静态配置的，没有相应的 DCI 触发，自然也无法支持动态 PUCCH 小区切换。

此外，对于 PUCCH 小区切换，支持切换前的 PUCCH 小区和切换后的 PUCCH 小区进行独立功率控制，如独立的 P0/TPC 的配置、独立的 TPC 命令指示等。

2. 半静态 PUCCH 小区切换

半静态 PUCCH 小区切换的工作方式为基于 RRC 信令配置的 PUCCH 小区时间图样来确定在每个时间单元内传输 PUCCH 的小区。因此第一个问题就是，上述时间图样使用的时间单元的参考小区是如何定义的，换句话说，RRC 信令配置的 PUCCH 小区时间图样的粒度的是怎样的，在讨论过程中，出现了如下候选方案。

方案 1：以 PCell / PSCell / PUCCH-SCell 作为参考小区。

方案 2：通过 RRC 配置参考小区。

方案 3：以子载波间隔最小 / 最大的小区作为参考小区。

方案 1 的优点是简单， PUCCH 缺省为在 PCell / PSCell / PUCCH-SCell 上传输，因此以 PCell / PSCell / PUCCH-SCell 作为参考小区合情合理，缺点在于需要解决参考小区的子载波间隔与目标 PUCCH 小区的子载波间隔不同时带来的问题。方案 2 的优点在于基站可控，但是会增加 RRC 信令。方案 3 的优点在于只需要解决参考小区的子载波间隔比目标小区的子载波间隔小或大带来的问题，但是因为子载波间隔最小 / 最大的小区可能有多个，因此可能带来额外的标准讨论工作。经过讨论，在 RAN1 #106bis 会议中确定采用方案 1，即以 PCell / PSCell / PUCCH-SCell 的子载波间隔为参考的单个时隙为粒度，进行 PUCCH 小区时间图样的配置，且时间图样是周期性应用的，周期是由时间图样所定义的时间长度确定。此外，HARQ 反馈时序也是基于参考小区的子载波间隔来解读的。终端根据调度 DCI 中的 HARQ timing 指示域，确定 PUCCH 所在的时间单元，再基于时间图样确定 PUCCH 所在的小区。

确定以 PCell / PSCell / PUCCH-SCell 为参考小区后，接下来就需要讨论以下两种情况的解决方案。

（1）Case 1：参考小区的时隙比目标 PUCCH 小区的时隙长度长

如图 15-45 所示，当参考小区的时隙比目标 PUCCH 小区的时隙长时，将会出现的问题是，若参考小区的时隙 k 配置为在目标 PUCCH 小区上传输 PUCCH，那么应该在对应的时隙 m 还是时隙 m+1 传输？在讨论过程中，主流候选方案如下。

方案 1：和参考小区时隙重叠的第一个目标 PUCCH 小区时隙，用于传输 PUCCH。

方案 2：在参考小区时隙中，使用一个相对时隙偏移指示出用于传输 PUCCH 的时隙。

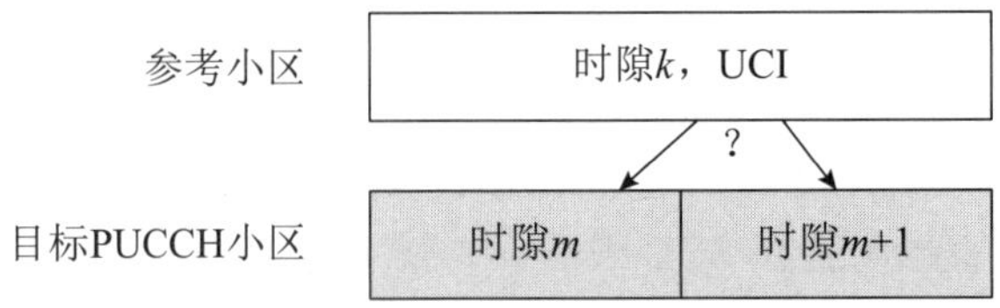

参考小区 时隙k，UCI

?

目标PUCCH小区 时隙m 时隙m+1

图 15-45 参考小区的时隙比目标 PUCCH 小区的时隙长度长

方案 1 的优点在于简单，时延性能好，标准化影响小，缺点是无法在多个目标 PUCCH 小区时隙中实现负载均衡。自然地，方案 2 的优点在于负载均衡，缺点在于时延性能逊于方案 1，且有额外的标准化影响。经过讨论，标准最终采用方案 1，即和参考小区的时隙重叠的第一个目标 PUCCH 小区时隙用于传输 PUCCH。

（2）Case 2：参考小区的时隙比目标 PUCCH 小区的时隙长度短

如图 15-46 所示，当参考小区的时隙比目标 PUCCH 小区的时隙短时，将会出现的问题是，若参考小区的时隙 k 和时隙 k+1 配置为在目标 PUCCH 小区上传输 PUCCH，那么时隙 k 和时隙 k+1 的上行控制信息如何一起在时隙 m 上传输？在讨论过程中，主流候选方案如下。

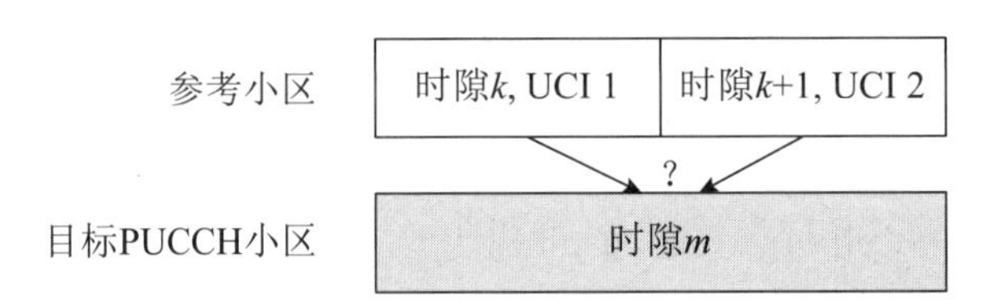

图 15-46 参考小区的时隙比目标 PUCCH 小区的时隙长度短

方案 1：终端不期待来自多于一个参考小区时隙的相同 UCI 类型和一个目标 PUCCH 小区时隙重叠。

方案 2：终端不期待半静态 PUCCH 小区配置使得一个目标 PUCCH 小区时隙和多于一个参考小区时隙重叠。

方案 1 的优点是灵活性较高，但是终端需要将多个参考小区时隙的上行控制信息复用在一起，有可能带来额外的设备处理与标准影响。方案 2 的优点是简单，根据前面的介绍，参考小区为 PCell / PSCell / PUCCH-SCell，因此目标 PUCCH 小区（如 Scell）的子载波间隔比 PCell / PSCell / PUCCH-SCell 的子载波间隔还要小的场景不明确，缺点是灵活性受限。经过讨论，标准最终采用方案 2。

此外，PUCCH 小区切换对 DCI 大小对齐（DCI size alignment）也会产生影响。为了降低终端对 PDCCH 盲检的复杂度，NR 规定终端在每个被调度小区的搜索空间内，只需要使用固定的几个 DCI size 对 PDCCH 进行检测，而每个 DCI 格式的大小，是和该小区相关的配置有密切关系的，如对于 DCI format 1_2 中的 PUCCH 资源指示域，其占用的比特数是基站通过 RRC 参数 numberOfBitsForPUCCH-ResourceIndicatorDCI-1-2 为每个 PUCCH 小区配置的。然而，根据本节对半静态 PUCCH 小区切换的过程设计，终端需要先解调出 DCI，读取 DCI 中的 HARQ timing 指示域，知道 HARQ 反馈的时间单元，进而得到传输 PUCCH 的小区，才能知道 PUCCH 指示域的配置信息，但问题是这一系列过程是在成功解码 DCI 之后进行的，而 PDCCH 盲检是在解码 DCI 之前的过程，因此对于半静态 PUCCH 小区切换，需要对 PUCCH 指示域所占用的比特数进行假设，标准规定，DCI format 1_2 中的 PUCCH 资源指示域的比特数根据为所有的 PUCCH 小区配置的 RRC 参数 numberOfBitsForPUCCH-

ResourceIndicatorDCI-1-2 中的最大值确定。

3. 动态 PUCCH 小区切换

动态小区切换即 DCI 动态指示用于传输 PUCCH 的小区，因此最基本的问题是如何进行 PUCCH 小区指示，在讨论过程中，出现过以下两种主流方案。

方案 1：DCI 中专用指示域。

方案 2：重用 / 扩展 PUCCH 资源指示域（PUCCH resource indicator，PRI）。

方案 1 的优点是简单、灵活性高，缺点是会增加 DCI 开销。方案 2 为在 PUCCH 配置中配置多个小区的 PUCCH 资源，每个 PUCCH 资源和一个小区关联，那么通过 PRI 域指示出一个 PUCCH 资源，自然也就能指示出对应的小区。该方案如果不增加额外的 PRI 开销，将会降低 PUCCH 资源选择的灵活性，如果增加 PRI 的开销，则和方案 1 的性能相似。经过讨论，标准最终支持方案 1，即在 DCI 中增加专用指示域，用于指示传输 PUCCH 的小区。此外，对于一个特定的时间单元，基站只能动态指示出一个 PUCCH 小区，即终端不期待多个小区上被指示出重叠的 PUCCH 时间单元。

动态 PUCCH 小区切换不同于半静态 PUCCH 小区切换，需要先确定时间单元，再确定时间单元对应的 PUCCH 小区，动态 PUCCH 小区切换可以先根据 DCI 中的专用指示域确定传输 PUCCH 的小区，再确定传输 PUCCH 的时隙，因此在动态 PUCCH 小区切换中，HARQ 反馈时序根据目标 PUCCH 小区的子载波间隔解读即可。

此外，和半静态 PUCCH 小区切换类似，动态 PUCCH 小区切换也会对 DCI 大小对齐产生影响，除了 DCI format 1_2 中的 PUCCH 资源指示域，DCI format 1_1 和 1_2 中的 HARQ 反馈时序指示域所包含的比特数也是基站通过 RRC 参数为每个 PUCCH 小区配置的，因此也需要在确定 PDCCH 盲检的 DCI 大小时，假设 HARQ 反馈时序指示域占用的比特数是根据基站为所有的 PUCCH 小区配置的最大的 k_1 集合确定的。

15.8.4 不同优先级上行信道冲突解决机制

1. 不同优先级的 PUCCH 和 PUSCH 复用传输

不同优先级的 PUCCH 和 PUSCH 复用传输由以下两步实现。

①步骤 1：将同一优先级内重叠的 PUCCH 和 / 或 PUSCH 复用，具体过程同 R15。

②步骤 2：将不同优先级重叠的 PUCCH 和 / 或 PUSCH 复用。其中，步骤 2 进一步分为：

- 步骤 2.1，不同优先级重叠的 PUCCH 复用。
- 步骤 2.2，不同优先级重叠的 PUCCH 和 PUSCH 复用。

以图 15-47 为例，第 1 步分别将 HP PUCCH1 和 HP PUCCH2、LP PUCCH1 和 LP PUCCH2 复用，生成 HP PUCCH3 和 LP PUCCH3。第 2.1 步将 HP PUCCH 3 和 LP PUCCH 3 复用，生成 HP PUCCH4。第 2.2 步将 HP PUCCH 4 与 LP PUSCH 复用。参与不同优先级上行信道冲突增强解决过程的所有上行信道都需要满足 R15 定义的复用时间约束（NR 系统中，设定 PUSCH 和 PUCCH 有高优先级和低优先级 2 个优先级等级，HP 表明高优先级，LP 表明低优先级）。

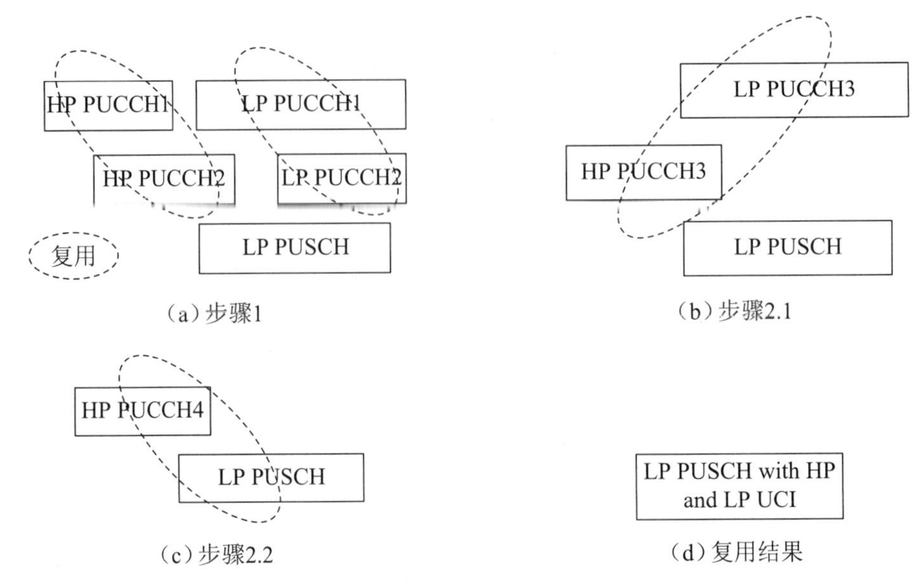

图 15-47　不同优先级上行信道冲突增强解决步骤

对于步骤 2.1，在一个时间单元中，先解决两个 PUCCH 的重叠问题，即将 2 个重叠 PUCCH 信道中的 UCI 复用到一个 PUCCH 中，或者丢弃低优先级的 PUCCH。基于处理结果，再找到两个重叠的 PUCCH 进行处理。反复迭代，直到没有重叠的 PUCCH。具体分为如下 4 个步骤。这里的时间单元由高优先级 HARQ-ACK 对应的时间单元、subslotLengthForPUCCH-r16 确定，适用于重复传输与非重复传输的两种情况。

①步骤 2.1-1: 确定第一 PUCCH 资源，第一 PUCCH 资源为多个重叠的 PUCCH 资源中时域位置最靠前且长度最长的 PUCCH 资源。

②步骤 2.1-2: 确定与第一 PUCCH 资源重叠的第二 PUCCH 资源，即 Q 集合中与第一 PUCCH 资源重叠的第一个 PUCCH 资源。

③步骤 2.1-3: 应用 R17 用户内复用和丢弃规则处理第一 PUCCH 资源和第二 PUCCH 资源之间的重叠问题，具体规则参见第 15.8.5 节，一些特殊情况的处理如下。

- 先丢弃没有承载 HARQ-ACK 的低优先级 PUCCH，再执行 R17 用户内复用过程。
- 两种 PUCCH 资源中至少一个 PUCCH 资源是重复传输的情况，则先按照重复传输重叠的解决方案解决重复传输 PUCCH 的重叠问题，即丢弃低优先级 PUCCH 信道，再处理非重复传输的 PUCCH 的重叠问题。处理非重复传输的 PUCCH 的重叠问题时，确定的复用 PUCCH 资源可能被配置为重复传输且与一个 PUCCH 再次重叠。避免反复解决重叠问题带来的复杂度，协议约定避免上述情况发生，即处理非重复传输的 PUCCH 的重叠问题后，不再期待重复传输的 PUCCH 与一个 PUCCH 重叠。
- 承载高优先级 SR 和 HARQ-ACK 的高优先级 PUCCH，特别是 PUCCH format 2/3/4，与承载低优先级 HARQ-ACK 和 CSI/SR 的低优先级 PUCCH 重叠时，仅将低优先级 HARQ-ACK 与高优先级 UCI 复用，其他低优先级信息丢弃。
- 承载高优先级 HARQ-ACK 的高优先级 PUCCH 与承载低优先级 HARQ-ACK 和 CSI/SR 的低优先级 PUCCH 重叠时，仅将低优先级 HARQ-ACK 与高优先级 HARQ-ACK 复用，其他低优先级信息丢弃。

- 承载高优先级肯定 SR（positiveSR）的高优先级 PUCCH 与承载低优先级 HARQ-ACK 和 CSI/SR 的低优先级 PUCCH 重叠，则丢弃低优先级 PUCCH。

④步骤 2.1-4: 循环步骤 2.1-1~ 步骤 2.1-3，直到在一个时间单元内没有重叠的 PUCCH。

对于多 PUCCH 重叠的问题，R15 直接将多个重叠 PUCCH 的 UCI 信息复用在一个 PUCCH 中。而步骤 2.1 采用了成对迭代处理的方式，主要因为根据 R17 用户内复用规则，并不是所有重叠 PUCCH 信道组合都可以复用，一些特殊情况需要额外的设计，但考虑到会议时间有限，所以，决定采用方案相对完整的上述步骤。

考虑到实现和标准化的复杂度，在步骤 2.1 中还引入了一些调度限制：

- 步骤 2.1 生成的 PUCCH 不期待与高优先级的 PUCCH 和 / 或 PUSCH 重叠。
- 步骤 2.1 生成的 PUCCH 不期待与承载 HARQ-ACK 的低优先级 PUCCH 重叠。
- 步骤 2.1 生成的 PUCCH 与没有承载 HARQ-ACK 的低优先级 PUCCH 重叠时，丢弃低优先级 PUCCH。

当一个低优先级 PUCCH 覆盖多个时间单元时，如果低优先级 PUCCH 与一个高优先级 PUCCH 信道重叠，则低优先级 PUCCH 关联到第一个使其复用或者被丢弃的高优先级 PUCCH 所在的时间单元；否则，低优先级 PUCCH 关联到第一个重叠的高优先级时间单元。对于一个高优先级 PUCCH 覆盖多个时间单元的情况，为了避免多个同优先级 HARQ-ACK 码本级联，一个高优先级 PUCCH 资源不期待与多个承载 HARQ-ACK 的低优先级 PUCCH 资源重叠，也就是说，一个高优先级 PUCCH 资源最多与一个承载 HARQ-ACK 的低优先级 PUCCH 资源重叠。PUCCH 中传输的 HARQ-ACK 信息，可以由一个 HARQ-ACK 码本构成，或者由两个不同优先级的 HARQ-ACK 码本级联构成。

对于步骤 2.2，复用 PUSCH 的选择与 R15/16 的机制相同。一些特殊情况的处理如下。

- 多个重叠的 PUCCH 和 PUSCH 中，若存在低优先级 PUSCH 与承载高优先级 SR 的 PUCCH 重叠，先丢弃与高优先级 SR 所在 PUCCH 重叠的低优先级 PUSCH，再将剩余的重叠的不同优先级的 PUCCH 和 PUSCH 复用。
- 低优先级 PUSCH 与高优先级且重复传输的 PUCCH 重叠时，丢弃低优先级 PUSCH；反之，高优先级 PUSCH 与低优先级且重复传输的 PUCCH 重叠时，丢弃低优先级 PUCCH。
- 终端不期待承载 HARQ-ACK 的同一个优先级的多 PUCCH 复用在同一个 PUSCH 中，也就是说，复用在 PUSCH 中的 HARQ-ACK 信息仅由一个 HARQ-ACK 码本构成，或者由两个不同优先级的 HARQ-ACK 码本级联构成。
- PUCCH 和 PUSCH 由于动态 SFI、半静态下行符号和 SSB 符号导致的取消传输在步骤 2 之后执行。
- 高优先级 PUSCH，无论承载 UCI 与否，与承载低优先级 HARQ-ACK 和 CSI/SR 的低优先级 PUCCH 重叠时，仅将低优先级 HARQ-ACK 复用到高优先级 PUSCH 中，其他低优先级 UCI 信息丢弃。

不同优先级上行信道冲突增强解决机制是半静态配置的，即高层信令指示支持不同优先级上行信道冲突增强解决机制时，采用 R17 引入的不同优先级上行信道冲突增强解决机制，否则，采用 R16 引入的物理层优先级处理机制。在 3GPP 会议讨论过程中，也有不少公司支持动态指示，即动态指示支持不同优先级上行信道冲突增强解决机制时，采用 R17 引入的不同优先级上行信道冲突增强解决机制。否则，采用 R16 引入的物理层优先级处理过程。动态指示使得系统更加灵活，在一定程度上增加了低时延业务的调度机会，但是动态指示也带来协议和实现上的复杂度问题，例如，对于同一个上行信道，前后收到的动态指示不一致时如何处理。所以，不同优先级上行信道冲突增强解决最终采用半静态配置方式。

2. PUCCH 和 PUSCH 同时传输

为了避免 R16 引入的优先级机制导致的低优先级信道的丢弃，并且考虑终端实现的局限性，R17 支持不同 band 上的不同优先级 PUCCH 和 PUSCH 的同时传输。PUCCH 和 PUSCH 同时传输的特性是针对每个 PUCCH cell group 独立配置的。

如果终端支持 PUCCH 和 PUSCH 同时传输和不同优先级上行信道冲突增强解决机制，则与 PUCCH 同时传输的 PUSCH 不再作为不同优先级上行信道冲突增强解决机制中的重叠信道，同时也不需要满足不同优先级上行信道冲突增强解决的时间约束条件。

3. 不同优先级的半静态调度与动态调度冲突解决

半静态 PUSCH 调度为终端配置了周期性可用于 PUSCH 传输的物理资源，同时可以为这些物理资源配置优先级，同时，终端可以根据接收到的调度信息确定动态调度使用的物理资源。当低优先级的半静态调度的物理资源与高优先级的动态调度的物理资源重叠时，MAC 层发送 2 个 MAC PDU 给物理层，物理层优先发送高优先级的动态调度 PUSCH，取消半静态调度 PUSCH 中重叠符号及其后续符号的传输。对于重复传输的情况，上述操作针对每个重复传输独立执行。

为了保证物理层有足够的处理时间，在 R16 引入的取消时间（$N2+d1$）基础上，进一步引入了 $d3$，即取消动态调度的处理时间为 $N2+d1+d3$，其中，$d3=\{0, 1,\cdots, 2^{\mu+1}\}$ 符号，$\mu=0,1,2,3$，对应子载波间隔 15、30、60、120 kHz 的情况，具体取值由 UE 上报。

终端不期待同时配置不同优先级上行信道冲突增强解决机制和高优先级的半静态调度与低优先级的动态调度重叠的处理机制。

15.8.5 不同优先级 UCI 复用传输

在 R16 中，当低优先级上行信道与高优先级上行信道冲突时，低优先级上行信道会被丢弃。显然丢弃低优先级 HARQ-ACK 信息会造成系统中下行传输效率降低。为提高系统效率，R17 支持将不同优先级 UCI 进行复用传输，具体支持如下场景：

- 高优先级 HARQ-ACK 与低优先 HARQ-ACK 复用于一个 PUCCH 中传输。
- 高优先级 SR 与低优先 HARQ-ACK 复用于一个 PUCCH 中传输。
- 高优先级 HARQ-ACK、SR 与低优先 HARQ-ACK 复用于一个 PUCCH 中传输。
- 高优先级 HARQ-ACK 复用于低优先级 PUSCH 中传输。
- 低优先级 HARQ-ACK 复用于高优先级 PUSCH 中传输。
- 低优先级 HARQ-ACK、高优先级 HARQ-ACK 和 / 或 CSI 复用于高优先级 PUSCH 中传输。
- 高优先级 HARQ-ACK、低优先级 HARQ-ACK 和 / 或 CSI 复用于低优先级 PUSCH 中传输。

不同优先级 UCI 的可靠性要求不同，要支持通过一个物理信道复用传输不同优先级 UCI，首先需要保证高优先级 UCI 的可靠性不会降低。在 RAN1 #104 会议上便明确规定，使用基站配置给终端传输高优先级 UCI 的 PUCCH 资源中的一个 PUCCH 资源复用传输不同优先级的 UCI。进一步地，不同公司对在 PUCCH 中传输不同优先级 UCI 所使用的信道编码也提出了不同的建议。

（1）方案 1：联合编码。

将高优先级 UCI 和低优先级 UCI 级联后，使用针对高优先级 UCI 配置的编码速率进行联合编码。该方案最大限度地重用了 R15 工作机制，终端实现简单。而该方案的缺点在于可能存在上行资源浪费，即使用了比较低的编码速率传输低优先级 UCI。

（2）方案 2：独立编码。

高、低优先级 UCI 信息分别使用不同的编码速率进行独立编码后，映射到同一个 PUCCH 进行传输。采用该方法标准化工作量较大，需要引入新的工作机制，包括：确定 PUCCH 占有的物理资源块数量、确定各 UCI 占有的资源单元、功率控制等。而该方法最大的优势在于上行传输效率较高，特别是考虑到实际系统中低优先级 UCI 信息量通常会较大，而高优先级 UCI 信息量较小，因此该方案最终被 3GPP RAN1 #104bis 会议接受。

（3）方案 3：根据 UCI 负载确定使用独立编码或联合编码。

R15 PUCCH 中根据不同的 UCI 负载使用不同的编码方式，具体地，当 UCI 负载大于 2 比特且不大于 11 比特时，采用了 RM 编码；当 UCI 负载大于 11 比特时，添加 CRC 校验信息后采用 Polar 编码。若不同优先级 UCI 独立编码，引入两套 CRC 校验信息后，在某些情况下独立编码的效率可能并没有联合编码的效率高，因此有公司提出了方案 3。但实际系统中何时使用独立编码、何时使用联合编码是很难找到最优结果的。

由于方案 2 在多数情况下可以在保证高优先级 UCI 可靠性的前提下，降低反馈上行控制信道的开销，因此 3GPP 确定通过一个 PUCCH 复用传输高、低优先级 UCI 时，不同优先级的 UCI 独立编码。而且传输 PUCCH 实际使用的物理资源块数量要根据高优先级 UCI 的比特数量及对应的最大编码速率和低优先级 UCI 的比特数量及对应的最大编码速率计算得到。

PUSCH 中传输的 UCI 采用独立编码在 R15/16 就已经被支持，因此延续使用。但限定支持 R17 不同优先级 UCI 复用传输时，不额外增加终端处理能力（如，信道编码、速率匹配、资源映射等）。具体来说，对于 R15/16 PUSCH 终端最多处理 4 种信息，分别是上行数据、HARQ-ACK、CSI part 1 和 CSI part 2。而将不同优先级 UCI 复用于 PUSCH 传输时，终端依然最多处理 4 种信息。

情况 1，当高优先级 HARQ-ACK、低优先级 HARQ-ACK 和低优先级 CSI 复用于低优先级 PUSCH 中传输时：

- 如果包括低优先级 CSI part 2，丢弃低优先级 CSI part 2。
- 高优先级 HARQ-ACK 重用 R15 HARQ-ACK 速率匹配、资源映射机制。
- 低优先级 HARQ-ACK 重用 R15 CSI part 1 速率匹配、资源映射机制。
- 低优先级 CSI part 1 重用 R15 CSI part 2 速率匹配、资源映射机制。

情况 2，当高优先级 HARQ-ACK、低优先级 HARQ-ACK 和高优先级 CSI（只包括 part 1）复用于高优先级 PUSCH 中传输时：

- 高优先级 HARQ-ACK 重用 R15 HARQ-ACK 速率匹配、资源映射机制。
- 高优先级 CSI（只包括 part 1）重用 R15 CSI part 1 速率匹配、资源映射机制。
- 低优先级 HARQ-ACK 重用 R15 CSI part 2 速率匹配、资源映射机制。

情况 3，当高优先级 HARQ-ACK、低优先级 HARQ-ACK 和高优先级 CSI（包括 part 1 和 part 2）复用于高优先级 PUSCH 中传输时：

- 低优先级 HARQ-ACK 被丢弃。
- 高优先级 HARQ-ACK 重用 R15 HARQ-ACK 速率匹配、资源映射机制。
- 高优先级 CSI part 1 重用 R15 CSI part 1 速率匹配、资源映射机制。
- 高优先级 CSI part 2 重用 R15 CSI part 2 速率匹配、资源映射机制。

情况 4，当高优先级 HARQ-ACK 复用于低优先级 PUSCH 中传输时：高优先级 HARQ-ACK 重用 R15 HARQ-ACK 速率匹配、资源映射机制。

情况 5，当低优先级 HARQ-ACK 复用于高优先级 PUSCH 中传输时：低优先级 HARQ-ACK 重用 R15 CSI part 1 速率匹配、资源映射机制，且假设 2 比特高优先级 HARQ-ACK 重用 R15 HARQ-ACK 速率匹配、资源映射机制。

15.8.6 用于时钟同步的传播时延补偿

作为 R17 高可靠低时延（URLLC）中相对独立的一个工作课题，传播时延补偿旨在增强 5G-TSN（Time-Sensitive Network）中的时钟同步准确性。3GPP RAN1 和 RAN2 工作组在 SA2 工作组的研究基础上，确定了两个具有代表性的时钟同步场景。

- 工业控制器至控制器通信（control-to-control communication for industrial controller）：端到端（E2E）同步误差预算要求在有两个 Uu 空间接口条件下不超过 900 ns。
- 智能电网（smart grid）同步：端到端（E2E）同步误差预算要求在有一个 Uu 空间接口条件下小于 1 μs。

3GPP RAN2 工作组将上述端到端同步误差预算要求划分成 3 部分，分别对应于：网络侧误差预算、终端侧误差预算和 Uu 空间接口上的误差预算。传播时延补偿针对的是 Uu 接口上的误差预算。

对于控制器至控制器同步场景，单个 Uu 空间接口上的误差预算可估计为

$$budget_{\text{per-Uu}} = (900\text{ns} - 2 \times budget_{\text{network}} - 2 \times budget_{\text{device}})/2$$

其中，$budget_{\text{network}}$ 的范围被设定在 ±120 ns~±200 ns 之间，$budget_{\text{device}}$ 的范围被设定在 ±50 ns~±100 ns 之间。由此，$budget_{\text{per-Uu}}$ 的允许范围为 ±150ns~±280 ns 之间。

对于智能电网同步场景，单个 Uu 空间接口上的误差预算可估计为

$$budget_{\text{per-Uu}} = 1\mu\text{s} - budget_{\text{network}} - budget_{\text{device}}$$

其中，$budget_{\text{network}}$ 被设定为 ±100 ns，$budget_{\text{device}}$ 的范围被设定在 ±50 ns~±100 ns 之间。由此，$budget_{\text{per-Uu}}$ 的允许范围为 ±800 ns~±850 ns 之间。

在 3GPP-NR 标准中，网络和终端之间的时钟同步依靠一个承载了网络时钟信息的下行 RRC 信令：ReferenceTimeInfo。这个 RRC 信令在 R16 就已经存在了。简单地说，ReferenceTimeInfo 包含了一个颗粒度为 10 ns 的时钟时间，这个时钟时间是和 ReferenceTimeInfo 的传输所在的无线帧相关联的。在 R17 之前，如果一个终端在某个时刻接收到一个 ReferenceTimeInfo 信令，并且其包含的时钟时间为 clk_{NW}，该终端完成时钟同步的直接方法就是将它的本地时钟对应于 ReferenceTimeInfo 信令所在无线帧的接收时刻调整为 clk_{NW}。但是严格地讲，当终端接收到那个无线帧时，基站侧的网络时钟已经不再是 clk_{NW} 了，而是 $clk_{\text{NW}}+PD$，这里 PD 代表基站和终端之间的无线传播时延。因为每 30 m 的传播路径会导致 100 ns 的传播时延，上述两种时钟同步场景下的 $budget_{\text{per-Uu}}$ 会大概率地被传播时延消耗掉，因此传播时延补偿是有其必要性的。

R17 中的传播时延补偿分为以下两类。

- 在基站侧完成的传播时延补偿：基站在无线帧 j 发送 RRC 信令 ReferenceTimeInfo，其中 ReferenceTimeInfo 包含的时钟时间设为无线帧 j 所关联的基站本地时钟时间加上传播时延 PD；如果一个终端接收到一个 ReferenceTimeInfo 信令所在的无线帧，并且该信令包含的时钟时间为 clk_{NW}，则该终端将它的本地时钟对应于该无线帧的接收时刻调整为 clk_{NW}。这个过程也意味着基站和终端之间传播时延（PD）的估计是在基站侧完成的。
- 在终端侧完成的传播时延补偿：基站在无线帧 j 发送 RRC 信令 ReferenceTimeInfo，其中 ReferenceTimeInfo 包含的时钟时间设为无线帧 j 所关联的基站本地时钟时间；如果一个终端在某个时刻接收到一个 ReferenceTimeInfo 信令所在的无线帧，并且该信令包含的时钟时间为 clk_{NW}，则该终端将它的本地时钟对应于该无线帧的接收时刻调整为 $clk_{NW}+PD$。这个过程也意味着传播时延（PD）的估计是在终端侧完成的。

上述两类传播时延补偿的共同点是整个过程分为两个步骤：传播时延的估计和传播时延的补偿。传播时延的补偿已经在前面介绍过了，相关的标准化工作主要由 3GPP RAN2 工作组完成。传播时延的估计在 RAN1 工作组的研究范围内，包括基于 RTT（Rx-to-Tx）时间差的传播时延估计和基于 TA（Timing Advance）的传播时延估计。

1. 基于 RTT（Rx-to-Tx）时间差的传播时延估计（见图 15-48）

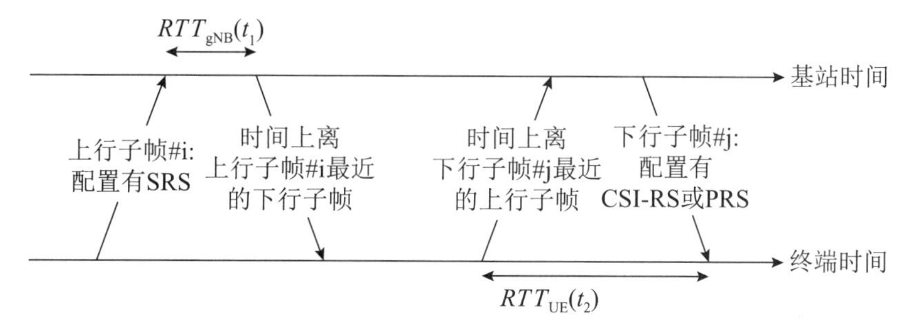

图 15-48 基于 RTT 时间差的传播时延估

R17 中应用于传播时延补偿的基于 RTT 时间差的传播时延估计沿用了 R16 中应用于定位的基于 RTT 时间差的传播时延估计的原理和方法。传播时延（PD）可以估计为 $\widehat{PD}=\left|RTT_{UE}-RTT_{gNB}\right|/2$，其中 RTT_{UE} 和 RTT_{gNB} 分别是终端侧和基站侧的上行帧和下行帧之间的时间间隔，而且接收时刻的确定是依赖专门为传播时延补偿配置的参考信号，如图 15-48 所示，上行参考信号是 SRS（Sounding Reference Signal），下行参考信号是 TRS（Tracking Reference Signal，一种特殊的 CSI-RS）或 PRS（Positioning Reference Signal）。在基站和终端之间，RTT_{UE} 或 RTT_{gNB} 由 RTT 测量方通过 RRC 信令通知给做传播时延估计的另一方。需要说明的是，用于传播时延补偿的 PRS 和用于定位的 PRS 虽然有相同的物理层信号结构，但二者的配置信令完全相互独立且有所不同，定位 PRS 的配置归属于 LPP（LTE Positioning Protocol）协议 TS37.355，而传播时延补偿 PRS 的配置归属于 NR RRC 协议 TS38.331。

2. 基于 AT（Timing Advance）的传播时延估计

从数学原理上看，基于 TA 的传播时延估计是基于 RTT 时间差的传播时延估计的一个

特例：基站通过控制终端侧 TA 的 MAC-CE 指令保持对某个终端的上行帧接收和下行帧发送在基站侧时间上的对齐，即 $\mathrm{RTT_{gNB}} \to 0$，而 $\mathrm{RTT_{UE}}$ 可认为是终端侧的 TA 间隔，所以 $\widehat{\mathrm{PD}} = |\mathrm{TA}|/2$。基于 TA 的传播时延估计不需要额外信令来传送 RTT 时间差，基于 TA 估计和 TA 信令指示，终端侧和基站侧都可以获得传播时延，因此，基于 TA 的传播时延补偿可以在终端侧或者基站侧完成，RAN1 工作组讨论决定，由基站侧指示终端，是否基于 TA 进行传播时延补偿。

上述传播时延补偿的总误差在 RAN1 工作组的研究中被定义为

$$error_{\mathrm{total,PDC}} = \left(error_{\mathrm{RTI,DLTX}} + error_{\mathrm{RTI,DLRX}} + error_{\mathrm{RTI\_indication}}\right) + error_{\mathrm{PD}}$$

其中，

$error_{\mathrm{RTI,DLTX}}$ 是包含 ReferenceTimeInfo 信令的下行帧在基站侧的发送时间误差。这个误差指标在标准中没有规定，RAN1 假定为 65 ns。

$error_{\mathrm{RTI,DLRX}}$ 是包含 ReferenceTimeInfo 信令的下行帧在终端侧的接收时间误差。这个误差指标在标准中也没有规定，RAN1 假定为 100 ns。

$error_{\mathrm{RTI\_indication}}$ 是 ReferenceTimeInfo 信令里时钟的量化误差，标准中为 5 ns。

$error_{\mathrm{PD}}$ 是传播时延估计误差，其即时值包含了基站和终端分别接收和发送的 4 个操作点上的时间测量误差，即

$$error_{\mathrm{PD}} = \frac{1}{2}\left(error_{\mathrm{gNB,DLTX}} + error_{\mathrm{UE,DLRX}} + error_{\mathrm{UE,ULTX}} + error_{\mathrm{gNB,ULRX}} + error_{\mathrm{extra}}\right)$$

①对于基于 RTT 时间差的传播时延估计，

- $error_{\mathrm{extra}} = error_{\mathrm{RTT\_indication}}$ 是基站和终端之间通知对方 RTT 时间间隔的信令中的 RTT 量化误差。RTT 量化颗粒度定为 32 T_c，所以量化误差为 16 T_c（大约 8 ns）。
- $error_{\mathrm{gNB,DLTX}} + error_{\mathrm{gNB,ULRX}} = error_{\mathrm{gNB,RTT}}$ 等效于基站侧的 RTT 时间间隔测量误差。该误差指标由 TS38.133 定义，可理解为基于 SRS 信噪比和带宽（包含 OFDM 子载波间隔）的列表函数。
- $error_{\mathrm{UE,DLRX}} + error_{\mathrm{UE,ULTX}} = error_{\mathrm{UE,RTT}}$ 等效于终端侧的 RTT 时间间隔测量误差。该误差指标也由 TS38.133 定义，可理解为基于 TRS/PRS 信噪比和带宽（包含 OFDM 子载波间隔）的列表函数。

②对于基于 TA 的传播时延估计，

- $error_{\mathrm{extra}} = error_{\mathrm{TA\_indication}}$ 是 TA MAC-CE 中的 TA 量化误差。TA 量化颗粒度在标准里定为 $2^{4-k} \times 64T_c$，其中 k 为子载波间隔索引，例如 k=0，1，…对应于子载波间隔 15 kHz、30 kHz、…，所以 TA 量化误差为 $2^{3-k} \times 64T_c$。
- $error_{\mathrm{UE,DLRX}} + error_{\mathrm{UE,ULTX}} \leqslant T_e$，$T_e$ 是 TS38.133 中定义的一个终端性能指标，随子载波间隔增大而减小，最大不超过 $12 \times 64T_c$。

在基于 RTT 时间差的传播时延补偿和基于 TA 的传播时延补偿的性能对比中，因为 $error_{\mathrm{gNB,RTT}}$ 和 $error_{\mathrm{UE,RTT}}$ 是在合理信噪比下的误差，而 T_e 是接近极端情况下（例如终端即将失去下行同步）的误差，所以基于它们的比较并不是对等合理的，但是因为在子载波间隔 15 kHz 和 30 kHz 条件下 $error_{\mathrm{TA\_indication}}$ 远大于 $error_{\mathrm{RTT\_indication}}$，一般都认可基于 TA 的传播时延补偿有

更大的误差，并因此不太适用于误差预算要求较严格的控制器到控制器的同步场景。

RAN1 和 RAN2 工作组的研讨中出现过第三种传播时延补偿方案，如图 15-49 所示。

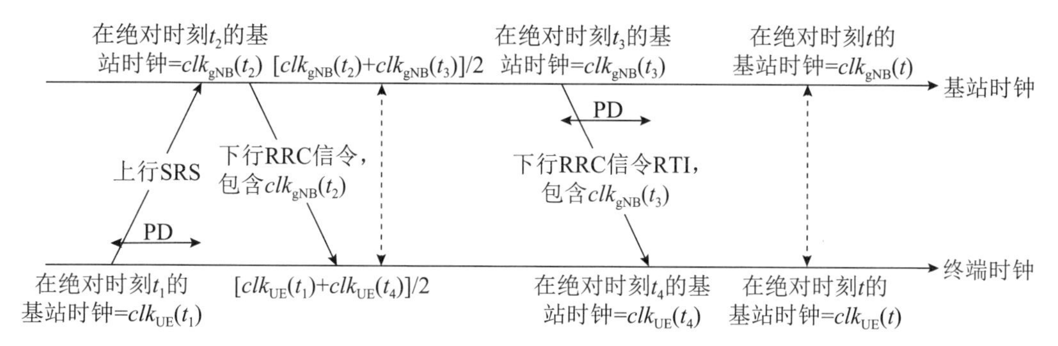

图 15-49 隐式传播时延补偿

- 终端在其本地时钟 $clk_{UE}(t_1)$ 时刻发送上行 SRS，该 SRS 信号被基站在其本地时钟 $clk_{gNB}(t_2)$ 时刻所接收；基站通过信令将 $clk_{gNB}(t_2)$ 通知给终端。
- 基站在其本地时钟 $clk_{gNB}(t_3)$ 时刻发送下行 ReferenceTimeInfo（RTI）信令，该信令包含 $clk_{gNB}(t_3)$，并被终端在其本地时钟 $clk_{UE}(t_4)$ 时刻所接收。

在任意时刻 t，基站时钟 $clk_{gNB}(t)$ 和终端时钟 $clk_{UE}(t)$ 满足以下条件。

$$clk_{gNB}(t)-\frac{clk_{gNB}(t_2)+clk_{gNB}(t_3)}{2}=clk_{UE}(t)-\frac{clk_{UE}(t_1)+clk_{UE}(t_4)}{2}$$

所以基站侧时钟 $clk_{gNB}(t)$ 在终端侧可估计为

$$\widehat{clk}_{gNB}(t)=clk_{UE}(t)+\frac{clk_{gNB}(t_2)+clk_{gNB}(t_3)-clk_{UE}(t_1)-clk_{UE}(t_4)}{2}$$

因为这种补偿方法并没有直接估计传播时延（PD）并将之用于补偿，所以在 RAN1 和 RAN2 的讨论中被称为隐式传播时延补偿。它的好处之一是只用了 4 次发送 / 接收相关联的时钟测量，而且每次测量所产生的测量误差对总误差的贡献有 1/2 系数。相比之下，基于 RTT 和 TA 的传播时延补偿耗费了 6 次发送 / 接收相关联的时钟测量，其中 4 次用于时延估计，两次用于时延补偿，而且两次用于时延补偿的时间测量对总误差的贡献系数为 1。隐式传播时延补偿的总误差为

$$error_{total,implicit-PDC}=\frac{error_{RTI,DLTX}+error_{RTI,DLRX}+error_{UE,ULTX}+error_{gNB,ULRX}}{2}+error_{RTI\_indication}$$

这个总误差几乎是基于 RTT 的传播时延补偿的总误差的一半，性能优势明显。但由于隐式传播时延补偿方案出现较晚，最终没有被 RAN1 工作组采纳。

15.9 小　结

本章介绍了 NR 系统中针对 URLLC 优化的物理层技术，主要包括 R15 阶段的处理能力、MCS/CQI 设计、免调度传输和下行抢占技术，R16 阶段的下行控制信道增强、上行控制增强、上行数据共享信道增强、处理时序增强、免调度传输增强、半持续传输增强和上行抢占技术，R17 阶段的上行信道冲突解决、上行控制信息复用等技术。

参考文献

[1] R1-1903349. Summary of 7.2.6.1.1 Potential enhancements to PDCCH. Huawei, 3GPP RAN1#96, Athens, Greece, February 25 – March 1, 2019.

[2] R1-1905020. UCI Enhancements for eURLLC. Qualcomm Incorporated, 3GPP RAN1#96b, April 8th – 12th, 2019, Xi'an, China.

[3] R1-1906752. On UCI Enhancements for NR URLLC. Nokia, Nokia Shanghai Bell, 3GPP RAN1#97, Reno, Nevada, US, 13th – 17th May 2019.

[4] R1-1906448. UCI enhancements for URLLC. OPPO, 3GPP RAN1#97, Reno, Nevada, US, 13th – 17th May 2019.

[5] R1-1907754. Summary on UCI enhancements for URLLC. OPPO, 3GPP RAN1#97, Reno, US, May 13th – 17th 2019.

[6] R1-1909645. Offline summary on UCI enhancements for URLLC. OPPO, 3GPP RAN1#98, Prague, CZ, August 26th – 30th, 2019.

[7] R1-1912519. UCI enhancements for URLLC. OPPO, 3GPP RAN1#99, Reno, US, November 18th – 22nd, 2019.

[8] R1-1717075. HARQ timing, multiplexing, bundling, processing time and number of processes. Huawei, 3GPP RAN1#90bis, Prague, Czech Republic, 9th – 13th, October 2017.

[9] 3GPP TS 38.214. NR; Physical layer procedures for data. V15.9.0 (2020-03).

[10] R1-1716941. Final Report of 3GPP TSG RAN WG1#90 v1.0.0. MCC Support, 3GPP RAN1 #90bis, Prague, Czech Rep, 9th – 13th October 2017.

[11] R1-1911695. Summary of Saturday offline discussion on PUSCH enhancements for NR eURLLC. Nokia, Nokia Shanghai Bell, 3GPP RAN1#98bis, Chongqing, China, 14th – 20th October 2019 .

[12] R1-2001401. Summary of email discussion [100e-NR-L1enh_URLLC-PUSCH_Enh-01]. Nokia, Nokia Shanghai Bell, 3GPP TSG-RAN WG1 Meeting#100-e, e-Meeting, February 24th – March 6th, 2020.

[13] R1-1808492. Discussion on DL/UL data scheduling and HARQ procedure. LG Electronics, 3GPP RAN1 #94, Gothenburg, Sweden, August 20th – 24th, 2018.

[14] 3GPP TR 38.812 V16.0.0. Study on Non-Orthogonal Multiple Access (NOMA) for NR.

[15] R1-1909608. Summary#2 of 7.2.6.7 Others. LG Electronics, 3GPP RAN1#98, Prague, Czech Republic, August 26th – 30th, 2019.

[16] R1-1911554. Summary#2 of 7.2.6.7 others. LG Electronics, 3GPP RAN1#98bis, Chongqing, China, October 14th – 20th, 2019.

[17] R1-1611700. eMBB data transmission to support dynamic resource sharing between eMBB and URLLC. OPPO, 3GPP RAN1#87,Reno, USA, 14th – 18th November 2016.

[18] R1-1611222. DL URLLC multiplexing considerations. Huawei. HiSilicon,3GPP RAN1#87,Reno, USA, 14th – 18th November 2016.

[19] R1-1611895. eMBB and URLLC Multiplexing for DL. Fujitsu,3GPP RAN1#87,Reno, USA, 14th – 18th November 2016.

[20] R1-1712204. On pre-emption indication for DL multiplexing of URLLC and eMBB. Huawei, HiSilicon, 3GPP RAN1#90, Prague, Czech Republic 21 – 25 August 2017.

[21] R1-1713649. Indication of Preempted Resources in DL. Samsung, 3GPP RAN1#90, Prague, Czech Republic 21 – 25 August 2017.

[22] R1-1910623. Inter UE Tx prioritization and multiplexing. OPPO, RAN1#98bis, Chongqing, China, Oct. 14th – 20th, 2019.

[23] R1-1908671. Inter UE Tx prioritization and multiplexing. OPPO, RAN1#98,Prague, Czech, August 26th – 30th, 2019.

[24] R1-2009789. Moderator summary on Rel-17 HARQ-ACK feedback enhancements for NR Rel-17 URLLC/IIoT (AI 8.3.1.1) – end of meeting. Nokia, RAN1#103 e-meeting.

第 16 章

超高可靠低时延通信（URLLC）——高层协议

付喆　刘洋　卢前溪

时间敏感性网络（Time Sensitive Network，TSN）是工业互联网场景下的一种典型网络场景。5G 新空口（New Radio，NR）的一大愿景是支持工业互联网（Industry Internet of Things，IIoT）的业务传输。因此，URLLC/IIoT 项目对 5G 系统如何更好地承载 TSN 的业务进行了研究。首先，各公司一致同意在该项目相关 TR 38.825[1] 中明确给出利用 5G 网络承载 TSN 业务时需要满足的业务传输需求，具体见表 16-1。

表 16-1　时间敏感网络使用场景分类和性能要求 [1]

场景	用户数	通信业务有效性	传输周期	允许的端到端时延	存活时间	包大小	业务区域	业务周期	用例
1	20	99.999 9% ~ 99.999 999%	0.5 ms	小于传输周期	传输周期	50 byte	15 m × 15 m × 3 m	周期性	自动控制和从控制到控制
2	50	99.999 9% ~ 99.999 999%	1 ms	小于传输周期	传输周期	40 byte	10 m × 5 m × 3 m	周期性	自动控制和从控制到控制
3	100	99.999 9% ~ 99.999 999%	2 ms	小于传输周期	传输周期	20 byte	100 m × 100 m × 30 m	周期性	自动控制和从控制到控制

同时，由于 TSN 业务通常为时延敏感型的业务，TSN 业务服务对象如生产流水线上的机械臂对于时间同步有其特定需求，3GPP 同样在这方面进行了研究。具体的参见 TR 22.804[2]，TSN 业务的时间同步要求见表 16-2。

表 16-2　时钟同步服务性能要求 [2]

时钟同步精度水平	在一个时间同步通信组中的设备数	时钟同步要求	业务区域
1	多达 300 个	< 1 μs	≤ 100 m²
2	多达 10 个	< 10 μs	≤ 2 500 m²
3	多达 500 个	< 20 μs	≤ 2 500 m²

为了支持超高可靠低时延的业务传输需求，IIoT 项目还研究了两个问题，一个是在多个传输资源出现冲突时如何优先处理某些用户（User Equipment，UE）资源的问题，一个是数

据如何使用多于两个路径进行复制传输的问题。本章将对这些问题进行一一解读。

本章主要关注高层解决方案。物理层解决方案详见第 15 章。

16.1 工业以太网时间同步

在典型的应用场景如智慧工厂的环境下，产品线上产品组装首先需要主控制器将动作单元的相关操作指令和指定完成时间等信息发送给终端。在接收到这些信息后，终端告知动作单元在规定的时间点做规定的操作指令。可以预见，如若终端、动作单元与主控制器之间没有进行严格的时钟同步，那么动作单元会在错误的时间点执行操作动作，对产品的质量造成很大的影响。如前所述，TR 22.804[2] 中给出了工业以太网同步需求调研的数据。

从表 16-2 中，我们可以看出最严苛的同步精度性能要求是单基站在覆盖范围内为 300 个终端提供小于 1 μs 的时钟同步性能。在 5G NR R15 中定义的时钟信息广播 SystemInformationBlock9 信息单元（Information Element，IE）[3] 的颗粒度为 10 ms，远远不能达到工业以太网的性能要求。可见，5G NR R16 标准为满足时钟同步性能要求需要做大量的工作。

TR 38.825[1] 中给出 5G NR 支持工业以太网时钟同步的方案。该方案中，5G 系统作为 TSN 的桥梁承担了 TSN 网络系统与 TSN 端站之间的通信工作。其中，5G 系统边缘（如 UE 和 UPF）的 TSN 适配器需要支持 IEEE 802.1AS 时钟同步协议的功能；而 5G 系统内部的部件如 UE、gNB 和用户面功能（User Plane Function， UPF ）只需与 5G 主时钟进行同步即可，不需要与 TSN 主时钟进行同步。这样看来，除了在 5G 系统边缘引入 TSN 适配层，工业以太网的时钟同步的需求对于 5GS 的功能和标准影响都可以说做到了最小化。

下面，笔者将主要介绍 TSN 适配层为 TSN 网络与 TSN 端站提供的时钟同步机制。在图 16-1 中，首先右端 TSN 网络中中节点需要将时钟同步信令发送给 5G 边缘网元 UPF。之后，UPF 上的 TSN 适配器在接收到 gPTP 时钟消息时用 5G 系统内部时钟记录当前时间 $TS\mathrm{i}$。其后，UPF 将此 gPTP 时钟消息经由 gNB 传输到 UE 端。经过 UE 端上的 TSN 适配器处理，5G 终端将此消息继续向 TSN 端站发送，完成时钟同步。在发送出去的消息中，终端侧适配层会在校正域添加 5G 系统内部消息处理时延，为 $TS\mathrm{e}-TS\mathrm{i}$ 。其中，$TS\mathrm{e}$ 为终端侧边缘适配器用 5G 系统内部时钟记录的将 gPTP 时钟向 TSN 端站发送时的 5G 系统内部时间。左端 TSN 端站的当前时钟可以表示为

$$T_{\text{端站}}=T_{\text{TSN网络节点}}+TS\mathrm{e}-TS\mathrm{i}+T_2+T_1 \qquad (16\text{-}1)$$

从式（16-1）可以看出，端站需要同步到的时钟信息为 TSN 网络节点在 gPTP 消息中写入的时钟 $T_{\text{TSN网络节点}}$ 加上 gPTP 消息从 TSN 网络节点传输到端站所用的时延。传输时延分为两部分：5G 系统内部传输时延和 5G 系统外部时延，其中，5G 系统内部传输时延由 $TS\mathrm{e}-TS\mathrm{i}$ 给出；5G 系统外部传输时延由 T_2+T_1 给出，具体推算方法可参见参考文献 [4] 中 peer–delay 算法描述。

T_1 和 T_2 都是在非空口上传输数据包的时延，上下行传输时延可认为是相同的，继而可以应用 PTP 协议中 peer delay 算法 [4] 得出，在本文不再赘述。另外，从式（16-1）中可以看出，如若 5G 系统内部终端与 UPF 的时钟无法做到同步的话，那么对于 gPTP 消息在 5G 系统内部的传输时间的估计将会变得不准确，影响最终 TSN 端站时钟同步的准确度。

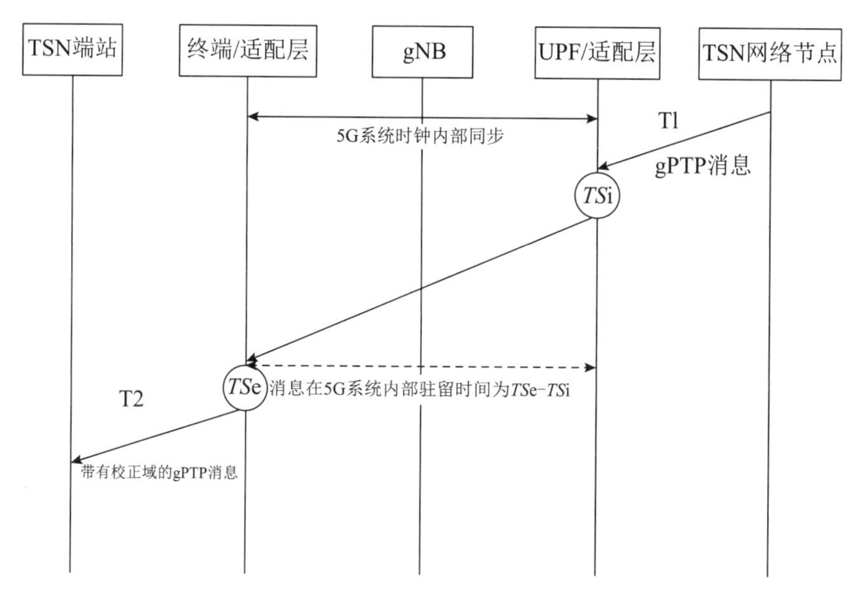

图 16-1 5G 同步时间敏感时钟

从 RAN 的角度分析，同步错误源由两部分组成：基站到终端的空口同步错误和从基站到 TSN 时钟源的同步错误。3GPP RAN1/2 和 RAN3 分别对这两个接口上的同步性能完成了相应的评估工作。由于篇幅所限，在这里不再赘述，详细评估结果可以参考 TR 38.825[5]。另外，TR 38.825[5] 中也汇总了 RAN1/2/3 组给出的同步性能分析结果，总结出在假设 TSN 时钟源与基站之间 100 ns 的时钟错误偏差和 15 kHz 的 SCS 前提下，总体同步准确性误差为 665 ns，满足 TR 38.825[1] 中给出的工业以太网最严苛的同步性能要求。

如前所述，在 R15 NR 中，TS 38.331[3] 定义的时间颗粒度为 10 ms 的系统时钟同步的信息广播 SIB9（即每过 10 ms，时钟信息的数值加 1）无法满足工业以太网的性能要求。所以在 R16 NR 中，3GPP 无线接入网（RAN，Radio Access Network）2 组决定在 SIB9 中新引入一个包含时间颗粒度为 10 ns 的系统时钟信息 IE—ReferencetimeInfo。应用此系统时钟信息的机制与 R15 类似——该 IE 中时钟信息的实际参考生效点为该 IE 中 ReferenceSFN 的边界点。可以看出，此空口同步机制的潜在错误来源在于网络发送该下行参考帧的时间点和终端接收到该下行参考帧的时间点之间的时间差。

在 3GPP RAN2 讨论过程中，终端、芯片厂商和网络厂商围绕着究竟是由基站还是终端承担补偿时间差的责任展开了热烈的讨论，主要有如下两个方案。

- 方案一：终端通过随机接入或者通过接收定时调整命令媒体接入控制控制单元（Timing Advance command Media Access Control Control Element，TA command MAC CE）等方式从基站端获取定时提前量（Timing Advance，TA），对时间差做了修正。
- 方案二：网络通过检测 UE 探测参考信号（Sounding Reference Signal，SRS）等方式推算终端到基站的距离，依据此信息在发送给终端的包含高精度时钟信息 ReferencetimeInfo IE 的无线资源控制（Radio Resource Control，RRC）单播信令中对时钟信息进行预调整。

对于方案一，主要的支持力量来自网络设备厂商，他们认为如果是由基站承担所有终端的时间差修正工作，对于基站负担比较大，而终端原本就可以通过随机接入等方式更新 TA，由终端来负责时间差补偿比较合适。对于方案二，主要的支持力量来自终端和基带芯片厂商，他们认为在 NR R16 中将要引入 5G 定位等特性，网络端在准确推算终端距离信息上会有一些可用的工具，所以倾向于选择方案二。最终，考虑到 R16 NR 工业以太网的主要部署场景为小小区，该时间差不大，对系统内时钟同步性能影响有限，所以 3GPP RAN2 只是以允许终端可自行决定是否对接收到的时钟信息进行调整的方式来解决这个问题，但对具体的实现方式不做标准要求。

此外，R16 NR 允许终端通过接收广播或者 RRC 信令单播的方式获取时钟信息。当终端处于 RRC_IDLE/RRC_INACTIVE 态，终端通过监听系统广播的方式获取 SIB9。如若在读取 SIB1 信息中发现系统当前没有调度 SIB9 广播，那么标准也允许终端可通过适用于 RRC_IDLE/RRC_INACTIVE 态 on-demand SI 机制请求获取时钟信息，详见本书 11.1 节。

对于处于 RRC_connected 态的终端，如若希望网络向其发送时钟信息，则是另一套机制。

- 当终端希望获取 ReferencetimeInfo IE 时，终端在终端辅助信息信令中将参考信息请求相关标志位（referenceTimeInfoRequired）设为真值。
- 网络给终端单播携带有高精度时钟信息的下行 RRC 信令或者系统广播 SIB9。

16.2 用户内上行资源优先级处理

为了支持多种 URLLC 业务，以及为了满足 URLLC 业务的严苛的时延要求，NR R16 考虑了更多的资源冲突的场景。对同一用户内的上行资源冲突来说，R16 主要考虑以下几种冲突场景。

- 数据和数据之间的冲突：具体的，根据资源的类型，该场景又可以细分为 3 种子场景，配置授权（Configured Grant，CG）和配置授权之间的冲突，配置授权和动态授权（Dynamic Grant， DG）之间的冲突，动态授权和动态授权之间的冲突。
- 数据和调度请求（Scheduling Request， SR）之间的冲突：同样的，根据资源的类型，该场景又可以细分为两种子场景，配置授权和 SR 之间的冲突，动态授权和 SR 之间的冲突。由于在两种子场景下需要解决的均是数据信道和控制信道之间的冲突问题，因此可以采用相同的冲突解决处理方式。

以下，将对每种场景分别进行阐述。

16.2.1 数据和数据之间的冲突

R15 标准在考虑数据和数据之间的冲突时，仅涉及 DG 和 CG 的冲突场景，且在该场景下，始终要求优先 DG 传输。R16 考虑了更加复杂的资源冲突场景，即 CG 与 CG 冲突的场景、CG 与 DG 冲突的场景、 DG 与 DG 冲突的场景。为了保证 URLLC 业务的传输需求，R16 对这些资源冲突场景中用户内优先级处理进行了增强。具体介绍如下。

1. DG 和 CG 冲突的场景，以及 CG 和 CG 冲突的场景

为了支持多种 URLLC 业务，以及为了满足 URLLC 业务的严苛的时延要求，给 UE 预配置的 CG 资源之间，或者 CG 和 DG 资源之间存在资源重叠的情况。由于存在配置的 CG 资源没有数据需要传输的情况，对于涉及 CG 资源的冲突情况，在标准化过程中给出了几种可能优先级处理的方式。

- 方式一：媒体接入控制（Media Access Control，MAC）层不做处理，由物理层进行优先级处理，即物理层选择优先传输的资源。

- 方式二：MAC 层和物理层均参与到优先级处理中，即 MAC 层也要做优先传输资源的选择，如图 16-2 所示。

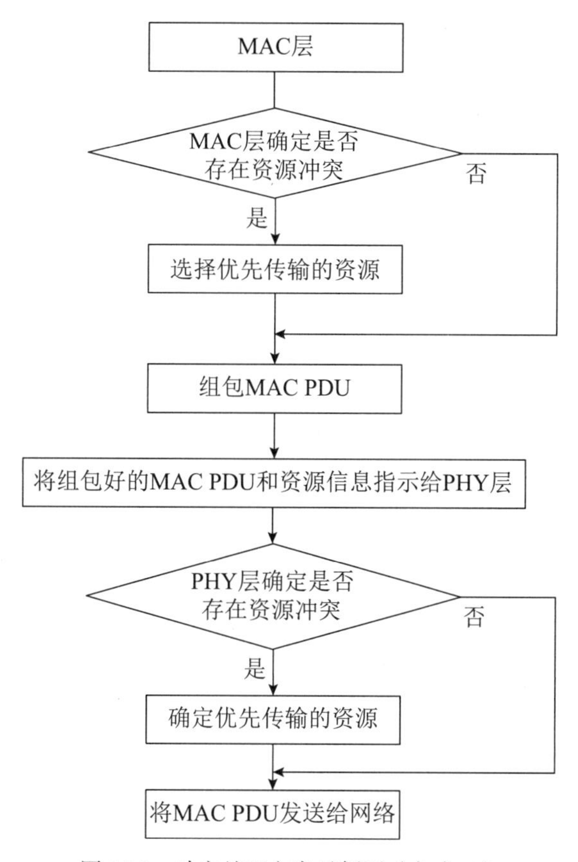

图 16-2 冲突处理方案示例图（方式二）

一些观点认为，MAC 层仅能解决部分的冲突场景，例如物理上行共享信道（Physical Uplink Shared Channel，PUSCH）和 PUSCH 的冲突、PUSCH 和 SR 的冲突，但是不能解决涉及其他上行控制信息（Uplink Control Information， UCI ）的冲突，如混合自动重传请求确认（Hybrid Automatic Repeat reQuest Acknowledge，HARQ-ACK）和 PUSCH 的冲突。此外，在多种资源冲突的情况下，比如 CG PUSCH、HARQ-ACK 和 DG PUSCH 冲突时，一些公司认为，即使 MAC 层做了冲突处理，选择优先传输 CG PUSCH，物理层还需要再做一次冲突选择，导致 CG PUSCH 实际上被取消，那么不如由物理层进行统一处理。而方式一的问题在于，由于存在资源过分配的情况，且待传的数据信息只有 MAC 层才有，物理层需要先从 MAC 层获取是不是有数据待传输的信息，才能选择优先传输的资源，这里本身就有层间交互需求和时延的问题。并且，若由 MAC 层先做一次优先级处理，可以避免不必要的组包和数据传输延迟的问题。因此，最终在标准化过程中选择了方式二。即 MAC 层和物理层都需要参与到优先级处理过程中。

在 MAC 执行优先处理时，采用了基于逻辑信道优先级的优先处理方式，即 MAC 层将基于逻辑信道优先级，选择优先传输的资源。

具体的，当对 MAC 实体配置了基于逻辑信道优先级的优先处理方式，若出现传输资源冲突的情况，则 MAC 层优先传输承载高优先级数据的上行传输资源。上行传输资源的优先级由复用到或可以复用到对应该资源中最高优先级的逻辑信道的优先级来确定。而逻辑信道是否能够复用到对应传输资源中，取决于该逻辑信道是否有待传输的数据以及配置的逻辑信道映射限制。除了现有的逻辑信道映射限制外，R16 基于可靠性需求还分别针对 CG 和 DG 引入了各自的逻辑信道映射限制，用于限制可以使用 CG 进行传输的逻辑信道和使用 DG 进行传输的逻辑信道。

若两个冲突资源的逻辑信道优先级相同，那么在 CG 和 DG 冲突时优先进行 DG 传输；在 CG 和 CG 冲突时，选择哪个 CG 传输取决于 UE 实现。

对资源冲突的场景，具体可以细分为如下几种情况。

- Case1：若发生资源冲突时，还没有生成任何一个资源的 MAC PDU，则最终仅生成一个 MAC PDU。
- Case2：若发生资源冲突时，已经生成了一个资源的 MAC PDU，若另外一个资源的优先级低，则 MAC 层不会生成另一个资源对应的 MAC PDU。
- Case3：若发生资源冲突时，已经生成了一个资源的 MAC PDU，若另外一个资源的优先级高，则 MAC 层将对高优先级的资源生成另一个 MAC PDU。相应的，已经生成的低优先级的资源对应的 MAC PDU，就是低优先级 MAC PDU。

当低优先级的资源为 CG 资源，且已经对低优先级的 CG 资源生成了低优先级 MAC PDU，那么这类 MAC PDU 可以被称为对应 CG 的低优先级 MAC PDU。对此类 MAC PDU，由于网络侧并不知道 CG 资源没有被传输是由低优先级导致的，还是由没有有用的数据传输导致的，因此网络并不一定会对这个 CG 资源进行重传调度。而一旦此类 MAC PDU 生成但网络不调度对应的重传，必会导致此 MAC PDU 丢弃，进而造成数据的丢失。而为了保证可靠性要求，这样的数据丢失又是应该尽量避免的。因此，对于此类 MAC PDU，RAN2 引入了一种 UE 自动传输的机制，作为对网络重传调度方式的补充，来避免数据丢失的问题。具体的，网络可以通过配置 autonomouseReTx 来指示 UE 是否使用自动传输功能。在配置自动传输功能使用的情况下，UE 需要使用与低优先级 CG 具有相同 HARQ 进程的，且与该低优先级 CG 属于同一个 CG 配置的后续的 CG 资源来传输此类 MAC PDU。具体选择后续的哪个 CG 资源来传输此低优先级 MAC PDU，取决于 UE 实现。此外，由于 UE 自动传输的机制是网络重传调度方式的补充，因此在 UE 收到网络调度的针对此低优先级 MAC PDU 的重传资源的情况下，即使配置了自动传输功能，UE 也不会再对该低优先级 MAC PDU 进行自动传输了。

然而，在 R16 讨论的最后，由于 RAN1 不能支持对部分冲突场景的冲突处理， RAN2 最终缩小了 R16 RAN2 用户内上行资源优先级处理的应用范围，并最终形成了以下结论。

①对 DG 和 CG 冲突的场景，不论物理层优先级是否相同：MAC 仅生成一个 MAC PDU 给物理层。

②对 CG 和 CG 冲突的场景：

- 若冲突的 CG 资源的物理层优先级相同，MAC 仅生成一个 MAC PDU 给物理层。
- 若冲突的 CG 资源的物理层优先级不同，MAC 可以生成多个 MAC PDU 给物理层。终端实现保证低优先的资源被取消，高优先的资源被传输。

2. DG 和 DG 冲突的场景

通常来说，这个场景可以出现在下述情况中：网络调度了传输 eMBB 业务的 DG 资源之后，发现 URLLC 业务可用且其时延要求很高，网络不得不再次调度对 URLLC 业务的 DG

资源，进而导致两个 DG 资源至少在时域位置上发生重叠。在标准化过程中，由于 RAN1 认为该冲突场景并不会出现，因此最终确定 R16 不对该场景进行支持。

16.2.2　数据和调度请求之间的冲突

在 R15 中，当数据和 SR 冲突时，MAC 不会指示物理层发送该 SR。在 R16 中，为了更好地支持 URLLC 业务的传输需求，RAN2 讨论认为可以将冲突的 SR 优先传输。而是否优先传输冲突的 SR，依然是根据逻辑信道优先级来确定的，这是为了保证在不同冲突场景下采用一致的冲突处理方案。

具体的，当对 MAC 实体配置了基于逻辑信道优先级的优先处理方式时，若出现 UL-SCH 资源和传输 SR 的资源冲突，且触发 SR 的逻辑信道的优先级高于 UL-SCH 资源的优先级，则 MAC 层将优先指示物理层进行 SR 传输。若 UL-SCH 资源和传输 SR 的资源冲突， SR 在 MAC PDU 生成之前被触发，且 SR 优先级高，则 MAC 不会对该 UL-SCH 资源生成对应的 MAC PDU。相反的，若 SR 的传输需求是在 MAC PDU 生成之后被触发，那么该 MAC PDU 将被认为是低优先级 MAC PDU。对低优先级 MAC PDU 的处理可以参照第 16.2.1 节中的相关描述。

同样的，在 R16 讨论的最后，由于 RAN1 不能对部分冲突场景的冲突处理进行支持，最终，对 UL-SCH 资源和传输 SR 的资源冲突的场景，RAN2 形成了以下结论：

- 若冲突的资源的物理层优先级相同，MAC 不会指示物理层发送 SR。
- 若冲突的资源的物理层优先级不同，MAC 有可能指示物理层发送 SR。

为了便于读者理解，笔者对 R16 用户内上行资源优先级处理方案进行了总结对比。具体见表 16-3。

表 16-3　UE 内部上行资源优先级处理对比

		DG 与 CG 冲突	CG 与 CG 冲突	DG 与 DG 冲突	CG 与 SR 冲突	DG 与 SR 冲突
支持的场景	R15	√			√	√
	R16	√	√		√	√
优先级选择规则	R15	DG 优先			UL-SCH 资源优先	UL-SCH 资源优先
	R16	DG 与 CG 冲突：MAC 仅生成一个 MAC PDU 给物理层				
		CG 与 CG 冲突：若物理层优先级不同，可以生成两个 MAC PDU 给物理层。否则，生成一个 MAC PDU。是否生成两个 MAC PDU，取决于逻辑信道优先级				
		数据与传输 SR 的资源冲突：若物理层优先级不同，可以将 MAC PDU 和 SR 指示给物理层。否则，重用 R15 规范。是否将 MAC PDU 和 SR 都指示给物理层，取决于逻辑信道优先级				
是否存在低优先级 MAC PDU	R15	否				
	R16	可能。其中，可以配置对应 CG 的低优先级 MAC PDU 的自动传输功能				

16.3　周期性数据包相关的调度增强

从表 16-1 可以看出，TSN 网络数据包的发送周期间隔在 0.5 ms~2 ms 之间。在 RAN 侧，如果通过动态调度的方式获取上下行数据，信令开销很大，那么最好的方式无疑是用下行半静态调度（Semi-Persistent Scheduling，SPS ）资源和上行配置授权去承载上下行指令和反馈信息。3GPP RAN2 在回顾 R15 定义的上下行半静态调度资源时发现，需要对其在 QoS 保障上进行多方面的增强。

16.3.1 支持更短的半静态调度周期

R15 定义的半静态调度周期存两点问题：

- 上 / 下行半静态调度资源周期的颗粒度差异过大（下行半静态调度资源周期最小为 10 ms，而上行最小值为两个码元周期（根据子载波间隔的不同，间隔在 18~143 μs 之间））。
- 上 / 下行半静态调度周期可选值均有限。

如果半静态调度资源周期设置得过大，而 IIoT 指令周期较小，则用半静态调度资源承载网络指令时会出现指令需要等待较长时间才可以从发送端发送出去的问题，如图 16-3 所示。

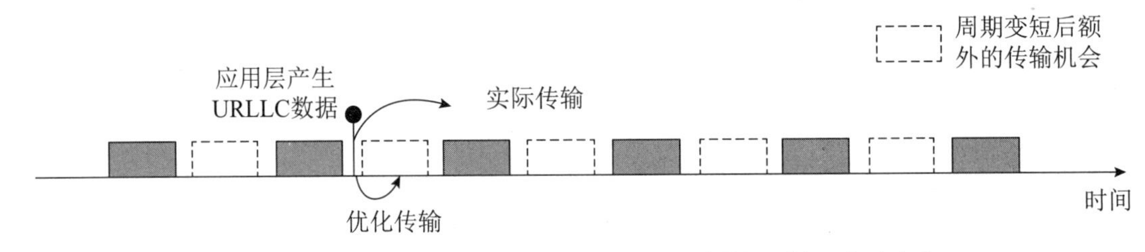

图 16-3　半静态调度周期更短的情况下，可将数据更快地发送出去

针对此问题，3GPP RAN1 物理层标准组经研究讨论后决定 5G NR R16 对于所有下行 SCS 选项都支持配置最小周期为 1 个时隙的下行半静态调度资源。

如 TR 38.825[1] 所述，周期性指令 / 反馈的数据包的生成周期是在 1~10 ms 这个区间取值的，且周期具体取值不固定（根据具体应用需求而定）。在这种情况下，如果半静态调度上 / 下行资源的周期可选取值较少，或者，不支持短周期的配置的话，很有可能会出现资源的周期与数据包生成周期不匹配的情况。如图 16-4 所示，网络激活半静态调度资源后，URLLC 上行数据到达通信协议栈的时间点会逐渐与半静态调度资源的出现时间段错开，继而会频繁出现应用数据不能及时发送出去的问题，所以需要网络频繁地重新配置半静态调度资源以修正此问题。

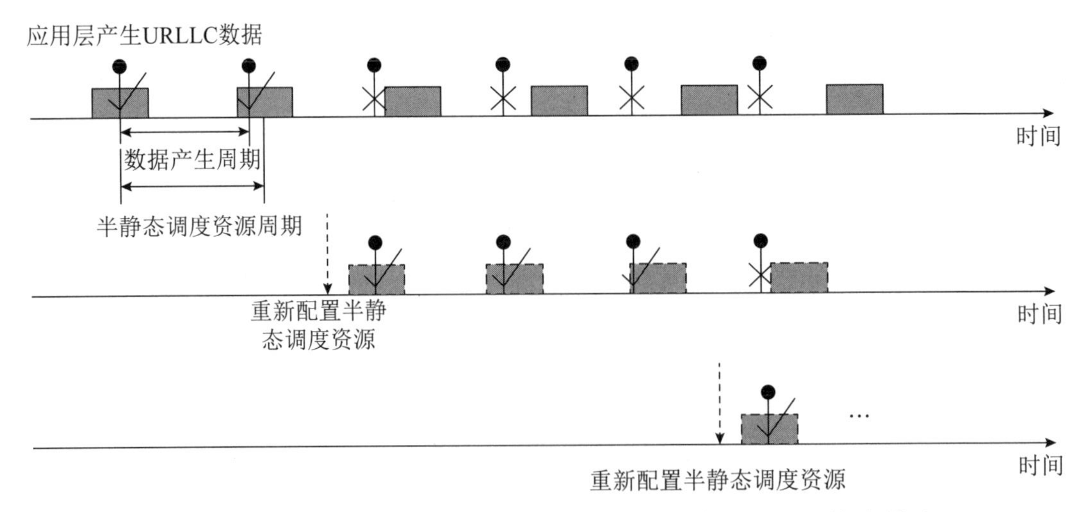

图 16-4　应用层产生数据的时间点逐渐与半静态调度资源的出现时间段错开

针对此问题，3GPP RAN2 经过讨论后决定在 5G NR R16 中支持周期为任意整数倍个时隙的半静态调度资源配配置。

16.3.2　配置多组激活的半静态调度资源

R16 为了支持 URLLC 业务传输的需求，支持为终端配置多组半静态调度资源的特性，具体分析可参见第 15 章。

为了帮助终端将具有不同通信性能要求的逻辑信道的数据映射到合适的上行半静态调度资源（CG）上去，R16 NR 决定引入 CG 的 ID。在实际配置方面，首先，网络在使用 RRC 信令为终端配置某个 CG 时，可选地在配置授权配置中提供这个参数。其次，在为终端配置某逻辑信道时，可选地为其配置至少含有一个 CG ID 的列表（allowedCG-List-r16），表征逻辑信道的数据可以在这些 CG 资源上进行传输。这样的话，当某个 CG 的传输机会到来前，终端 MAC 实体可根据此 CG 的 ID 索引号寻找符合条件的逻辑信道，搭载其产生的数据，如图 16-5 所示。NR R16 在为终端配置上行 BWP 时会告知终端需要添加 / 改变或者释放掉的 CG 资源的信息。

另外，对于 Type-2 CG，当终端接收到网络的 CG 激活 / 去激活 DCI 指令后，需要相应地将确认信息发送给网络。在 R15 NR 中，网络只能为终端配置至多一个 type-2 CG 资源，那么相应地，CG 确认 MAC CE 的组成也就很简单，只包含有一个专用的逻辑信道 ID 的 MAC PDU 子头（负荷为零）。但是，在 R16 NR 中，如上所述，因为网络可以为终端配置多个 CG 资源，那么终端在回复网络确认信息时，也需要告诉网络其收到了哪些 CG 的激活 / 去激活指令。为了使用足够多的 CG 配置来支持承载不同属性的业务数据，3GPP 决定 R16 终端每个 MAC 实体最多支持 32 个激活的 CG 资源。那么相应地，多元配置上行确认 MAC CE 长度也为 32 比特位，具体净荷格式在 TS 38.321[6] 中可以找到。其中，第 x 位置 1 或者 0 代表终端接收或者没有收到网络面向 ID = x 的 CG 的物理下行控制信道（Physical Downlink Control Channel，PDCCH）DCI 指示信息，该信息可以指示激活该 CG，也可以指示去激活该 CG。

其实，在具体标准化讨论过程中，有一些公司对 MAC CE 净荷中比特位置 0 或者置 1 的意义是有异议的：假设终端在短时间内先后收到网络发送的针对 ID=2 的 CG 资源的激活和去激活的 DCI 指示，如果在接收到两个 DCI 指示后终端才发送确认 MAC CE 给网络，该 MAC CE 是无法告知网络侧终端确认收到的是第一个还是第二个 DCI 指示。但是按常理来说，基站一般不会在短时间内连续发送两个 DCI 指示，所以这个异议提出的问题的假设条件是偏极端的(网络在短期内发送了激活和去激活两个 DCI 指示)，最终导致该异议没有被广泛接受。这里也可以看出来，3GPP 作为一个主要由业内通信工程师所组成的标准化组织的做事原则：在很多时候并不是要追求一个完美无瑕的解决方案，而是期望在解决方案的复杂性和应用范围之间找到比较理想的平衡点——既不让方案太复杂，又可以在绝大多数场景下应用即可。

另外需要注意的一点是，虽然 TS 38.321[6] 中所述多元配置上行确认 MAC CE 可以标识出 32 个 CG 的 DCI 指示接收状态。但实际上，网络不但可以为终端分配 Type-2 CG 也可以分配 Type-1 CG。对于 Type-1 CG 来讲，终端是在接收到网络的 RRC 信令配置后即刻激活的，无须等待 DCI 指示信息。那么对应地，在接收到该多元 CG 确认 MAC CE 后，网络将忽略所有 Type-1 CG 的 ID 在 MAC CE 上对应的比特位的值，即终端将这些比特位上设置为 0 或者 1 并无本质差别。

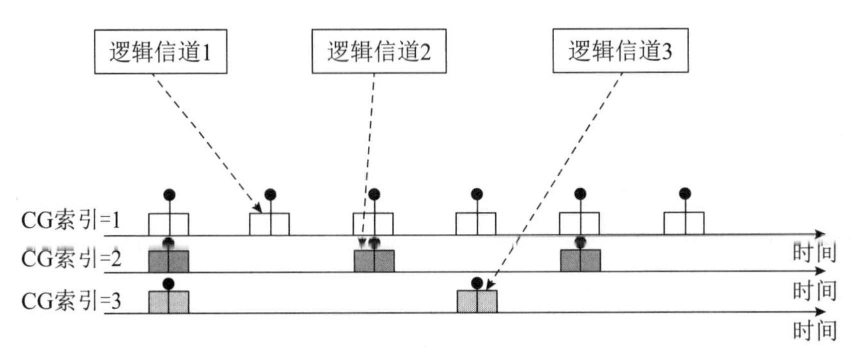

图 16-5　终端不同的逻辑信道将其数据搭载在不同的 CG

16.3.3　半静态调度资源时域位置计算公式增强

在 LTE 和 R15 NR 中，网络为终端配置的上 / 下行半静态调度资源周期都可被一个系统超帧（hyper frame）时长整除（1 024 帧 =10 240 ms）。但是在 R16 NR 中，如前所述，因为网络支持为终端配置周期为任意整数倍个单元时隙的半静态调度资源，所以导致上 / 下行半静态调度资源周期可能不被系统超帧时长整除的问题。继而，在变换超帧号时，系统存在前后半静态调度资源的间距异常的问题，具体如图 16-6 所示。

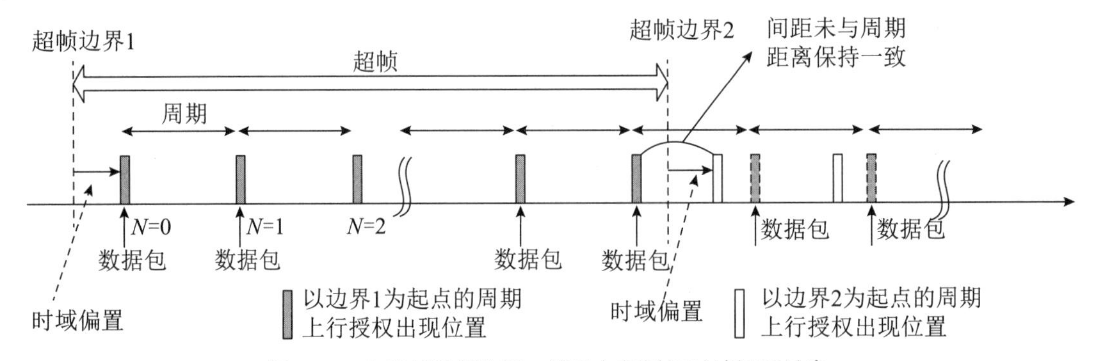

图 16-6　在跨越超帧位置，前后上行授权时域间距异常

那么，为什么会出现这样的问题呢？根据 TS 38.321[6]，NR R15 Type-1 上行授权的出现位置依赖于推算 3 个因素：系统帧号（System Frame Number，SFN）、每帧中时隙的数目（slot number in the frame）和每时隙中码元数量（symbol number in the slot）。终端通过从 0 递增 N，从每个超帧变换后的 SFN=0 起，依照 S、时域偏移值（timeDomainOffset）和周期（periodicity）计算上行授权出现的位置。其中，S 由 SLIV（Start and Length Indicator）[8] 推导而来，它给出具体首个上行授权的 OFDM 起始符号位置。从图 16-6 可以看出，在连续两个超帧中，第一个上行授权出现的位置相对于两个 SFN=0 的边界都是相同的（与 SFN=0 的边界的距离都是由时域偏置给定），导致的结果就是每个超帧边界后的第一个上行授权与该超帧边界前的最后一个上行授权之间的距离与 periodicity 参数给定间距不符。同样的问题也出现于 type-2 CG 上，只不过第一个上行授权的位置是由终端收到的 DCI 激活指示给出，这里就不再赘述了。那么如何解决这个问题呢？其实方法很简单，在表述上使得后续 SPS 的时域位置只与前一个 SPS 的时域位置保持 periodicity 给定的间距即可，且在跨越超帧边界时，N 不再重置为 0，进而不再会出现跨越超帧边界前后 SPS 之间间隔不符合信令中周期（periodicity）给定间距的问题。所以在 NR R16 中，3GPP 决定对上行 type-1 和 typ-2 CG 的

周期时域确定公式也进行了相应的表述修改，详情请见 TS 38.321[6]。

最后需要注意的另一点改动为：对于 type-1 CG, 在 TS 38.321[6] 中，时域位置计算公式中加入了 timeReferenceSFN 的相关项。 主要原因是什么呢？无线通信是一种不确定性较大的通信方式，因为 RLC 重传或者空口传输时延不确定可能会导致从网络发送 RRC 配置信令到终端成功收到该信令之间时延过大的问题。假设在发送该信令时，网络是根据当前超帧内 SFN=0 的位置和期待的上行授权周期出现位置得出时域偏置等参数并配置给终端，如果终端延时在下一个超帧到来后才接收到该信令，它会参照下一超帧内 SFN=0 的位置使用配置的时域偏置等信息得出第一个上行授权的时域位置。这样的话，实际出现的上行授权的时域位置与网络需求不符，进而影响数据传输。那么如何解决这个问题呢？ 3GPP 决定在 RRC 信令中另外为 UE 配置参考 SFN 的值（timeReferenceSFN，默认值为 0）。当可能出现终端实际接收到 RRC 信令的时间与网络实际发送 RRC 信令的时间分别在超帧边界两端的情况时，网络可以在信令中将 timeReferenceSFN 设为 512 并且依照该帧设置时域偏移值等终端参数配置。这样，如果出现 UE 在下一个超帧才收到 RRC 信令的情况， UE 会以上一超帧中的 SFN=512 作为开始帧号来计算无线资源的出现位置，从而避免了上述偏差问题。

16.3.4　重新定义混合自动重传请求 ID

在 R15 NR 中，对于半静态调度传输的上 / 下行授权，HARQ 进程 ID 计算结果只与传输时频资源中的第一个符号的时域起始位置相关。

如第 16.3.2 节所述，NR R16 支持为终端配置多个激活态的半静态调度资源。那么依照 TS 38.321[6] 中所述上 / 下行半静态调度资源 HARQ 进程 ID 计算公式可知，对于网络配置的多个半静态调度资源在某个时间段中的上行授权，如果它们的第一个符号的时域起始位置（CURRENT_symbol）除以周期的向下取整运算结果相等的话，那么它们的 HARQ 进程 ID 也会一样。这样导致的结果就是该 HARQ 进程的缓存需要存储时域上重叠的上行授权对应的多个 MAC PDU。即便标准允许 HARQ 进程的缓存可以同时存储这些 MAC PDU，一旦出现传输错误且接收端请求发送端重传（使用 HARQ ID）时，发送端也无法搞清楚接收端到底请求的是对于哪个 MAC PDU 的重传。

针对这个问题，3GPP RAN2 标准组决定引入 harq-procID-offset-r16 参数。对于每组半静态调度资源，HARQ 进程 ID 的计算不仅与第一个符号的时域起始位置相关，也与网络给它配置的 harq-procID-offset-r16 有关。从 TS 38.331[3] 中可以看出，在网络为终端配置的每个上下行半静态调度资源的配置中都可选地额外配置取值范围为 0~15、类型为整数型 HARQ 进程偏移。这样的话，对于时域开始位置相同的多个上 / 下行半静态调度资源，搭载在其上的 MAC PDU 会被放入不同的 HARQ 实体和相应的缓存中。

16.4　PDCP 数据包复制传输增强

16.4.1　R15 NR 数据包复制传输

早在 R15 NR 版本，3GPP RAN2 为了初步满足 URLLC 数据传输中的高可靠性需求，在标准化过程中确定了分组数据汇聚协议（Packet Data Convergence Protocol， PDCP）数据包复制传输的机制。具体地说，载波聚合场景下，在开启 PDCP 数据包复制传输后，传输端的信令无线承载（Signaling Radio Bearer，SRB）/ 数据无线承载（Data Radio Bearer，DRB）上的数据包可以在为此 SRB/DRB 配置的两个 RLC 实体（其中一个为主 RLC 实体（primary RLC），另一个是辅 RLC 实体（secondary RLC）对应的逻辑信道上进行传输（如果两个 RLC 实体服务于同一个无线承载，则它们对应的配置 RLC-BearerConfig 中的 srb-Identity 或者 drb-Identity 将被设为同一值），最后由 MAC 层组建 MAC PDU 时将其映射到对应不同载波的传输资源上（通过上行授权的逻辑信道选择过程），具体架构如图 16-7 所示。双连接场景下，在开启 PDCP 数据包复制传输后，传输端的主 RLC 实体和辅 RLC 实体会将相同的数据包发送给终端，如图 16-8 所示。

在这两种场景下，在接收到冗余数据包后，终端 PDCP 层都需要根据 PDCP SN 号完成冗余包鉴别与丢弃的任务。此外，如果确认数据包在其中一条通信链路成功传输后，PDCP 层也会告知另一条数据链路不再进行复制数据传输，以节约空口传输资源。

对于 SRB，复制传输的状态始终为激活态。而对于 DRB，激活态是网络可以通过 RRC 信令或者 MAC CE 的方式进行开启或者关闭的。如果使用 RRC 配置信令，那么 PDCP 配置信息 *PDCP-Config* 中的 pdcp-Duplication IE 的值可被设为“true”或者“false”，分别表示当收到此 RRC 信令后终端的行为是开启还是关闭数据包复制传输。另外，网络也可以通过发送复制激活 / 去激活 MAC CE（如图 16-9 所示）的方式开启 / 关闭承载的数据包复制传输。其中，第 i 个比特位的值（0/1）表征终端需要去激活 / 激活第 i 个 DRB（相应的 DRB ID 为对应该小区组的、配置了 PDCP-duplication IE 的多个 DRB 中的按照升序排列第 i 个 DRB 的 ID）。在未激活或者去激活 PDCP 数据包复制传输（通过 MAC CE 或者 RRC 信令的方式）后，主 RLC 实体和逻辑信道仍然会承担数据包的传输工作，而辅 RLC 实体和逻辑信道不会被用于数据包复制传输。

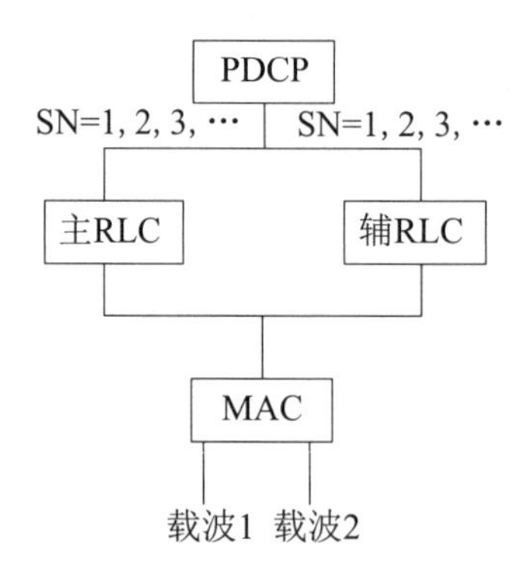

图 16-7　载波聚合场景下，数据包复制传输（R15 引入）

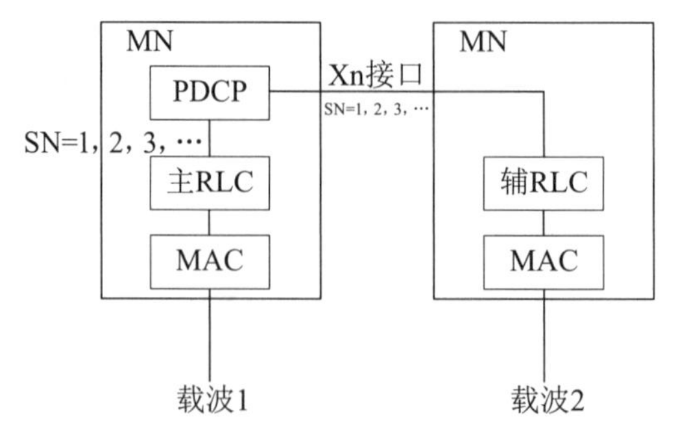

图 16-8　双连接场景下，数据包复制传输（R15 引入）

对于双连接场景，当终端未激活或者去激活数据包复制传输后，终端连接状态可选地回退到分离承载状态，即两个 RLC 实体和对应的逻辑信道可以是此 DRB 传输序列号不同的 PDCP 数据包，以达到提高终端吞吐量的目的。

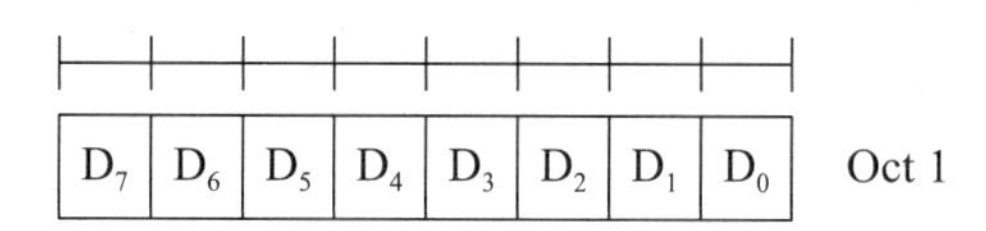

图 16-9　复制激活 / 去激活 MAC CE 净荷组成部分

16.4.2　基于网络设备指令的复制传输增强

在 R16 NR 标准化过程中，为了满足工业以太网更严苛的数据传输可靠性要求，一些欧美网络运营商提出了允许终端在 PDCP 复制传输激活态下使用多于两条 RLC 传输链路进行数据包复制传输的需求。经过多次线上讨论后，3GPP RAN2 达成结论，允许网络为终端配置最多 4 条 RLC 传输链路用于同时传输复制的数据包。其中两种可能的架构如图 16-10 和图 16-11 所示。

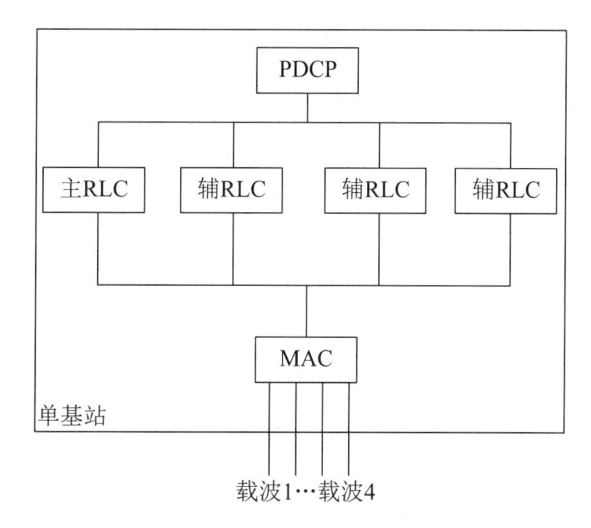

图 16-10　载波聚合场景下支持多达 4 条 RLC 传输链路用于数据复制传输

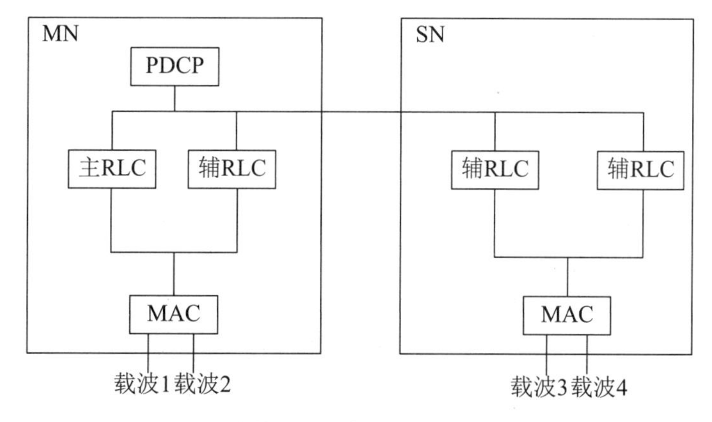

图 16-11　CA+DC 下支持多达 4 条 RLC 传输链路用于数据复制传输

在具体实施中，网络首先可以通过 RRC 信令为终端配置与各个 DRB 相关的 RLC 传输链路（即有多于两个 RLC 实体对应的 DRB ID 或者 SRB ID 设为同一个）。与 R15 duplication 类似，当网络在该承载对应的 PDCP-config IE 中配置了 PDCP-duplication IE，则可视为网络已为终端配置了传输复制。对于 SRB，当 PDCP-duplication IE 设为 1，所有相关 RLC 实体都为激活态；对于 DRB，当 PDCP-duplication IE 设为 1，需要进一步明确 RRC 为 DRB 配置的各个 RLC 实体的传输复制状态是否为激活的。这主要通过 R16 为终端提供多于两条 RLC 复制传输链路配置新引入的 moreThanTwoRLC-r16 IE 中的 duplicationState IE 实现。对于该 IE，需要注意的几点如下所述。

- 该 IE 的表现形式为具有 3 bit 的 Bitmap，给出了各个辅 RLC 传输链路的当前激活状态——如果比特值设为 1，则对应的辅 RLC 传输链路为激活态（Bitmap 中位数最小到位数最大的比特位分别对应逻辑信道 ID 从最小到最大的逻辑信道）。
- 如果用于复制传输的辅 RLC 链路数目为 2，则 bitmap 中的最高位的值将被忽略。
- 如果 duplicationState IE 没有出现在 RRC 配置中，则说明所有的辅 RLC 链路的复制状态都是去激活的。
- 在网络发送的 RRC 配置中，PDCP-duplication IE 和 duplicationState IE 的配置情况在一定程度上需要保持一致，如表 16-4 所示。

表 16-4　PDCP-duplication 与 duplicationState 对应配置关系

IE	配置情况 1	配置情况 2	配置情况 3
PDCP-duplication	没有出现在配置中	置为 1	置为 0
duplicationState	没有出现在配置中	Bitmap 中至少一位为 1	不出现或者全置为 0

与 R15 NR 类似，网络为终端配置回退至分离承载的选项：在 morethanTwoRLC-r16 IE 中可以配置对应于分离辅承载的逻辑信道 ID。当回退到分离承载后，除了主传输链路以外，终端只可能会在该传输链路上进行数据传输。

在 RRC 配置完成后，根据网络对信道情况的侦测或者根据终端反馈的信道情况，网络可以动态地为终端变换当前激活的传输链路（传输链路 ID 和 / 或数目）。针对在 R16 中网络最多为终端配置 3 条辅助 RLC 链路进行数据包复制传输的需求，R16 新引入了一个 RLC 激活 / 去激活的 MAC CE，用于动态地变换当前激活的 RLC 复制传输链路。该 MAC CE 净荷格式由 DRB ID 和相关 RLC 的激活状态标识位组成，如图 16-12 所示。

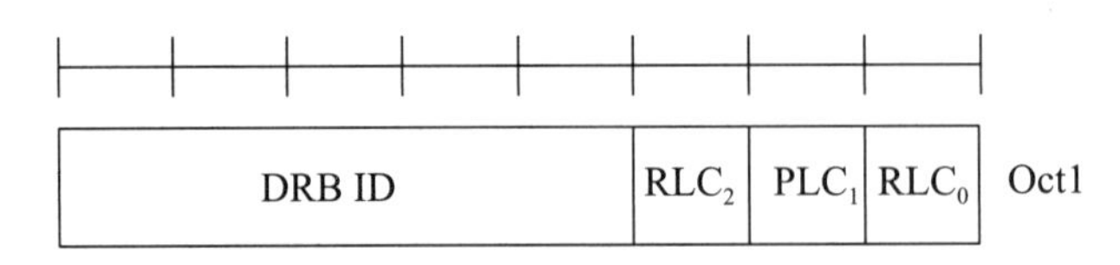

图 16-12　复制 RLC 激活 / 去激活 MAC CE 净荷组成部分

图 16-12 所示的复制 RLC 激活 / 去激活 MAC CE 中的 DRB ID 标识网络下发此 MAC CE 对应的目标承载。后续比特位置 0/1 指示终端去激活 / 激活对应的 RLC 传输链路（索引为 0~2 的 RLC 传输链路对应逻辑信道 ID 按升序排列的辅 RLC 传输链路，并遵从先主小区组再辅小区组的原则）。通过 MAC CE 的方式，网络可以快速指示终端用哪几个已配置的辅 RLC 传输链路对某给定承载进行数据包复制传输。当所有辅 RLC 传输链路对应的比特位都被置 0 后，对于该承载，存在两种情况：

- 终端中止数据包复制传输，只应用 RRC 信令中给定的主 RLC 传输链路传输 PDCP PDU。
- 终端中止数据包复制传输，回退到分离承载 split bearer 状态。

16.4.3　基于终端自主的复制传输增强构想

如前所述，在基于网络设备指令的复制传输增强机制中，终端首先需要上报信道情况等信息给网络，网络根据终端上报的信息做出一系列的判断，如，是否需要激活复制传输机制、激活几条 RLC 传输链路、具体激活的 RLC 传输链路是否需要变换等。之后，网络端会将判断的结果以图 16-12 所示的 MAC CE 的方式发送给终端。最后，终端根据接收到的 MAC CE 对相应承载的激活状态进行修改（如果需要）。

可以想象，如果在终端发现主传输链路的信道条件、HARQ 反馈情况或者数据包传输时延等参考信息满足一定条件的情况下，允许第一时间由终端自主决定当前复制传输激活状态，继而应用在激活的传输链路上预先配置的上行半静态调度资源上的话，复制传输会变得更加具有实时性和时效性。但是，一些 3GPP 标准制定成员，如主流网络设备厂商，比较担心如果开放终端自主的复制传输后会对网络设备的控制权造成较大影响，终端和网络设备在复制传输激活状态等方面可能会存在短时的不匹配情况。在 R16 的讨论过程中，3GPP RAN2 中以终端、芯片厂商为首的支持派与网络设备厂商为首的反对派围绕此议题展开了大量的讨论，具体细节可见相关邮件讨论[7]和 RAN2 第 107 次会主席报告。最后的结论是暂时推迟支持基于终端自主复制传输增强的标准化方案。

另外值得注意的一点是，有一些标准制订成员提出终端可以根据单个数据包的传输需要来决定是否开启传输复制，即仅针对特定包，如某个承载内的特定包开启复制传输。具体地说，IIoT 某些应用存在存活定时（survival time）机制。例如，当存活定时器设为两个传输循环时，对应的关键数据包在第一次没有传输成功的情况下，还具有另外一次传输机会。如果第二次传输仍然没有成功的话，则会对整个 IIoT 系统造成严重影响（down state）。显然，比较理想的操作是对该数据包的第二次传输激活复制传输以提高通信传输的可靠性。很明显，基于终端自主的复制传输增强的“撒手锏”——快速响应使之成为能够解决这个问题的非常具有竞争力的机制。综上，我们预测在后续版本 R17 标准化过程中，基于终端自主的复制传输增强会再次被讨论。

16.5　以太网包头压缩

时间敏感性传输（Time Sensitive Communication，TSC）业务通常采用以太帧的封装格式。考虑到 TSC 业务需要依托 5G 系统进行传输，以太帧包头和负载的占比关系，以及为了提高以太帧在空口传输的资源利用率， R16 引入了针对以太帧的以太网包头压缩（Ethernet Header Compression，EHC）机制。

由于 R15 NR 并不支持对以太帧的包头压缩，因此首要的问题就是如何实现 EHC。考虑到 5G 已经支持了针对互联网协议（Internet Protocol，IP）包头的鲁棒性头压缩（RObust Header Compression，RoHC）机制，一些观点认为可以采用与 RoHC 相同的实现原则，即 RoHC 的算法由其他组织规定，5G 网络仅需要配置相应的 RoHC 参数，并利用配置的 RoHC 参数和其他组织规定的算法，进行头压缩和解压缩处理。而另一些观点则认为，若仍然采用相同的原则，则需要触发其他组织对以太网包头压缩予以研究和标准化。RAN2 的工作也将受限于其他工作组的工作进度。这将带来大量的时延和组间沟通工作，不利于 3GPP 标准化的进展。因此，最终 EHC 的全部工作将由 3GPP 独立完成。

在具体设计时，EHC 采用了与 RoHC 类似的设计原理，即基于上下文信息来保存、识别和恢复被压缩的包头部分。

在上下文信息的设计过程中，RAN2 最先明确将上下文标识（Context Indentifier，CID）作为 EHC 的上下文信息，但是就是否包含子协议（profile）标识迟迟没有达成结论。一些观点认为可以利用子协议来区分以太帧中是否包含 Q-tag，以及包含几个 Q-tag。另一些公司认为可以利用子协议来区分不同的高层协议类型。而反对方则认为可以给一个较大的上下文标识的取值范围，并利用上下文标识来区分各种信息。在标准化讨论的过程中，以简化为目的，RAN2 最终确定 R16 版本中压缩端 / 解压缩端不需要对不同的高层协议类型进行区分，仅支持上下文标识作为 EHC 的上下文信息。

也就是说，解压缩端基于上下文标识来识别和恢复压缩的以太帧。具体的，压缩端和解压缩端将需要被压缩的、原始的包头信息记为上下文，每个上下文被一个上下文标识唯一地标识。在 R16 中支持两种长度的上下文标识，分别为 7 bit 和 15 bit，具体选用哪种长度上下文标识由 RRC 配置。

对压缩端来说，在上下文未建立时，压缩端将发送包含完整包头（Full Header，FH）的数据包给对端。在上下文建立后，压缩端将发送包含压缩包头（Compressed Header，CH）的数据包给对端。那么，如何确定上下文已经建立完成呢？或者说，如何确定可以开始转换状态发送压缩包了呢？在标准化过程中，各公司给出了以下两种可选方式。

- 方式一：基于反馈包的状态转换方式。
- 方式二：基于 N 次完整包发送的状态转换方式。

若采用方式二，3GPP 需要考虑完整包发送次数 N 的标准化问题。一般来说，若不对 N 进行标准化，而将完整包发送次数的取值留给压缩端实现，将会引入解压缩端尚未建立上下文却要对压缩包进行解压缩处理的异常情况。而如何确定一个合适 N 值也不是那么容易的，这需要考虑解压缩端的处理能力、信道质量等各方面的因素。同时，由于 R16 限制 EHC 的应用场景为双向链路场景，最终 3GPP 采用基于方式一的状态转换方式。

相应的，EHC 压缩流程如下：对一个以太帧包流来说，EHC 压缩端先建立 EHC 上下文，并关联一个上下文标识。而后，EHC 压缩端发送包含完整包头的数据包，即完整包，给对端。包含完整包头的数据包中包含上下文标识和原始的包头信息。解压缩端接收到包含完整包头的数据包后，根据该包中的信息建立对应上下文标识的上下文信息。当解压缩端建立好上下文后，传输 EHC 反馈包到压缩端，向压缩端指示上下文建立成功。压缩端收到 EHC 反馈包后，开始发送包含压缩包头的数据包，即压缩包，给对端。包含压缩包头的数据包中包括上下文标识和被压缩过的包头信息。当解压缩端收到包含压缩包头的数据包后，解压缩端将基于上下文标识和存储的对应这个上下文标识的原始包头信息，对这个压缩包进行原始包头恢复。解压缩端可以根据携带在包头中的包类型指示信息，即 F/C，确定接收到的数据包为完整包还是压缩包。该包类型指示信息占用 1 bit。具体的，EHC 压缩处理流程示意如图 16-13 所示。

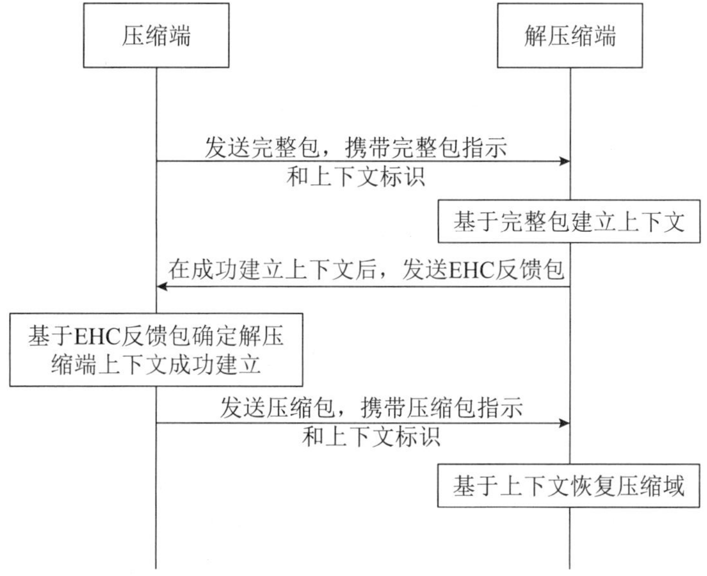

图 16-13　EHC 压缩处理流程

在配置 EHC 的情况下，可以对以太帧包头中的很多域进行压缩，包括：目标地址、源地址、802.1Q-tag、长度 / 类型。由于前导码 preamble、帧开始界定符（Start-of-Frame Delimiter，SFD）和帧校验序列（Frame Check Sequence，FSC）不会通过 3GPP 系统空口传输，因此不需要在 EHC 中考虑这些域的压缩问题。

与 RoHC 类似，EHC 的功能也是在 PDCP 层实现的。RRC 层可以为关联 DRB 的 PDCP 实体配置分别针对上行和下行的 EHC 参数。若配置了 EHC，压缩端将对承载在 DRB 上的数据包进行以太网包头压缩的操作。需要说明的是，EHC 不应用于业务数据适配协议（Service Data Adaptation Protocol， SDAP）包头和 SDAP 控制 PDU。

R16 NR 可以同时支持 EHC 和 ROHC 这两种头压缩配置。其中，RoHC 用于 IP 包头压缩，EHC 用于以太帧包头压缩。对一个 DRB 来说，EHC 和 RoHC 是独立配置的。当对一个 DRB 同时配置了 RoHC 和 EHC 时，RoHC 头位于 EHC 头后。当从高层接收到的 PDCP 业务数据单元（Service Data Unit，SDU）为非 IP 的以太帧时，PDCP 只进行 EHC 压缩操作，并将经 EHC 压缩后的非 IP 包递交到低层。当从低层接收到的 PDCP PDU 为非 IP 的以太帧时，PDCP 只进行 EHC 解压缩操作，并将经 EHC 解压缩之后的非 IP 包递交到高层。

16.6　R17 增强技术

16.6.1　时间同步机制增强

在 R17 中， SA2 提出了支持更多时间同步场景的诉求。包括以下几种场景。

- 场景 1：Control-to-control 场景。此场景下，目标 UE 对应的 TSC 设备与 TSC GM 同步。5G 系统引入的时间同步误差是由 NW-TT 和 DS-TT 之间的时间不精确度导致的。
- 场景 2：Control-to-control。此场景下，目标 UE 对应的 TSC 设备与 TSC GM 同步。5G 系统引入的时间同步误差是由 DS-TT 和 DS-TT 之间的时间不精确度导致的。

- 场景 3：Smart grid 的场景。此场景下，目标 UE 对应的 TSC 设备与 5G GM 同步。5G 系统引入的时间同步误差是由 5G 时钟与 DS-TT 之间的同步误差导致的。

针对 Control-to-control 场景，即场景 1 和场景 2，端到端（E2E）同步误差预算要求不超过 900 ns。针对 Smart grid 场景，即场景 3，端到端（E2E）同步误差预算要求不超过 1 μs。

在对上述 3 种场景的研究过程中，RAN2 认为场景 1 与 R16 的时间同步场景类似，因此 RAN2 在 R17 主要关注的场景是场景 2 和场景 3。在对每种场景进行同步误差预算评估后，RAN2 以 LS 的形式，将对应每种场景的 Uu 接口时间精度需求通知给了 RAN1，以便物理层设计相应的实现或增强方案。

此外，RAN2 还对传播时延补偿（Propagation delay compensation，PDC）机制进行了标准化的研究工作，以应对例如 ±145~±275 ns 的高时间精度需求。经过多轮讨论，R17 最终支持了 legacy TA-based PDC 和 RTT-based PDC 这两种传播时延补偿机制。

同时，RAN2 还对执行 PDC 的主体进行了讨论，即是采用 UE-side PDC 还是 gNB-side PDC。由于 UE-side PDC 和 gNB-side PDC 各有其优缺点，3GPP 最终对 UE-side PDC 和 gNB-side PDC 均予以支持。对 UE-side PDC 来说，若 UE 接收到来自网络的使能指示，则代表将由 UE 执行传播时延补偿。否则，UE 将不执行传播时延补偿。

以下，本文作者将对 UE-side RTT-based PDC 和 gNB-side RTT-based PDC 予以说明。

1. UE-side RTT-based PDC 的实现流程（见图 16-14）

- 步骤 1，gNB 向 UE 发送测量配置。
- 步骤 2a/b，gNB 向 UE 发送用于 UE 测量的 TRS 或 PRS 信号。并且，UE 向 gNB 发送用于 gNB 测量的 SRS 信号。
- 步骤 3a/b，UE 和 gNB 执行 Rx-Tx time difference 测量。
- 步骤 4，gNB 向 UE 发送网络测量到的 Rx-Tx time difference 测量结果。
- 步骤 5，UE 基于 UE 和网络的 Rx-Tx time difference 测量结果执行传播时延补偿。

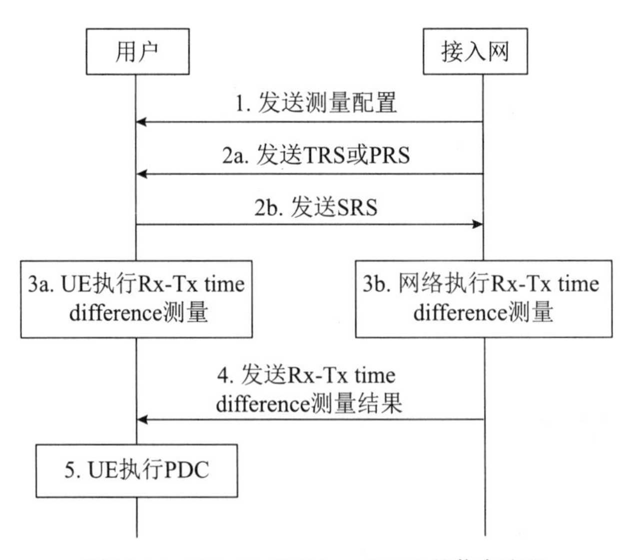

图 16-14　UE-side RTT-based PDC 的信令流程

2. gNB-side RTT-based PDC 的实现流程（见图 16-15）

- 步骤 1，gNB 向 UE 发送测量配置。

- 步骤 2a/b，gNB 向 UE 发送用于 UE 测量的 TRS 或 PRS 信号。并且，UE 向 gNB 发送用于 gNB 测量的 SRS 信号。
- 步骤 3a/b，UE 和 gNB 执行 Rx-Tx time difference 测量。
- 步骤 4，UE 向 gNB 发送 UE 测量到的 Rx-Tx time difference 测量结果。
- 步骤 5，gNB 基于 UE 和网络的 Rx-Tx time difference 测量结果执行传播时延补偿。

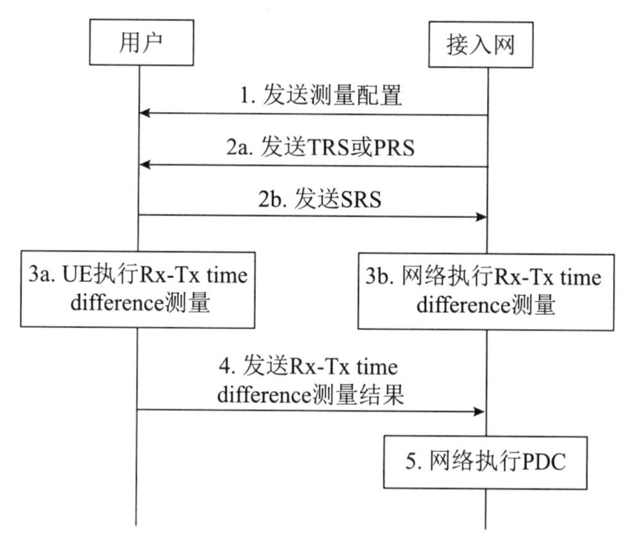

图 16-15　gNB-side RTT-based PDC 的信令流程

16.6.2　URLLC 在非授权频谱的增强

在 R16 非授权频谱机制的基础上，RAN2 讨论了如何在非授权频谱上支持 URLLC 业务的问题，即非授权受控场景（UCE）下的 URLLC 支持机制。

RAN 首先对 UCE 场景进行了定义，认为此场景下的 LBT 失败频率不是很高。以此为前提，RAN2 认为在 UCE 场景中，可以采用 R16 针对授权频谱的 CG 资源配置方式，也可以采用 R16 针对非授权频谱的 CG 资源配置方式。因此，在 R17 的网络配置下，CGRT 配置和授权频谱接入是解耦合的。

同时，RAN2 也讨论了在 UCE 场景下如何支持自动传输的问题，并决定采用以下处理原则：采用 CGRT 机制处理由于 LBT 失败导致的 CG 资源自动重传的问题，采用 automonousTX 机制处理由于低优先资源导致的 CG 资源自动重传的问题。

此外，为了更好地支持 URLLC 业务，网络可以配置 UE 同时使用 CGRT 和增强的 UE 内冲突资源优先级处理机制。也就是说，在同时配置了 CGRT 和增强的 UE 内冲突资源优先级处理机制的情况下，UE 可以基于 HARQ 进程的优先级，选择在该 CG 资源上传输的 HARQ 进程。

16.6.3　R17 存活时间支持机制

基于 R16 的架构，基站可以从核心网接收到 TSCAI 信息。在 R17 引入了一种新的 TSCAI 信息，即存活时间（Survival Time），主要用于支持周期性、确定性的业务。由于所述存活时间需求与业务相关，因此，空口的存活时间支持机制将以承载为单位进行配置和增强。

为了支持有存活时间需求的业务传输，基站可以配置 CG 资源，并保证业务和资源之间的映射关系为 gNB 和 UE 所共知。当接收到来自网络的、针对所述配置授权的重传调度时，可以触发 UE 进入存活时间状态。

进入存活时间状态是为了保证后续数据包传输的可靠性。因此，在讨论过程中，参与公司提出了多种方案，并最终采用触发 PDCP 数据复制传输的方案。由于一个承载可以被配置多于 2 个逻辑信道，RAN2 进一步讨论了在使用 PDCP 复制传输的情况下激活的逻辑信道如何确定的问题。即在使用 PDCP 复制传输的情况下，是激活所有的逻辑信道，还是仅激活部分预配置的逻辑信道。虽然部分公司认为仅激活为存活时间预配置的逻辑信道可以避免不必要的空口资源浪费，但是另一部分公司认为 RAN2 首先应该保证可靠性的要求，并且，认为仅使用预配置的逻辑信道并不能与实时的空口信道质量相匹配。最终，RAN2 同意在进入存活时间状态的情况下，UE 将激活对应该承载的所有逻辑信道的复制传输，以保证配置了存活时间需求的承载的传输可靠性。

16.7 小 结

本章介绍了 IIoT 技术的相关内容和结论，主要涉及以太网时间同步、调度增强、头压缩、用户内上行资源优先级处理和 PDCP 数据包复制传输等多个方面的内容。这些技术的应用，可以使得 5G 系统为 URLLC / TSC 业务提供更好的传输保证，满足此类业务超高可靠、低时延的传输需求。

参考文献

[1] 3GPP TR 38.825. study on NR Industrial Internet of Things (IOT), V16.0.0, 2019-03.
[2] 3GPP TR 22.804. Study on Communication for Automation in Vertical Domains, V2.0.0, 2018-05.
[3] 3GPP TS 38.331. Radio Resource Control (RRC) protocol specification, V16.0.0, 2020-03.
[4] Lee, Kang B., and J. Eldson. Standard for a precision clock synchronization protocol for networked measurement and control systems. 2004 Conference on IEEE 1588, Standard for a Precision Clock Synchronization Protocol for Networked Measurement and Control Systems, 2004.
[5] 3GPP TR 23.734. Study on enhancement of 5G System (5GS) for vertical and Local Area Network (LAN) services, V16.2.0, 2019-06.
[6] 3GPP TS 38.321. Medium Access Control (MAC) protocol specification, V16.0.0, 2020-03.
[7] R2-1909444. Summary of e-mail discussion: [106#54] [IIoT] Need for and details of UE-based mechanisms for PDCP duplication, CMCC.
[8] 3GPP TS 38.214. NR. Physical layer procedures for data, V16.1.0, 2020-03.

第 17 章

非地面网络（NTN）通信

李海涛　林浩　胡奕　赵楠德　吴作敏　于新磊

17.1 概　　述

随着航天技术和卫星通信技术的快速发展，人类对网络覆盖和网络宽带服务的需要不断增长。当前，地面蜂窝通信系统仅能提供全球 6% 左右的网络覆盖，且主要集中在陆地区域，仍然有大面积的海洋、沙漠、森林、偏远山区等区域由于基础网络设施的部署困难而无法接入网络。如今，随着 5G 技术的不断推广和渗透，用户群体愈发庞大，用户类型种类繁多，数据流量种类多样，对数据速率和覆盖范围的需求也更加强烈，在全球更大范围内提供更快的网络接入服务已经成为一个必然的发展趋势，以卫星通信为主的非地面网络（Non-Terrestrial Network，NTN）为解决这些问题提供了一种有效的手段。卫星通信系统覆盖范围大，信号传输距离长，受自然条件的干扰较小，能够快速完成组网，这些得天独厚的优势也使其成为未来 6G 网络技术的一个重要组成部分。

3GPP 早在 5G 设计初期就已经将非地面通信纳入了考虑范围，但正式启动研究工作是在 R16 阶段。研究阶段的范围是比较大的，涉及可能的一些非地面网络设施的部署场景和架构。其中，卫星场景涵盖了低地球轨道（Low Earth Orbit，LEO）、中地球轨道（Medium Earth Orbit，MEO）和地球静止轨道（Geostationary Earth Orbit，GEO）卫星，非卫星场景包括了高空平台（High Altitude Platforms，HAPS）和无人机（Unmanned Aerial Vehicle，UAV）等。在网络架构方面，考虑到卫星实现和部署的差异，3GPP 引入了两种卫星模式，分别为透明转发模式（Transparent Payload）和再生转发模式（Regenerative Payload）。透明转发模式中，卫星作为转发中继，只执行简单的信号放大和频率搬移等，不具备基站功能，适合于早期部署。再生转发模式中，卫星直接作为基站，具有数字处理功能，卫星造价也相对较高。两种模式的网络架构示意图如图 17-1、图 17-2 所示。其中，R17 标准化阶段只涉及透明转发模式，未来随着网络部署和技术演进，将会考虑再生转发模式。

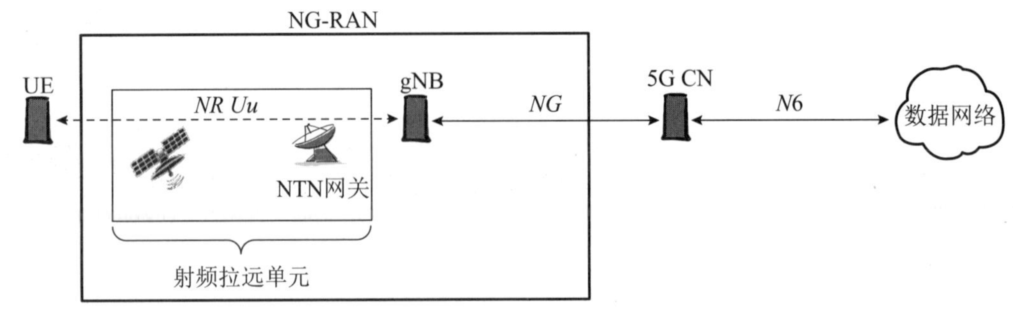

图 17-1　透明转发模式[1]

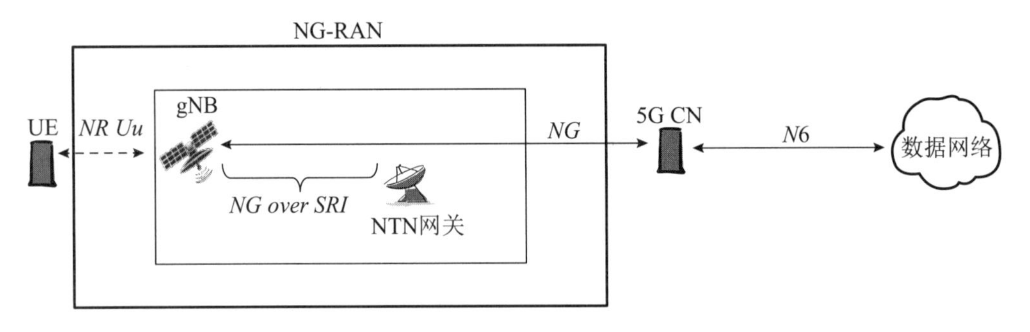

图 17-2　再生转发模式[1]

与地面蜂窝网络相比，NTN 网络主要具有两大特点。首先是传播时间上的巨大差异。地面网络中，由于小区覆盖的范围较小，终端和基站之间的往返传播时延（Round Trip Delay，RTD）也很小，通常远小于 1 ms。引入 NTN 后，尤其对于透明转发模式，终端到基站之间的通信要经历服务链路（Service Link）和馈电链路（Feeder Link），最坏情况下 GEO 系统的往返传播时延可达 541.46 ms[1]。。如此大的传播时延将给基站在调度时序上带来新的问题。另一大特点是高移动性。尤其对于低地球轨道卫星场景，卫星的高速移动会导致卫星小区也在相对于地面高速移动，这给终端的移动性管理带来了很大的挑战，终端将会经历更频繁的卫星小区切换。在后面的章节中，我们将分别针对这些挑战介绍 3GPP 标准化阶段所涉及的一些解决方案和技术细节。

17.2　上行同步增强

在 NTN 的第一个版本 R17 中，设计的场景主要基于透明转发的部署，即 UE 通过卫星的中继与地面基站进行通信，因此终端到基站间实际经过了两条不同的链路。第一条链路为终端与卫星间的链路，称之为服务链路，第二条链路为卫星到基站或者地面站的链路，称之为馈电链路。 由于这两条链路的存在，NTN 系统与传统地面系统有着本质的区别。本小节将专注于无线通信系统中的同步设计的课题来介绍 NTN 网络独特的设计方案。

在地面网络系统中，UE 不需要维护上行的同步，上行同步的维护交由基站来控制。当 UE 从初始接入过程开始，基站就会实时地维护着 UE 的上行同步，当 UE 的上行同步发生了变动，基站会通过定时提前量命令（Timing Advance Command，TAC）来控制 UE 减小或者增大上行传输中使用的定时提前量（Timing Advance， TA），从而起到维护上行同步的目的。

相反地，在 NTN 系统中，UE 的往返传输时间（Round Trip Time，RTT）是信号在服务链路和馈电链路上传输时延的累加，因此实际的 TA 也和这两个链路的传输时延有关。由于卫星是实时移动的，即便不考虑 UE 的移动性，那么服务链路和馈电链路的传输时延也在实时地发生变化。在这种情况下，如何保持 UE 的上行同步就成为 NTN 系统的一个重要的问题。

对于解决 NTN 系统的上行同步问题，3GPP 在 R17 的 SI 阶段[1]就决定分为两个方面去研究和讨论。第一个方面是初始接入阶段，因为 NTN 网络中的上行同步设计和 TN 网络有很大的差别，在这个阶段主要讨论对于上行同步的确立。第二个方面是连接态阶段，在这个阶段主要讨论的是对于上行同步的维护。接下来将分别用两个小节来介绍 R17 到目前为止对于 NTN 系统上行同步的一些思路和讨论结果。

17.2.1 RACH 设计

上行同步的建立对于 NTN 系统来说是一个新的挑战。主要的原因在于，在传统地面网络（Terrestrial Network，TN）系统中，由于小区半径的限制，一般从 UE 到基站的 RTT 时间不会超过 2 ms，在这样的情况下 UE 在发送 PRACH 导频时不需要考虑任何的 TA（即 TA=0），而在基站接收侧通过配置合适的 RO 接收窗长度可以保证不同 RTT 下的 PRACH 导频到达接收侧时不会影响其他时隙内的数据接收，如图 17-3 所示。

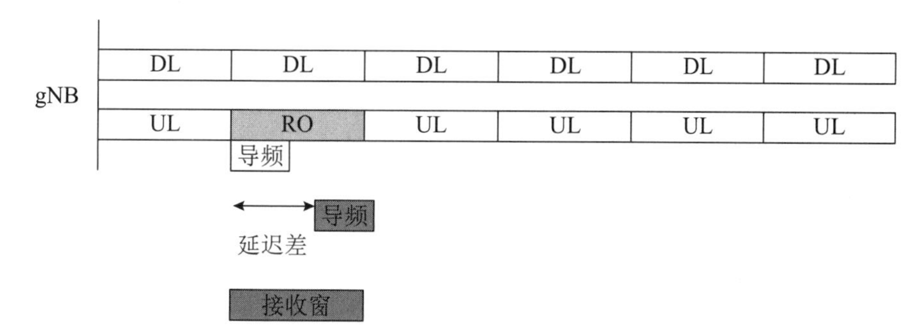

图 17-3　地面网络系统下的 RO 接收窗

然而在 NTN 系统中，由于卫星和 UE，以及卫星和地面站间的无线信号传输距离远远大于地面网络系统下的信号传输距离，从而导致 UE 的 RTT 时间大幅增加。如果仍然延用地面网络设计的话（TA=0），基站需要准备一个非常长的 RO 接收窗，如图 17-4 所示，从而使得非同步下的 PRACH 导频的接收不会超过这个接收窗。这样做的结果是很多的资源不能被其他的传输用，使得系统的资源效率大大降低。

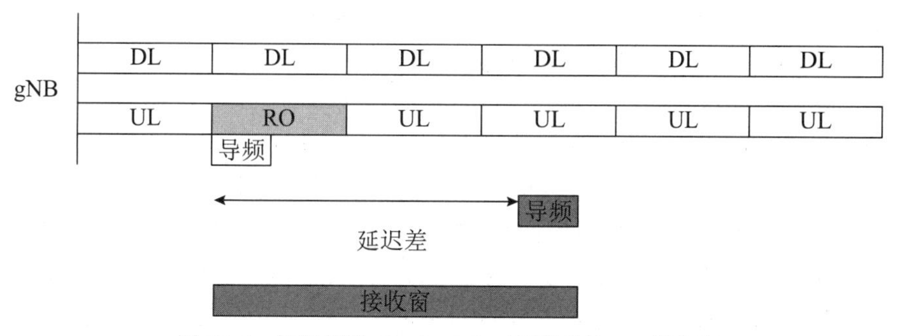

图 17-4　如果假设 TA=0，NTN 系统下的 RO 接收窗

为了解决这个问题， 3GPP 首先讨论的是基站是否可以帮助 UE 去调整 PRACH 的 TA，这样使得不同 UE 的 PRACH 传输到基站的接收端是大致对齐的，从而使得 RO 接收窗不需要进行额外的扩展。但是这里遇到一个问题，即在初始接入过程前，UE 只能收到基站发送的系统信息，而 UE 的 RTT 是根据 UE 的位置变化的，即 UE 专属的。所以基站在实际情况下对于空闲态 UE 无法有效地通过系统消息来直接通知 UE 专属的 TA 信息。在这样的条件下，3GPP 开始讨论是否可以由 UE 自行估测自己的 TA[2]。UE 自行估测的原理是，需要估计服务链路和馈电链路上的传输延迟，然后再计算 RTT 的时间，用于最后计算 TA 的时间。更进一步的，要估计服务链路上的传输延迟，就需要通过知道卫星的位置和速度信息以及 UE 自身的位置和速度信息。所以这里就要求 UE 自带全球导航卫星系统（Global Navigation Satellite System， GNSS），通过此系统来得到 UE 自身的位置和速度信息。另一方面，卫星的位置和速度信息由基站通过系统消息提供给小区内的所有 UE。这里的速度和位置信息都是在三维坐标系内定义的，当 UE 获取了自身的位置和速度信息以及卫星的速度和位置信息，UE 就可以通过计算得出卫星和UE间的相对距离(即服务链路的距离)以及在这个距离上的速度，如图 17-5 所示，最后 UE 就可以计算得出服务链路的传输时延。值得注意的是，由于卫星的实时移动，UE 需要不断地更新对于服务链路的传输时延的计算，同样 UE 也需要实时更新自身的位置，这同样也会导致服务链路的传输时延变化。

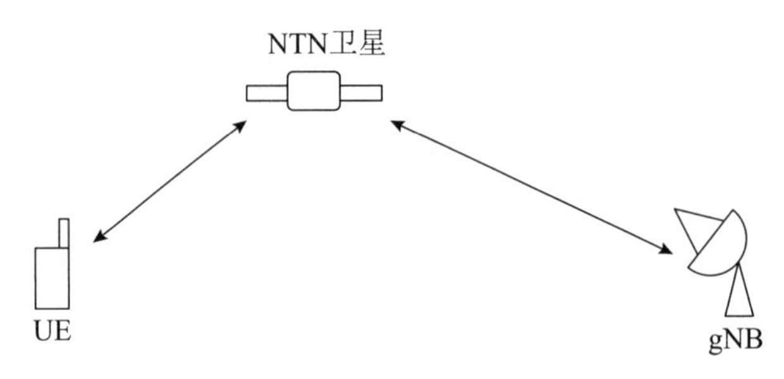

图 17-5　UE 和卫星间的距离

对于卫星信息的设计，在 3GPP 讨论中提出了两个方案[3]。第一种是直接通过三维坐标的方式提供位置、速度和对应的时间（Position/Velocity/Time，PVT），而第二种是通过传统的卫星轨道模型来通知轨道模型的参数。3GPP 对于这两种方式的选择进行了激烈的讨论。如果用传统的卫星轨道模型来通知，可以大大减少系统信息的冗余，从而提高资源利用率。但是这里有一个问题：在 NTN NR R17 的制定标准的任务中不仅包括卫星，还包括了非卫星的机载装置，例如飞机，无人机等。对于这些机载装置，卫星轨道信息并不适用。因此，经过几轮讨论后在 RAN1#104bis-e 次会议上确定支持两种方案，具体由基站实现决定用哪种形式的信息。在 NTN 中称其为卫星的星历信息。

和服务链路不同，对于馈电链路的传输时延的估测也面临极大的挑战。首先由于馈电链路是卫星到地面站的链路，因此 UE 无法直接估计馈电链路的时延。这就需要基站实时通知 UE 关于馈电链路时延的信息。在这种情况下，很多公司提出索性让基站负责调节上下行的帧结构时序关系，使得由于馈电链路导致的那部分时延由基站实现来补偿。但是这一想法受到了大多数基站设备商的反对。这里的主要原因是传统的地面网络中，基站侧的上下行时隙都是完全对齐的，但是如果让基站负责实现对馈电链路的时延补偿，会导致两方面的问题：（1）基站侧的上下行时隙不能对齐；（2）基站侧上下行的时隙的偏移量是一个动态变化的变量。这样会导致基站侧的调度实现无法重用现有的设备而需要花很大的开销去实现，从而大大拖延了 NTN 系统的商用部署时间。而网络设备商们希望由 UE 去补偿馈电链路的时延，理由是 UE 既然需要去补偿服务链路，那么应该同时把馈电链路一并补偿。

相反的，与网络设备商持相反意见的终端公司则认为，如果馈电链路的同步完全由 UE 负责的话，UE 的功耗会受到严重的挑战。而且馈电链路是一个完全脱离 UE 终端的链路，要保证馈电链路的同步问题，需要有比较大的协议影响，这样对 R17 标准化的进度不利。出于满足双方要求的考虑，最后 3GPP 决定引入一个参考点（Reference Point，RP）概念 [2]。参考点的位置会被配置在馈电链路的某一个点上，包括参考点在卫星上或者参考点在地面站上。UE 则需要负责补偿卫星到参考点间的 RTT，而参考点到地面站间的 RTT 则由基站来补偿。所以，如果基站有较强的补偿能力，那么基站可以把参考点设置到卫星上，如图 17-6 所示，这样，UE 则不需要再处理馈电链路上的同步，而只要负责服务链路的同步问题。相反的，如果基站完全没有能力来处理馈电链路的同步，那么基站可以把参考点设置到地面站上，如图 17-7 所示，这样，整个馈电链路的同步都由 UE 来处理。当然，基站也可以将参考点设置在卫星和地面站以外的馈电链路上，如图 17-8 所示，这样，整个馈电链路的同步则由 UE 和基站共同处理。

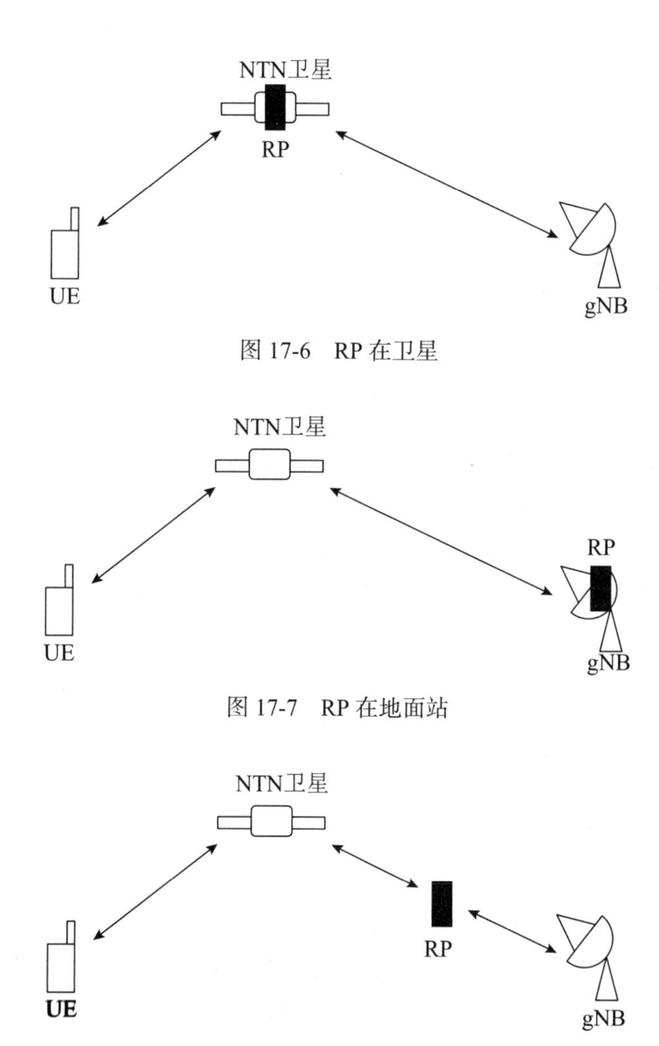

图 17-6　RP 在卫星

图 17-7　RP 在地面站

图 17-8　RP 在链路上

在具体的协议讨论中，3GPP 在 RAN1#104bis-e 次会议中确定当 UE 发送 PRACH 时，需要考虑 TA，且 TA 的公式由（17-1）给出。

$$T_{\mathrm{TA}}=\left(N_{\mathrm{TA}}+N_{\mathrm{TA,UE\text{-}specific}}+N_{\mathrm{TA,common}}+N_{\mathrm{TA,offset}}\right)\times T_{\mathrm{c}} \tag{17-1}$$

其中，N_{TA}=0，$N_{\mathrm{TA,UE\text{-}specific}}$ 为服务链路的 TA，用于补偿服务链路上的 RTT；$N_{\mathrm{TA,common}}$ 为公共的 TA 用于补偿卫星到参考点间的 RTT；$N_{\mathrm{TA,offset}}$ 为现有系统中一个小区级别的固定偏移量。在这个公式中，$N_{\mathrm{TA,UE\text{-}specific}}$ 是 UE 根据卫星星历信息和 GNSS 信息得到的。而参考点的位置则对于 UE 是透明的，UE 只能从基站发送的系统信息里得到 $N_{\mathrm{TA,common}}$，当其值等于 0 时，UE 可以认为参考点在卫星上，但当其值非零时，参考点的具体位置对 UE 透明。讨论到这里又出现了新的问题，在之前我们说过由于卫星的移动使得服务链路和馈电链路上的时延为时变的，因此 $N_{\mathrm{TA,common}}$ 的值也是一个时变的变量。此时如何把时变信息通知给 UE 就成为下一个讨论点。有一些公司认为由于基站知道具体的参考点位置和卫星的位置，因此基站可以推算出 $N_{\mathrm{TA,common}}$ 的变化函数，然后通过级数分解的原理，把函数的低阶导数因子通知给 UE，这样 UE 就可以通过这些因子来还原函数[4]，从而得到 $N_{\mathrm{TA,common}}$。

$$f(a)+\frac{f'(a)}{1!}(x-a)+\frac{f''(a)}{2!}(x-a)^2+\frac{f'''(a)}{3!}(x-a)^3+\cdots \tag{17-2}$$

这里大多数的观点是通知 0 阶和 1 阶导数因子参数。但也有公司建议通知从 0 阶到 2 阶导数因子参数，甚至更高阶。阶数越高，系统信息要承载的比特数越大；当阶数越低，因子参数更新就越频繁。通过仿真可以看到，当基站只通知 0 和 1 阶导数因子参数，那么 UE 需要每 2~3 s 就去更新参数。但是如果额外再通知 2 阶导数因子参数，那么 UE 可以把更新周期拉长到 30 s 左右。我们把这些 0~2 阶的导数因子参数称为公共 TA 参数。

讨论到这里，有公司提出如此高频率的更新系统消息对于 UE 的整个功耗不友好，如果也可以向服务链路那样维护同步，会使得终端的功耗大幅降低。但是这个思路的实现，需要基站通知参考点的具体位置，这样 UE 通过对于参考点位置和卫星位置的计算得出 $N_{\mathrm{TA,common}}$ 的具体值。正如前面所提到的，目前的基站实现都需要基站侧上下行时隙对齐，也就是说一种普遍的基站实现是将参考点设置在地面站上，如此一来，通知参考点的位置也等同于通知地面站的位置。又由于系统消息没有上层加密保护，因此这个方案无异于将地面站位置暴露给所有小区内的 UE，无论此 UE 是否通过了安全审核。由于这个问题，这个方案在 R17 并没有被采纳。这是因为安全问题涉及了 3GPP SA3 工作组需要跨组进行确认，这增加了讨论的周期。

当 UE 收到了卫星星历信息后，UE 认为此信息对应一个参考时间，这里的参考时间被 3GPP 命名为 epoch time，UE 和基站需要对这个参考时间有相同的认识，否则将会发生同步错误。同样的，这个参考时间对于公共 TA 参数来说代表了公式（17-2）中的时间 a。对于参考时间的确定，3GPP 会议中有不同的方案被提出：第一种方案是显式指示时间信息，这里的时间信息为 SFN 索引和子帧索引，UE 根据这两个信息确定参考时间为所指示的 SFN 索引里子帧的边界，且这个时间信息将与星历信息和公共 TA 参数一起广播给 UE。另一种方案则采用了隐式指示的方法，由于 UE 将会在系统消息接收窗口（SI window）内收到星历信息和公共 TA 参数，那么 UE 就会认为参考时间是当前收到消息的 SI 接收窗口的结束边界。第二种方案可以节省比特的开销，但第一种方案更为灵活。最终 3GPP 把通知参考时间的决定留给基站实现，基站可以显式指示 SFN 索引和子帧索引来指示参考时间，但是如果基站没有提供 SFN 和子帧的索引，那么 UE 就会通过隐式的方法确定参考时间[5]。

由于 RRC 空闲态或 RRC 非激活态的 UE 从收到相关同步的系统信息到发送 Msg.1 或者 Msg.A 之间会相隔一段时间，在这段时间间隔内，卫星会继续运动。这样很自然的 UE 的实际 TA 也应该相应地发生变化。因此 3GPP 同意在 UE 发送 Msg.1/Msg.A 前需要根据卫星的实时位置和 UE 在自己的实时位置来确定发送时间点上的 $N_{\mathrm{TA,UE\text{-}specific}}$ 值，然后再根据公共 TA 的参数来计算发送时间点对应的 $N_{\mathrm{TA,common}}$，这里的计算方式可以根据公式（17-2）计算，但是截止到本书撰写时 3GPP 并没有规定协议里是否要规范 UE 如何利用这些参数去计算公共 TA 的行为。

在 4 步随机接入过程中，UE 在发送 Msg.1 之后会开启随机接入响应时间窗 ra-ResponseWindow，UE 在该随机接入响应时间窗内监测 RA-RNTI 加扰的 PDCCH，以接收对应的随机接入响应消息。如果 UE 在此时间窗内没有接收到随机接入响应，则认为本次随机接入尝试失败，UE 会重新发送 Msg.1。当 UE 发送 Msg.1 的次数达到一定门限后，UE 会向高层指示出现了随机接入的问题。在地面网络中，随机接入响应时间窗的启动时刻为 UE 发送完 Msg.1 之后的第一个 PDCCH 监听时机，随机接入响应时间窗的窗长 ra-ResponseWindow 由网络配置，对于授权频谱 ra-ResponseWindow 可支持的最大值为 10 ms。

在地面网络中，通常情况下，UE 在完成 Msg.1 发送之后的几毫秒之内就能收到随机接入响应。在 NTN 系统中，如果直接沿用目前地面网络系统的 RAR 监听机制，会存在以下两方面的问题，一方面，由于 NTN 中 UE 与基站之间的信号传播时延相比地面网络系统大幅增加，UE 从发送 Msg.1 到接收 Msg.2 需要等待至少一个 UE 与基站之间的信号传输往返时间 RTT，即 Msg.1 传输时间加上 Msg.2 传输时间，而从 UE 完成 Msg.1 发送到第一个 PDCCH 监听时机的时间间隔通常远小于 UE 与基站之间的 RTT，因此，在 NTN 中如果 UE 仍然是在发送 Msg.1 后的第一个 PDCCH 监听时机就启动随机接入响应时间窗，显然存在 UE 过早启动随机接入响应时间窗的问题，UE 无效的 PDCCH 监听无疑会增大终端的功耗。另一方面，由于卫星的覆盖范围很大，对于同一个卫星小区内的不同 UE，由于其所处的位置不同，他们与卫星之间的信号传输时延也可能存在较大差异。如果对于在同一时刻发送 Msg.1 的不同 UE，它们在同一时刻启动随机接入时间窗，为了保证这些 UE 都能在随机接入响应窗内接收到 RA-RNTI 加扰的 PDCCH，必须保证随机接入响应窗的窗长不得小于 NTN 小区范围内不同 UE 与基站之间 RTT 的最大差值，这就需要进一步扩展随机接入响应窗的窗长。在 NTN 中，需要针对上述问题对随机接入响应时间窗进行增强。经过标准会议讨论最终决定：在 NTN 中，针对随机接入响应时间窗的启动时刻引入一个时间偏移量，该时间偏移量的取值为 UE 与基站之间的 RTT，这样就可以避免 UE 过早启动随机接入时间窗的问题。同时，由于 UE 启动随机接入时间窗的时刻已经考虑了不同的 UE 与基站之间 RTT 的差异性，因此也不需要扩展随机接入响应时间窗的窗长了。

对于基于竞争的随机接入过程，UE 在发送 Msg.3 之后的第一个时间符号启动随机接入竞争解决定时器，UE 在该随机接入竞争解决定时器运行期间监听 TC-RNTI 或 C-RNTI 加扰的 PDCCH，以接收对应的竞争冲突解决消息。如果 UE 在随机接入竞争解决定时器超时之前没有接收到网络的响应，则认为本次随机接入尝试失败，UE 会重新发送 Msg.1。当 UE 发送 Msg.1 的次数达到一定门限后，UE 会向高层指示出现了随机接入的问题。与随机接入响应窗的问题类似，考虑到 UE 与基站之间信号传输时延相比地面网络大幅增加，为了避免 UE 过早启动随机接入竞争解决定时器，经过标准会讨论决定：在 NTN 中，针对随机接入竞争解决定时器的启动时刻引入一个时间偏移量，该时间偏移量的取值为 UE 与基站之间的 RTT。

与 4 步随机接入过程类似，在 NTN 中，针对两步随机接入过程中的 Msg.B 响应时间窗的启动时刻也引入了一个时间偏移量，该时间偏移量的取值为 UE 与基站之间的 RTT。

接下来一个要解决的问题是 UE 如何确定自己与基站之间的 RTT。如前所述，在 NTN 网络中，支持基站的上行定时和下行定时有对齐和不对齐两种情况。如果基站的上行定时和下行定时是对齐的，则 UE 与基站之间的 RTT 即为 UE 的 TA。如果基站的上行定时和下行定时是不对齐的，则 UE 与基站之间的 RTT 应该是 UE 的 TA 和网络补偿的 TA 这两项之和，在这种情况下，为了 UE 能够获取自己与基站之间的 RTT，基站需要将自己补偿的 TA 值通知给 UE，在标准中用 K_{mac} 表示。因此，UE 计算 UE 与基站之间的 RTT 的公式为

$$\mathrm{RTT}=T_{\mathrm{TA}}+K_{\mathrm{mac}} \qquad (17\text{-}3)$$

式中，T_{TA} 为 UE 当前的 TA 值，K_{mac} 值由网络通过广播的方式通知给 UE。

17.2.2 连接态上行同步维护

当 UE 进入到连接态，UE 需要持续维护上行同步的准确性。这里 3GPP 提出了两个主要问题。第一个问题是 UE 是否还是延续在地面系统中由基站提供上行 TA 调整（TAC）的方式来维护上行同步，抑或由 UE 自行维护上行同步。有部分公司认为当 UE 进入连接态后，可以延用地面网络的原则，即 UE 根据基站发来的 TAC 来调整上行的同步。这样的好处是没有过多的协议影响。但是会导致的问题是，基站根据收到的上行来判断是否需要发送 TAC 以及需要 UE 调整的幅度。然而，当基站发送 TAC 到 UE 侧时，已经经过了一段较长的 RTT 时间，在这段时间内，UE 可能又自行调整过多次 TA，对于收到基站发送的 TAC 的基准时间点是不确定的。这样会导致 TAC 的调整偏差。为了解决这个问题，在最初讨论时有公司提出关闭 TAC 功能，仅借助于 UE 自行维护补偿 TA。这个方法简单且避免了 TAC 调整的基准时间不确定问题。然而，经过讨论，这个方案没有被采纳，主要的理由是 TAC 闭环同步维护是一个很重要的功能，基站可以根据实际的接收情况来通知 UE 进行同步调整。此外，UE 对于馈电链路的情况不能做到实时跟踪，而只能基于基站提供的一些参数来维护。当这些参数发生偏差时，或者精度不够时，UE 则无法完全自行把同步调节到最优情况。基于以上两点，3GPP 决定 TAC 闭环调节功能需要支持。在接下来的会议中，各个公司提出不同的方法，其中包括以下几种。

方法 1：维持现有的协议，即 UE 只调整 N_{TA} 部分。

方法 2：当收到 TAC 时，UE 需要重置 $N_{\mathrm{TA,UE\text{-}specific}}$。

方法 3：当收到 TAC 时，UE 采用不同的算法来优化 TAC 的调整，例如，UE 需要改变 N_{TA} 为 $N_{\mathrm{TA}}=N_{\mathrm{TA}}-(N_{\mathrm{TA,UE\text{-}specific,new}}-N_{\mathrm{TA,UE\text{-}specific,old}})$。

方法 4：在协议中不讨论，UE 实现解决。

方法 1 和方法 4 在本质上类似，在协议中仅体现当 UE 收到 TAC 时，UE 会基于 TAC 去调整 N_{TA}，而对于其余部分协议则没有规定 UE 的行为，UE 可以基于不同的算法实现。这里要注意的是，对于 UE 的上行同步性能要求，3GPP 有具体的规定。所以只要 UE 可以满足规定的性能要求，UE 在实现中可以采用任意的算法，3GPP 则不需要去对算法做出限制。相反，对于方法 2 和方法 3，则是对 UE 的行为及其算法做出限制。截止到本章节撰写时，3GPP 并

没有对于这些不同的方法下结论，讨论仍然在进行中。

第二个问题涉及 UE 自行维护上行同步的有效时间。由于 UE 维护同步需要网络提供卫星的星历信息和公共 TA 的参数，而这些信息都具有时效性。因此网络需要周期性地提供更新信息，而 UE 也需要周期性地接收更新信息。然而，这样的行为对于终端的功耗损耗影响比较大。在地面网络环境中，终端无须频繁地接收更新的系统信息。但在 NTN 网络中，这样的高更新使得终端的实现困难重重。考虑到了这点后，3GPP 提出网络将定义一个有效时长，在这个时长内终端可以认为网络最近一次提供的星历信息和公共 TA 参数都是有效的，那么终端则无需再去读取更新信息。但是在这个时长外，终端则认为信息已经失效，这时 UE 如果没有得到一个更新的星历信息和公共 TA 参数，则认为上行同步丢失。此时就需要启动上行同步恢复机制。截止到本书撰写时 3GPP 尚未确定具体的恢复机制细节，但初步的讨论基于两种不同的方向：（1）UE 启动无线链路失败（Radio Link Failure，RLF）恢复，此时 UE 需要去重新搜索小区并启动新小区接入流程；（2）UE 需要自行读取更新星历信息和公共 TA 参数用以恢复上行同步。 对于第一个方案，其优点在于协议影响较小，由于 RLF 恢复机制在之前的版本已经存在，因此对于协议的影响只是对这个流程的触发加一个上行同步丢失的条件。但是这个方案的缺点在于，在有些情况下基站到终端间的无线链路质量仍然良好，因此 UE 没有必要重新搜索小区，这样会造成终端无端浪费能耗。方案 2 可以解决这个问题，UE 只要通过重新获取更新的星历信息和公共 TA 参数便可以恢复上行同步，而无需重新搜索小区和接入小区。

17.3　时序关系增强

本章节介绍 NTN 中时序关系是如何进行增强的。在地面网络中，终端和基站之间的时延很小，定时提前量（Timing Advance，TA）很小，所以在上行发送信号之前采用 TA 后，对上下行的时序关系基本不会产生影响。然而，和地面网络相比，NTN 网络中的终端和基站之间的时延很大，相应的 TA 很大，所以在 NTN 网络中需要考虑时序关系增强，保证终端和基站对上下行时序关系理解一致。由于 NTN 网络的时序关系增强是建立在地面网络上的，在 NTN 网络标准化讨论初期，3GPP 组织经过多次会议，在地面网络的时序关系基础上，逐步讨论了现有时序关系的增强方案。

17.3.1　调度时序增强

首先介绍在 NTN 网络标准化讨论中，哪些时序需要增强，其次介绍时序关系增强的必要性，最后介绍需要增强的时序关系具体是如何增强的。

1. 需要增强的时序关系

在 NTN 网络标准化讨论初期，大部分公司提出了相对于地面网络中，以下时序关系需要增强，并在后续标准讨论中，逐步对其进行细致的讨论并得出结论。

（1）PUSCH 的调度时序增强

① DCI 调度的 PUSCH。

② RAR 或 fallbackRAR 调度的 PUSCH。

③配置授权类型 2 的 PUSCH（Configuration Grant Type-2 PUSCH，CG Type-2 PUSCH）。

（2）PUCCH 的调度时序增强

① DCI 调度的 PUCCH。

②随机接入过程中的 PUCCH。

③ K_1 扩展。

（3）PRACH 的调度时序增强

① PDCCH 调度的 PRACH。

② RAR 窗口起始时刻确定。

③波束失败恢复（Beam Failure Recovery，BFR）。

（4）上行探测参考信号（Sounding Reference Signal，SRS）的调度时序增强

（5）信道状态指示（Channel State Information，CSI）参考资源定时时序增强

（6）TA 应用时间的时序增强

2. 时序关系增强的必要性

以 PUSCH 调度的时序关系为例，当 UE 被 DCI 调度发送 PUSCH 时，如果 DCI 指示的时隙偏移值 K_2 等，则 PUSCH 在 $\left\lfloor n \cdot \frac{2^{\mu_{\text{PUSCH}}}}{2^{\mu_{\text{PDCCH}}}} \right\rfloor + K_2$ 时隙中发送，其中 n 是调度 DCI 的时隙，K_2 是基于 PUSCH 的参数集，μ_{PUSCH} 和 μ_{PDCCH} 分别对应 PUSCH 和 PDCCH 的子载波间隔。现有 DCI 调度的 PUSCH 的传输定时关系如图 17-9 所示。

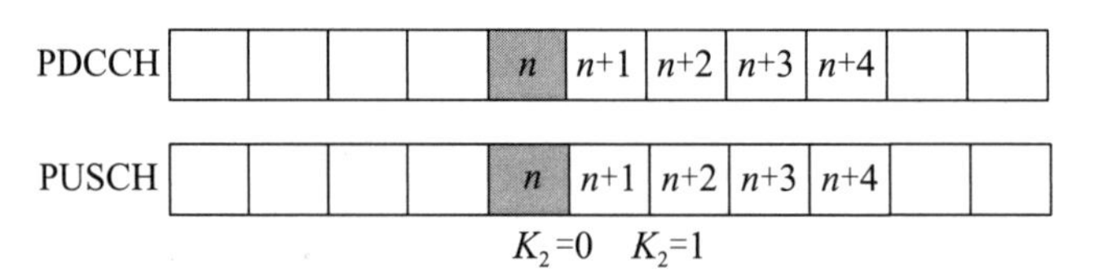

图 17-9　现有 DCI 调度 PUSCH 的传输定时关系

调度器在指示定时时需要考虑到 UE 的最小处理时间，所以需要对时序关系进行适当约束，如图 17-10 所示。

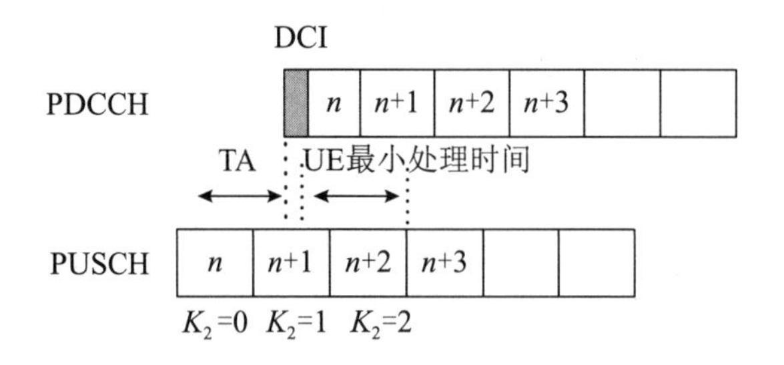

图 17-10　应用 TA 后 DCI 调度 PUSCH 的传输定时关系

如果 TA 很大，UE 侧可用的 K_2 值就很少甚至没有了，此时会影响 UE 的处理时间 [6]。同样地，类似的问题也存在于其他时序关系里，因此，在 NTN 网络里，需要考虑对时序关系做增强，经过 3GPP 组织多次讨论，确定增强方案为引入偏移值 K_{offset} 或者 K_{mac}，相应地延长调度时序关系。具体 K_{offset} 或者 K_{mac} 的调整和更新详见第 17.3.2 节。

3. 增强的时序关系的具体方案

（1）PUSCH 的调度时序关系增强

① DCI 调度的 PUSCH

该时序调度关系的具体方案可参考上一部分时序关系增强必要性的内容。

② RAR 或 fallbackRAR 调度的 PUSCH

对于 RAR 或 fallbackRAR 调度的 PUSCH，在标准讨论初期，各个公司一致同意引入 K_{offset} 进行时序增强。其中，在 RAN1#102e 中确定引入 K_{offset} 增强 RAR 授权调度的 PUSCH 的时序关系。相应的，在 RAN1#103e 会议中确定引入 K_{offset} 增强 fallbackRAR 调度的 PUSCH 的时序关系。具体增强方案如图 17-11 所示。

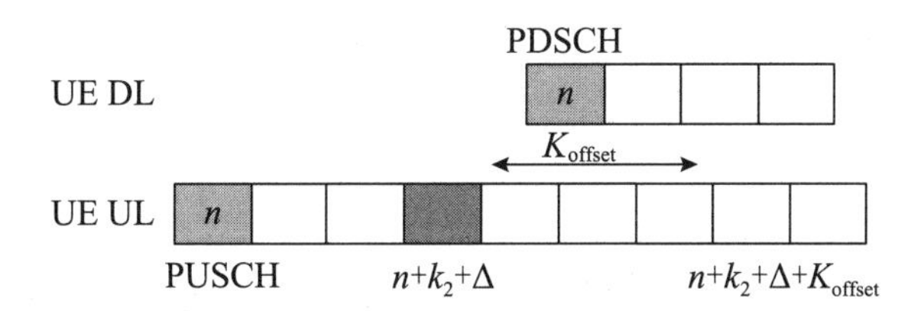

图 17-11　增强后的 RAR 或 fallbackRAR 调度的 PUSCH 传输定时

③ CG Type-2 PUSCH

对于配置为授权类型 2 的 PUSCH 传输的第一个传输时机，当时标准讨论时有公司认为 UE 在收到 DCI 后，可以选择一个满足 UE 处理时间的合适的配置授权资源，但是大多数公司认为该行为是针对第一个传输时机的问题，如果不对其进行增强，那么 UE 选择的可能就不是第一个传输时机，而是其他传输时机，所以为了保证 UE 在该问题上仍然可以选择第一个 PUSCH 传输时机，最终在 RAN1#104e 会议上确定引入 K_{offset} 增强授权类型 2 的 PUSCH 传输定时。具体增强方案如图 17-12 所示。

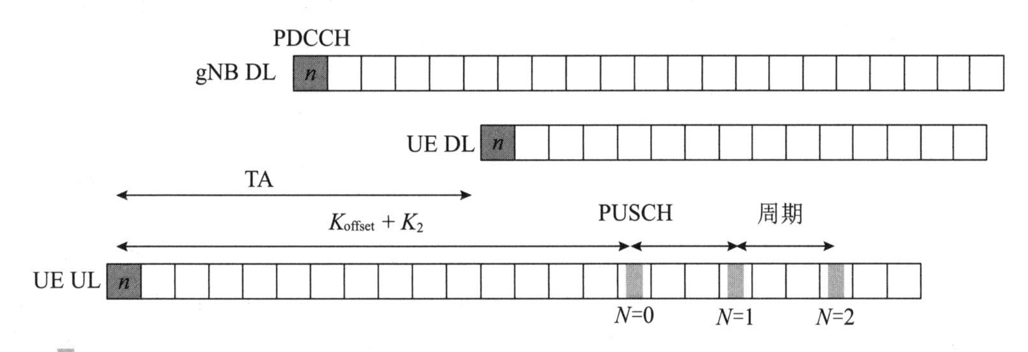

图 17-12　增强后授权类型 2 的 PUSCH 传输定时

（2）PUCCH 的调度时序关系增强

① DCI 调度的 PUCCH

对于一般的 DCI 调度的 PUCCH，如果在时隙 n 收到 PDSCH，或者在时隙 n 上收到携带 SPS PDSCH release 的 PDCCH，那么对应的在 PUCCH 上传输 HARQ-ACK 的时序关系也需要引入 K_{offset} 增强。具体增强方案如图 17-13 所示。

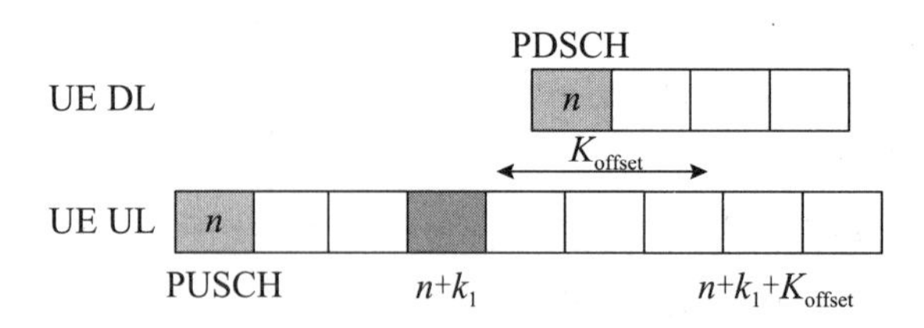

图 17-13 增强后的 PUCCH 上的 HARQ 反馈传输定时

②随机接入过程中的 PUCCH

RAN1#103e 会议中确定了引入 K_{offset} 增强 PUCCH 上的 HARQ 反馈到 Msg.B 的时序关系。更进一步地，在 RAN1#105e 会议中确定了引入 K_{offset} 增强由 DCI 格式 1_0 调度的 PUCCH 上的 HARQ-ACK 到 Msg.B 的传输定时，其中 CRC 由 Msg.B RNTI 加扰。

同时，在 RAN1#105e，也确定了引入 K_{offset} 增强由 DCI 格式 0_0 调度的 Msg.3 的重传，其中 CRC 由 TC-RNTI 加扰。

同时，在 RAN1#105e 会议中确定了引入 K_{offset} 增强由 DCI 格式 1_0 调度的 PUCCH 上的 HARQ-ACK 到竞争解决 PDSCH 的传输定时，其中 CRC 由 TC-RNTI 加扰。具体增强方案如图 17-13 所示。

③ $\boldsymbol{K_1}$ 扩展

RAN1 在标准讨论中还讨论了关于 K_1 是否扩展的问题。因为 K_1 是指 PDSCH 与其 HARQ-ACK 反馈的时隙间隔，考虑到 NTN 场景中的小区半径比 NR 大得多，所以如果按照现有 K_1 值进行调度的话，会出现调度不到对应的上行资源的问题，其次考虑一个特殊场景，在 TDD 模式下的 ATG 场景中，上下行资源可能会间隔比较远，如果不增强 K_1 依然会存在无法调度到对应的上行资源问题。同时考虑增强方案可以是在现有标准中引入 K_{offset} 延长 K_1，或者直接扩展 K_1 的值，若引入 K_{offset}，又考虑到 K_1 可能会和公共 TA 有关且可能会在公共信令中处理，其中，公共 TA 参考 17.2.1 小节。为了简单起见，最终在 RAN1#104e 会议中同意，在非成对频谱中，将现有 K_1 的值从 (0..15) 扩展到 (0..31)。

（3）PRACH 的调度时序关系增强

① PDCCH 调度的 PRACH

对于 PDCCH 触发的 PRACH，R16 协议本身已经考虑了 UE 解读 PDCCH 和准备 PRACH 的处理时间。因此在 NTN 系统中理应不需要再做额外的增强。然而，在 3GPP 的讨论中，有公司提出由于 UE 的 TA 很大，因此为了满足处理时间，UE 在实际系统中将会选择离收到的 PDCCH 资源比较远的 PRACH 机会（PARACH occasion）来传输 PRACH。然后基站则会在发送 PDCCH 以后开始搜索 UE 发送的 PRACH，这样会造成基站在一段时间内检索功耗的浪费。为了解决这个问题，经过多次讨论，最终在 RAN1#106e 会议中各家公司同意引入 K_{offset} 增强 PDCCH 触发的 PRACH 时序关系。在 RAN1#107e 会议同意一直使用 SIB 消息中的 K_{offset} 来增强 PDCCH ordered PRACH 关系，也就是 $K_{celloffset}$。这样就意味着，基站在发送 PDCCH 后的 K_{offset} 时间段内无须搜索 PRACH，从而降低了基站的复杂度。具体增强方案如图 17-14 所示。

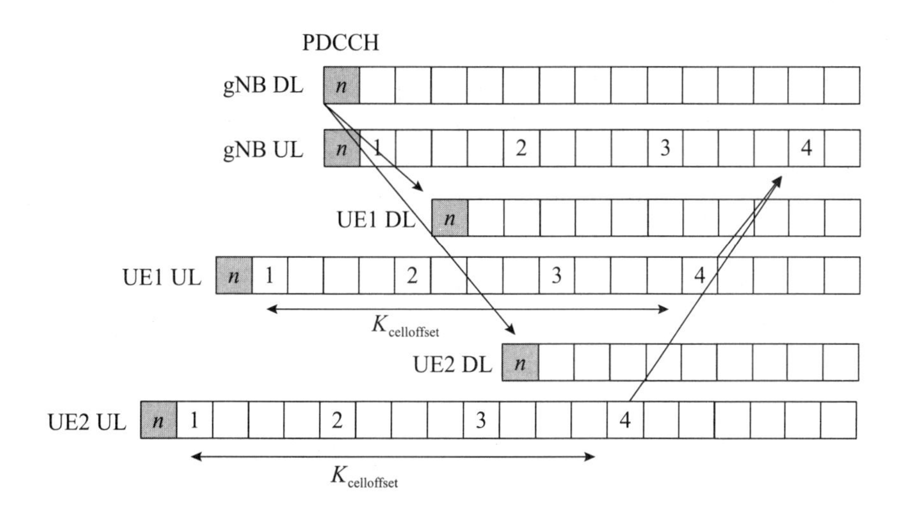

图 17-14 增强后的 PDCCH ordered PRACH 传输定时

② RAR 窗口起始时刻确定

无论是 4 步 RACH 还是两步 RACH，UE 发送了 Msg.1/Msg.A 之后，都将在 RAR 时间窗（RAR window）内监听 PDCCH，以接收对应 RA-RNTI 的 RAR。如果在 RAR 时间窗内没有接收到 gNB 回复的 RAR，则认为此次随机接入过程失败。现有协议中，RAR 窗起始于最早的 CORESET 的第一个符号，该 CORESET 是 UE 被配置用于接收 Type1-PDCCH CSS 集的 PDCCH，而最早的 CORESET 与 PRACH 传输相对应的 PRACH occasion 的最后一个符号之后至少间隔一个符号。

和其他时序关系类似，在 NTN 中，如果不考虑增强 RAR window 的起始时刻，那么由于大的 TA，会使得 RAR window 的起始位置提前，此时可能会漏掉 RAR 的监听信息，所以为了精确获得 RAR window 的起始位置，讨论对该时序关系进行增强。如果使用小区最小 RTT，那么对于小区边缘的用户可能会浪费功率，如果使用小区最大 RTT，那么在小区中心的用户可能会丢失掉 RAR 信息，所以最终确定引入 UE 专属 RTT 增强 RAR window 的起始位置。经过多轮讨论，最终在 RAN1#105e[7] 会议中各家公司同意引入 UE-gNB RTT 来增强 RAR window 的起始位置。其中，UE-gNB RTT 等于 T_{TA} 加 K_{mac}，其中 T_{TA} 参见第 17.2.1 节，K_{mac} 参见第 17.3.3 节。具体增强方案如图 17-15 所示。

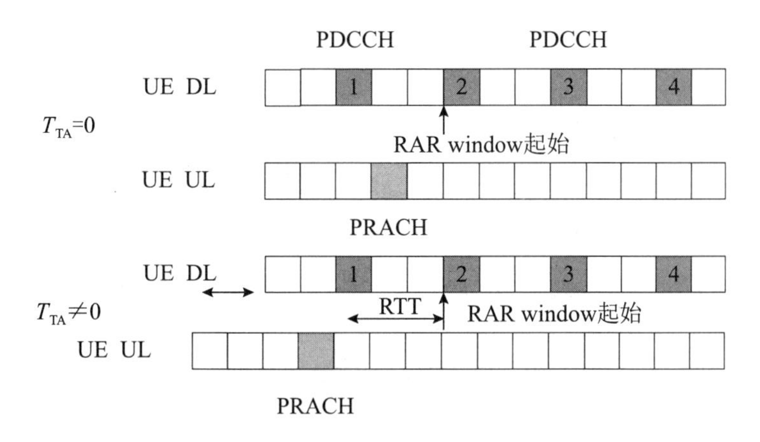

图 17-15 增强后的 RAR window 起始时刻

③ BFR

如前所述，在 NTN 系统中，支持基站的上行定时和下行定时有对齐和不对齐两种情况。如果基站的上行定时和下行定时是对齐的，那么在 BFR 时序关系中，现有标准的描述时隙“n+4”仍然适用，如果基站的上行定时和下行定时是不对齐的，偏移为 K_{mac}，那么现有标准的描述时隙“n+4”就不适用了，因为 gNB 在时隙“n+4”可能还没有收到 PRACH，所以在时隙“n+4”也就无法发送对应的 PDCCH 响应，如图 17-16 所示。因此需要在现有的 BFR 时序关系中进行增强，且考虑到是由于基站的上行定时和下行定时不对齐带来的时序影响，所以，最终在 RAN1#107e 会议同意引入 K_{mac} 增强 BFR 时序关系，即对应 RAR 窗口的起始时刻为下行时隙“$n+K_{mac}+4$”。具体增强方案如图 17-16 所示。

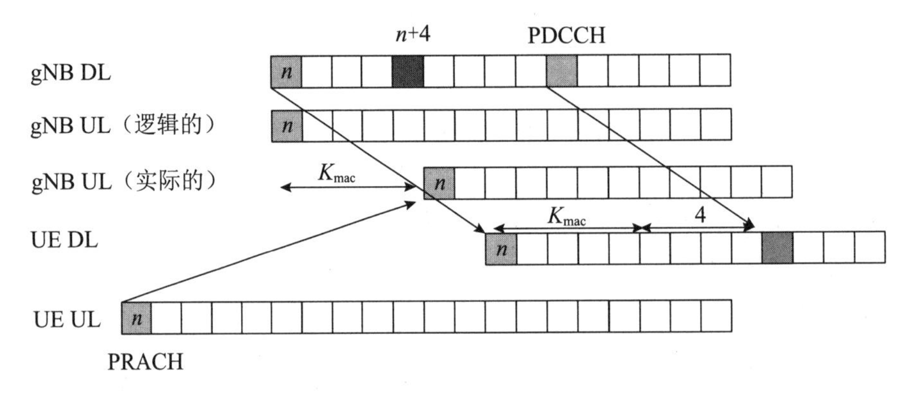

图 17-16　增强前后的 BFR 传输定时

（4）SRS 的调度时序增强

当在时隙 n 中接收到触发非周期 SRS 的 DCI 时，UE 在时隙 $\left\lfloor n\cdot 2^{\frac{\mu_{SRS}}{\mu_{PDCCH}}}\right\rfloor+K$ 上的每个触发的 SRS 资源集中发送非周期 SRS，其中 K 通过高层参数 slotOffset 为每个基于参数集 μ_{SRS} 触发的 SRS 资源集进行配置，μ_{PDCCH} 是在 PDCCH 上触发 DCI 的参数集。基于以上分析的类似的时序关系问题，在非周期 SRS 的传输定时中，增强方案为 UE 在时隙 $\left\lfloor n\cdot\frac{2^{\mu_{SRS}}}{2^{\mu_{PDCCH}}}\right\rfloor+K+K_{offset}\cdot\frac{2^{\mu_{SRS}}}{2^{\mu_{K_{offset}}}}$ 上的每个触发的 SRS 资源集中发送非周期 SRS。具体增强方案如图 17-17 所示。

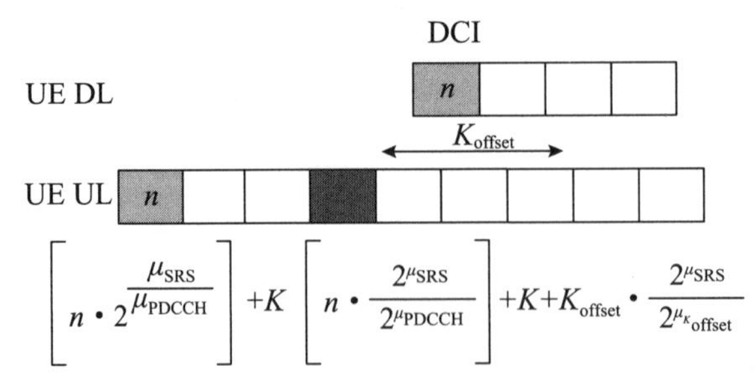

图 17-17　增强后的非周期 SRS 的传输定时

（5）CSI 参考资源定时时序增强

现有 CSI 的参考资源定时中，上行链路时隙 n' 中的 CSI 报告对应于下行链路时隙 $n-n_{CSI\_ref}$ 中的 CSI 参考资源，其中 $n=\left\lfloor n'\cdot\frac{2^{\mu_{DL}}}{2^{\mu_{UL}}}\right\rfloor$，$\mu_{DL}$ 和 μ_{UL} 分别对应 DL 和 UL 的子载波间隔配置，n_{CSI_ref} 取决于参考文献 [8] 中定义的 CSI 报告类型。

在 NTN 中，同样考虑因为 TA 过大而造成时序关系错乱，所以引入 K_{offset} 增强 CSI 参考资源。因此，CSI 参考资源则变为在给定的下行时隙 $n-n_{CSI\_ref}-K_{offset}\cdot\frac{2^{\mu_{DL}}}{2^{\mu_{K_{offset}}}}$，其中 $\mu_{K_{offset}}$ 是一个参考子载波间隔，其在 FR1 频段下等于 0。具体增强方案如图 17-18 所示。

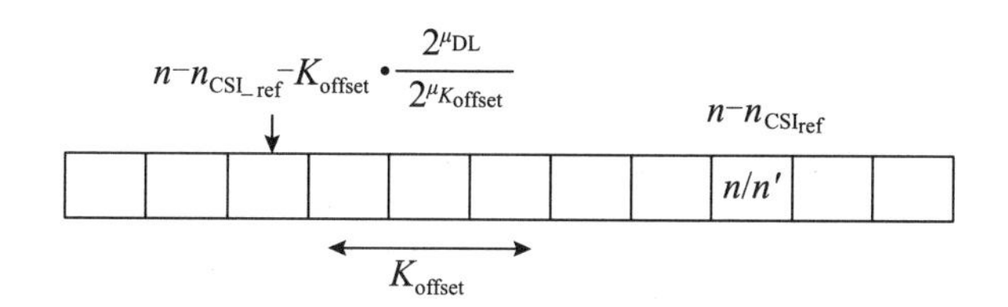

图 17-18　增强后的 CSI 参考资源位置

（6）TA 应用时间的时序增强

在 R16 标准中，UE 在上行信号发送之前，会在上行时隙 n 收到一个包含 TA 的调整量 N_{TA} 的 MAC CE 命令，UE 通过该 MAC CE 命令获得 TA 的调整量 N_{TA} 的值，然后上行链路传输定时的相应调整从上行时隙 $n+k+1$ 开始，且该上行链路传输不是由 RAR UL grant 调度的 PUSCH。如图 17-19 所示，其中，上行时隙 n 是和下行接收 PDSCH 时隙重叠的最后一个时隙，且假设 T_{TA}=0，k 是 PDSCH 的处理时间。

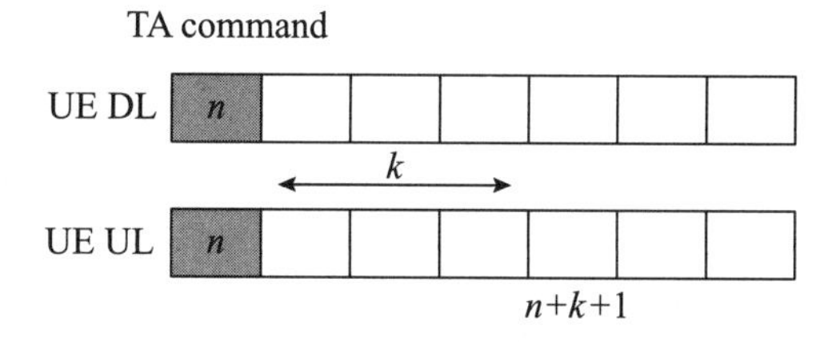

图 17-19　现有定时提前时序关系

但是在 NTN 网络中，由于基站和 UE 之间的时延很大，所以 TA 的值很大，在上行链路传输之前应用 TA 后，会出现上行时隙 $n+k+1$ 在下行时隙 n 之前。如图 17-20 所示，如果不对上行时隙 $n+k+1$ 进行增强，那么就会造成上下行时序混乱，所以最终在 RAN1#104b[9] 会议上确定引入 K_{offset} 增强上行链路传输定时的调整。

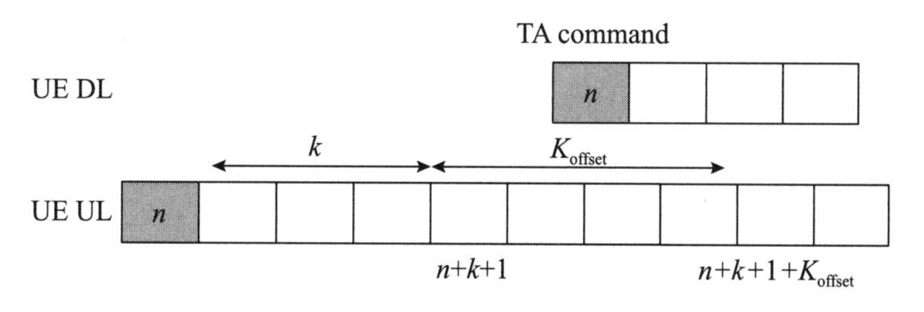

图 17-20　增强后的定时提前时序关系

17.3.2 MAC CE 激活时间

现有协议中，MAC CE 的激活时序关系如图 17-21 所示，当携带 MAC CE 命令的 PDSCH 对应的 HARQ-ACK 在时隙 n 发送时，则 MAC CE 命令中指示的下行配置对应的 UE 行为和假设应该从时隙 $n+3N_{\text{slot}}^{\text{subframe},\mu}$ 后的第一个时隙开始应用，其中 $N_{\text{slot}}^{\text{subframe},\mu}$ 表示参考子载波间隔下每个子帧内的时隙数。在地面网络中，基站和 UE 侧的时序关系可以被认为是对齐的，因此基站和 UE 对于 MAC CE 命令的激活时隙有着共同的理解。

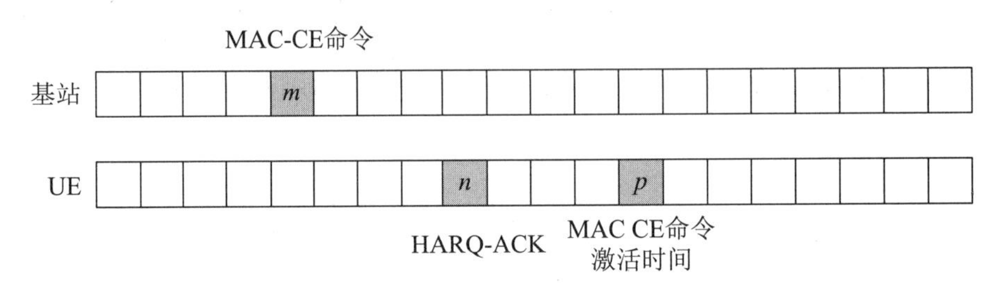

图 17-21　MAC CE 激活时序关系

但在 NTN 系统中信号传输时延更长，导致基站和 UE 侧上下行时序关系不是对齐的，因此需要明确 MAC CE 命令的激活时间。以图 17-22 为例，基站在时隙 m 发送 MAC CE 命令，UE 在时隙 n 发送携带 MAC CE 命令的 PDSCH 对应的 HARQ-ACK，此时 UE 对于 MAC CE 的激活时隙 $n+3N_{\text{slot}}^{\text{subframe},\mu}$ 在上行时序和下行时序中理解是不同的。另外，基站与 UE 关于 MAC CE 激活时隙的理解也无法达成一致。

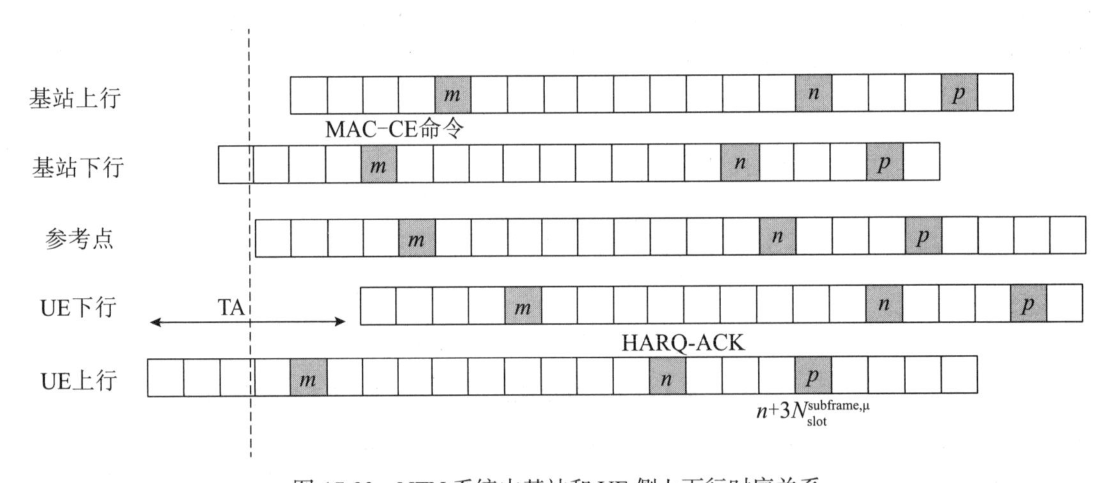

图 17-22　NTN 系统中基站和 UE 侧上下行时序关系

有关 MAC CE 激活时间模糊的问题主要是因为不清楚 UE 应该在应用 TA 之前还是之后确定激活时间 [10]。为了解决这个问题，协议中引入了逻辑时间和实际时间的概念。

①逻辑时间是指下列所有项均假设为 0：

- 不同载波间的下行时序差异。
- 不同定时提前组（TA Group，TAG）间的上行时序差异。
- 上行 TA。

②实际时间是指 UE 观察到的值用于：

- 不同载波间的下行时序差异。
- 不同 TAG 间的上行时序差异。
- 上行 TA。

基于共识，MAC CE 激活时间被归类为逻辑时间。即 UE 应该基于协议中规定的时隙数做出逻辑上的 MAC CE 激活，并在上行 TA 之后应用 MAC CE。当基站侧上下行帧时序对齐时，基站和 UE 对于 MAC CE 命令的激活时隙 p 有着共同的理解，即由 MAC CE 命令指示 UE 关于下行配置和上行配置的行为和假设，都不需要引入偏移量，如图 17-23 所示。

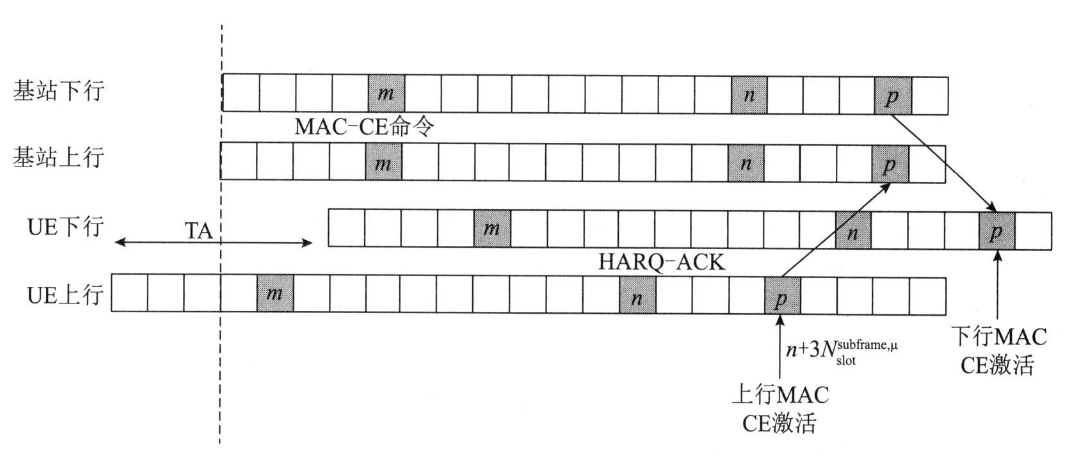

图 17-23　基站侧上下行帧时序对齐时 MAC CE 激活时间

当基站侧上下行帧时序不对齐时，基站的上行时隙 p 相对于基站的下行时隙 p 存在时延。对于 MAC CE 命令指示的 UE 关于下行配置的行为和假设，考虑到基站是在上行时隙 n 收到 HARQ-ACK 信令后开始应用的，因此需要引入 K_{mac}。而对于 MAC CE 命令指示的 UE 关于上行配置的行为和假设，由于不需要基站的下行时序参与，因此不需要引入 K_{mac}。

在基站侧上下行时序不对齐的场景中，K_{mac} 用于表示基站上下行帧时序不对齐的程度。且 K_{mac} 值由网络通过系统消息配置给 UE，当 UE 没有被配置 K_{mac} 时，则假设 $K_{\text{mac}}=0$。

基于以上分析，在 NTN 系统中，如果 UE 配置了 K_{mac} 值，则 MAC CE 激活时序关系为：当携带有关下行配置的 MAC CE 命令的 PDSCH 对应的 HARQ-ACK 在时隙 n 发送时，则 UE 关于下行配置的行为和假设应该从下行时隙 $n+3N_{\text{slot}}^{\text{subframe},\mu}+K_{\text{mac}}$ 后的第一个时隙开始应用，其中 μ 表示携带 HARQ-ACK 的 PUCCH 对应的子载波间隔配置。

17.3.3　K_{offset} 调整 / 更新

1. 广播 K_{offset}

对于初始接入过程的 UE，由于基站缺少其在上行传输时的 TA 调整信息，只能配置一个统一的 K_{offset}，并通过广播的方式下发。在 RAN1#102 会议上同意，在系统消息中携带初始接入过程中使用的 K_{offset} 对应的信息。

在 NTN 中，一个小区可能包含一个或多个卫星波束，因此广播的 K_{offset} 可以是小区公共的 K_{offset}，也可以是波束专属的 K_{offset}。对于小区公共 K_{offset}，在小区内只需要维持一个 K_{offset}，信令开销更低，但与 UE 实际使用的 TA 调整差距较大；波束专属 K_{offset} 更符合 UE 使用的

TA 调整，但需要进一步设计如何通过系统消息通知不同波束的 K_{offset}，对协议影响更大。

在支持小区公共 K_{offset} 还是波束专属 K_{offset} 的问题上，各家公司出现较大分歧。最终决定对于小区中的所有卫星波束，至少要能够支持使用小区公共 K_{offset}，并且 R17 NTN 系统不支持波束专属 K_{offset} 用于初始接入。

对于系统消息中携带的小区公共 K_{offset} 值，可以通过显式或者隐式的方式指示。

①显式指示：通知一个偏移值确定小区公共 K_{offset} 值，例如该值应该覆盖服务链路的 RTT 加上卫星和参考点之间的 RTT。

②隐式指示：通知第一和第二偏移值，小区公共 K_{offset} 值等于这两个偏移值的和。比如第一偏移值能够覆盖卫星和参考点之间的 RTT，或者由公共 TA 确定，第二偏移值能够覆盖服务链路的 RTT。

可以看出，对于显式指示方案，K_{offset} 无需与其他参数关联，基站可以对 K_{offset} 灵活进行配置；对于隐式指示方案，第一偏移值可以通过其他参数推导获得（如公共 TA），从而节省信令开销，但隐式指示方案要求 K_{offset} 与其他参数关联，即获取小区公共 K_{offset} 时要依赖于与其关联的参数，灵活性较差。并且有公司指出小区公共 K_{offset} 不会超过第二偏移值的 2 倍，此时隐式指示方案仅节省 1 比特信令开销，但将带来更大的实现复杂度，因此最终支持显式指示小区公共 K_{offset} 值。

小区公共 K_{offset} 需要覆盖基站到小区内 UE 的最大传播 RTT。在地球移动小区的 LEO 场景中，由于卫星持续的移动和波束调整，最大传播 RTT 不断发生变化，此时可以通过系统消息更新的方式更新小区公共 K_{offset}。

2. K_{offset} 确定

为了在 NTN 系统中确定 K_{offset} 值的大小，需要对 K_{offset} 的单位和取值范围进行规定。对于 $K_{offsett}$ 的单位，首先讨论了以毫秒为单位，还是以在给定子载波间隔下的时隙数为单位。后者在任意子载波间隔下的时隙数都可以用 K_{offset} 直接指示，因此该方案更直接，且对标准的影响更小。

随后进一步讨论了不同场景下 K_{offset} 单位的参考子载波间隔，如表 17-1 所示，各公司提出如下候选方案。

表 17-1　不同场景下 K_{offset} 单位的参考子载波间隔

频　段	K_{offset} 单位的参考子载波间隔
FR1	60 kHz 的时隙
FR2	120 kHz 的时隙
FR1/FR2	15 kHz 的时隙
	GEO 场景下 15 kHz 的时隙
	系统消息配置

更大的参考子载波间隔可以为 K_{offset} 的单位提供更细的粒度，更有利于降低 NTN 系统的调度时延，但同时也要求 TA 上报和 K_{offset} 更新更加频繁。考虑到 NTN 系统中 K_{offset} 的取值范围通常在几十到几百毫秒，小于 1 ms 的量化粒度在调度时延上的增益是有限的，且量化相同的 K_{offset} 取值范围时信令开销也更大。因此，最终决定在 FR1 使用 15 kHz 作为 K_{offset} 单位的参考子载波间隔。此外，K_{mac} 单位与 K_{offset} 保持一致，即在 FR1 同样使用 15 kHz 作为 K_{mac} 单位的参考子载波间隔。

关于 FR2 有公司指出目前还没有 FDD 下 PRACH 配置的相关设计，因此在 R17 阶段不定义 FR2 的 K_{offset} 和 K_{mac} 单位。

对于 K_{offset} 取值范围的定义，可以使用一个 K_{offset} 取值范围覆盖所有卫星场景，也可以在不同卫星场景下使用不同 K_{offset} 取值范围。更具体的，K_{offset} 取值范围可以参考不同卫星场景下的 RTT 变化范围进行设计，如表 17-2 所示。

表 17-2 不同卫星场景下的 RTT 变化范围

	RTT 变化范围	步 长
一个 K_{offset} 取值范围覆盖所有场景	[0] ~ [542] ms	与 K_{offset} 单位相同
不同 K_{offset} 取值范围覆盖不同场景	LEO: [2] ~ [49] ms MEO: [47] ~ [396] ms GEO: [239] ~ [542] ms	与 K_{offset} 单位相同

如果使用不同 K_{offset} 取值范围，则需要进一步讨论不同卫星场景（HAPS/LEO/MEO/GEO）具体支持哪些 K_{offset} 值，以及如何通过星历信息确定卫星场景。而使用统一的 K_{offset} 取值范围实现起来比较简单，因此最终决定使用一个 K_{offset} 取值范围覆盖所有卫星场景。对于 K_{offset} 具体支持的取值范围，考虑到基站与 NTN 网关不共址的场景以及星间链路场景下通常需要更大的 K_{offset} 值，最终决定小区公共 K_{offset} 的取值范围为 0~1023 ms。

K_{mac} 取值范围需要覆盖参考点到基站的 RTT，考虑到参考点可能在卫星上，因此同样需要针对不同卫星场景设计 K_{mac} 的取值范围。类似的，可以使用一个 K_{mac} 取值范围覆盖所有卫星场景，也可以在不同卫星场景下使用不同 K_{mac} 取值范围，具体如表 17-3 所示。

表 17-3 不同卫星场景下的 K_{mac} 取值范围

	取 值 范 围	步 长
一个 K_{offset} 取值范围覆盖所有场景	[1] ~ [271] ms	与 K_{offset} 单位相同
不同 K_{offset} 取值范围覆盖不同场景	LEO: [1]~[25] ms MEO: [1] ~ [198] ms GEO: [1] ~ [271] ms	与 K_{offset} 单位相同

参考 K_{offset} 取值范围的设计，最终决定使用一个 K_{mac} 取值范围覆盖所有卫星场景，且具体的 K_{mac} 取值范围为 0~512 ms。

3. K_{offset} 更新

考虑到 NTN 的波束覆盖范围通常是非常大的，GEO 和 LEO 场景下卫星波束尺寸最大可以达到 3 500 km 和 1 000 km，导致卫星波束内不同 UE 的 RTT 值最大相差 20.6 ms 和 6.4 ms。如果初始连接后的 UE 仍使用广播的 K_{offset}，则调度灵活性将受到很大限制。因此 NTN 支持在初始接入后，进一步通知 UE 专属 K_{offset}，保证 NTN 系统中的调度更加高效。

对于初始连接后如何更新 K_{offset}，有如下候选方案。

- 方案 1：RRC 重配。
- 方案 2：MAC CE。

为解决 K_{offset} 更新问题，首先明确不同场景下的更新频率。在 GEO 场景中，卫星到 UE 的 RTT 变化很小，不需要经常更新 UE 专属 K_{offset}。但在 LEO 场景中，由于卫星的快速移动，导致 UE 专属 K_{offset} 更新频率较高，如每几秒更新一次。考虑到 MAC CE 有效兼顾了物理层信令开销和更新 K_{offset} 的应用时延，因此支持使用 MAC CE 提供和更新 UE 专属 K_{offset}。

关于通过 MAC CE 提供 UE 专属 K_{offset}，有如下候选方案。

- 方案 1：MAC CE 提供完整的 UE 专属 K_{offset} 值。

- 方案 2：MAC CE 提供差分 UE 专属 K_{offset} 值，此时完整的 UE 专属 K_{offset} 等于小区公共 K_{offset} 和差分 UE 专属 K_{offset} 的差。

方案 1 和方案 2 都需要通过 MAC CE 提供 UE 专属 K_{offset} 值，区别在于方案 2 通过在 UE 侧做一次减法可以显著降低信令开销。此外，正如 17.3.2 节提到，基站和 UE 对 MAC CE 激活时间有着相同的理解。因此在方案 2 中，如果 MAC CE 在小区公共 K_{offset} 更新前发送，则差分 UE 专属 K_{offset} 的参考值为前一系统消息中的小区公共 K_{offset}；否则使用更新的系统消息中的小区公共 K_{offset} 值进行差分。

差分 UE 专属 K_{offset} 的取值范围需要覆盖小区内最大差分 RTT，其在 GEO 场景中为 20.6 ms，导致差分 UE 专属 K_{offset} 的取值范围需要为 0~21 ms，占用 5 bit 的信令开销。另外有公司提出，如果小区公共 K_{offset} 基于卫星场景中的最大 RTT（即仰角 10° 时馈电链路 + 服务链路 RTT）确定并且不更新，则最大差分 UE 专属 K_{offset} 的值应该为最大 RTT 减去最小 RTT（即仰角 90° 时馈电链路 + 服务链路 RTT）。此时差分 UE 专属 K_{offset} 的取值范围在 LEO 和 MEO 场景分别需要 0~29 ms 和 0~62 ms，因此最终决定不同卫星场景下差分 UE 专属 K_{offset} 的取值范围统一为 0~63 ms。

UE 收到更新的 K_{offset} 后，17.3.1 节涉及的时序关系使用小区公共 K_{offset} 还是 UE 专属 K_{offset}，需要结合实际场景进行分析。

首先在一些场景中，需要对齐不同 UE 的 K_{offset} 值。例如在基于竞争的随机接入过程中，对于 RAR 授权调度的 PUSCH（即，Msg.3）的传输时序，如果不同 UE 使用各自更新后的 K_{offset} 值，基站将无法确定不同 UE 的 Msg.3 具体发送时刻。这可能会导致如下问题。

①为了避免 Msg.3 与其他 PUSCH 传输发生冲突，基站将不会在 Msg.3 可能到达的时隙调度其他 PUSCH 传输，这将导致一定程度的资源浪费。

②基站需要在 Msg.3 可能到达的所有时隙位置进行盲检，这将导致不必要的网络实现复杂度和解调负担。

因此对于如下时序关系，无论 UE 是否更新了 UE 专属 K_{offset}，都始终要使用小区公共 K_{offset}：

① RAR/ 回退 RAR 授权调度的 PUSCH 的传输时序。

②携带 TC-RNTI 加扰 CRC 的 DCI 格式 0_0 调度的 Msg.3 重传的传输时序。

③对于携带 TC-RNTI 加扰 CRC 的 DCI 格式 1_0 调度的竞争解决 PDSCH，在 PUCCH 上反馈 HARQ-ACK 的传输时序。

④对于携带 Msg.B-RNTI 加扰 CRC 的 DCI 格式 1_0 调度的 Msg.B，在 PUCCH 上反馈 HARQ-ACK 的传输时序

此外，若 UE 除了系统消息中携带的 K_{offset}，没有收到其他的 K_{offset} 值，则系统消息中携带的 K_{offset} 将会被用到所有需要 K_{offset} 增强的时序关系中。

17.3.4 TA 上报

通常情况下，网络主要参考 TA 来配置 K_{offset} 取值。对于网络广播的 K_{offset}，网络需要根据小区范围内支持的 UE 最大 TA 来配置小区公共 K_{offset}。对于 UE 专属的 K_{offset}，网络可以参考该 UE 的 TA 配置 K_{offset}，首先需要保证为 UE 配置的 K_{offset} 值不超过 UE 的 TA，否则 UE 将无法基于基站针对上行传输的资源分配指示正常进行上行传输。其次，如果网络为 UE 配置的 UE 专属 K_{offset} 值过大，就会增大上行传输时延，影响用户体验。

由于UE可以基于GNSS定位能力自己估算服务链路的TA并进行相应的补偿，网络并不知道UE实际使用的TA值。为了辅助网络对UE进行UE专属K_{offset}配置，经过标准会议讨论同意引入UE上报TA的机制。TA上报分为随机接入过程中的TA上报和RRC连接态的TA上报，两种情况下的TA上报机制有所区别，下面将分别进行介绍。

1. 随机接入过程中的TA上报

对于是否要支持UE在随机接入过程中上报TA，标准讨论初期各公司表达了不同的观点。一部分公司认为为了辅助网络配置UE专属K_{offset}，UE应该尽早上报TA。而有些公司则认为，TA上报需要消耗随机接入过程中的上行传输资源（如Msg.3资源），为了支持TA上报网络可能需要为Msg.3分配更大的TB块大小，由此会带来Msg.3覆盖受限的问题。另外还有部分公司认为在某些NTN场景（如HAPS）下，同一个小区内不同UE的TA差异很小，这些场景下可能没有必要为各个UE分别配置不同的K_{offset}。最终讨论决定：在NTN中，是否支持随机接入过程中的TA上报，取决于网络配置，即网络在系统消息中显式指示是否允许UE在随机接入过程中进行TA上报。这样，在系统消息指示允许UE在随机接入过程中进行TA上报的情况下，UE可以使用Msg.A或者Msg.3的PUSCH进行TA上报，UE是否能成功上报TA取决于网络分配的UL grant大小和LCP结果。

对于随机接入过程中的TA上报内容，标准化讨论初期提出了上报UE TA和上报UE位置这两个候选方案。由于大多数公司认为对于初始随机接入过程中UE有可能还没有完成安全性激活，在此期间上报UE位置会存在安全隐患，因此最终讨论同意随机接入过程中的TA上报内容为UE TA，并使用MAC CE进行TA上报。

2. RRC连接态的TA上报

对于处于RRC连接态的UE，其TA有可能会不断变化，这种情况在LEO场景下尤为明显。因此，为了辅助网络进行UE专属K_{offset}的配置和调整，引入了RRC连接态的TA上报机制。与随机接入过程中的TA上报类似，RRC连接态的UE是否上报TA也是由网络控制的，所不同的是，网络可以通过UE专属RRC信令对不同的RRC连接态UE的TA上报进行分别控制。

对于RRC连接态的TA上报的触发机制，标准化讨论过程中主要提出以下几种候选方案[11]。

- 方法1：周期触发的TA上报。
- 方法2：网络请求的TA上报。
- 方法3：事件触发的TA上报。

周期触发的TA上报方法最简单，但这种方式下，有可能UE相邻两次上报的TA并没有明显差异，这种情况下就会存在不必要的TA上报。网络触发的TA上报方式使得网络可以按需触发UE进行TA上报，但这种方式下UE每次进行TA上报都需要网络发送一次上报请求，会增加下行信令开销。事件触发的TA上报的基本思路是：当UE当前的TA相对于上一次上报的TA的变化量超过一定TA变化门限时，UE触发TA上报，其中，TA变化门限值由网络配置。大多数公司认为，事件触发的TA上报方式可以同时避免不必要的TA上报带来的上行资源开销和网络请求的TA上报带来的下行开销的问题，最终会议讨论决定：支持事件触发的TA上报方式。

对于RRC连接态的TA上报内容，仍然有上报UE TA和上报UE位置这两个候选方案。由于针对随机接入过程中的TA上报，已经同意引入上报UE TA的方式，因此，RRC连接态也支持上报UE TA，并使用MAC CE进行TA上报。

17.4 HARQ 与传输性能增强

在 NTN 系统中，由于 UE 和基站之间的通信距离很远，信号传输的往返传输时延（Round Trip Time，RTT）很大。在 GEO 系统中，信号传输的 RTT 可以为百毫秒量级，例如信号传输的 RTT 最大可以为 541.46 ms[1]。在 LEO 系统中，信号传输的 RTT 可以为几十毫秒量级。

在地面系统中，信号传输的 RTT 通常很小，因此在设计信号传输的重传机制时，通常没有考虑 RTT 的影响。NR 系统的重传机制有 MAC 层的 HARQ 机制和 RLC 层的 ARQ 机制。丢失或出错数据的重传主要是由 MAC 层的 HARQ 机制处理的，并由 RLC 层的重传功能进行补充。MAC 层的 HARQ 机制能够提供快速重传，RLC 层的 ARQ 机制能够提供可靠的数据传输。

在 HARQ 机制中，发送端使用一个 HARQ 进程发送一次传输块后，会等待接收端反馈该次传输块对应的肯定应答 ACK 或否定应答 NACK 信息。如果发送端收到了接收端反馈的该传输块对应的 ACK 信息，则发送端可以使用该 HARQ 进程进行新的传输块的调度；如果发送端收到了接收端反馈的该传输块对应的 NACK 信息，则发送端可以使用该 HARQ 进程进行该传输块的重传调度。由于一个 HARQ 进程的使用需要经历停等过程，会导致用户吞吐量较低，因此 NR 系统中可以使用多个并行的 HARQ 进程，当一个 HARQ 进程在等待应答信息时，发送端可以使用另一个 HARQ 进程来继续发送数据。

在 NR 系统中，下行传输和上行传输使用的 HARQ 进程是独立的。下行 HARQ 进程用于传输下行数据，上行 HARQ 进程用于传输上行数据。目前每个载波上支持的下行 HARQ 进程数和上行 HARQ 进程数的最大值均为 16。对于下行 HARQ 进程，基站可以根据网络部署情况通过 RRC 信令半静态配置向 UE 配置下行 HARQ 进程数。如果基站没有提供相应的配置参数，则下行缺省的 HARQ 进程数为 8。对于上行 HARQ 进程，每个载波上支持的上行 HARQ 进程数为 16。

在 NTN 系统中，信号传输的 RTT 很大，因此在考虑信号传输的重传机制时，RTT 对下行数据传输和上行数据传输的吞吐量的影响不可忽略。图 17-24 以下行传输为例，对 NTN 系统中 RTT 对信号传输的重传机制的影响进行了说明。假设 UE 被配置的最大下行 HARQ 进程数为 16，那么在有业务要传输时，可以用于业务传输的并行下行 HARQ 进程数最大为 16。当基站和 UE 之间的 RTT 小于或等于 16 个下行 HARQ 进程并行传输需要的时间时，基站在任意时刻都可以通过下行 HARQ 进程调度 UE 的下行数据传输，因此可以保证该 UE 的下行传输最大吞吐量。然而，当基站和 UE 之间的 RTT 远大于 16 个下行 HARQ 进程并行传输需要的时间时，可能出现该 UE 的所有下行 HARQ 进程都处于用于数据传输后等待基站的反馈信息的状态，从而导致 UE 有下行业务待传输却没有下行 HARQ 进程可以被使用的情况。在该情况下，UE 侧的下行数据传输的最大吞吐量会受到影响。

同样的问题也会出现在上行数据传输过程中。由于 NT 网络部署场景中，客观存在的较大的 RTT 会导致 UE 侧的下行数据传输和上行数据传输的最大吞吐量受到影响，因此，现有 NR 系统中的 HARQ 机制不再适用于 NTN 系统。NTN 系统中的 HARQ 机制需要增强。NTN 系统中 HARQ 机制增强主要包括以下两个方面[1]。

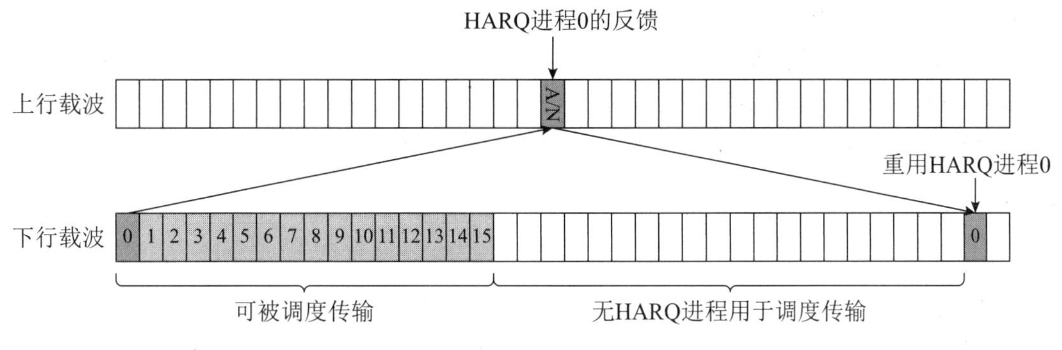

图 17-24　NTN 系统中 RTT 对 HARQ 重传机制的影响

1. HARQ 进程数量增加

在 UE 能力允许的范围内，基站为 UE 配置的 HARQ 进程数量可以超过目前 NR 系统支持的最大 HARQ 进程数 16。HARQ 进程数量的增加，说明基站和 UE 之间可以并行传输的传输块增加，从而可以减少 RTT 带来的影响。

2. HARQ 进程去使能

在 NTN 网络中，基站可以为 UE 的某个或某些 HARQ 进程配置去使能，或者说，基站可以将 UE 的 HARQ 进程配置为去使能的 HARQ 进程或使能的 HARQ 进程。对于地面网络中的 HARQ 进程，通常可以认为是使能的 HARQ 进程。

对于下行 HARQ 进程，当该下行 HARQ 进程被配置为使能 HARQ 进程时，如果 UE 收到使用该下行 HARQ 进程传输的传输块，则在向基站发送该传输块对应的 HARQ-ACK 反馈后，才可能再次收到基站使用该下行 HARQ 进程向 UE 调度下行数据传输的传输块。当该下行 HARQ 进程被配置为去使能 HARQ 进程时，如果 UE 收到使用该下行 HARQ 进程传输的传输块，由于不需要向基站发送该传输块对应的 HARQ-ACK 反馈，因此 UE 接收该传输块后经过一定的处理时间间隔后，就可能再次收到基站使用该下行 HARQ 进程向 UE 调度下行数据传输的传输块。

对于上行 HARQ 进程，不论该上行 HARQ 进程被配置为使能 HARQ 进程还是去使能 HARQ 进程，当 UE 收到调度使用该上行 HARQ 进程传输的传输块的上行授权信息后，UE 根据该上行授权信息指示向基站发送 PUSCH，并在传输完该 PUSCH 后，UE 才可能再次收到调度使用该上行 HARQ 进程传输的传输块的上行授权信息。因此从物理层的数据调度传输来说，UE 侧的行为都是相同的。但是当 UE 被配置了上行 DRX 时，UE 对两种不同的 HARQ 进程的 DRX 行为的处理不同。为了区分这两种不同的上行 HARQ 进程，基站可以为 UE 的某个或某些上行 HARQ 进程配置不同的上行 HARQ 状态。具体地，基站可以将某个上行 HARQ 进程配置为“HARQ 模式 A”或“HARQ 模式 B”，其中，“HARQ 模式 A”可以认为对应使能 HARQ 进程，“HARQ 模式 B”可以认为对应去使能 HARQ 进程。

对于被配置去使能的 HARQ 进程，在下行数据传输或上行数据传输过程中，基站不需要等待上一次使用该 HARQ 进程传输的下行传输块的反馈结果或上行传输块的译码结果，即可以重新调度该 HARQ 进程进行下行数据传输或上行数据传输。因此，只要能保证 UE 在收到当前调度的该 HARQ 进程时已经对前一次调度的该 HARQ 进程中的数据处理完成了，基站就可以重复使用去使能的 HARQ 进程为 UE 进行多个下行传输块或上行传输块的调度，从而可以减少 RTT 带来的影响。

另外，当基站使用去使能的下行 HARQ 进程为 UE 进行下行传输块的调度时，由于 UE 没有对该下行传输块进行 HARQ-ACK 信息反馈，如果该下行传输块需要进行重传，则基站需要启动 RLC 层的 ARQ 机制，该过程会导致较大的传输时延。因此为了提高使用去使能的 HARQ 进程传输数据的可靠性，需要考虑传输性能的增强。

17.4.1 HARQ 进程数量增加

在 NTN 系统中，如果 UE 可以用于数据传输的下行 HARQ 进程数和上行 HARQ 进程数增加，那么基站和 UE 之间可以并行传输的传输块也会相应增加，从而可以减少 RTT 带来的影响。同样以下行传输为例，对 NTN 系统中增加 HARQ 进程数量后，RTT 对信号传输的重传机制的影响进行说明。如图 17-25 所示，假设 UE 可用于下行传输的最大下行 HARQ 进程数为 32，那么在有业务要传输时，可以用于业务传输的并行下行 HARQ 进程数最大为 32。当基站和 UE 之间的 RTT 小于或等于 32 个下行 HARQ 进程并行传输需要的时间时，基站在任意时刻都可以通过下行 HARQ 进程调度 UE 的数据传输，因此不会出现下行 HARQ 进程不可用的情况。当基站和 UE 之间的 RTT 很大时，相对于 16 个下行 HARQ 进程，使用 32 个下行 HARQ 进程进行下行传输可以使 UE 的最大吞吐量增加一倍。

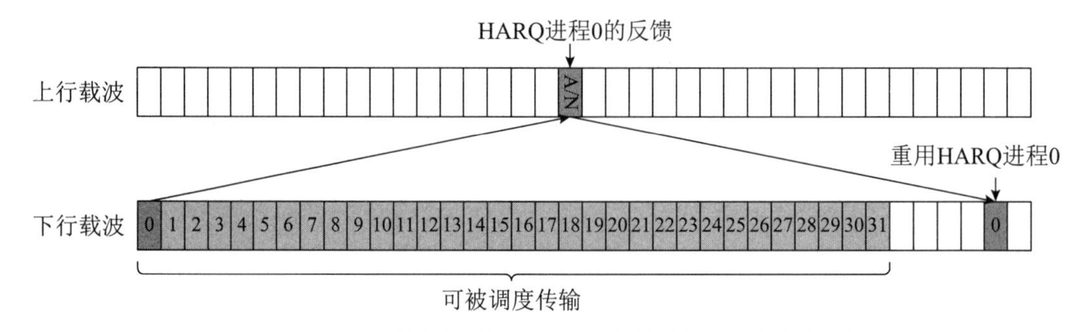

图 17-25　NTN 系统中下行 HARQ 进程数量增加后的调度示例

增加 HARQ 进程数量虽然是一种减少 RTT 影响的方法，考虑到增加 HARQ 进程数量也会增加 UE 的缓存能力，从而增加 UE 的成本，对 UE 也有更高的能力要求。因此，HARQ 进程数量不能无限增加。在 NTN 系统中，标准上经过多次讨论，最终同意基于 UE 的能力，下行 HARQ 进程数量和上行 HARQ 进程数量最大均可以为 32。

1. HARQ 进程号指示

在现有 NR 系统中，调度数据传输的下行授权或上行授权中的 HARQ 进程号指示域最多包括 4 比特，即最大可以指示的 HARQ 进程数量为 16。在 NTN 系统中，由于基站为 UE 配置的 HARQ 进程数量最大可以为 32，因此需要考虑在使用 32 个 HARQ 进程进行数据调度时如何指示对应的 HARQ 进程号。对于如何指示 32 个 HARQ 进程的 HARQ 进程号，在标准中讨论了如下几种方式[12]。

方式 1：HARQ 进程号根据数据传输的时域位置确定。

在该方式中，HARQ 进程号中的低位比特可以根据该 HARQ 进程号对应的数据传输的时隙号来确定，或 HARQ 进程号中的高位比特可以根据该 HARQ 进程号对应的数据传输的时隙号来确定。或者说，UE 根据调度数据传输的下行授权或上行授权中的 HARQ 进程号指示域以及数据传输的时隙号来联合确定该数据传输对应的 HARQ 进程号。以 HARQ 进程号中的低位比特根据该 HARQ 进程号对应的数据传输的时隙号来确定为例进行说明，当该 HARQ 进程号传输对应的时隙号为偶数时，其低位比特为“0”；当该 HARQ 进程号传输对应的时隙号为奇数时，其低位比特为“1”。如图 17-26 所示，对于第一个 DCI 中的 HARQ 进程号指示域指示“1011”的调度，其对应 HARQ 进程号为“10110”即 22；对于第二个 DCI 中的 HARQ 进程号指示域指示“1011”的调度，其对应 HARQ 进程号为“10111”即 23。

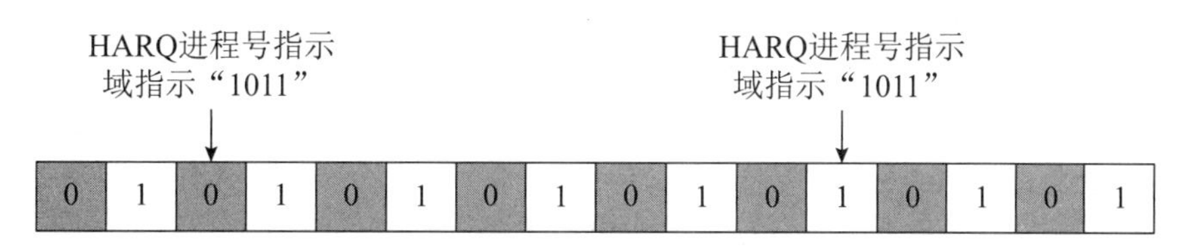

图 17-26　HARQ 进程号的低位比特和时隙号绑定

方式 2：时间窗内的 HARQ 进程号重用。

在该方式中，HARQ 进程号根据时间窗索引来确定，在不同的时间窗内可调度的 HARQ 进程号的范围不同。UE 根据调度数据传输的下行授权或上行授权中的 HARQ 进程号指示域以及数据传输的时间窗来联合确定该数据传输对应的 HARQ 进程号。如图 17-27 所示，在与 RTT 对应的时域资源上包括 4 个时间窗，每个时间窗关联 2 比特指示信息，该 2 比特指示信息用于确定该时间窗内调度的 HARQ 进程号的高位 2 比特。也就是说，每个时间窗内关联的 HARQ 进程号的范围不同。相应地，DCI 中的 HARQ 进程号指示域只需要包括 3 比特指示信息。当 UE 在第一个时间窗内被调度且 DCI 中的 HARQ 进程号指示域指示“101”时，其对应 HARQ 进程号为“00101”即 5；当 UE 在第三个时间窗内被调度且 DCI 中的 HARQ 进程号指示域指示“101”时，其对应 HARQ 进程号为“10101”即 21。

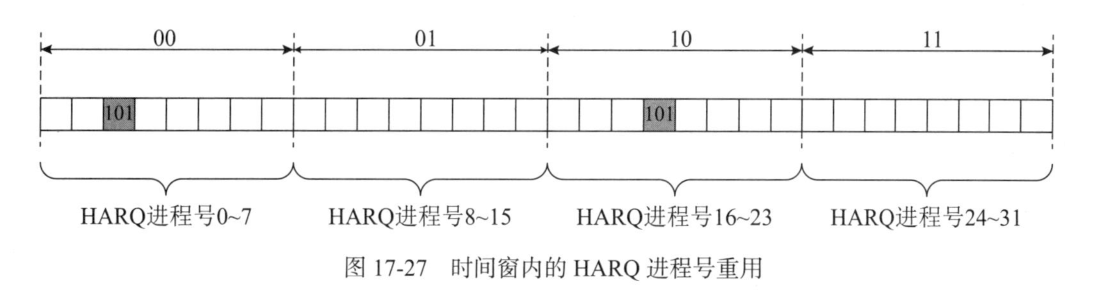

图 17-27　时间窗内的 HARQ 进程号重用

方式 3：现有 DCI 域中的重新解读。

在该方式中，通过重用现有下行授权或上行授权中的信息域，例如 RV 或 MCS 来指示 HARQ 进程号。例如，当 UE 被配置 32 个 HARQ 进程时，HARQ 进程号中的高位比特或低位比特可以根据下行授权或上行授权中 RV 域中的 1 比特来指示。相应地，下行授权或上行授权中的 RV 指示由现有的 2 bit 变为 1 bit。

方式 4：HARQ 进程号根据 CCE（control-channel element，控制信道单元）索引或扰码确定。

在该方式中，HARQ 进程号根据 CCE 索引或 DCI 的扰码来确定。例如，不同的 CCE 索引范围对应不同的 HARQ 进程号范围，或不同的 DCI 扰码对应不同的 HARQ 进程号范围等。

方式 5：增加 HARQ 进程号指示域的比特。

在该方式中，通过将现有下行授权或上行授权中的 HARQ 进程号指示域增加 1 bit 来显式指示 32 个 HARQ 进程。

上述方式 1 至方式 4 虽然可以节省 1 比特开销，但对基站的调度有一定的限制。考虑到在现有的 DCI 格式 0_2 和 DCI 格式 1_2 中，HARQ 进程号指示域包括的比特数是基站可配置的，因此在 NTN 系统中，对于 DCI 格式 0_1、DCI 格式 0_2、DCI 格式 1_1 和 DCI 格式 1_2，最终标准上同意HARQ进程号指示域可以配置为5比特，从而显式指示32个HARQ进程。

HARQ 进程数量的增加是一种 UE 能力。有些 UE 支持的最大 HARQ 进程数量可以为 32，有些 UE 支持的最大 HARQ 进程数量为 16，或者说，不是所有的 UE 支持的最大 HARQ 进程数量都为 32。因此，即使对于支持的最大 HARQ 进程数量为 32 的 UE，基站可以在该 UE 接入网络后，为该 UE 配置 32 个 HARQ 进程，但在初始接入阶段，基站仍假设所有的 UE 均支持最多 16 个 HARQ 进程传输。另外，为了保证在初始接入阶段和连接态的调度中，基站和 UE 对调度数据传输的 HARQ 进程号理解一致，对于 DCI 格式 0_0 和 DCI 格式 1_0，标准中最终决定只支持最多 16 个 HARQ 进程的调度。也就是说，DCI 中的 HARQ 进程号指示域保持 4 比特不变。

2. HARQ 进程数量配置

对于下行 HARQ 进程，当 UE 上报支持最大 HARQ 进程数为 32，且基站为该 UE 配置的下行 HARQ 进程数最大为 32 时，DCI 格式 1_1 中的 HARQ 进程号指示域中包括 5 比特，DCI 格式 1_2 中的 HARQ 进程号指示域中包括的比特数是可配置的，最大可配置为 5 比特，DCI 格式 1_0 中的 HARQ 进程号指示域中仍然包括 4 比特，指示的 HARQ 进程号范围为 0~15。如果是半持续调度 SPS 下行传输配置，则可配置的 HARQ 进程数范围为 1~32，可配置的 HARQ 进程号的偏移值范围为 0~31。

对于上行 HARQ 进程，当 UE 上报支持最大 HARQ 进程数为 32，且基站为该 UE 配置的上行 HARQ 进程数最大为 32 时，DCI 格式 0_1 中的 HARQ 进程号指示域中包括 5 比特，DCI 格式 1_2 中的 HARQ 进程号指示域中包括的比特数是可配置的，最大可配置为 5 比特，DCI 格式 0_0 中的 HARQ 进程号指示域中仍然包括 4 比特，指示的 HARQ 进程号范围为 0~15。如果是预授权上行传输配置，则可配置的 HARQ 进程数范围为 1~32，可配置的 HARQ 进程号的偏移值范围为 0~31。

17.4.2 下行 HARQ 进程去使能

在 NTN 系统中，如果 UE 的某个或某些下行 HARQ 进程被配置去使能，那么 UE 可以不为这些下行 HARQ 进程中传输的传输块反馈 HARQ-ACK 信息。基站可以重复使用去使能的下行 HARQ 进程为 UE 进行多个传输块的调度，从而可以减少 RTT 带来的影响。

1. 使用去使能的下行 HARQ 进程调度

当 UE 被配置去使能的下行 HARQ 进程后，在 RTT 对应的时域资源上，基站可以总是使用去使能的下行 HARQ 进程对 UE 进行数据传输调度，从而避免有业务传输但无下行 HARQ 进程可使用的情况。如图 17-28 所示，假设 UE 的下行 HARQ 进程 0~5 均被配置为去使能的下行 HARQ 进程。当 UE 有大量业务待传输时，由于基站不需要收到下行 HARQ 进程 0~5 对应的 HARQ-ACK 信息就可以重用这些下行 HARQ 进程，因此基站可以重复使用下行 HARQ 进程 0~5 进行下行传输块的调度，从而保证该 UE 的下行传输的最大吞吐量。

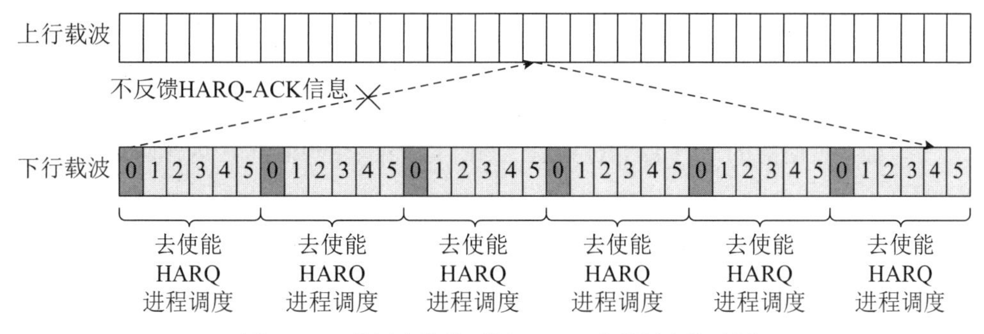

图 17-28　使用去使能下行 HARQ 进程调度的示例

需要说明的是，对于某些需要反馈 HARQ-ACK 信息的下行传输块调度，例如传输除 TAC 命令外的其他 MAC CE，基站可以通过实现的方式，使用使能的下行 HARQ 进程来调度传输，不需要有额外的标准化影响。

2. 配置去使能下行 HARQ 进程后的码本反馈

在现有 NR 系统中，HARQ 反馈机制支持 Type-1 HARQ-ACK 码本反馈、Type-2 HARQ-ACK 码本反馈和 Type-3 HARQ-ACK 码本反馈，其中，Type-1 HARQ-ACK 码本反馈也称为半静态码本反馈，Type-2 HARQ-ACK 码本反馈也称为动态码本反馈，Type-3 HARQ-ACK 码本反馈也称为单次（One-shot）码本反馈。NTN 系统中的码本反馈主要考虑基于上述 3 种码本的反馈增强。

（1）Type-1 HARQ-ACK 码本反馈

如果 UE 被配置了 Type-1 HARQ-ACK 码本反馈，Type-1 HARQ-ACK 码本中包括一组候选 PDSCH 接收机会对应的 HARQ-ACK 信息，其中，该组候选 PDSCH 接收机会是根据 HARQ 反馈时序集合中的 K_1 值和基站配置的 K_{offset} 值确定的。具体地，一个 PUCCH 反馈时隙对应的一组候选 PDSCH 接收机会是根据 HARQ 反馈时序集合中的 K_1 值、基站配置的 K_{offset} 值和 TDRA 表格确定的。其中，K_1 值用于确定候选 PDSCH 接收机会对应的至少一个下行时隙，TDRA 表格用于确定与一个下行时隙对应的候选 PDSCH 接收机会的个数，K_{offset} 值为前述介绍的时序关系增强值。

Type-1 HARQ-ACK 码本反馈增强的焦点在于，在候选 PDSCH 接收机会上，如果 UE 被调度的 PDSCH 对应去使能的下行 HARQ 进程，如何进行反馈。以图 17-29 所示为例，假设基站配置的 HARQ 反馈时序集合中包括 4 个 K_1 值，分别为 {2, 3, 4, 5}，PUCCH 反馈时隙 n 对应的 Type-1 HARQ-ACK 码本包括时隙 $n-5-K_{offset}$，时隙 $n-4-K_{offset}$，时隙 $n-3-K_{offset}$ 和时隙 $n-2-K_{offset}$ 上的候选 PDSCH 接收机会对应的 HARQ-ACK 信息。

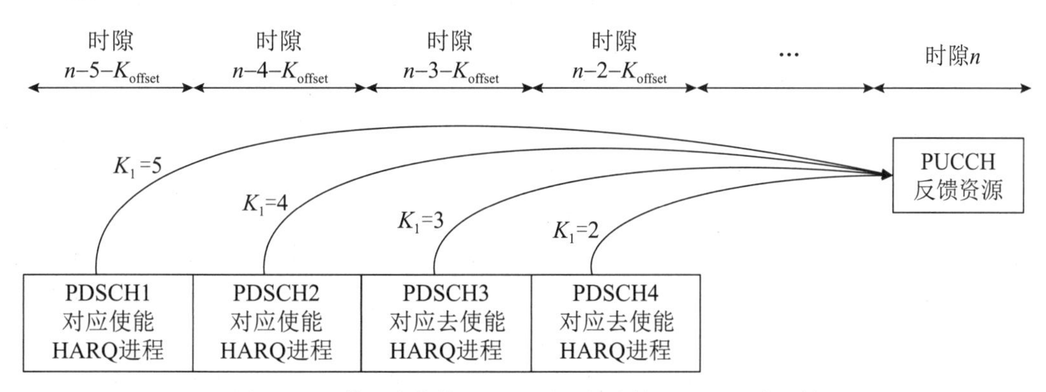

图 17-29　使用去使能 HARQ 进程调度的 Type-1 码本反馈

当 UE 在时隙 $n-5-K_{offset}$ 和时隙 $n-4-K_{offset}$ 上收到的 PDSCH1 和 PDSCH2 对应使能的下行 HARQ 进程，在时隙 $n-3-K_{offset}$ 和时隙 $n-2-K_{offset}$ 上收到的 PDSCH3 和 PDSCH4 对应去使能的下行 HARQ 进程时，UE 反馈的 Type-1 HARQ-ACK 码本包括以下两种方式。

方式 1：对于去使能的下行 HARQ 进程，UE 反馈对应的 PDSCH 的译码结果，即 Type-1 HARQ-ACK 码本如下：

PDSCH1 译码结果	PDSCH2 译码结果	PDSCH3 译码结果	PDSCH4 译码结果

方式 2：对于去使能的下行 HARQ 进程，UE 反馈 NACK，即 Type-1 HARQ-ACK 码本如下。

PDSCH1 译码结果	PDSCH2 译码结果	NACK	NACK

方式 1 的支持者认为，对去使能的下行 HARQ 进程反馈真实的 HARQ-ACK 信息，可以完全重用现有协议，不需要有额外的标准化影响。另外，通过为基站提供对应去使能下行 HARQ 进程的传输块的译码结果，基站可以在收到其对应的 ACK 信息后，确认该传输块已被 UE 正确接收。或者在收到其对应的 NACK 信息后，确认该传输块未被 UE 正确接收并使用新的下行 HARQ 进程重传该传输块。虽然从 UE 侧不能获得该传输块的重传合并增益，但从基站的角度，通过 MAC 层重传该传输块而不是等着 RLC 层重传该传输块，仍然可以获得一定的时延好处。方式 2 的支持者认为，对于去使能的下行 HARQ 进程填充 NACK 信息，可以使基站在译码时对待译码的内容获得一定的先验信息，有助于提高 PUCCH 传输的可靠性。经过多次会议的讨论，标准上最终决定采用方式 2 来进行 Type-1 HARQ-ACK 码本反馈[13]。

另一个问题是在候选 PDSCH 接收机会上，如果 UE 仅收到被调度对应去使能下行 HARQ 进程的 PDSCH，是否还需要进行 Type-1 HARQ-ACK 码本反馈。虽然大部分公司的观点都认为，在该情况下 UE 不需要进行 Type-1 HARQ-ACK 码本反馈，但目前标准上对于这个问题没有进行额外增强。

还有一个问题是在确定 Type-1 HARQ-ACK 码本反馈的发射功率时，对于使用去使能下行 HARQ 进程传输的 PDSCH 对应的 NACK 填充比特，是否需要为其分配 PUCCH 发射功率。一些公司认为，如果为对应去使能下行 HARQ 进程的 NACK 填充比特分配 PUCCH 发射功率，那么根据功控公式，为了保证 PUCCH 传输的可靠性，会给每个符号分配较大的发射功率，从而导致 UE 的功率消耗过大。另一些公司认为，目前 PUCCH 发射功率的调整可以通过基站发送的功控命令来实现，要求 UE 在确定 Type-1 HARQ-ACK 码本反馈时区分对应使能下行 HARQ 进程的 HARQ-ACK 和对应去使能下行 HARQ 进程的 NACK 会增加额外的 UE 处理复杂度以及产生更多的标准化影响，因此这个增强不是很必要。目前标准上在计算 Type-1 HARQ-ACK 码本反馈的发射功率时，没有考虑对应去使能下行 HARQ 进程的反馈信息。

（2）Type-2 HARQ-ACK 码本反馈

如果 UE 被配置了 Type-2 HARQ-ACK 码本反馈，Type-2 HARQ-ACK 码本中包括一个 HARQ 反馈窗口内被调度的 PDSCH 对应的 HARQ-ACK 信息。其中，调度 PDSCH 接收的 DCI 中包括下行分配指示计数（Counter Downlink Assignment Index，C-DAI）信息，该 C-DAI 信息用于指示当前 DCI 调度的下行传输是 HARQ 反馈窗口内的第几个下行传输，其中，C-DAI 信息的排序方式是根据 PDCCH 的检测机会顺序排序的。如果是载波聚合的场景，那么 DCI 中还可以包括 DAI 总数（Total DAI，T-DAI）信息，该 T-DAI 信息用于指示 HARQ 反馈窗口内截止到当前 DCI 调度为止一共包括多少个下行传输。

在 NTN 系统中，为了减小 PUCCH 的开销，标准上同意 Type-2 HARQ-ACK 码本中只反馈对应使能下行 HARQ 进程的 PDSCH 的译码结果。因此，调度使能下行 HARQ 进程传输的 DCI 中的 C-DAI 信息用于指示当前 DCI 调度的下行传输是 HARQ 反馈窗口内的第几个待反馈 HARQ-ACK 信息的下行传输，调度使能下行 HARQ 进程传输的 DCI 中的 T-DAI 信息用于指示 HARQ 反馈窗口内截至当前 DCI 调度为止一共包括多少个待反馈 HARQ-ACK 信息的下行传输。

Type-2 HARQ-ACK 码本反馈增强的焦点在于，对于调度去使能下行 HARQ 进程传输的 DCI 中的 C-DAI 信息和 T-DAI 信息应如何设置。标准中讨论了如下几种可能的设置方式[14]。

方式 1：C-DAI 信息和 T-DAI 信息取值和截止到当前的最后一个对应使能下行 HARQ 进程的 DCI 中的 C-DAI 信息和 T-DAI 信息取值相同，即 C-DAI 信息用于指示截止到当前的最后一个对应使能下行 HARQ 进程的 DCI 调度的下行传输是 HARQ 反馈窗口内的第几个待反馈 HARQ-ACK 信息的下行传输，T-DAI 信息用于指示 HARQ 反馈窗口内截止到当前一共包括多少个待反馈 HARQ-ACK 信息的下行传输。

方式 1 强调 UE 在 Type-2 HARQ-ACK 码本生成的过程中需要参考去使能下行 HARQ 进程对应的 DCI 中的 C-DAI 信息和 T-DAI 信息。方式 1 的好处在于，当 UE 没有收到最后一个调度使能下行 HARQ 进程传输的 DCI，但在这之后收到了调度去使能下行 HARQ 进程传输的 DCI 时，仍然可以正确地确定 Type-2 HARQ-ACK 码本的大小。

方式 2：C-DAI 信息和 T-DAI 信息任意设置，UE 不读取对应的 C-DAI 信息和 T-DAI 信息。

方式 2 强调 UE 在 Type-2 HARQ-ACK 码本生成的过程中不参考去使能下行 HARQ 进程对应的 DCI 中的 C-DAI 信息和 T-DAI 信息。当 UE 收到调度去使能下行 HARQ 进程传输的 DCI 时，忽略 DCI 中的 C-DAI 信息和 T-DAI 信息。

图 17-30 给出了单载波情况下根据方式 1 设置 DCI 中的 C-DAI 信息的示例。HARQ 反馈窗口内包括时隙 n、时隙 $n+1$ 和时隙 $n+2$。基站在时隙 n 和时隙 $n+1$ 上调度对应使能下行 HARQ 进程的 PDSCH1 和 PDSCH2，其中，PDSCH1 和 PDSCH2 对应的 C-DAI 信息设置分别为 1 和 2，在时隙 $n+2$ 上调度对应去使能下行 HARQ 进程的 PDSCH3，其中，PDSCH3 对应的 C-DAI 信息根据截止到当前的最后一个对应使能下行 HARQ 进程的 DCI 中的 C-DAI 信息来设置，即设置为 2。

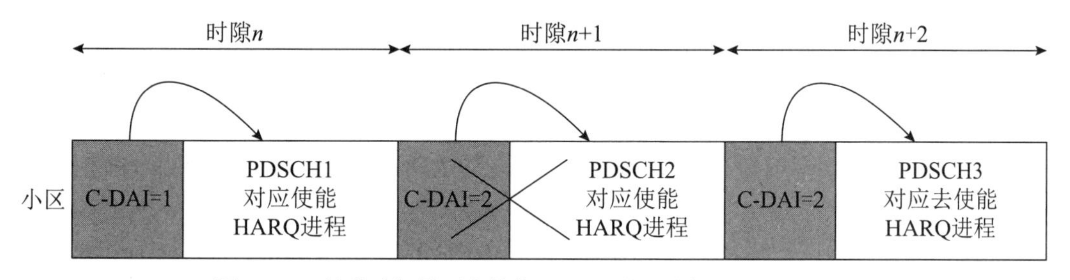

图 17-30　单载波场景下去使能 HARQ 进程对应的 C-DAI 设置

当 UE 在时隙 n 和时隙 $n+2$ 上收到了 PDSCH1 和 PDSCH3，但没有在时隙 $n+1$ 上收到 PDSCH2 时，UE 根据 PDSCH3 对应的 C-DAI 信息，仍然可以确定在 HARQ 反馈窗口内一共包括 2 个待反馈 HARQ-ACK 信息的下行传输。因此 UE 反馈的 Type-2 HARQ-ACK 码本如下。

PDSCH1 译码结果	NACK

图 17-31 给出了两个载波情况下根据方式 1 设置 DCI 中的 C-DAI 和 T-DAI 信息的示例。HARQ 反馈窗口内包括时隙 n、时隙 n+1 和时隙 n+2。基站在时隙 n 上通过小区 1 和小区 2 调度对应使能下行 HARQ 进程的 PDSCH1 和 PDSCH2，其中，PDSCH1 和 PDSCH2 对应的 C-DAI 信息分别设置为 1 和 2，T-DAI 信息设置为 2；在时隙 n+1 上通过小区 1 和小区 2 调度对应使能下行 HARQ 进程的 PDSCH3 和 PDSCH4，其中，PDSCH3 和 PDSCH4 对应的 C-DAI 信息分别设置为 3 和 4，T-DAI 信息设置为 4；在时隙 n+2 上通过小区 1 和小区 2 调度对应去使能下行 HARQ 进程的 PDSCH5 和 PDSCH6，其中，PDSCH5 和 PDSCH6 对应的 C-DAI 信息和 T-DAI 信息设置与 PDSCH4 对应的 C-DAI 信息和 T-DAI 信息设置相同，即 C-DAI 信息和 T-DAI 信息设置均为 4。

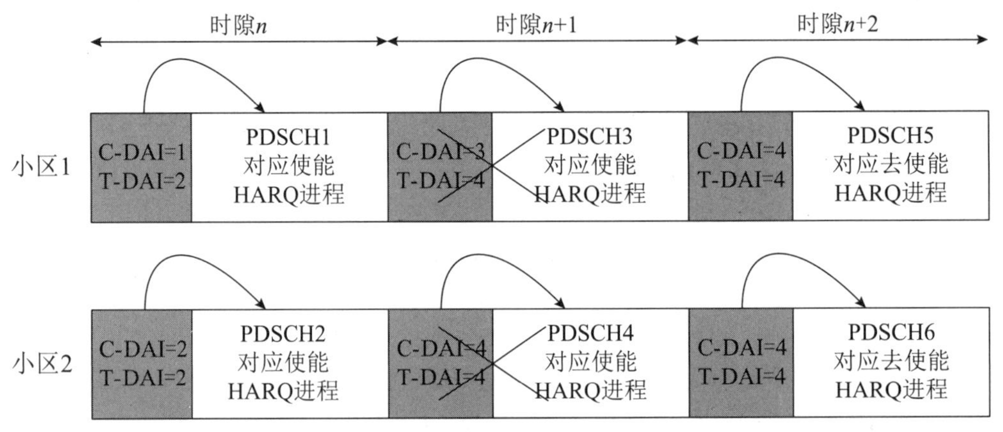

图 17-31　两个载波场景下去使能 HARQ 进程对应的 C-DAI 和 T-DAI 设置

当 UE 在时隙 n 和时隙 n+2 上收到了 PDSCH1、PDSCH2、PDSCH5 和 PDSCH6，但没有在时隙 n+1 上收到 PDSCH3 和 PDSCH4 时，UE 根据 PDSCH5 或 PDSCH6 对应的 C-DAI 或 T-DAI 信息，仍然可以确定在 HARQ 反馈窗口内一共包括 4 个待反馈 HARQ-ACK 信息的下行传输。因此 UE 反馈的 Type-2 HARQ-ACK 码本如下。

PDSCH1 译码结果	PDSCH2 译码结果	NACK	NACK

根据上述分析可知，方式 1 在一定程度上可以避免 UE 对 Type-2 HARQ-ACK 码本大小的理解错误，但是方式 1 要求 UE 在 Type-2 HARQ-ACK 码本生成的过程中读取调度去使能下行 HARQ 进程传输的 DCI 中的 C-DAI 信息和 T-DAI 信息，对 UE 有额外的实现复杂度。因此，标准上最终决定采用方式 2，即 UE 不读取调度去使能下行 HARQ 进程传输的 DCI 中的 C-DAI 信息和 T-DAI 信息。

（3）Type-3 HARQ-ACK 码本反馈

如果 UE 被配置了 Type-3 HARQ-ACK 码本反馈，Type-3 HARQ-ACK 码本中包括该 UE 所有配置载波上的所有下行 HARQ 进程对应的 HARQ-ACK 信息。一些公司认为，Type-3 HARQ-ACK 码本反馈的开销较大且其最初是为了抵抗非授权频谱上的信道监听失败引入的，NTN 系统使用授权频谱，在配置了 Type-1 或 Type-2 HARQ-ACK 码本反馈的情况下，没有必要再配置 Type-3 HARQ-ACK 码本反馈。另外一些公司认为，Type-3 HARQ-ACK 码本反馈虽然是为非授权频谱引入的，但已经应用到授权频谱中。在 NTN 系统中支持 Type-3 HARQ-ACK 码本反馈仍有必要，并且可以将 Type-3 HARQ-ACK 码本增强为不包括去使能下行HARQ进程对应的HARQ-ACK信息。标准上最终同意支持Type-3 HARQ-ACK码本反馈，并且在Type-3 HARQ-ACK码本中不包括对应去使能下行HARQ进程的反馈信息。

3. 半静态SPS配置中去使能下行HARQ进程的码本反馈

当UE被配置为SPS配置时，通常情况下该SPS配置中的所有下行HARQ进程对应的HARQ反馈状态相同，即要不均为使能的下行HARQ进程，要不均为去使能的下行HARQ进程。当SPS配置中的所有下行HARQ进程均为使能的下行HARQ进程时，UE的行为和现有系统中的UE行为相同，即UE需要对收到的所有SPS PDSCH进行HARQ-ACK信息反馈。当SPS配置中的所有下行HARQ进程均为去使能的下行HARQ进程时，根据去使能下行HARQ进程不反馈HARQ-ACK信息的特征，UE对收到的所有SPS PDSCH不需要进行HARQ-ACK信息反馈。然而，在这种情况下，如图17-32所示，由于UE不需要反馈HARQ-ACK信息，如果UE没有收到SPS配置的激活命令，UE不会接收SPS PDSCH，而基站因为并不期待UE发送反馈信息，不能判断UE是否收到了SPS PDSCH的配置激活命令，因此会持续发送SPS PDSCH，从而导致频谱资源的浪费和传输效率的降低[15]。

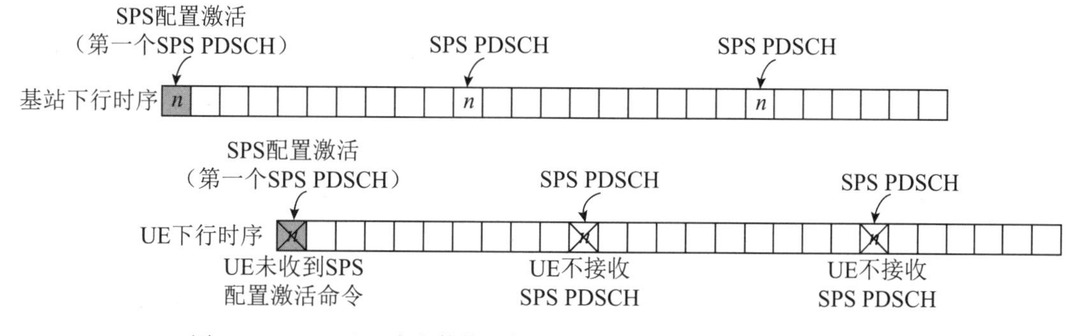

图 17-32　SPS配置中去使能下行HARQ进程不反馈导致的效率问题

一种增强的方案是，当SPS配置中的所有下行HARQ进程均为去使能的下行HARQ进程时，UE对收到的SPS配置的激活命令进行HARQ-ACK信息反馈。也就是说，UE在收到该SPS配置激活的PDCCH后，针对该PDCCH反馈ACK信息。另一种增强的方案是，当SPS配置中的所有下行HARQ进程均为去使能的下行HARQ进程时，UE对收到的第一个SPS PDSCH进行HARQ-ACK信息反馈。也就是说，UE在收到该SPS配置激活的PDCCH后，针对该PDCCH调度的SPS PDSCH的译码结果反馈ACK或NACK信息。由于现有系统中并未针对SPS配置激活命令反馈ACK信息，前一种方案的标准化影响较大。后一种方案标准化影响较小，但如果第一个SPS PDSCH的反馈信息是NACK，则仍然不能解决问题。

经过多次讨论，标准上最终决定以可配置的方式支持后一种方案，即对于第一个SPS PDSCH，当基站通过RRC信令配置UE针对SPS配置激活进行HARQ-ACK反馈时，无论第一个SPS PDSCH对应使能下行HARQ进程还是去使能下行HARQ进程，UE都进行HARQ-ACK信息反馈；当基站没有配置UE针对SPS配置激活进行HARQ-ACK反馈时，如果第一个SPS PDSCH对应使能下行HARQ进程，UE进行HARQ-ACK信息反馈，如果第一个SPS PDSCH对应去使能下行HARQ进程，UE不进行HARQ-ACK信息反馈。对于除第一个SPS PDSCH外的其他SPS PDSCH，如果对应使能下行HARQ进程，UE进行HARQ-ACK信息反馈，如果对应去使能下行HARQ进程，UE不进行HARQ-ACK信息反馈。

4. 去使能下行 HARQ 进程的处理时序

在现有 NR 系统中，如图 17-33 所示，如果 UE 收到基站调度下行 HARQ 进程 x 传输的第一 PDSCH，在该 UE 向该基站发送第一 PDSCH 对应的 HARQ-ACK 反馈信息的传输结束之前，该 UE 不期待再次接收到该基站调度该下行 HARQ 进程 x 传输的第二 PDSCH。其中，该 UE 向该基站发送该 HARQ-ACK 反馈信息的传输时序是根据 HARQ 反馈时序集合中的 K_1 值确定的，HARQ 反馈时序集合可以是预设的或基站配置的。

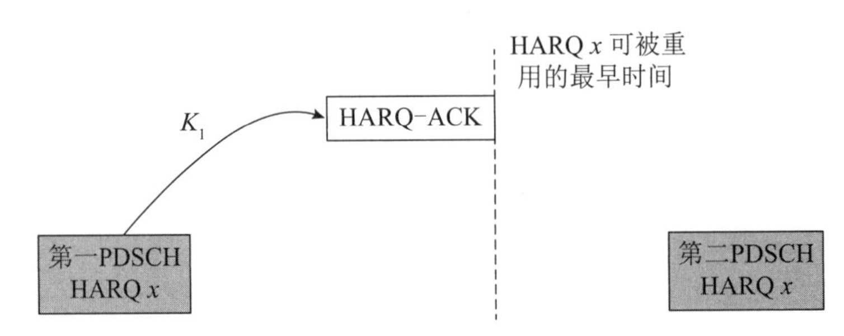

图 17-33　NR 系统中下行 HARQ 进程 x 的调度时序

在 NTN 系统中，对于被配置去使能的下行 HARQ 进程 y，也需要考虑类似的调度时序，以保证 UE 对下行 HARQ 进程 y 可以有足够的处理时间[16]。如图 17-34 所示，如果 UE 收到基站调度下行 HARQ 进程 y 传输的第一 PDSCH，其中第一 PDSCH 可以为一个 PDSCH 或多个以时隙聚合（slot-aggregated）方式传输的 PDSCH，在该 UE 接收第一 PDSCH 结束后的 $T_{proc,1}$ 处理时间内，该 UE 不期待再次接收到该基站调度该下行 HARQ 进程 y 传输第二 PDSCH 的 DCI，也不期待再次接收到该基站调度该下行 HARQ 进程 y 传输的第三 PDSCH，其中，第二 PDSCH 可以为一个 PDSCH 或多个以时隙聚合方式传输的 PDSCH，第三 PDSCH 为 SPS PDSCH。

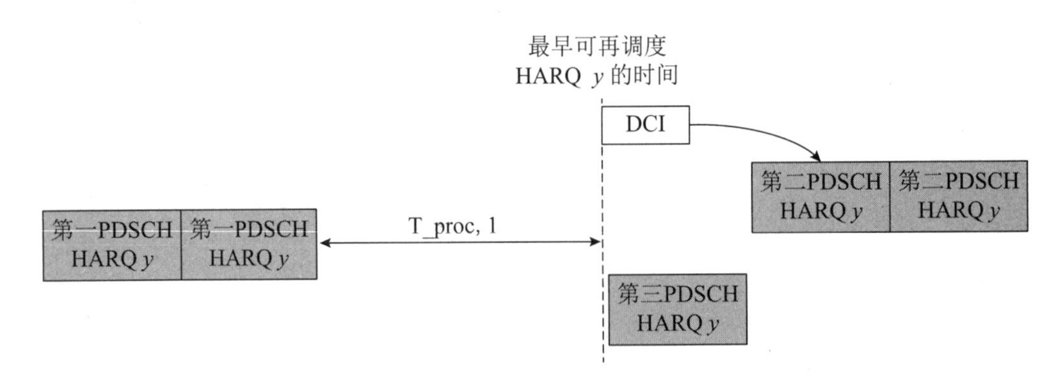

图 17-34　NTN 系统中下行 HARQ 进程 y 的调度时序

如前所述，对于第一个 SPS PDSCH，当基站通过 RRC 信令配置 UE 针对 SPS 配置激活进行 HARQ-ACK 反馈时，无论第一个 SPS PDSCH 对应使能下行 HARQ 进程还是去使能下行 HARQ 进程，UE 都进行 HARQ-ACK 信息反馈。相应地，在 UE 被配置针对 SPS 配置激活进行 HARQ-ACK 反馈的情况下，对于第一个 SPS PDSCH 对应的下行 HARQ 进程 n，如图 17-35 所示，UE 在向基站发送第一 SPS PDSCH 对应的 HARQ-ACK 信息的传输结束前，该 UE 不期待再次接收到该基站调度该下行 HARQ 进程 n 传输其他 PDSCH 的 DCI，也不期待再次接收到该基站调度该下行 HARQ 进程 n 传输的其他 SPS PDSCH。

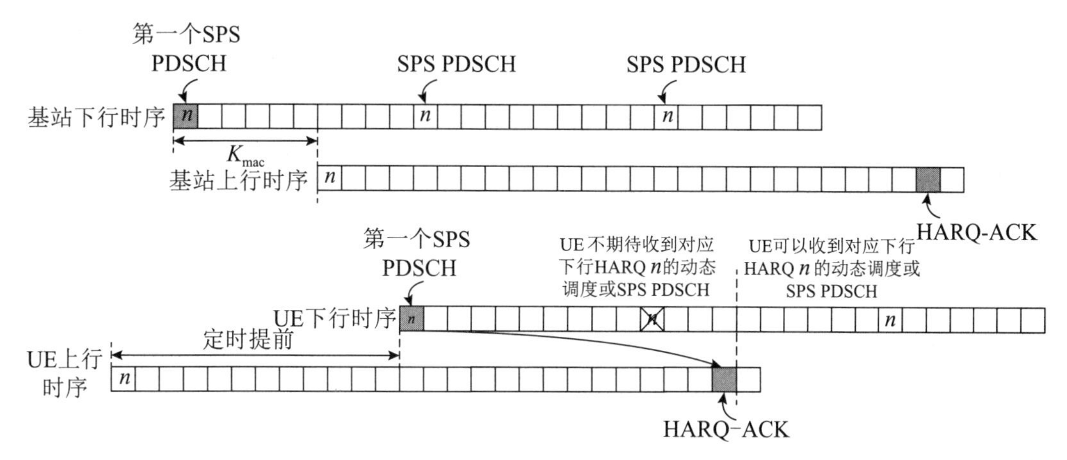

图 17-35　第一个 SPS PDSCH 对应的下行 HARQ 进程 n 的调度时序

5. 使能 / 去使能下行 HARQ 进程配置

在 NTN 网络中，由于 UE 与基站的信号传输时延相比地面网络大幅增加，引入去使能 HARQ 机制可以在有限的 HARQ 进程数的情况下有效缓解 HARQ 阻塞的问题。对于时延敏感的业务，通过去使能 HARQ 降低调度时延；对于时延不敏感的业务，仍可以利用传统的 HARQ 机制保证数据传输的可靠性。为了支持不同业务的共存，NTN 中支持以 HARQ 进程为单位进行使能 / 去使能 HARQ 的配置。即由 RRC 采用 bitmap 的方式分别指示每个 HARQ 进程是使能 HARQ 还是去使能 HARQ。

对于下行 HARQ 进程，如果 RRC 配置该 HARQ 进程为使能 HARQ 进程，则 UE 在完成针对使用该 HARQ 进程的下行数据接收的 HARQ 反馈后经历一个 RTT 之后才会接收针对该 HARQ 进程的下一次调度；如果 RRC 配置该 HARQ 进程为去使能 HARQ 进程，则 UE 在完成针对使用该 HARQ 进程的下行数据接收之后再间隔 X 个时间符号即可以准备接收网络针对该 HARQ 进程的下一次调度。

对于下行 SPS 配置，标准上讨论了两种如何配置为 SPS 配置中下行 HARQ 进程的 HARQ 反馈状态的方法。一种是每个下行 HARQ 进程独立配置 HARQ 反馈为使能或去使能的状态，另一种是对每个 SPS 配置来配置 HARQ 反馈使能或去使能的状态。虽然通常情况下，一个 SPS 配置中的所有下行 HARQ 进程对应的 HARQ 反馈状态应相同，考虑到基站已经会对动态调度的下行 HARQ 进程独立配置 HARQ 反馈状态，没有必要引入额外的配置信令，最终标准上同意基站对每个下行 HARQ 进程独立配置的 HARQ 反馈状态既应用于动态调度，也应用于 SPS 传输，由基站实现来保证一个 SPS 配置中所有下行 HARQ 进程对应相同的 HARQ 反馈状态。

17.4.3　传输性能增强

如前所述，当基站使用去使能的下行 HARQ 进程为 UE 进行传输块的调度时，由于 UE 没有对该传输块进行 HARQ-ACK 信息反馈，如果该传输块需要进行重传，则基站需要启动 RLC 层的 ARQ 机制，该过程会导致较大的传输时延。因此，为了提高使用去使能的 HARQ 进程传输数据的可靠性，需要考虑传输性能的增强。

对于如何提高数据传输的可靠性，在标准中讨论了如下几种方式。

方式 1：支持更大的时隙聚合因子，例如 PDSCH 支持的最大时隙聚合因子为 X，其中，

X取值为 8、16 或 32。

方式 2：独立配置使能 HARQ 进程传输和去使能 HARQ 进程传输对应的时隙聚合因子或重复因子。由于去使能 HARQ 进程传输不对应 HARQ-ACK 反馈，其可靠性要求更高，对其独立配置时隙聚合因子或重复因子，有助于提高去使能 HARQ 进程传输的可靠性，减小重传时延，从而提升系统的性能。

方式 3：时域交织聚合传输。在使用时隙聚合传输方式传输时，采用时域交织的方式，可以获得时域分集增益，从而提升传输的可靠性。

方式 4：DM-RS 增强，例如减小 DM-RS 在频域的密度，或在时域使用 DM-RS 联合估计。通过减小 DM-RS 的开销或提升基于 DM-RS 的信道估计性能的方式，提升传输的可靠性。

方式 5：为去使能 HARQ 进程传输引入目标 BLER 更低的 CQI/MCS 表格，或引入新的 UCI 反馈方式，提升传输的可靠性。

考虑到讨论时间有限，目前标准上仅通过了方式 1。对于是否支持其他方式，可以在下一个版本中继续讨论。

17.5 用户面增强

相比于地面网络，NTN 系统的一个主要特点是其具有远大于地面网络的往返传输时延（Round Trip Time，RTT），例如，GEO 卫星的最大 RTT 可达 541.46 ms[1]。R17 NTN 在高层用户面主要针对由于大时延导致的问题做了适应性增强，主要包括高层用户面定时器的调整以及 HARQ 的增强，涉及 MAC 层、RLC 层和 PDCP 层。

17.5.1 MAC 增强

R17 NTN 针对 MAC 层的增强除了 HARQ 外，还包含非连续接收（Discontinuous Reception， DRX）、逻辑信道优先级处理（Logical Channel Prioritization，LCP）以及调度请求（Scheduling Request，SR）。第 17.4 节详细讲述了 HARQ 增强的技术方案，本节主要介绍 MAC 层的 DRX、LCP、SR 增强。

如第 17.4 节所述，为了解决 NTN 系统中由于 RTT 增大带来的潜在的 HARQ 阻塞问题，R17 NTN 中针对下行 HARQ 引入了去使能 HARQ 反馈机制，针对上行 HARQ 引入了模式 A/ 模式 B。这样，下行 HARQ 进程被划分为使能 HARQ 反馈的下行 HARQ 进程和去使能 HARQ 反馈的下行 HARQ 进程两类，上行 HARQ 进程被划分为模式 A 的上行 HARQ 进程和模式 B 的上行 HARQ 进程两类。针对不同类型的 HARQ 进程，UE 需要执行不同的 PDCCH 监听行为，其对 DRX 带来了直接影响。另外，由于两类上行 HARQ 进程具有不同的可靠性、时延属性，也为终端侧的 LCP 提出了增强的需求。下面将分别介绍 NTN 中上述 HARQ 增强机制对 DRX、LCP 的影响。

1. 使能 / 去使能 HARQ 反馈对 DRX 的影响

当 UE 接收指示下行传输的 PDCCH，如果该下行传输使用的是使能 HARQ 反馈的下行 HARQ 进程，则 UE 在接收 PDSCH 后向 gNB 发送 HARQ 反馈，即解码成功在 PUCCH 反馈 HARQ-ACK 或者解码失败反馈 HARQ-NACK，UE 期待 gNB 基于反馈结果调度同一 HARQ 进程上的新传或者重传；如果该下行传输使用的是去使能 HARQ 反馈的下行 HARQ 进程，UE 将不向 gNB 发送 HARQ 反馈。

图 17-36 所示为 NR 地面系统中下行 HARQ 传输的 DRX 机制，UE 发送完针对 PDSCH 接收的 HARQ 反馈之后启动 drx-HARQ-RTT-TimerDL 定时器，该定时器的时长由网络配置。当 drx-HARQ-RTT-TimerDL 定时器超时时，如果 PDSCH 解码失败（即 HARQ 反馈为 HARQ-NACK）则启动 drx-RetransmissionTimerDL 定时器。UE 在 drx-RetransmissionTimerDL 定时器运行时处于 DRX 激活期（Active Time）需要监听 PDCCH，以达到终端节能的目的。

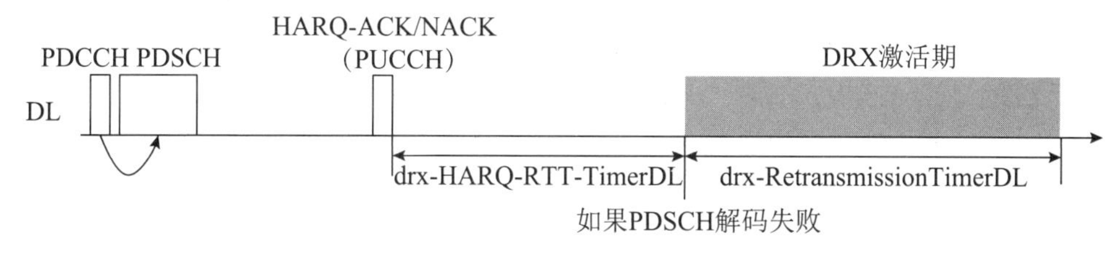

图 17-36　地面网络中，下行 HARQ 进程的 DRX

在 NTN 系统中，因为 UE 和 gNB 之间的 RTT 远远大于地面通信中的 RTT，drx-HARQ-RTT-TimerDL 定时器的现有值域范围无法涵盖 NTN 系统中的 RTT。对于使能 HARQ 反馈的下行 HARQ 传输，RAN2 讨论对 drx-HARQ-RTT-TimerDL 定时器应用一个等于 UE 与 gNB 之间的 RTT 的偏移量（Offset）。关于如何在 drx-HARQ-RTT-TimerDL 定时器上应用偏移量，产生了两种方案：其一，该偏移量用于延迟 drx-HARQ-RTT-TimerDL 定时器的启动时机，如图 17-37（a）所示；其二，该偏移量应用于定时器的值域范围，即在现有网络配置的定时器长度基础上加上该偏移量，如图 17-37（b）所示。

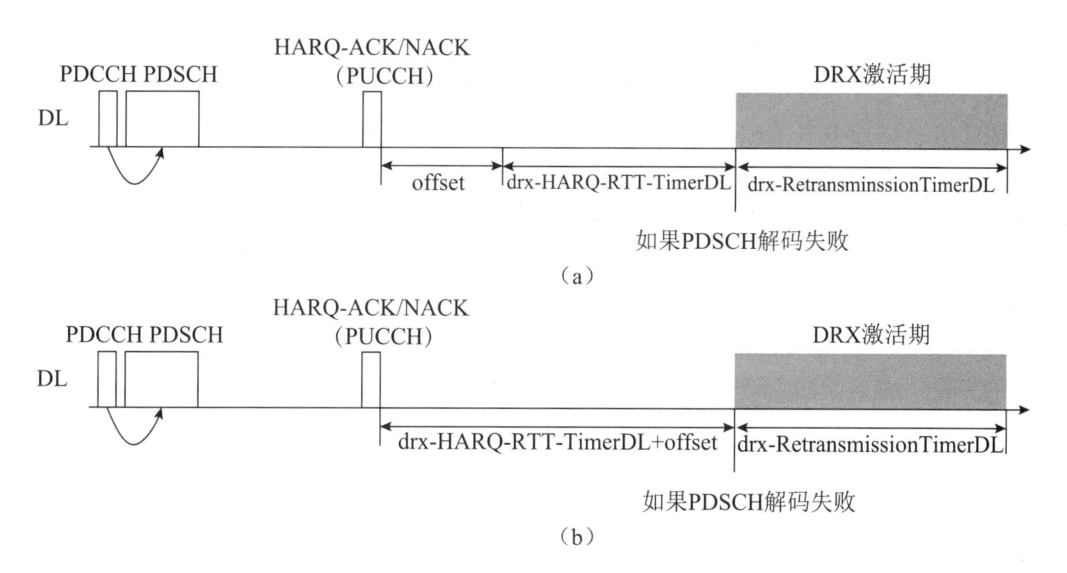

图 17-37　NTN 系统中，针对使能 HARQ 反馈的下行 HARQ 进程 DRX 的候选增强方案

经过数次讨论，大多数公司倾向于第二种方案。而一些公司认为，如何应用偏移量应当考虑与 RACH 过程的竞争冲突解决定时器 ra-ContentionResolutionTimer 的偏移量采取一致的方案，因此坚持应该采取第一种方案。实质上，两种方案都不会影响 UE 启动 drx-RetransmissionTimerDL 定时器监听 PDCCH 的行为，区别在于第一种方案可能需要规范基于偏移量延迟 drx-HARQ-RTT-TimerDL 定时器期间 UE 的行为。最终 RAN2#113-e 会议上最终同意对于使能 HARQ 反馈的下行 HARQ 传输，在 drx-HARQ-RTT-TimerDL 定时器现有长度

上增加一个等于 UE 到 gNB 的 RTT 的偏移量，以适应 NTN 系统的大时延特点[17]。

对于去使能 HARQ 反馈的下行 HARQ 传输，由于没有 HARQ 反馈，不启动 drx-HARQ-RTT-TimerDL 定时器成为各公司的共识。公司之间的分歧在于，是否要启动 drx-RetransmissionTimerDL 定时器，为 gNB 不基于 HARQ 反馈调度该 HARQ 进程的盲重传提供机会。

反对的公司认为这是一种不必要的增强。现有的 drx-RetransmissionTimerDL 定时器的启动条件是基于 drx-HARQ-RTT-TimerDL 定时器超时而定义的，而对于去使能 HARQ 反馈的下行 HARQ 传输，drx-HARQ-RTT-TimerDL 定时器不启动，自然导致 drx-RetransmissionTimerDL 定时器不启动，额外启动 drx-RetransmissionTimerDL 定时器需要针对该定时器引入新的启动条件。并且指出 gNB 可以在 UE 由于其他原因处于 DRX 激活期时调度 PDSCH 传输，如当 drx-InactivityTimer 定时器正在运行或者其他 HARQ 进程的 drx-RetransmissionTimerDL 定时器正在运行时，如图 17-38 所示。

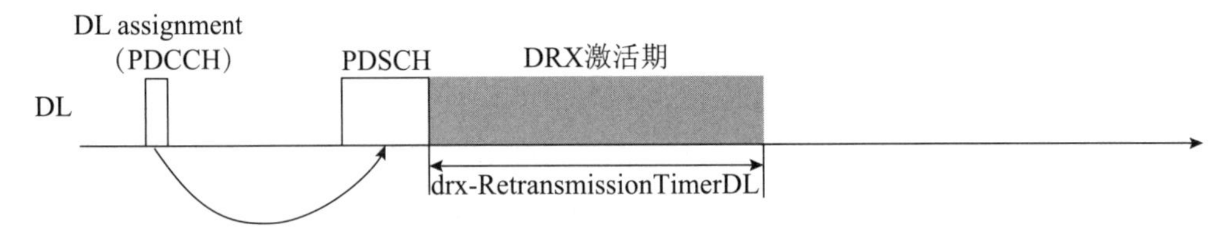

图 17-38　NTN 系统中，针对去使能 HARQ 反馈的下行 HARQ 进程 DRX 的增强方案

一些公司持相反的观点，认为针对去使能 HARQ 反馈的下行 HARQ 传输对应的 drx-RetransmissionTimerDL 定时器引入新的启动条件是必要的，一种可能的方案如图 17-38 所示。一方面，如果某一个 HARQ 进程依赖由于其他 HARQ 进程的 drx-RetransmissionTimerDL 定时器正在运行导致的 DRX 激活期调度 PDSCH 传输，该 HARQ 进程的盲重传机会将会不稳定、得不到保证；另一方面，如果依赖于 drx-InactivityTimer 定时器正在运行，则 drx-InactivityTimer 定时器需要配置较长的值，不利于终端省电。

经过数次会议的讨论，最终在 RAN2#116bis-e 次会议上达成共识，对于去使能 HARQ 反馈的下行 HARQ 进程，UE 不启动 drx-RetransmissionTimerDL，针对这一类下行 HARQ 进程的盲重传调度依赖于 UE 由于其他原因导致的 DRX 激活期[18]。

2. 模式 A/ 模式 B 上行 HARQ 进程对 DRX 的影响

与下行 HARQ 传输机制不同，在上行 HARQ 传输中，由于 gNB 同时是调度者和接收者，因此并不存在针对上行数据接收的 HARQ 反馈。在关于使能 / 去使能 HARQ 的标准化讨论过程中，不同公司对上行使能 / 去使能 HARQ 产生了不同的理解。对于上行 HARQ 传输，gNB 的重传调度策略可分为以下 3 种情况。

- 策略 1：基于上次 PUSCH 传输解码结果调度重传。
- 策略 2：不基于上次 PUSCH 传输解码结果调度盲重传。
- 策略 3：禁用上行 HARQ 重传。

在现有的地面网络中，由于 UE 和 gNB 之间的 RTT 非常短，不同的调度策略没有显著差异，而如何应用这 3 种调度策略均取决于网络实现，它们对 UE 是透明的。而对于 NTN 系统，需要 UE 区分不同调度策略的 HARQ 进程，以解决 HARQ 阻塞的问题。

各公司之间的分歧在于使能 / 去使能两种 HARQ 进程与上述 3 种调度策略之间的关系。

一些公司从业务时延角度出发，认为由于 NTN 系统中 UE 和 gNB 之间的 RTT 远大于地面网络，在 NTN 系统中是否基于上次 PUSCH 传输解码结果调度 HARQ 重传存在显著的业务时延差异。对某个特定的 HARQ 进程，如果调度策略是基于上次 PUSCH 传输解码结果调度 HARQ 重传，将要延迟 UE 到 gNB 的 RTT，之后 UE 才能收到重传的传输块（TB），例如 GEO 卫星的最大 RTT 可达 541.46 ms。如果调度策略是不基于上次 PUSCH 传输解码结果调度 HARQ 重传，则 UE 不需要等待一个 RTT 之后再开始监听调度同一个 HARQ 进程的 PDCCH。因此，这些公司希望将上述两种情况进行区分，使能 HARQ 进程的含义是支持基于上次 PUSCH 传输解码结果调度重传（策略 1），而去使能 HARQ 进程的含义主要是不基于上次 PUSCH 传输解码结果调度盲重传（策略 2）或者禁用上行 HARQ 重传（策略 3）。一些公司从可靠性角度出发，认为是否存在 HARQ 重传会导致其传输可靠性有显著差别，并同时指出，无论 UE 因为 drx-InactivityTimer 定时器或者其他 HARQ 进程的原因，只要 UE 处于 DRX 激活期，gNB 就可以调度盲重传。因此，这些公司认为，使能 HARQ 进程的含义是基于上次 PUSCH 传输解码结果调度重传（策略 1），去使能 HARQ 进程的含义是禁用上行 HARQ 重传（策略 3）；而对于不基于上次 PUSCH 传输解码结果调度盲重传（策略 2），无论使能 / 去使能的 HARQ 进程都应该默认支持。

在多次会议期间，由于部分公司的坚持，各公司对上行使能 / 去使能 HARQ 进程的理解无法达成一致，转而开始从 UE 支持的 DRX 行为角度展开讨论。

图 17-39 所示是现有 NR 地面系统中上行 HARQ 传输的 DRX 机制，与下行 HARQ 传输的 DRX 机制相比，主要的不同点在于上行 HARQ 传输不存在 HARQ 反馈，因此 drx-HARQ-RTT-TimerUL 定时器启动时刻在 PUSCH 传输结束之后，drx-HARQ-RTT-TimerUL 的时长由网络配置。当 drx-HARQ-RTT-TimerUL 定时器超时时，UE 启动 drx-RetransmissionTimerUL 定时器，从而可以监听 PDCCH。

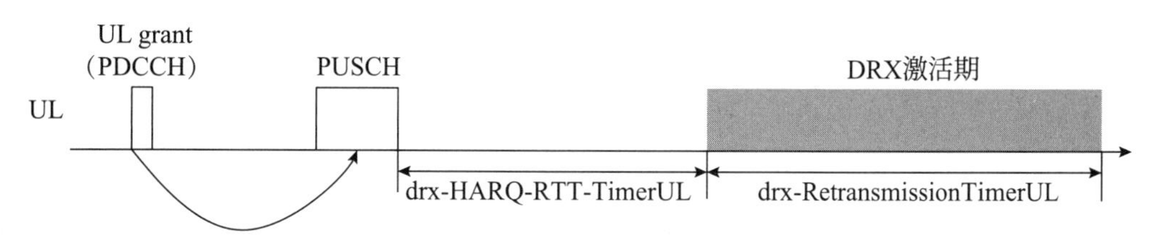

图 17-39　地面网络中，上行 HARQ 进程的 DRX

在 NTN 系统中，对于上行 HARQ 传输来说，UE 存在 3 种可能的 DRX 行为，即在 NTN 系统中，对于每个上行 HARQ 进程，drx-HARQ-RTT-TimerUL 定时器可能支持如下选项。

- 选项 1：基于偏移量扩展该定时器长度（如图 17-40 所示）。
- 选项 2：定时器长度设置为 0。
- 选项 3：禁用该定时器，即不启动该定时器。

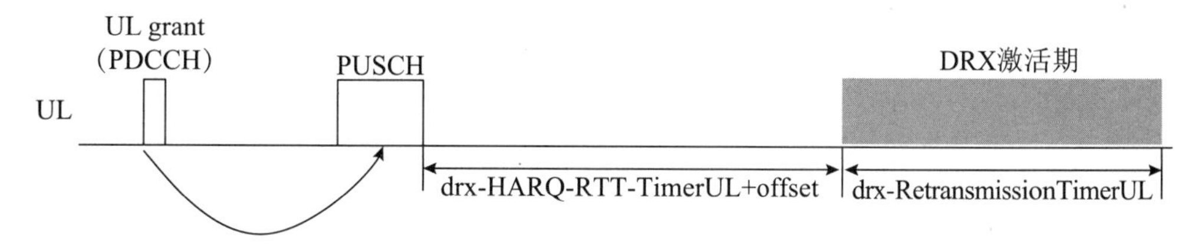

图 17-40　选项 1：基于偏移量扩展 drx-HARQ-RTT-TimerUL 定时器长度

对于选项 1，针对基于 PUSCH 解码结果进行调度的上行 HARQ 进程，将 drx-HARQ-RTT-TimerUL 定时器的长度在网络配置的长度基础上加上一个等于 UE 到 gNB 的 RTT 的偏移量，各公司对其没有异议；而选项 2 和选项 3 都是针对不基于 PUSCH 解码结果进行调度的上行 HARQ 进程，需要讨论的是考虑同时支持两个选项或者如何在二者之间选择的问题。多数公司认为需要从选项 2 和选项 3 中选择支持一种。选项 2 的优势在于定时器设置为 0 意味着 drx-HARQ-RTT-TimerUL 定时器启动即超时，启动 drx-RetransmissionTimerUL 定时器是现有的机制，可以自然地支持 UE 在 PDCCH 监听盲重传的上行调度授权（UL Grant），而问题在于 UE 现有 drx-HARQ-RTT-TimerUL 定时器配置是针对 UE 的所有上行 HARQ 进程的，选项 2 将影响所有上行 HARQ 进程，或者可能需要引入针对 HARQ 进程单独配置的 DRX 配置。对于选项 3，不启动该定时器，这种 DRX 行为与下行具有一定的相似性，其对于盲重传调度的进一步支持保留了可能，但需要针对 drx-RetransmissionTimerUL 定时引入新的启动条件，如图 17-41 所示。由于选项 3 兼顾了对使能 / 去使能 HARQ 进程的不同理解，因而得到了较多数公司的支持。

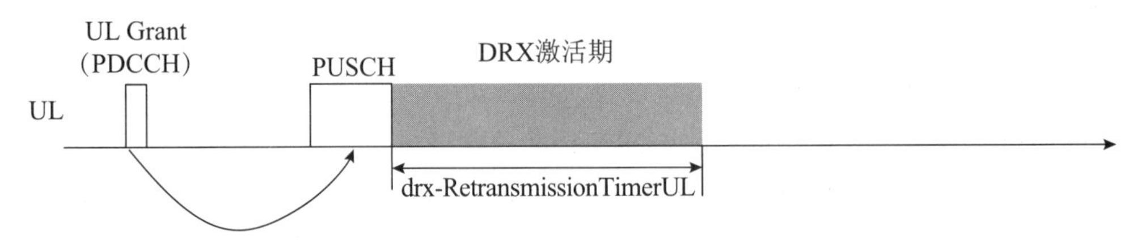

图 17-41　NTN 系统中，针对模式 B 的上行 HARQ 进程 DRX 的增强方案

鉴于各公司长期对上行使能 / 去使能 HARQ 的理解无法达成一致，考虑到两种类型的上行 HARQ 进程直接影响了 DRX 行为，一些公司建议直接通过 DRX 行为定义两类 HARQ 进程。在 RAN2#115-e 次会议上，同意针对上行 HARQ 进程引入模式 A 和模式 B，每个上行 HARQ 进行对应的模式由网络通过 RRC 层半静态配置给 UE[19]。两种上行 HARQ 模式对应着 UE 支持的两种不同的 DRX 行为，分别定义如下。

- “HARQ 模式 A”：drx-HARQ-RTT-TimerUL 定时器的长度基于 UE 到 gNB 的 RTT 进行扩展，即优化 UE 的 PDCCH 监听行为以支持基于上次 PUSCH 解码结果的上行重传调度。
- “HARQ 模式 B”：drx-HARQ-RTT-TimerUL 定时器不启动。

此外，对于“HARQ 模式 B”，RAN2#115-e 次会议上同意继续研究是否启动 drx-RetransmissionTimerUL 定时器以支持上行盲重传，并确认了 RAN2 的理解是：对于“HARQ 模式 A”，UE 的行为是为了最好地支持基于上行解码结果接收上行重传授权；对于“HARQ 模式 B”，UE 行为是为了最好地支持禁用上行 HARQ 重传和 / 或支持上行盲重传 [19]。

与下行类似，经过了数次会议的讨论，最终在 RAN2#116bis-e 次会议上达成共识，对于“HARQ 模式 B”，UE 不启动 drx-RetransmissionTimerUL，对于配置为该模式的上行 HARQ 进程的调度依赖于 UE 由于其他原因导致的 DRX 激活期 [18]。

3. LCP 增强

在地面 NR 系统中，如果 UE 在 PDCCH 接收到上行调度授权指示了一次 HARQ 新传，UE 将根据 RRC 层为每个逻辑信道配置的优先级，对所有有数据到达等待传输的上行逻辑信道执行 LCP 过程，确定此次上行调度授权能够复用哪些逻辑信道，并为每个逻辑信道分配相应的上行资源。在 NTN 系统中，由于引入的“HARQ 模式 A”和“HARQ 模式 B”两种上行 HARQ 模式具有不同的调度策略，导致了 UE 存在属性不同的两种 HARQ 进程。对于 UE 上行数据传输中 MAC PDU 的复用和装配，基于两类 HARQ 进程考虑进一步的 LCP 限制，以满足不同逻辑信道间差异化的业务延迟需求，自然成为研究讨论的另一个问题。

在标准化讨论过程中，首先关注的是针对动态调度授权的 LCP 限制，主要考虑了两类方案。

- 方案 1：不引入新的 LCP 限制，重用现有的 allowedPHY-PriorityIndex 字段。
- 方案 2：引入新的 LCP 限制，主要考虑逻辑信道与两种 HARQ 进程之间的映射。

对于方案 1，部分公司认为不需要引入新的 LCP 限制，针对 NTN 的 LCP 限制可以通过重用现有的 allowedPHY-PriorityIndex 字段实现。R16 IIoT 中为了确保时间敏感的高优先级业务数据会明确地映射到网络为高优先级数据传输的上行调度授权引入了 allowedPHY-PriorityIndex 字段。该字段用于设置允许的物理层优先级索引（PHY-priority index），通过 RRC 层可选地为每个逻辑信道配置，取值 p0 或 p1。同样，对于每个上行调度授权，也可选地包含一个物理层优先级索引。根据现有 RRC 协议 [20]，如果逻辑信道配置了 allowedPHY-PrioirtyIndex 字段，并且动态调度授权包含物理层优先级索引，那么这个逻辑信道的 MAC SDU 只能映射到指示了与该字段配置的值相同的物理层优先级索引的上行动态调度授权；如果逻辑逻辑信道配置了 allowedPHY-PrioirtyIndex 字段，而动态调度授权不包含物理层优先级索引，那么只有该字段的值为 p0 时，这个逻辑信道的 MAC SDU 才能映射到该上行动态调度授权；如果逻辑逻辑信道没有配置 allowedPHY-PrioirtyIndex 字段，这个逻辑信道的 MAC SDU 可以映射到任意上行动态调度授权。

方案 1 重用现有机制，虽然避免了协议影响，但是也存在一些难以解决的问题。首先，重用该机制能够实现的前提假设是需要确认 NTN 不支持 R16 IIoT，否则重用功能的行为会产生混淆的问题。通常来说，复用同一配置实现两个不相关的功能，这并不一定是一个长远的演进方向，大多数公司更倾向于为新特性引入新的配置，而不是重用现有的配置。在 RAN2#115-e 次会议上，各公司同意选择方案 2 作为动态调度授权的 LCP 增强方案，并在后续的 RAN2#116-e 次会议上确定了逻辑信道和两类 HARQ 进程之间具体的映射规则 [19,21]。

最终形成了上行动态调度授权的 LCP 增强方案。可以通过 RRC 信令可选地半静态地配置逻辑信道到两类 HARQ 进程的映射关系；如果没有配置，则映射关系不生效，仍然使用现有的 LCP 限制。如图 17-42 所示，如果 UE 的上行 HARQ 进程配置了上行 HARQ 状态，则 UE 存在“HARQ 模式 A”和“HARQ 模式 B”两种状态的 HARQ 进程，支持如下的逻辑信道和两类 HARQ 进程之间映射规则。

（1）映射规则配置为“HARQ 模式 A”的逻辑信道只允许映射到配置为“HARQ 模式 A”的 HARQ 进程。

（2）映射规则配置为“HARQ 模式 B”的逻辑信道只允许映射到配置为“HARQ 模式 B”的 HARQ 进程。

（3）如果没有为某个逻辑信道配置映射规则，则允许该逻辑信道映射到任意 HARQ 进程，即“HARQ 模式 A”或“HARQ 模式 B”。

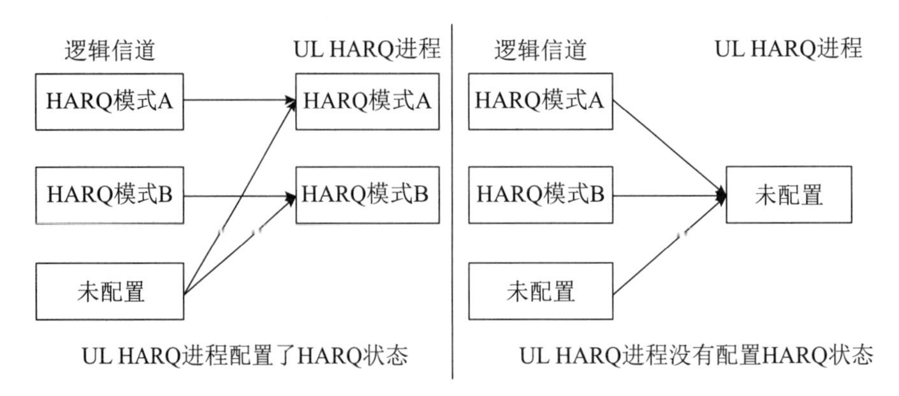

图 17-42　逻辑信道与上行 HARQ 进程的 LCP 映射关系

如果 UE 的上行 HARQ 进程没有配置上行 HARQ 状态，则 UE 不存在“HARQ 模式 A”和“HARQ 模式 B”的 HARQ 进程，这种情况下是否针对逻辑信道配置映射规则以及配置何种映射规则都没有意义，都将不应用新引入的 LCP 限制。

另外，在动态调度授权的 LCP 增强的标准化过程中，RAN2 决定对于 NTN 系统中现有的上行 MAC CE，不引入新的 LCP 限制。

对于配置授权（Configured Grant）的 LCP 限制的讨论开始得稍晚。在动态调度授权的 LCP 增强方案确定之后，RAN2#116bis-e 会议通过了对 NTN 系统中配置授权引入 LCP 限制，即用于动态授权的新 LCP 限制也适用于配置授权，并且基于网络实现合理配置逻辑信道的 LCP 参数，以避免与现有 LCP 配置的冲突 [18]。

4. SR 增强

NTN 系统中，调度请求（Scheduling Request，SR）的增强主要与 NTN 的 RTT 有关。NR 系统中，UE 可以使用 SR 向 gNB 请求 UL-SCH 资源。SR 传输由 RRC 信令配置。为了避免 UE 不断重复地通过 SR 请求上行资源，可以配置一个禁止定时器 sr-ProhibitTimer 控制调度请求的发送频率。在 sr-ProhibitTimer 定时器运行期间，UE 不再发送新的 SR。根据现有的值域范围，sr-ProhibitTimer 定时器的最大可配置取值为 128 ms。对于 GEO 系统，sr-ProhibitTimer 定时器的值域范围是不够的，因为其 RTT 可达 541.46 ms。因此，在 RAN2#113bis-e 次会议上，同意在 NTN 系统中，sr-ProhibitTimer 定时器的长度需要扩展 [22]。

其后进一步的讨论是关于如何扩展 sr-ProhibitTimer 定时器的长度。讨论的焦点主要是扩展后的 sr-ProhibitTimer 定时器是否需要支持小于 UE 到 gNB 的 RTT 的取值。

部分公司认为，为了避免 sr-ProhibitTimer 定时器在 UE 收到 PUSCH 的调度授权之前到期，sr-ProhibitTimer 定时器的长度需要由 UE 到 gNB 的 RTT 扩展，具体的扩展方案为在现有的取值基础上加上一个等于 UE 到 gNB 的 RTT 的偏移量。这样，SR 的最小禁止时间大于 UE 到 gNB 的 RTT，即在一个 RTT 范围内，不允许 UE 发送多个 SR。

一些网络设备厂商指出，在现有网络中，已经支持了配置 sr-ProhibitTimer 定时器低于 RTT，例如 sr-ProhibitTimer 定时器的配置缺省时，UE 将配置 sr-ProhibitTimer 定时器长度为 0。并且指出，对于一些高优先级业务，gNB 可以配置 UE 在 RTT 期间发送多个 SR，因为 SR 传输的可靠性可能受到各种各样的干扰影响，不能完全由网络控制，这样可以减少 gNB 在没有检测到第一个 SR 时的延迟。一种简单的扩展方案是直接增加一些 sr-ProhibitTimer 定时器新的取值；另一类扩展方案可以概括为在现有值域范围内的取值基础上加上一个小于 UE

到 gNB 的 RTT 的偏移量，例如 $k \times$ RTT（$0<k<1$）。在 RAN2#116-e 次会议上，最终同意了第一类扩展方案，即针对 NTN 系统，引入一个新的字段 sr-ProhibitTimerExt-r17[21]，具体取值在随后的会议中讨论确定，即 {ms192, ms256, ms320, ms384, ms448, ms512, ms576, ms640, ms1082}。

17.5.2　RLC PDCP 增强

R17 NTN 中，针对 RLC 层和 PDCP 层的增强仍然与 NTN 的 RTT 有关，主要对一些现有的定时器长度进行适应性的扩展，包括 RLC 层 t-Reassembly 定时器、PDCP 层 discardTimer 定时器和 t-Reordering 定时器。

在 NR 中，RLC 层的 AM/UM RLC 实体的接收端通过 t-Reassembly 定时器检测从 MAC 层接收的 RLC PDU 是否丢失。对于 AM RLC 实体，当由于 t-Reassembly 定时器超时指示 AMD PDU 接收失败时，会触发接收端的状态报告（Status Reporting）过程，将丢失的 PDU 信息提供给发送端并请求发送端 ARQ 重传。对于 UM RLC 实体，当 t-Reassembly 定时器超时指示 UMD PDU 接收失败时，会丢弃缓冲区内的所有 RLC SDU 分段。在现有 NR 协议中，t-Reassembly 定时器可以由 0~200 ms 之间的固定值配置。对于地面网络，t-Reassembly 定时器长度覆盖了由于 RLC SDU 分段和多次 HARQ 重传导致的该 RLC SDU 的所有分段乱序到达接收端的最大时间间隔。如果 NTN 支持 HARQ 重传，那么 t-Reassembly 定时器的扩展是必要的，因为 t-Reassembly 定时器应该覆盖 HARQ 传输的最大时间，而对于 GEO 场景，单次 RTT 已经超过 541.46 ms。针对上述问题，在 RAN2#112-e 次会议上，RAN2 同意了对 t-Reassembly 定时器进行扩展[23]。具体的扩展方式在随后的会议中通过，即引入一个新的字段 t-ReassemblyExt-r17，扩展的取值为 {ms210, ms220, ms340, ms350, ms550, ms1100, ms1650, ms2200}。

在 NR 中，为优先保证数据包的快速递交，RLC 层移除了重排序及按序递交功能，即 RLC 层不支持按序递交 RLC SDU 给 PDCP 层，而按序递交由 PDCP 层来提供。在 PDCP 层，每个 PDCP 层的接收端实体维护一个 t-Reordering 定时器，超时后接收端只向上层递交所有存储的 PDCP SDU，并通知上层丢包。而在 PDCP 实体的发送端，对于每个 DRB 的 PDCP SDU 都会维护一个 discardTimer 定时器，超时后发送端丢弃该 PDCP SDU，用于防止发送缓冲拥塞。PDCP 层 discardTimer 定时器和 t-Reordering 定时器的配置，需要考虑能够覆盖由于可能的 RLC 层 ARQ 重传以及 MAC 层 HARQ 重传导致的最大时长，且应当至少大于 RLC 层 t-Reassembly 定时器的时长。由于现有 NR 协议中，t-Reordering 定时器可以配置的最大值已经可达 3000 ms 和无穷大，并且，当前 t-Reordering 字段存在较多的备用位，因此，在 RAN2#115-e 次会议上，NTN 考虑不扩展 t-Reordering 定时器的取值，或者考虑在现有的 t-Reordering 字段中使用几个备用位来添加几个更大的值，直至 4400 ms[19]。类似地，现有 NR 协议中，discardTimer 定时器可以配置的最大值为 1500 ms 和无穷大，但由于没有更多的备用位，在 RAN2#117-e 次会议上，RAN2 同意引入一个新的字段 discardTimerExt2，包含取值 2000 ms 以及 2~3 个备用位[24]。

17.6　控制面增强

现有 NR 系统控制面是针对地面网络而设计的，在设计之初没有考虑 UE 到 gNB 的 RTT 长、小区覆盖范围大、卫星移动速度快等 NTN 系统的主要特性，R17 NTN 需要针对上述 NTN 系统特性引起的问题进行相应的技术增强，本节主要介绍控制面的增强。

17.6.1 空闲态 / 非激活态增强

针对空闲态和非激活态，R17 NTN 在控制面的增强主要包括跟踪区（Tracking Area）相关增强、UE 位置上报和小区选择重选增强。

1. 跟踪区相关增强

与地面网络相比，NTN 系统中卫星能够提供覆盖范围可达上百千米的小区，这也导致了远大于地面网络的跟踪区。跟踪区的大小和寻呼的负载存在折中的关系，即跟踪区的增大会减少跟踪区更新（Tracking Area Update，TAU）的频率，但会增大寻呼的负载，这与跟踪区中的 UE 数量相关。

通常来说，地面网络中 UE 发生 TAU 是由于 UE 自身移动导致的。当 UE 驻留到一个新的小区，小区广播的跟踪区域码（Tracking Area Code，TAC）不在 UE 存储的 TAC 列表时，将触发 TAU 过程，以通知网络更新 UE 所在的跟踪区。而在 NTN 系统中，卫星的移动会导致 NTN 小区覆盖范围的移动。如果跟踪区随 NTN 小区的移动而发生移动，对于地面移动小区（Earth-moving Cell）场景，跟踪区是在不断移动的，因而很难在 TAU 频率和寻呼负载之间找到一个实际的折中方案。一方面，如果采用较大范围的跟踪区，例如一个跟踪区包含多个 NTN 小区，将导致 NTN 小区有极高的寻呼负载。在实际跟踪区设计中，需要考虑核心网节点 AMF 的极限承载能力和空口的无线信道容量等影响因素。另一方面，如果采用小的跟踪区，由于 NTN 小区的移动，UE 会面临频繁发生的 TAU，处于跟踪区边界上的 UE 将占用大量的 TAU 信令。

为了避免因卫星运动触发 UE 频繁地执行 TAU，RAN2 工作组同意在 NTN 场景中跟踪区相对于地面是固定的，即不随卫星的移动而移动。对于 LEO 卫星，这意味着随着小区在地面上的移动，网络根据星历实时更新广播的 TAC，确保广播的 TAC 与卫星波束覆盖的地理区域相关联。当小区到达下一个地面固定的跟踪区位置时，gNB 广播的 TAC 将发生改变。当 UE 通过小区广播消息发现进入一个跟踪区时，如果该跟踪区域不在核心网中注册的跟踪区列表中，根据广播的 TAC 和公共陆地移动网络标识（Public Land Mobile Network Identity，PLMN ID）触发注册区域更新过程。

关于 gNB 如何更新广播的 TAC，RAN2 考虑了以下两种可能的方案。

- 方案 1："硬切换"，一个小区每个公共陆地移动网络（Public Land Mobile Network，PLMN）只广播一个 TAC。新的 TAC 取代旧的 TAC，TAC 边界区域可能会存在波动。如图 17-43 所示，从 *T*1 时刻到 *T*3 时刻，在地面上静止的 UE，将看到 TAC 的改变，即 TAC2 → TAC1 → TAC2。

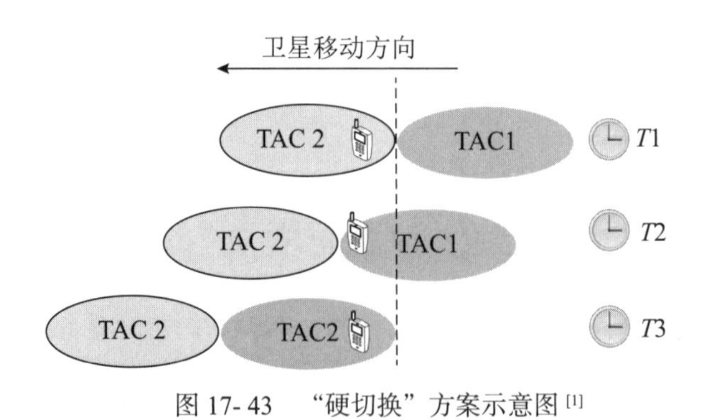

图 17-43 "硬切换"方案示意图 [1]

- 方案 2：“软切换”，一个小区针对每个 PLMN 可以广播多个 TAC。如图 17-44 所示，NTN 小区在移动到跟踪区边界时，将新的 TAC 添加到其系统信息中。并在随后，当小区移动离开边界区域时，删除旧的 TAC。只要 UE 注册的 TAC 包含在当前小区所广播的 TAC 列表中，就不需要执行 TAU。这样可以有效减少处在跟踪区边界地区的 UE 发起 TAU 的数量。但是，对于“软切换”方案，小区广播的 TAC 越多，寻呼负载就越重，这通常会导致小区间寻呼负载分布明显不平衡。

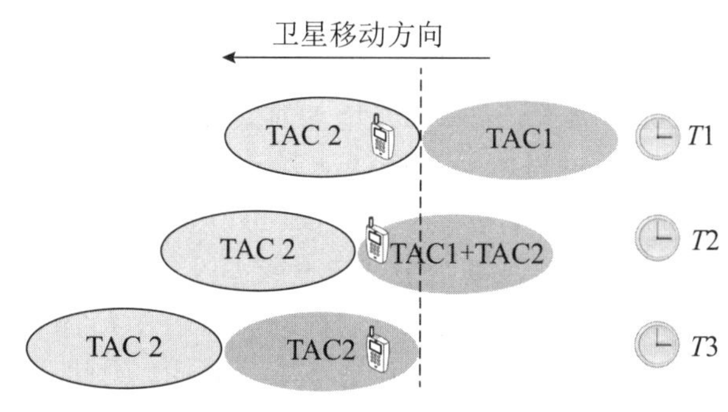

图 17-44　“软切换”方案示意图

针对这两种方案，RAN2 决定在 R17 同时支持，即一个 NTN 小区每个 PLMN 广播一个还是多个 TAC 取决于网络实现。UE 的接入层（Access Stratum，AS）向非接入层（Non-Access Stratum）报告通过广播信息收到的每个 PLMN 的所有 TAC，由 NAS 层进行 PLMN 和 TAC 的选择。由于 NTN 的跟踪区与地面位置固定，因此 UE 的位置信息等可以用于 TAC 的选择。如果当前小区广播的 TAC 包含 UE 的注册区域，则 UE 不需要执行 TAU 过程。系统消息中多个 TAC 的变更仍然遵循现有的系统消息更新机制，即需要触发系统消息变更通知过程。

2. UE 位置上报

UE 位置上报主要为了解决核心网侧的需求。具体地说，UE 在初始接入之后会向 gNB 发送 RRC 连接建立完成消息，即 Msg.5，其中将携带 UE 的第一条 NAS 消息。gNB 会将 Msg.5 中 UE 的 NAS 消息转发给核心网，并附加小区全球标识（Cell Global Identification，CGI）等，而小区 ID 是 CGI 的组成部分。在地面网络中，CGI 的粒度即为地面小区的大小，其典型的半径为约 2 km。相对而言，NTN 系统能够提供远超地面小区的覆盖范围，仅对于 LEO 卫星的小区，其典型的覆盖范围可达 100~1 000 km。因此，仍然使用小区 ID 会导致提供给核心网的 CGI 所标识的地理区域大幅扩大，这加剧了一些地面网络现有的问题，例如当小区覆盖于国家边界区域时，如果 UE 发起紧急呼叫业务，网络如何将 UE 注册到正确国家的核心网，以提供合规的服务。类似地，当 UE 进入连接态之后，gNB 同样需要提供精确的 CGI 信息给核心网。因此，NTN 系统中，网络需要确保 gNB 产生的 CGI 对应于一个固定的地理区域，且其大小应当与地面小区相当。

为满足上述需求，在 RAN2#114-e 次会议上，RAN2 同意将分别针对连接态和初始接入，进一步考虑 UE 上报位置给 gNB 的方案，以确保接入网构建的 CGI 对应于一个固定的地理区域，且其大小与地面小区的大小（例如半径约 2 km 左右）相当[25]。

对于 UE 上报位置给 gNB，RAN2 讨论过程中各公司的关注点主要集中在安全隐私和可信两方面。安全隐私方面，首先，在初始接入和 Msg.5 发送期间，UE 尚未激活 AS 安全机制，这个时候上报 UE 位置存在被窃听和篡改的安全风险；其次，即使在连接态 AS 安全机制建立之后，gNB 掌握 UE 位置可能也需要用户授权许可。可信方面的问题在于，需要考虑

UE 通过 GNSS 获取的位置信息对于网络是否是可信且有效的。这些问题需要 SA3、SA3-LI 等其他工作组研究决定。

对于上述问题，RAN2 与 SA2、SA3、SA3-LI、CT1 等工作组进行了多轮次、大量的联络函交互，RAN2 得到的一些初步回复表明有些安全机制无法在 R17 完成。为此，RAN2 设计了一种这种方案，即在初始接入过程中，UE 可以在 Msg.5 中上报 UE 的粗略位置信息，即便此时没有任何已建立的 AS 安全机制。该折中方案仍需要获得 SA3 等工作组的最终确认。

3. 小区选择重选增强

地面系统中，小区选择和小区重选是以 UE 测量的信道质量为依据。针对小区选择重选的增强，一方面与“远近效应”有关。如图 17-45 所示，在地面系统中，UE 处于小区中心时的参考信号接收功率（Reference Signal Receiving Power，RSRP）要明显高于其处于小区边缘时的 RSRP，存在明显的“远近效应”，因此 UE 可以基于 RSRP 测量来判断自己与候选小区之间的信道状态是否足够好，以进行小区选择或小区重选的判决。在 NTN 系统中，由卫星向地面发射小区波束，由于卫星距离地球表面的距离远大于小区半径，对于处于小区中心的 UE 和处于小区边缘的 UE，他们的距离差异并不明显，因此，往往对应的 RSRP 差异也不明显，如果只使用目前的基于 RSRP 测量的小区选择或小区重选机制，将很难设置合适的 RSRP 门限。而且，由于 RSRP 测量存在误差，很可能导致 UE 选择不到合适的小区驻留。另一方面，NTN 系统中，小区选择重选的增强与卫星运动有关。与地面系统不同，除了 GEO 卫星外 NTN 系统中卫星相对于地面保持高速运动，这导致一个 NTN 小区为某一特定地面区域提供服务的时间是有限的。在 NTN 系统中，当由于卫星运动的原因要停止当前区域覆盖时，即使 UE 处于 NTN 小区中心，具有较好的信号质量，也不得不停止驻留当前小区，重选到其他新的小区。

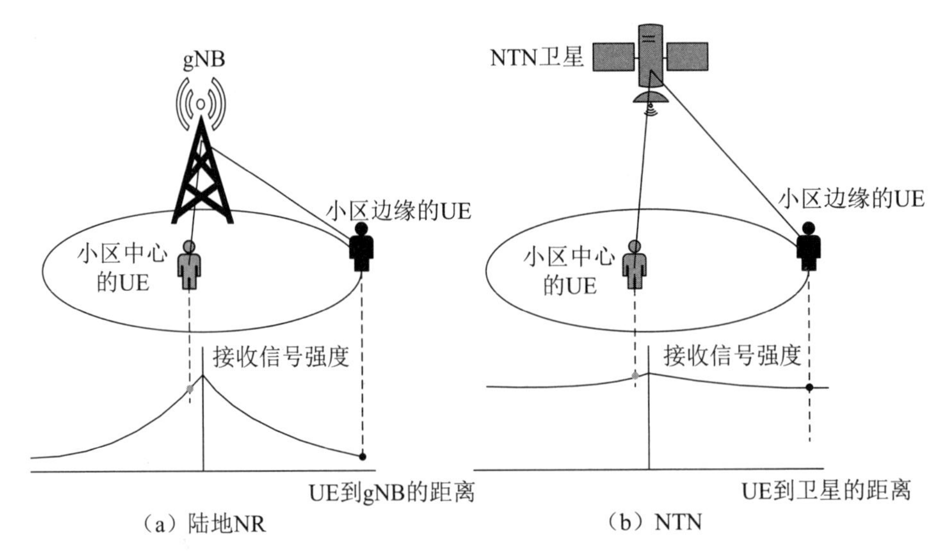

图 17-45　地面系统与 NTN 系统的“远近效应”对比

针对这些问题，R17 NTN 考虑了小区选择和小区重选的增强方案，主要包含两类：基于位置信息的增强和基于时间信息的增强。标准化过程中，首先确定的原则是，无论何种增强方案，现有 NR 标准中基于 RSRP 的小区选择或重选方案仍然是基础。因为，信道质量是决定无线通信的最根本因素之一，基于位置或基于时间的小区选择重选增强都不应该脱离 RSRP 准则而独立使用。其次，RAN2 决定优先考虑准地面静止小区（Quasi-Earth Fixed

Cell）场景，之后再进一步研究地面移动小区（Earth-Moving Cell）场景。

针对基于时间信息的增强，主要考虑在系统消息中广播小区停止服务当前区域的时间信息，以辅助 UE 执行空闲态邻区测量。在 RAN2#115-e 及随后的会议上，RAN2 逐步通过了基于服务小区停止服务时间信息的增强方案[19]。对于准地面静止小区，gNB 在系统消息中广播当前服务小区停止覆盖当前区域的时间。在所广播的当前服务小区停止时间到达之前，UE 应当启动邻区测量，而启动邻区测量的确切时间取决于 UE 实现。在基于停止服务时间的邻区测量被触发之前，UE 的邻区测量遵循现有准则，不执行测量放松。

针对基于位置信息的增强，主要考虑在系统消息中广播小区的地面参考点，以辅助 UE 执行邻区测量和小区重选。在 RAN2#116-e 会议上，RAN2 同意了准地面静止小区场景支持基于 UE 位置和小区地面参考点之间距离的邻区测量和小区重选增强，引入距离相关的小区重选准则[21]。对于准地面静止小区，gNB 在系统消息中广播服务小区和邻区的地面参考点以及距离门限，UE 基于实现利用自身的 GNSS 能力获取位置信息。如果 UE 和服务小区参考点之间距离小于门限并且服务小区信号质量满足现有准则，UE 可以选择不执行同等或较低优先级 NR 频率（同频或异频）和较低优先级异系统的邻区测量。针对基于位置信息的小区重选增强，RAN2#117-e 会议讨论了 3 种候选方案[24]。

- 方案 1：引入单一距离阈值。小区先按 R 准则排序，然后将距离阈值应用于进一步筛选的候选小区，确定小区重选的目标小区。
- 方案 2：引入单一距离阈值。先利用距离阈值确定候选小区，然后根据 R 准则对候选小区进行排序，确定小区重选的目标小区。
- 方案 3：不使用距离阈值。先根据 R 准则排序候选小区，进一步再对候选小区根据距离准则排序，确定小区重选的目标小区。

截至目前，标准讨论还没有就选择哪个方案达成结论。

17.6.2 连接态移动性

R17 NTN 在连接态移动性方面增强的主要原则是基于现有 NR 的测量和同步重配置（Reconfiguration with Sync）机制。测量配置、测量执行和测量上报等现有的测量机制是基础，所有 NR 现有的测量准则和事件都可以用于 NTN。

连接态移动性方面的增强主要包括切换测量事件、条件切换（Conditional Handover，CHO）以及 SMTC 和测量间隔（Measurement Gap）等。

1. 切换增强

针对切换的增强主要包含条件切换（Conditional Handover，CHO）增强以及切换测量事件的增强。

关于切换，针对地面移动小区和准地面静止小区场景，结合现有 NR 的测量事件，RAN2 决定进一步支持基于位置的测量事件，考虑服务小区和目标小区参考位置的结合，并且当位置事件触发了测量上报时，支持配置 UE 在现有测量量的基础上附带位置报告。

关于 CHO，对于地面移动小区和准地面静止小区，NTN 中均支持以 R16 CHO 过程为基础的 CHO 增强。针对现有的基于 RRM 测量的 CHO 执行条件，确认除了现有 NR 中支持的 A3 和 A5 测量事件外，NTN CHO 额外支持 A4 测量事件。与空闲态小区选择重选的增强类似，RAN2 进一步讨论并引入了 NTN 特有的基于位置信息和时间信息的 CHO 执行条件。

在基于位置信息的 CHO 执行条件中，位置信息描述了 UE 与服务小区或候选目标小区的参考位置之间的距离，该参考位置可配置为小区中心。CHO 位置执行条件支持服务小区和候选目标小区参考位置的结合。基于此，RAN2 定义了新的位置事件 condEvent D1，即 UE 与服务小区参考位置之间的距离大于绝对门限 Thresh 1，并且 UE 与 CHO 候选小区参考位置之间的距离小于绝对门限 Thresh 2。

在基于时间信息的 CHO 执行条件中，时间信息描述了允许 UE 向候选目标小区执行 CHO 的时间。基于此，RAN2 定义了新的时间事件 condEvent T1，该事件定义为与每个候选小区相关的有效时间 [$T1$, $T2$]。如果所有其他配置的 CHO 执行条件都满足， UE 应当在有效时间内执行 CHO 到该候选小区，并且只允许在 $T1$ 到 $T2$ 时间内执行 CHO。如果 CHO 没有在 $T2$ 到达前执行，则 UE 继续在原小区中评估配置的其他候选小区的 CHO 执行条件。

同样的，针对 NTN 引入的 CHO 执行条件必须与基于 RRM 测量的 CHO 执行条件相结合，即如果网络为一个候选小区配置 CHO 执行条件 condEvent D1 或 condEvent T1，网络必须配置第二个 CHO 执行条件 condEvent A3/A4/A5，但是不支持为同一候选小区同时配置 CHO 执行条件 condEvent D1 和 condEvent T1。

2. 测量增强

R17 NTN 针对测量的增强，除了 17.6.1 小节所述的测量事件的增强外，主要针对同步测量时间配置（SS/PBCH block Measurement Timing Configuration，SMTC）和测量间隔（Measurement Gap）的配置。

NTN 系统中，小区传播时延大且不同卫星的小区传播时延差异明显，且考虑到卫星自身的部署、移动性、高度、典型 NTN 场景的优先级等卫星自身的特性，都会对 SMTC 和测量间隔的配置产生很大影响。因此，需要针对 NTN 的特性，考虑 SMTC 配置和 UE 测量间隔配置的增强，并且不能仅仅依靠网络实现来解决上述的问题。

在讨论初期，首先确定了增强的原则。与地面系统一样，NTN 系统不应强制 UE 在配置 SMTC 窗口外检测相应的 SSB burst。NTN 系统中，SMTC 和测量间隔的配置仍然基于服务小区的定时，并且 UE 和 gNB 对 SMTC 窗口和测量间隔的时间应当有相同的理解，以避免 UE 和 gNB 之间发生任何的不同步调度。

为适配 NTN 系统中服务小区和目标小区不断变化的传播时延，SMTC 配置需要相对灵活地更新。NTN 系统中分别针对连接态和非连接态（空闲态和非激活态）采取了两类不同 SMTC 配置增强方案。

连接态 UE 的 SMTC 配置主要由网络控制。网络基于服务小区和目标小区之间的传播时延差为 UE 配置 SMTC，并负责更新 UE 的 SMTC 配置，终端不允许自主移动已配置的 SMTC 窗口。NTN 系统通过引入不同的偏移量来支持配置多个 SMTC 窗口。网络通常可以为同一个测量对象（同一频点）配置最多 2 个 SMTC。在 UE 能力支持的情况下，网络可以配置最多 4 个 SMTC 窗口。另外，SMTC 的偏移量的计算与配置与服务小区和目标小区之间的传播时延差有关，因而 NTN 系统中 UE 需要向网络报告 SMTC 调整的辅助信息。

对于空闲态和非激活态 UE，NTN 系统支持基于 UE 的 SMTC 调整方案，即 UE 根据自身位置和网络广播的辅助信息自动调整 SMTC。与连接态基于网络的 SMTC 配置类似，UE 自动调整 SMTC 同样需要基于服务小区和邻区之间的传播时延差。基于 UE 自身位置和服务小区或邻区的星历信息，UE 可以估计服务链路传播时延差，因而除了服务小区的星历信息，广播的辅助信息还包括邻区星历信息；而对于馈电链路时延差，服务小区也需要通知与 SMTC 偏移量和变化率相关的辅助信息。

17.7 小　结

本章节主要介绍了 R17 NTN 系统在标准制定过程中的讨论经过以及最终被采用的增强技术方案。通过 5 个小节分别阐述了上行同步过程、针对 NTN 系统的时序关系增强、NTN 长时延问题而采用的 HARQ 与传输性能的增强，以及高层协议对于用户面和控制面的增强方案。

参考文献

[1] 3GPP TR 38.821. Solutions for NR to support non-terrestrial networks (NTN), V16.1.0 (2021-05).

[2] R1-2102215. FL Summary on enhancements on UL time and frequency synchronization for NR NTN.

[3] R1-2103990. Feature lead summary#4 on enhancements on UL timing and frequency synchronization.

[4] R1-2111127. FL Summary#5 on enhancements on UL time and frequency synchronization for NR NTN.

[5] R1-2202551. FL Summary#1 Enhancements on UL time and frequency synchronization for NR NTN.

[6] R1-2007074. Feature lead summary on timing relationship enhancements. Ericsson, 3GPP TSG-RAN WG1 Meeting#102-e, e-Meeting, August 17th – 28th, 2020.

[7] R1-2106325. Feature lead summary#5 on timing relationship enhancements. Ericsson, 3GPP TSG-RAN WG1 Meeting#105-e, e-Meeting, May 10th – May 27th, 2021.

[8] 3GPP TS 38.214. NR; Physical layer procedures for data. V17.0.0 (2021-12).

[9] R1-2104099. Feature lead summary#5 on timing relationship enhancements. Ericsson, 3GPP TSG-RAN WG1 Meeting#104-bis-e, e-Meeting, April 12th – April 20th, 2021.

[10] R1-2009057. Timing relationship enhancements in NTN. Asia Pacific Telecom co. Ltd, 3GPP TSG-RAN WG1 Meeting#103-e, e-Meeting, October 26th – November 13th, 2021.

[11] R2-2111338. [offline-106] RACH aspects. OPPO, 3GPP TSG-RAN WG2 Meeting#116-e, e-Meeting, November 1st – 12th, 2021.

[12] R1-2009657. Summary#2 of AI 8.4.3 for HARQ for NTN. ZTE, 3GPP TSG-RAN WG1 Meeting#103-e, e-Meeting, October 26th – November 13th, 2020.

[13] R1-2112663. Summary#2 of AI 8.4.3 for HARQ in NTN. ZTE, 3GPP TSG-RAN WG1 Meeting#107-e, e-Meeting. November 11th – 19th, 2021.

[14] R1-2110546. Summary#3 of 8.4.3 for HARQ for NTN. ZTE, 3GPP TSG-RAN WG1 Meeting#106b-e, e-Meeting, October 11th – 19th, 2021.

[15] R1-2112106. Discussion on HARQ enhancements for NR NTN. NTT DOCOMO, INC., 3GPP TSG-RAN WG1 Meeting#107-e, e-Meeting, November 11th – 19th, 2021.

[16] R1-2202623. Summary#2 of AI 8.4.3 for HARQ in NTN. ZTE, 3GPP TSG-RAN WG1 Meeting#108-e, e-Meeting, February 21st – March 3rd, 2022.

[17] R2-2102601. Report of 3GPP TSG RAN WG2 meeting#113-e. ETSI MCC, 25 January – 5 February, 2021.

[18] R2-2202102. Report of 3GPP TSG RAN WG2 meeting#116bis-e. ETSI MCC, 17 – 25 January, 2022.

[19] R2-2109301. Report of 3GPP TSG RAN WG2 meeting#115-e. ETSI MCC, 9 – 27 August, 2021.

[20] 3GPP TS 38.331. NR Radio Resource Control (RRC) protocol specification (Release 16), V16.6.0 (2021-09).

[21] R2-2200001. Report of 3GPP TSG RAN WG2 meeting#116-e. ETSI MCC, 1 – 12 November, 2021.

[22] R2-2104701. Report of 3GPP TSG RAN WG2 meeting#113bis-e. ETSI MCC, 12 – 20 April, 2021.

[23] R2-2100001. Report of 3GPP TSG RAN WG2 meeting#112-e. ETSI MCC, 2 – 13 November, 2020.

[24] R2-2204401. Report of 3GPP TSG RAN WG2 meeting#117-e. ETSI MCC.

[25] R2-2106901. Report of 3GPP TSG RAN WG2 meeting#114-e. ETSI MCC, 19 – 27 May, 2021.

第 18 章

5G 非授权频谱通信

林浩　吴作敏　贺传峰　石聪

18.1 概　　述

在 3GPP R15 标准引入的 NR 系统是用于在已有的和新的授权频谱上使用的通信技术。NR 系统可以实现蜂窝网络的无缝覆盖、高频谱效率、高峰值速率和高可靠性。在长期演进技术（Long Term Evolution，LTE）系统中，非授权频谱（或免授权频谱）作为授权频谱的补充频谱用于蜂窝网络已经实现。同样，NR 系统也可以使用非授权频谱，作为 5G 蜂窝网络技术的一部分，为用户提供服务。在 3GPP R16 标准中，讨论了用于非授权频谱的 NR 系统，称为 NR-unlicensed（NR-U）。NR-U 系统的技术框架主要在 2019 年的 RAN1#96-99 会议完成，历时一年。

NR-U 系统支持两种组网方式：授权频谱辅助接入和非授权频谱独立接入。前者需要借助授权频谱接入网络，非授权频谱作为辅载波使用；后者可以通过非授权频谱独立组网，UE 可以直接通过非授权频谱接入网络。在 3GPP R16 中引入的 NR-U 系统使用的非授权频谱的范围集中于 5 GHz 和 6 GHz 频谱，如美国 5 925~7 125 MHz，或者欧洲 5 925~6 425 MHz。在 R16 的标准中，也新定义了 band 46（5 150~5 925 MHz）作为非授权频谱使用。

非授权频谱是国家和地区划分的可用于无线电设备通信的频谱，该频谱通常被认为是共享频谱，即通信设备只要满足国家或地区在该频谱上设置的法规要求，就可以使用该频谱，而不需要向国家或地区的专属频谱管理机构申请专有的频谱授权。由于非授权频谱的使用需要满足各个国家和地区特定的法规要求，如通信设备遵循“先听后说”（Listen Before Talk，LBT）的原则使用非授权频谱。因此，NR 技术需要进行相应的增强以适应非授权频谱通信的法规要求，同时高效地利用非授权频谱提供服务。在 3GPP R16 标准中，主要完成了以下方面的 NR-U 技术的标准化：信道监听过程、初始接入过程、控制信道设计、HARQ 与调度、免调度授权传输等。本章将对这些技术进行详细介绍。

18.2 信道监听

为了让使用非授权频谱进行无线通信的各个通信系统在该频谱上能够友好共存，一些国家或地区规定了使用非授权频谱必须满足的法规要求。例如，根据欧洲地区的法规，在使用非授权频谱进行通信时，通信设备遵循“先听后说”原则，即通信设备在使用非授权频谱上的信道进行信号发送前，需要先进行 LBT，或者说，信道监听。只有当信道监听结果为信道空闲或者说 LBT 成功时，该通信设备才能通过该信道进行信号发送；如果通信设备在该信道上的信道监听结果为信道忙或者说 LBT 失败，那么该通信设备不能通过该信道进行信号发送。另外，为了保证共享频谱的频谱资源使用的公平性，如果通信设备在非授权频谱的信道上 LBT 成功，该通信设备可以使用该信道进行通信传输的时长不能超过一定的时长。该机制通过限制一次 LBT 成功后可以进行通信的最大时长，可以使不同的通信设备都有机会接入该共享信道，从而使不同的通信系统在该共享频谱上友好共存。

虽然信道监听并不是全球性的法规规定，然而，由于信道监听能为共享频谱上的通信系统之间的通信传输带来干扰避免以及友好共存的好处，在非授权频谱上的 NR 系统的设计过程中，信道监听是该系统中的通信设备必须要支持的特性。从系统的布网角度，信道监听包括两种机制，一种是基于负载的设备（Load Based Equipment，LBE）的 LBT，也称为动态信道监听或动态信道占用，另一种是基于帧结构的设备（Frame Based Equipment，FBE）的 LBT，也称为半静态信道监听或半静态信道占用。本节将对 NR-U 系统中的 LBT 机制以及基站和 UE 的信道监听进行介绍。

18.2.1 信道监听概述

本节在介绍信道监听前，首先介绍在非授权频谱上的信号传输所涉及的基本概念。

- 信道占用（Channel Occupancy，CO）：是指在非授权频谱的信道上 LBT 成功后使用该非授权频谱的信道进行的信号传输。
- 信道占用时间（Channel Occupancy Time，COT）：是指在非授权频谱的信道上 LBT 成功后使用该非授权频谱的信道进行信号传输的时间长度，其中，该时间长度内信号占用信道可以是不连续的。
- 最大信道占用时间（Maximum Channel Occupancy Time，MCOT）：是指在非授权频谱的信道上 LBT 成功后允许使用该非授权频谱的信道进行信号传输的最大时间长度，其中，不同信道接入优先级下有不同的 MCOT，不同国家或地区也可能有不同的 MCOT。例如，在欧洲地区，一次 COT 内的信道占用时间长度不能超过 10 ms；在日本地区，一次 COT 内的信道占用时间长度不能超过 4 ms。当前，在 5 GHz 频谱上的 MCOT 的最大取值为 10 ms。
- 基站发起的信道占用时间（gNB-initiated COT）：也称为基站的 COT，是指基站在非授权频谱的信道上 LBT 成功后获得的一次信道占用时间。基站的 COT 内除了可以用于下行传输，也可以在满足一定条件下用于 UE 进行上行传输。
- UE 发起的信道占用时间（UE-initiated COT）：也称为 UE 的 COT，是指 UE 在非授权频谱的信道上 LBT 成功后获得的一次信道占用时间。UE 的 COT 内除了可以用于上行传输，也可以在满足一定条件下用于基站进行下行传输。
- 下行传输机会（DL Transmission Burst）：基站进行的一组下行传输，一组下行传输可以是一个或多个下行传输，其中，该组下行传输中的多个下行传输为连续传输，或该组下行传输中的多个下行传输中有时间空隙但空隙小于或等于 16 μs。如果基站进行的两个下行传输之间的空隙大于 16 μs，那么认为该两个下行传输属于两次下行传输机会。
- 上行传输机会（UL Transmission Burst）：一个 UE 进行的一组上行传输，一组上行传输可以是一个或多个上行传输，其中，该组上行传输中的多个上行传输为连续传输，或该组上行传输中的多个上行传输中有时间空隙但空隙小于或等于 16 μs。如果该 UE 进行的两个上行传输之间的空隙大于 16 μs，那么认为该两个上行传输属于两次上行传输机会。

图 18-1 中给出了通信设备在非授权频谱的信道上 LBT 成功后获得的一次信道占用时间以及使用该信道占用时间内的资源进行信号传输的示例。

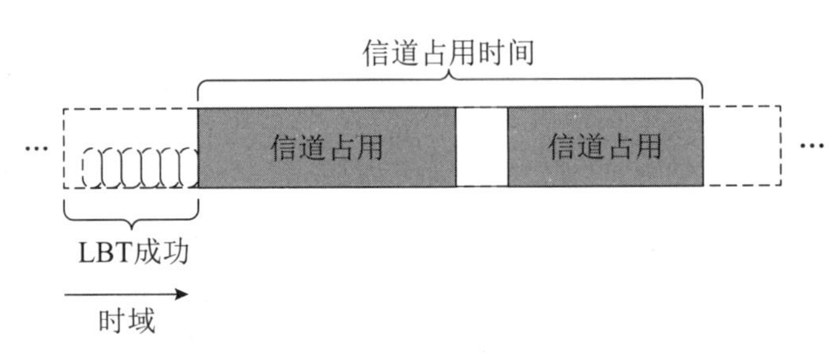

图 18-1　信道占用时间和信道占用的示例

信道监听过程可以通过能量检测来实现，通常情况下没有天线阵列的影响。没有天线阵列影响的基于能量检测的信道监听可以被称为全向 LBT。全向 LBT 很容易实现，并广泛应用于无线局域网（Wireless Fidelity，Wi-Fi）系统和基于授权辅助接入（Licensed-Assisted Access，LAA）的长期演进技术（Long Term Evolution，LTE）中。在使用非授权频谱上的资源进行通信之前进行信道监听，除了可以使不同的竞争通信设备更好地在非授权频谱上共存，还可以对 LBT 设计进行增强，以更好地进行信道复用。在 NR-U 系统的研究阶段，影响 NR-U 系统的 LBT 设计的因素包括：非授权频谱信道的不同特性，NR 基本技术的增强以及运营商之间的同步。对于前一点，由于非授权频谱上的信号传输可以具有方向性，因此暗示了信道监听时检测的能量与实际对接收端造成的干扰可能不匹配，从而造成"过保护"。对于后一点，由于 NR 技术中支持灵活的帧结构和时隙结构，因此进一步的增强可以来自于运营商节点的同步网络。在运营商节点同步的场景下，不同运营商可以利用该特性更有效地共享该非授权频谱，从而达到吞吐量、可靠性和服务质量（Quality of Service，QoS）的提高。

基于上述分析，NR-U 系统中研究 LBT 时应考虑以下因素：①提升空分复用能力，例如使用方向性信道监听、多节点联合信道监听等方式，以使一些场景下，可以通过牺牲一定的可靠性来提高信道重用的概率，从而达到可靠性和信道重用概率的折中；②提升 LBT 结果的可靠性，如在基于能量检测的基础上考虑接收侧辅助信道监听等方式来减小隐藏节点的影响；③不同的 LBT 机制可以在不同的场景下得到支持，如不同的法规、不同的运营商布网场景，或不同的配置下可以使用不同的 LBT 机制，从而更好地实现复杂度和系统性能的折中，而不是仅支持一种 LBT 机制。

1. 方向性信道监听

全向 LBT 广泛应用于 Wi-Fi 系统和 LTE LAA 系统中。然而，由于使用窄的波束赋形可以带来较高的链路增益，也可以提高空分复用能力，在 NR 系统中支持使用模拟波束赋形和数字波束赋形来进行数据传输。相应的，在 NR-U 系统中也会使用波束赋形来进行数据传输。在这种情况下，如果还使用全向 LBT，可能会导致"过保护"的问题。例如，使用全向 LBT，只要一个方向上的强信号被检测到，所有方向上都不能进行信号传输。由于全向 LBT 会导致空分复用能力的下降，在 NR-U 系统的研究阶段（Study Item，SI），也讨论了考虑天线阵列影响的基于能量检测的信道监听，也称为方向性 LBT [1，2]。

如图 18-2 所示，基站 1 为 UE1 服务，基站 2 为 UE2 服务，两条传输链路的方向不同。如果使用方向性 LBT，同时使用波束赋形进行数据传输，可以允许多条链路共存，即实现基站 1 和基站 2 使用相同的时间资源和频率资源分别向 UE1 和 UE2 进行数据传输，因此可以增加空分复用能力，进而增加吞吐量。

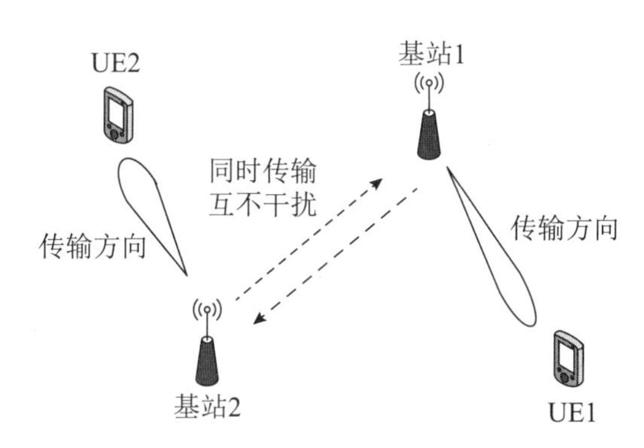

图 18-2 基于方向性 LBT 的波束赋形传输

方向性 LBT 最明显的优点是可以提高成功接入信道的概率，从而增加空分复用。然而，在方向性 LBT 的讨论过程中，一些问题也被提出来了。

- 由于方向性 LBT 只能监听有限的方向，隐藏节点问题可能会变得更加严重。
- 基站使用一个波束进行数据传输时，只能服务该波束对应方向上的 UE。因此，为了服务不同方向上的 UE，基站需要进行多次方向性 LBT 尝试以获取不同方向上的信道占用时间。相比于全向 LBT，方向性 LBT 的时间开销增加了。如何使用较小的开销来获取空分复用增益是需要进一步研究的问题。
- 信道监听时的能量检测门限设置。一方面，由于有波束赋形增益，因此基站的发射功率可以降低，按法规要求，可以使用较高的能量检测门限。另一方面，能量检测门限需要满足干扰公平的原则，例如，较高的能量检测门限可以获得较高的信道接入概率，但会对其他节点造成干扰。如何在考虑各种影响因素的情况下设计一个合理的能量检测门限需要进一步研究。

由于有上述问题，方向性 LBT 是否能全面提升系统谱效率，以及到底能获得多少增益并不清楚，需要进行进一步研究。虽然 SI 阶段的结论是方向性 LBT 有益于使用波束赋形的数据传输，然而，由于时间限制等原因，在工作阶段（Work Item，WI）并没有针对方向性 LBT 继续研究以及标准化。

2. 多节点联合信道监听

在 NR-U 系统部署中，相邻节点可能属于相同的运营商网络，因此多个节点之间可以通过协调进行多节点联合信道监听 [1，2]。多节点联合信道监听机制下，一组基站节点之间通过回程链路（Backhaul）进行信息交互和协调，确定公共的下行传输的起始位置。不同的基站节点可以各自进行独立的 LBT 过程，并在 LBT 结束后通过自我延迟（Self-deferral）的方式，延迟到公共的下行传输起始位置一起传输。通过该机制，可以增加频率复用，也可以避免这组基站节点成为该系统传输中的隐藏节点或暴露节点，从而更好地获得各节点在非授权频谱上的共存，如图 18-3 所示。

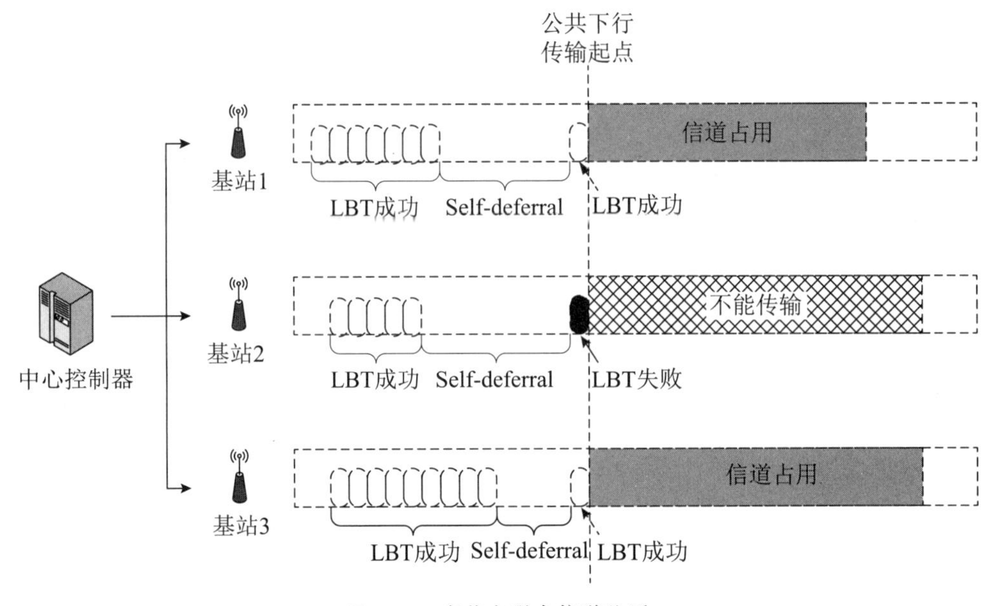

图 18-3　多节点联合信道监听

由于多节点联合信道监听可以增加频率复用，在 SI 阶段，多节点联合信道监听得到了广泛的研究。对齐传输的起始位置、交互和协调不同基站或 UE 之间的 LBT 相关参数、确定干扰节点来源的方式、UE 的干扰测量和上报、能量检测门限调整等都被认为是有利于多节点联合信道监听，从而提高 NR-U 系统布网下的频率复用的方式，其中上述部分方式在 WI 阶段进行了标准化。

3. 接收侧辅助信道监听

接收侧辅助信道监听是一种类似于 Wi-Fi 系统的请求发送 / 允许发送（Request To Send/Clear To Send，RTS/CTS）机制的 LBT 方式。基站在进行传输前，先发送一个类似于 RTS 的信号询问 UE 是否准备好进行数据接收。UE 在收到 RTS 信号后，如果 LBT 过程成功，则可以向基站发送一个类似于 CTS 的信号。例如，上报自己的干扰测量结果，告知基站自己已准备好进行数据接收，基站在收到 CTS 后即可向 UE 进行下行传输。或者，如果 UE 没有收到 RTS，或 UE 收到 RTS 但由于 LBT 过程失败不能发送 CTS，则 UE 不会向基站发送 CTS 信号，基站在没有收到 UE 的 CTS 信号的情况下，可放弃向 UE 进行下行传输。

接收侧辅助信道监听的好处是可以避免隐藏节点的影响。通过 SI 阶段的研究认为，发送端和接收端之间的握手过程可以减小或消除 UE 的隐藏节点的影响。然而，隐藏节点的问题也可以通过 UE 的干扰测量和上报等方式得到缓解，在 WI 阶段并没有针对接收侧辅助的 LBT 继续研究以及标准化。

18.2.2　动态信道监听

动态信道监听也可以认为是基于 LBE 的 LBT 方式，其信道监听原则是通信设备在业务到达后进行非授权频谱载波上的 LBT，并在 LBT 成功后在该载波上开始信号的发送。动态信道监听的 LBT 方式包括类型 1（Type 1）信道接入方式和类型 2（Type 2）信道接入方式。Type 1 信道接入方式为基于竞争窗口大小调整的随机回退的多时隙信道检测，其中，根据待传输业务的优先级可以选择对应的信道接入优先级（Channel Access Priority Class，CAPC）p。Type 2 信道接入方式为基于固定长度的监听时隙的信道接入方式，其中，Type 2 信道接入方式包括 Type 2A 信道接入、Type 2B 信道接入和 Type 2C 信道接入。Type 1 信道接入方式主要用于通信设备发起信道占用，Type 2 信道接入方式主要用于通信设备共享信道占用。需要说明的一种特殊情况是，当基站为传输 DRS 窗口内的 SS/PBCH Block 发起信道占用且 DRS 窗口内不包括 UE 的单播数据传输时，如果 DRS 窗口的长度不超过 1 ms 而且 DRS 窗口传输的占空比不超过 1/20，那么基站可以使用 Type 2A 信道接入发起信道占用。

1. 基站侧默认信道接入方式：Type 1 信道接入

以基站为例，基站侧的信道接入优先级 p 对应的信道接入参数如表 18-1 所示。在表 18-1 中，m_p 是指信道接入优先级 p 对应的回退时隙个数，CW_p 是指信道接入优先级 p 对应的竞争窗口（Contention Window，CW）大小，$CW_{min,p}$ 是指信道接入优先级 p 对应的 CW_p 取值的最小值，$CW_{max,p}$ 是指信道接入优先级 p 对应的 CW_p 取值的最大值，$T_{mcot,p}$ 是指信道接入优先级 p 对应的信道最大占用时间长度。

表 18-1　不同信道接入优先级 p 对应的信道接入参数

信道接入优先级 (p)	m_p	$CW_{min,p}$	$CW_{max,p}$	$T_{mcot,p}$	允许的 CW_p 取值
1	1	3	7	2 ms	{3,7}
2	1	7	15	3 ms	{7,15}
3	3	15	63	8 or 10 ms	{15,31,63}
4	7	15	1 023	8 or 10 ms	{15,31,63,127,255,511,1 023}

基站可以根据待传输业务的优先级选择对应的信道接入优先级 p，并根据表 18-1 中的信道接入优先级 p 对应的信道接入参数，以 Type1 信道接入方式来获取非授权频谱载波上的信道的信道占用时间 COT，即基站发起的 COT。具体可以包括以下步骤。

- 步骤 1：设置计数器 $N=N_{init}$，其中 N_{init} 是 0~CW_p 之间均匀分布的随机数，执行步骤 4。
- 步骤 2：如果 $N>0$，基站对计数器减 1，即 $N=N-1$。
- 步骤 3：对信道做长度为 T_{sl}（T_{sl} 表示 LBT 监听时隙，长度为 9 μs）的监听时隙检测，如果该监听时隙为空闲，执行步骤 4；否则，执行步骤 5。
- 步骤 4：如果 $N=0$，结束信道接入过程；否则，执行步骤 2。
- 步骤 5：对信道做时间长度为 T_d（其中，$T_d=16+m_p\times 9$ μs）的监听时隙检测，该监听时隙检测的结果要么为至少一个监听时隙被占用，要么为所有监听时隙均空闲。
- 步骤 6：如果信道监听结果是 T_d 时间内所有监听时隙均空闲，执行步骤 4；否则，执行步骤 5。

如果信道接入过程结束，那么基站可以使用该信道进行待传输业务的传输。基站可以使用该信道进行传输的最大时间长度不能超过 $T_{mcot,p}$。

在基站开始上述 Type 1 信道接入方式的步骤 1 前，基站需要维护和调整竞争窗口 CW_p 的大小。初始情况下，竞争窗口 CW_p 的大小设置为最小值 $CW_{min,p}$；在传输过程中，竞争窗口 CW_p 的大小可以根据基站收到的 UE 反馈的肯定应答（Acknowledgement，ACK）或否定应答（Negative Acknowledgement，NACK）信息，在允许的 CW_p 取值范围内进行调整；如果竞争窗口 CW_p 已经增加为最大值 $CW_{max,p}$，当最大竞争窗口 $CW_{max,p}$ 保持一定次数以后，竞争窗口 CW_p 的大小可以重新设置为最小值 $CW_{min,p}$。

2. 基站侧的信道占用时间共享

当基站发起 COT 后，除了可以将该 COT 内的资源用于下行传输，还可以将该 COT 内的资源共享给 UE 进行上行传输。COT 内的资源共享给 UE 进行上行传输时，UE 可以使用的信道接入方式为 Type 2A 信道接入、Type 2B 信道接入或 Type 2C 信道接入，其中，Type 2A 信道接入、Type 2B 信道接入和 Type 2C 信道接入均为基于固定长度的监听时隙的信道接入方式。

（1）Type 2A 信道接入

UE 的信道检测方式为 25 μs 的单时隙信道检测。具体地，Type 2A 信道接入下，UE 在传输开始前可以进行 25 μs 的信道监听，并在信道监听成功后进行传输。

（2）Type 2B 信道接入

UE 的信道检测方式为 16 μs 的单时隙信道检测。具体地，Type 2B 信道接入下，UE 在传输开始前可以进行 16 μs 的信道监听，并在信道监听成功后进行传输。其中，该传输的起始位置距离上一次传输的结束位置之间的空隙大小为 16 μs。

（3）Type 2C 信道接入

UE 在空隙结束后不做信道检测而进行传输。具体地，Type 2C 信道接入下，UE 可以直接进行传输，其中，该传输的起始位置距离上一次传输的结束位置之间的空隙大小为小于或等于 16 μs。其中，该传输的长度不超过 584 μs。

不同的 COT 共享场景下应用的信道接入方案不同。在基站的 COT 内发生的上行传输机会，如果该上行传输机会的起始位置和下行传输机会的结束位置之间的空隙小于或等于 16 μs，UE 可以在该上行传输前进行 Type 2C 信道接入；如果该上行传输机会的起始位置和下行传输机会的结束位置之间的空隙等于 16 μs，UE 可以在该上行传输前进行 Type 2B 信道接入；如果该上行传输机会的起始位置和下行传输机会的结束位置之间的空隙等于 25 μs 或大于 25 μs，UE 可以在该上行传输前进行 Type 2A 信道接入。另外，基站获得的 COT 内可以包括多个上下行转换点。当基站将自己获得的 COT 共享给 UE 进行上行传输后，在该 COT 内基站也可以使用 Type 2 信道接入方式，例如 Type 2A 信道接入方式进行信道监听，并在信道监听成功后重新开始下行传输。图 18-4 给出了基站侧的 COT 共享的一个示例。

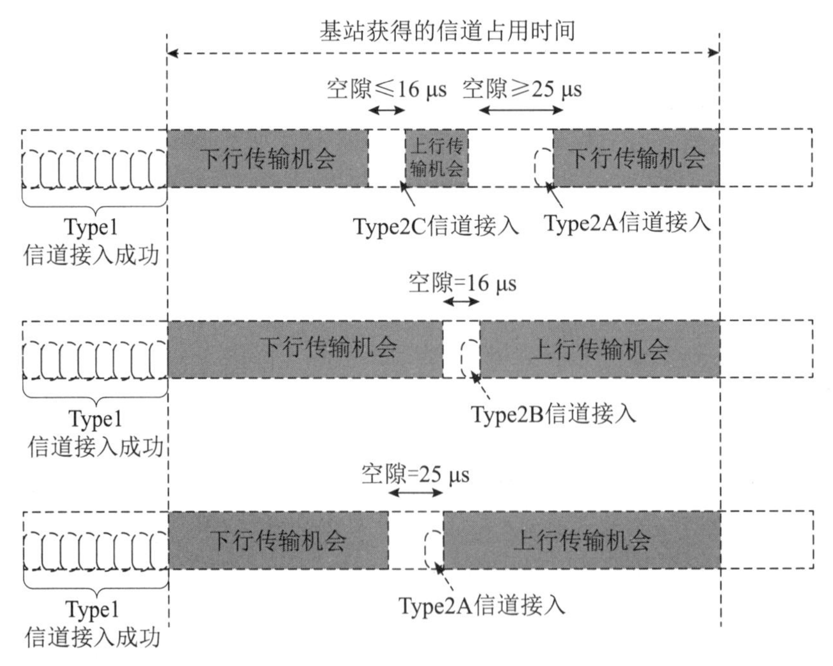

图 18-4　基站侧的信道占用时间共享

当基站将获取的 COT 共享给 UE 传输上行时，COT 共享的原则包括共享给 UE 传输的上行业务对应的信道接入优先级应不低于基站获取该 COT 时使用的信道接入优先级。在基站侧的 COT 共享过程中，一些信道接入方式下，上行传输机会的起始位置和下行传输机会的结束位置之间的空隙的大小还需要满足 16 μs 或 25 μs 的要求。上述 COT 共享的原则和空隙大小的要求都可以由基站来保证和指示，基站可以将共享 COT 内的信道接入方式通过显式或隐式的方式指示给 UE。在 18.2.3 小节中将介绍显式或隐式指示的方式。

3. 信道接入参数指示

在 NR-U 系统中，当 UE 被调度进行物理上行共享信道（Physical Uplink Shared Channel，PUSCH）或物理上行控制信道（Physical Uplink Control Channel，PUCCH）的传输时，基站可以通过携带上行授权（UL grant）或下行授权（DL grant）的下行控制信息（Downlink Control Information，DCI）来指示该 PUSCH 或 PUCCH 对应的信道接入方式。由于一些信道接入方式需要满足 16 μs 或 25 μs 的空隙要求，UE 可以通过传输延长循环前缀（Cyclic Prefix Extension，CPE）的方式来确保两次传输之间的空隙大小，相应地，基站可以指示 UE 的上行传输的第一个符号的 CPE 长度。

在具体指示时，基站可以通过联合编码的方式向 UE 显式指示 CPE 长度、信道接入方式或信道接入优先级等信道接入参数。下面介绍不同 DCI 格式下引入的信道接入参数的指示方式的特征。

（1）调度 PUSCH 传输的回退上行授权（DCI 格式 0_0）。

- 标准中预设信道接入方式和 CPE 长度联合指示的集合，如表 18-2 所示。
- 该回退上行授权中包括 2 比特 LBT 指示信息，该 2 比特 LBT 指示信息用于从表 18-2 所示的集合中指示联合编码的信道接入方式和 CPE 长度。
- 该信道接入方式和 CPE 长度用于 PUSCH 传输。
- 如果信道接入方式为 Type 1 信道接入，UE 根据业务优先级自行选择信道接入优先级（Channel Access Priority Class，CAPC）。

（2）调度物理下行共享信道（Physical Downlink Shared Channel，PDSCH）传输的回退下行授权（DCI 格式 1_0）。

- 标准中预设信道接入方式和 CPE 长度联合指示的集合，如表 18-2 所示。
- 该回退下行授权中包括 2 bit LBT 指示信息，该 2 bit LBT 指示信息用于从表 18-2 所示的集合中指示联合编码的信道接入方式和 CPE 长度。
- 该信道接入方式和 CPE 长度用于 PUCCH 传输，其中，该 PUCCH 可以承载 PDSCH 对应的 ACK 或 NACK 信息。
- 如果信道接入方式为 Type 1 信道接入，UE 确定用于传输 PUCCH 的信道接入优先级 CAPC=1。

表 18-2　信道接入方式和 CPE 长度联合指示集合

LBT 指示	信道接入方式	CPE 长度
0	Type2C 信道接入	$C2\times$ 符号长度 −16 μs−TA
1	Type2A 信道接入	$C3\times$ 符号长度 −25 μs−TA
2	Type2A 信道接入	$C1\times$ 符号长度 −25 μs
3	Type1 信道接入	0

在表 18-2 中，$C1$ 的取值是协议规定的，子载波间隔为 15 kHz 和 30 kHz 时，$C1=1$；子载波间隔为 60 kHz 时，$C1=2$。$C2$ 和 $C3$ 的取值是高层参数配置的，子载波间隔为 15 kHz 和 30 kHz 时，$C2$ 和 $C3$ 取值范围为 1~28；子载波间隔为 60 kHz 时，$C2$ 和 $C3$ 取值范围为 2~28。

（1）调度 PUSCH 传输的非回退上行授权（DCI 格式 0_1）。

- 高层配置 LBT 参数指示集合，LBT 参数指示集合中包括至少一项联合编码的信道接入方式、CPE 长度和 CAPC。
- 该非回退上行授权中包括 LBT 指示信息，该 LBT 指示信息用于从上述 LBT 参数指示集合中指示联合编码的信道接入方式、CPE 长度和 CAPC。
- 该信道接入方式、CPE 长度和 CAPC 用于 PUSCH 传输。
- 如果指示的信道接入方式是 Type 2 信道接入，则同时指示的 CAPC 是基站获得该 COT 时使用的 CAPC。
- LBT 指示信息最多包括 6 比特。

（2）调度 PDSCH 传输的非回退下行授权（DCI 格式 1_1）。

- 高层配置 LBT 参数指示集合，LBT 参数指示集合中包括至少一项联合编码的信道接入方式和 CPE 长度。
- 该非回退下行授权中包括 LBT 指示信息，该 LBT 指示信息用于从上述 LBT 参数指示集合中指示联合编码的信道接入方式和 CPE 长度。
- 该信道接入方式和 CPE 长度用于 PUCCH 传输，其中，该 PUCCH 可以承载 PDSCH 对应的 ACK 或 NACK 信息。
- 如果信道接入方式为 Type 1 信道接入，UE 确定用于传输 PUCCH 的信道接入优先级 CAPC=1。

LBT 指示信息最多包括 4 bit。

除了上述显式指示，基站还可以隐式指示 COT 内的信道接入方式。当 UE 收到基站发送的 UL Grant 或 DL Grant 指示该 PUSCH 或 PUCCH 对应的信道接入类型为 Type 1 信道接入时，如果 UE 能确定该 PUSCH 或 PUCCH 属于基站的 COT 内，例如 UE 收到基站发送的 DCI 格式 2_0，并根据该 DCI 格式 2_0 确定该 PUSCH 或 PUCCH 属于基站的 COT 内，那么 UE 可以将该 PUSCH 或 PUCCH 对应的信道接入类型更新为 Type 2A 信道接入而不再采用 Type 1 信道接入。

4. UE 侧的信道占用共享

当 UE 使用 Type1 信道接入发起 COT 后，除了可以将该 COT 内的资源用于上行传输，还可以将该 COT 内的资源共享给基站进行下行传输。在 NR-U 系统中，基站共享 UE 发起的 COT 包括两种情况：一种情况是基站共享调度的 PUSCH 的 COT，另一种情况是基站共享免调度授权（Configured Grant，CG）PUSCH 的 COT。

对于基站共享调度 PUSCH 的 COT 的情况，如果基站为 UE 配置了用于 COT 共享的能量检测门限，那么 UE 应使用该配置的用于 COT 共享的能量检测门限进行信道接入。由于在该情况下，UE 的 LBT 接入参数和用于传输 PUSCH 的资源是基站指示的，因此，基站可以知道 UE 发起 COT 后该 COT 内可用的资源信息，从而在 UE 透明的情况下实现 COT 共享。

对于基站共享 CG-PUSCH 的 COT 的情况，UE 传输的 CG-PUSCH 中携带有 CG-UCI，CG-UCI 中可以包括是否将 UE 获取的 COT 共享给基站的指示。如果基站为 UE 配置了用于

COT 共享的能量检测门限，那么 UE 应使用该配置的用于 COT 共享的能量检测门限进行信道接入。相应地，CG-UCI 中的 COT 共享指示信息可以指示基站共享 UE COT 的起始位置、长度以及 UE 获取该 COT 时使用的 CAPC 信息。如果基站没有为 UE 配置用于 COT 共享的能量检测门限，那么 CG-UCI 中的 COT 共享指示信息包括 1 比特，用于指示基站可以共享或不能共享 UE 的 COT。在没有被配置用于 COT 共享的能量检测门限下，基站可共享 COT 的起始位置是根据高层配置参数确定的，可共享的 COT 长度是预设的，以及基站仅可使用该共享的 COT 传输公共控制信息。

在 CG-PUSCH 传输且共享 COT 的情况下，UE 应保证连续传输的多个 CG-PUSCH 中传输的 CG-UCI 中的 COT 共享指示信息指示相同起始位置和长度的 COT 共享，如图 18-5 所示。

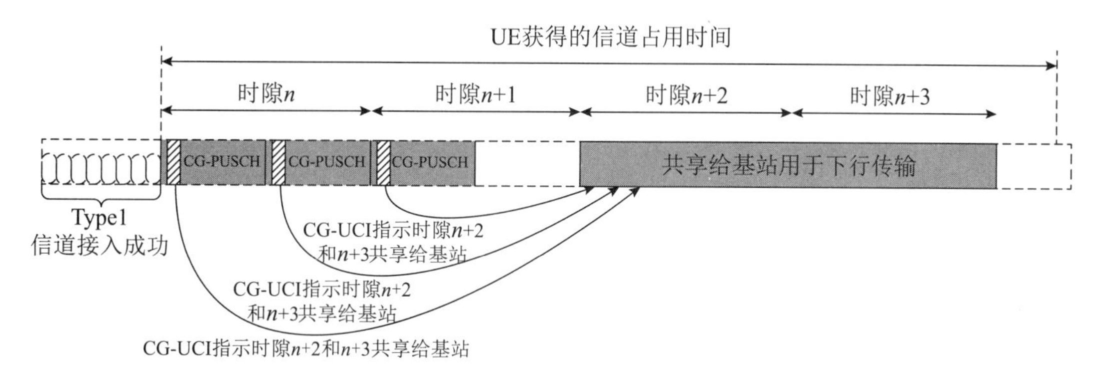

图 18-5 CG-PUSCH 的 COT 共享

18.2.3 半静态信道监听

NR-U 系统，除了有支持 LBE 的信道接入机制，还有支持 FBE 的信道接入机制。FBE 的信道接入机制可以提供较高的频率复用能力，但在网络部署时对干扰环境和同步要求较高。在 FBE 的信道接入机制，或者说，半静态信道接入模式中，帧结构是周期出现的，即通信设备可以用于业务发送的信道资源是周期性出现的。在一个帧结构内包括固定帧周期（Fixed Frame Period，FFP）、信道占用时间 COT、空闲周期（Idle Period，IP）。其中，固定帧周期的长度可以被配置的范围为 1~10 ms，固定帧周期中 COT 的长度不超过 FFP 长度的 95%，空闲周期的长度至少为 FFP 长度的 5% 且 IP 长度的最小值为 100 μs，空闲周期位于固定帧周期的尾部。

通信设备在空闲周期内对信道做基于固定长度的监听时隙的 LBT，如果 LBT 成功，下一个固定帧周期内的 COT 可以用于传输信号；如果 LBT 失败，下一个固定帧周期内的 COT 不能用于传输信号。在 NR-U 系统中，在半静态信道接入模式下，目前只支持基站发起 COT。在一个固定帧周期内，UE 只有在检测到基站的下行传输的情况下，才能在该固定帧周期中进行上行传输。

半静态信道接入模式可以是基站通过系统信息配置的或通过高层参数配置的。如果一个服务小区被基站配置为半静态信道接入模式，那么该服务小区的固定帧周期的 FFP 长度为 T_x，该服务小区的固定帧周期中包括的最大 COT 长度为 T_y，该服务小区的 FFP 中包括的空闲周期的长度为 T_z。其中，基站可以配置的固定帧周期 FFP 的长度 T_x 为 1 ms、2 ms、2.5 ms、4 ms、5 ms 或 10 ms。UE 可以根据被配置的 T_x 长度确定 T_y 和 T_z。具体地，从编号为偶数的无线帧开始，在每两个连续的无线帧内，UE 可以根据 $x - T_x$ 确定每个 FFP 的起始位置，其中，$x \in \{0，1，\cdots，20/T_x-1\}$，FFP 内的最大 COT 长度为 T_y=0.95 − T_x，FFP 内的空闲周期长度至少为 T_z=max(0.05 − T_x，100 μs)。

图 18-6 给出了固定帧周期长度为 4 ms 时的一个示例。UE 在收到基站配置的 FFP 长度 T_x = 4 ms 后，可以根据 $x \in \{0，1，\cdots，20/T_x - 1\}$ 确定 $x \in \{0，1，2，3，4\}$，进而 UE 可以确定在每两个连续的无线帧内每个 FFP 的起始位置为 0 ms、4 ms、8 ms、12 ms、16 ms。在每个 FFP 内，最大 COT 长度为 T_y = 3.8 ms，空闲周期长度为 T_z = 0.2 ms。

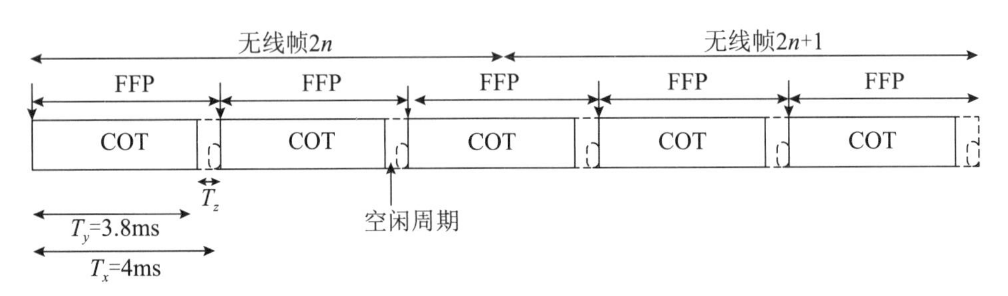

图 18-6 半静态信道占用

上述半静态信道接入模式的一个缺点是，由于基站只能在空闲周期的最后一个监听时隙上进行信道监听，如果在空闲周期的最后一个监听时隙上出现其他使用 LBE 模式的干扰节点例如 Wi-Fi 系统的传输，那么会导致下一个 FFP 不能用于信号传输，从而无法为系统内的用户提供服务。因此，FBE 模式通常应用到周围环境中没有 LBE 模式共享非授权频谱的网络系统中。

如果在某一段非授权频谱上存在多个运营商，由于多个运营商之间在缺乏协调机制的情况下帧结构是不同步的，因此可能出现一个运营商的空闲周期和另一个运营商的信道占用时间在时域上重叠，从而导致该运营商的每个固定帧周期的空闲周期内总是有其他运营商的信号传输，该运营商可能在非常长的一段时间内都无法接入信道，从而无法为系统内的用户提供服务的情况。因此，半静态信道接入模式下，如果有多个运营商，那么该多个运营商之间也需要是帧结构同步的。

另外，即使解决了不同运营商之间的同步问题，不同运营商的节点在布网时也可能出现相互干扰的情况。因此在 SI 阶段，也有公司提出对半静态信道接入模式进行增强[1]。如图 18-7 所示，空闲周期内可以包括多个监听时隙，不同运营商的基站可以从多个监听时隙中随机选择一个监听时隙进行信道监听，并在信道监听成功后从 LBT 成功的时刻开始传输，从而可以避免相邻两个属于不同运营商的节点在传输时造成的干扰。然而，由于时间限制等原因，该方案在 WI 阶段并没有继续研究以及标准化。

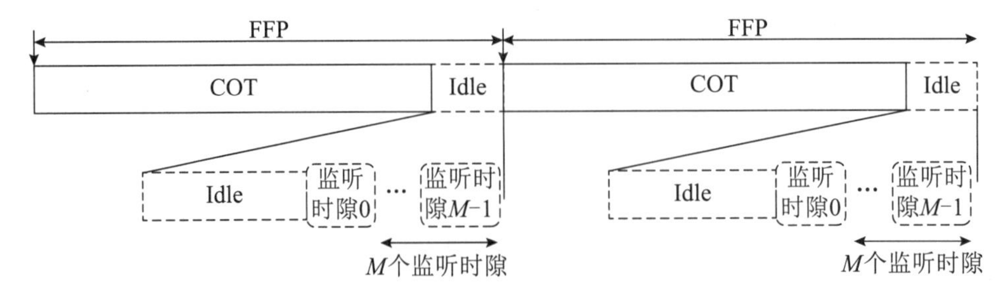

图 18-7 半静态信道占用增强

如前所述，在现有的 NR-U 系统中，如果系统是半静态信道接入模式，那么不允许 UE 发起 COT。如果 UE 需要进行上行传输，则 UE 只能共享基站的 COT。

半静态信道接入模式下，UE 的信道检测方式为在长度为 9 μs 的监听时隙内对信道进行能量检测，并在能量检测通过后进行上行传输。虽然 UE 的信道接入方式是固定的，但 UE 的上行传输的起始位置和基站的下行传输的结束位置之间的空隙大小可以不同。在半静态信道接入模式下的 LBT 指示方式重用了动态信道接入模式下的 LBT 指示方式，当 UE 被调度进行 PUSCH 或 PUCCH 的传输时，基站可以通过携带上行授权或下行授权的 DCI 来指示该 PUSCH 或 PUCCH 对应的信道接入方式以及上行传输的第一个符号的 CPE 的大小。其中，如果基站指示的是 Type1 信道接入或 Type 2A 信道接入，UE 都应是在一个长度为 25 μs 的空隙内对信道进行监听时隙长度为 9 μs 的 LBT。

18.2.4　持续上行 LBT 检测及恢复机制

在 NR-U 中，一个普遍的问题是如何处理 LBT 对于各种上行传输的影响。尤其是，当 UE 面临持续性的 LBT 失败时，如何处理 UE 由于 LBT 失败抢占不到信道而进入“死循环”的问题，也就是说，UE 将会一直持续地进行上行传输尝试，但是这些尝试由于持续的 LBT 失败而不能成功 [3]。

这里有几个例子可以说明当 UE 面临持续性的 LBT 失败时，一些媒体接入控制（Media Access Control，MAC）层的流程将会进入“死循环”。如图 18-8 所示，当 UE 进行随机接入前导码的传输或者调度请求（Scheduling Request，SR）传输时，由于持续性 LBT 失败，前导码传输对应的计数器不会计数或者说 SR 传输相关的计数器不会计数，因此 UE 将会一直进行前导码传输或者 SR 传输的尝试，从而进入上行传输“死循环”。

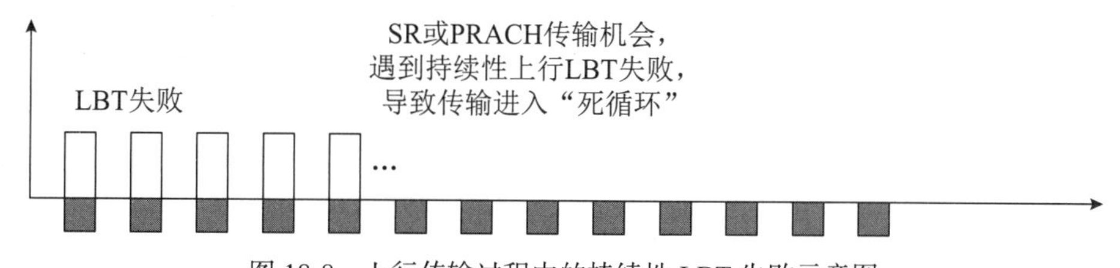

图 18-8　上行传输过程中的持续性 LBT 失败示意图

为了解决持续性的 LBT 失败带来的问题，在标准的讨论过程中产生了两种思路。

第一种是，持续性的 LBT 失败问题可以由各自的上行传输流程去处理。也就是说，当 UE 触发了调度请求发送，在发送调度请求时遇到了持续性的 LBT 问题，则调度请求流程应该来处理这个问题。同样的，当上行传输由于随机接入过程导致了持续性的 LBT 失败问题，则在随机接入过程中应该采用相应的机制来处理这个问题。

另一种思路是，当 UE 发送任何一种上行传输导致了持续性 LBT 失败问题时，需要设计一种独立的机制来解决这个持续性的 LBT 失败问题。表 18-3 总结了这两种思路的优缺点。

表 18-3　独立处理持续 LBT 失败和统一流程处理持续性 LBT 失败方案对比

类　别	优　点	缺　点
在各自的流程中处理持续性上行 LBT 失败问题	• 只需在已有流程中做增强； • 对于不同流程的增强可以不同	• 对 MAC 层影响较大，各个流程需要进行梳理； • 各个流程触发的上行传输可能会互相影响导致出现更多问题
设计一个统一的流程来处理持续性上行 LBT 失败问题	• 不需要对各个现有流程分别做增强； • 由一个统一的处理机制来处理各种上行传输导致的持续上行 LBT 失败问题	• 会触发更多对于新的机制的讨论

最后经过讨论，决定设计一种统一的机制来处理持续性的上行 LBT 失败问题。

在讨论采用一种统一的机制来处理持续性上行 LBT 失败问题时，主要考虑的是如何检测持续性上行 LBT 失败，另外一个问题是当 UE 触发了持续上行 LBT 失败时，如何设计恢复机制，因此，讨论的方向主要集中在如下几个方面[4]。

第一，在设计检测持续上行失败时，到底是应该考虑所有的上行传输还是只需要考虑由 MAC 层触发的上行传输。MAC 层触发的传输包括调度请求传输、随机接入相关的传输以及基于动态调度或者半静态调度的 PUSCH 传输，除此之外，还有一些上行传输主要是由物理层触发发起的，如包括 CSI、HARQ 反馈以及 SRS 等。经过讨论，会议最后决定将所有上行传输所导致的 LBT 失败都考虑到持续上行 LBT 失败检测中，因此，需要物理层将对应上行 LBT 失败的结果指示到 MAC 层[5]。

第二，应该采用什么样的机制来检测持续的上行 LBT 失败。在方案讨论的过程，大部分公司认为需要有一个定时器来决定是否触发持续上行 LBT 失败。也就是说，“持续性”应该限制在某一个时间段内，而不是任何时间累计的 LBT 失败都能触发持续性 LBT 失败。具体的，网络侧会配置一个 LBT 失败检测定时器，同时配置一个检测次数门限。当 UE 遇到的上行 LBT 失败的次数达到这个配置的检测门限时，则触发持续上行 LBT 失败。否则，当定时器超时的时候，UE 需要重置 LBT 失败计数，也就是说在规定的时间内如果没有收到物理层指示的 LBT 失败指示，则统计 LBT 失败次数的计数器清零，重新开始计数（如图 18-9 所示）。

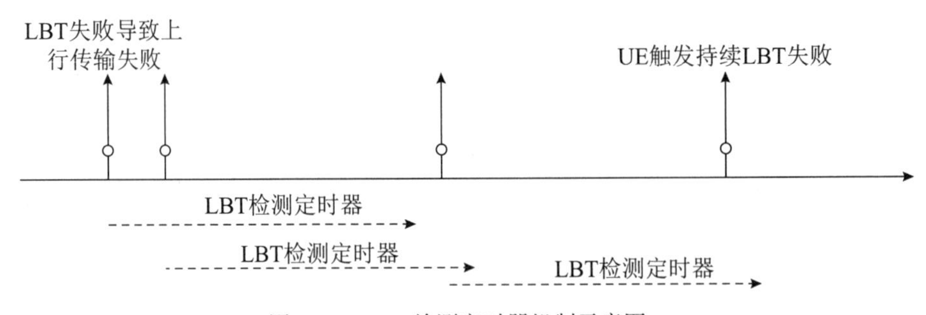

图 18-9　LBT 检测定时器机制示意图

第三，MAC 层在统计 LBT 失败时，应该基于什么样的颗粒度？也就是说，是将所有从物理层指示上来的 LBT 失败次数都统计在一起，统一触发持续上行 LBT 失败还是说基于不同的上行载波，或者是只统计某些上行载波。UE 是针对每个上行带宽分段（Bandwidth Part，BWP）上的 LBT 子带独立进行 LBT 的，而考虑到每个载波上最多只能激活一个 BWP，可以认为 UE 执行 LBT 是对每个载波独立进行的。因此，在统计持续上行 LBT 失败时，可以认为每个载波是独立的，也就是说，可以给每个上行载波独立地维护一个统计 LBT 失败的计数器和定时器。

在决定了持续上行 LBT 失败检测机制后，剩下的就是考虑怎么进行持续上行 LBT 失败恢复[6]。对于恢复机制的设计，考虑到不同上行载波的持续上行 LBT 失败是独立触发的，因此对于不同的载波，其恢复机制是不一样的。

- 对于 PCell，也就是主小区，当触发持续上行 LBT 失败时，UE 可以直接触发无线链路失败流程，最终通过 RRC 重建流程来恢复持续上行 LBT 失败问题。
- 对于双连接下的 PSCell，也就是辅小区组的主小区，当触发持续上行 LBT 失败时，考虑到主小区组的链路是正常的，UE 可以通过主小区组的 PCell 将该持续上行 LBT 失败事件上报给网络。一般来说，网络可以通过重配置来解决 PSCell 上的持续上行 LBT 失败问题。
- 对于 SCell，也就是辅小区，当触发持续上行 LBT 失败时，UE 可以通过触发一个 MAC CE 来上报该持续上行 LBT 失败问题。

18.3 初始接入

本节将介绍在非授权频谱独立组网的方式下，NR-U 技术的初始接入相关的系统设计。NR-U 系统的初始接入过程与 NR 系统是类似的，相关过程可参考第 6 章 NR 初始接入。本节重点介绍 NR-U 系统的初始接入相关的系统设计与 NR 系统的不同之处。

18.3.1 SS/PBCH Block（同步信号广播信道块）传输

与 NR 系统类似，在 NR-U 系统的初始接入过程中，UE 同样通过搜索 SS/PBCH Block（Synchronization Signal Block/PBCH Block，同步信号广播信道块）获得时间和频率同步，以及物理小区 ID，进而通过 PBCH 中携带的主信息块（Master Information Block，MIB）信息确定调度承载剩余最小系统消息（Remaining Minimum System Information，RMSI）的物理下行共享信道（Physical Downlink Shared Channel，PDSCH）的物理下行控制信道（Physical Downlink Control Channel，PDCCH）的搜索空间集合（Search Space Set）信息。其中，RMSI 通过 SIB1 传输。

搜索 SS/PBCH Block 首先要确定 SS/PBCH Block 的子载波间隔。在 NR-U 系统中，若高层信令没有指示 SS/PBCH Block 的子载波间隔时，UE 默认 SS/PBCH Block 的子载波间隔为 30 kHz。通过高层信令，可以配置辅小区或辅小区组的 SS/PBCH Block 的子载波间隔为 15 kHz 或 30 kHz。对于初始接入的 UE，按照默认的 30 kHz 子载波间隔搜索 SS/PBCH Block，这主要是基于 R16 标准引入的 NR-U 技术所使用的载波频谱（5~7 GHz）的范围考虑的[7]。

对于 NR-U 系统中 SS/PBCH Block 的传输方式，在 RAN1#96~RAN1#99 会议期间进行了大量的讨论。针对 NR-U 系统的信道接入特点，对 SS/PBCH Block 的传输方式进行了增强，这其中包括了 SS/PBCH Block 所在的同步栅格（Synchronization Raster，SR）的位置、SS/PBCH Block 在时隙内的传输图样、SS/PBCH Block 在发送窗口内的传输图样、SS/PBCH Block 在发送窗口内的位置之间的准共址 (Quasi-Co-Location，QCL) 关系等。

在 NR-U 系统中，SS/PBCH Block 所在的同步栅格的位置进行了重新定义，并详细讨论了 NR-U 系统中同步栅格定义的动机和同步栅格的位置[8, 12]。首先，为了灵活地支持各种信道带宽和授权频谱使用的情况，NR 系统中定义的同步栅格数量比较多。对于 NR-U 系统，信道带宽和位置相对固定，在给定信道范围内并不需要过多的同步栅格，原有 NR 系统相对密集的同步栅格设计可进行放松，以减少 UE 搜索 SS/PBCH Block 的复杂度。基于这种考虑，在每个信道带宽内只保留一个同步栅格的位置作为 NR-U 系统的同步栅格。其次，NR-U 系统中信道带宽内允许的一个同步栅格的位置是另一个需要讨论的问题，主要有两种方案，即同步栅格大致在信道带宽的中间还是边缘。该问题的提出主要考虑因素是 RMSI 与 SS/PBCH Block 之间的相互位置关系。如果同步栅格大致在信道带宽的中间，则限制了可用于 RMSI 传输的 RB 个数，或者需要考虑 RMSI 的传输围绕 SS/PBCH Block 的时频资源做速率匹配。如果同步栅格大致在信道带宽的边缘，使得 RMSI 的传输不围绕 SS/PBCH Block 的时频资源做速率匹配，可用于 RMSI 传输的 RB 个数也会更少地受限。综上所述，为了便于 RMSI 传输，最小化对 NR-U 系统设计的约束，最终 NR-U 系统将同步栅格位置定义在信道带宽的边缘位置。

为了减少 LBT 失败对 SS/PBCH Block 传输造成的影响，希望在基站获得信道占用之后，尽可能地发送更多的信道和信号，这样可以尽量减少进行信道接入的尝试次数。NR-U 系统同样定义了类似于 LTE LAA 中定义的发现参考信号（Discovery Reference Signal，DRS）窗口。在该 DRS 窗口内，除了 SS/PBCH Block 的传输，还希望复用 RMSI 传输相关的信道，包括 Type0-PDCCH 和 PDSCH，在 DRS 窗口内发送。标准采纳了 SS/PBCH Block 和 Type0-PDCCH 采用 TDM 方式进行复用，类似 NR 中的 SS/PBCH block 和 控制资源集合（Control Resource Set，CORESET）#0 复用图样 1（参考 6.2.2 节）。SS/PBCH Block 在时隙内的传输图样需要考虑 Type0-PDCCH 和 PDSCH 与 SS/PBCH Block 如何复用在 DRS 窗口内传输。在 RAN1#96 会议上，基于绝大多数公司的一致观点，首先确定了 SS/PBCH Block 在时隙内的传输图样的基线，即每个时隙内的两个 SS/PBCH Block 的符号位置分别为（2,3,4,5）和（8,9,10,11）。在此基础上，考虑到 SS/PBCH Block 和 Type0-PDCCH 的复用中，对于时隙内的第二个 SS/PBCH Block 对应的 Type0-PDCCH，需要支持在两个 SS/PBCH Block 之间的连续两个符号上进行传输。为此，各公司提出了 SS/PBCH Block 在时隙内的传输图样的方案[13]。在 RAN1#96 会议上，通过以下两种 SS/PBCH Block 在时隙内的传输图样供进一步选择，如图 18-10 所示。

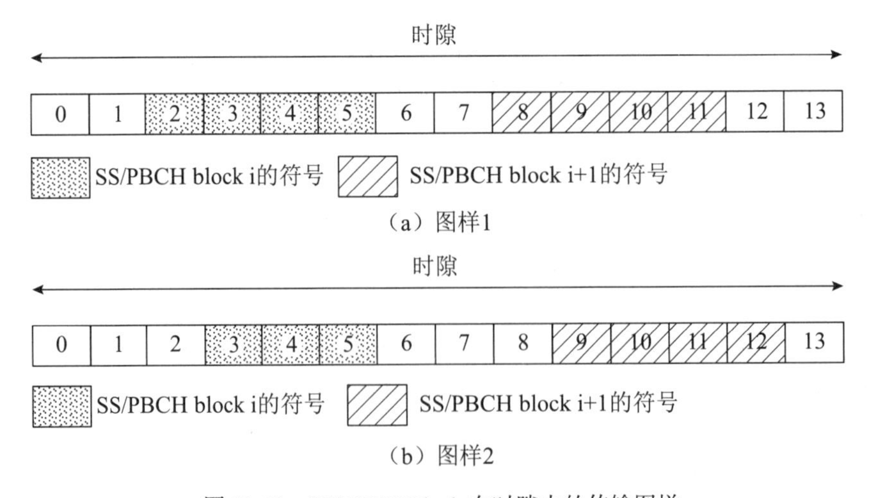

图 18-10　SS/PBCH Block 在时隙内的传输图样

- 图样 1：时隙内的两个 SS/PBCH Block 的符号位置分别为（2,3,4,5）和（8,9,10,11）。
- 图样 2：时隙内的两个 SS/PBCH Block 的符号位置分别为（2,3,4,5）和（9,10,11,12）。

在 RAN1#96bis 会议上，针对上述两种图样继续进行了讨论，并分别在两种图样下讨论了相应的 Type0-PDCCH 的 CORESET 在时隙的符号位置的候选方案。在 RAN1#97 会议上，由于各公司在候选方案的选择上没有达成一致，决定暂时搁置该问题的讨论。最后，SS/PBCH Block 在时隙内的传输图样沿用了 NR 中 SS/PBCH Block Pattern Case A 和 Case C（参考 6.1.3 节），即图 18-10 中的图样 1。虽然标准最终沿用了 NR 中的 SS/PBCH Block Pattern，但是该标准讨论的过程对我们理解 NR-U 系统中 DRS 窗口内的信道和信道的发送是有所帮助的。

对于 SS/PBCH Block 在 DRS 窗口内传输图样的设计，同样考虑了如何减少 LBT 失败对 SS/PBCH Block 传输造成的影响。这些设计包括了 DRS 窗口的长度、SS/PBCH Block 的传输图样等。在 NR-U 系统中，DRS 窗口的长度是可以配置的，其最大长度为半帧，可配置的长度包括 0.5 ms、1 ms、2 ms、3 ms、4 ms、5 ms。在初始接入阶段，当 UE 没有收到 DRS 窗口长度的配置信息之前，UE 认为 DRS 窗口长度为半帧。当基站发送 SS/PBCH Block 时，由于 LBT 的影响，获得信道接入的起始时间可能不是 DRS 窗口的起始时间点。基于不确定的信道接入起始时间，如何设计 SS/PBCH Block 在 DRS 窗口内的传输图样是标准上需要考虑的问题。为此，引入了 DRS 窗口内的候选 SS/PBCH Block 位置的概念。如前所述，每个时隙内包含两个 SS/PBCH Block 的传输位置，根据 DRS 窗口包含的时隙个数，可以得到 SS/PBCH Block 在 DRS 窗口内的传输图样。以 DRS 窗口的长度为 5 ms 为例，对于 SS/PBCH Block 的子载波间隔为 30 kHz 和 15 kHz，DRS 窗口内分别包含 20 个和 10 个 SS/PBCH Block 位置。该 SS/PBCH Block 位置称为候选 SS/PBCH Block 位置，是否在该候选 SS/PBCH Block 位置上发送，取决于 LBT 的结果。当 LBT 成功之后，基站在信道接入的起始时间之后的第一个候选 SS/PBCH Block 位置开始在连续的候选 SS/PBCH Block 位置上实际发送 SS/PBCH Block。SS/PBCH Block 在 DRS 窗口内的候选发送位置和实际发送位置的示意如图 18-11 所示，其中，每个候选 SS/PBCH Block 位置对应一个候选 SS/PBCH Block 索引。

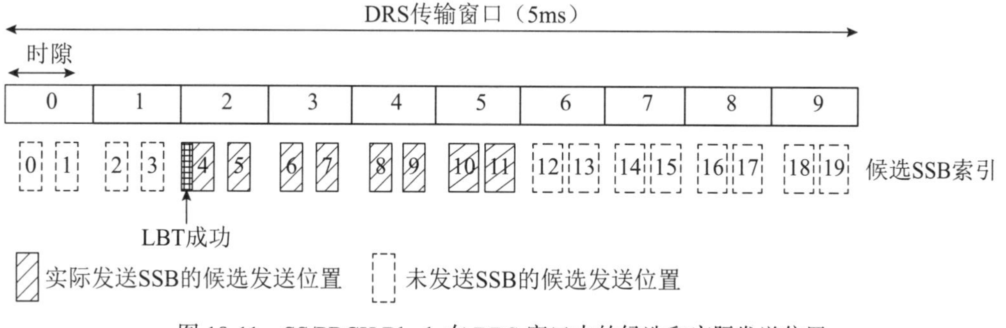

图 18-11　SS/PBCH Block 在 DRS 窗口内的候选和实际发送位置

为了根据检测到的 SS/PBCH Block 完成帧同步，需要根据 SS/PBCH Block 的索引，以及该索引对应的 SS/PBCH Block 在无线帧中的位置，确定帧同步。候选 SS/PBCH Block 索引用于表示 DRS 窗口内的候选位置的索引，假设 DRS 窗口内的候选位置的个数为 Y，则 DRS 窗口内候选 SS/PBCH Block 索引的范围分别为 0，1，…，Y−1。候选 SS/PBCH Block 索引承载于 SS/PBCH Block 中，当 UE 检测到 SS/PBCH Block 时，就可以根据其中携带的候选 SS/PBCH Block 索引完成帧同步。候选 SS/PBCH Block 索引通过 PBCH 指示，指示方法将在第 18.3.2 节具体介绍。

从 DRS 窗口内的候选 SS/PBCH Block 位置的设计可以看出，基站实际上并不会在所有的候选 SS/PBCH Block 位置上都发送 SS/PBCH Block。在周期性出现的不同的 DRS 窗口内，由于信道接入成功的起始时间可能不同，如何确定在不同的候选 SS/PBCH Block 位置上发送的 SS/PBCH Block 之间的 QCL 关系，是需要解决的问题。在 RAN1 #96~ RAN1 #97 会议期间对该问题进行了讨论。具有相同候选 SS/PBCH Block 索引对应的 SS/PBCH Block 之间是具有 QCL 关系的。在 R15 NR 中载波频谱为 3~6 GHz 对应的 SS/PBCH Block 最大个数为 8，SS/PBCH Block 索引范围也为 0~7，与 SS/PBCH Block 的最大个数，以及 SS/PBCH Block 的 QCL 信息是一一对应的。与 R15 NR 不同的是，R16 NR-U 中候选 SS/PBCH Block 位置的个数相比实际发送的 SS/PBCH Block 的最大个数要多，这就需要定义在不同候选 SS/PBCH Block 位置上发送的 SS/PBCH Block 之间的 QCL 关系。为此，在 RAN1 #97 会议引入了参数 Q，用于确定候选 SS/PBCH Block 索引对应的 QCL 信息。当两个候选 SS/PBCH Block 索引对 Q 取模之后的结果相同，则这两个候选 SS/PBCH Block 索引对应的 SS/PBCH Block 具有 QCL 关系。在 RAN1#99 会议上，通过了两种关于 SS/PBCH Block 索引的术语：候选 SS/PBCH Block 索引和 SS/PBCH Block 索引，它们之间的关系根据为

$$\text{SS/PBCH block 索引} = \text{modulo}（\text{候选 SS/PBCH block 索引}, Q） \quad (18\text{-}1)$$

图 18-12 给出了根据候选 SS/PBCH Block 索引和参数 Q 确定对应的 QCL 信息的示意图。

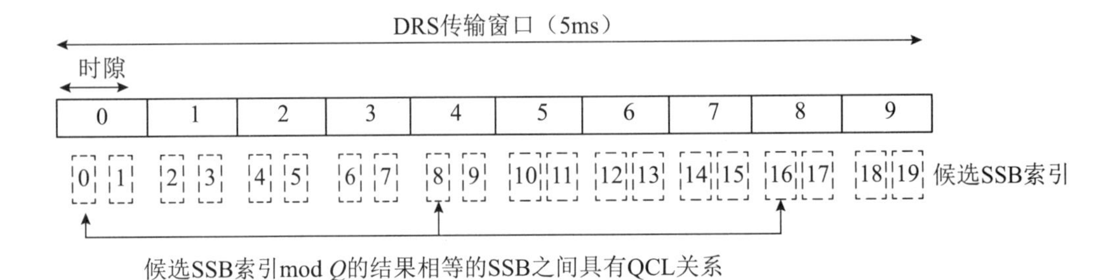

图 18-12 根据候选 SS/PBCH Block 索引和参数 Q 确定 QCL 信息

也就是说，候选 SS/PBCH Block 索引对 Q 取模之后的结果定义为 SS/PBCH Block 索引。SS/PBCH Block 索引不同的 SS/PBCH Block 不具有 QCL 关系。由此可见，参数 Q 表示该小区发送的不具有 QCL 关系的 SS/PBCH Block 的最大个数。换句话说，参数 Q 表示 SS/PBCH Block 波束的最大个数。在 RAN1 #98 会议上，关于参数 Q 的取值范围进行了讨论，主要观点包括：1~8 中的所有值和其中的部分值[14]。各公司考虑的因素主要包括小区部署的灵活性、信道接入影响和参数 Q 的指示信令开销。最终采取了折中的方案，确定的 Q 的取值范围为 {1，2，4，8}。在 RAN1#99 会议上，通过了在一个 DRS 窗口内发送的 SS/PBCH Block 的个数不超过 Q 的限制。在 RAN1#100bis-e 会议上，通过在一个 DRS 窗口内具有相同 SS/PBCH Block 索引的 SS/PBCH Block 最多只发送一次的结论。为了 UE 获得所检测到的 SS/PBCH Block 的 QCL 信息，参数 Q 对 UE 来说是已知的。对于初始接入的 UE 来说，本小区的参数 Q 通过 PBCH 指示，指示方法将在第 18.3.2 节具体介绍。对于邻小区来说，参数 Q 可以通过专用 RRC 信令或者 SIB 信息进行指示，主要用于 UE 在 IDLE、INACTIVE 和 CONNECTED

状态下对邻小区进行 RRM 测量。参数 Q 对应标准中定义的参数 $N_{\text{SSB}}^{\text{QCL}}$ 。

在确定了 SS/PBCH Block 的子载波间隔、传输图样、QCL 信息之后，UE 就可以通过检测 SS/PBCH Block 完成同步、MIB 的接收，以及进一步的 SIB 的接收和 RACH 过程，完成 NR-U 系统中的初始接入。

18.3.2　主信息块（MIB）

如上一节介绍的，候选 SS/PBCH Block 索引和用于确定 SS/PBCH Block 的 QCL 信息的参数通过 PBCH 指示。PBCH 的传输包括 PBCH 承载的信息和 PBCH DMRS。其中，PBCH 承载的信息包括 PBCH 额外载荷和来自高层的 MIB 信息。其中，PBCH 额外载荷用于承载与定时相关的信息，如 SS/PBCH Block 索引和半帧指示。本节将介绍在 NR-U 系统中 PBCH 承载的信息相比于 NR 系统的变化。

由于 DRS 窗口的长度最大为 5 ms，DRS 窗口内最多包含 20 个 SS/PBCH Block 位置（子载波间隔为 30 kHz），候选 SS/PBCH Block 索引的范围需要支持 {0，1，…，19}。因此，需要在 PBCH 中确定 5 bit 用于指示候选 SS/PBCH Block 索引。在标准讨论过程中，首先达成的一致意见是 PBCH 的载荷相比 R15 不增加，为了尽量减少对标准和产品设计的影响。R15 中 PBCH DMRS 序列有 8 种，其索引用于指示 SS/PBCH Block 索引的最低 3 位。NR-U 沿用了这种方式，用于指示候选 SS/PBCH Block 索引的最低 3 位。剩余的 2 bit 使用 R15 中定义的用于在 FR2 时指示最大 64 个 SS/PBCH Block 索引的 6 比特中的第 4、5 位比特的比特位。而 R16 NR-U 系统的载波频谱属于 FR1，在 R15 的 FR1 频谱，PBCH 额外载荷中的这两个比特位是空闲的，因此可以在 R16 NR-U 系统中重新定义该两比特用于指示候选 SS/PBCH Block 索引的第 4、5 位比特。此外，PBCH 额外载荷中的半帧指示信息也与 R15 相同。这是对标准影响较小的方案，在标准化过程中各公司的观点也较一致，在 RAN1#97~98 会议上达成了相关结论。图 18-13 给出了候选 SS/PBCH Block 索引指示的示意图。

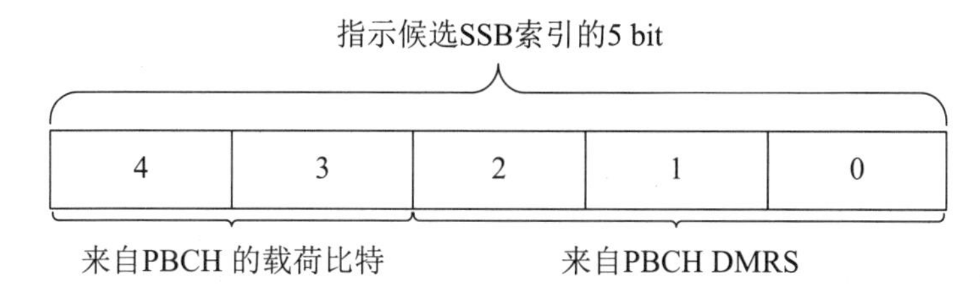

图 18-13　候选 SS/PBCH Block（同步信号广播信道块）索引在 PBCH 中的指示

在 NR-U 系统中，用于确定 SS/PBCH Block 的 QCL 信息的参数 Q 是需要指示给 UE 的新信息。在 RAN1#98~99 会议期间，关于参数 Q 的指示产生了多种候选方案，主要包括如下几种。

- 方案 1：系统消息 SIB1 指示。
- 方案 2：MIB 信息指示。
- 方案 3：PBCH 额外载荷指示。
- 方案 4：不指示，采用固定取值。

随着参数 Q 的取值范围 {1，2，4，8} 的结论达成一致，方案 4 首先被排除。剩下的方案主要包含两大类：一类是通过 SIB1 指示，另一类是通过 PBCH 指示。在方案选择上考虑问题的焦点是 UE 在接收 SIB1 之前是否需要知道参数 Q。支持通过 SIB1 指示的公司认为如果参数 Q 通过 PBCH 指示，在正确接收到 PBCH 之前，UE 并不能得到参数 Q，其对于 PBCH 的解码并没有帮助。对 Type0-PDCCH 的接收，虽然参数 Q 对于确定 Type0-PDCCH 的监听时机有帮助，但是在很多场景下，如 RRM 测量，参数 Q 是通过 SIB 或者专有 RRC 信令指示的。真正需要参数 Q 的场景是通过 SS/PBCH Block 的 QCL 信息确定关联的 RACH 资源，此时是在 SIB1 信息接收之后，因此可以在 SIB1 中指示参数 Q [16]。支持通过 PBCH 指示的公司认为，不同 DRS 窗口的具有 QCL 关系的 SS/PBCH Block 之间需要进行联合检测，根据检测的结果进行小区选择和波束的选择，这与 R15 的作用类似 [16]。经过讨论，考虑了大多数公司的倾向方案，在 RAN1#99 会议上同意通过 MIB 中的 2 bit 指示参数 Q，具体重用 R15 定义的 MIB 中的 2 bit，包括以下两个方案，并最终在 RAN1#100 会议上通过了方案 1。其中，由于 NR-U 技术中定义了 Type0-PDCCH 和 SS/PBCH Block 的子载波间隔总是相同的，Type0-PDCCH 的子载波间隔不再需要通过 SubcarrierSpacingCommon 指示。同时，SS/PBCH Block 的 RB 边界和公共的 RB 边界之间的满足偶数个子载波偏移，对于 ssb-SubcarrierOffset 的 LSB 也是不需要的。因此，上述两个比特可以重用来指示参数 Q 的取值。

方案 1：

- 子载波间隔 SubcarrierSpacingCommon（1 bit）。
- 子载波偏移 ssb-SubcarrierOffset 比特域的最低位（1 bit）。

方案 2：

- 子载波间隔 SubcarrierSpacingCommon（1 bit）。
- MIB 中的空闲比特（1 bit）。

图 18-14 给出了参数 Q 通过 MIB 指示的示意图，表 18-4 给出了参数 Q 的取值与 MIB 中的 2 bit 的对应关系。

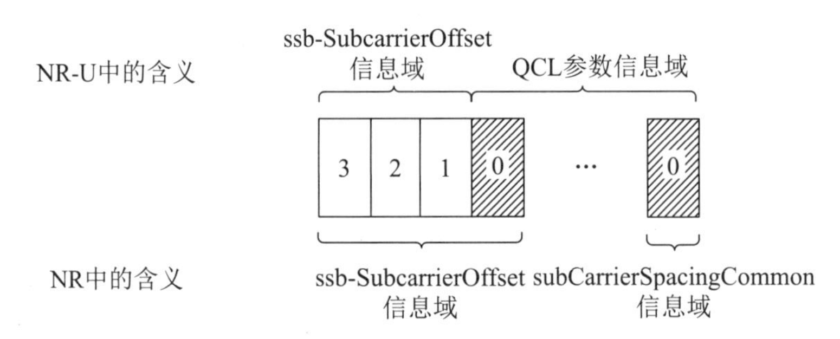

图 18-14　参数 Q 在 PBCH 中的指示

表 18-4　参数 Q 在 MIB 中的指示

subCarrierSpacingCommon	LSB of ssb-SubcarrierOffset	Q
scs15or60	0	1
scs15or60	1	2
scs30or120	0	4
scs30or120	1	8

由于 MIB 中的部分比特代表的含义在 NR-U 系统中进行了重新定义，NR 系统和 NR-U 系统中的 UE 对 MIB 有不同的解读。但是，由于 6 GHz 频谱在不同的国家和地区规划的用途可能不同，存在部分频谱在不同的国家和地区分别作为授权频谱和非授权频谱使用，如

图 18-15 所示。在这种情况下，需要 UE 去识别在这部分频谱所检测到的 SS/PBCH Block 对应的是 NR 系统还是 NR-U 系统。在 RAN1#99 会议上，有公司提出在 BCCH-BCH-Message 中引入新的 MIB type 指示 [17]，用于去区分不同的 MIB 类型。但是这种方案并没有获得大多数公司的支持。在 RAN1#100bis-e 会议，对于该问题的解决讨论了以下几种方案 [18]。

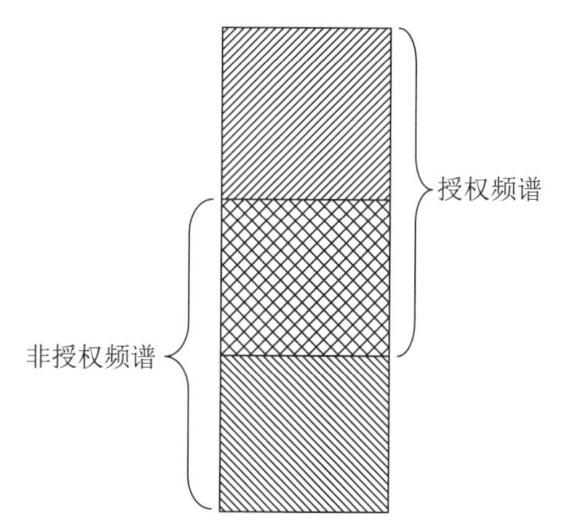

图 18-15 授权频谱和非授权频谱的重叠示意图

- UE 尝试两种 MIB 的解读。
- 通过对 PBCH 循环冗余校验（Cyclic Redundancy Check，CRC）进行不同的加扰区分不同的 MIB。
- 授权频谱和非授权频谱上定义的同步栅格的位置不同。

截至本书定稿，该问题在标准上仍未达成一致的解决方案，其可能在 R16 或者以后的标准版本中解决。

18.3.3 RMSI 监听

在 UE 检测到 SS/PBCH Block 并获得 MIB 信息之后，通过 SS/PBCH Block 和 Type0-PDCCH CORESET 的复用方式，以及 MIB 中指示的 Type0-PDCCH CORESET 和 Search Space 信息，检测 Type0-PDCCH，并进而接收 RMSI。在 R15 NR 技术中，SS/PBCH Block 和 Type0-PDCCH CORESET 的复用方式包括 3 种图样（参见第 6.2.2 节）。在 R16 NR-U 技术中，标准采纳了 SS/PBCH Block 和 Type0-PDCCH CORESET 采用 TDM 方式进行复用，类似 NR 技术中的 SS/PBCH Block 和 Type0-PDCCH CORESET 的复用方式中的图样 1。

在 RAN1 #96 会议上，确定了 Type0-PDCCH CORESET 和 SS/PBCH Block 的子载波间隔总是相同的，并且 Type0-PDCCH CORESET 的频域资源对于 30 kHz 子载波间隔为 48 个 RB，对于 15 kHz 子载波间隔为 96 个 RB。在 RAN1 #96bis 会议上，确定了 Type0-PDCCH CORESET 包含 1 或 2 个符号。在 RAN1 #99 会议上，确定了 Type0-PDCCH CORESET 与 SS/PBCH Block 的频域位置之间偏移的 RB 个数，对于 30 kHz 子载波间隔为 {0，1，2，3} 个 RB，对于 15 kHz 子载波间隔为 {10，12，14，16} 个 RB。为此，在 R16 标准中增加 NR-U 技术对应的 Type0-PDCCH CORESET 映射表格，如表 18-5 和表 18-6 所示。MIB 中的指示 Type0-PDCCH CORESET 的比特域与 R15 相同。

表 18-5　Type0-PDCCH CORESET 的配置参数：{SS/PBCH Block，PDCCH} 的 SCS= {15，15} kHz，非授权频谱

索引	SS/PBCH block 和 CORESET 的复用图样	CORESET 的 RB 数量	CORESET 的符号数量	偏移的 RB 数量
0	1	96	1	10
1	1	96	1	12
2	1	96	1	14
3	1	96	1	16
4	1	96	2	10
5	1	96	2	12
6	1	96	2	14
7	1	96	2	16
8	Reserved			
9	Reserved			
10	Reserved			
11	Reserved			
12	Reserved			
13	Reserved			
14	Reserved			
15	Reserved			

表 18-6　Type0-PDCCH CORESET 的配置参数：{SS/PBCH Block，PDCCH} 的 SCS= {30，30} kHz，非授权频谱

索引	SS/PBCH block 和 CORESET 的复用图样	CORESET 的 RB 数量	CORESET 的符号数量	偏移的 RB 数量
0	1	48	1	0
1	1	48	1	1
2	1	48	1	2
3	1	48	1	3
4	1	48	2	0
5	1	48	2	1
6	1	48	2	2
7	1	48	2	3
8	Reserved			
9	Reserved			
10	Reserved			
11	Reserved			
12	Reserved			
13	Reserved			
14	Reserved			
15	Reserved			

在 NR-U 技术中，Type0-PDCCH 的 Search Space 信息在 MIB 中的指示域和指示方式与 R15 相同（参见第 6.2.4 节）。对于 SS/PBCH Block 和 Type0-PDCCH CORESET 的复用图样 1，

UE 在包含两个连续时隙的监听窗口监听 Type0-PDCCH。两个连续的时隙中起始时隙的索引为 n_0。每个索引为 $\bar{i}$ 的候选 SS/PBCH Block 对应一个监听窗口，$0 \leqslant \bar{l} \leqslant \bar{L}_{\max}-1$，$\bar{L}_{\max}$ 为候选 SS/PBCH Block 的最大个数。该监听窗口的起始时隙的索引通过以下公式确定。

$$n_0 = \left(O \cdot 2^{\mu} + \left\lfloor \bar{l} \cdot M \right\rfloor\right) \bmod N_{\text{slot}}^{\text{frame},\mu} \tag{18-2}$$

在确定时隙索引 n_0 之后，还要进一步确定监听窗口所在的无线帧编号 SFN_C。

当 $\left\lfloor \left(O \cdot 2^{\mu} + \left\lfloor \bar{l} \cdot M \right\rfloor\right) / N_{\text{slot}}^{\text{frame},\mu} \right\rfloor \bmod 2 = 0$，$\text{SFN}_\text{C} \bmod 2 = 0$；

当 $\left\lfloor \left(O \cdot 2^{\mu} + \left\lfloor \bar{l} \cdot M \right\rfloor\right) / N_{\text{slot}}^{\text{frame},\mu} \right\rfloor \bmod 2 = 1$，$\text{SFN}_\text{C} \bmod 2 = 1$。

即根据 $\left(O \cdot 2^{\mu} + \left\lfloor \bar{l} \cdot M \right\rfloor\right) / N_{\text{slot}}^{\text{frame},\mu}$ 计算得到的时隙个数小于一个无线帧包含的时隙个数时，SFN_C 为偶数无线帧，当大于一个无线帧包含的时隙个数时，SFN_C 为奇数无线帧。由此可见，在 NR-U 技术中，Type0-PDCCH Search Space 的确定与 R15 类似，区别在于在 NR-U 技术中，每个候选 SS/PBCH Block 索引关联一组 Type0-PDCCH 的监听时机。

在 NR-U 系统中，还有一种 RMSI 接收的情况是在辅小区接收 RMSI。这是为了在 NR-U 系统中支持自动邻区关联（Automatic Neighbour Relations，ANR）功能，以解决不同运营商部署小区时可能产生 PCI 冲突的问题 [19~21]。由于 ANR 功能依赖于 RMSI 的获取，需要在辅小区支持 RMSI 的接收。UE 在收到辅小区的 RMSI 之后，可以上报小区全球标识（Cell Global Identity，CGI），用于网络的 ANR 功能。为了在辅小区接收 RMSI，UE 需要接收辅小区上的 SS/PBCH Block 来获得 Type0-PDCCH 信息。由于辅小区并非用于初始接入的小区，用于携带 Type0-PDCCH 信息的 SS/PBCH Block 的频域位置也并非位于同步栅格上。在这种情况下，需要设计如何通过非同步栅格上接收到的 SS/PBCH Block 来获得 Type0-PDCCH 信息，从而在辅小区上接收 RMSI。经过讨论，在 RAN1#100-e 会议上通过了在辅小区接收 RMSI 的过程。

步骤 1：检测 ANR SS/PBCH Block，解码 PBCH 获得 MIB 信息。

步骤 2：通过 MIB 信息获得子载波偏移信息 ssb-SubcarrierOffset 得到 $\bar{k}_{\text{SSB}}$，根据 $\bar{k}_{\text{SSB}}$ 确定 k_{SSE}。

通过 ssb-SubcarrierOffset 得到 $\bar{k}_{\text{SSB}}$。当 $\bar{k}_{\text{SSB}} \geqslant 24$，$k_{\text{SSB}} = \bar{k}_{\text{SSB}}$；否则，$k_{\text{SSB}} = 2 \cdot \left\lfloor \bar{k}_{\text{SSB}} / 2 \right\rfloor$。

步骤 3：根据 k_{SSE} 确定 common RB 的边界。

步骤 4：根据 MIB 中的 CORESET#0 信息确定第一 RB 偏移。

步骤 5：根据 ANR SS/PBCH block 的中心频率和该 LBT 带宽内定义的 GSCN 之间的频率偏移，确定第二 RB 偏移。

步骤 6：根据第一 RB 偏移和第二 RB 偏移确定 CORESET#0 的频域位置。

该过程的示意图如图 18-16 所示。

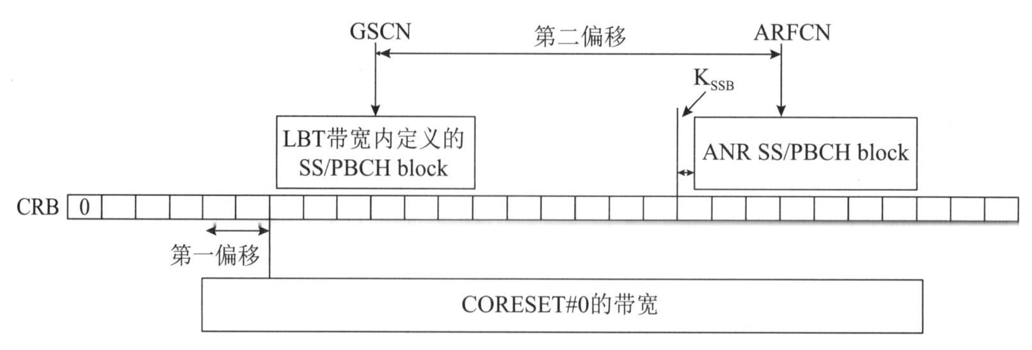

图 18-16　用于 ANR 的辅小区接收 RMSI 的过程示意图

18.3.4　随机接入

在 NR-U 系统中，对于 RACH 过程的增强主要考虑以下几个方面。

- PRACH 信道的 OCB 问题。
- PRACH 序列。
- PRACH 过程的信道接入。
- PRACH 资源的有效性。
- 2-step RACH 的支持。

为了满足 PRACH 的 OCB 要求，在 RAN1#93 会议上达成结论，考虑 PRACH 信道频域资源的梳齿结构（Interlaced PRACH）。RAN1#95 会议讨论了几种 Interlace 和非 Interlace 方案，其中，Interlace 方案在频域上不连续分配，具体的 Interlace 方式包括 PRB 或者 RE 级别的 Interlace。非 Interlace 方案在频域上连续分配，通过对 PRACH 序列在频域上进行重复或者引入长 PRACH 序列，来满足最小的 OCB 要求。在 RAN1#96bis 会议上，多家公司给出了相关的仿真结果，评估不同方案下的 PRACH 信道的覆盖和容量[22]。结果表明，频域连续分配的 PRACH 序列重复或长 PRACH 序列方案具有更好的 MCL 结果，因为 PRACH 占用了更多的频域带宽，但缺点是会造成 PRACH 容量的降低。根据各家公司的仿真结果和观点，本次会议最终通过不采用 Interlace 方案，同时考虑以下的候选方案。

- 方案 1：对原有的 139 位长度的短 PRACH 序列进行重复，映射到连续的子载波。
- 方案 2：采用不重复、单独的比 139 位长的 PRACH 序列，映射到连续的 RB。

接下来的几次会议继续讨论了引入 PRACH 长序列，以及 PRACH 序列长度的选择，在 RAN1#99 会议达成了最终的结论：在支持原有的 139 位长的 PRACH 短序列的基础上，支持单独的 PRACH 长序列。

- 对于 15 kHz 子载波间隔，$L_{RA}=1151$；对于 30 kHz 子载波间隔，$L_{RA}=571$。
- 通过 SIB1 可以指示使用原有的 139 位长的 PRACH 序列还是新引入的长 PRACH 序列。

如表 18-7 所示，在现有的 PRACH Format 下，增加了对长序列的支持。对于 $L_{RA}=571$，PRACH 占据 48 个 RB，对于 $L_{RA}=1151$，PRACH 占据 96 个 RB。

表 18-7　Preamble formats 表格

Format	L_{RA}			Δf^{RA}	N_u	N_{CP}^{RA}
	$\mu \in \{0,1,2,3\}$	$\mu = 0$	$\mu = 1$			
A1	139	1 151	571	$15 \cdot 2^{\mu}$ kHz	$2 \cdot 2\ 048\kappa \cdot 2^{-\mu}$	$288\kappa \cdot 2^{-\mu}$
A2	139	1 151	571	$15 \cdot 2^{\mu}$ kHz	$4 \cdot 2\ 048\kappa \cdot 2^{-\mu}$	$576\kappa \cdot 2^{-\mu}$
A3	139	1 151	571	$15 \cdot 2^{\mu}$ kHz	$6 \cdot 2\ 048\kappa \cdot 2^{-\mu}$	$864\kappa \cdot 2^{-\mu}$
B1	139	1 151	571	$15 \cdot 2^{\mu}$ kHz	$2 \cdot 2\ 048\kappa \cdot 2^{-\mu}$	$216\kappa \cdot 2^{-\mu}$
B2	139	1 151	571	$15 \cdot 2^{\mu}$ kHz	$4 \cdot 2\ 048\kappa \cdot 2^{-\mu}$	$360\kappa \cdot 2^{-\mu}$
B3	139	1 151	571	$15 \cdot 2^{\mu}$ kHz	$6 \cdot 2\ 048\kappa \cdot 2^{-\mu}$	$504\kappa \cdot 2^{-\mu}$
B4	139	1 151	571	$15 \cdot 2^{\mu}$ kHz	$12 \cdot 2\ 048\kappa \cdot 2^{-\mu}$	$936\kappa \cdot 2^{-\mu}$
C0	139	1 151	571	$15 \cdot 2^{\mu}$ kHz	$2\ 048\kappa \cdot 2^{-\mu}$	$1\ 240\kappa \cdot 2^{-\mu}$
C2	139	1 151	571	$15 \cdot 2^{\mu}$ kHz	$4 \cdot 2\ 048\kappa \cdot 2^{-\mu}$	$2\ 048\kappa \cdot 2^{-\mu}$

相比 R15 NR，在 NR-U 系统中，RACH 过程中的信道发送需要考虑信道接入的影响。为了尽量减少由于 LBT 失败造成的 RACH 过程的延迟，一方面，在 RACH 过程中同样支持信道占用共享（COT Sharing，具体细节可参见第 18.2.2 节）。当基站在发送 Msg.2 时，可以将基站获得的 COT 共享给 UE 进行 Msg.3 的发送。否则，UE 在发送 Msg.3 时需要进行 LBT 以获得信道接入，会存在 LBT 失败的可能，从而带来 Msg.3 的发送延迟。在上述方案中，基站在发送 Msg.2 时，可以根据自身的 COT 情况，在 Msg.2 中携带 UE 用于发送 Msg.3 需要采用的 LBT 的类型。另一方面，在基站发送 Msg.2 时，考虑到潜在的 LBT 失败问题，其在 UE 的 RAR 接收窗口内有可能不能及时获得信道接入从而导致无法发送 Msg.2。因此 NR-U 系统中对 RAR 接收窗口的最大长度进行了扩大，即从 R15 定义的最大 10 ms 的 RAR 接收窗口扩大到 40 ms，以便于基站可以有更多的时间进行信道接入，避免因为 LBT 失败造成 RAR 无法及时发送。相应的，由于 R15 的 PRACH 资源的周期最短为 10 ms，计算 RA-RNTI 的方法并不需要区分 PRACH 资源所在的 SFN。在采用最大 40 ms 的 RAR 接收窗口之后，多个 UE 在多个 RO 发送的 PRACH 对应的 RAR 接收窗口发生重叠，从而这些 UE 可能在 RAR 接收窗口收到通过相同 RA-RNTI 加扰的 RAR 信息。为了让这些 UE 区分所收到的 RAR 对应的 PRACH 资源所在的 SFN，在调度承载 RAR 信息的 PDSCH 的 DCI Format 1_0 中定义了 2 比特用于指示 SFN 的最低两位。UE 在收到该 SFN 的最低两位之后，可以确认该 RAR 是否对应于该 UE 的 PRACH 传输所在的 SFN[23~27]。

PRACH 资源的有效性判断除了沿用 R15 的定义之外，针对 NR-U 技术中的信道接入过程，增加了额外的定义。在 18.2.3 节介绍了 FBE 的信道接入类型，当配置了 FBE，如果 PRACH 资源与信道占用开始之前的一组连续的符号发生重叠，则该 PRACH 资源被认为是无效的。

另外，在 R16 引入的 2-step RACH，在 NR-U 系统中同样支持。在 NR-U 系统中，针对 4-step RACH 的增强同样适用于 2-step RACH，包括 RAR 接收窗口扩大、DCI Format 1_0 指示 SFN 的最低两位、COT Sharing 等。

18.4　资源块集合概念和控制信道

本节介绍在非授权频谱独立组网的方式下，NR-U 系统对于宽带传输的特殊设计以及针对由于非授权频谱的 LBT 失败导致的调度问题所做的改进，主要包括 NR-U 系统对于控制信道设计和侦测的增加。

18.4.1 NR-U 系统中宽带传输增强

在 NR-U 系统中，由于非授权频谱使用规定的要求，每次传输都是基于一个 20 MHz 带宽的颗粒度去传输。而 NR 的设计已经考虑到大带宽和大吞吐量传输，因此 NR 在非授权频谱中的传输也不应限于一个 20 MHz 带宽去传输，所以更大带宽传输需要在 NR-U 中被支持，这里的更大带宽指的是数倍 20 MHz 的数量级。在 3GPP 的讨论中，有两个分支方案分别被提出，且受到了大致相同数量的公司支持。

第一个分支是利用 NR 中的 CA 特性。如图 18-17 所示，每个 20 MHz 的带宽可以看作是一个载波带宽（Component Carrier， CC）[28~33]，那么支持多个 20 MHz 带宽就如同支持多个 CC。

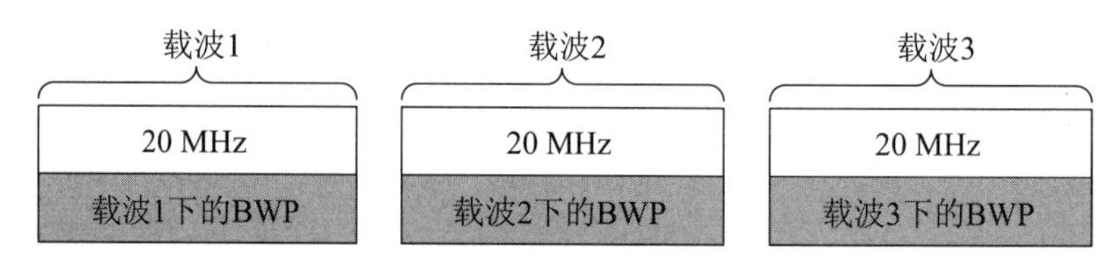

图 18-17 用 CA 的方式支持大带宽传输

这个方案的优点在于载波聚合（Carrier Aggregation，CA）的特性在 NR 的 R15 版本里已经完成，如果按照 CA 的特性去支持大带宽的传输不需要有额外的协议影响，这样可以大大地节省 R16 协议的制定时间。但这个方案的缺点在于，首先，在 NR-U 系统中支持大宽带传输的前提是需要支持 CA 特性，而 CA 在 NR R15 里并没有这样的隐性约束。这里需要提到的是 R15 的 UE 可以无须 CA 能力支持 100 MHz 带宽传输，但是如果这个方案被采用，则约束了 UE 要支持大于 20 MHz 带宽传输就需要支持 CA 能力。其次，类似 CA 特性的设计需要把 BWP 的带宽固定配成 20 MHz 带宽，这样的设计思路与 NR 相悖。因为 NR 的设计理念是可以灵活地配置 BWP 带宽，并且可以灵活地在多个 BWP 间切换。所以类 CA 的设计思路在某种程度上来说有一些回退设计，摒弃了 NR 的杀手级灵活性优势。

第二个分支方案如图 18-18 所示，UE 可以被配置一个大带宽的 BWP，该 BWP 覆盖多个 20 MHz 的信道带宽，这些 20 MHz 带宽在 NR-U 的设计初期被称为 LBT 子带，且子带和子带间有保护带[34~38]。其中保护带的作用是防止子带间由于带外能量泄漏（Out-of-band Power Leakage）所引起的干扰。这里的干扰是 UE 在一个子带上传输，与和该子带相邻的子带上其他 UE 的传输甚至与其他系统设备的传输的干扰，这样的干扰被称为子带间的干扰。

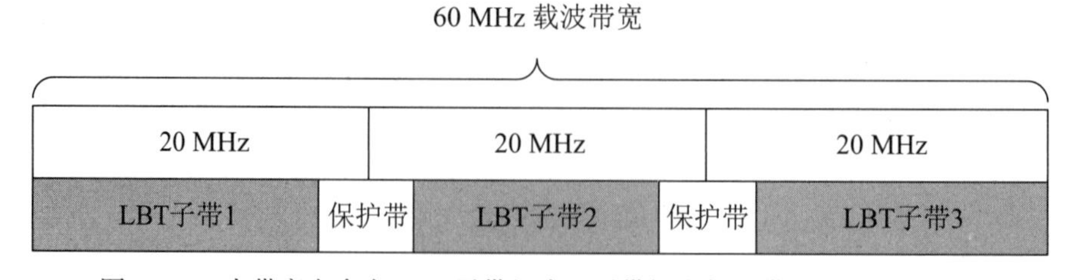

图 18-18 大带宽由多个 LBT 子带组成，子带间由保护带控制子带间干扰

要降低子带间干扰的影响，需要在子带间预留一些保护带，使得在相邻子带上实际的传输在频域上相隔更远，这样相应的干扰会更小。同时这些LBT子带都配置在同一个载波带宽中，它们属于同一个小区的子带，因此这类保护带被称为小区内保护带（Intra-cell Guard Band）。

经过 3GPP 会议的多次长时间的讨论，最后决定采用第二分支的设计思路，其主要的原因在于第二分支的设计更为灵活，并且保持了 NR 高灵活度的设计初心。

确定了设计思路后，3GPP 立即致力于讨论对于第二分支的具体设计方案。首先要解决的问题是小区内保护带以及 LBT 子带的确定。对于小区内保护带的设计，3GPP 首先考虑了一个默认的静态小区内保护带数值，这个保护带的设计思路是把 20 MHz 带宽的中心频点固定在预设定的频点上，这些频点与其他的系统例如 Wi-Fi 使用的中心频点相差甚小，这样同时也是为了考虑不同系统在一个共享频谱友善共存的原因。然后，根据子载波的间隔不同，确定了固定的保护带大小，这些保护带是基于资源块数量来确定的，即整数个资源块。3GPP NR-U 中的信道栅格（Channel Raster）设计如图 18-19 所示。

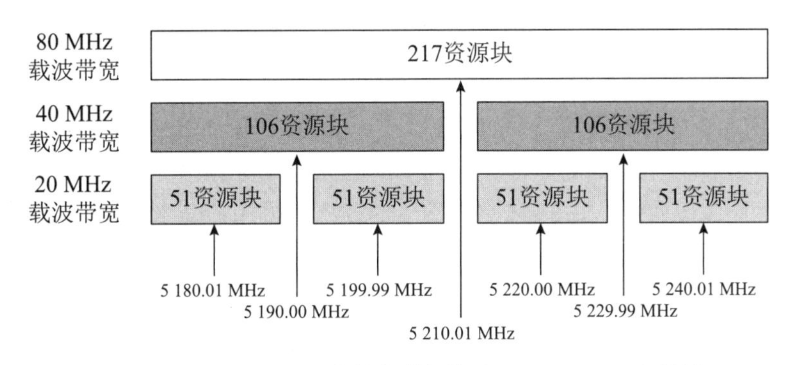

图 18-19 3GPP NR-U 中的信道栅格（Channel Raster）设计

基于默认的小区内保护带，系统基本可以满足子带间干扰的控制要求，但是并不能解决所有的部署场景的需求。出于 NR 一贯的灵活度设计理念，3GPP 又提出了在默认区间保护带之外，再支持网络对于区间保护带的灵活配置。这样的优点是当网络遭遇很严重的干扰时，网络可以配置更大的区间保护带，以损失频谱效率为代价来更有效地干预子带间的干扰。相反的，当系统内子带间干扰不会对通信性能造成影响的情况下，可以选择配置更小的区间保护带来获得更大的频谱效率。这里需要补充的是在 3GPP 的第四工作组（Working Group 4）在定义默认小区内保护带数值的同时也定义了 UE 最低性能，这里包括 UE 必须满足的带外能量泄漏的抑制性能。如果基站配置了比默认值更小的保护带数值，就需要 UE 提供更强的带外能量泄漏抑制能力。在 RAN1#101-e 会议上，为了避免引入两种不同的 UE 能力，最终协议规定基站仅能配置比默认值更大的保护带数值，而不可以配置比默认值更小的非零保护带。更进一步的，LBT 子带也被统一称为资源块集合（Resource Block Set）。资源块集合和区间保护带的配置方式如图 18-20 所示，基站在公共资源基准（Common Resource Block Grid，CRB）上先配置一个载波带宽并且在载波带宽内配置一个或多个小区内保护带，小区内保护带的配置包括起点的 CRB 位置和保护带长度。当配置完成后，整个的载波带宽被分为多个资源块集合。最后网络通过配置 BWP，再把资源块集合映射到 BWP 上。值得注意的是 3GPP 协议要求网络配置的 BWP 必须包括整数个资源块集合。类似 BWP 配置方式，上行载波和下行载波内的资源块集合分别独立配置。

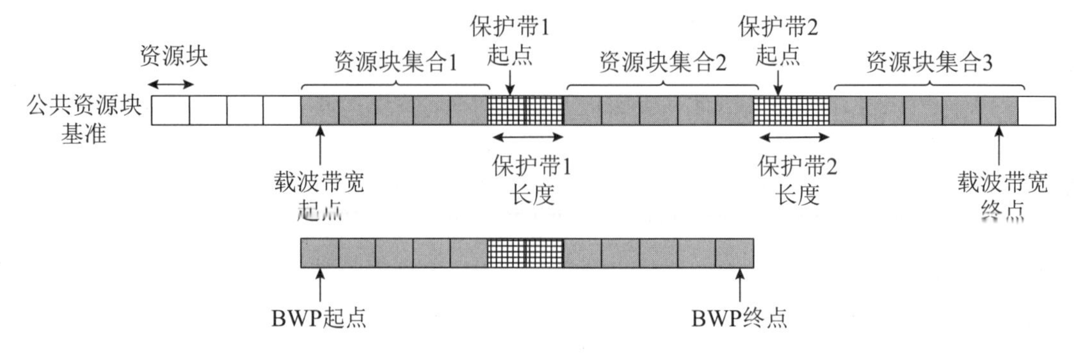

图 18-20　小区内保护带配置

确定了资源块集合的配置后，在上行数据调度的过程中，基站需要指示 UE 在一个或多个资源块集合内传输，这种按资源块集合来调度 UE 的方式被称为第二类型调度方式，对于资源块集合调度的确定是接下来的重点讨论方向。

上行调度可分多个场景，其中包括对于连接态 UE 的调度和对于空闲态（Idle）UE 的调度。更进一步的，对于连接态 UE 的调度还分为在公共搜索空间集合（Common Search Space Set，CSS set）和在 UE 特有搜索空间集合（UE-specific Search Space Set，USS set）内的调度。在这些不同场景下，调度的方法不完全相同。当基站在 USS 调度 UE 时，基站可以用 DCI 格式 0_0 和 0_1 来调度。值得注意的是，3GPP 保留用 DCI 格式 0_2 来调度 NR-U UE 的可能性，但在一些功能上做了限制，其主要原因是支持这些功能需要进行进一步的协议规范，鉴于 DCI 格式 0_2 是在 R16 里对于超高可靠性低时延通信（Ultra Reliable Low Latency Communications，URLLC）的增强特性，而对于在非授权频谱支持 URLLC 业务并非是 R16 NR-U 的关注点，因此在 NR-U 里对于这些 URLLC 增强功能的支持被延后到 R17 讨论。并且这两个 DCI 格式中的频域资源分配信息域中均带有 Y 比特，它们用来指示一个或多个调度的资源块集合，而 Y 的值是由上行激活 BWP 上总共的资源块集合数量来确定。选择引入 Y 比特指示的优点是基站可以灵活地指示在任意一个或者多个资源块集合中传输上行，且不会增加 DCI 的开销。而当基站用 DCI 格式 0_0 在公共搜索空间集合内调度连接态 UE 或者在第一类 PDCCH 公共搜索空间集合内调度 idle UE，或者是用 RAR UL grant 来调度上行的情况下，DCI 和 RAR UL grant 中不包括显式指示调度资源块集合的信息域。协议中规定了 UE 确定资源块集合的方法如下：对于 DCI 格式 0_0 在公共搜索空间集合内调度连接态 UE 上行的设计方案最初有 3 个候选项 [40~44]，第一个方案是永远限制在上行激活 BWP 中的第一个资源块集合（对于 Idle UE 来说初始上行 BWP 为上行激活 BWP）；第二个方案是 UE 默认调度在 BWP 中所有的资源块集合；第三个方案是 UE 根据收到的下行调度控制信息在哪个下行资源块集合上，确定与之对应的上行的资源块集合。在这 3 个方案中，第一个方案实现简单，但是调度的限制比较大。特别是当干扰环境对于每个资源块集合不同的情况下，如果第一个资源块集合长时间处于强干扰状态，那么 UE 的 LBT 将持续失败，导致无法传输上行。第二个方案需要 UE 每次都大带宽传输且需要每个资源块集合上的 LBT 都成功，这样增加了上行传输的失败概率。第三个方案增强了 UE 的上行传输成功的概率。如图 18-21 所示，当下行 BWP 包括 4 个资源块集合，而上行包括 2 个资源块集合，基站可以将调度 DCI 发送在资源块集合 1 或资源块集合 2 上，那么与之对应的上行资源块集合 0 或者资源块集合 1 就是调度的上行资源块集合。如果基站可以在下行资源块集合 1 里成功地完成 LBT 并且发送上行调度 DCI，那么 UE 就会有很高的概率也成功通过 LBT，并且发送上行。由于这个增强的优势，第三个方案在 RAN1#100b-e 会议被采纳。但是这个方案有一个缺陷，即在下行资源块集合没有对应的上行资源块集合的情况下，UE 无法判断上行调度的资源，例如图 18-21 中，如果 DCI 发送在下行资源块集合 0 或者 3 中的情况。经过讨论，在 RAN1#100b-e 会议中最终规定这种情况下，UE 把上行传输确定在上行资源块集合 0。

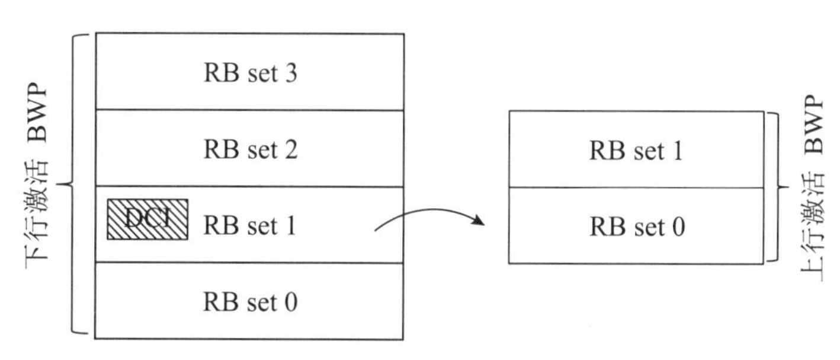

图 18-21 资源块集合调度示例

对于 RAR 和第一类 PDCCH 公共搜索空间集合（Type 1 PDCCH CSS set）内调度场景，3GPP 讨论初期打算重用之前介绍的公共搜索空间集合内调度的方案，从而实现统一的设计。然而，在讨论过程中遇到了问题，即当 Idle UE 和连接态 UE 在一个资源块集合重合时，基站只凭借收到的 PRACH 是无法区分出调度的上行传输是来自连接态 UE 还是 Idle UE，如图 18-22 所示。在这种情况下，基站需要同时盲检连接态 UE 的资源块集合 0 的上行传输和 Idle UE 公在初始上行 BWP 的上行传输，并且需要为这两个传输预留两份资源，导致严重的资源浪费。 鉴于这个原因，最终在 RAN1#101-e 会议上决定 RAR 和第一类 PDCCH 公共搜索空间集合内调度的上行与 UE 传输 PRACH 的上行在同一个资源块集合内。采用这个方案的原因是，当 UE 发送了 PRACH 在某一个资源块集合，且 PRACH 被基站接收，这时这个资源块集合对于 UE 和基站来说没有任何歧义，且由于 UE 发送了 PRACH，也暗示着 UE 已经在这个资源块集合内成功通过 LBT，因此 UE 在同一个资源块集合内持续 LBT 失败的概率较小。

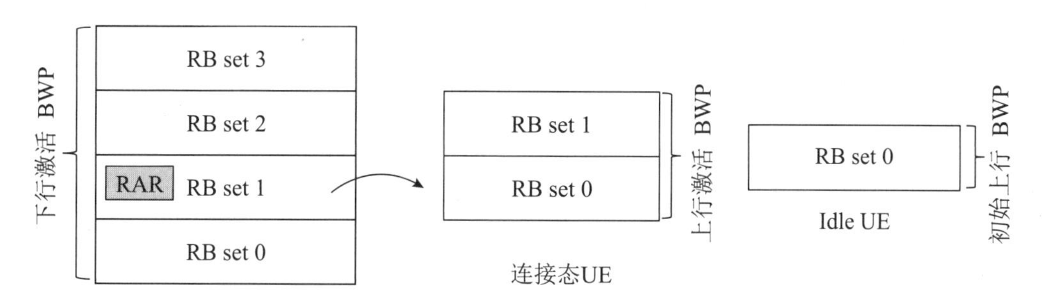

图 18-22 RAR（随机接入响应）调度连接态 UE 和 Idle UE 示例

18.4.2 下行控制信道和侦测增强

在 NR-U 中，下行控制信道的设计和 NR 没有本质上的区别。如 6.2.3 节和 6.2.4 节介绍的，UE 会被预先配置一些周期性的 PDCCH 搜索空间用于接收下行控制信道。NR 的 PDCCH 搜索空间和 PDCCH CORESET 的概念被完整地沿用到了 NR-U 系统中，然而，由于非授权频谱的特殊情况，基站不能保证每次都在配置的资源里成功发送控制信道，这取决于基站的 LBT 成功与否。因此，在 NR-U 系统中，控制信道的相关设计主要致力于解决由于 LBT 失败而带来的问题。

1. CORESET 和搜索空间集合配置

在 18.4.1 节中已经介绍过，NR-U 支持一个 BWP 中配置了多个资源块集合，每个资源块集合可以看作一个 LBT 子带，所以基站要在某个资源块集合里发送下行传输就必须保证对于这个资源块集合 LBT 成功。很显然，在实际的通信中 LBT 成功与否是不能被提前预判的，这就带来了一个新的问题。NR 的设计中 CORESET 的资源位置可以在 BWP 里灵活配置，这也就不可避免地出现一个 CORESET 的资源跨越多个资源块集合的情况。与此同时当某个资源块集合上的 LBT 没有成功，基站就不能在此资源块集合内发送下行控制信道。导致出现在同一个 CORESET 内有些资源可用而有些资源不可用的情况，如图 18-23 所示，当 UE 的下行激活 BWP 里包含 3 个资源块集合，且配置的 CORESET 跨度 RB set 0 和 RB set 1 两个资源块集合。如果基站侧的 LBT 对于 RB set 1 失败，那么 RB set 1 上的 CORESET 和资源不可用[34]。

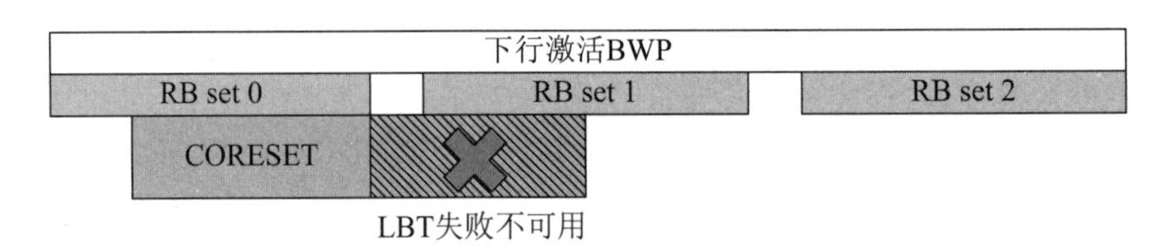

图 18-23　激活下行 BWP（带宽分段）内配置多个资源块集合且 CORESET（控制资源集合）横跨多个资源块集合

为了解决这个问题，3GPP 考虑了不同的方案。其中一个解决方案是由基站实现，即基站在发送下行控制信道时自行避开不可用的那些资源。这个方案的优点是没有任何的协议影响，节约了标准化的时间。但是它的缺点也很显而易见，即当由 LBT 失败导致资源无效时，基站仅有很少的资源来调度 UE。并且当 CORESET 内的交织功能被开启时，由于某些资源不可用会导致交织后的 PDCCH 候选资源被打孔，严重降低了下行控制信道的接收可靠性，因此这个方案隐性地导致实现中基站会配置交织功能的关闭。

随着这些问题浮出水面，3GPP 也陆续扩展出多套解决方案。一个方案如图 18-24 所示，基站配置大带宽 CORESET 并且通过交织的方式尽量把每一个候选 PDCCH（PDCCH Candidate）资源都分散到每个资源块集合中，这样即便遇到打孔的情况，UE 也有可能利用信道解码解出承载的 DCI。这个方案虽然很直观、简便，但是这种完全取决于基站实现的方法无法保证 PDCCH 的传输可靠性。因此虽然标准采纳了该方案，但由于 DCI 的接收对于整个系统的运作十分关键，因此最终 3GPP 还进一步考虑了其他增强性的方案。

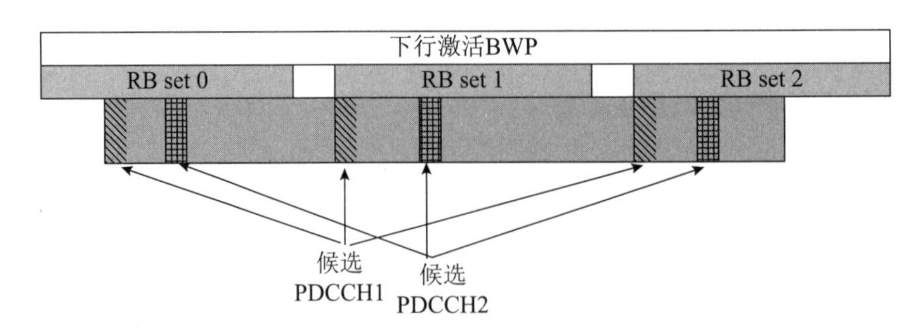

图 18-24　NR-U 系统中 PDCCH（物理下行控制信道）接收的备选方案 1

另一个方案是配置多个 CORESET，且每个 CORESET 只包含于一个 LBT 子带内，或者一个资源块集合内。这样交织的问题天然就解决了，但这个设计方案需要基站配置与资源块集合同等数量的 CORESET。在 NR 中当频点小于 6 GHz，UE 需要支持一个 BWP 的带宽最大可配至 100 MHz，这样就对应 5 个资源块集合，那么也就需要配置 5 个不同的 CORESET 在 BWP 内。这个特性已经超出了 NR 的可支持范围，因为 NR 在一个 BWP 内最多支持 3 个 CORESET。同样在 NR 中，搜索空间集合需要和 CORESET 关联，并且同一个搜索空间集合索引禁止关联不同的 CORESET，这样，如果简单地把可配的 CORESET 数量增加，也会使得需要支持的可配置的搜索空间集合索引增加，如图 18-25 所示。经过反复的考量后，3GPP 决定基于这个方案的思路进行改版设计，主要聚焦解决如何减少 CORESET 数量和搜索空间集合数量的问题。

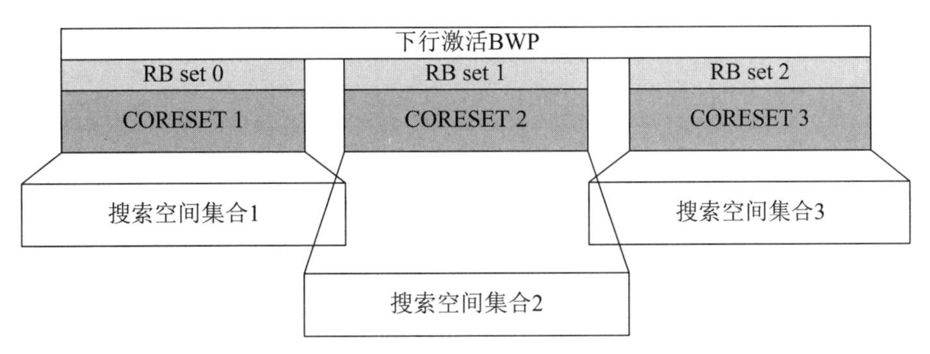

图 18-25　NR-U 系统中 PDCCH（物理下行控制信道）接收的备选方案 2

在 RAN1#98b 会议中最终被采用的方案解决了配置过多的 CORESET 和搜索空间集合的问题，具体的方案是当一个 CORESET 被配置并且限制在一个资源块集合内的情况下，基站可以配置一个特殊的搜索空间集合，使这个搜索空间集合与该 CORESET 相关联后产生镜像 CORESET，并且镜像 CORESET 的资源会被复制到其他的资源块集合中去，如图 18-26 所示，当复制的镜像 CORESET 资源映射到资源块集合后，UE 就可以根据映射后的 CORESET 的时频域资源和相关联的搜索空间集合在其他的资源块集合内监听下行控制信道。这个特殊的搜索空间集合配置中引入了一个比特映射（Bitmap）的参数，其中每一个比特对应一个资源块集合，当一个比特为 1 时，CORESET 就会映射到对应的资源块集合中去，当一个比特为 0 时，CORESET 就不需要映射到对应的资源块集合。通过这个解决方案，需要被配置的 CORESET 数量和搜索空间集合数量不需要增加。

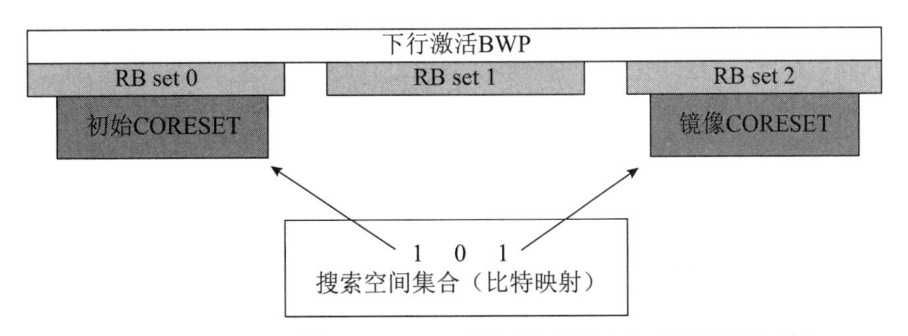

图 18-26　NR-U 系统中 CORESET（控制资源集合）侦测的最终方案

这个方案实现的条件是初始 CORESET 的频域资源需要局限在一个资源块集合内，也就是说初始 CORESET 的资源不得超出一个资源块集合的范围。这样就会又带来一个新的问题，在 NR 中 CORESET 的资源配置是通过 6 个资源块为粒度指示的（关于 NR 的 CORESET 设计细节参见 5.4 节）。由于这个指示粒度较大，因此，为了确保配置后的初始 CORESET 资源不超出资源块集合，在实际系统中会出现部分非 6 的整数倍的 PRB 资源不可被用于 CORESET 配置的情况。解决这个问题的方案是引入了一个新的 CORESET 资源配置方法，如图 18-27 所示[39]，这个方法直接以 BWP 内的第一个资源块为起点，加上一个资源块的偏移参数（rb-Offset）确定初始 CORESET 的起点资源块，这样初始 CORESET 的资源可以在一个资源块集合内调整，由于这个偏移量是 0~5，那么它最多可以调整偏移 5 个资源块，从而完美地避免了在一个粒度里部分资源块超过资源块集合的问题[38, 39]。镜像 COREST 资源的确定是把初始 CORESET 的资源在频域上偏移至要映射的新的资源块集合内，且起点位置对应于新的资源块集合的边界有 rb-Offset 偏移量。当基站在确定初始 CORESET 资源大小时，需要考虑镜像 CORESET 的资源也禁止超过其要映射的资源块集合。

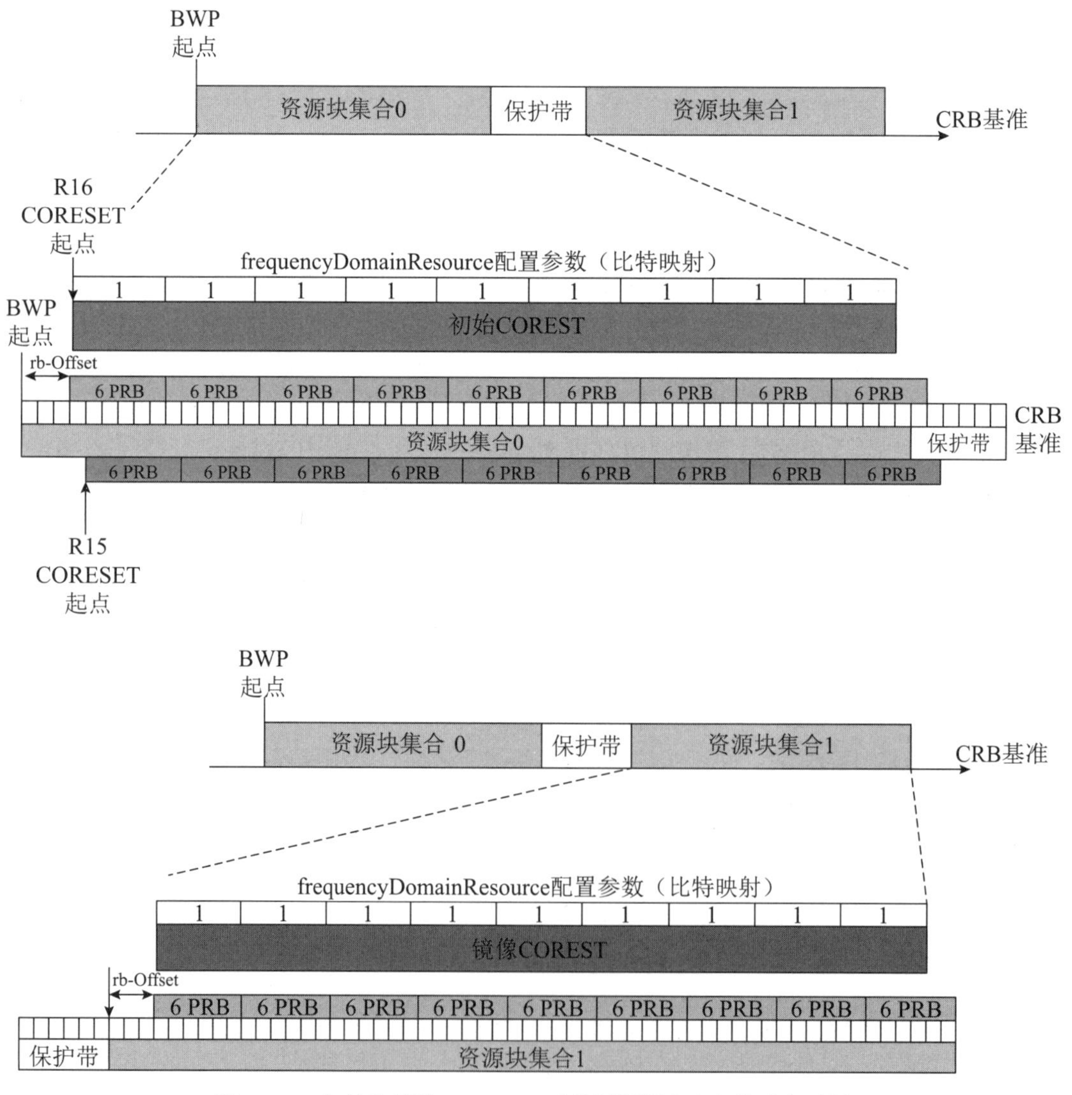

图 18-27　初始和镜像 CORESET（控制资源集合）的确定示例

这里需要说明的是，由于引入了新的 CORESET 配置和新的搜索空间集合配置方案，如何保证后向兼容的问题也在 3GPP 的会议中展开了讨论。问题主要围绕当一个 R15 版本的搜索空间集合配置关联到了 R16 版本的 CORESET 上，抑或当一个 R16 版本的搜索空间集合配置关联到了 R15 版本的 CORESET 上，UE 应该如何解读这些配置。最终的约定概况见表 18-8。

表 18-8 R16 CORESET 和搜索空间集合配置

COREST 配置版本	关联的搜索空间集合配置版本	CORESET 位置按照 R16 或者 R15 确定
CORESET 配置里没有 rb-offset 参数	R15 版本	CORESET 的位置确定根据 R15 规则
CORESET 配置里没有 rb-offset 参数	R16 版本	CORESET 的位置确定根据 R16 规则，且 rb-offset 默认为 0
CORESET 配置里有 rb-offset 参数	R15 版本	CORESET 的位置确定根据 R16 规则，但是不要求初始 CORESET 的资源局限在一个资源块集合内
CORESET 配置里有 rb-offset 参数	R16 版本	CORESET 的位置确定根据 R16 规则，且要求初始和镜像 CORESET 的资源局限在一个资源块集合内

2. 搜索空间组切换

在本节中将介绍 NR-U 系统中的又一个新特性：搜索空间组切换。在介绍这个特性之前，我们先来回顾一下 18.2 节阐述的非授权频谱通信的痛点。由于基站在得到信道传输 COT 前需要通过 LBT，且大部分的情况下基站会用 LBT Type-1 方式来进行信道接入，而 LBT Type-1 的信道接入时长是随机的。基站如何保证在 LBT 成功的结束点位置就可以传输数据，而不需要再等待很长时间，以至于有再次丢失信道传输权的风险。这个问题在 Wi-Fi 系统中不存在，因为 Wi-Fi 系统本质上是一个异步系统，因此 Wi-Fi UE 可以在 LBT 结束且成功后的任何位置发起传输。然而，对于 NR-U 系统来说，其本质是一个同步系统，整个系统的运作都基于一个确定的帧结构，基站的下行发送，无论是控制信道、数据信道，还是参考信号，都有一些具体的位置规则，在这样的情况下随机生成的 LBT 结束位置和同步系统的这些理念不匹配。为了解决这个问题，系统应该尽量多地为基站留出调度 UE 的位置，这样基站可以在任意 LBT 结束的位置发送下行控制信号。但是这样会引入一个新的问题，UE 为了配合基站灵活地发送下行控制信号，需要一直处于频繁侦听下行控制信号的状态，这样不利于终端侧节能 [46~49]。最终 3GPP 在 RAN1#98b 会议中决定权衡基站接入信道的成功率和 UE 的能耗两个因素，采用搜索空间组切换的方案，如图 18-28 所示，即在基站的 COT 外 UE 基于一个搜索空间组来进行搜索，但在基站 COT 内 UE 可以切换到另一个搜索空间组。这两个搜索空间组的搜索频繁度不同。在 NR-U 的场景下，COT 外的搜索空间较 COT 内的更为密集。例如，在 COT 外基于部分时隙（Mini-slot-based）侦听控制信号，UE 的能耗更高，但在基站 COT 内 UE 将切换到更稀疏的搜索空间，如基于全时隙（Slot-based）侦听控制信号。

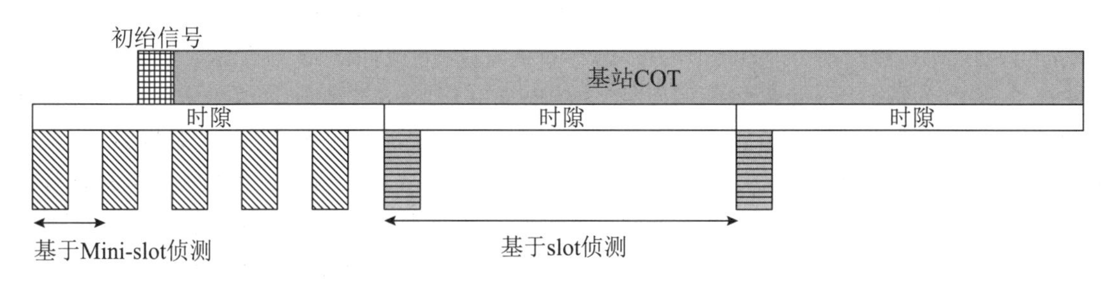

图 18-28 搜索空间组切换初步概念

3GPP 引入了 COT 信息，即基站可以通知 UE 基站的 COT 已经建立，并且通知 COT 的长度信息。关于基站 COT 的信息，在前面的章节中已经介绍过，基站如果 LBT 成功就可以建立一个 COT，在 COT 内基站可以进行包括控制信道、数据信道或参考信号的下行传输，同时基站还可以共享 COT 用于 UE 侧的上行传输。因此，在这样的情况下，COT 的信息对于 UE 尤为重要，因为在基站 COT 的外面，事实上 UE 是接收不到任何有用传输的。从这个角度出发，很合理的一个猜想是，UE 在基站 COT 内和 COT 外的处理应该不同。一个很合理的解释是，在基站 COT 外的处理可以等同于功耗的浪费，即由于基站不能发送传输，所以收不到任何有用信息。从这个角度来说，应该尽量把高功耗的处理用于基站的 COT 内。

这个问题在 3GPP 会议中受到了广泛的关注。总结多方观点后基本确定一个共识，即基站需要通知 COT 何时开始，基于这个 COT 起始点 UE 可以来用不同的接收方式。这是本特性的一个初始雏形。

确定了这个特性的具体思路后，接下来的问题就是如何通知基站的 COT 信息。一个比较直观的方案是需要设计一个参考导频，也称为初始信号，如图 18-28 所示。该参考导频用于通知 UE 基站的 COT 起始位置，此参考信号的设计可以类似 Wi-Fi 系统的初始参考信号，UE 侧需要持续地监听这个参考导频。这个设计思路是由 IEEE 标准组织主导的，并且 IEEE 在 3GPP 的会议中提议将这个参考导频设计为和目前 Wi-Fi 所用的参考导频一致，这样做的好处是两个不同的系统设备可以更容易地在共享频谱中发现对方。 这样的设计对于 Wi-Fi 来说是有利的， 但是对于 3GPP 系统来说有很大的限制。其中一点是 Wi-Fi 系统的基带处理机制，包括信道编码、采样频率都和 3GPP 不一样，简单地移植 Wi-Fi 的设计会引起严重的兼容问题，但是，如果将 Wi-Fi 的设计进行大修改去适应 3GPP 系统会需要很长的研究时间，最后导致无法在计划的时间内完成 R16 的标准化工作。由于这个原因，最终 3GPP 放弃使用新的导频设计来通知 UE 基站的 COT 方案。第二个备选方案是基于已有的参考信号来判断基站是否建立了 COT，在 3GPP 的讨论中，DMRS 为可以考虑的参考信号，而以下两个为需要解决的关键问题：第一，如何设计出让不同的 UE 都能识别的 DMRS；第二，检测的可靠性。第一个问题可以理解为，目前 NR 的系统设计中，除了系统消息和调度系统消息的 PDCCH 的 DMRS 是不同 UE 都可以识别的，其他的控制信道和数据信道上传输的 DMRS 都是为 UE 专属定制加扰的，其他 UE 不能识别。但是系统消息都是在规定的时间窗内发送，在其他的时间点上，如果基站新建了 COT，无法用系统消息的 DMRS 来通知 UE。因此需要新设计一个公共 DMRS。对于第二个问题，同时也是最关键的问题，UE 基于 DMRS 来判断基站是否建立了新的 COT 的具体实现方法是，UE 会持续对这个特殊的 DMRS 进行检测，如果检测到 DMRS 的存在，此 UE 会认为 COT 开始了，并且 DMRS 可以规定发送在 COT 的起始位置。但由于对参考信号的存在性检测只是简单的能量检测，这样很容易发生虚警或者漏检，导致对 COT 判断的可靠性有很大的影响。这里的影响可以理解为一旦发生了基站和 UE 间理解的歧义，UE 和基站可能在不同的搜索空间组内进行控制信号的收和发，这样使得整个系统无法正常工作。基于这两方面的原因，3GPP 在 RAN1#99 会议中最终确定的设计方案是基于 PDCCH 的检测，其原因如之前所分析，PDCCH 的检测需要通过循环冗余校验（Cyclic Redundancy Check，CRC）校验，目前 CRC 的比特数为 16 bit，那么 CRC 校验的虚警概率是在 2^{-16}，完全满足系统要求。基于这个设计思路，通过多轮的讨论，又扩展出了几个更细节的分支方案 [46~57]。第一个分支方案是基于公共 PDCCH 的检测，即 DCI 格式 2_0。当 UE 检测到 DCI 格式 2_0 后，该 DCI 带有 1 比特搜索空间组切换指示，UE 根据指示判断是否切换。

这里需要解释一下，为什么会有不切换的状态。在一般的情况下，当基站新建一个 COT 后，UE 需要在 COT 内换一个搜索空间组以便于减少盲捡控制信号的能耗，但是有一个特别的场景是在基站的 COT 很短的情况下，基站为了避免 UE 频繁地在两个搜索空间组间切换，基站可以指示 UE 不做切换的动作而一直保持在原来的搜索空间组。

由于 DCI 格式 2_0 不是每个 UE 必须配置的，所以当 UE 没有配置这个 DCI 格式时，UE 也可以基于其他的 DCI 格式做隐性的组切换。所谓隐性也就是说基站没有一个指示信息，当 UE 在一个组中检测到任意的一个 DCI 格式，那么 UE 就会切到另一个组。这里值得注意的是搜索空间组的切换需要一定的延迟，也就是说当收到触发切换的 DCI 格式后需要等待 P 个符号后的第一个时隙边界才开始真正地完成切换。如图 18-29 所示，当 UE 在时隙 n 收到了触发 DCI 格式，实际切换发生在时隙 n+2 的边界。这里 P 的值是可配置的，且和 UE 能力有关。

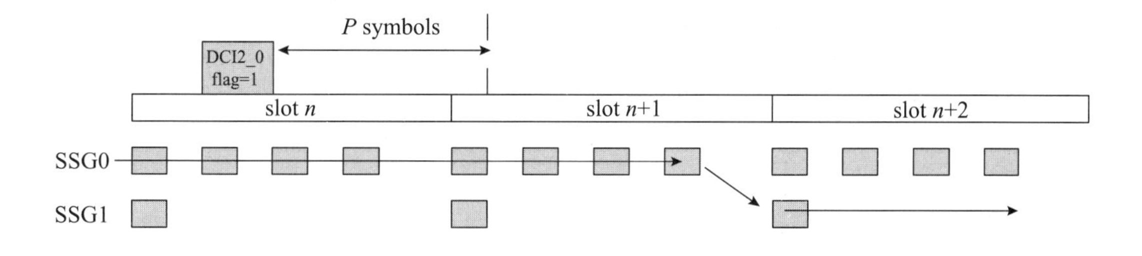

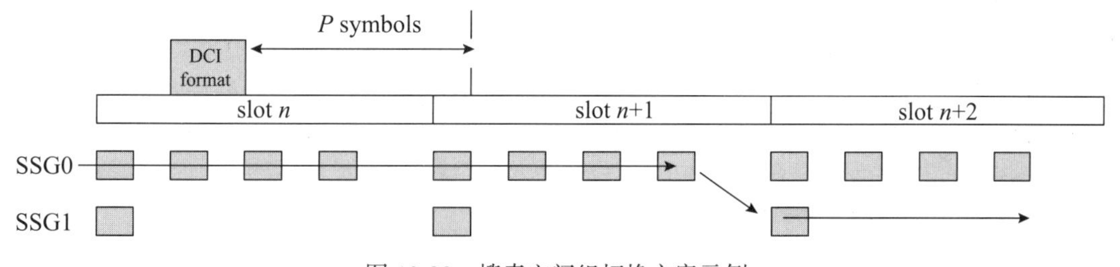

图 18-29　搜索空间组切换方案示例

3. 公共控制信号 DCI 格式 2_0 增强

DCI 格式 2_0 在 NR R15 中是一个很特殊的 DCI 格式，除了它承载在公共的 PDCCH 中，它携带的 SFI 信息可以用来取消免调度授权的周期性上下行接收或者传输的资源。在 NR-U 中，DCI 格式 2_0 被赋予了更多的功能。以下为除了 SFI 以外的其他新增强的功能。

COT 信息：如图 18-30 所示，基站 COT 长度信息是在 DCI 格式 2_0 内指示，基站首先在 RRC 里配置一个 COT 长度表格，表格最多包括 64 行，需最多 6 比特指示。每一行配置一个 COT 长度，长度由 OFDM 符号数量来表示，最大的符号数为 560 个符号，如果换算成 30 kHz 子载波间隔则为 20 ms 的 COT 长度。这里需要说明的是，根据表 18-1，一个 COT 最大值为 10 ms，而这里可指示的 COT 长度高达 20 ms。其中的原因是在非授权频谱通信中，法规允许发送端在 COT 内存在传输间隙（Transmission Pause），而间隙的时间不计入有效 COT 的长度。也就是说如果基站发起一个 10 ms 的 COT，如果中途有 10 ms 的间隙，那么这 10 ms 的 COT 实际上花了 20 ms 完成。考虑到这个原因，NR-U 的设计中所指示 COT 的最大长度可以为 20 ms。COT 的起点为收到 DCI 格式 2_0 的时隙的起点。这里值得注意的是 COT 的绝对长度最长是 20 ms，因此当子载波间隔为 15 kHz 时，可以指示的符号数仅为 280。另一方面，在 DCI 格式 2_0 配置的情况下，COT 信息指示并非必须配置。所以在 COT 信息没有被配置的情况下，UE 可以根据 SFI 的指示判断 COT 长度，即 SFI 指示到的最后一个时隙即为 COT 的终点。COT 信息在 NR-U 系统中至关重要，例如在第 18.4.2 节的搜索空间组切换特性中，UE 需要明确知道 COT 的起始位置和长度，这样 UE 可以在 COT 结束 UE 及时切回初始搜索空间组。此外，在第 18.2.2 节中介绍的基站 COT 共享特性也需要 UE 确定所调度的上行资源是否在基站的 COT 内，从而共享基站的 COT。

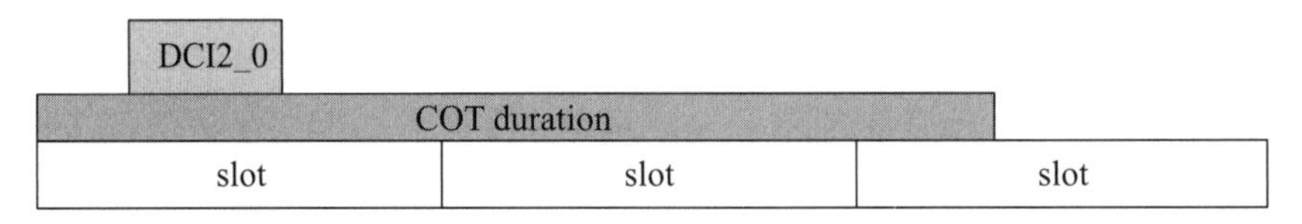

图 18-30　DCI2_0 中包括 COT（信道占用时间）长度信息域用于确定结束位置

搜索空间组切换触发信息：基站可以在 DCI 格式 2_0 内配置触发指示信息。如果配置，指示信息为 1 比特，由于搜索空间组的数量一共两个组即组 0 或组 1，1 比特的指示信息直接指示组的索引号，如果指示比特为 0，则 UE 在搜索空间组 0 内检测，反之则在搜索空间组 1 内检测。

资源块集合有效指示信息：基站可以在 DCI 格式 2_0 内配置资源块集合有效指示信息。如果配置，指示信息为 X 比特，X 的值由载波上的资源块集合的数量确定，例如载波上的资源块集合为 5 个，那么 X 的值为 5，每个比特映射到一个资源块集合。当映射的比特为 1 时，则指基站已经在对应的资源块集合上 LBT 成功，UE 可以到对应的资源块集合上去接收下行信号，反之则表示基站在对应的资源块集合中的 LBT 没有成功，那么 UE 无须去对应的资源块集合中接收下行信号。到本书撰写完成时，3GPP 只确定了这里的下行信号为周期性配置的 CSI-RS 参考信号。后续还需要讨论是否也适用于 SPS-PDSCH 的接收。

18.4.3　上行控制信道增强

本节将介绍 NR-U 系统中 PUCCH 的增强设计。在 NR-U 系统中，对于 PUCCH 的特殊需求是满足非授权频谱法规的最小传输带宽（Occupancy Channel Bandwidth，OCB）要求，即每次传输需要占满 LBT 子带（20 MHz）带宽的 80%。然而从 5.5 节中我们已经了解到 NR R15 PUCCH 的设计无法满足 OCB 要求，特别是对于 PUCCH 格式 0 和 PUCCH 格式 1，因为它们在频域上只占一个资源块带宽，远远无法满足 OCB 的要求。为此，3GPP 考虑采用梳尺结构 PUCCH 设计，所谓梳尺结构是指连续的两个可用资源块间隔固定数量的不可用资源块，这样就可以将 PUCCH 可用资源在频域上拉宽，从而达到 OCB 的要求（见图 18-31）。

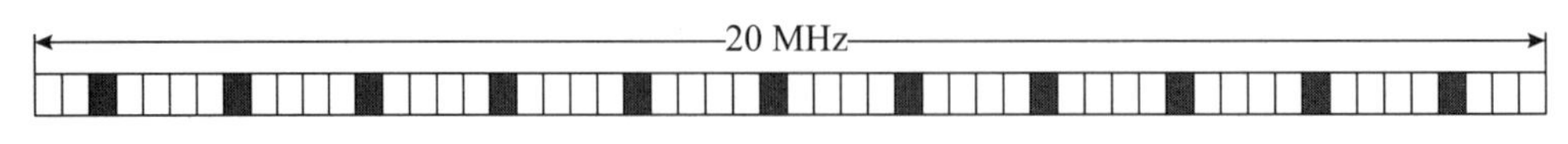

图 18-31　30 kHz 子载波间隔下的梳尺示例

在讨论梳尺的初期，有两个不同的备选方案。第一个备选方案为以子载波为颗粒度来设计的梳尺结构。这样的梳尺结构被称为子资源块梳尺（Sub-PRB-based Interlace），它的优点是有利于能量集中。由于在 NR-U 系统中的最大功率谱密度是固定值且此固定值是基于每

1 MHz 的单位粒度。那么在 1 MHz 内有效资源用得越少，所用资源上的功率就越大，这样在该资源上的平均接收信噪比也越大，最终提高了传输质量。然而，也有公司持不同意见。其反驳的主要理由是子资源块梳尺的优势主要体现在某些特定的场景，如上行传输的资源很少的情况下。对于 PUCCH 的传输的确属于这个场景，但是如果考虑到上行数据传输，可能大带宽、多资源的场景更为普遍，因此上行控制传输和数据传输的梳尺设计尽量保持一个统一的设计。另一个问题是调度的不匹配，由于 NR R15 的上行调度都是基于最小颗粒度为一个资源块，如果在 NR-U 系统中把调度资源化分成比资源块更小的子资源块，这样需要对于上行调度的机制重新设计，延长了整个设计的周期，从而会延缓标准制定的进程。由于 NR-U 的设计初心是尽可能地沿用 NR R15 的设计，使得 NR-U 系统可以和 NR R15 完美地融合，不仅有利于 UE 厂商开发基带模块，更有利于运营商协同运营授权频谱系统和非授权频谱系统。 出于这个考虑，3GPP 最终放弃了这个备选方案，而采用了以资源块为颗粒度的资源块梳尺结构。在下面的章节中将介绍基于梳尺结构的 PUCCH 的设计。

1. 梳尺设计（Interlace）

3GPP 确定了以资源块为颗粒度的梳尺结构后，进一步地对梳尺的模式以及配置进行讨论。NR 系统已经支持了多子载波的配置，并且在 NR-U 的讨论前期已经确定对于载波频率范围在 6 GHz 以下时，需要支持子载波间隔 15 kHz 和 30 kHz。由于 NR 系统中一个资源块内包含的子载波数量为固定 12 个，也就是说，对于不同的子载波间隔，其对应的资源块的带宽会发生变化。另外，对于非授权频谱，除了特殊的场景外，法规规定其最小的传输带宽为 20 MHz，那么 OCB 的要求也是基于这个最小传输带宽而定的。结合这两方面的因素，一个首要的设计思路，不管子载波间隔的配置值，UE 在任意一个梳尺内传输都需要满足 OCB 要求。为了达到这个目的，3GPP 最终确定了梳尺的结构由梳尺索引决定。对于一个确定的梳尺索引，其梳尺内包括多个资源块，被称为梳尺资源块（Interlaced Resource Block，IRB）且带有梳尺资源块索引。对于连续的两个梳尺资源块间相隔的资源块数量固定为 M，其中 M 的具体值由子载波间隔确定。对于 15 kHz 子载波间隔，相邻的 M 为 10，即固定间隔 10 个资源块。同样地，M 个梳尺可以在频域上正交复用，它们的梳尺的索引为 $0\sim M-1$。而对于 30 kHz 子载波间隔，由于每个资源块的带宽相比 15 kHz 增加了一倍，因此相邻的梳尺资源块的间隔较少最少为固定 5 个资源块，且 UE 最多可以被分配 5 个梳尺（见图 18-32）。在 3GPP 的讨论过程中也有公司提出需要支持 60 kHz，并且采用间隔一个资源块的设计方案，但由于未共识而未被采用。

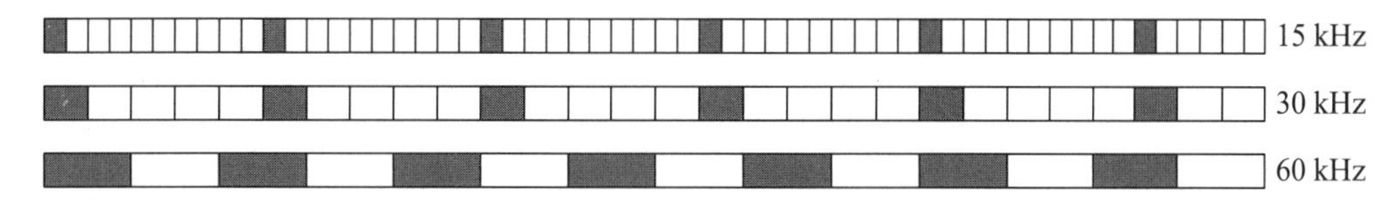

图 18-32　不同子载波间隔下的梳尺示例

接下来介绍基站是如何配置梳尺的。对于 UE 来说，基站会为其配置 BWP，之后 UE 的数据接收与发送都发生在配置的 BWP 内。那么比较自然的一个方案是把梳尺配置在 BWP 内，也就是说梳尺的第一个索引的第一个梳尺资源块为 BWP 的第一个资源块，梳尺的起点随着 BWP 的确定而确定。这样的配置优势在于无须额外的信令而达到配置梳尺的效果。然而，这个方案的潜在缺陷是不利于基站对于不同 UE 的调度。可以简单地理解为基站对于不同的

UE 调度时，它们的 BWP 是不必须完全频域对齐的。在 NR R15 中，基站通过实现使不同 UE 在频域上错开，即 FDM 方式（Frequency Division Multiplexing，FDM）。但是由于梳尺内有多个资源块，且它们是有规律的排列，如果不同 UE 配置的梳尺没有对齐，基站实现会增加很大的复杂度，使它们在频域上完全不重叠。如图 18-33 所示，当 UE1 在 BWP1 内配置了梳尺，而 UE2 在 BWP2 配置了梳尺，那么基站在同时调度 UE1 和 UE2 时，需要计算它们所调度的梳尺间在频域上不能有重叠，否则就会出现干扰。

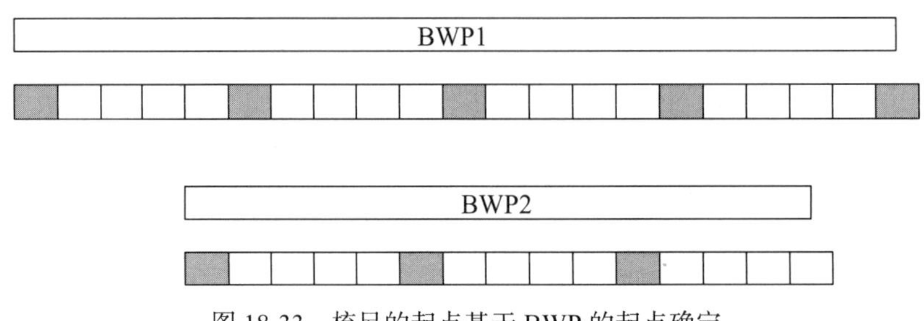

图 18-33　梳尺的起点基于 BWP 的起点确定

但是如果梳尺的配置对于不同 UE 是完全对齐的，且独立于 BWP 配置的情况下（见图 18-34），只要基站在调度不同 UE 时用不同的梳尺索引就可以完全避免频域碰撞的问题，从而大大减少基站的调度复杂度。因此协议最终决定梳尺的配置对所用 UE 是相同的，其索引 0 的起点在 Point A（Point A 的更详细介绍请参见第 4 章）。

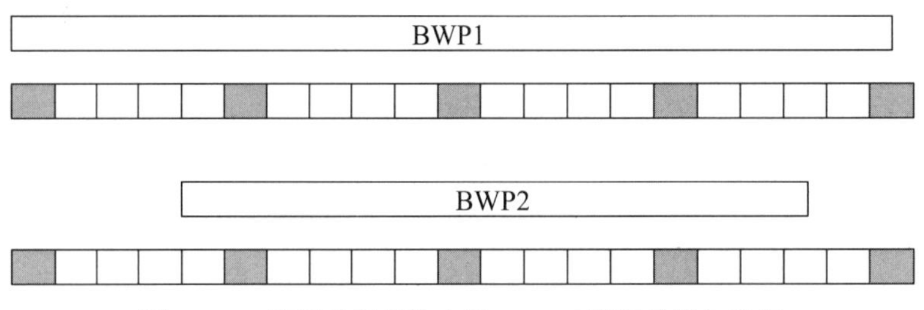

图 18-34　梳尺的起点独立于 BWP（带宽分段）确定

2. 上行控制信号（PUCCH）设计

对于 PUCCH 格式的设计，NR-U 系统采用了和 R15 相似的思路。在 R15 协议中 PUCCH 包括格式 0/1/2/3/4，其区别体现在承载的比特数、符号长度和频域上的资源数量上。从功能性上分析，格式 0 和格式 1 用于初始接入过程中反馈消息 4 的 HARQ-ACK 反馈和 RRC 配置过程中下行 PDSCH 的 HARQ-ACK 反馈。因此格式 0 和格式 1 在讨论中被认为是必要的 NR-U 支持格式。格式 2 和格式 3 用于连接态的 UE 且需要大承载量的反馈，如大尺寸 HARQ 码本或者 CSI 反馈。而格式 4 在最初 R15 中的目标场景为小承载量且在覆盖受限的情况下使用。考虑到 NR-U 在非授权频谱系统中主要的系统部署是小型小区，因此在通常情况下没有覆盖受限问题，所以格式 4 没有被 NR-U 支持。并且规定了 PUCCH 的传输必须限定在一个资源块集合中，即限制在一个 LBT 子带内。

（1）PUCCH 格式 0 和格式 1

PUCCH 格式 0 和格式 1 在 R15 中就采用了比较相似的设计。它们同样都是基于序列的 PUCCH，这样基站无须解码而只是利用相关性确定 UE 所发的序列。在梳尺结构下，PUCCH 格式 0 需要在一个梳尺索引中反馈，且 PUCCH 的资源限制在一个 LBT 子带带宽内。

因此，一个梳尺索引在一个 LBT 子带带宽内包括 10 个或 11 个梳尺资源块。但是 R15 的设计中 PUCCH 格式 0 只包含 1 个资源块。因此，在 3GPP 讨论过程中，一个重要的设计目标是如何把一个资源块扩展到 10 个或 11 个梳尺资源块上。在讨论中一个简单的扩展方案是对于第一个梳尺资源块采用类似 R15 的序列设计，然后将相同序列复制到剩余的梳尺资源块上。这个方案简单却有明显的缺陷，即由于重复地在频域上复制资源块会导致 PUCCH 格式 0 在时域上有较大的峰均功率比（Peak to Average Power Ratio，PAPR），使得功率放大器的有效放大性能降低，导致功率受限，并且还会增加非线性干扰的风险（见表 18-9）。出于这个原因，3GPP 将讨论重点缩小至如何找到相应的设计方案，可以有效控制 PAPR。

表 18-9　R15 中 PUCCH（物理上行控制信道）不同格式的特性总结

		PUCCH 长度			
		短（1~2 个符号）	长（4~14 个符号）		
上行控制信道比特数	2 bit 以下	格式 0			频域资源块数量
			格式 1		
	2 bit 以上	格式 2		1~16	
			格式 3		
			格式 4	1	

下面介绍最主要的两种备选设计，第一个方案是在每个梳尺资源块上调制一个不同的相位偏移，而第二个方案则是在每个梳尺资源块上加上一个固定的相位偏移。这两个方案的区别如下。

方案 1：如果在一个梳尺资源块上的初始序列为 $S(n)$，那么调制后的序列为 $S_1(n)$，其中 α 为相位偏移值，这个值在不同的资源块上不同。

$$S_1(n)=\mathrm{e}^{\mathrm{j}\alpha n}\cdot S(n),n=0,\cdots,11 \tag{18-3}$$

方案 2：与方案 1 的区别在于方案 2 没有调制的动作，而只是对于整个梳尺资源块加上一个相同的相位差。

$$S_2(n)=\mathrm{e}^{\mathrm{j}\alpha}\cdot S(n),n=0,\cdots,11 \tag{18-4}$$

方案 2 的优点是接收端在进行序列相关检测的过程中无须相位差的信息，这样就对协议没有影响，有利于标准的进程。但是其缺点是 PAPR 的性能对于不同的 UE 实现算法无法统一，不利于基站对于终点发射功率的控制，且基站对于 PUCCH 的相关性检测基于非相干检测（non-coherent detection），导致性能不如方案 1。鉴于以上的理由，方案 1 最终被采用。PUCCH 格式 1 的设计思路基本和格式 0 相同，这里不再重复阐述。

（2）PUCCH 格式 2

在 R15 中，PUCCH 格式 2 的频域资源可以配置 1~16 个资源块，而在 NR-U 系统中，前面已介绍过由于 PUCCH 限制在一个资源块集合内基于梳尺传输，一个梳尺在一资源块集合内的梳尺资源块数量为 10 个或 11 个，具体取决于梳尺索引。例如，PUCCH 格式 2 中承载的上行控制信令（Uplink Control Information，UCI）需要满足一个规定的传输码率的要求，使之可以可靠地被基站接收。当 UCI 的比特数量偏少时，所需的资源块数量随之偏少。反之则需要数量较大的资源块来保证所要求的传输码率。在 NR-U 系统中，当 UCI 的比特数偏小时，用梳尺型 PUCCH 格式 2 传输可以进一步降低 UCI 的传输码率，提高传输的可靠性，从这点来说，梳尺型不但满足了传输 OCB 要求，而且还使得 UCI 的传输更可靠。然而，当 UCI 的比特数接近于最大时，在 R15 可能需要超过 10 个资源块来承载，一个梳尺索引显然不能满足资源要求。在这种情况下，基站可以配置第二个梳尺索引用于传输 UCI，这样，两个梳尺索引最多可以有 22 个梳尺资源块，完全满足了 R15 下同等 UCI 的比特数量级。另外，NR-U 对于 PUCCH 格式 2 的梳尺的索引分配沿用了 R15 的思路，即在 RRC 信令中半静态地配置，UE 根据具体所需的资源块数量选择用一个梳尺索引还是用 2 个梳尺索引。值得注意的是，NR-U 对于 PUCCH 的资源占用效率也做了进一步考虑。这里主要解决的问题是，当 UCI 的比特数很少时，如极端情况下只需要一个资源块传输就可以满足可靠性要求，若仍用一个梳尺传输就会造成资源的浪费。对于提高资源的有效利用问题，3GPP 决定在 RAN1#99 会议中提出可以支持对于同一个梳尺内多用户的复用。其中多用户复用是基于正交码（Orthogonal Cover Code，OCC）扰码（见图 18-35），NR-U 系统支持 OCC 深度 2 和 OCC 深度 4 两种配置，前者可以复用 2 个用户，后者可以复用 4 个用户。OCC 码则选择了传统 Hardarma 码。然而，随之引入一个新问题，即 OCC 码序列对于 PAPR 的影响不均匀，例如 UE1 被基站配置了 OCC 码 [1,1]，而 UE2 被基站配置了 OCC 码 [1,-1]，那么 UE1 会有更高的 PAPR 影响。为了解决这个问题，3GPP 采用了 PUCCH 格式 0 的思路，即对于一个梳尺内的不同梳尺资源块，UE 会采用轮巡 OCC 码的方式，由于同一个梳尺内的复用用户的变化规律相同，OCC 正交性仍然可以保持。

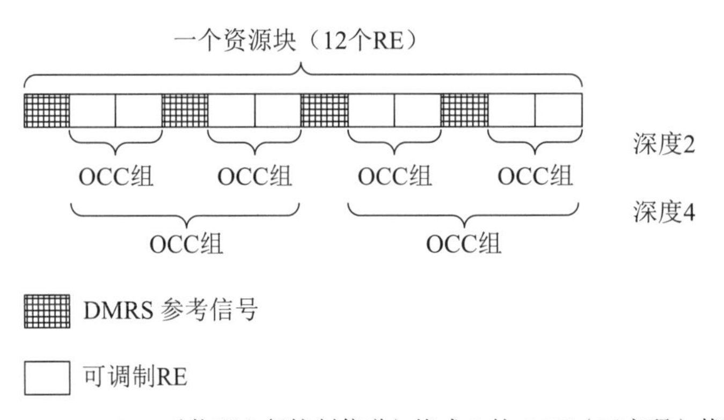

图 18-35　PUCCH（物理上行控制信道）格式 2 的 OCC（正交码）扰码示例

（3）PUCCH 格式 3

对于 PUCCH 格式 3 的设计思路和 PUCCH 格式 2 很相似，同样可以配置最多两个梳尺索引，UE 可以根据 UCI 的比特数量来选择一个索引或两个索引传输。主要的不同点是 PUCCH 格式 3 采用了 DFT-s-OFDM 波形，所以资源块数量的选择有所限制，即需要满足 DFT 长度为 2×3×5 的原则，这个原则具体为长度需要被 2、3、5 整除。当 PUCCH 用一个梳尺索引传输时，UE 必须选用前 10 个梳尺资源块传输而非 11 个。 而当 PUCCH 用两个梳尺索引传输时，UE 必须选用 20 个梳尺资源块。PUCCH 格式 3 同样支持 OCC，但与 PUCCH 格式 2 不同的是，由于 DFT 的影响，OCC 需要在时域进行（见图 18-36）。OCC 扰码后的 UCI 再经过 DFT 映射到梳尺上的资源块内。

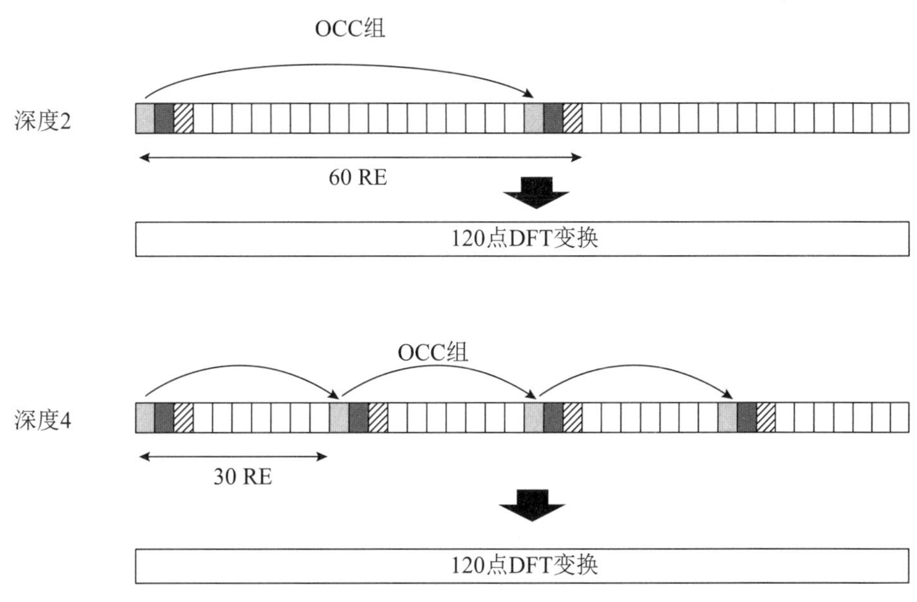

图 18-36　PUCCH（物理上行控制信道）格式 3 的 OCC（正交码）扰码示例

18.5　HARQ 与调度

当 NR 系统应用到非授权频谱上时，可以支持独立布网，即 NR-U 系统不依赖于授权频谱上的载波提供辅助服务。在这种场景下，UE 的初始接入、移动性测量、信道测量、下行控制信息和数据传输以及上行控制信息和数据传输都是在非授权频谱上的载波上完成的。由于在非授权载波上的通信开始前要先进行信道监听，因此可能会出现待传输的信道或信号因为信道监听失败而不能发送的情况。在这种情况下，如何进行 HARQ 与调度的增强，以提高非授权频谱载波上的数据传输效率，是本节主要讨论的问题。

18.5.1　HARQ 机制

在 R15 的 NR 系统中，HARQ 反馈机制支持 Type-1 码本反馈方式和 Type-2 码本反馈方式，其中，Type-1 码本反馈也称为半静态码本反馈，Type-2 码本反馈也称为动态码本反馈。上述 NR 系统中的 HARQ 机制是研究非授权频谱载波上的 HARQ 机制增强方案的基础。

1. HARQ 新问题

在非授权频谱上的 HARQ 反馈讨论过程中，一些新问题被提了出来[58]。

（1）问题 1：信道监听失败导致 HARQ-ACK（混合自动重传请求应答）信息不能被反馈。

如图 18-37 所示，在非授权频谱上，由于任何通信开始前都要先进行信道监听，因此可能会出现待传输的信道或信号因为信道监听失败而不能发送的情况。因此，对于待传输的 PUCCH，如果 UE 的信道监听失败，则 UE 在对应的 PUCCH 资源上不能发送 PUCCH。在这种情况下，如果 PUCCH 中应携带 PDSCH 解调结果对应的 HARQ-ACK 信息，由于 UE 未能发送这些 HARQ-ACK 信息，基站在没有接收到这些 HARQ-ACK 反馈信息的情况下，只能调度这些 HARQ-ACK 信息对应的 PDSCH 重传，且一个 PUCCH 时隙可能对应多个

PDSCH 的反馈，因此可能导致多个 PDSCH HARQ 进程的重传。如果这些 PDSCH 中包括已经成功译码的 PDSCH，将会极大地影响整个系统的传输效率。因此，因为 UE 侧的信道监听失败未能发送 HARQ-ACK 信息从而导致基站侧针对同一个 HARQ 进程的 PDSCH 多次重复调度的问题，是需要进行研究、讨论和解决的。

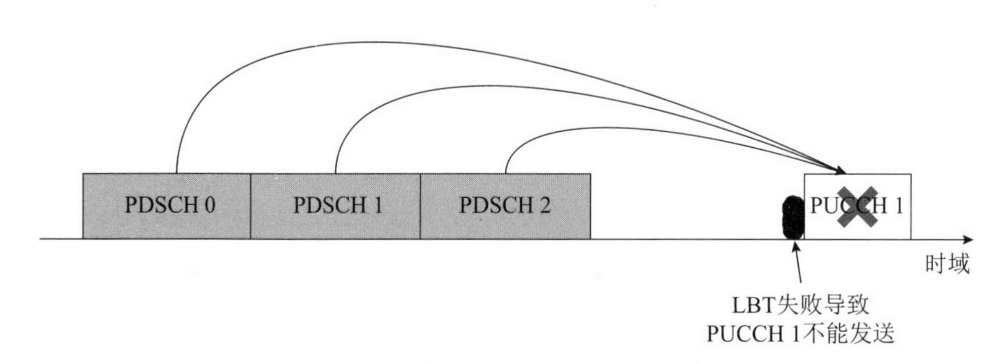

图 18-37　信道监听失败导致 HARQ-ACK（混合自动重传请求应答）信息不能发送

（2）问题 2：处理时间不够导致 HARQ-ACK 信息不能被反馈。

如图 18-38 所示，在非授权频谱上支持多种信道接入方式，其中，如果 UE 可以共享基站获得的信道占用时间，那么 UE 可以使用 Type-2A 信道接入、Type-2B 信道接入或 Type-2C 信道接入等优先级较高的信道接入方式，从而有较高的信道接入概率。这些信道接入方式尤其适用于携带 HARQ-ACK 信息的 PUCCH 传输，以使 UE 有较高的成功概率向基站反馈 HARQ-ACK 信息。但是使用 Type-2A 信道接入、Type-2B 信道接入或 Type-2C 信道接入等方式需要满足一定的要求，例如 UE 需要在下行传输结束后通过固定时隙长度，如 16 μs 或 25 μs 的信道监听后即开始传输 PUCCH。由于该时间太短，UE 通常来不及处理和反馈基站在下行传输的信道占用时间的结束位置处调度的 PDSCH 对应的 HARQ-ACK 信息。在这种情况下，如何解决在信道占用时间的结束位置处调度的 PDSCH 对应的 HARQ-ACK 反馈，是一个需要讨论的问题。

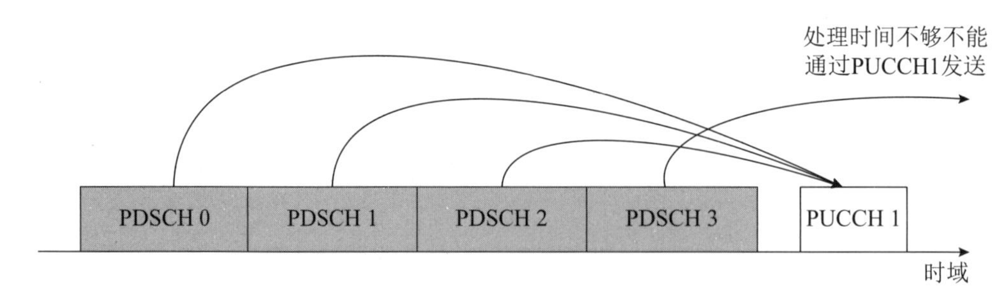

图 18-38　处理时间不够导致 HARQ-ACK（混合自动重传请求应答）信息不能发送

非授权频谱载波上的 HARQ 机制增强方案主要是为了解决上述两个问题。

2. HARQ-ACK 信息的重传

对于上述问题 1，信道监听失败导致 HARQ-ACK 信息不能被反馈，在讨论过程中主要有两大思路：一是在时域或频域上增加更多的 PUCCH 资源，二是支持 HARQ-ACK 信息的重传，两种方式都可以使 UE 有更多的 PUCCH 反馈机会。在标准化过程中，为了灵活地反馈非授权频谱上被调度的 PDSCH 对应的 HARQ-ACK 信息，主要考虑了动态重传 HARQ-ACK 信息。基于此，引入了两种新的 HARQ-ACK 码本反馈方式。

一种是基于 Type-2 码本增强的动态码本反馈，也称为 eType-2 码本反馈方式。在 eType-2 码本反馈方式中，基站可以对调度的 PDSCH 进行分组，并通过显式信令指示 PDSCH 的分组信息，以使 UE 在接收到 PDSCH 后根据不同的分组进行基于组的 HARQ-ACK 信息反馈。

在标准讨论过程中，如图 18-39 所示，基站调度的 PDSCH 的分组包括以下两种方式。

- 方式 1：基站分组后，在初传或重传该组里包括的 HARQ-ACK 信息时，HARQ-ACK 码本的大小不变。或者说，如果某组里的 PDSCH 对应的 HARQ-ACK 被指示一个有效上行资源用于传输后，该组内不再增加新的 PDSCH。在触发 HARQ-ACK 反馈时，可以触发两个组的 HARQ-ACK 反馈。
- 方式 2：基站分组后，在初传或重传该组里包括的 HARQ-ACK 信息时，HARQ-ACK 码本的大小可以不同。或者说，如果某组里的 PDSCH 对应的 HARQ-ACK 被指示一个有效上行资源用于传输后，该组内还可以增加新的 PDSCH。在触发 HARQ-ACK 反馈时，只需要触发一个组的 HARQ-ACK 反馈。

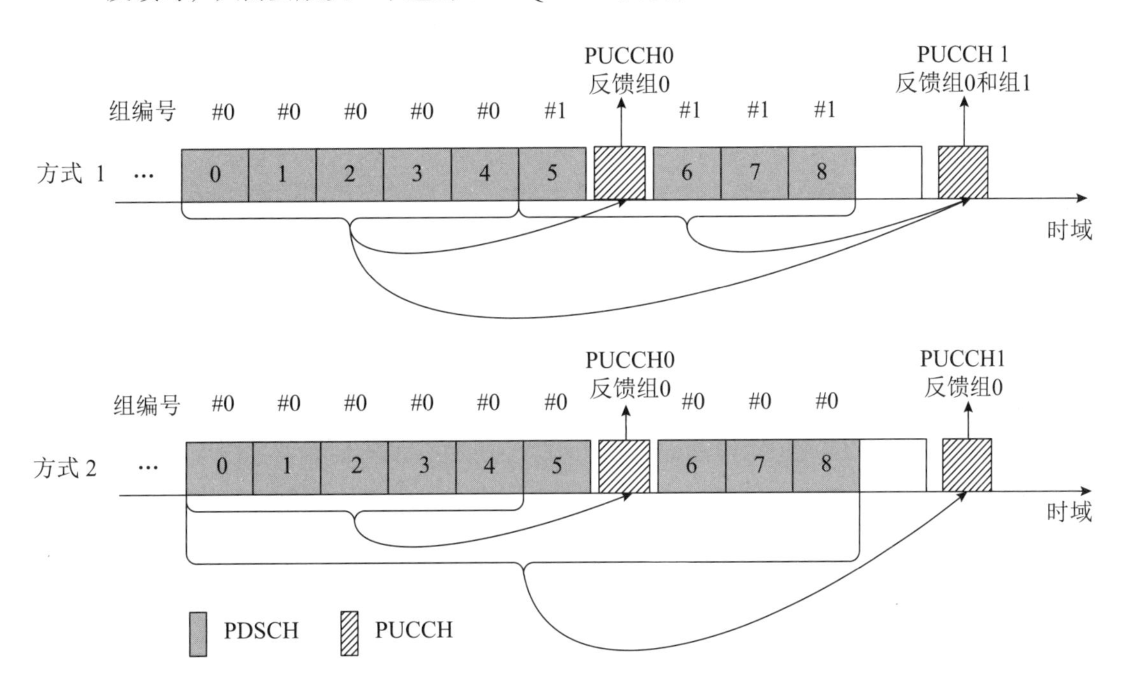

图 18-39　PDSCH（物理下行共享控制信道）分组的两种方式

在 HARQ 机制的标准化过程中，上述方式 1 和方式 2 融合成了一种方式，即基站可以对调度的 PDSCH 进行分组，并通过显式信令指示 PDSCH 的分组信息，以使 UE 在接收到 PDSCH 后根据不同的分组进行对应的 HARQ-ACK 反馈。如果 UE 的某组 HARQ-ACK 信息在某次传输时由于信道监听失败未能进行传输，或基站在某个 PUCCH 资源上未能检测到期待 UE 传输的某组 HARQ-ACK 信息，基站可以通过 DCI 触发 UE 进行该组 HARQ-ACK 信息的重传。其中，UE 在进行某组 HARQ-ACK 信息重传时可以保持和初传同样的码本大小，也可以在重传时增加新的 HARQ-ACK 信息。对于 UE 来说，需要清楚一个组对应的 HARQ-

ACK 信息的起始位置，或者说，UE 需要清楚什么时候可以清除 / 重置该组里包括的 HARQ-ACK 信息。由于每次传输的 HARQ-ACK 码本的长度可能不固定，因此可以通过显式信令指示的方式来确定一个组对应的 HARQ-ACK 信息的起始位置。具体的，可以通过 1 比特的信令翻转来指示，该 1 bit 的信令即是后面介绍的新反馈指示（New Feedback Indicator，NFI）信息。当组 #1 对应的 1 bit NFI 信令翻转（该比特由 0 变为 1 或由 1 变为 0）时，表示该组 #1 中包括的 HARQ-ACK 码本重置，即清除该组 #1 中已有的 HARQ-ACK 信息，重新组建组 #1 对应的 HARQ-ACK 码本。

在 NR-U 系统中，还引入了另一种动态码本反馈方式，即 one-shot HARQ-ACK 码本反馈，也称为 Type-3 码本反馈方式。Type-3 码本反馈方式下，HARQ-ACK 码本中包括一个 PUCCH 组中所有配置的载波上的所有 HARQ 进程对应的 HARQ-ACK 信息。如果基站为 UE 配置了 Type-3 码本反馈，那么基站可以通过 DCI 中的显式信令触发 UE 进行 Type-3 码本反馈。其中，触发 UE 进行 Type-3 码本反馈的 DCI 可以调度 PDSCH 传输，也可以不调度 PDSCH 传输。

3. 无效 K1 的引入及反馈方式

为了解决处理时间不够导致 HARQ-ACK 信息不能被反馈的问题，在非授权频谱上引入了无效 K1 的指示。在非授权频谱上，DCI 中的 HARQ 时序指示信息除了可以用于指示传输该 DCI 调度的 PDSCH 对应的 HARQ-ACK 信息的 HARQ 反馈资源的时隙，还可以用于指示该 DCI 调度的 PDSCH 对应的 HARQ-ACK 信息先不进行反馈的状态。该特性主要用于 DCI 格式 1_1 调度的 PDSCH。具体地，基站可以在为 UE 配置 HARQ 时序集合时，在 HARQ 时序集合中包括表示无效 K1 的资源指示，当 UE 收到 DCI 格式 1_1 调度的 PDSCH 且该 DCI 格式 1_1 中的 HARQ 时序指示信息指示 HARQ 时序集合中的无效 K1 时，表示该 PDSCH 对应的 HARQ 反馈资源所在的时隙暂时无法确定。

无效 K1 指示可以应用于 Type-2 码本反馈、eType-2 码本反馈和 Type-3 码本反馈。在 Type-1 码本反馈中不支持被配置无效 K1。如果 UE 收到 DCI 格式 1_1 调度的 PDSCH，且该 DCI 格式 1_1 中的 HARQ 时序指示信息指示 HARQ 时序集合中的无效 K1，那么对于接收到的 PDSCH 对应的 HARQ-ACK 反馈信息，由于该 HARQ-ACK 反馈信息没有被指示 HARQ 反馈资源，UE 应该怎么处理呢？这个问题在标准中也讨论了很长时间。

如果 UE 被配置了 Type-2 码本反馈且没有被配置 eType-2 码本反馈，那么 UE 收到的指示无效 K1 的 PDSCH 对应的 HARQ-ACK 信息跟着下一个收到有效 K1 的 PDSCH 对应的 HARQ-ACK 信息一起反馈。例如，如果 UE 收到 DCI #1 调度的 PDSCH #1，其中 DCI #1 中的 HARQ 时序指示信息指示 HARQ 时序集合中的无效 K1，那么 UE 可以在根据 DCI #2 中的 HARQ 时序指示信息指示的时隙确定的 HARQ 反馈资源上来传输 PDSCH #1 对应的 HARQ-ACK 信息，其中，DCI #2 是 UE 收到 DCI #1 后检测到的第一个指示有效 K1 的 DCI。

如果 UE 被配置了 eType-2 码本反馈，那么 UE 收到的指示无效 K1 的 DCI 中包括组标识指示信息，指示无效 K1 的 PDSCH 对应的 HARQ-ACK 信息跟着具有相同组标识的下一个有效 K1 的 PDSCH 对应的 HARQ-ACK 信息一起反馈。例如，如果 UE 收到 DCI #1 调度属于组 #1 的 PDSCH #1，其中 DCI #1 中的 HARQ 时序指示信息指示 HARQ 时序集合中的无效 K1，那么 UE 可以在根据 DCI #2 中的 HARQ 时序指示信息指示的时隙确定的 HARQ 反馈资源上来传输 PDSCH #1 对应的 HARQ-ACK 信息，其中，DCI #2 是 UE 收到 DCI #1 后检测到的第一个指示反馈组 #1 对应的 HARQ-ACK 码本且指示有效 K1 的 DCI。

如果 UE 被配置了 Type-3 码本反馈，在 UE 收到指示无效 K1 的 PDSCH 后，如果 UE 被触发 Type-3 码本反馈，则在满足处理时序的条件下，无效 K1 的 PDSCH 对应的 HARQ-ACK 信息在 Type-3 码本中进行反馈。例如，如果 UE 收到 DCI #1 调度的 PDSCH #1，其中 DCI #1 中的 HARQ 时序指示信息指示 HARQ 时序集合中的无效 K1，假设 UE 在收到 DCI #1 后检测到触发 Type-3 码本反馈的 DCI #2，在满足处理时序的条件下，UE 根据 DCI #2 中的 HARQ 时序指示信息指示的时隙确定的 HARQ 反馈资源来传输 PDSCH #1 对应的 HARQ-ACK 信息。

18.5.2　HARQ-ACK 码本

在 NR-U 系统中，除了支持 R15 的 Type-1 码本反馈方式和 Type-2 码本反馈方式，还新引入了增强的类型 2（Enhanced Type-2，eType-2）码本反馈方式和类型 3（Type 3）码本反馈方式。本节主要介绍 eType-2 HARQ-ACK 码本和 Type3 HARQ-ACK 码本的生成方式。

1. 增强的类型 2（eType-2）HARQ-ACK 码本

如前所述，如果 UE 被配置 eType-2 码本反馈，基站可以对调度的 PDSCH 进行分组，并通过显式信令指示 PDSCH 的分组信息，以使 UE 在接收到 PDSCH 后根据不同的分组进行对应的 HARQ-ACK 反馈。在 eType-2 码本反馈中，UE 最多可以被配置两个 PDSCH 组。该特性主要用于 DCI 格式 1_1 调度的 PDSCH。为了支持 eType-2 码本的生成和反馈，DCI 格式 1_1 中包括如下信息域。

- PUCCH 资源指示：用于指示 PUCCH 资源。
- HARQ 时序指示：用于动态指示 PUCCH 资源所在的时隙，其中，如果 HARQ 时序指示信息无效 K1，则表示 PUCCH 资源所在的时隙暂不确定。
- PDSCH 组标识指示：用于指示当前 DCI 调度的 PDSCH 所属的信道组，其中，该 PDSCH 组标识指示的 PDSCH 组也称为调度组，该 PDSCH 组标识未指示的 PDSCH 组也称为非调度组。
- 下行分配指示（Downlink Assignment Index，DAI）：如果是单载波场景，DAI 包括 C-DAI 信息（Counter DAI，DAI 计数信息），如果是多载波场景，DAI 包括 C-DAI 信息和 T-DAI 信息（Total DAI，DAI 总数信息），其中，C-DAI 信息用于指示当前 DCI 调度的 PDSCH 是当前调度组中对应的 HARQ 反馈窗中的第几个 PDSCH，T-DAI 信息用于指示当前调度组对应的 HARQ 反馈窗中一共调度了多少个 PDSCH。
- 新反馈指示（New Feedback Indicator，NFI）：用于指示调度组对应的 HARQ-ACK 信息的起始位置，如果 NFI 信息发生翻转，则表示当前调度组对应的 HARQ-ACK 码本重置。
- 反馈请求组个数指示：用于指示需要反馈一个 PDSCH 组或两个 PDSCH 组对应的 HARQ-ACK 信息，其中，如果反馈请求组个数信息域设置为 0，那么 UE 需要进行当前调度组的 HARQ-ACK 反馈；如果反馈请求组个数信息域设置为 1，那么 UE 需要进行两个组即调度组和非调度组的 HARQ-ACK 反馈。

在 UE 被配置 eType-2 码本反馈方式下，由于 UE 最多可以反馈两个 PDSCH 组对应的 HARQ-ACK 信息，为了使反馈的码本更准确，基站还可以通过高层参数在 DCI 格式 1_1 中为 UE 配置用于生成非调度组的 HARQ-ACK 码本的指示信息。

- 非调度组的 NFI：用于和非调度组的 PDSCH 组标识联合指示非调度组对应的 HARQ-ACK 码本。
- 非调度组的 T-DAI：用于指示非调度组中包括的 HARQ-ACK 信息的总数。

基于上述 DCI 中的信息域，UE 可以动态生成 eType-2 码本并进行 HARQ-ACK 信息的初传和重传，其中，UE 在进行某组 HARQ-ACK 信息的重传时可以保持和初传同样的码本大小，也可以在重传时增加新的 HARQ-ACK 信息。如果 UE 收到 DCI 格式 1_0 调度的 PDSCH，则在满足一定条件下 DCI 格式 1_0 调度的 PDSCH 可以认为属于 PDSCH 组 0，否则 DCI 格式 1_0 调度的 PDSCH 可以认为既不属于 PDSCH 组 0 也不属于 PDSCH 组 1。

下面对 eType-2 码本生成的几种情况进行介绍。

（1）情况 1：UE 收到 DCI 格式 1_1 的调度且被配置非调度组的码本生成指示信息

假设一个 HARQ 进程对应 1 比特 HARQ-ACK 信息。UE 在小区 1 和小区 2 上被调度 PDSCH 接收，DCI 格式 1_1 中的信息域中包括组标识（用 G 表示）、调度组的 DAI（用 C-DAT，T-DAI 表示）、调度组的 NFI（用 NFI 表示）、HARQ 时序指示（用 K1 表示，其中无效 K1 用 NNK1 表示）、非调度组的 T-DAI（用 T-DAI2 表示）、非调度组的 NFI（用 NFI2 表示）、反馈请求组个数指示（用 Q 表示）。

如图 18-40 所示，在时隙 n 上，UE 在小区 1 上收到调度 PDSCH1 的 DCI 中的 PDSCH 组标识 G=0、NFI=0 且 C-DAI=1、T-DAI=2，该 PDSCH 1 对应的 HARQ-ACK 信息被指示通过时隙 n+3 上的 PUCCH 资源进行反馈，其中，由于反馈请求组个数指示 Q=0，UE 不需要读取非调度组对应的 T-DAI2 和 NFI2 指示信息；UE 在小区 2 上收到调度 PDSCH2 的 DCI 中的 PDSCH 组标识 G=0、NFI=0 且 C-DAI=2、T-DAI=2，该 PDSCH 2 对应的 HARQ-ACK 信息被指示通过时隙 n+3 上的 PUCCH 资源进行反馈，其中，由于反馈请求组个数指示 Q=0，UE 也不需要读取非调度组对应的 T-DAI2 和 NFI2 指示信息。在时隙 n+1 上，基站向 UE 调度了 PDSCH3，这里假设 UE 没有收到调度 PDSCH3 的 DCI 信息。在时隙 n+2 上，UE 在小区 2 上收到调度 PDSCH4 的 DCI 中的 PDSCH 组标识 G=1、NFI=0 且 C-DAI=1、T-DAI=1，该 PDSCH 4 对应的 HARQ 时序指示为无效 K1，即表示 PDSCH4 对应的 HARQ-ACK 信息的反馈资源暂时不确定，其中，由于反馈请求组个数指示 Q=0，UE 也不需要读取非调度组对应的 T-DAI2 和 NFI2 指示信息。

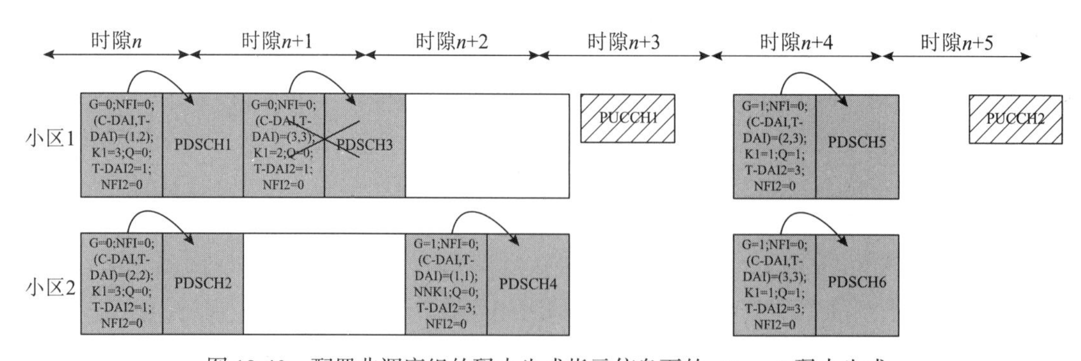

图 18-40　配置非调度组的码本生成指示信息下的 eType-2 码本生成

UE 根据 PDSCH1 和 PDSCH2 对应相同的组标识 G=0 和相同的 NFI=0，可以确定 PDSCH1 和 PDSCH2 对应的 HARQ-ACK 信息均属于组 #0 的 HARQ-ACK 码本。

因此，在上述过程中，UE 为时隙 n+3 上的 PUCCH 资源 1 生成的 HARQ-ACK 码本如图 18-41 所示，其中第 1 比特对应 PDSCH1 的译码结果，第 2 比特对应 PDSCH2 的译码结果。

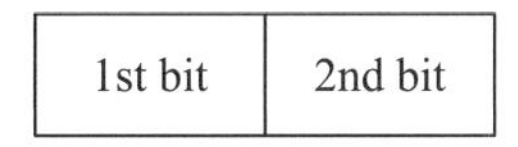

PDSCH1　PDSCH2

图 18-41　HARQ-ACK（混合自动重传请求应答）码本

在时隙 n+4 上，UE 在小区 1 上收到调度 PDSCH5 的 DCI 中的 PDSCH 组标识 G=1、NFI=0 且 C-DAI=2、T-DAI=3，该 PDSCH5 对应的 HARQ-ACK 信息被指示通过时隙 n+5 上的 PUCCH 资源进行反馈，其中，由于反馈请求组个数指示 Q=1，UE 读取非调度组对应的 T-DAI2=3、NFI2=0；UE 在小区 2 上收到调度 PDSCH6 的 DCI 中的 PDSCH 组标识 G=1、NFI=0 且 C-DAI=3、T-DAI=3，该 PDSCH6 对应的 HARQ-ACK 信息被指示通过时隙 n+5 上的 PUCCH 资源进行反馈，其中，由于反馈请求组个数指示 Q=1，UE 读取非调度组对应的 T-DAI2=3、NFI2=0。

UE 根据 PDSCH4、PDSCH5 和 PDSCH6 对应相同的组标识 G=1 和相同的 NFI=0，可以确定 PDSCH4、PDSCH5 和 PDSCH6 对应的 HARQ-ACK 信息均属于组 #1 的 HARQ-ACK 码本。在调度 PDSCH6 的 DCI 中 Q=1，说明该 DCI 也触发了另一个组即组 #0 的反馈；DCI 中 NFI2=0，说明触发反馈的组 #0 对应的 NFI 取值为 0；DCI 中 T-DAI2=3，说明触发反馈的组 #0 中包括的 HARQ-ACK 比特数为 3。因此，UE 确定在 PUCCH 资源 2 上反馈组 #0 和组 #1 的 HARQ-ACK 码本，且组 #0 中包括的 HARQ-ACK 比特数为 3。在标准中，当需要在一个 PUCCH 资源上反馈两个组的 HARQ-ACK 码本时，组 #0 的 HARQ-ACK 码本排列在组 #1 的 HARQ-ACK 码本前面。

在上述过程中，UE 为时隙 n+5 上的 PUCCH 资源 2 生成的 HARQ-ACK 码本如图 18-42 所示，其中，对于未被接收到的 PDSCH3 对应的译码结果为 NACK。

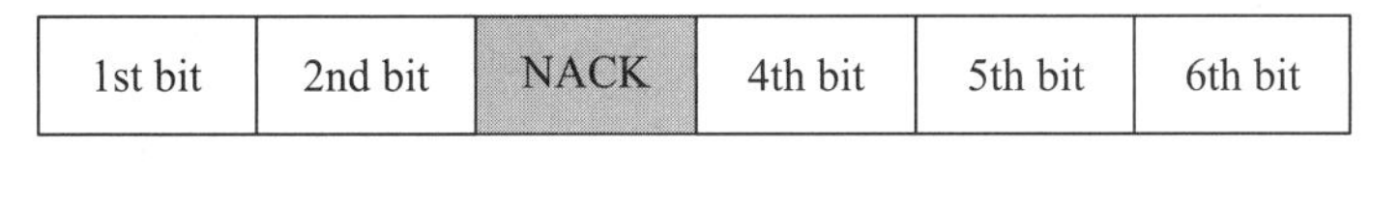

PDSCH1　PDSCH2　　PDSCH4　PDSCH5　PDSCH6

图 18-42　HARQ-ACK（混合自动重传请求应答）码本

（2）情况 2：UE 收到 DCI 格式 1_1 的调度且未被配置非调度组的码本生成指示信息

假设一个 HARQ 进程对应 1 比特 HARQ-ACK 信息。UE 在小区 1 和小区 2 上被调度 PDSCH 接收，DCI 格式 1_1 中的信息域中包括组标识（用 G 表示）、调度组的 DAI（用 C-DAT，T-DAI 表示）、调度组的 NFI（用 NFI 表示）、HARQ 时序指示（用 K1 表示，其中无效 K1 用 NNK1 表示）、反馈请求组个数指示（用 Q 表示）。

如图 18-43 所示，在时隙 n 上，UE 在小区 1 上收到调度 PDSCH1 的 DCI 中的 PDSCH 组标识 G=0、NFI=0 且 C-DAI=1、T-DAI=2，该 PDSCH1 对应的 HARQ-ACK 信息被指示通过时隙 n+3 上的 PUCCH 资源进行反馈，反馈请求组个数指示 Q=0；UE 在小区 2 上收到调度 PDSCH2 的 DCI 中的 PDSCH 组标识 G=0、NFI=0 且 C-DAI=2、T-DAI=2，该 PDSCH 2 对

应的 HARQ-ACK 信息被指示通过时隙 n+3 上的 PUCCH 资源进行反馈，反馈请求组个数指示 Q=0。在时隙 n+1 上，基站向 UE 调度了 PDSCH3，这里假设 UE 没有收到调度 PDSCH3 的 DCI 信息。在时隙 n+2 上，UE 在小区 2 上收到调度 PDSCH4 的 DCI 中的 PDSCH 组标识 G=1、NFI=0 且 C-DAI=1，T-DAI=1，该 PDSCH 4 对应的 HARQ 时序指示为无效 K1，即表示 PDSCH4 对应的 HARQ-ACK 信息的反馈资源暂时不确定，其中，反馈请求组个数指示 Q=0。

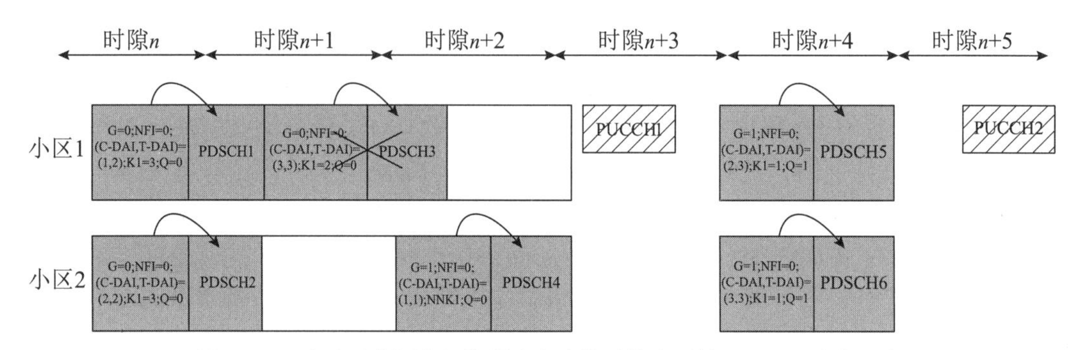

图 18-43　未配置非调度组的码本生成指示信息下的 eType-2 码本生成

UE 根据 PDSCH1 和 PDSCH2 对应相同的组标识 G=0 和相同的 NFI=0，可以确定 PDSCH1 和 PDSCH2 对应的 HARQ-ACK 信息均属于组 #0 的 HARQ-ACK 码本。

因此，在上述过程中，UE 为时隙 n+3 上的 PUCCH 资源 1 生成的 HARQ-ACK 码本如图 18-44 所示，其中第 1 比特对应 PDSCH1 的译码结果，第 2 比特对应 PDSCH2 的译码结果。

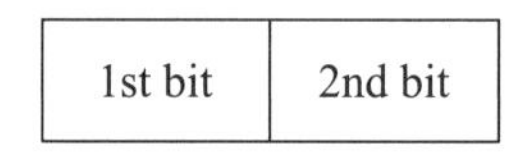

图 18-44　HARQ-ACK（混合自动重传请求应答）码本

在时隙 n+4 上，UE 在小区 1 上收到调度 PDSCH5 的 DCI 中的 PDSCH 组标识 G=1、NFI=0 且 C-DAI=2、T-DAI=3，该 PDSCH5 对应的 HARQ-ACK 信息被指示通过时隙 n+5 上的 PUCCH 资源进行反馈，反馈请求组个数指示 Q=1；UE 在小区 2 上收到调度 PDSCH6 的 DCI 中的 PDSCH 组标识 G=1、NFI=0 且 C-DAI=3、T-DAI=3，该 PDSCH6 对应的 HARQ-ACK 信息被指示通过时隙 n+5 上的 PUCCH 资源进行反馈，反馈请求组个数指示 Q=1。

UE 根据 PDSCH4、PDSCH5 和 PDSCH6 对应相同的组标识 G=1 和相同的 NFI=0，可以确定 PDSCH4、PDSCH5 和 PDSCH6 对应的 HARQ-ACK 信息均属于组 #1 的 HARQ-ACK 码本。在调度 PDSCH6 的 DCI 中 Q=1，说明该 DCI 也触发了另一个组即组 #0 的反馈，因此，UE 确定在 PUCCH 资源 2 上反馈组 #0 和组 #1 的 HARQ-ACK 码本。由于调度 PDSCH6 的 DCI 中不包括非调度组的 NFI2 和 T-DAI2 信息，UE 根据自己的接收情况确定待反馈的组 #0 对应的 NFI 信息为 0，且组 #0 中包括的 HARQ-ACK 比特数为 2。如前所述，当需要在一个 PUCCH 资源上反馈两个组的 HARQ-ACK 码本时，组 #0 的 HARQ-ACK 码本排列在组 #1 的 HARQ-ACK 码本前面。

在上述过程中，UE 为时隙 n+5 上的 PUCCH 资源 2 生成的 HARQ-ACK 码本如图 18-45 所示。

1st bit	2nd bit	3rd bit	4th bit	5th bit
PDSCH1	PDSCH2	PDSCH4	PDSCH5	PDSCH6

图 18-45 HARQ-ACK（混合自动重传请求应答）码本

由于没有被配置非调度组的指示信息，一些情况下，当 UE 没有正确接收基站发送的调度信息时，可能会出现基站和 UE 对生成码本的理解不一致。例如，在该示例中，基站期望 UE 反馈 6 bit HARQ-ACK 信息，但 UE 反馈了 5 bit HARQ-ACK 信息。

（3）情况 3：UE 收到 DCI 格式 1_0 和对应组 0 的 DCI 格式 1_1 的调度

假设一个 HARQ 进程对应 1 bit HARQ-ACK 信息。UE 在小区 1 和小区 2 上被调度 PDSCH 接收，DCI 格式 1_1 中的信息域中包括组标识（用 G 表示）、调度组的 DAI（用 C-DAT、T-DAI 表示）、调度组的 NFI（用 NFI 表示）、HARQ 时序指示（用 K1 表示）、反馈请求组个数指示（用 Q 表示）。DCI 格式 1_0 中的信息域中包括 DAI 计数信息（用 C-DAT 表示）和 HARQ 时序指示（用 K1 表示）。其中，UE 在两次 PUCCH 反馈资源中间接收到 DCI 格式 1_0 调度的 PDSCH 和 DCI 格式 1_1 调度的属于组 0 的 PDSCH。

如图 18-46 所示，在时隙 n+1 上，UE 在小区 1 上收到调度 PDSCH1 的 DCI 格式 1_0，DCI 格式 1_0 中的 C-DAI=1，该 PDSCH 1 对应的 HARQ-ACK 信息被指示通过时隙 n+5 上的 PUCCH 资源进行反馈；UE 在小区 2 上收到调度 PDSCH2 的 DCI 格式 1_1 中的 PDSCH 组标识 G=0、NFI=0 且 C-DAI=2、T-DAI=2，该 PDSCH 2 对应的 HARQ-ACK 信息被指示通过时隙 n+5 上的 PUCCH 资源进行反馈，反馈请求组个数指示 Q=0。在时隙 n+2 上，UE 在小区 1 上收到调度 PDSCH3 的 DCI 格式 1_0，DCI 格式 1_0 中的 C-DAI=3，该 PDSCH3 对应的 HARQ-ACK 信息被指示通过时隙 n+5 上的 PUCCH 资源进行反馈。在时隙 n+3 上，UE 在小区 2 上收到调度 PDSCH4 的 DCI 格式 1_1 中的 PDSCH 组标识 G=0、NFI=0 且 C-DAI=4、T-DAI=4，该 PDSCH4 对应的 HARQ-ACK 信息被指示通过时隙 n+5 上的 PUCCH 资源进行反馈，反馈请求组个数指示 Q=0。在时隙 n+4 上，UE 在小区 1 上收到调度 PDSCH5 的 DCI 格式 1_0，DCI 格式 1_0 中的 C-DAI=5，该 PDSCH5 对应的 HARQ-ACK 信息被指示通过时隙 n+5 上的 PUCCH 资源进行反馈。

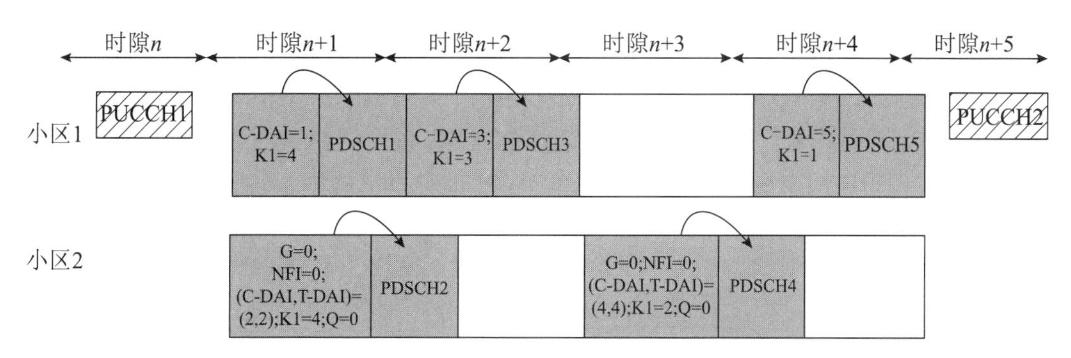

图 18-46 UE 收到 DCI 格式 1_0 和对应组 0 的 DCI 格式 1_1 的调度

因此，在上述过程中，UE 为时隙 n+5 上的 PUCCH 资源 2 生成的 HARQ-ACK 码本如图 18-47 所示，其中 DCI 格式 1_0 调度的 PDSCH 被认为属于 PDSCH 组 0。

1st bit	2nd bit	3rd bit	4th bit	5th bit

PDSCH1　PDSCH2　PDSCH3　PDSCH4　PDSCH5

图 18-47　HARQ-ACK（混合自动重传请求应答）码本

（4）情况 4：UE 收到 DCI 格式 1_0 的调度且未收到 DCI 格式 1_1 的调度

假设一个 HARQ 进程对应 1 比特 HARQ-ACK 信息。UE 在小区 1 上被调度 PDSCH 接收，DCI 格式 1_1 中的信息域中包括组标识（用 G 表示）、调度组的 DAI（用 C-DAT、T-DAI 表示）、调度组的 NFI（用 NFI 表示）、HARQ 时序指示（用 K1 表示）、反馈请求组个数指示（用 Q 表示）。DCI 格式 1_0 中的信息域中包括 DAI 计数信息（用 C-DAT 表示）和 HARQ 时序指示（用 K1 表示）。其中，UE 在两次 PUCCH 反馈资源中间接收到 DCI 格式 1_0 调度的 PDSCH 且未接收到 DCI 格式 1_1 调度的属于组 0 的 PDSCH。

如图 18-48 所示，在时隙 n+1 上，基站使用 DCI 格式 1_1 向 UE 调度了 PDSCH1，其中，DCI 格式 1_1 中的 PDSCH 组标识 G=0、NFI=0 且 C-DAI=1、T-DAI=1，该 PDSCH1 对应的 HARQ-ACK 信息被指示通过时隙 n+5 上的 PUCCH 资源进行反馈，反馈请求组个数指示 Q=0，这里假设 UE 没有收到调度 PDSCH1 的 DCI 信息。在时隙 n+2 上，UE 收到调度 PDSCH2 的 DCI 格式 1_0，DCI 格式 1_0 中的 C-DAI=2，该 PDSCH2 对应的 HARQ-ACK 信息被指示通过时隙 n+5 上的 PUCCH 资源进行反馈。在时隙 n+3 上，UE 收到调度 PDSCH3 的 DCI 格式 1_0，DCI 格式 1_0 中的 C-DAI=3，该 PDSCH3 对应的 HARQ-ACK 信息被指示通过时隙 n+5 上的 PUCCH 资源进行反馈。在时隙 n+4 上，UE 收到调度 PDSCH4 的 DCI 格式 1_0，DCI 格式 1_0 中的 C-DAI=4，该 PDSCH4 对应的 HARQ-ACK 信息被指示通过时隙 n+5 上的 PUCCH 资源进行反馈。

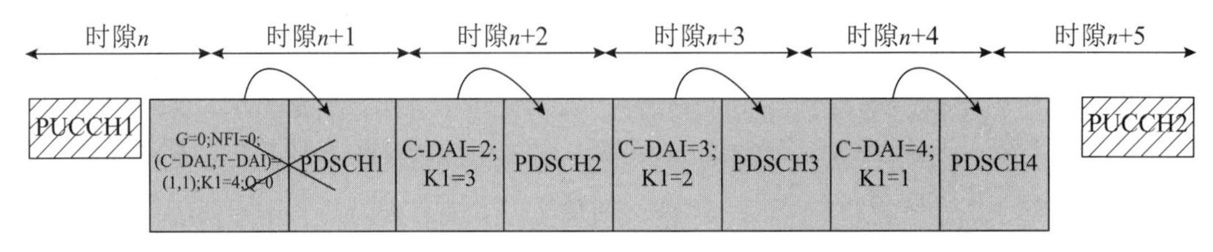

图 18-48　UE 收到 DCI 格式 1_0 的调度

在上述过程中，由于 UE 没有接收到 DCI 格式 1_1 调度的属于组 0 的 PDSCH1，因此 UE 根据 Type-2 码本生成方式为时隙 n+5 上的 PUCCH 资源 2 生成的 HARQ-ACK 码本如图 18-49 所示，其中 DCI 格式 1_0 调度的 PDSCH 被认为不属于任何 PDSCH 组，即该 HARQ-ACK 码本不支持重传。

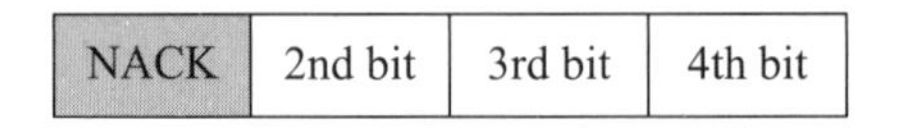

NACK	2nd bit	3rd bit	4th bit

PDSCH2　PDSCH3　PDSCH4

图 18-49　HARQ-ACK（混合自动重传请求应答）码本

当然，如果在上述过程中 UE 正确接收到了 DCI 格式 1_1 调度的属于组 0 的 PDSCH1，那么 UE 根据 eType-2 码本生成方式为时隙 n+5 上的 PUCCH 资源 2 生成的 HARQ-ACK 码本如图 18-50 所示，其中 DCI 格式 1_0 调度的 PDSCH 被认为属于 PDSCH 组 0，即该 HARQ-ACK 码本可以被调度重传。

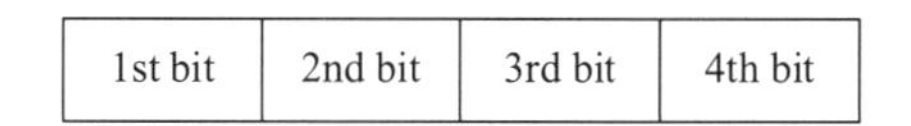

PDSCH1　PDSCH2　PDSCH3　PDSCH4

图 18-50　HARQ-ACK（混合自动重传请求应答）码本

2. 类型 3（Type-3）HARQ-ACK 码本

如前所述，如果 UE 被配置 One-shot HARQ-ACK 反馈，那么 DCI 格式 1_1 中可以包括 1 比特的 one-shot HARQ-ACK 反馈请求信息域（One-shot HARQ-ACK request）。基站可以通过将该 one-shot HARQ-ACK 反馈请求信息域设置为 1 来触发 UE 进行 one-shot HARQ-ACK 反馈。其中，触发 UE 进行 one-shot HARQ-ACK 反馈的 DCI 格式 1_1 可以调度 PDSCH 接收，也可以不调度 PDSCH 接收。

如果 UE 收到基站通过 DCI 触发的 one-shot HARQ-ACK 反馈，那么 UE 生成 Type-3 HARQ-ACK 码本，其中，Type-3 HARQ-ACK 码本中包括一个 PUCCH 组中所有配置的载波上的所有 HARQ 进程对应的 HARQ-ACK 信息。

Type-3 码本反馈具体包括两种类型，一种是携带新数据指示（New Data Indicator，NDI）信息的 Type-3 码本反馈，另一种是不携带 NDI 信息的 Type-3 码本反馈，基站可以通过高层信令来配置 UE 在进行 Type-3 码本反馈时是否需要携带 NDI 信息。下面对 Type-3 码本生成的两种类型进行介绍。

（1）类型 1：携带 NDI 信息的 Type-3 码本反馈

一个传输块（Transport Block，TB）对应一个 NDI 值。在该类型下，对于每个 HARQ 进程，UE 反馈最近一次收到的该 HARQ 进程号对应的 NDI 信息和 HARQ-ACK 信息。如果某个 HARQ 进程没有先验信息，例如没有被调度，UE 假设 NDI 取值为 0 且设置 HARQ-ACK 信息为 NACK。该类型下 Type-3 HARQ-ACK 码本排列顺序遵循以下原则：先码块组（Code Block Group，CBG）或 TB，再 HARQ 进程，最后小区，对于每个 TB，先 HARQ-ACK 信息比特，后 NDI 信息。

假设一个 HARQ 进程对应 1 bit HARQ-ACK 信息。一个 PUCCH 组中包括小区 1 和小区 2，其中每个小区包括 16 个 HARQ 进程。UE 在小区 1 和小区 2 上被调度 PDSCH 接收，DCI 格式 1_1 中的信息域中包括 one-shot HARQ-ACK 反馈请求信息域（用 T 表示）。

如图 18-51 所示，在时隙 n 上，UE 在小区 1 上收到调度 PDSCH1 的 DCI，其中，PDSCH1 对应的 HARQ 进程号为 4，NDI 信息为 1，该 PDSCH 1 对应的 HARQ-ACK 信息被指示通过时隙 n+3 上的 PUCCH 资源进行反馈，T=0，即未触发 one-shot HARQ-ACK 反馈请求；UE 在小区 2 上收到调度 PDSCH2 的 DCI，其中，PDSCH2 对应的 HARQ 进程号为 5，NDI 信息为 0，该 PDSCH 2 对应的 HARQ-ACK 信息被指示通过时隙 n+3 上的 PUCCH 资源进行反馈，T=0，即未触发 one-shot HARQ-ACK 反馈请求。在时隙 n+1 上，UE 在小区 1 上收到调度 PDSCH3 的 DCI，其中，PDSCH3 对应的 HARQ 进程号为 8，NDI 信息为 0，该 PDSCH 3 对应的 HARQ-ACK 信息被指示通过时隙 n+3 上的 PUCCH 资源进行反馈，T=0，即未触发 one-shot HARQ-ACK 反馈请求。在时隙 n+2 上，UE 在小区 2 上收到调度 PDSCH4 的 DCI，其中，PDSCH4 对应的 HARQ 进程号为 9，NDI 信息为 1，该 PDSCH 4 对应的

HARQ-ACK 信息被指示通过时隙 n+3 上的 PUCCH 资源进行反馈，T=1，即触发 one-shot HARQ-ACK 反馈请求。

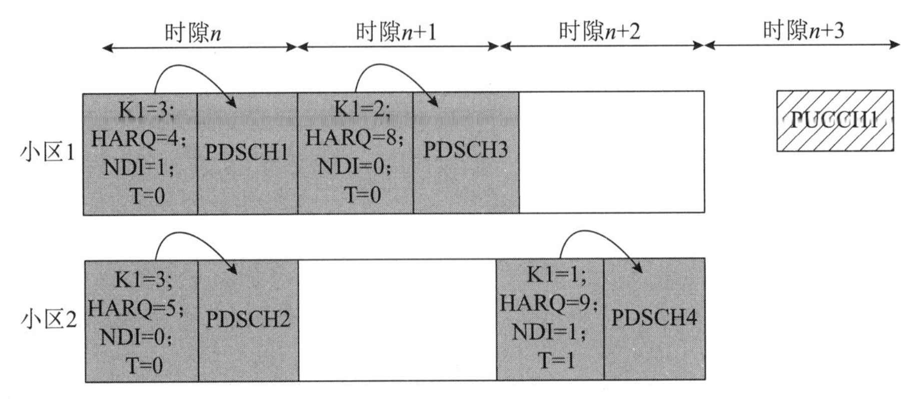

图 18-51　one-shot HARQ-ACK（混合自动重传请求应答）反馈

UE 为时隙 n+3 上的 PUCCH 资源 1 生成的 HARQ-ACK 码本中包括 NDI 信息，其中第 9 和第 10 比特对应 PDSCH1 的译码结果和 NDI 信息，第 17 和第 18 比特对应 PDSCH3 的译码结果和 NDI 信息，第 43 和第 44 比特对应 PDSCH2 的译码结果和 NDI 信息，第 51 比特和第 52 比特对应 PDSCH4 的译码结果和 NDI 信息。具体如图 18-52 所示。

NACK	0	NACK	0	NACK	0	NACK	0	9th bit	10th bit	NACK	0	NACK	0	NACK	0
HARQ0	NDI0	HARQ1	NDI1	HARQ2	NDI2	HARQ3	NDI3	HARQ4	NDI4=1	HARQ5	NDI5	HARQ6	NDI6	HARQ7	NDI7
17th bit	18th bit	NACK	0	NACK	0	NACK	0	NACK	0	NACK	0	NACK	0	NACK	0
HARQ8	NDI8=0	HARQ9	NDI9	HARQ10	NDI10	HARQ11	NDI11	HARQ12	NDI12	HARQ13	NDI13	HARQ14	NDI14	HARQ15	NDI15
NACK	0	NACK	0	NACK	0	NACK	0	NACK	0	43rd bit	44th bit	NACK	0	NACK	0
HARQ0	NDI0	HARQ1	NDI1	HARQ2	NDI2	HARQ3	NDI3	HARQ4	NDI4	HARQ5	NDI5=0	HARQ6	NDI6	HARQ7	NDI7
NACK	0	51st bit	52nd bit	NACK	0	NACK	0	NACK	0	NACK	0	NACK	0	NACK	0
HARQ8	NDI8	HARQ9	NDI9=1	HARQ10	NDI10	HARQ11	NDI11	HARQ12	NDI12	HARQ13	NDI13	HARQ14	NDI14	HARQ15	NDI15

图 18-52　HARQ-ACK（混合自动重传请求应答）码本

（2）类型 2：不携带 NDI 信息的 Type-3 码本反馈

在该类型下，对于每个 HARQ 进程，UE 反馈该 HARQ 进程号对应的 HARQ-ACK 信息。如果某个 HARQ 进程没有先验信息，如没有被调度，UE 设置 HARQ-ACK 信息为 NACK。对于某一个 HARQ 进程，如果 UE 进行过一次 ACK 反馈后，应对该 HARQ 进程进行状态重置。该类型下 Type-3 HARQ-ACK 码本排列顺序遵循以下原则：先 CBG 或 TB，再 HARQ 进程，最后小区。

同样以图 18-51 所示的情况为例，UE 为时隙 n+3 上的 PUCCH 资源 1 生成的 HARQ-ACK 码本中不包括 NDI 信息，其中第 5 比特对应 PDSCH1 的译码结果，第 9 比特对应 PDSCH3 的译码结果，第 22 比特对应 PDSCH2 的译码结果，第 26 比特对应 PDSCH4 的译码结果。具体如图 18-53 所示。

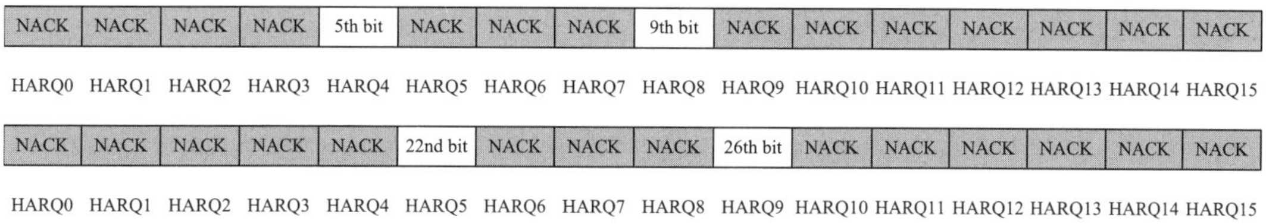

NACK	NACK	NACK	NACK	5th bit	NACK	NACK	NACK	9th bit	NACK	NACK	NACK	NACK	NACK	NACK	NACK
HARQ0	HARQ1	HARQ2	HARQ3	HARQ4	HARQ5	HARQ6	HARQ7	HARQ8	HARQ9	HARQ10	HARQ11	HARQ12	HARQ13	HARQ14	HARQ15

NACK	NACK	NACK	NACK	NACK	22nd bit	NACK	NACK	NACK	26th bit	NACK	NACK	NACK	NACK	NACK	NACK
HARQ0	HARQ1	HARQ2	HARQ3	HARQ4	HARQ5	HARQ6	HARQ7	HARQ8	HARQ9	HARQ10	HARQ11	HARQ12	HARQ13	HARQ14	HARQ15

图 18-53　HARQ-ACK（混合自动重传请求应答）码本

18.5.3　连续 PUSCH 调度

由于在非授权载波上的通信开始前要先进行信道监听，当基站要调度 UE 进行 PUSCH 传输时，基站因为信道监听失败不能发送上行授权信息，或 UE 因为信道监听失败不能发送 PUSCH，都会导致 PUSCH 传输失败。为了减小信道监听失败对 PUSCH 传输的影响，在 NR-U 系统中引入了上行多 PUSCH 连续调度，即可以通过一个上行授权 DCI 调度多个连续的 PUSCH 进行传输。

上行多信道连续调度可以通过非回退上行授权 DCI 格式 0_1 来支持。基站可以通过高层信令为 UE 配置支持多 PUSCH 连续调度的时域资源分配（Time Domain Resource Assignment，TDRA）集合，该 TDRA 集合中可以包括至少一行 TDRA 参数，其中，每行 TDRA 参数中包括 *m* 个 PUSCH 的 TDRA 分配，该 *m* 个 PUSCH 在时域上是连续的，*m* 的取值范围为 1~8。

如果 *m* 的取值为 1，那么 DCI 格式 0_1 为调度一个 PUSCH 传输的上行授权，在这种情况下，DCI 格式 0_1 中包括上行共享信道（Uplink shared channel，UL-SCH）域和码块组传输信息（Code Block Group Transmission Information，CBGTI）域，且该 PUSCH 对应 2 比特冗余版本（Redundancy Version，RV）指示信息。

如果 *m* 的取值大于 1，那么 DCI 格式 0_1 为调度多个 PUSCH 传输的上行授权，在这种情况下，DCI 格式 0_1 中不包括 UL-SCH 域和 CBGTI 域，且该 *m* 个 PUSCH 中的每个 PUSCH 分别对应 1 比特 RV 指示信息和 1 比特 NDI 指示信息。

如果 DCI 格式 0_1 在调度 *m* 个 PUSCH 传输的同时也触发了信道状态信息（Channel State Information，CSI）反馈，那么对于 CSI 反馈映射的 PUSCH 包括以下两种情况。

- 如果 *m* 的取值小于或等于 2，则 CSI 反馈承载在该 *m* 个 PUSCH 中的最后一个被调度的 PUSCH 上。
- 如果 *m* 的取值大于 2，则 CSI 反馈承载在该 *m* 个 PUSCH 中的倒数第二个被调度的 PUSCH 上。

18.6　NR-U 系统中免调度授权上行

在第 15.5 节已经介绍了免调度授权传输在 R15 和 R16 在授权频谱中的设计细节。在本节中将重点介绍 3GPP 在 NR-U 的特殊场景对于免调度授权传输的必要增强，并分为以下几个部分分别阐述：时频域资源配置、CG-UCI 和重复传输、CG 控制信号、下行反馈信号，以及重传计时器。

18.6.1 免调度授权传输资源配置

在非授权频谱中，UE 需要通过信道接入检测来确定是否可以发送上行数据，由于这个特殊的限制，在 NR-U 系统中对于免调度授权传输有特别的考虑。这里主要的增强点在于，当 UE 通过信道接入侦测得到信道的使用权后，UE 有一段信道占用时间，在这段时间内应该尽可能地让 UE 连续传输多个 CG-PUSCH。这样，UE 就无须再做额外的信道接入侦测，从而大幅地提高了 UE 在非授权频谱中传输的效率。在之前的章节中已经介绍了在 R15 中，免调度授权传输的资源并没有在时域里配置多个连续 CG-PUSCH 的设计，因此在 NR-U 中，时域配置设计的主要目标是如何配置出多个连续的 CG-PUSCH 资源。在 3GPP 的讨论中有不同的候选设计方案[59~69]。其中方案 1 的设计思路是基站配置第一个时隙里的 CG-PUSCH 资源，以及总共的时隙数量，从第二个时隙开始 CG-PUSCH 的资源占满整个时隙。这样的设计优势是在配置信息中只需要包括时隙的数量以及第一个时隙内的 CG-PUSCH 的起始符号位置。UE 根据配置信息确定所有的 CG-PUSCH 资源都首尾相连，如图 18-54 所示。

图 18-54 NR-U CG（免调度授权）时域资源配置备选方案 1

然而，此方案的限制是，从第二个时隙开始的所有 CG-PUSCH 的传输都是全时隙传输，这样的设计的第一个缺点是 UE 对于第一个 CG-PUSCH 的非全时隙传输的处理和之后全时隙传输的处理不同，因此需要有一个处理上的转换。第二个缺点是，资源配置的不灵活限制了未来的增强可能，例如在未来要在 NR-U 系统中支持低时延业务，全时隙传输无法满足低时延要求。所以 3GPP 决定设计一个更灵活的且后向兼容的方案。于是转向方案 2：在每个时隙内的 CG 资源都根据第一个时隙的 CG 资源来配置，这样避免了之后时隙内的 CG 资源都固定为全时隙传输，提高了灵活性。然而，如图 18-55 所示，这个方案带来的另一个问题是在连续时隙内的 CG 资源可能不连续，无法达到对于 NR-U 系统中连续 CG 传输过程中不做额外的信道接入检测的目的。为了解决这个问题，如图 18-56 所示，一个简单的修改方案基于第一个时隙的 CG 资源配置，且把后一个时隙内的第一个 CG 资源的时域向前延伸直到与前一个时隙的最后一个 CG 资源相连。

<table>
<tr><td>CG3</td><td>CG4</td><td>CG1</td><td>CG2</td><td>CG5</td><td>CG6</td></tr>
<tr><td colspan="2">时隙</td><td colspan="2">时隙</td><td colspan="2">时隙</td></tr>
</table>

图 18-55 NR-U CG（免调度授权）时域资源配置备选方案 2

<table>
<tr><td>CG1</td><td>CG2</td><td>CG3</td><td>CG4</td><td>CG5</td><td>CG6</td></tr>
<tr><td colspan="2">时隙</td><td colspan="2">时隙</td><td colspan="2">时隙</td></tr>
</table>

图 18-56 从第二个时隙起的第一个 PUSCH 资源延长至本时隙的起始符号

此外，另一个问题是关于第一个时隙内的 CG 资源配置。基站在配置第一个时隙内、第一个 CG 资源的起始位置和长度时，可以配置第一个 CG 资源在时隙内的任意位置，这样 UE 按照第一个 CG 的资源，依次映射出当前时隙内其他的 CG 资源。如图 18-57 所示，当第一个 CG 的资源的起始符号为符号 2 且长度为 3 个符号，此时 UE 可以确定后续的 3 个 CG 资源，UE 可以通过映射整数个 CG 资源占满该时隙。但是，如果第一个 CG 的资源的起始符号为 2，且长度为 5 个符号，如图 18-58 所示，很明显，UE 无法通过映射整数个 CG 资源占满该时隙。在这种情况下，即便是下一个时隙内的第一个 CG 资源长度伸长，也无法满足连续的 CG 资源的要求，因为 CG 资源不能跨时隙配置。所以一个最直接的方案如图 18-59 所示，把第一个时隙内的最后一个 CG 资源延长至最后一个符号。

		CG			CG			CG			CG		
0	1	2	3	4	5	6	7	8	9	10	11	12	13
时隙													

图 18-57　UE 基于第一个 CG（免调度授权）资源连续映射确定时隙内的其他资源

		CG					CG						
0	1	2	3	4	5	6	7	8	9	10	11	12	13
时隙													

图 18-58　当第一个 CG（免调度授权）资源的位置以及长度配置不合适时，导致时隙内存在资源间隙

		CG					CG						
0	1	2	3	4	5	6	7	8	9	10	11	12	13
时隙													

图 18-59　当第一个 CG（免调度授权）资源的位置以及长度配置不合适时，导致时隙内存在资源间隙

此方案可以有效地解决对连续的 CG 资源的配置问题。但是在讨论中有反对方认为基站如果需要配置出连续的 CG 资源，则基站应该负责把 CG-PUSCH 的资源大小与时隙内的位置进行完美的匹配，而不需要去做额外的资源延伸处理，相反的，如果基站没有配置出连续的资源，那么基站有可能故意为之，这样可以在非连续的符号上再传输下行。最终 3GPP 在 RAN1#99 会中决定，在 NR-U 中基站只需配置时隙数量（N）和第一个时隙内的 CG-PUSCH 的数量（M）以及第一个 CG-PUSCH 的起始符号位置（S）和长度（L）。如图 18-60 所示，基站可以配置 S=2，L=2，M=6，N=2 四个参数，即 CG 资源占据 2 个时隙且每个时隙内有 6 个 CG-PUSCH 资源，每个 CG-PUSCH 资源占 2 个 OFDM 符号，且第一个 CG-PUSCH 资源的起始符号为 2。这样就可以配置出如图 18-60 所示的 CG 资源。

		CG		CG		CG		CG		CG		CG				CG		CG		CG		CG		CG		CG	
0	1	2	3	4	5	6	7	8	9	10	11	12	13	0	1	2	3	4	5	6	7	8	9	10	11	12	13
时隙														时隙													

图 18-60　CG（免调度授权）资源配置最终方案，通过 4 个参数（起始符号、CG-PUSCH 长度、时隙数量、时隙内 CG-PUSCH 数量）共同确定 CG 资源

另外，由于在 NR-U 讨论的同时，NR R16 URLLC 项目中同时也在讨论进一步对于免调度授权传输的增强工作，并且最新的设计支持基站提供多套 CG 资源配置机制（具体参见第 15.3.3 节），因此在 NR-U 系统中基站也支持这一机制，其实现的方法是基站向 UE 配置多套 CG 资源的配置参数，每套配置参数对应一组资源，即多套配置参数对应多组 CG 资源。如果基站配置了多套 CG 配置参数，基站可以全部激活多套或者只激活部分配置参数，具体

的激活方法直接重用 URLLC R16 的设计，具体请参见第 15 章。

18.6.2 CG-UCI 和 CG 连续重复传输

与 R15 相似，NR-U 系统中的 CG 传输支持对于同一个 TB 的多次传输。但由于 NR-U 支持多套 CG 配置参数，这个增强设计使其与 R15 略微有区别。其主要区别在于，如果 UE 要对一个 TB 做多次重复传输（如 *K* 次重复），NR-U 中 UE 可以选择任意一个 CG 资源开始连续传输 *K* 次 CG-PUSCH，但 R15 只能在指定的位置开始连续的 CG-PUSCH。这里需要注意的是，UE 所传输的 *K* 次 CG-PUSCH 必须在连续的 CG 资源传输，且这些 CG 资源必须属于同一 CG 资源配置参数。例如在图 18-61 中，基站提供了两套 CG 资源的配置（CG 配置 1 和 CG 配置 2），如果 UE 被配置连续传输 4 次，那么 UE 可以在 CG 配置 1 或 CG 配置 2 下的资源里选择对于同一个 TB 做 4 次 CG 传输。但是 UE 不允许在跨不同的 CG 配置的资源内选择 4 个 CG 资源用于重复传输。连续传输的次数由基站通过 RRC 参数（repK）配置得到，它的配置候选值包括 1、2、4、8。当 repK=1 时表示重复 CG 传输去使能。除此之外，在 NR-U 系统中进行 CG 传输的另一个增强特性是 CG-PUSCH 中包括上行控制信号（CG-UCI），即免调度授权上行控制信令[61~67]。CG-UCI 承载着一些对于 CG-PUSCH 接收所必需的控制信令，以及 UE 侧信道占用共享信息。引入 CG-UCI 后使得在 NR-U 系统中，CG 传输的灵活度进一步得到提升。下面具体说明 CG-UCI 的具体用途。

在 R15 里 CG-PUSCH 传输对应预定义的 HARQ 进程，且进程号与 CG 的资源进行一一映射。这样，如果发生进程冲突时 UE 无法灵活避免。为了解决这个问题，在 NR-U 系统中，UE 在 CG-UCI 里加入了 HARQ 进程号，这样 UE 可以灵活地调度不同的进程号。在第 18.6.1 节中已经介绍了当 CG 重复传输时 UE 可以任意选择 CG 资源作为 *K* 次重复传输的起始资源。

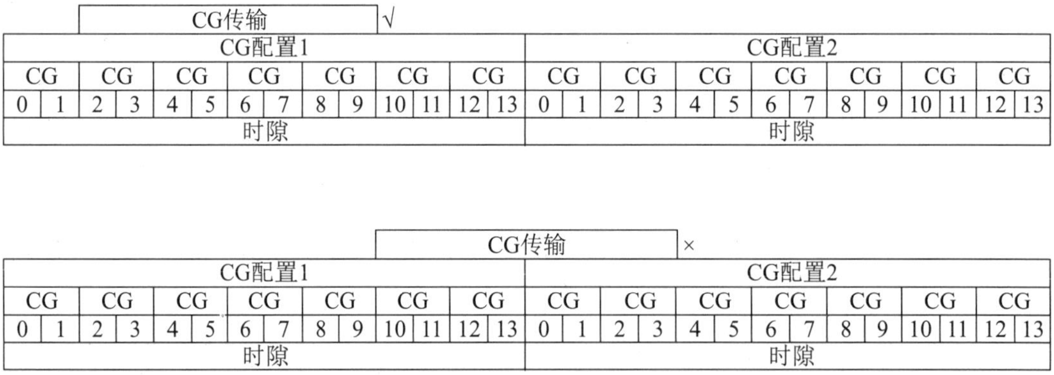

图 18-61　CG（免调度授权）多次重复传输禁止跨不同 CG 配置

另外，对于 CG-PUSCH 传输时的 RV（Redendancy Version）值的选择，在 R15 是有严格规定的，即基站严格规定 UE 在 CG 重复传输时采用具体的 RV 值以及它们的选择顺序，且 CG 的重复起始资源的 RV 值必须等于 0。而在 NR-U 中，UE 可以自行选择 RV 值并且用 CG-UCI 通知基站选择的 RV 值。此外，CG-UCI 里还包括了 PUSCH 的 NDI 指示，基站可以根据收到的 HARQ 进程号和 NDI 的指示来判断 CG-PUSCH 里的数据是新传数据还是重传数据。从以上几个方面可以看出 CG-UCI 的引入使得 NR-U 系统中 CG 的灵活性得到了增强。如表 18-10 所示为 CG-UCI 里包括的信息域和对应的比特数，其中 COT 共享信息用于指示 UE 的 COT 是否可以共享给基站以用于传输下行（见第 18.2.2 节）。

表 18-10　CG-UCI 信息域

信 息 域	比 特 数
HARQ	4
RV	2
NDI	1
COT 共享信息指示	不固定比特数

如果严格地从技术层面分析，NR-U 里的 CG 传输的规则可以进一步优化。例如，既然 CG-UCI 里已经包括了 HARQ、RV 和 NDI，那么协议没有必要进一步规定 UE 在传输 K 次重复时必须连续传输，基站可以根据 CG-UCI 里的指示来确定哪些 CG-PUSCH 里承载着对于同一个 TB 的重复传输。

接下来介绍 UE 对于 CG-UCI 的传输设计。协议规定 CG-UCI 需要和每个 CG-PUSCH 的数据部分一起传输，但是二者独立编码。类似于在 R15 的 CG 传输中，当 PUCCH 的资源和 CG-PUSCH 的资源在时域上发生碰撞时，PUCCH 中的 UCI 和 CG-PUSCH 复用的处理方法。其处理方法可以简单地理解为部分 CG-PUSCH 的资源被预留出传输 UCI，且 UCI 和 CG-PUSCH 独立编码。同样的方法被用于 NR-U 系统中，但区别是当 CG-PUSCH 与 PUCCH 在时隙内发生碰撞时，UE 需要同时把 CG-UCI、UCI 和 CG-PUSCH 复用在一个信道内。这样导致了优先级问题，即如果 CG-PUSCH 资源不足以承载所有的信息时，如何确定上述各部分的传输优先级。在 R15 中，对此类问题，协议规定 HARQ-ACK 信息为最高优先级，CSI 第一类信息次之，最后是 CSI 第二类信息。也就是说 UE 需要放弃低优先级信息而保全高优先级信息。在 NR-U 中，由于额外多出了 CG-UCI，因此对于其和 HARQ-ACK 相比谁的优先级更高引发了激烈的讨论。最终在 RAN1#98b 会议上确定 CG-UCI 和 HARQ-ACK 有相同的优先级，并规定遇到此类碰撞发生时，CG-UCI 和 HARQ-ACK 用联合编码的方式。而且，如图 18-62 所示，PUCCH 与时隙内的第二个 CG 资源传输发生碰撞且 PUCCH 里的 UCI 承载 HARQ-ACK 信息时，UE 需要使用联合编码的方式，CG-UCI 比特在前 HARQ-ACK 比特在后，编码后二者自然使用同一个 CRC 扰码加扰。当 UCI 里承载的控制信号为 CSI 时，复用流程参照 R15 规则，此时把 CG-UCI 看作 HARQ-ACK。

图 18-62　CG-PUSCH（免调度授权物理上行共享信道）与 PUCCH（物理上行控制信道）碰撞，UCI（上行控制信息）复用在 CG-PUSCH 资源内，且与 CG-UCI（免调度授权上行控制信息）联合编码

在第 18.5 节已经介绍过 HARQ-ACK 码本的设计。在实际通信中，基站和 UE 对于 HARQ-ACK 码本的比特数有时会产生歧义，主要的原因可能是一次或多次的调度信息丢失（DTX）。在产生歧义的情况下，基站无法解码 CG-UCI 和 HARQ-ACK。所以 3GPP 协议

也提供了一套回退方案，即基站可以选择在 RRC 的配置里直接取消 UCI 复用在 CG-PUSCH 里的功能，如图 18-63 所示。如果这个功能被禁止的话，UE 遇到 PUCCH 和 CG-PUSCH 传输相碰撞的情况下，会选择在 PUCCH 里传输 UCI。

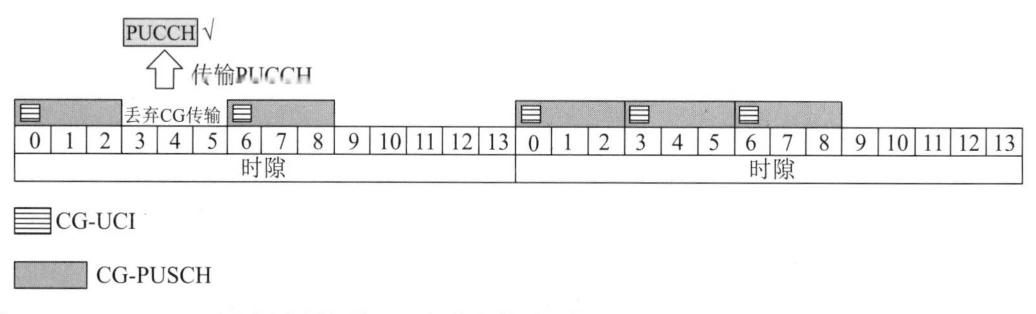

图 18-63　CG-PUSCH（免调度授权物理上行共享信道）与 PUCCH（物理上行控制信道）碰撞，UE 丢弃 CG-PUSCH 而只传输 PUCCH

18.6.3　下行反馈信道 CG-DFI 设计

在 R15 中，CG 传输不支持重传机制，当 CG 的初始传输完成后，UE 会启动 CG 计时器（configuredGrantTimer），当 configuredGrantTimer 过期后，如果 UE 没有收到基站发来的重传动态调度，那么 UE 会认为初始传输被基站成功接收。这时 UE 就会把缓存里的数据清空。在 NR-U 系统中，为了使 UE 获得发送的数据的 HARQ-ACK 反馈信息，3GPP 引入了免调度授权下行反馈信息（CG-DFI）[59~69]。该信令需要在 CG 传输功能被配置后才能激活。引入 CG-DFI 可以达到两个目的：①基站及时提供给 UE CG-PUSCH 的 ACK/NACK 信息，用于 UE 在下一次传输时进行 CW 大小的调整（CW 调整相关内容参阅 18.2.2 节）；②基站及时提供 UE CG-PUSCH 的 ACK/NACK 信息，UE 可以根据 ACK/NACK 信息来判断是否重传或提前终止 CG-PUSCH 传输。

CG-DFI 的 DCI 格式和 DCI 格式 0_1 相同且用 CS-RNTI 加扰。当 UE 在非授权频率上通信时，如果被配置了检测 DCI 0_1 且 CG 传输功能被激活时，该 UE 就会同时检测 CG-DFI。CG-DFI 里的主要信息域为载波指示信息，这个信息域用来指示 DFI 里的 HARQ-ACK 信息是针对具体指示的上行载波。在 3GPP 讨论初期，方案建议直接重用 Type-3 HARQ-ACK 码本（具体 Type-3 HARQ-ACK 码本细节请参阅 18.5.2 节），但由于 Type-3 HARQ-ACK 码本是基于一个 PUCCH 组（PUCCH Group）建立的，如果一个组内有多个上行载波，每个上行载波可以配置最多 16 个进程，在这样的情况下，反馈的比特数量庞大。由于下行 DCI 的可携带的比特数量有限，无法承载如此多的信息比特，考虑到 DCI 的开销和传输可靠性，在 RAN1#99 会议中，确定最终的方案是在 DCI 里选择某一个上行载波的 HARQ 进程进行 HARQ-ACK 的反馈（见表 18-11）。这里有一个细节需要注意，CG-DFI 里的 HARQ-ACK 信息是 HARQ 进程对应的 TB 的 CRC 校验结果，即如果校验通过则为 ACK（1 比特指示为 1），反之为 NACK。因此即便 UE 在一个上行载波上配置了 CBG 传输，CG-DFI 对于此载波的 HARQ-ACK 反馈也是基于 TB 的反馈。

表 18-11　CG-DFI 信息域

DCI 格式指示	1 bit
载波指示	0 或 3 bit
DFI 指示	1 bit
HARQ 进程 HARQ-ACK 指示	16 bit

当 UE 收到 CG-DFI 后，就会得到各 HARQ 进程对应的 HARQ-ACK 信息。而实际情况下，对于某些 HARQ 进程，UE 可能刚刚发送了数据而基站并没有足够的时间处理收到的上行数据，以至于当 UE 收到 CG-DFI 后，需要先对指示的 HARQ-ACK 信息的有效性进行判断。主要设计思路是，如果 UE 知道基站没有足够的时间处理数据，那么 UE 会忽略所指示的 HARQ-ACK 信息。具体的协议规则是 : 基站在配置 CG 传输的同时会配置一个最小处理时间 cg-minDFI-Delay-r16（D）。UE 每次收到 CG-DFI 后，会根据发送的 CG-PUSCH 的最后一个符号到承载 CG-DFI 的 PDCCH 的第一个符号间的时间长度是否大于 D 来判断所指示的 HARQ-ACK 信息是否有效。如果此时间长度大于 D，则说明 DFI 里指示的对应的 HARQ 进程的 HARQ-ACK 信息为有效，反之则无效。例如在图 18-64 中，DFI 对于 HARQ0 和 HARQ1 的 HARQ-ACK 信息有效，而对于 HARQ2 的 HARQ-ACK 信息无效。

图 18-64　UE 根据 PUSCH（物理上行共享控制信道）和 CG-DFI（免调度授权下行反馈信息）之间的时间间隔判断 HARQ-ACK（混合自动重传请求应答）信息是否有效

同样地，当 CG 传输为重复传输时，若 DFI 里指示了一个 HARQ 进程对应的 HARQ-ACK 信息为 ACK 时，只需要重复传输的多个 CG-PUSCH 中至少一个 CG-PUSCH 满足处理时间 D，那么指示的 HARQ-ACK 信息则有效。相反地，如果指示的 HARQ-ACK 信息为 NACK 时，则需要所有的 CG-PUSCH 都满足处理时间 D，则为有效，反之则确定为无效。

18.6.4　CG 重传计时器

在非授权频谱通信中，接收端的干扰普遍比授权频谱严重，加之 LBT 的影响，在某些情况下基站无法在 configuredGrantTimer 过期前及时调度 UE 重传。针对这种情况，除了 18.6.3 节介绍的 CG-DFI 外，3GPP 在 RAN2#105b 会议中建议引入了一个全新重传计时器（cg-RetransmissionTimer）[70]。这个重传计时器在每次 CG-PUSCH 成功传输后自动开启，这里强调成功传输的原因是，当 UE 由于 LBT 失败而无法传输 CG-PUSCH 时，重传计时器无须启动。在重传计时器过期后如果没有收到基站发来的 CG-DFI 且指示之前的 CG 传输为 ACK，那么 UE 认为之前的 CG 传输没有成功，且自动发起重传。更进一步地，在 RAN2#107b 会议中确定当 UE 需要自行重传时，需要在最近可用的 CG 资源里发起重传 [71]。UE 在 CG 重传时可以自行选择 RV 值，基站根据 NDI 值和 HARQ 进程值来判断是否为 TB 新传或者重传。这里需要注意的是，如图 18-65 所示，configuredGrantTimer 只在 CG 初传时启动，且在重传时不重置计时器。但是一旦 configuredGrantTimer 过期，无论重传计时器是否正在运行，UE 都会停止重传计时器且认为基站正确收到 CG 传输。

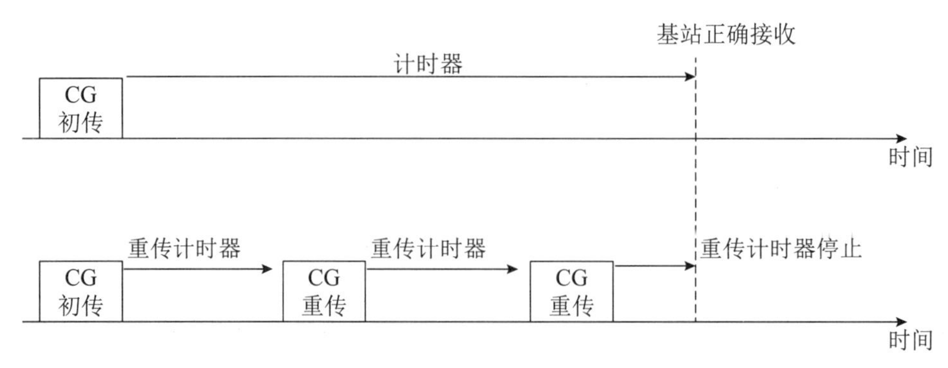

图 18-65　CG（免调度授权）计时器和 CG 重传计时器的运作原理

18.7　小　　结

本章主要介绍了 NR-U 在针对非授权频谱通信的增强技术方案。分别阐述了信道监听过程、初始接入过程、资源块集合及控制信道设计、HARQ 与调度、免调度授权传输各个方面的标准制定过程，并解释了其中重要特性讨论的来龙去脉。

参考文献

[1] R1-1807389. Channel access procedures for NR unlicensed, Qualcomm Incorporated. 3GPP RAN1#93, Busan, Korea, May 21-25, 2018.

[2] R1-1805919. Coexistence and channel access for NR unlicensed band operations. Huawei, HiSilicon, 3GPP RAN1#93, Busan, Korea, May 21-25, 2018.

[3] R2-1901094. Detecting and handling systematic LBT failures in MAC. MediaTek Inc.

[4] R2-1910889. Report of Email Discussion [106#49][NR-U] Consistent LBT Failures.

[5] R2-1904114. Report of the email discussion [105#49] LBT modeling for MAC Huawei. HiSilicon

[6] R2-1912304. Details of the Uplink LBT failure mechanism. Qualcomm Incorporated.

[7] R1-1901332. Feature lead summery on initial access signals and channels for NR-U. Qualcomm, RAN1#AH-1901.

[8] R1-1906672. Physical layer design of initial access signals and channels for NR-U. LG Electronics, RAN1#97.

[9] R1-1907258. Initial access signals and channels for NR-U. Qualcomm Incorporated，RAN1#97.

[10] R1-1907258. Initial access signals and channels for NR-U. Qualcomm Incorporated, RAN1#97.

[11] R1-1907451. Initial access signals and channels. Ericsson, RAN1#97.

[12] R1-1906782. Initial access signals/channels for NR-U. Intel Corporation, RAN1#97.

[13] R1-1903404. Feature lead summery on initial access signals and channels for NR-U. Qualcomm，RAN1#96.

[14] R1-1909454. Feature lead summary #1 of Enhancements to initial access procedure, Charter Communications. RAN1#98.

[15] R1-1912710. Enhancements to initial access procedure. Ericsson，RAN1#99.

[16] R1-1912507. Enhancements to initial access procedure for NR-U.OPPO，RAN1#99.

[17] R1-1912710. Enhancements to initial access procedure. Ericsson, RAN1#99.

[18] R1-2002028. Initial access signals and channels. Ericsson，RAN1# #100bis-e.

[19] R1-1908202. Considerations on initial access signals and channels for NR-U. ZTE, Sanechips, RAN1#100bis-e.

[20] R1-1908137. Discussion on initial access signals and channles.vivo, RAN1#98.

[21] R1-1909078. Remaining issues for initial access signals and channels. AT&T, RAN1#98.

[22] R1-1905634. Feature lead summery on initial access signals and channels for NR-U. Qualcomm Incorporated, RAN1#96bis.
[23] R1-1912939. Initial access and mobility procedures for NR-U.Qualcomm Incorporated, RAN1#99.
[24] R1-1912198. Enhancements to initial access and mobility for NR-unlicensed. Intel Corporation, RAN1#99.
[25] R1-1912286. On Enhancements to Initial Access Procedures for NR-U. Nokia, Nokia Shanghai Bell, RAN1#99.
[26] R1-1912710. Enhancements to initial access procedure. Ericsson, RAN1#99.
[27] R1-1912765. Initial access procedure for NR-U. Sharp, RAN1#99.
[28] R1-1902887. Wideband operation for NR-U. Ericsson.
[29] R1-1901942. On wideband operation for NR-U. Fujitsu.
[30] R1-1902261. Wide-band operation for NR-U. Samsung.
[31] R1-1902475. Wideband operation for NR-unlicensed. Intel Corporation.
[32] R1-1902591. NR-U wideband operation. InterDigital, Inc.
[33] R1-1902872. Discussion on wideband operation for NR-U. WILUS Inc.
[34] R1-1908113. NRU wideband BWP operation. Huawei, HiSilicon.
[35] R1-1908421. Wideband operation for NR-U. OPPO.
[36] R1-1908688. On wideband operation in NR-U. Nokia, Nokia Shanghai Bell.
[37] R1-1909249. Wideband operation for NR-U operation. Qualcomm Incorporated.
[38] R1-1909302. Wideband operation for NR-U. Ericsson
[39] TS 38.101-1. NR; User Equipment (UE) radio transmission and reception; Part 1: Range 1 Standalone.
[40] R1-2001758. Discussion on the remaining issues of UL signals and channels. OPPO.
[41] R1-2001651. Remaining issues on physical UL channel design in unlicensed spectrum. vivo.
[42] R1-2001533. Maintainance on uplink signals and channels. Huawei, HiSilicon.
[43] R1-2001934. Remaining issues of UL signals and channels for NR-U. LG Electronics.
[44] R1-2002030. UL signals and channels. Ericsson.
[45] R1-1905949. Considerations on DL reference signals and channels design for NR-U. ZTE, Sanechips.
[46] R1-1906042. DL channels and signals in NR unlicensed band. Huawei, HiSilicon.
[47] R1-1906195. DL signals and channels for NR-U. NTT DOCOMO, INC.
[48] R1-1906484. DL signals and channels for NR-U. OPPO.
[49] R1-1906656. On DL signals and channels. Nokia, Nokia Shanghai Bell.
[50] R1-1906673. Physical layer design of DL signals and channels for NR-U. LG Electronics.
[51] R1-1906783. DL signals and channels for NR-unlicensed. Intel Corporation.
[52] R1-1906918. DL signals and channels for NR-U. Samsung.
[53] R1-1907085. DL Frame Structure and COT Aspects for NR-U. Motorola Mobility, Lenovo.
[54] R1-1907159. Design of DL signals and channels for NR-based access to unlicensed spectrum. AT&T.
[55] R1-1907259. DL signals and channels for NR-U. Qualcomm Incorporated.
[56] R1-1907334. On COT detection and structure indication for NR-U. Apple Inc.
[57] R1-1907452. DL signals and channels for NR-U. Ericsson.
[58] R1-1807391. Enhancements to Scheduling and HARQ operation for NR-U. Qualcomm Incorporated, 3GPP RAN1#93, Busan, Korea, May 21-25, 2018.
[59] R1-1909977. Discussion on configured grant for NR-U. ZTE, Sanechips.
[60] R1-1910048. Transmission with configured grant in NR unlicensed band. Huawei, HiSilicon.
[61] R1-1910462. Configured grant enhancement for NR-U. Samsung.
[62] R1-1910595. On support of UL transmission with configured grants in NR-U. Nokia,Nokia Shanghai Bell.
[63] R1-1910643. Enhancements to configured grants for NR-unlicensed. Intel Corporation.
[64] R1-1910793. On configured grant for NR-U. OPPO.
[65] R1-1910822. Discussion on configured grant for NR-U. LG Electronics.

[66] R1-1910950. Configured grant enhancement. Ericsson.
[67] R1-1911055. Discussion on NR-U configured grant. MediaTek Inc.
[68] R1-1911100. Enhancements to configured grants for NR-U. Qualcomm Incorporated.
[69] R1-1911163. Configured grant enhancement for NR-U. NTT DOCOMO, INC.
[70] R2-1903713. Configured grant timer(s) for NR-U. Nokia, Nokia Shanghai Bell.
[71] R2-1912301. Remaining Aspects of Configured Grant Transmission for NR-U. Qualcomm Incorporated.

第 19 章

NR 定位技术

史志华　郭力　尤心　刘洋　张晋瑜　刘哲

自古以来，人类日常生活和社会活动就对方位的确定具有强烈的需求。例如，人们通过北斗七星判断方向，船员通过灯塔确定航向。随着社会活动、经济活动、军事活动等人类活动的不断发展，人们对获取位置信息的需求日益增加：期望获取位置信息越来越便利、位置信息的精度更高。同时，科学技术的不断进步，给人们带来了日益方便的定位服务。目前，人们日常生活中最常用的定位服务大都依赖于全球导航卫星系统（Global Navigation Satellite System，GNSS）。典型的全球导航卫星系统有以下几种：

- 美国的全球定位系统（Global Positioning System，GPS）。
- 中国的北斗卫星导航系统（BeiDou Navigation Satellite System，BDS）。
- 俄罗斯的格洛纳斯卫星导航系统（Global Navigation Satellite System， GLONASS）。
- 欧洲伽利略卫星导航系统（Galileo satellite navigation system）。

与此同时，基于地面通信系统的定位服务也日益获得产业界的关注。例如，现在很多公司都在研究基于蓝牙、超宽带（Ultra Wide Band，UWB）的定位，希望能够在一些特定场景（例如室内）提供高精度的定位服务。蜂窝网作为一种广泛部署的全覆盖的网络，其具有覆盖人口广、基础设施完善、产业生态强大等特点，有望能够以较低的成本为人们提供高精度定位服务。本章将详细介绍 NR 系统中的定位技术，包括 NR 定位能力、基本定位方法原理和流程、上行和下行用于定位的参考信号等。

19.1 概　　述

19.1.1 3G/4G 定位技术

蜂窝通信系统已经经历了从 1G、2G、3G、4G 到 5G 的不断演进。在早期的蜂窝移动通信系统中（例如 1G、2G 早期版本），并没有明确地标准化具体的定位技术。20 世纪 90 年代中后期，定位服务开始逐步进入 2G 系统，当时只采用比较简单的技术，提供有限的定位服务功能。从 3G 开始，定位技术真正开始完全融入蜂窝移动通信系统，并且成为 3G/4G/5G 系统的基本功能之一。

3G WCDMA 系统的第一个版本（Release 99）标准化了两种基本定位方法：基于小区 ID 的定位方法、观测到达时间差定位方法（Observed Time Difference of Arrival， OTDOA）。

在后续演进中，WCDMA R7 版本引入了上行到达时间差定位方法（Uplink Time Difference of Arrival，UTDOA），R10 版本引入了射频信号模式匹配（RF pattern matching）技术来进一步提升小区 ID 定位方法的定位精度[1]。

LTE 系统定位技术的研究和标准化，早期目标是发展与 3G 系统类似的定位技术。通过 3GPP 的研究和评估，在 R9 版本中引入了增强小区 ID 定位方法（Enhanced Cell-ID，E-CID）、观测到达时间差定位方法（OTDOA）[2]，并且还引入了专门的定位参考信号（Positioning Reference Signal，PRS）以及 LTE 定位协议（LTE Positioning Protocol，LPP）[3]。通过 3GPP 在 R10 和 R11 阶段的评估和研究，最终在 R11 完成了上行到达时间差定位方法（UTDOA）的标准化工作。基于上述基本定位方法，LTE 后续演进版本进行了一系列的增强，来进一步提高定位精度[1]。

19.1.2 NR 定位需求和技术

NR（5G）系统第一个版本（R15）时，标准化工作主要聚焦于通信功能。因此，没有研究和标准化专门针对 5G 系统的定位功能。

NR R16 开始进行定位技术的研究和标准化工作，其对应的技术需求主要来自两个方面：监管（Regulatory）方面的需求和商业应用方面的需求。

监管方面的需求是一个最基本的要求，即 NR 定位技术必须能满足监管方面的需求，并且要做得更好。监管方案的需求，具体要求如下[4]。

- 对于 80% 的用户，垂直方向定位误差小于 50 m。
- 对于 80% 的用户，水平方向定位误差小于 5 m。
- 端到端时延小于 30 s。

和监管需求相比，一些典型的商业应用有更高的需求，例如定位精度更高、时延更低。具体而言，NR 定位技术需要满足的商业应用需求如下[4]。

- 室内场景下，对于 80% 的用户，垂直方向定位误差小于 3 m。
- 室内场景下，对于 80% 的用户，水平方向定位误差小于 3 m。
- 室外场景下，对于 80% 的用户，垂直方向定位误差小于 10 m。
- 室外场景下，对于 80% 的用户，水平方向定位误差小于 3 m。
- 端到端时延小于 1 s。

针对上述定位需求，NR R16 对现有的各类定位方法进行了全面的评估和研究，最终把现有的典型定位方法都进行了标准化，可以算是一个“集大成者”，具体标准化的定位方法包含以下一些方法以及它们之间的组合[5]。

- 增强小区 ID 定位方法（Enhanced Cell ID，E-CID）。
- 下行到达时间差定位方法（Downlink Time Difference of Arrival，DL-TDOA）。
- 上行到达时间差定位方法（Uplink Time Difference of Arrival，UL-TDOA）。
- 多往返时间定位方法（Multi- Round Trip Time，Multi-RTT）。
- 下行离开角定位法（Downlink Angle-of-Departure，DL-AoD）。
- 上行到达角定位法（Uplink Angle-of-Arrival，UL-AoA）。

3GPP 针对一些典型的部署场景，基于上述这些定位方法进行了大量仿真评估，认为可以满足上述监管和商业应用的需求[4]。

在上述基础上，NR R17 进一步把定位技术的应用场景聚焦到工业物联网（Industrial

Internet of Things，IIoT）场景，来提供更高的定位精度和更低的定位时延。例如，在一些智能工厂中，定位精度要求达到分米级 / 厘米级。同时一些商业应用场景中，也会需要达到亚米级的定位精度，因此在 NR R17 中，定位技术进一步增强的目标如下[6]。

①商用场景

- 对于 90% 用户，垂直定位误差小于 3 m。
- 对于 90% 用户，水平定位误差小于 1 m。
- 端到端时延小于 100 ms。
- 物理层时延小于 10 ms。

② IIoT 场景

- 对于 90% 用户，垂直定位误差小于 1 m。
- 对于 90% 用户，水平定位误差小于 0.2 m。
- 端到端时延小于 100 ms。
- 物理层时延小于 10 ms。

NR R17 标准化工作中，针对工业物联网的典型应用，采用 5 种室内智能工厂应用场景作为基本仿真假设，来评估定位增强技术的性能，以进一步提高估计精度。在 NR R17 定位增强中，物理层时延降低也是一个重要的优化目标。后续章节将会详细介绍相应的增强技术。

需要说明的是，无论是 R16 还是 R17，NR 定位技术所能满足的定位需求，都是针对规定的典型部署场景而言，即在这些场景下，NR 定位技术能够达到上述精度和时延指标。在真实网络中，具体的定位精度和时延非常依赖于实际的部署情况，例如当站点部署密集时，定位精度相对较高，当站点部署较少时，定位精度将会降低。

在下面各节中，将对 NR 系统定位技术进行详细介绍。第 19.2 节介绍 NR 系统中定位服务的信令流程，从宏观层面展现 NR 系统是如何来完成定位业务的。接下来，将针对前面介绍的 6 种 NR 定位方法进行详细介绍，包括基本原理、测量和上报信息等，其中涉及的定位信号在第 19.4 节和第 19.5 节进行介绍。

19.2 NR 定位架构和流程

在 NR 系统中，定位服务功能涉及核心网的多个网元，以及无线接入网。本节将概要介绍 NR 系统中定位服务功能涉及的基本网络架构，以及相应的基本协议流程。

19.2.1 5G 定位网络架构

5G 定位网络架构的主要特点是通过定位管理功能（Location Management Function，LMF）、认证管理功能（Access and Mobility Management Function，AMF）等多个网元来执行位置服务业务操作。如图 19-1 所示，AMF 接收另一实体（例如，GMLC 或者 UE）发起的对于目标 UE 的位置服务请求，然后，AMF 向 LMF 发送位置服务请求。LMF 处理位置服务请求，包括将相应的辅助数据传送到目标 UE、进行位置计算等。然后，LMF 将位置服务的结果（例如，目标 UE 位置的估计值）返回到 AMF，如果是 AMF 之外的实体（例如，GMLC 或者 UE）请求位置服务，AMF 返回位置服务结果到此实体。在后面的内容中，也常常把 LMF 称为定位服务器。

每个 NG-RAN 节点可能会控制多个发送接收点（Transmission/Reception Point，TRP），

用于下行定位信号的发送，和 / 或上行定位信号的接收。为了更明确地体现在 NR 定位网络架构中的功能和作用，在本章后面的内容中，把 TRP 也称为网络节点。

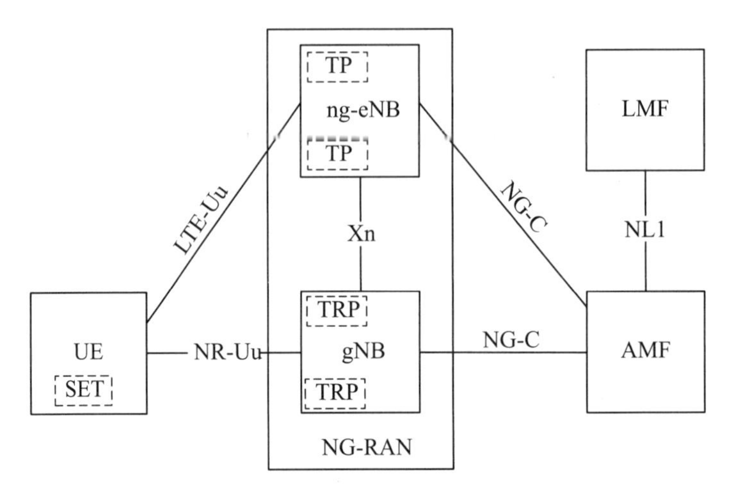

图 19-1　5G 定位网络架构示意图 [5]

19.2.2　信令协议和流程

在 NR 系统中，定位服务功能涉及 LMF 与 UE 之间的交互，以及 LMF 与 5G 基站之间的交互，其中：

- LMF 与 UE 之间通过 LPP 协议（LTE Positioning Protocol）进行信息交互；
- LMF 与 5G 基站之间通过 NRPPa 协议（NR Positioning Protocol A）进行信息交互。

典型的 UE 与定位服务器之间的信令交互过程如图 19-2 所示。首先，定位服务器向 UE 发送定位能力请求信令，UE 收到信令后，回复相应的定位能力信息，包括定位计算能力、信号测量能力等。接着，UE 向定位服务器发送定位辅助请求信息信令，定位服务器收到信号后，回复相应辅助信息，其中可能会包括定位参考信号配置、采用的定位方法等。这个过程可能会通过双方的多次交互来完成。

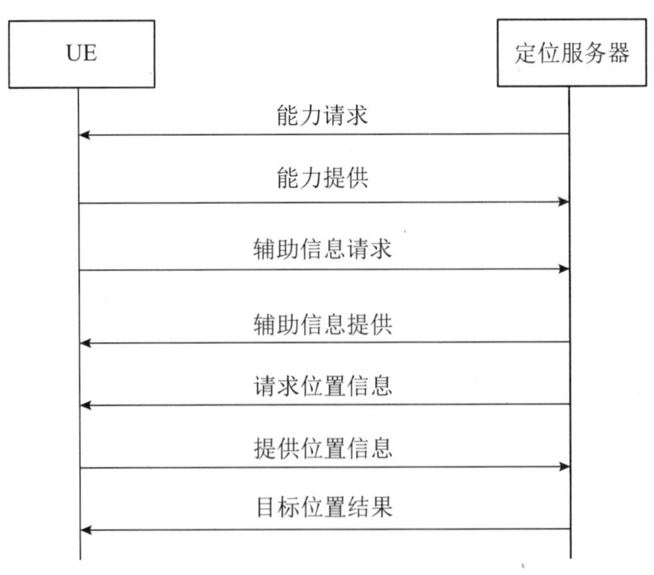

图 19-2　典型定位信令传输过程

通常来说，定位服务的发起单元为终端 NAS 层或者定位代理服务器。如果定位服务器指示由终端进行位置计算（即 UE-based 定位），则终端基于网络发送或者自身执行的定位测量结果完成位置计算工作，并将自己计算得到的位置信息发送至 LMF。经过核心网网元的相关 QoS 验证后，最终 AMF 将位置信息发送至终端 NAS 层或者代理服务器；如果定位服务器指示由 LMF 进行位置计算（即 UE-assisted、LMF-based 定位，或者 NG-RAN-node-assisted、LMF-based 定位），则 LMF 通过 LPP 和 NRPPa 协议分别汇总获得终端和 TRP 对定位参考信号的测量结果并执行位置计算，最终由 AMF 转发将位置信息发送至终端 NAS 层或者定位代理服务器。本节将简要介绍 LPP 协议支持的基本功能以及相应的信令。

1. 定位能力交互

定位能力交互信令流程（见图 19-3）的主要目的是定位服务器从终端处获取终端定位能力，比如终端支持哪些定位方法、相关定位方法的各种特性是否支持、上行定位消息分段是否支持等。该信令交互过程主要出现在各定位会话的最初阶段，为定位服务器后续决定使用什么样的定位方法、定位模式（UE-based 或 UE-assisted）、定位辅助信息配置等提供重要的参考意见。

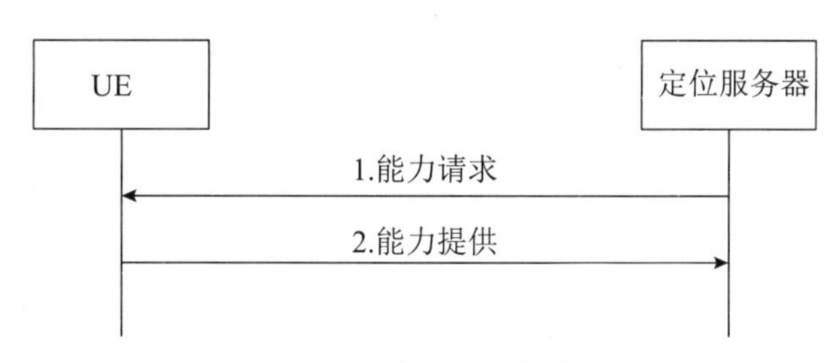

图 19-3 定位能力交互信令流程

2. 定位辅助信息交互

定位辅助信息交互信令流程用于为了执行定位任务，终端向定位服务器请求辅助信息的过程（见图 19-4）。定位服务器在辅助信息提供信令中指示的辅助信息需要与终端请求的辅助信息相匹配或者是请求的辅助信息中的一个子集。在发送第一个辅助信息提供信令后，定位服务器可以选择继续传输其他辅助信息提供信令到终端。

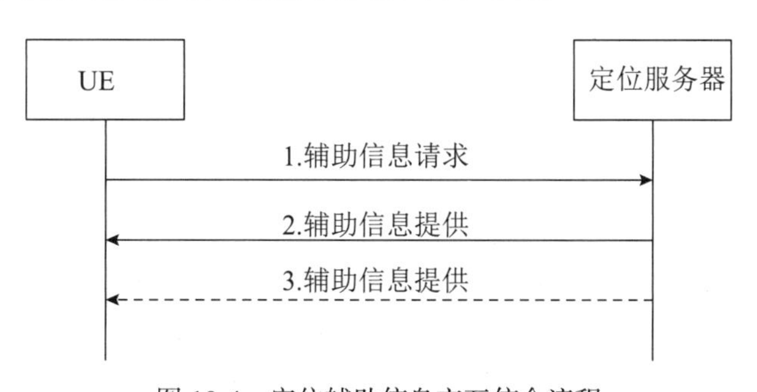

图 19-4 定位辅助信息交互信令流程

3. 位置信息交互

位置信息交互信令流程（见图 19-5）：第一步，在请求位置信息信令中，定位服务器向终端告知所需要的位置信息的类型和潜在的相关 QoS 要求。第二步，终端将定位服务器请求的位置信息搭载在提供位置信息信令中发送至定位服务器，提供的位置信息需要与定位服务器的请求相匹配。此外，终端可以额外地向定位服务器提供其他在第一条提供位置信息信令中未完成传输的其他位置信息。如果定位服务器请求的位置信息与终端能够支持的定位方法不匹配，终端将不予以理会，向定位服务器反馈 LPP 错误发现信令。

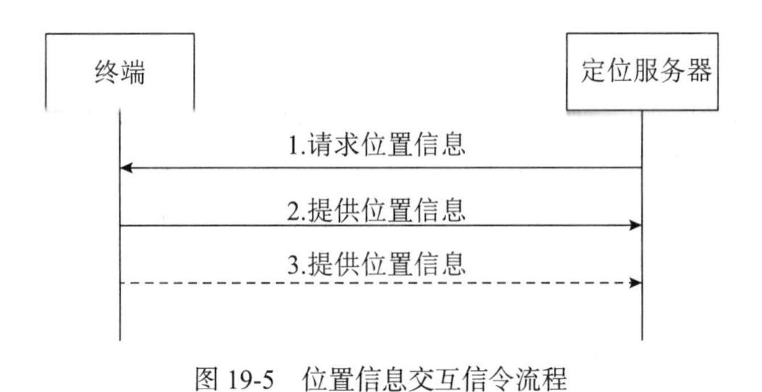

图 19-5　位置信息交互信令流程

19.3　NR 定位方法

本节将重点介绍 NR 系统中各种典型定位方法的基本原理、包括定位参考信号、基本的定位测量和上报，以及相应的信令流程。

根据 LMF 的不同配置信息以及不同的定位方法，终端、基站、LMF 可能会承担不同的作用，如表 19-1 所示。

- UE-based：终端直接对目标 UE 的位置进行计算。
- UE-assisted，LMF-based：终端把测量结果上报给 LMF，LMF 根据收集到的测量结果对目标 UE 的位置进行计算。
- NG-RAN node assisted：基站把 TRP 的测量结果上报给 LMF，LMF 根据收集到的测量结果对目标 UE 的位置进行计算。

表 19-1　典型定位方法总结

定位方法	UE-based	UE-assisted, LMF-based	NG-RAN node assisted
E-CID 定位方法	No	Yes	Yes
DL-TDOA 定位方法	Yes	Yes	No
UL-TDOA 定位方法	No	No	Yes
Multi-RTT 定位方法	No	Yes	Yes
DL-AoD 定位方法	Yes	Yes	No
UL-AoA 定位方法	No	No	Yes

上述定位方法都是基于对 NR 信号的接收和测量，因此被称为 RAT-dependent（Radio Access Technology dependent）定位技术。同时，NR 定位系统还可以支持基于其他系统信号的接收和测量的定位方法，例如辅助 GNSS（Assisted-GNSS）定位、基于蓝牙（Bluetooth-based）的定位、基于传感器（Sensor-based）的定位等。这些定位方法和 NR 信号无关，因此统称为 RAT-independent 定位技术。在本章中，除了在介绍定位完好性时涉及辅助 GNSS 定位方法以外，不介绍其他 RAT-independent 定位技术。

19.3.1　E-CID 定位方法

在 Cell ID （CID）定位方法中，通过终端对应的服务基站的位置信息来获得此终端的位置估计。假设，终端 A 的服务基站位置为 *X*，因为终端 A 在服务基站的覆盖范围内，因此可以大体估计终端 A 的位置，例如可以简单估计终端 A 的位置也为 *X*。因为一个基站的覆盖范围可能会从几百到几千米，因此仅仅利用 Cell ID 来估计终端 A 的位置信息，会有较大的误差。为了提高估计精度，E-CID 定位方法应运而生。在 CID 定位方法的基础上，E-CID 定位方法额外引入下面的测量结果来改善定位精度。

- 终端侧的测量结果。
- 基站侧的测量结果。

在 NR E-CID 定位方法中，终端可以上报现有的相关测量结果（例如直接把现有的 RRM 测量结果上报）。此时，终端不需要接收专门针对定位功能的测量配置，不需要为了定位目的进行额外的测量操作 [5]。因此，对终端实现而言，E-CID 定位方法具有较低的复杂度。

在 NR E-CID 定位方法中，涉及的终端 NR 测量量可以有以下几种。

- 同步参考信号接收功率（SS Reference Signal Received Power，SS-RSRP）。
- 同步参考信号接收质量（SS Reference Signal Received Quality，SS-RSRQ）。
- 信道状态信息参考信号接收功率（CSI Reference Signal Received Power，CSI-RSRP）。
- 信道状态信息参考信号接收质量（CSI Reference Signal Received Quality，CSI-RSRQ）。

终端可以通过 LPP 协议告知 LMF 其支持上述 4 种测量量中的哪些测量量的上报。对应的 LPP 信令中通过 8 比特字符串 （bit string）中的前 4 个比特来分别指示是否支持对应测量量的上报，例如第一个比特对应 SS-RSRP，如果第一个比特取值为 1，则指示此终端支持 SS-RSRP 测量结果的上报，如果第一个比特取值为 0，则指示此终端不支持 SS-RSRP 测量结果的上报。

在毫米波频段，例如频率范围 2（Frequency Range 2，FR2），一个典型的小区会有多个模拟波束（beam），因此其测量结果可以分为是基于波束（beam level）的测量结果和基于小区（cell level）的测量结果。在 NR E-CID 中，如果终端支持某个测量量（例如 SS-RSRP），则同时支持基于波束的和基于小区的 SS-RSRP 测量结果。测量结果在传输给 LMF 时，可以通过信令中不同的域（field）来区分是基于波束的测量结果，还是基于小区的测量结果。

在 NR E-CID 定位方法中，涉及的网络侧 NR 测量量如下。

上行到达角（UL Angle of Arrival， UL-AoA）。

在 NR 现有协议中，不支持基于终端的（UE-based）的 NR E-CID 定位方法。因此，现有的 NR E-CID 定位法是一种基于网络（LMF-Based）的定位方法，终端和基站通过给 LMF 传输相应的测量结果来辅助网络进行位置信息的确定。根据信令传输流程和定位实现方法来看 NR E-CID 定位方法可以细分为以下两种不同的方法。

- 下行 NR E-CID 定位方法。
- 上行 NR E-CID 定位方法。

其中下行 NR E-CID 定位方法是一种“UE-assisted，LMF-based”定位方法，上行 NR E-CID 定位方法是一种“NG-RAN node assisted”定位方法。

其中下行 NR E-CID 的定位流程主要包括以下步骤（见图 19-6）。

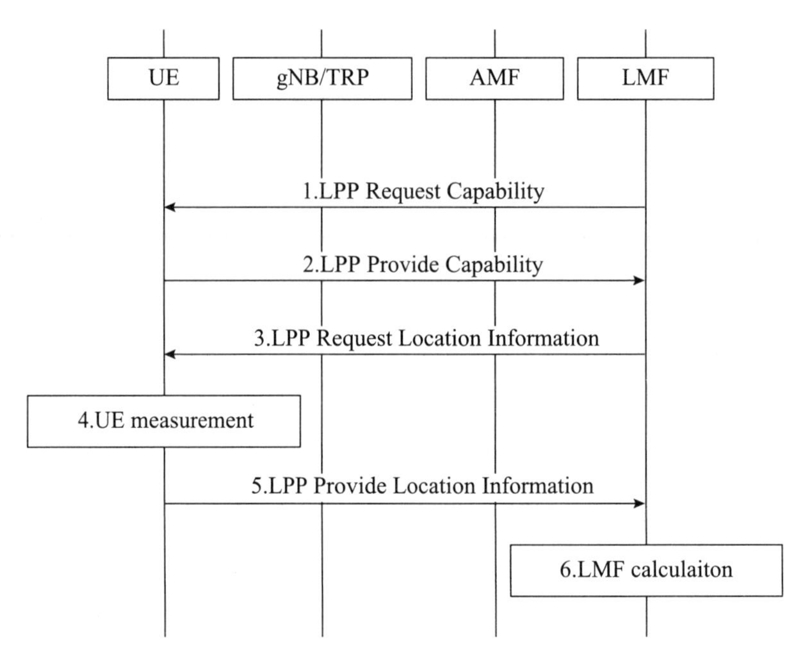

图 19-6　下行 NR E-CID 定位方法流程

①定位能力交互，包括 LPP 能力请求和 LPP 能力提供，主要目的是向 LMF 上报 UE 支持 NR E-CID 定位相关的哪些能力，例如支持哪些测量的上报，是否支持周期性上报等。

②定位信息交互。

- 对于 LMF 发起的定位信息交互流程，LMF 会向终端发送 LPP 位置信息请求（LPP Request Location Information）消息，用于请求 NR E-CID 定位所需要的测量量、上报方式以及响应时间等。作为响应，UE 会向 LMF 发送 LPP 位置信息提供（LPP Provide Location Information）消息，上报对应的测量结果。
- 对于 UE 发起的位置信息传输流程，UE 会向 LMF 上报当前 UE 侧已有的测量结果。

③位置计算，LMF 基于 UE 提供测量结果进行位置计算。

上行 NR E-CID 的定位流程主要是 gNB 获得 NR E-CID 相关的测量值，并通过 NRPPa 信令提供给 LMF，具体包括以下步骤（见图 19-7）：

① LMF 向服务 gNB 发送 E-CID 测量发起请求（E-CID Measurement Initiation Request）消息，请求 NR E-CID 测量信息；

② gNB 基于 LMF 请求的测量信息给 UE 配置相应的测量，以及探测参考信号（sounding reference signal，SRS）配置；

③ UE 基于 gNB 的测量配置上报测量结果给 gNB，以及发送 SRS 信号；

④ gNB 通过 NRPPa 向 LMF 上报所请求的测量结果（例如 UE 上报给 gNB 的测量结果，以及 gNB 的 UL-AoA 测量结果），用于 LMF 最终的位置计算。

这两种不同方法的区别主要在于是终端还是基站向 LMF 上报相应的测量结果。在下行 NR E-CID 定位方法中，终端通过 LPP 协议向 LMF 上报相应的测量结果。具体地说，终端可以上报自己主小区（primary cell）对应的测量结果，同时还可以额外上报多达 32 个邻小区对应的测量结果。对于每个小区，终端上报信令中可以包含以下信息。

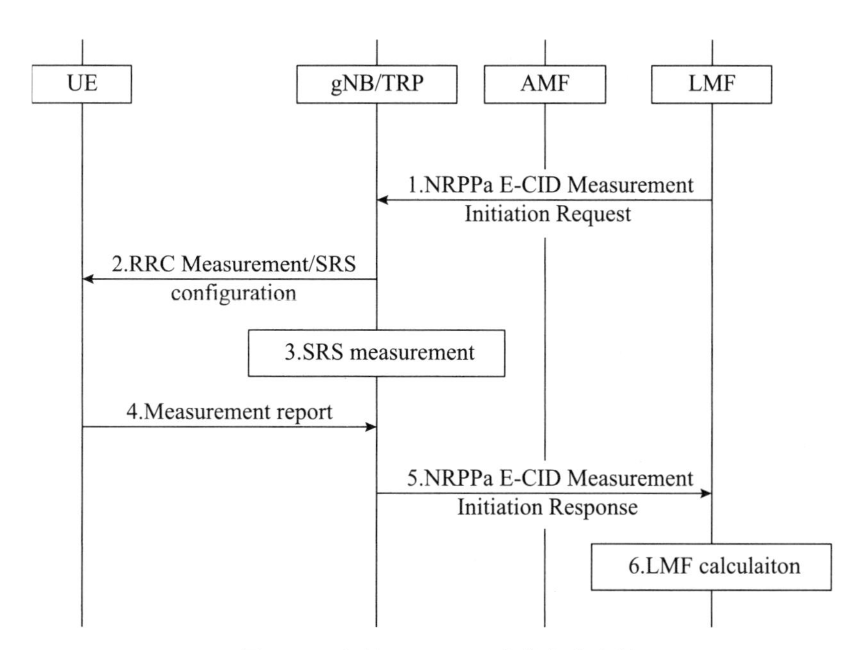

图 19-7 上行 NR E-CID 定位方法流程

① NR 物理小区 ID。

② NR 绝对信道编号（Absolute Radio Frequency Channel Number，ARFCN）信息或者参考点 Point A 的信息。

③ NR 全球小区 ID（Global Cell ID，GGI）。

④测量结果对应的系统帧号（System Frame Number，SFN）。

⑤基于小区的 SS-RSRP/SS-RSRQ。

⑥基于小区的 CSI-RSRP/CSI-RSRQ。

⑦基于波束的 SS-RSRP/SS-RSRQ。

⑧基于波束的 CSI-RSRP/CSI-RSRQ。

LMF 可以通过信令来指示终端设备上报 SS-RSRP、SS-RSRQ、CSI-RSRP、CSI-RSRQ 中的部分或者全部。例如 LMF 如果只指示终端上报 SS-RSRP 测量结果，则终端就不需要上报其他 3 种测量结果。

在上行 NR E-CID 定位方法中，基站（NG-RAN node）通过 NRPPa 协议向 LMF 上报终端对应的测量结果。在 NR 正常的通信流程中，终端可以根据基站配置信息向基站上报相应的 RRM 测量结果，因此基站侧拥有终端的一些 RRM 测量结果。基站给 LMF 上报的信息和 UE 类似，例如可以包含物理小区 ID、ARFCN 信息、全球小区 ID、基于小区的 SS-RSRP/SS-RSRQ/CSI-RSRP/CSI-RSRQ、基于波束的 SS-RSRP/SS-RSRQ/CSI-RSRP/ CSI-RSRQ。和终端相比，基站还可以给 LMF 上报到达角（AoA）的测量结果，来进一步协助 LMF 提高定位精度。此外，基站除了能把终端的 NR 测量结果上报给 LMF 外，还可以把终端的 LTE 测量结果上报给 LMF。

LMF 接收到基站或者终端上报的测量结果后，可以采用多种算法来确定位置信息。一些典型方法的思路如下。

（1）假设某个信道路损模型。

（2）利用上报的测量结果（例如 RRM 测量结果，或者 AoA）和路损模型确定终端与基站的相对位置。

（3）根据小区的坐标信息，进一步确定终端的位置信息。

从上面的思路可以看到，E-CID 方法的定位精度取决于两个方面：

- 假设的信道路损模型与实际传播环境的匹配度。
- RRM 测量结果的精度。

由于上述两方面都存在一定的误差，因此最终的 E-CID 定位算法的精度一般情况下会差于后面介绍的几种定位算法。需要说明的是，针对每个定位方法（例如本小节的 E-CID 定位方法以及后续小节的其他定位方法），NR 协议都没有规定 LMF 计算目标 UE 位置的具体算法，具体算法依赖于各个厂商的产品实现。

19.3.2 DL-TDOA 定位方法

信号的传播时间与传播距离直接相关，因此多个网络节点（TRP）发送的信号到达终端的传输时间之间的偏差也就体现出多个网络节点与终端距离之间的差别。DL-TDOA 定位方法的基本原理就是基于多个网络节点（TRP）发送的信号到达终端的传输时间偏差，以及网络节点的已知位置来估计终端的位置。

下面以图 19-8 所示的定位场景为示例，通过基本的数学描述来介绍 DL-TDOA 定位方法的基本原理，即如何计算目标 UE（图 19-8 中的终端）的位置。

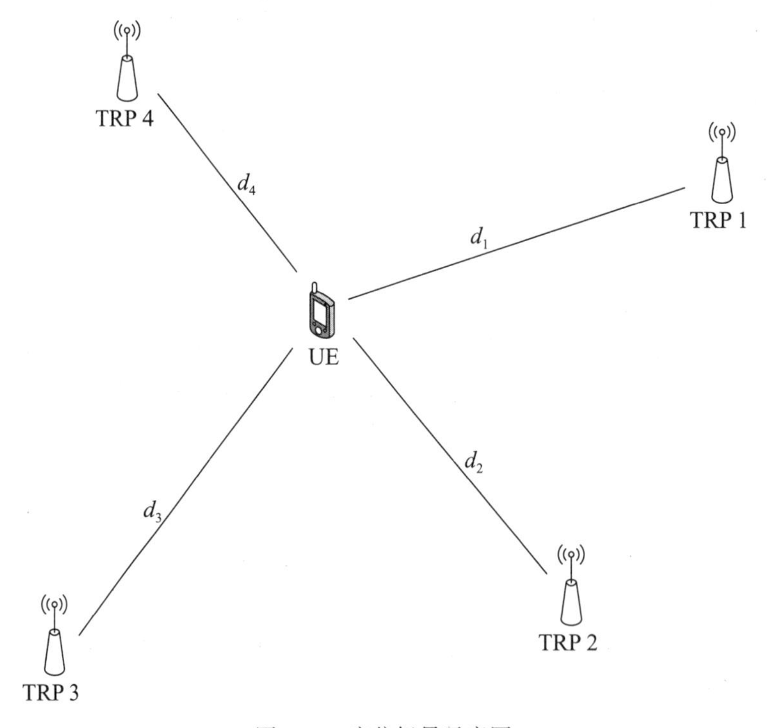

图 19-8　定位场景示意图

- M=4 个网络节点，分别记为 TRP 1、TRP 2、TRP 3 和 TRP 4。
- 网络节点 TRP i（i=1,2,⋯,M）对应的三维坐标和发送定时误差分别记为 (x_i, y_i, z_i) 和 τ_i^{Tx}。
- 终端对应的三维坐标和接收定时误差分别记为 $(x_{\text{UE}}, y_{\text{UE}}, z_{\text{UE}})$ 和 $\tau_{\text{UE}}^{\text{Rx}}$。

- 网络节点 TRP i 与终端之间的距离记为 d_i。

假设网络节点 TRP i 在时刻 $t_i = t_i+\tau_i^{\mathrm{Tx}}$ 发送下行定位参考信号 s_i。对应地，终端在时刻 $t_{\mathrm{UE},i} = t_{\mathrm{UE},i}+\tau_{\mathrm{UE},i}^{\mathrm{Rx}}$ 接收到 s_i，其中，t_i 表示 TRP i 发送 s_i 的真实时刻，τ_i^{Tx} 表示 TRP i 发送 s_i 对应的定时误差，$t_{\mathrm{UE},i}$ 表示终端接收 s_i 的真实时刻，$\tau_{\mathrm{UE},i}^{\mathrm{Rx}}$ 表示终端接收 s_i 时对应的定时误差。定时误差的原因可以有多种因素，例如同步误差、射频链路的延时等。

终端可以估计下行定位参考信号 s_i 的到达时间（Time of Arrival，TOA）。s_i 在 TRP i 和终端之间的传播时间估计值可以表示为下面等式。

$$\begin{aligned} TOA_i &= t_{\mathrm{UE},i} - t_i \\ &= t_{\mathrm{UE},i}+\tau_{\mathrm{UE},i}^{\mathrm{Rx}} - t_i - \tau_i^{\mathrm{Tx}} + n_i \end{aligned} \tag{19-1}$$

其中 n_i 为终端在估计 TOA_i 时由于噪声、干扰等因素导致的估计误差，后面简称为估计误差。

下行定位参考信号 s_i 在 TRP i 和终端之间的实际传播时间为 $t_{\mathrm{UE},i}-t_i$。假设电磁波在实际无线环境中的传播速度近似等于光速 c，我们可以得到如下表达式。

$$\frac{d_i}{c} = t_{\mathrm{UE},i} - t_i \tag{19-2}$$

根据式（19-1）和式（19-2），可以得到 TOA_i 与 TRP i 和终端之间的距离 d_i 关系如下。

$$\begin{aligned} TOA_i &= \left(t_{\mathrm{UE},i} - t_i\right) + \tau_{\mathrm{UE},i}^{\mathrm{Rx}} - \tau_i^{\mathrm{Tx}} + n_i \\ &= \frac{d_i}{c} + \tau_{\mathrm{UE},i}^{\mathrm{Rx}} - \tau_i^{\mathrm{Tx}} + n_i \end{aligned} \tag{19-3}$$

网络节点 TRP i（i=1,2,3,4）的三维坐标 (x_i, y_i, z_i) 是已知信息，终端的三维坐标 $(x_{\mathrm{UE}}, y_{\mathrm{UE}}, z_{\mathrm{UE}})$ 是未知变量，是定位需要求解的量。显然，TRP i 和终端之间的距离 d_i 可以通过三维坐标来表示。

$$d_i = \sqrt[2]{(x_i - x_{\mathrm{UE}})^2 + (y_i - y_{\mathrm{UE}})^2 + (z_i - z_{\mathrm{UE}})^2} \tag{19-4}$$

把公式（19-3）和式（19-4）结合起来，可以得到 M 个方程。

$$TOA_i = \frac{\sqrt[2]{(x_i - x_{\mathrm{UE}})^2 + (y_i - y_{\mathrm{UE}})^2 + (z_i - z_{\mathrm{UE}})^2}}{c} + \tau_{\mathrm{UE},i}^{\mathrm{Rx}} - \tau_i^{\mathrm{Tx}} + n_i, i = 1,2,\cdots,M \tag{19-5}$$

假设所有网络节点和终端都能保证严格的时间同步，即此时 $\tau_{\mathrm{UE},i}^{\mathrm{Rx}} = \tau_i^{\mathrm{Tx}} = 0$，方程组（19-5）简化为

$$TOA_i = \frac{\sqrt[2]{(x_i - x_{\mathrm{UE}})^2 + (y_i - y_{\mathrm{UE}})^2 + (z_i - z_{\mathrm{UE}})^2}}{c} + n_i, i = 1,2,\cdots,M \tag{19-6}$$

在实际系统中，估计误差 n_i 一般都是存在的，无法完全消除。现在有 3 个未知变量 $(x_{\mathrm{UE}}, y_{\mathrm{UE}}, z_{\mathrm{UE}})$，而方程组（19-6）中有 M 个等式（即约束方程）。一般而言，约束方程的个数大于或等于未知变量的个数，数学上就可以通过计算求得所有的未知变量。因此可以基于方程组（19-6）中的 M 个约束方程来对未知变量 $(x_{\mathrm{UE}}, y_{\mathrm{UE}}, z_{\mathrm{UE}})$ 进行求解，从而确定终端

位置信息。这种定位方法因为是直接基于 TOA 估计值来求解位置信息，因此被称为 TOA 定位方法。

方程组（19-6）中每个等式可以看作以 TRP i 为中心、$TOA_i \times c$ 为半径的圆。因此 TOA 定位方法的物理含义可以通过图 19-9 来直观理解：以每个网络节点 TRP i 为中心画上对应的圆，这些圆交叉的位置就是 TOA 定位方法估计出来的终端位置。因此可以认为 TOA 定位方法是一种圆形定位方法。因为存在估计误差 n_i 等因素的影响，所以这些圆通常不会完美地交叉在唯一的一个点上，而是会在一个较小范围内交叉。

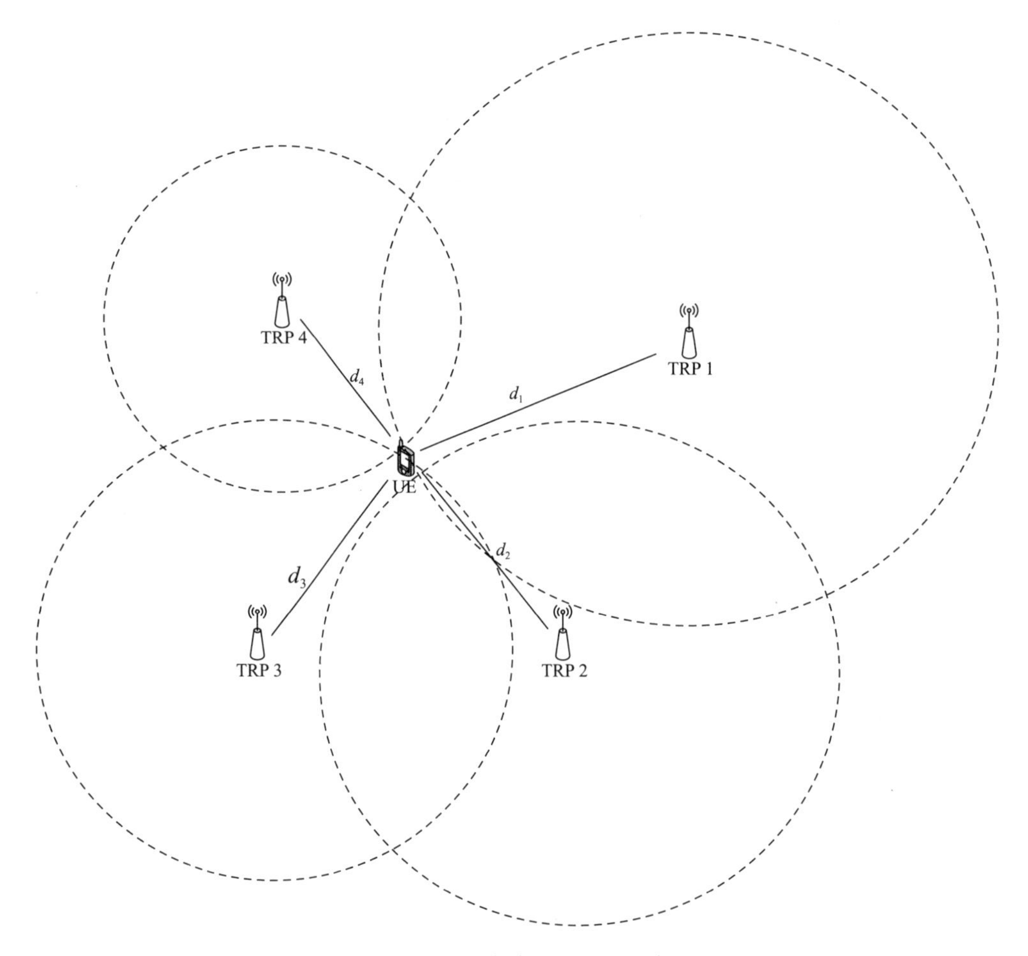

图 19-9 TOA 定位方法原理示意图

上面介绍的 TOA 定位方法是基于下行信号测量的。类似的，TOA 定位方法也可以基于上行信号测量来实现。例如终端向多个网络节点 TRP 发送上行信号，各个 TRP 根据测量确定对应的 TOA_i，然后使用前面介绍的方程组来求解终端的位置信息。

从上面的介绍可以看到，直接使用 TOA 来进行定位的一个前提条件是终端和网络节点之间保持严格的时间同步，这在实际系统中很难实现。通过采用高精度的器件、恰当的部署等方式，网络节点之间一般可以达到比较好的同步精度，即使存在同步误差，一般也不会明显影响定位精度。只有当定位精度达到亚米级或更高精度要求时，网络节点之间的微小同步误差才会明显对定位精度有影响。因此，一般情况下，我们可以假设 $\tau_i^{\mathrm{Tx}} = 0$。即方程组（19-5）可以简化为如下形式。

$$TOA_i = \frac{\sqrt[2]{\left(x_i - x_{UE}\right)^2 + \left(y_i - y_{UE}\right)^2 + \left(z_i - z_{UE}\right)^2}}{c} + \tau_{UE,i}^{Rx} + n_i, i = 1,2,\cdots,M \qquad (19\text{-}7)$$

和网络设备相比，终端设备器件的稳定性和精度相对较差，从而导致终端侧的定时误差会较大，对定位性能有明显影响。同时，终端和网络之间存在的同步误差，也会导致定时误差。因此，在各种定位方法中，我们一般不能把终端侧的定时误差忽略不计。也就是说，方程组（19-7）中的 $\tau_{UE,i}^{Rx}$ 始终存在，这会导致对未知变量 (x_{UE}, y_{UE}, z_{UE}) 的求解存在较大误差。基于这一局限性，NR 系统并未直接采用 TOA 定位方法。

一般情况下，在一段时间之内，同一个终端的定时误差变化很小。因此，可以认为上面公式中的 $\tau_{UE,i}^{Rx}$ 是相等的，即 $\tau_{UE,1}^{Rx} = \tau_{UE,2}^{Rx} = \cdots = \tau_{UE,M}^{Rx}$。为了消除 $\tau_{UE,i}^{Rx}$ 的影响，人们提出了 TDOA 定位方法。TDOA 定位方法的基本原理是通过在两个估计得到 TOA 的之间取差值来把 $\tau_{UE,i}^{Rx}$ 相关的项抵消掉。假设我们采用 TRP 1 作为参考（此时，TRP 1 称为参考 TRP），来计算不同 TRP 对应的 TOA 差值，共计得到 M–1 个约束方程。

$$\begin{aligned} TDOA_{i,1} &= TOA_i - TOA_1 \\ &= \frac{\sqrt[2]{\left(x_i - x_{UE}\right)^2 + \left(y_i - y_{UE}\right)^2 + \left(z_i - z_{UE}\right)^2}}{c} + n_i - \frac{\sqrt[2]{\left(x_1 - x_{UE}\right)^2 + \left(y_1 - y_{UE}\right)^2 + \left(z_1 - z_{UE}\right)^2}}{c} - n_1 \end{aligned} \qquad (19\text{-}8)$$

其中 $i = 2,\cdots,M$。等效地，如果 UE 侧定时与网络侧定时之间存在误差，通过上式容易看到这个误差也被消除了。上面方程组（19-8）就是一个典型的多边定位（Multilateration）问题。和式（19-6）中的约束方程相比，TDOA 定位方法中的约束方程数量要少 1 个，即只有 M–1 个约束方程。因此，为了能够得到较为可靠的求解含有 K 个未知变量的位置信息，至少需要 $M \geqslant K+1$ 个网络节点。

对于 Multilateration 问题的求解，学术界和工业界有一些比较经典的算法，例如 Taylor 展开法、Chan 算法等。算法的细节可以参考文献 [9~12]。在 NR 协议中，具体的求解算法没有标准化，依赖与厂家的具体实现。

方程组（19-8）中每个等式可以看成以 TRP i 和 TRP 1 为焦点的双曲线。因此 TDOA 定位方法的物理含义可以利用图 19-10 来直观理解：以每个网络节点对（TRP i, TRP 1）为焦点画上对应的双曲线，这些双曲线交叉的位置就是 TDOA 定位方法估计出来的终端位置。因为存在估计误差 n_i 等因素的影响，因此这些双曲线通常不会完美地交叉在一个点上，而是会在一个较小范围内交叉。图 19-9 中有 M=4 个圆，而图 19-10 中只有 M–1=3 个双曲线，这和两种定位方法中的约束方程数量相对应。

为了更好地支持定位功能，NR 系统引入了专门的下行定位参考信号（Positioning Reference Signal，PRS）。终端基于下行 PRS 来进行 TDOA 的估计，对应的估计量在 NR 协议中称为下行信号时间差（DL Reference Signal Time Difference，DL RSTD）[13]。终端具体估计 DL RSTD 的算法，NR 协议并没有规定，取决于终端自己的实现。PRS 的详细设计以及配置将在第 19.4 节介绍。

在 NR DL-TDOA 定位方法中，终端除了测量并上报 DL RSTD 以外，还可以额外上报基于 DL PRS 测量得到的 RSRP 值，来协助 LMF 提高位置估计的精度。

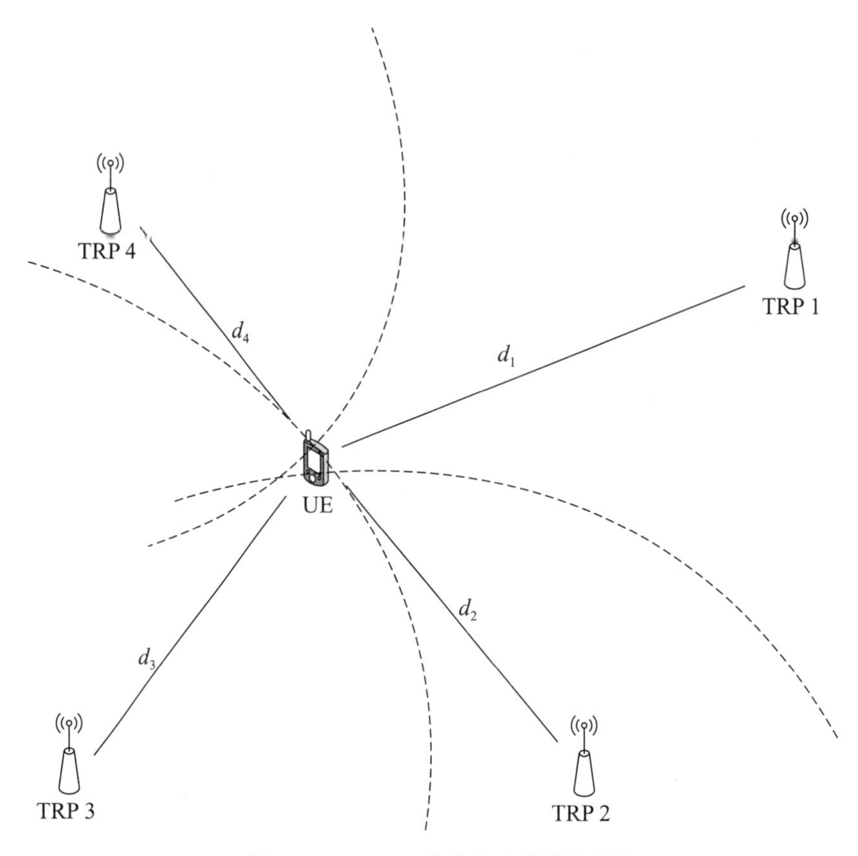

图 19-10　TDOA 定位方法原理示意图

基于第 19.2.2 节介绍的典型定位流程，下面结合 NR DL-TDOA 定位方法来详细介绍 NR 系统中 UE 与 LMF 之间的信息交互涉及的信令和流程。首先 UE 会通过 NR-DL-TDOA-ProvideCapabilities 信令向 LMF 报告其支持 NR DL-TDOA 定位方法，以及与此相关的能力，具体可以包括以下一些内容[7]。

- 是否支持 UE-based 方法，是否支持 UE-assisted 方法。
- 针对 DL-TDOA 定位方法，PRS 的处理能力。
- 针对频率范围 1（Frequency Range 1，FR1），一对 TRP 之间能测量的 DL RSTD 数目。
- 针对 FR2，一对 TRP 之间能测量的 DL RSTD 数目。
- 针对 FR1，是否额外支持 DL PRS 的 RSRP 测量。
- 针对 FR2，是否额外支持 DL PRS 的 RSRP 测量。
- 是否支持邻小区的同步信号块（Synchronization Signal Block，SSB）作为 DL PRS 的 QCL 源（QCL resource）。
- 是否支持邻小区的 DL PRS 作为 DL PRS 的 QCL 源。
- 支持的频段。

如第 19.2.2 节所述，UE 上报完相关能力后，后续将涉及定位辅助信息交互和定位信息交互相关流程。为了描述方便，在图 19-11 中把这两个交互流程相关的典型步骤画在一起。在实际系统中，不同定位流程可能只需要其中的部分步骤。

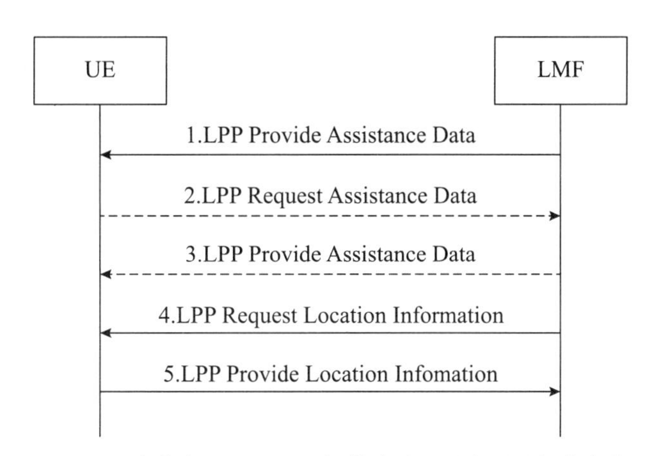

图 19-11　DL-TDOA 定位方法 LMF-UE 间信令流程示意图（部分步骤可以省略）

当 LMF 发起辅助数据传输（Assitance data transfer）流程时，LMF 通过 NR-DL-TDOA-ProvideAssistanceData 信令来提供 DL-TDOA 相关的辅助数据，即图 19-11 中的步骤 1[5]。LMF 通过步骤 1 传输的辅助数据可以包含以下一些内容[5，7]。

- 物理层小区 ID、全球小区 ID（GCI）、TRP 的 ID。
- 参考 TRP。
- DL PRS 的配置。
- TRP 对应的 SSB 配置信息。
- 其他 TRP 相对于参考 TRP 的定时偏差。

上述内容针对 UE-based 和 UE-assisted 方法都是通用的。对于 UE-based 方法，UE 需要根据测量结果计算出位置估计值。根据前面介绍的 DL-TDOA 基本原理，位置估计需要知道 TRP 的位置。因此，针对 UE-based 方法，在上述内容的基础上，LMF 还可以传输额外的辅助数据[5，7]。

- TRP 位置信息。
- DL-PRS 的空间方向信息，例如仰角（Elevation）、方位角（Azimuth）。

上面介绍的网络发起的辅助数据传输（LMF initiated Assistance Data Transfer）。实际上，UE 也可以发起辅助数据传输流程。例如当 UE 收到 LMF 通过步骤 1 传输的辅助数据后，发现这些辅助数据不能满足要求，希望得到更多的辅助数据。此时，UE 可以发起辅助数据传输（Assitance data transfer）流程（对应图 19-11 中的步骤 2 和步骤 3），一般把这个流程称为 UE initiated Assistance Data Transfer[5]。

（1）UE 首先确定自己需要的辅助信息，例如 DL PRS 辅助数据，UE-based 方法计算位置信息需要的辅助数据。UE 通过 NR-DL-TDOA-RequestAssistanceData 信令向 LMF 发起请求。

（2）LMF 收到 UE 的请求后，可以通过 NR-DL-TDOA-ProvideAssistanceData 信令传输对应的辅助数据。其具体内容和步骤 1 类似。

对于定位信息（Location information）交互流程，可以参见图 19-11 中的步骤 4 和步骤 5，其中定位信息可以是终端的测量结果，也可以是终端根据测量结果计算得到的位置估计值。网络发起的定位信息传输流程包含步骤 4 和步骤 5，称为 LMF-initiated Location Information Transfer。终端发起的定位信息传输流程不需要步骤 4，只包含步骤 5，称为 UE-initiated Location Information Transfer。

网络通过 NR-DL-TDOA-RequestLocationInformation 信令向 UE 发起定位信息请求，要求 UE 上报和 DL-TDOA 相关的信息，具体可以包含以下一些信息[5, 7]。

- 是否上报 RSTD 测量结果对应的 DL-PRS 资源 ID 或者 DL PRS 资源组（Resource set）ID。
- 是否上报 DL-PRS RSRP。
- 一对 TRP 最多上报的 RSTD 测量结果的个数。
- RSTD 测量结果的精度（granularity）。
- 是否上报额外路径（additional path）对应的 RSTD 测量结果。

对于 UE-based 方法和 UE-assisted 方法，UE 向网络上报定位信息的具体内容将有所不同。针对 UE-based 方法，UE 向 LMF 传输位置的估计值，以及该估计值对应的获取时间。针对 UE-assisted 方法，UE 通过 NR-DL-TDOA-ProvideLocationInformation 信令向 LMF 传输相关的测量结果，具体可以包括下面一些信息[5, 7]。

- 参考 TRP 信息。上报的参考 TRP 可以和辅助数据中的参考 TRP 不一样。因为 LMF 通过辅助数据建议的参考 TRP 对于某个特定 UE 来说，可能效果不好，因此 UE 可以根据实际的情况，重新选择一个新的参考 TRP。
- DL RSTD 测量结果，以及每个结果对应的 PCI、GCI、TRP ID、测量时间。
- DL PRS 的 RSRP 测量结果。

需要说明的是，在 NR R16 版本中，UE 只会在测量间隔（Measurement Gap，MG）对 PRS 进行测量。如果网络没有配置对应的测量间隔，则终端可以通过 RRC 信令 LocationMeasurementIndication 请求网络配置测量间隔，其请求信息里面可以包含以下信息。

- 频域位置信息。
- 期望的 PRS 周期和时域位置。
- Measurement gap 长度。

UE 发送的请求信息 LocationMeasurementIndication 只具有建议权，网络是否配置以及如何配置测量间隔 MG 完全取决于网络的决定。

从前面 LMF 与 UE 之间的交互流程可以看到，为了实现 DL-TDOA 定位方法，有以下问题需要解决。

- LMF 需要把 TRP 以及对应的 PRS 配置信息传输给 UE。那么 LMF 是如何获取或确定这些信息的?
- 在 UE-assisted 方法中，LMF 基于 UE 的测量结果（例如 DL RSTD、DL PRS RSRP）以及 TRP 的位置信息来计算 UE 的位置。在 UE-based 定位方法中，LMF 需要通过 UE 服务小区的系统消息或者 LPP 信令把 TRP 相关的位置信息通知给 UE。那么 LMF 是如何获取 TRP 的位置信息的?

上面问题涉及 LMF 与 gNB 之间的信息交互。在 NR 系统中，LMF 与 gNB 之间的信息传输是基于 NRPPa 协议的[8]，其基本流程如图 19-12 所示[5]。

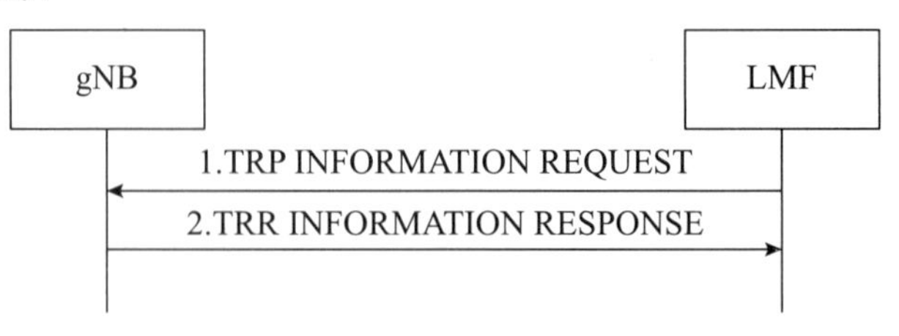

图 19-12　DL-TDOA 定位方法 LMF-gNB 间信令流程示意图（NRPPa 协议）

（1）当 LMF 需要获得一些 TRP 对应的信息时，可以通过 NRPPa 协议发送 TRP INFORMATION REQUEST

消息给 gNB。此消息会指示两方面的内容：①需要哪些 TRP 的信息；②需要每个 TRP 的哪些信息（例如 PCI、GCI、PRS 配置、TRP 位置信息等）。

（2）gNB 通过 NRPPa 协议发送 TRP INFORMATION RESPONSE 消息，把相关 TRP 的对应信息通知给 LMF。

在 TRP INFORMATION RESPONSE 消息中，针对需要上报的 TRP，gNB 可以传输下列一些信息[5, 8]。

- 物理小区 ID（PCI）。
- 全球小区 ID（GCI）。
- DL PRS 配置信息。
- DL PRS 对应的空间方向信息。
- SSB 配置信息。
- 位置信息。
- SFN 初始定时信息。

基于上面的讨论，DL-TDOA 定位方法涉及的基本功能和流程如下。

（1）LMF 和 gNB 通过 NRPPa 信令获取 TRP 相关信息，包括 SSB 配置、PRS 配置、TRP 位置、定时信息等。

（2）LMF 可以使用 LPP 能力交互流程程序请求 UE 的 LPP 定位能力。

（3）LMF 通过 LPP 协议把定位相关的必要信息通知给 UE（例如，针对 UE-assisted 定位方法，TRP 位置信息不需要告诉 UE）。

（4）对于 UE-based 方法，UE 根据测量结果以及 TRP 位置信息等来计算 UE 位置的估计值，然后把估计值上报给 LMF。

（5）对于 UE-assisted 方法，UE 把测量结果上报给 LMF，LMF 根据 UE 的测量结果以及 TRP 位置信息等计算 UE 位置。

19.3.3　UL-TDOA 定位方法

UL-TDOA 定位方法的数学基础和 DL-TDOA 定位方法类似，其基本原理是利用终端发送的信号到达多个网络节点的传输时间偏差，以及网络节点的已知位置信息来估计目标 UE 的位置。我们仍然利用图 19-8 所示的定位场景为例，概要描述 UL-TDOA 定位方法的基本数学原理。

假设终端在时刻 $t_{\mathrm{UE},i}=\tilde{t}_{\mathrm{UE},i}+\tau_{\mathrm{UE},i}^{\mathrm{Tx}}$ 发送上行参考信号 s_i，对应的网络节点 TRP i 在时刻 $t_i=\tilde{t}_i+\tau_i^{\mathrm{Rx}}$ 接收到信号，其中 $\tilde{t}_{\mathrm{UE},i}$ 表示终端发送 s_i 的真实时刻，$\tau_{\mathrm{UE},i}^{\mathrm{Tx}}$ 表示终端发送 s_i 时对应的定时误差，$\tilde{t}_i$ 表示 TRP i 接收 s_i 的真实时刻，τ_i^{Rx} 表示 TRP i 接收 s_i 时对应的定时误差。定时误差的原因可以有多种，例如同步误差、射频链路的延时等。终端发送给不同网络节点可能是同一个上行参考信号，也可能是不同的上行参考信号，取决于网络的配置。

网络节点 TRP i 估计上行参考信号 s_i 传播时延，上行到达时间 TOA 为

$$\begin{aligned} TOA_i &= t_i - t_{\mathrm{UE},i} \\ &= \tilde{t}_i+\tau_i^{\mathrm{Rx}}-\tilde{t}_{\mathrm{UE},i}-\tau_{\mathrm{UE},i}^{\mathrm{Tx}}+n_i \end{aligned} \tag{19-9}$$

其中 n_i 为终端在估计上行 TOA_i 时由于噪声 / 干扰等因素导致的估计误差，后面简称为估

计误差。根据传播距离与光速 c 之间的关系，类似于 DL-TODA 的推导过程，可以得到 TRP i 和终端之间的距离 d_i 与上行 TOA_i 关系如下。

$$\begin{aligned}TOA_i &= \left(\tilde{t}_i-\tilde{t}_{\mathrm{UE},i}\right)+\tau_i^{\mathrm{Rx}}-\tau_{\mathrm{UE},i}^{\mathrm{Tx}}+n_i\\&=\frac{d_i}{c}+\tau_i^{\mathrm{Rx}}-\tau_{\mathrm{UE},i}^{\mathrm{Tx}}+n_i\\&=\frac{\sqrt[2]{\left(x_i-x_{\mathrm{UE}}\right)^2+\left(y_i-y_{\mathrm{UE}}\right)^2+\left(z_i-z_{\mathrm{UE}}\right)^2}}{c}+\tau_i^{\mathrm{Rx}}-\tau_{\mathrm{UE},i}^{\mathrm{Tx}}+n_i\end{aligned} \tag{19-10}$$

其中最后一步使用了式（19-4）。

在 UL-TDOA 定位算法中，因为不同网络节点 TRP i 之间不交互测量结果，因此网络节点本身无法直接计算不同 TRP 之间测量结果的差值。在 NR 系统中，网络节点 TRP i 把测量结果上报给 LMF，然后 LMF 根据不同 TRP 测量结果来估计终端的位置。如果直接采用式（19-10）来估计终端的位置，则需要网络和终端保持较好的同步，即 $\tau_i^{\mathrm{Rx}}-\tau_{\mathrm{UE},i}^{\mathrm{Tx}}$ 近似为 0，否则估计误差将会很大。因此，一般 LMF 不直接利用式（19-10），而是利用不同 TRP 测量结果的差值（即 UL-TDOA）来估计终端位置。

假设网络侧的定时是完美的，即 $\tau_i^{\mathrm{Rx}}=0$ 或者不同网络节点对应的 τ_i^{Rx} 相同。同时假设 $\tau_{\mathrm{UE},1}^{\mathrm{Tx}}=\tau_{\mathrm{UE},2}^{\mathrm{Tx}}=\cdots=\tau_{\mathrm{UE},M}^{\mathrm{Tx}}$。以 TRP 1 为参考 TRP，LMF 可以计算得到 TRP i 对应的 UL-TDOA 值如下。

$$\begin{aligned}ULTDOA_{i,1} &= TOA_i-TOA_1\\&=\frac{\sqrt[2]{\left(x_i-x_{\mathrm{UE}}\right)^2+\left(y_i-y_{\mathrm{UE}}\right)^2+\left(z_i-z_{\mathrm{UE}}\right)^2}}{c}+\tau_i^{\mathrm{Rx}}\\&\quad-\tau_{\mathrm{UE},i}^{\mathrm{Tx}}+n_i-\frac{\sqrt[2]{\left(x_1-x_{\mathrm{UE}}\right)^2+\left(y_1-y_{\mathrm{UE}}\right)^2+\left(z_1-z_{\mathrm{UE}}\right)^2}}{c}-\tau_1^{\mathrm{Rx}}+\tau_{\mathrm{UE},1}^{\mathrm{Tx}}-n_1\\&=\frac{\sqrt[2]{\left(x_i-x_{\mathrm{UE}}\right)^2+\left(y_i-y_{\mathrm{UE}}\right)^2+\left(z_i-z_{\mathrm{UE}}\right)^2}}{c}-\frac{\sqrt[2]{\left(x_1-x_{\mathrm{UE}}\right)^2+\left(y_1-y_{\mathrm{UE}}\right)^2+\left(z_1-z_{\mathrm{UE}}\right)^2}}{c}+n_i-n_1\end{aligned} \tag{19-11}$$

从上面公式可以看到终端侧的定位误差被消除了。等效地，如果 UE 侧定时与网络侧定时之间存在误差，通过上式这个误差也容易被消除了。LMF 利用上面的公式以及多个网络节点 TRP i 的已知位置可以得到 M–1 个方程，这也是一个典型的多边定位（Multilateration）问题。DL-TDOA 定位方法中介绍的 Multilateration 问题求解算法和原理示意图（见图 19-10）同样适用于 UL-TDOA 定位方法。

为了更好地支持上行定位功能，NR 系统引入了专门的定位 SRS 信号（SRS for positioning）。定位 SRS 信号的详细设计以及配置将在第 19.5 节介绍。基站通过 RRC 信令给终端配置定位 SRS 信号，网络节点基于终端发送的定位 SRS 信号进行测量，对应的测量量在 NR 协议中称为上行相对到达时间（UL Relative Time of Arrival， UL RTOA）。NR 协议现有的 SRS 信号（即 NR R15 引入的 SRS，为了便于和定位 SRS 信号相区分，我们称之为 MIMO SRS 信号）也可以用于 UL RTOA 的测量，但是从终端的角度来看，这是透明的，即网络让终端发送 MIMO SRS 信号，终端不知道网络会不会用于定位功能。

在 NR UL-TDOA 定位方法中，网络节点 TRP 除了测量并上报 UL RTOA 外，还可以上报基于 SRS 测量得到的 SRS-RSRP 值，来协助 LMF 提高位置估计的精度。

下面结合 NR UL-TDOA 定位方法的信令流程来介绍 NR 系统中 UE、gNB 和 LMF 之间的信息交互。在 DL-TDOA 定位方法中，PRS 相关的配置是由 LMF 通过 LPP 协议通知 UE 的。从前面的介绍可知，UL-TDOA 定位方法中，定位 SRS 信号和 MIMO SRS 信号都是由 gNB 通过 RRC 信令来通知的。因此，UL-TDOA 定位功能相关的终端能力除了通过 LPP 协议上报给 LMF 外，还通过 RRC 信令通知 gNB，即相关的终端能力同时通知给 LMF 和 gNB。给 gNB 和 LMF 上报的主要终端能力相同，具体可以包含以下一些能力。

①定位 SRS 信号的最大处理能力，例如：

- 每个 BWP 上 SRS Resource set for positioning 的最大数目。
- 每个 BWP 上 SRS resource for positioning 的最大数目。

②定位 SRS 信号对应的路损估计的参考信号类型：

- 是否支持本小区的 PRS 信号作为路损估计的参考信号。
- 是否支持邻小区的 SSB 信号作为路损估计的参考信号。
- 是否支持邻小区的 PRS 信号作为路损估计的参考信号。

③定位 SRS 信号空间相关信息的参考信号类型：

- 是否支持本小区的 PRS 信号作为空间相关信息的参考信号。
- 是否支持邻小区的 SSB 信号作为空间相关信息的参考信号。
- 是否支持邻小区的 PRS 信号作为空间相关信息的参考信号。
- 是否支持同频段的定位 SRS 信号作为空间相关信息的参考信号。

④支持的频段。

根据前面的介绍，UL TDOA 定位方法基于网络节点 TRP 对 SRS 信号的测量。因此各个 TRP 需要知道 SRS 的配置信息。如果所有的 TRP 都属于同一个小区，则基站可以直接通过实现的方式（即不需要协议规定）把 SRS 配置信息告知小区内的 TRP。但是当 TRP 属于不同小区时，则一个基站无法通知所有的 TRP。在 NR 中，LMF 需要从一个基站（记为 gNB1）获取 UE 相应的 SRS 配置信息，然后把这些 SRS 配置信息通知其他基站（记为 gNB 2），从而其他基站下面的 TRP 可以知道如何接收 UE 发送的 SRS 信号。LMF 与 gNB 之间的信令流程如图 19-13 所示。为了描述方便，图中把相关的典型流程画出来了。在实际系统中，一些情况下只需要其中的部分步骤。

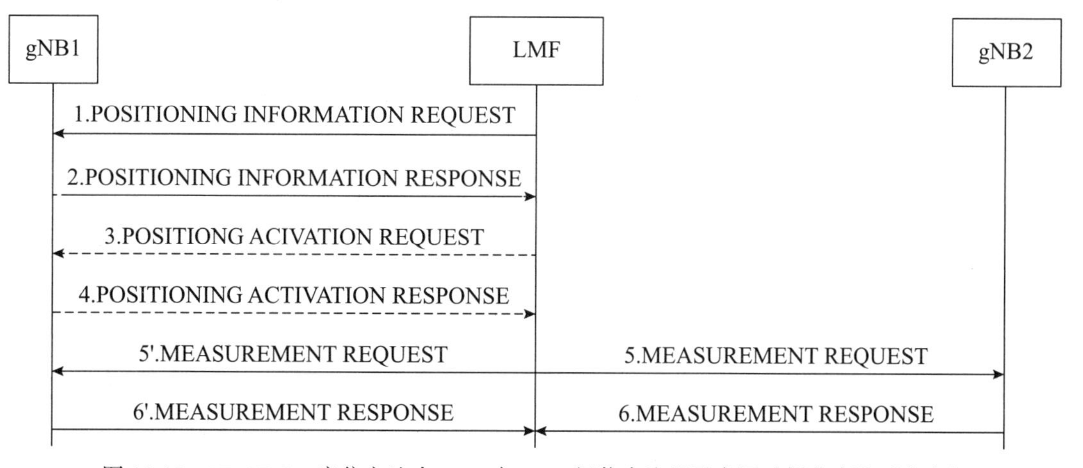

图 19-13　UL-TDOA 定位方法中 LMF 与 gNB 间信令流程示意图（部分步骤可省略）

LMF 发起定位信息交互流程（Positioning Information Exchange procedure），要求 gNB1 提供 UL-TDOA 定位的相关信息。具体来说，在这一流程中，LMF 发送 POSITIONING INFORMATION REQUEST 消息给 gNB1（图 19-13 中的步骤 1），其中包含 LMF 期望的 SRS 配置（requested SRS configuration），例如可以包含以下一些信息。

- SRS 的类型：周期（Periodic）、半持续（Semi-persistent）、非周期（Aperiodic）。
- 带宽。
- 频域位置。
- 每个 SRS resource set 中含有的 SRS resource 数目。

gNB1 考虑 LMF 发送的上述信息，给终端进行相应的 SRS 参数配置，然后把真实配置的 SRS 参数通过 POSITIONING INFORMATION RESPONSE 消息反馈给 LMF（图 19-13 中的步骤 2）。

如果终端要发送的 SRS 信号（可以是定位 SRS 信号，也可以是 MIMO SRS 信号）是半持续的（Semi-persistent）或者非周期的（Aperiodic），则整个流程中还会包括图 19-13 中的步骤 3 和步骤 4。在步骤 3 中，LMF 给 gNB1 发送 POSITIONING ACTIVATION REQUEST 消息，让 gNB1 激活半持续的 SRS 信号传输，或者让 gNB 触发非周期的 SRS 信号传输。如果 gNB1 能够按照上述信息成功激活或者触发终端进行对应的 SRS 传输，则 gNB1 通过 POSITIONING ACTIVATION RESPONSE 消息通知 LMF。如果 SRS 传输是周期性的（Periodic），则不需要步骤 3 和步骤 4。

如果 LMF 希望 gNB2 下面的 TRP 进行 UL-TDOA 的测量，则会向 gNB2 发送 MEASUREMENT REQUEST 消息（步骤 5）。该消息里面可以包含两类信息：

- SRS 相关配置信息。
- 测量上报相关的配置信息。

gNB2 根据接收到的 SRS 相关配置信息，进行相应测量，获得 UL RTOA 测量值，通过 MEASUREMENT RESPONSE 消息发送给 LMF（步骤 6）。

同时，LMF 也可以让 gNB1 进行的 UL-TDOA 相关的测量和上报（图 19-13 中步骤 5′和步骤 6′）。

基于上面的讨论，UL-TDOA 定位方法涉及的基本功能和流程如下：

（1）LMF 和 gNB 通过 NRPPa 信令获取 TRP 关于 SRS 配置信息，LMF 基于 LPP 能力传输流程获取 UE 的 LPP 能力；

（2）LMF 向服务 gNB 发送 NRPPa 定位信息请求消息，请求目标 UE 的 UL-SRS 配置信息；

（3）服务 gNB 确定 UL-SRS 可用的资源，并为目标 UE 配置 UL-SRS 资源集；

（4）服务 gNB 通过 NRPPa POSITIONING INFORMATION RESPONSE 消息向 LMF 提供 UL 信息；

（5）如果 SRS 是半持续或者非周期的，则 LMF 通过 NRPPa 信令让服务基站（serving gNB）激活或者触发 SRS 传输；

（6）LMF 通知各个 gNB 根据 SRS 信号进行 UL RTOA 测量并上报，对于除 serving gNB 以外的其他 gNB，LMF 还需要把 SRS 配置告知它们；

（7）各个 gNB 把测量结果上报给 LMF，LMF 根据测量结果以及 TRP 位置信息等计算 UE 位置。

DL-TDOA 和 UL-TDOA 的定位方法基本原理类似，但是在实际系统设计中存在一些不同的地方，两者的主要差别如表 19-2 所示。

表 19-2 DL-TDOA 与 UL-TDOA 的区别点

	DL-TDOA	UL-TDOA
测量量	DL RSTD	UL RTOA
测量执行	UE	gNB/TRP
测量结果上报	UE → LMF （LPP 协议）	gNB → LMF （NRPPa 协议）
TOA 差值计算	UE	LMF
参考信号	DL PRS	定位 SRS 信号 MIMO SRS 信号
UE 可见信令流程	LPP	RRC/MAC/DCI
支持的定位类型	UE-based UE-assisted	gNB-assisted

对于 UL-TDOA 定位方法，终端只需要发送 SRS 信号，对应的测量由 gNB 完成，终端位置的估计由 LMF 完成，因此终端的实现难度低。

19.3.4 Multi-RTT 定位方法

和 TOA 定位方法类似，Multi-RTT 定位方法也是一种圆形定位方法。以图 19-14 所示为例，Multi-RTT 定位方法把环回时间（Round-Trip time）测量结果折算成终端 UE 与网络节点（TRP i）之间的距离 d_i，从而来估计终端的位置信息。前面介绍的 TOA 定位方法中，测量信号是单向传输的，例如网络节点 TRP 发送信号，终端进行测量，或者终端发送信号，网络节点 TRP 进行测量。与之相反，Multi-RTT 定位方法是基于终端和网络节点 TRP 之间测量信号的双向传输，即同时需要下面两个步骤。

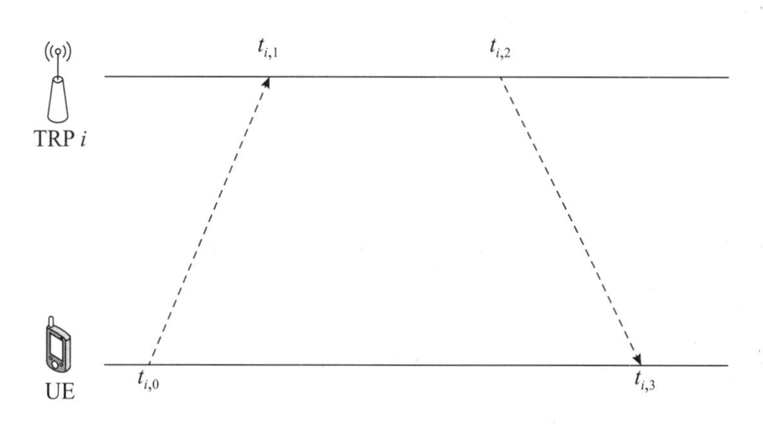

图 19-14 Multi-RTT 定位方法中信号传输示意图

- 网络节点 TRP 发送信号，终端进行测量。
- 终端发送信号，网络节点 TRP 进行测量。

图 19-14 示出了 Multi-RTT 的基本原理，假设：

- 终端在时刻 $t_{i,0}=\tilde{t}_{i,0}+\tau_{\mathrm{UE},i}^{\mathrm{Tx}}$ 向网络节点 TRP i 发送上行参考信号 $s_{\mathrm{UL},i}$，其中 $\tilde{t}_{i,0}$ 是终端发送 $s_{\mathrm{UL},i}$ 的真实时刻，$\tau_{\mathrm{UE},i}^{\mathrm{Tx}}$ 表示终端发送 $s_{\mathrm{UL},i}$ 时的定时误差；

- 网络节点 TRP i 在时刻 $t_{i,1}=\tilde{t}_{i,1}+\tau_i^{\mathrm{Rx}}$ 接收上行参考信号 $s_{\mathrm{UL},i}$，其中 $t_{i,1}$ 是 TRP i 接收 $s_{\mathrm{UL},i}$ 的真实时刻，τ_i^{Rx} 表示 TRP i 接收 $s_{\mathrm{UL},i}$ 时的定时误差；
- 网络节点 TRP i 在时刻 $t_{i,2}=\tilde{t}_{i,2}+\tau_i^{\mathrm{Tx}}$ 发送下行参考信号 $s_{\mathrm{DL},i}$，其中 $t_{i,2}$ 是 TRP i 发送 $s_{\mathrm{DL},i}$ 的真实时刻，τ_i^{Tx} 表示 TRP i 发送 $s_{\mathrm{DL},i}$ 时的定时误差；
- 终端在时刻 $t_{i,3}=t_{i,3}+\tau_{\mathrm{UE},i}^{\mathrm{Rx}}$ 接收下行参考信号 $s_{\mathrm{DL},i}$，其中 $t_{i,2}$ 是终端接收 $s_{\mathrm{DL},i}$ 的真实时刻，$\tau_{\mathrm{UE},i}^{\mathrm{Rx}}$ 表示终端接收 $s_{\mathrm{DL},i}$ 时的定时误差。

终端根据自己接收下行信号的时刻 $t_{i,3}$ 和发送上行信号 $s_{\mathrm{UL},i}$ 的时刻 $t_{i,0}$ 计算 UE Rx-Tx 时间差（UE Rx – Tx time difference）。

$$TD_{\mathrm{UERx-Tx}}^{i}=t_{i,3}-t_{i,0}=\tilde{t}_{i,3}+\tau_{\mathrm{UE},i}^{\mathrm{Rx}}-t_{i,0}-\tau_{\mathrm{UE},i}^{\mathrm{Tx}}+n_{\mathrm{UE},i} \tag{19-12}$$

其中，$n_{\mathrm{UE},i}$ 为终端在估计 $TD_{\mathrm{UERx-Tx}}^{i}$ 时由于噪声 / 干扰等因素导致的估计误差。

类似地，基站根据自己接收上行信号 $s_{\mathrm{UL},i}$ 的时刻 $t_{i,1}$ 和发送下行信号的时刻 $t_{i,2}$ 计算 gNB Rx-Tx 时间差（gNB Rx – Tx time difference）。

$$TD_{\mathrm{gNBRx-Tx}}^{i}=t_{i,1}-t_{i,2}=\tilde{t}_{i,1}+\tau_i^{\mathrm{Rx}}-t_{i,2}-\tau_i^{\mathrm{Tx}}++n_i \tag{19-13}$$

其中，n_i 为 gNB 在估计 $TD_{\mathrm{gNBRx-Tx}}^{i}$ 时由于噪声 / 干扰等因素导致的估计误差。

把式（19-12）和式（19-13）相加，可以得到 RTT 估计值。

$$RTT_i=\left(\tilde{t}_{i,1}-\tilde{t}_{i,0}\right)+\left(\tilde{t}_{i,3}-\tilde{t}_{i,2}\right)+\left(\tau_{\mathrm{UE},i}^{\mathrm{Rx}}-\tau_{\mathrm{UE},i}^{\mathrm{Tx}}\right)+\left(\tau_i^{\mathrm{Rx}}-\tau_i^{\mathrm{Tx}}\right)+\left(n_{\mathrm{UE},i}+n_i\right) \tag{19-14}$$

根据图 19-8，网络节点 TRP i 和终端 UE 之间的距离为 d_i。显然上行传输和下行传输对应的传播距离都是 d_i。假设信号传播速度为光速 c，可以得到

$$d_i=c\times\left(\tilde{t}_{i,1}-\tilde{t}_{i,0}\right) \tag{19-15}$$

$$d_i=c\times\left(\tilde{t}_{i,3}-\tilde{t}_{i,2}\right) \tag{19-16}$$

把式（19-15）、式（19-16）以及 $d_i=\sqrt[2]{\left(x_i-x_{\mathrm{UE}}\right)^2+\left(y_i-y_{\mathrm{UE}}\right)^2+\left(z_i-z_{\mathrm{UE}}\right)^2}$ 代入式（19-14），可以得到 M 个方程组成的方程组。

$$\begin{aligned}\frac{RTT_i}{2}&=\frac{d_i}{c}+\frac{\left(\tau_{\mathrm{UE},i}^{\mathrm{Rx}}-\tau_{\mathrm{UE},i}^{\mathrm{Tx}}\right)+\left(\tau_i^{\mathrm{Rx}}-\tau_i^{\mathrm{Tx}}\right)+\left(n_{\mathrm{UE},i}+n_i\right)}{2}\\&=\frac{\sqrt[2]{\left(x_i-x_{\mathrm{UE}}\right)^2+\left(y_i-y_{\mathrm{UE}}\right)^2+\left(z_i-z_{\mathrm{UE}}\right)^2}}{c}+\frac{\left(\tau_{\mathrm{UE},i}^{\mathrm{Rx}}-\tau_{\mathrm{UE},i}^{\mathrm{Tx}}\right)+\left(\tau_i^{\mathrm{Rx}}-\tau_i^{\mathrm{Tx}}\right)+\left(n_{\mathrm{UE},i}+n_i\right)}{2},i=1,\cdots,M\end{aligned} \tag{19-17}$$

通过上述 M 个方程，可以求解得到终端位置信息。

如果网络节点和终端节点的射频通道等硬件器件引入的定时误差可以忽略不计，则只需要考虑网络节点和终端之间存在的定时偏差（即同步误差）。假设存在一个理想定时参考。

- 每个网络节点 TRP i 与理想定时参考的定时偏差为 τ_i，则 $\tau_i=\tau_i^{\mathrm{Rx}}=\tau_i^{\mathrm{Tx}}$。

● 终端与理想定时参考的定时偏差为 $\tau_{\mathrm{UE},i}$，则 $\tau_{\mathrm{UE},i}=\tau_{\mathrm{UE},i}^{\mathrm{Rx}}=\tau_{\mathrm{UE},i}^{\mathrm{Tx}}$

在这种情况下，式（19-17）可以简化为

$$\frac{RTT_i}{2}=\frac{\sqrt[2]{(x_i-x_{\mathrm{UE}})^2+(y_i-y_{\mathrm{UE}})^2+(z_i-z_{\mathrm{UE}})^2}}{c}+\frac{n_{\mathrm{UE},i}+n_i}{2} \tag{19-18}$$

方程组（19-18）中，每个等式可以看成是以 TRP i 为中心、$\frac{RTT_i}{2}\times c$ 为半径的圆。因此图 19-9 中显示的物理含义同样适用于 Multi-RTT 定位方法。

从上面分析可以看到，Multi-RTT 定位方法有以下一些优点。

● 可消除网络节点之间的同步误差对定位性能的影响，即对网络节点相互之间的同步要求相对较低。

● 可以消除终端和网络节点之间的同步误差对定位性能的影响。

上面的分析和推导都是以图 19-14 为例。实际上，上行信号传输和下行信号传输的顺序是可以任意的，即本节的原理和方法适用于图 19-15 所示的场景。另外，UE 和 TRP 测量可能也会基于不同时刻的信号，例如 TRP 根据 PRS 1 确定自己的 gNB Rx-Tx 时间差，而 UE 根据 PRS 2 确定自己的 UE Rx-Tx 时间差。在实际系统中，随着时间的变化，上行和下行的信号测量结果的匹配度会下降。一些典型的因素，如终端在移动、硬件性能的限制导致网络节点或者终端自己定位出现漂移等。因此，为了保证获得较好的性能，一般是尽量让上行信号和下行信号的传输尽量靠近。

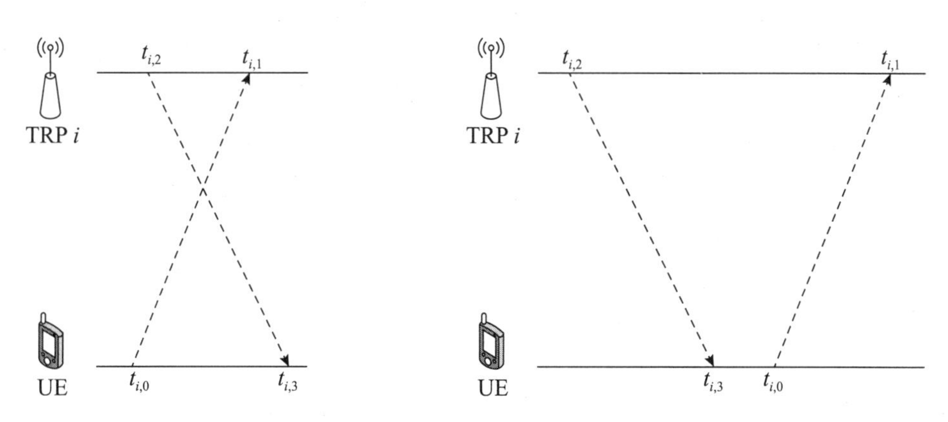

图 19-15　Multi-RTT 信号传输示意图

在 NR 系统中，基站 /TRP 通过测量 SRS 信号（可以是定位 SRS 信号，也可以是 MIMO SRS 信号）来估计 gNB Rx-Tx 时间差；终端通过测量下行定位参考信号 PRS 来估计 UE Rx-Tx 时间差。LMF 根据 UE Rx-Tx 时间差、各个 TRP 的 gNB Rx-Tx 时间差，可以得到各个 TRP 与 UE 之间的距离，然后利用各个 TRP 的位置信息，求解得到 UE 的位置信息。需要注意的是，在实际系统中，Rx-Tx 时间差并不是直接基于信号实际接收和发送的真实时间来得到，而是根据信号实际接收子帧（subframe）定时和最近的发送子帧的定时来获取的。基站和终端估计 Rx-Tx 时间差的算法，以及 LMF 中 Multi-RTT 求解算法，协议没有规定，取决于产品的实现。

在 Multi-RTT 定位方法中，为了进一步提高位置估计的精度，终端可以额外上报基于 DL PRS 测试得到的 RSRP 值（DL-PRS-RSRP），基站还可以上报基于 SRS 测量得到 RSRP

值（UL-SRS-RSRP）。

从信令流程来看，Multi-RTT 定位方法相当于同时支持了 DL-TDOA 和 UL-TODA 的基本流程。

①针对 UE Rx-Tx 时间差的测量和估计，UE 与 LMF 之间的 LPP 信令流程与 DL-TDOA 类似。

- 终端上报 Multi-RTT 定位方法相关的能力。
- 网络发送定位辅助数据。
- 终端根据定位辅助数据，对 PRS 进行测量，得到 UE Rx-Tx 时间差的估计值。
- 终端把 UE Rx-Tx 时间差的估计值上报给 LMF。

②针对 gNB Rx-Tx 时间差的测量和估计，基站与 LMF 之间 NRPPa 的信令流程与 UL-TDOA 类似。

- LMF 获取基站 /TRP 的 SRS 配置信息（LMF 可能还需要让基站激活或者触发 UE 的 SRS 传输）。
- LMF 通知基站进行 gNB Rx-Tx 时间差上报。
- TRP 对 SRS 信号进行测量，得到 gNB Rx-Tx 时间差的估计值。
- 基站把其下属 TRP 得到的 gNB Rx-Tx 时间差的估计值上报给 LMF。

因为具体的信令和细节与 DL-TDOA 和 UL-TDOA 非常相似，因此不再重复，详细内容可以参见 3GPP 协议[7,8]。

前面介绍的 DL-TDOA、UL-TDOA 和 Multi-RTT 定位方法，都是基于信号的定时信息来估计终端位置。从前面的介绍可以看到，这几类定位方法的性能会受到终端和网络节点自身定时误差的影响，例如{ $\tau_{\mathrm{UE},i}^{\mathrm{Rx}}$、$\tau_{\mathrm{UE},i}^{\mathrm{Tx}}$、$\tau_i^{\mathrm{Rx}}$、$\tau_i^{\mathrm{Tx}}$ }中部分或全部因素的影响。在介绍各种定位算法时，我们针对典型情况进行了一些假设来忽略其中部分因素的影响。而在实际系统中，如果要考虑高精度定位（例如厘米级精度定位），则各种非理想因素{ $\tau_{\mathrm{UE},i}^{\mathrm{Rx}}$、$\tau_{\mathrm{UE},i}^{\mathrm{Tx}}$、$\tau_i^{\mathrm{Rx}}$、$\tau_i^{\mathrm{Tx}}$ }都可能影响最后的定位精度。为了解决这一问题，在 NR R17 中引入了 TEG（Timing Error Group）的概念。简单而言，属于同一个 TEG 的信号和测量结果，其对应的发送定时误差或者测量定时误差小于一个门限，即属于同一个 TEG 内的误差或者测量结果对应的定时误差足够小。

下面以图 19-16 为例来介绍引入 TEG 的动因和好处。假设图中终端在接收下行 PRS 时，使用了两个不同的 panel（对应图中两个不同的 beam）。由于两个 panel 对应不同的硬件，可能会存在一些非理想因素，例如振荡器有偏差、射频链路延时有偏差等。因此这两个 panel 在实际接收 PRS 时对应的定时误差可能不一样，如果两个定时误差之间的差别大于一个门限，则可以简单地把两个 panel 对应为两个 TEG（分别记为 TEG 1 和 TEG 2）。来自网络节点 TRP 1~3 的信号都由一个 panel 接收（TEG 1），来自网络节点 TRP 4~6 的 PRS 信号都由另一个 panel 接收（TEG 2）。

现在考虑采用 DL-TDOA 定位方法，那么需要确定下行 TDOA。如果计算 TRP 1 和 TRP 2 之间的 TDOA，由于它们分别属于两个不同的 TEG，计算出来的 TDOA 会引入一个额外的误差，并且这个误差会大于上述门限。显然，这会影响定位估计的精度。引入 TEG 后，可以在同一个 TEG 内处理 TDOA。针对图 19-16 中例子，可以根据 TRP 1~3 得到一组 TDOA，然后根据 TRP 4~6 得到另一组 TDOA，然后联合使用这两组 TDOA 来求解相关方程，从而估计得到终端的位置。

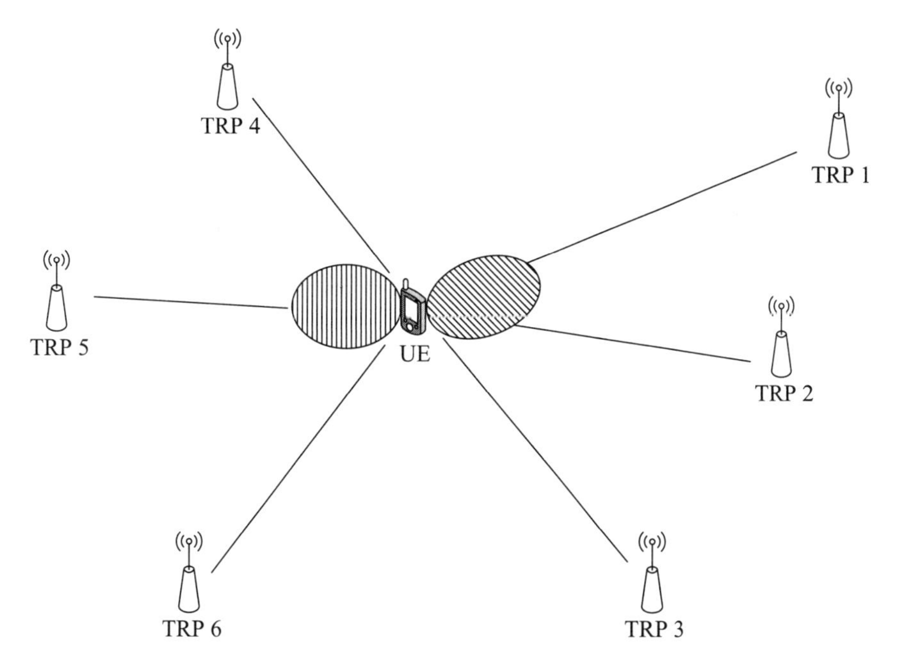

图 19-16　DL-TDOA 定位方法中终端多 panel 接收示意图

在 NR R17 中，针对终端和网络节点都引入了以下 3 种不同类型的 TEG。

- Tx TEG：属于同一个 Tx TEG 的定位 SRS 信号资源对应的发送定时误差都小于一定的门限。可用于 DL-TDOA、UL-TDOA、Multi-RTT 定位方法。
- Rx TEG：属于同一个 Rx TEG 的测量结果对应的接收定时误差都小于一定的门限。可用于 DL-TDOA、UL-TDOA、Multi-RTT 定位方法。
- RxTx TEG：属于同一个 RxTx TEG 的 Rx-Tx 时间差测量结果对应的接收定时误差和发送定时误差之和小于一定的门限。可用于 Multi-RTT 定位方法。

在 R17 定位增强中，终端和 gNB 可以上报发送信号对应的 TEG，也可以上报测量结果对应的 TEG。在计算终端位置信息时，定位算法综合考虑测量结果以及对应的 TEG 信息，从而提升了定位性能。

19.3.5　DL-AoD 定位方法

网络节点 TRP 和终端的相对物理位置也决定了 TRP 与终端之间直连线的角度。DL-AoD 和 UL-AoD 都是利用这一基本特性，基于信号的离开角（AoD）和到达角（AoA）信息来估计终端的位置信息。

下面以二维空间为例说明 DL-AoD 的基本原理。图 19-17 仅展示了终端与网络节点 TRP 1 之间的信号传输对应的角度，终端与其他网络节点之间的角度关系类似。具体假设如下：

- M=4 个网络节点，分别记为 TRP 1、TRP 2、TRP 3 和 TRP 4。
- 网络节点 TRP i（i=1,2,⋯, M）对应的三维坐标为 (x_i, y_i, z_i)。
- 终端对应的三维坐标为 $(x_{\text{UE}}, y_{\text{UE}}, z_{\text{UE}})$。
- 信号从网络节点向终端发送，其中信号离开 TRP i 的角度为 θ_i。
- 在终端侧，使用不同参考目标可以得到不同的角度，例如图中所示，同一个信号使用不同的参考目标，可以有到达角 α_i 和 β_i。

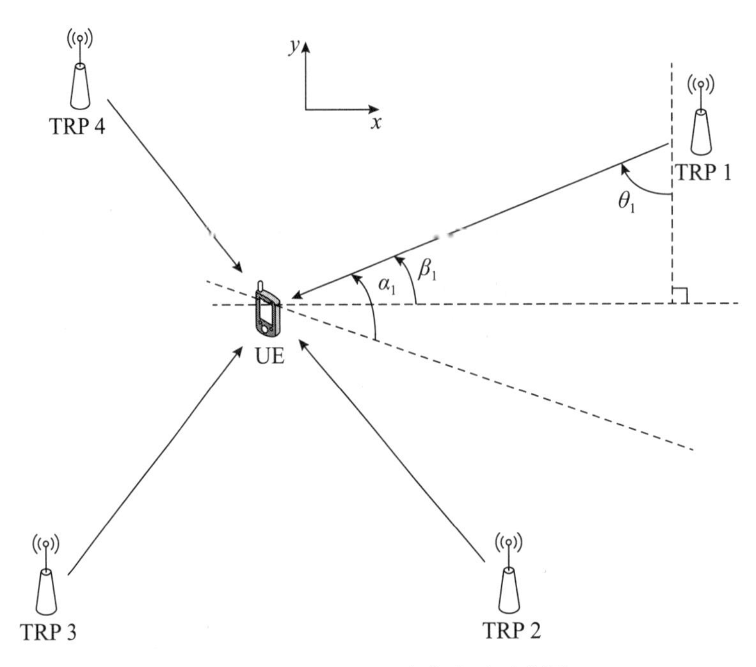

图 19-17　DL-AoD 定位方法示意图

在实际系统中，一个终端的方向是随机的，例如 TRP1 发送的同一个信号，从某个终端的接收来看，信号到达角为 α_1；而如果终端旋转一个方向，那么从信号接收来看，信号到达角为 β_1。终端和 LMF 事先并不知道某个时刻终端具体的方向，因此从定位算法来看，信号到达角的信息中包含了终端方向这个未知量，这样就额外增加了定位算法求解的复杂度，影响定位估计的性能。基于这一原因，在 NR 系统中没有引入基于下行到达角的定位方法。

与终端相反，网络节点 TRP 的部署是经过规划的，并且网络节点一般是固定的，因此，网络节点的位置和方向都是可以预先获得的，从而可以避免额外的不确定因素。因此，NR 系统引入了基于下行离开角（DL-AoD）的定位方法。

从图 19-17 可以看到，TRP i 和终端之间的距离在 x 轴和 y 轴上投影分别是一个直角三角形垂直的两个边。根据三角函数，可以得到它们与下行离开角 θ_i 的关系如下。

$$x_i - x_{\mathrm{UE}} = \left(y_i - y_{\mathrm{UE}}\right) \times \tan\theta_i \tag{19-19}$$

根据 M 个 TRP 和终端的关系，可以得到 M 个式（19-19）所示的约束方程，通过求解这一非线性方程，可以得到 $(x_{\mathrm{UE}}, y_{\mathrm{UE}})$ 的估计值。针对三维空间，利用球形坐标以及三角函数可以推导得到相应的约束方程组。上面式（19-19）是一个示意方法，实际上还可以有其他形式的约束方程，也可以有其他求解终端位置的方式。

根据终端能力的不同，NR 终端可以支持两种模式的 DL-AoD 定位方法：UE-based 模式和 UE-assisted 模式。在 UE-based 模式中，终端根据 PRS 测量结果以及网络节点的位置信息来估计自己的位置。在这一模式下，网络不仅需要通过信令告诉终端关于网络节点的位置信息，还需要告诉终端关于 PRS 资源（PRS resource）的空间方向信息，例如 PRS 资源的仰角（Elevation）和方位角（Azimuth）。

UE-assisted 模式的 DL-AoD 定位方法概要如下。

- 网络发送下行定位参考信号 PRS。

● 终端测量 PRS 并把测量结果上报给 LMF。

● LMF 根据终端上报结果，以及各个网络节点 TRP 的已知位置来求解终端的位置信息。其中，下行离开角是由 LMF 估计得到的，而不是由终端估计得到的。终端测量 PRS 信号的 RSRP，然后把 DL-PRS-RSRP 的测量结果以及 PRS 资源标识上报给 LMF。LMF 根据 UE 的上报信息以及网络节点的相关信息来估计下行离开角和终端的位置。NR 协议没有规定下行离开角的估计算法，也没有规定如何使用下行离开角求解终端位置，这些都依赖于产品的具体实现。在 UE-assisted 模式下，gNB 需要把下列信息告诉 LMF。

● 网络节点的位置信息。

● PRS 资源（PRS resource）的空间方向信息，例如 PRS 资源的仰角（Elevation）和方位角（Azimuth）。

对于 DL-AoD 定位方法，其中涉及终端能力上报、终端与 LMF 之间的信令交互流程、gNB 与 LMF 之间的信令交互流程等都与 DL-TDOA 定位方法类似，因此不再介绍。具体的信令设计和流程细节可以参见 3GPP 协议 [7，8]。

19.3.6　UL-AoA 定位方法

UL-AoA 定位方法的原理与 DL-AoD 定位方法类似。图 19-18 也与图 19-17 类似，区别在于信号是从终端发送给网络节点。由于终端自身方向的不确定性，NR 系统没有引入基于上行信号离开角的定位方法，只是引入了基于上行信号到达角的定位方法，即 UL-AoA 定位方法。显而易见，式（19-19）以及相关的分析同样适用于图 19-18。

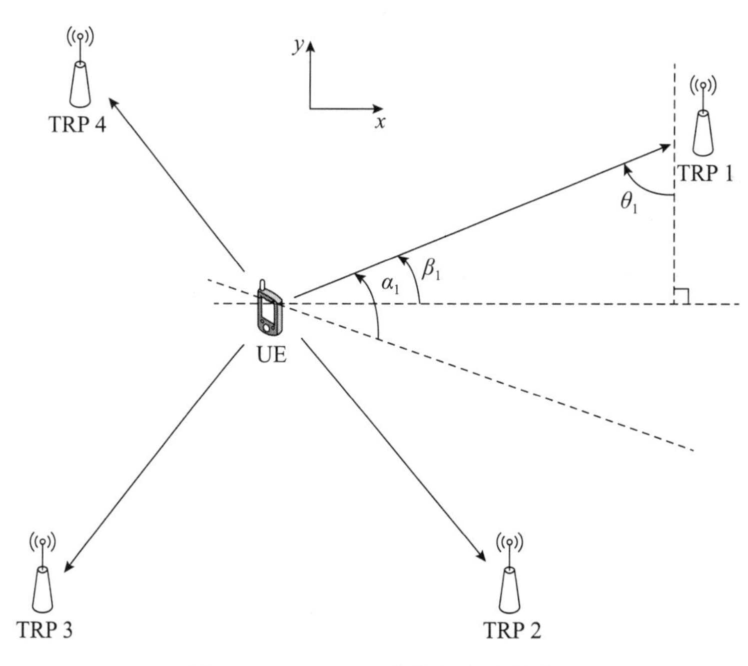

图 19-18　UL-AoA 定位方法示意图

UL-AoD 定位方法概要如下。

● 终端发送 SRS 信号（可以是定位 SRS 信号，也可以是 MIMO SRS 信号）。

● 网络节点基于 SRS 信号的测量，估计得到上行到达角；基站把上行到达角信息上报给 LMF，可以包括方位角（Azimuth）、天顶角（Zenith）等。

- LMF 根据基站上报结果，以及各个网络节点 TRP 的已知位置来求解终端的位置信息。

在 UL-AoA 定位方法中，终端与 LMF 之间的信令交互流程、gNB 与 LMF 之间的信令交互流程等都与 UL-TDOA 定位方法类似，因此不再介绍。具体的信令设计和流程细节可以参见 3GPP 协议 [7, 8]。

和基于定时的定位方法相比（例如 DL-TDOA、UL-TDOA 和 Multi-RTT），DL-AoD 定位和 UL-AoA 定位方法依赖于角度信息，不依赖于定时信息，因此它们对于同步误差、硬件设备引起的定时误差等不利因素适应性较好。另一方面，角度信息估计精度依赖于网络节点的天线配置，如果网络节点天线数较少，则角度信息估计精度较低；如果网络节点部署了天线阵列，则角度信息估计精度较高。在实际应用中，LMF 可以综合利用多种不同的定位方法来提高定位精度。

19.4 NR 下行定位参考信号（DL Positioning RS，DL PRS）

如前面章节所述，3GPP R16 协议引进了以下和下行相关的 NR 定位方法：DL-TDOA、DL-AoD 和 Multi-RTT 定位方法。为了支持 UE 为这些定位方法所做的相应测量，3GPP R16 协议引入下行定位参考信号（DL Positioning RS，DL PRS）。UE 通过测量 DL PRS 来得到每个 NR 定位方法所需要的测量结果。

19.4.1 NR 下行定位参考信号的设计考虑

理论上，NR 定位方法中所需要的各种测量结果，例如 RSTD 测量、RSRP 测量以及 UE Rx-Tx time difference 测量，可以从任何的下行信号中得到。在讨论 NR 定位标准化的过程，NR 已经引入了多种下行参考信号，其中包括下行同步信号 SSB 和信道状态信息参考信号（CSI Reference Signal，CSI-RS）。因此这些现存的下行参考信号也被作为当初定位参考信号的候选研究方向。在 RAN1 95 次会议上，确定了进一步研究以下候选的下行定位参考信号方案。

- 把 NR CSI-RS 作为下行定位参考信号。
- 把 NR SSB 作为下行定位参考信号。
- 引入一个新的下行定位参考信号。

经过进一步的研究，多个公司提出前两个选项存在一些潜在的技术问题。关于 NR SSB，如果用于 NR 定位，存在一些技术上的限制因素 [16, 17]，其中包括 SSB 的带宽有限，SSB 的传输没有充分考虑小区间干扰，接收 SSB 就需要解码物理广播信道（Physical Broadcast Channel，PBCH）等。这个因素会限制基于时间测量的 NR 定位方法的最终定位精度以及 UE 定位方法的实现。NR 的 CSI-RS 用于多种目的，其中包括时频跟踪、波束测量和信道状态测量。关于 CSI-RS，一个技术担心是 CSI-RS 是由服务 gNB 配置的，而用于定位的参考信号需要由 LMF 来配置。所以现存的 CSI-RS 配置是无法直接重用的 [18]。另外 CSI-RS 的设计主要是考虑到为 NR 系统提供时频跟踪、波束管理和 MIMO 信道的测量，而并没有为定位测量做过优化。所以想用现存的 CSI-RS 用于定位测量并且要满足定位的性能要求，NR CSI-RS 需要进行相应的修改。综合多种技术因素考虑，最终在 RAN1 2019 年 1 月的 Ad-Hoc 会议上决定为 NR 定位引入专有的下行定位参考信号，同时决定 NR 的下行定位参考信号（DL PRS）设计需要支持以下特征。

- 可配置的信号带宽。

- 可配置的 DL PRS 的子载波间隔（Subcarrier Spacing，SCS）。
- 可配置的 DL PRS 的频率和时间资源分配。
- 支持下行波束扫描（beam sweeping）和波束对齐（beam alignment）。这个是考虑到 FR2 的多波束操作。
- 专有的 DL PRS 资源，支持时间 - 频率上的网格结构。这个是考虑到 UE 需要能听到和接收来自多个不同小区的 DL PRS 信号。来自不同小区的 DL PRS 信号可以在时间或者频率上复用。

另外，考虑到 NR DL PRS 信号不会用于测量多天线信道，所以决定 DL PRS 信号由单天线端口发送。

19.4.2 DL PRS 信号序列

NR PRS 信号的序列重用了 NR CSI-RS 信号所使用的 Gold 序列产生器。根据 TS38.211 的定义，NR PRS 信号的序列是：

$$r(m)=\frac{1}{\sqrt{2}}\left(1-2c(2m)\right)+\mathrm{j}\frac{1}{\sqrt{2}}\left(1-2c(2m+1)\right)$$

其中伪随机序列 $c(i)$ 是 31 位长的 Gold 序列。关于 PRS 信号的序列产生，一个关键的技术设计就是伪随机序列产生器的初始种子选择。在 RAN1 的设计讨论过程中，主要考虑了以下的因素 [19，20]。

- PRS 信号和 CSI-RS 信号的资源共享。NR PRS 信号的设计采用了 NR CSI-RS 信号的一些结构设计，因此在某些场景下可以实现资源共享以减少资源成本。所以在 PRS 信号的初始种子设计时考虑把 CSI-RS 信号的 1024 个序列能重用给 NR PRS 信号。
- NR PRS 信号的序列个数需要扩展以支持一个 UE 需要测量多个小区的 PRS 信号的需求。但是在扩展的同时还要能后向兼容以能够重用 CSI-RS 的已有序列。

最终，在 RAN1 99 会议上决定了 NR PRS 信号的序列产生初始种子设计。伪随机序列产生器根据以下公式来初始化。

$$c_{\text{init}}=\left(2^{22}\left\lfloor\frac{n_{\text{ID,seq}}^{\text{PRS}}}{1\ 024}\right\rfloor+2^{10}\left(N_{\text{symb}}^{\text{slot}}n_{\text{s,f}}^{\mu}+l+1\right)\left(2\left(n_{\text{ID,seq}}^{\text{PRS}}\bmod 1\ 024\right)+1\right)+\left(n_{\text{ID,seq}}^{\text{PRS}}\bmod 1\ 024\right)\right)\bmod 2^{31}$$

其中，

- $n_{\text{s,f}}^{\mu}$ 是 PRS 所处的时隙号。
- $n_{\text{ID,seq}}^{\text{PRS}}$ 是 PRS 序列号。它由高层参数配置，取值为 $\{0,1,\cdots,4\ 095\}$。
- l 是此序列所映射的 OFDM 符号所处时隙内的符号序号。
- $N_{\text{symb}}^{\text{slot}}$ 是一个时隙内总共的 OFDM 符号数量。

从上述公式可以看出，如果 $n_{\text{ID,seq}}^{\text{PRS}}$ 取值在 0~1 023，就会产生和 CSI-RS 相同的序列，从而可以实现资源共享。而如果 $n_{\text{ID,seq}}^{\text{PRS}}$ 取值在 1 024~4 095，就会产生延伸出来的 PRS 信号序列。

19.4.3 DL PRS 资源映射

如上所述，在所配置的时隙中产生对应的 NR PRS 信号的序列。随后，该序列会进行 QPSK 调制，映射到对应的时频资源单元（Resource Element，RE）上。NR PRS 信号的映射方法沿用了 LTE PRS 信号映射方法的基本原理。在一个 OFDM 符号上，采用梳状（comb）的结构把 NR PRS 信号映射到频域去。梳状结构可以支持来自不同 TRP 的 DL PRS 信号能频分复用到同一个 OFDM 符号上。不同 TRP 的 DL PRS 信号可以配置不同的频率偏移值。同时，采用梳状结构还可以通过借功率的方式来提高 NR PRS 资源单元上的发送功率。 在一个时隙内，一个 NR PRS 资源可以占用多个连续的 OFDM 符号，NR PRS 信号采用交错（staggered）的结构来映射到多个 OFDM 符号上。这种交错的结构具有以下的技术优点：接收 UE 可以把多个 OFDM 符号上的 PRS 信号进行去交错操作，从而形成梳齿尺寸为 1 的 PRS 信号。相比于非交错结构的信号，交错结构的 PRS 信号可以提供更好的互相关操作的峰值，从而提升定位测量的性能和提高定位计算的精度。

在 NR PRS 信号的结构配置上，考虑到各种不同级别的定位性能要求和应用场景，所以 NR 支持可配置的梳齿尺寸 $K_{\text{comb}}^{\text{PRS}}$ 和可配置的时隙内 OFDM 符号数 L_{PRS}。在 3GPP R16 标准中，梳齿尺寸的取值为 $K_{\text{comb}}^{\text{PRS}} \in \{2,4,6,12\}$，而可配置的 OFDM 符号数的取值范围为 $L_{\text{PRS}} \in \{2,4,6,12\}$。但是在配置上，3GPP R16 标准规定 $K_{\text{comb}}^{\text{PRS}}$ 和 L_{PRS} 的取值并不能进行随意的组合。在这两个参数的取值选择上，曾经有两种选项。选项 1 是允许 OFDM 符号数的取值可以小于梳齿尺寸。这个选项的好处是可以降低 PRS 的资源开销，但是技术缺点是在 OFDM 符号数小于梳齿尺寸时，会导致在某些频域资源单元 RE 上没有 DL PRS 信号，从而在 UE 接收侧做 DL PRS 的自相关操作时会产生较大的侧峰，从而损害定位的精度和性能。另外一个选项是只选择大于或等于梳齿尺寸的 L_{PRS} 取值。这个选项的好处是可以保证 PRS 在所分配频宽的范围内，所有的频域资源单元 RE 上都有信号，在 UE 接收端的 PRS 自相关操作只产生一个峰值而侧峰可以被有效地压制，这样就可以有效地提高定位精度和性能。但是这个选项的缺点也是显而易见的，也就是 PRS 的资源开销可能比较大。最终 3GPP R16 选择的设计是 L_{PRS} 的取值必须大于或等于 $K_{\text{comb}}^{\text{PRS}}$ 并且只能是 $K_{\text{comb}}^{\text{PRS}}$ 的整数倍。它们的取值组合 $\{L_{\text{PRS}}, K_{\text{comb}}^{\text{PRS}}\}$ 只能取以下组合中的某一个：{2, 2},{4, 2}, {6, 2}, {12, 2}, {4, 4}, {12, 4}, {6, 6}, {12, 6} and {12, 12}。

按照 3GPP TS38.211[7] 的规范，NR PRS 信号的序列 $r(m)$ 根据以下的公式映射到时频资源单元 RE $(k,l)_{p,\mu}$ 上。

$$a_{k,l}^{(p,\mu)} = \beta_{\text{PRS}} r(m) m = 0,1,\cdots$$

$$k = mK_{\text{comb}}^{\text{PRS}} + \left(\left(k_{\text{offset}}^{\text{PRS}} + k'\right) \bmod K_{\text{comb}}^{\text{PRS}}\right)$$

$$l = l_{\text{start}}^{\text{PRS}}, l_{\text{start}}^{\text{PRS}} + 1, \cdots, l_{\text{start}}^{\text{PRS}} + L_{\text{PRS}} - 1$$

其中，

- NR PRS 的天线端口号 $p = 5\ 000$。
- $l_{\text{start}}^{\text{PRS}}$ 是 PRS 资源在一个时隙内所占的第一个 OFDM 符号，L_{PRS} 是在一个时隙内所占的 OFDM 符号总数。
- $K_{\text{comb}}^{\text{PRS}}$ 是配置的梳齿尺寸。
- $k_{\text{offset}}^{\text{PRS}}$ 是第一个 OFDM 符号上的频域资源单元偏移值，由网络配置，它的取值范围是 $k_{\text{offset}}^{\text{PRS}} \in \{0,1,\cdots,K_{\text{comb}}^{\text{PRS}}-1\}$。

NR PRS 信号映射到时频资源上时，在一个时隙内的 PRS 所占用的第一个 OFDM 符号上，所映射的频域资源单元由所配置的 $k_{\text{offset}}^{\text{PRS}}$ 决定。而在一个时隙内的 PRS 所占用的其他 OFDM 符号上，所映射的频域单元由配置的 $k_{\text{offset}}^{\text{PRS}}$ 和规定的相对于第一个 OFDM 符号的相对偏移值（也就是上述公式中的参数）决定。3GPP TS38.211 规范了每种梳齿尺寸下 OFDM 符号相对于第一个 OFDM 符号的频域相对偏移值的取值，如表 19-3 所示。

表 19-3　PRS 的相对频域偏移值

$K_{\text{comb}}^{\text{PRS}}$	一个 PRS 资源内的 OFDM 符号序列号 $l-l_{\text{start}}^{\text{PRS}}$											
	0	1	2	3	4	5	6	7	8	9	10	11
2	0	1	0	1	0	1	0	1	0	1	0	1
4	0	2	1	3	0	2	1	3	0	2	1	3
6	0	3	1	4	2	5	0	3	1	4	2	5
12	0	6	3	9	1	7	4	10	2	8	5	11

多个不同的 NR PRS 资源映射实例如图 19-19 ~ 图 19-22 所示。

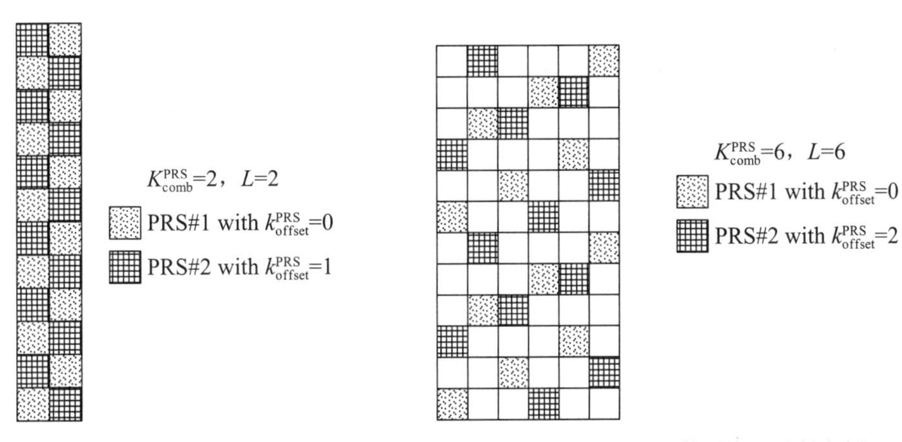

图 19-19　NR PRS 信号资源映射实例 1

图 19-20　NR PRS 信号资源映射实例 2

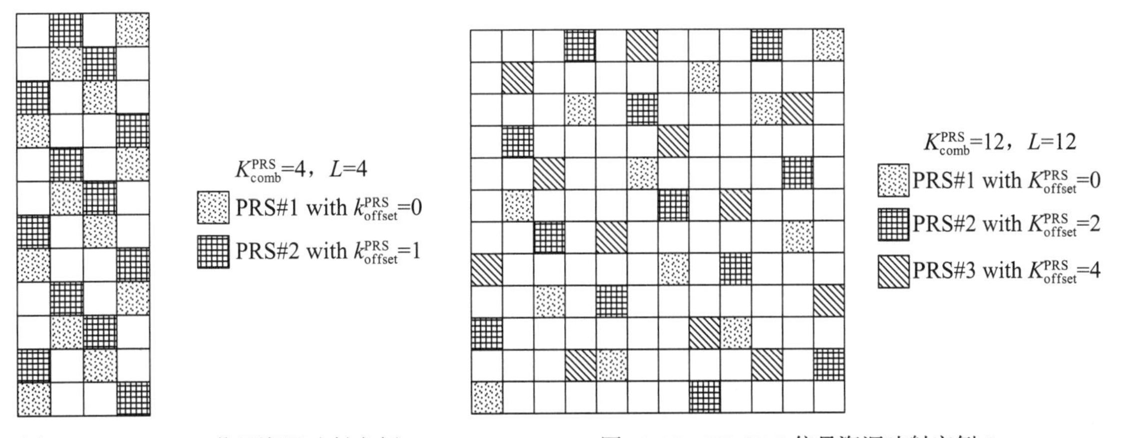

图 19-21　NR PRS 信号资源映射实例 3

图 19-22　NR PRS 信号资源映射实例 4

19.4.4 DL PRS 配置与传输

NR DL PRS 的配置信息由 LMF 通过 LPP 协议信令提供给 UE。DL PRS 的参数配置采用了 4 层信令结构，从顶层到底层表示为：

- 定位频率层（Positioning Frequency Layer，PFL）。
- TRP。
- DL PRS 资源集（PRS resource set）。
- DL PRS 资源（PRS resource）。

在每个 PFL 中，UE 所配置的是多个 TRP 在同样频率点发送的 DL PRS 信号。而每个 TRP 中可以配置一个或者两个 DL PRS 资源集，它们配置了这个 TRP 在某个频率点上发送的所有的 DL PRS 资源。而每个 DL PRS 资源集里面可以配置多个 DL PRS 资源，每个 DL PRS 资源可以代表一个 TRP 的发送波束，而不同的 DL PRS 资源可以代表这个 TRP 的不同发送波束。

根据 3GPP NR R16 规范，最多可以为一个 UE 提供 4 个定位频率层（PFL）的 DL PRS 配置。每一个定位频率层的参数结构中提供了以下 PRS 信号的配置参数。

- PRS 信号的子载波间隔。
- PRS 信号的循环前缀（cyclic prefix，CP）长度。
- PRS 的频域资源带宽：这个参数取值是分配给 PRS 信号的物理资源块（Physical Resource Block，PRB）个数。PRS 资源带宽最小值是 24 个 PRB，颗粒度是 4 个 PRB，而最大值是 272 个 PRB。
- PRS 资源的频域起始频率位置：这个参数定义 PRS 信号在频域分配的起始 PRB 的索引号。PRB 的索引号是相对于 PRS 的 PointA 所定义的。
- PRS 信号的频域参考点 PointA。
- PRS 信号的梳齿尺寸 Comb-N。

在每个定位频率层中所配置的上述 PRS 参数会应用到这个定位频率层所包含的所有 PRS 资源上。也就是说，在一个定位频率层中，来自多个不同 TRP 的所有 PRS 信号会使用同样的子载波间隔和 CP 长度、同样的梳齿尺寸，发送到同样的频率子带上，并且占用完全一样的带宽。这样的设计可以支持 UE 能够同时接收并测量发送同样频点上的来自多个不同 TRP 的 PRS 信号。

TRP 层的参数包括一个用于识别这个定位 TRP 的 ID 参数、这个 TRP 的物理小区 ID、这个 TRP 的 NR 小区全局标识（NCGI）以及这个 TRP 的 ARFCN。每个 TRP 层中可以最多配置 2 个 DL PRS 资源集。DL PRS 资源集这个层参数配置了以下参数，而这些参数会应用到这个资源集中所包含的所有的 DL PRS 资源。

- DL PRS 资源集合识别 ID（nr-DL-PRS-ResourceSetID）。
- DL PRS 的传输周期和时隙偏移（dl-PRS-Periodicity-and-ResourceSetSlotOffset）：这个参数定义了包含在这个 DL PRS 资源集中的所有 DL PRS 资源的时域发送行为。可以配置的 DL PRS 的传输周期最小值是 4 ms，而最大值是 10 240 ms。DL PRS 的配置支持灵活的子载波间隔，包括 15 kHz、30 kHz、60 kHz 和 120 kHz。在不同的子载波间隔情况下，可以配置的 DL PRS 传输周期值范围是一样的。
- DL PRS 资源的重复因子（dl-PRS-ResourceRepetitionFactor）：这个参数定义了一个

PRS 资源在每个 PRS 周期内的重复传输次数。同一个 DL PRS 资源的重复传输可以被 UE 用来聚合多次传输的 DL PRS 信号能量，从而可以增加 DL PRS 的覆盖距离和增加定位精度。在 FR2 系统中，DL PRS 资源的重复传输可以被 UE 用来进行接收波束扫描操作。UE 可以用不同的接收波束来接收同一个 DL PRS 资源的重复传输，从而找到最佳的 TRP 发送波束和 UE 接收波束匹配。另外一方面，DL PRS 资源的重复发送会增加 PRS 的开销。在 3GPP NR R16 规范中，DL PRS 资源的重复因子取值为 1、2、4、6、8、16 和 32。

- DL PRS 资源重复发送的时间间隔（dl-PRS-ResourceTimeGap）：这个参数定义了同一个 PRS 资源连续两次重复传输之间的时隙数。
- DL PRS 的静默（muting）配置：这个参数用来定义 DL PRS 信号在某些分配时频资源上不发送（称为 muting）。Muting 是指 DL PRS 信号并不会在所有分配的时频资源上发送，而是有意在某些指定的时频资源上不发送。这么做的目的一方面可以规避和其他信号比如 SSB 的冲突，另一方面可以规避不同 TRP 发送信号之间的干扰，例如有意在某些时刻上关掉某个 TRP 的 DL PRS 发送，从而使得 UE 能够收到来自较远 TRP 的 DL PRS 信号。PRS 的 muting 操作将在后续的描述中做详细解释，这里就不做赘述了。
- DL PRS 资源所占的 OFDM 符号数（dl-PRS-NumSymbols）：这个参数定义了一个 DL PRS 资源在一个时隙内部所分配的 OFDM 符号数量。

如前所述，在一个 DL PRS 资源集这层配置中所配置的所有参数会应用到这个资源集中所包含的所有 DL PRS 资源。因此，在同一个 DL PRS 资源集中所有的 DL PRS 资源会以同样的周期发送、同样的重复传输次数，以及占用同样数量的 OFDM 符号。

每个 DL PRS 资源会配置如下的参数。

- 一个 DL PRS 资源识别 ID（nr-DL-PRS-ResourceID）。
- DL PRS 的序列 ID（dl-PRS-SequenceID）。
- DL PRS 的起始频域资源单元偏移（dl-PRS-CombSizeN-AndReOffset）：这个参数定义了 DL PRS 资源在一个时隙内的第一个分配的 OFDM 符号上资源映射所用的频域资源单元偏移值。根据这个参数以及 TS38.211 规范中的相对偏移值，UE 就可以确定每个 OFDM 符号上资源映射所使用的频域资源单元偏移值。
- DL PRS 的资源时隙偏移（dl-PRS-ResourceSlotOffset）：这个参数定义了相对于 DL PRS 资源集的时隙偏移，可以确定每个 DL PRS 资源所处的时隙位置。
- DL PRS 的 OFDM 符号偏移（dl-PRS-ResourceSymbolOffset）：这个参数定义了一个 DL PRS 资源在一个时隙内的时频资源分配位置。它指示在一个时隙内的起始 OFDM 符号索引号。
- DL PRS 的 QCL 信息（dl-PRS-QCL-Info）：这个参数提供了 DL PRS 信号的准共址信息（Quasi Co-Location，QCL）。

为了读者能更好地理解 NR DL PRS 的配置和传输行为，在图 19-23~ 图 19-25 中分别给出了一个 NR DL PRS 基于不同参数配置的传输实例。

图 19-23 给出一个 NR DL PRS 传输实例是一个 DL PRS 资源集包含两个 DL PRS 资源：PRS#1 和 PRS#2。在 DL PRS 资源集这层参数配置中，DL PRS 的传输周期是 N 个时隙，DL PRS 资源的重复因子等于 4，以及 DL PRS 资源重复发送的时间间隔是 1 个时隙，在 DL PRS

资源这层参数配置中，PRS#1 所配置的 DL PRS 资源时隙偏移是 0 个时隙，而 PRS#2 所配置的 DL PRS 资源时隙偏移是 4 个时隙偏移。所以按照这个 DL PRS 的配置，如图 19-23 所示，PRS#1 在时隙 n、n+1、n+2 和 n+3 中重复发送 4 次。而 PRS#2 的资源时隙偏移是 4，所以 PRS#2 在一个周期内的第一次发送是在时隙 n+4，然后在后续的时隙中继续重复发送 3 次。

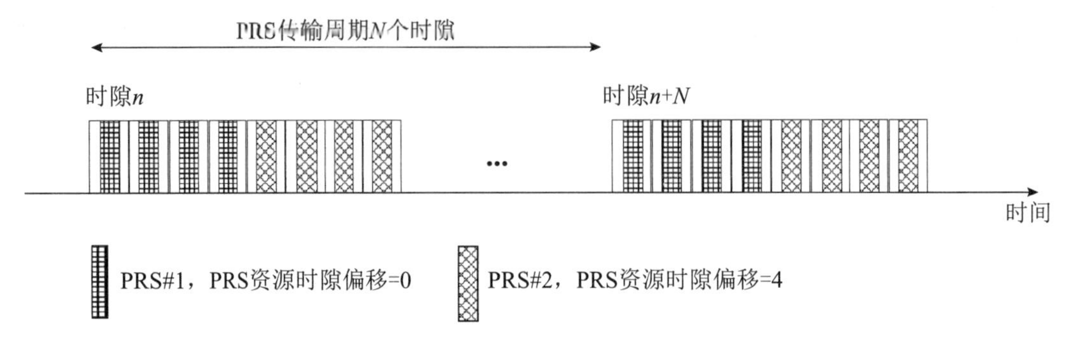

图 19-23　NR PRS 传输实例 1

图 19-24 给出的一个 NR DL PRS 传输实例是一个 DL PRS 资源集包含两个 DL PRS 资源：PRS#1 和 PRS#2。在 DL PRS 资源集这层参数配置中，DL PRS 的传输周期是 N 个时隙，DL PRS 资源的重复因子等于 4，以及 DL PRS 资源重复发送的时间间隔是 2 个时隙。在 DL PRS 资源这层参数配置中，PRS#1 所配置的 DL PRS 资源时隙偏移是 0 个时隙，而 PRS#2 所配置的 DL PRS 资源时隙偏移是 1 个时隙偏移。所以按照这个 DL PRS 的配置，如图 19-24 所示，PRS#1 在时隙 n、n+2、n+4 和 n+6 中重复发送 4 次。而 PRS#2 的资源时隙偏移是 1，所以 PRS#2 在一个周期内的第一次发送是在时隙 n+1，然后在后续的时隙 n+3、n+5 和 n+7 中继续重复发送 3 次。

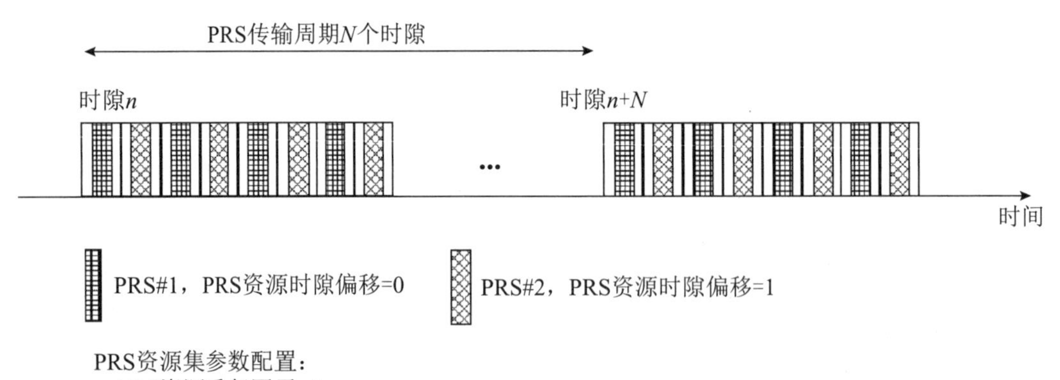

图 19-24　NR PRS 传输实例 2

图 19-25 给出的一个 NR DL PRS 传输实例是一个 DL PRS 资源集包含 4 个 DL PRS 资源：PRS#1、PRS#2、PRS#3 和 PRS#4。在 DL PRS 资源集这层参数配置中，DL PRS 的传输周期是 N 个时隙，DL PRS 资源的重复因子等于 4，以及 DL PRS 资源重复发送的时间间隔是 2

个时隙。在 DL PRS 资源这层参数配置中，PRS#1 和 PRS#2 所配置的 DL PRS 资源时隙都是偏移 0 个时隙而 PRS#3 和 PRS#4 所配置的 DL PRS 资源时隙偏移都是 1 个时隙。按照这个配置，PRS#1 和 PRS#2 会发送在同样的时隙，而 PRS#3 和 PRS#4 也会映射到同样的时隙。PRS#1 和 PRS#2 配置不同的 OFDM 符号位置。PRS#3 和 PRS#4 也配置不同的 OFDM 符号位置。

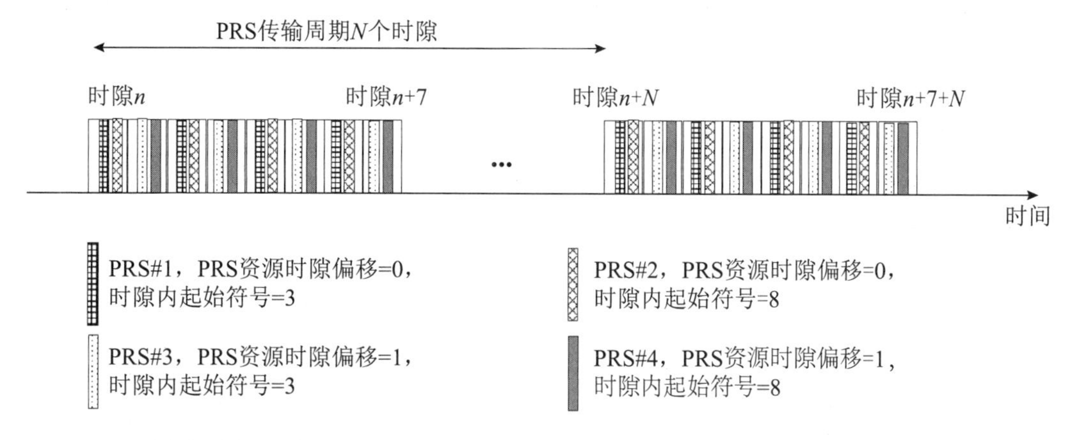

图 19-25　NR PRS 传输实例 3

所以按照这个 DL PRS 的配置，如图 19-25 所示，PRS#1 和 PRS#2 都在时隙 n、n+2、n+4 和 n+6 中重复发送 4 次但是映射到不同的 OFDM 符号上。而 PRS#3 和 PRS#4 都在时隙 n+1、n+3、n+5 和 n+7 中重复发生 4 次但是占用不同的 OFDM 符号。

如前所述，NR P DL RS 可以配置一个静默（Muting）设置。在 3GPP NR R16 规范中，NR PRS 始终是周期性传输的信号。静默（Muting）设置可以把某些 DL PRS 资源的传输在其中一部分分配的时频资源上关掉。也就是说静默设置可以使得某个 DL PRS 信号不需要在所有分配的时频资源上发送。3GPP NR R16 规范中定义了两种不同的 Muting 方法。第一种方法是 Muting 操作运行在 DL PRS 资源集（DL PRS resource set）级别上。第二种方法是 Muting 操作运行在 DL PRS 资源的每个重复传输（repetition）上。

- 在第一种方法中，一个 NR DL PRS 资源集的配置中会包含一个比特位图（bitmap）（高层参数 dl-PRS-MutingOption1）。这个比特位图中每一个 bit 对应这个 DL PRS 资源集的一个传输周期或者连续多个传输周期（周期个数是由高层参数 dl-prs-MutingBitRepetitionFactor 配置）。如果某个 bit 位取值为 0，在所对应的传输周期中，这个资源集中所有的 DL PRS 资源包括所有的重复传输全部暂停发送。如果某个 bit 位取值为 1，则在所对应的传输周期中，这个资源集中所有的 DL PRS 资源包括所有的重复传输全部都正常发送。
- 在第二种方法中，同样是用一个比特位图来配置 Muting 的行为（高层参数 dl-PRS-MutingOption2）。比特位图中每一个 bit 对应 DL PRS 资源的一次重复传输。所以这个比特位图的长度就等于 DL PRS 资源集所配置的 PRS 资源重复因子。如果某个 bit 位取值为 0，则在所对应的重复传输上，所有的 DL PRS 资源在所有的传输周期里面都不发送。而如果某个 bit 位取值为 1，则在所对应的重复传输上，所有的 PRS 资源在所有的传输周期里面都发送。

图 19-26 给出了基于第一种静默（Muting）方法的 DL PRS 发送实例。在这个 DL PRS 配置实例中，一个 DL PRS 资源集包含 4 个 DL PRS 资源，而每个 DL PRS 资源在一个周期内重复发送 4 次。为了简化解释，在这个例子中，Muting 比特位图中的每一个 bit 对应 DL PRS 集的一个传输周期。开始于时隙 n 的 DL PRS 集的周期所对应的 bit 取值为 1 但是开始于时隙 $n+N$ 的 DL PRS 集的周期所对应的 bit 取值为 0。所以按照第一种 Muting 方法的定义，这个 DL PRS 集中所包含的所有 4 个 DL PRS 资源在开始于时隙 n 的周期里面正常发送。但是在开始于时隙 $n+N$ 的 DL PRS 周期内，这个 DL PRS 集的所有 4 个 DL PRS 资源的所有 4 次重复全部没有发送。

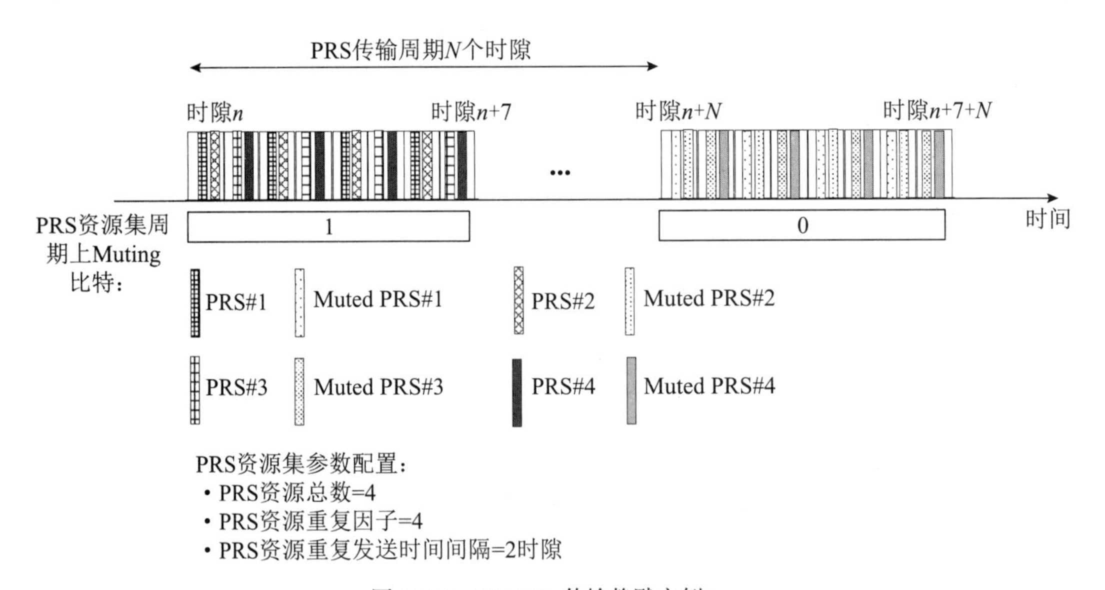

图 19-26 NR PRS 传输静默实例 1

图 19-27 给出了基于第二种静默（Muting）方法的 DL PRS 发送实例。在这个 DL PRS 配置实例中，一个 DL PRS 资源集包含 4 个 DL PRS 资源，而每个 DL PRS 资源在一个周期内重复发送 4 次。根据第二方法的定义，DL PRS 资源集配置一个 4 个 bit 位长的比特位图。其中每一个 bit 位依次对应所有的 DL PRS 资源位于所有传输周期内的第一个、第二个、第三个和第四个重复传输。

如图 19-27 所示，对应第一个重复传输和第三个重复传输的 bit 位取值为 1，而对应第二个重复传输和第四个重复传输的 bit 位取值为 0。因此，所有 4 个 DL PRS 资源的第一次和第三次重复传输的时频资源上都在正常发送。而所有 4 个资源的第二次和第四次重复传输的时频资源上则不发送（Muted）。

3GPP NR R16 支持同时配置这两种不同的静默（Muting）方法。在这两种方法同时配置时，UE 会被同时提供两个比特位图。而 UE 需要将这两个比特位图中的 bit 进行逻辑 AND 操作，然后根据结果来确定 DL PRS 资源的静默位置和发送位置。具体来讲，方法一中对应一个 DL PRS 集合周期的一个 bit 位和方法二中的所有的 bit 位依次做逻辑 AND 操作，如果结果是 1，则在此周期中，bit 位所对应的 DL PRS 资源的重复传输正常发送。与之相反，如果结果是 0，则在此周期中，bit 位所对应的 DL PRS 资源的重复传输不发送。

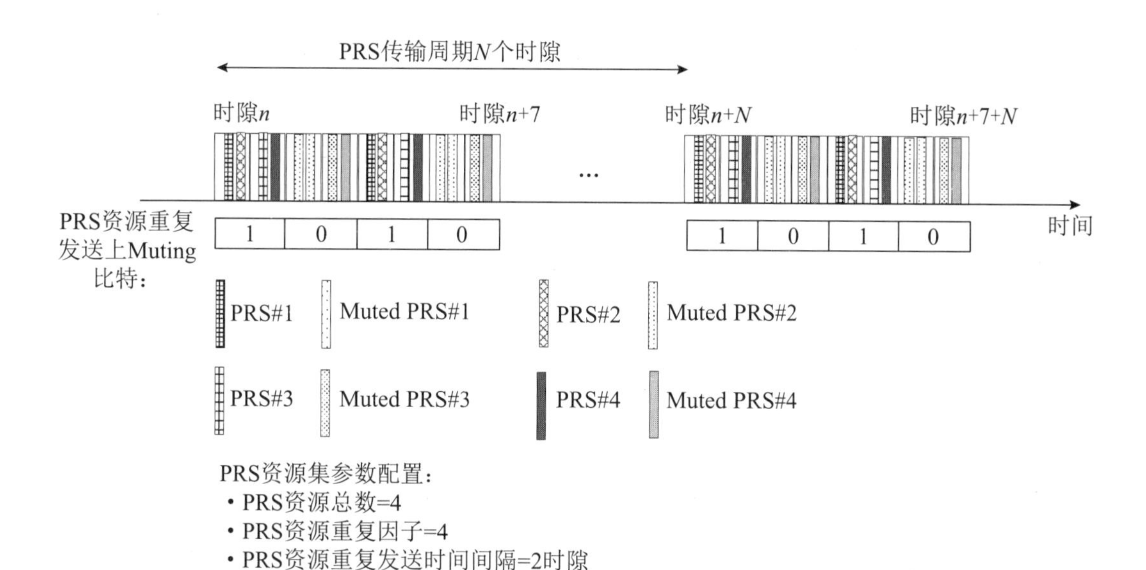

图 19-27 NR PRS 传输静默实例 2

图 19-28 给出了一个 DL PRS 资源同时应用这两种静默方法的实例。在这个实例中，一个 DL PRS 资源集包含 4 个 DL PRS 资源：PRS#1，PRS#2，PRS#3 和 PRS#4。DL PRS 资源的重复因子取值为 4。UE 被同时配置了 DL PRS 资源集周期上静默的比特位图和 PRS 资源重复发送上的静默比特位图。对应开始于时隙 n 的 DL PRS 周期的 bit 取值为 1，对应开始于时隙 $n+N$ 的 DL PRS 周期的 bit 取值为 0。而 DL PRS 资源重复发送上的 Muting 比特位图的取值为 [1 0 1 0]。在开始于时隙 n 的 DL PRS 周期内，两种 Muting 方法的比特位做逻辑 AND 操作的结果是 [1 0 1 0]。所以 4 个 DL PRS 资源在第一个和第三个重复传输的时频资源上正常发送，但是在第二个和第四个重复传输的时频资源上则不发送。在开始于时隙 $n+N$ 的 DL PRS 周期内，两种静默方法的比特位做逻辑 AND 操作的结果是 [0 0 0 0]。所以这个 DL PRS 资源集的所有 4 个 DL PRS 资源在所有的 4 个重复传输的时频资源上都不发送。

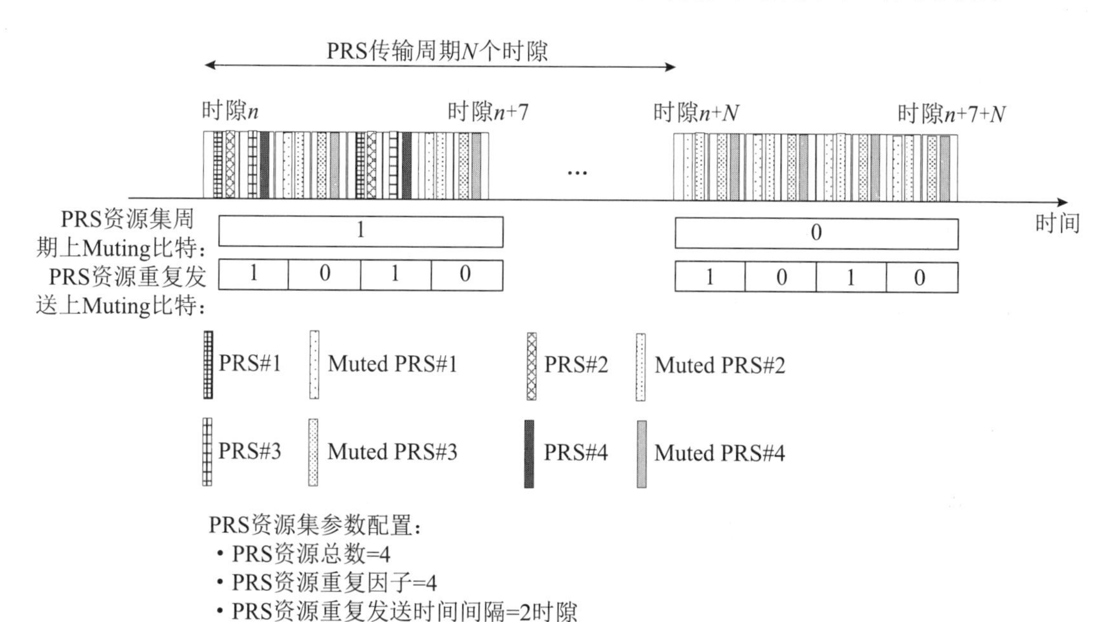

图 19-28 NR PRS 传输静默实例 3

19.4.5 R17 DL PRS 传输与测量的增强

在 R17 中，对于 DL PRS 的传输和测量做了以下方面的增强。

- 在定位的测量间隔（Measurement Gap，MG）上增强。增强的主要目的是为了降低 DL PRS 的处理时延。为此，一方面的增强是引进了测量间隔外的 DL PRS 信号处理。另一方面的增强是引进低时延的测量间隔的请求和激活机制。
- 支持按需请求（On-demand）DL PRS 配置。这个增强的主要目的是为了能进一步优化 DL PRS 的传输配置。这个将在下一节中详细介绍。

在 R16 中，用户 UE 需要在测量间隔（Measurement Gap）中测量 DL PRS 信号。这会从几个方面造成 DL PRS 处理时间的延迟。一方面是如果测量间隔没有配置的话，用户 UE 就需要用 RRC 信令向服务小区 gNB 请求配置测量间隔，而 gNB 还需要通过 RRC 信令为 UE 提供测量间隔的配置。这一过程会引起大约 20 ms 的时延。另一方面是测量间隔是周期性出现的，所以 UE 必须等到每个测量间隔机会出现时才能测量 DL PRS。所以这一方面最多会造成一个测量间隔配置周期的时延。为了解决这方面的问题，R17 引进了如下两方面的增强。

针对测量间隔配置所引起的时延，R17 引进了采用 MAC CE 信令来请求和激活测量间隔配置的机制。系统会先把一些预先配置好的测量间隔配置提供给 UE。在 UE 需要测量 DL PRS 时，UE 会通过 MAC CE 来请求一个预先配置好的测量间隔配置，而 gNB 可以通过 MAC CE 信令来快速地激活一个测量间隔配置。使用 MAC CE 信令来代替 RRC 信令来请求和配置测量间隔可以减少这方面引起的时延。

第二个增强是引进了测量间隔外的 DL PRS 信号的测量。在用户 UE 不需要测量间隔的情况下接收并测量 DL PRS 信号。为此，UE 只能测量和当前 BWP 使用同样 SCS 和 CP 长度的 DL PRS 信号。除了能接收服务小区发出的 DL PRS 信号外，UE 还可以测量一个和服务小区的时间同步误差在某个范围之内的非服务小区发出的 DL PRS 信号。因为这时没有测量间隔，UE 可能会遇到 DL PRS 信号和其他下行信道和参考信号冲突的情况。在遇到冲突时，UE 可以根据系统提供的 DL PRS 信号处理优先级来处理这些信号。R17 支持以下 3 种优先级的方式。

- 第一种方式：UE 通过终端能力上报可以支持两种优先级① DL PRS 信号比其他的下行信道和 CSI-RS 信号有更高优先级，② DL PRS 信号比其他的下行信道和 CSI-RS 信号有更低优先级。LMF 可以指示 UE 采用这两种方式中的一种。
- 第二种方式：UE 通过终端能力上报可以支持 3 种优先级：① DL PRS 信号比其他的所有下行信道和 CSI-RS 有更高优先级；② DL PRS 信号比和 URLLC 相关的信道具有更低优先级，但是比其他的下行信道和 CSI-RS 信号具有更高优先级；③ DL PRS 信号比下行信道和 CSI-RS 信号具有更低优先级。LMF 可以指示 UE 采用这 3 种方式中的一种。
- 第三种方式：UE 可以通过终端能力报告仅仅支持 DL PRS 比下行信道具有更高优先级。

19.4.6 On-demand PRS

NR R17 的定位还支持 on-demand PRS 流程，UE 或者 LMF 可以请求 DL PRS 的传输或者请求修改当前的 DL PRS 配置。on-demand PRS 流程可以由 UE 或者 LMF 发起，无论是由

UE 还是 LMF 发起的 on-demand PRS 流程，最终都是由 LMF 向 gNB/TRP 请求修改 DL PRS 配置。

LMF 可以在 TRP 信息交互阶段从 gNB 侧获得可以支持的 DL PRS 配置。对于 UE 发起的 on-demand PRS 流程，LMF 可以通过 LPP 信令或者定位系统信息将支持的 DL PRS 配置信息预配置给 UE，UE 基于当前的需求在预配置的 PRS 中确定要请求的 PRS 配置并通过 on-demand PRS 请求信令发送给 LMF。具体来说，On-demand PRS 请求可以通过以下方式实现。

- 方式 1：UE 在 on-demand PRS 请求信令中携带配置对应的标识。如果 LMF 预配置了多套 DL PRS 配置给 UE，每套配置关联一个标识，UE 在 on-demand PRS 请求中可以只携带该目标 DL PRS 配置对应的标识，这种方式可以节省 LPP 以及 NRPPa 的信令开销。
- 方式 2：UE 在 on-demand PRS 请求信令中携带显式的参数信息。如果 LMF 预配置的 DL PRS 配置无法满足 UE 的需求，UE 可以基于 LMF 预配置的 DL PRS 参数范围，确定想要请求或者修改的 PRS 配置，并将所述参数显式地通知给 LMF。
- 方式 3：除了上述两种指示方式，on-demand PRS 请求还支持盲请求，若 LMF 没有提供预配置的 DL PRS 给 UE。UE 可以在协议规定的参数列表范围内显式地把请求的 PRS 参数以及对应的建议值发送给 LMF。

对于 LMF 发起的 On-demand PRS 流程，LMF 可能会从 UE 侧获得一些已有的测量结果或者 UE 的相关能力来确定是否需要针对 UE 发起 on-demand PRS 流程。

当收到 on-demand PRS 请求时，LMF 通过 NRPPa PRS 配置请求信令向 gNB/TRPs 发送请求 DL PRS 传输或者更改当前 DL PRS 配置的消息。作为反馈，gNB/TRPs 回复相应的 DL PRS 配置更新消息给 LMF。最后，LMF 将更新后的 DL PRS 配置通过 LPP 信令发送给 UE。对于收到的 on-demand PRS 请求，LMF 或者 gNB/TRPs 同意或者拒绝都取决于网络的实现。

19.5 NR 定位 SRS 信号（SRS for Positioning）

3GPP NR R16 协议引进了以下和上行相关的 NR 定位方法：UL-TDOA、UL-AoA 和 Multi-RTT 定位方法。为了支持 TRP 为这些定位方法做相应的测量，3GPP NR R16 协议引入上行定位参考信号，即定位 SRS 信号（SRS for positioning）。UE 可以发送定位 SRS 信号给多个不同的 TRP。而 TRP 可以通过测量定位 SRS 信号来得到 NR 定位方法所需要的测量结果。

19.5.1 上行定位参考信号的设计考虑

和下行 PRS 信号的设计过程类似，上行定位参考信号的设计过程也考虑了多种不同的选项，其中也包括重用已有的上行信号或信道。在 NR 定位的标准化过程中，RAN1 95 次会议为 NR 上行定位信号设计确认了以下的候选方案，并进行进一步的研究。

- 使用 NR 物理随机接入信道（PRACH）。
- 使用 NR SRS。
- 使用 UL 解调参考信号（DMRS）。
- 使用 UL 相位跟踪参考信号（PTRS）。
- 引入一个新的上行定位参考信号。

经过研究，大部分公司认为应该基于现有的 SRS 信号来设计上行定位信号[21]。而其他的已有上行信号（NR PRACH、UL DMRS 和 UL PTRS）则无法满足 NR 定位的性能需求。基于已有的 SRS 信号来设计上行定位信号，需要考虑以下各个方面的技术要求。

- NR 的上行定位信号需要支持服务小区以及非服务小区的 TRP 进行以下的定位测量：UL RTOA 测量、UL AoA 测量、UL RSRP 测量以及 gNB Rx-Tx time difference 测量。
- 传输覆盖的增强，以使得非服务小区的 TRP 也能接收并且测量上行定位信号。
- 考虑到既要支持 FR1 系统，也要支持 FR2 系统，所以要在上行定位信号上支持波束扫描的功能。
- 上行功率控制的增强。
- 上行发送时间的增强。
- 灵活可配的 SCS 以及频率位置等。

最终，在 RAN1 96bis 会议上决定引入新的上行定位信号，即定位 SRS 信号。

19.5.2 定位 SRS 信号序列和资源映射

定位 SRS 信号重用了已有的用于 MIMO 的 SRS 信号（MIMO SRS 信号）的序列产生方法。为了保持低 PAPR 的发送特性，Zadoff-Chu 序列继续被用于基础序列来产生定位 SRS 信号的序列。具体定位信号的序列产生方法请参见 TS 38.211。

在所配置的时隙中产生定位 PRS 信号的序列后，序列会被映射到所分配 OFDM 符号的资源单元 RE 上。定位 SRS 信号的映射方法在设计上采用了以下技术原则。

- 在一个 OFDM 符号上，采用梳状（comb）的结构把定位 SRS 信号映射到频域上去。梳状结构可以保证不同的定位 SRS 信号可以无干扰地频分复用到同一个 OFDM 符号上。
- 一个定位 SRS 信号资源可以占用连续的多个 OFDM 符号。占用连续的多个 OFDM 符号可以有效地提高定位信号的覆盖距离。这个对于需要非服务小区的 TRP 能接收并且测量定位 SRS 信号是非常必要的。
- 交错（Staggered）结构：在一个时隙内，一个定位 SRS 信号资源可以占用多个连续的 OFDM 符号，定位 SRS 信号采用交错的结构来映射到多个 OFDM 符号上。与 DL PRS 信号类似，这种交错的结构具有以下的技术优点：接收 TRP 可以把多个 OFDM 符号上定位 SRS 信号进行去交错操作，从而形成梳齿尺寸为 1 的 SRS 信号。相比与非交错结构的信号，交错结构的 SRS 信号可以提供更好的互相关操作的峰值，从而提升定位测量的精度和提高定位计算的性能。

定位 SRS 信号是基于现有的 MIMO SRS 信号设计的。和 MIMO SRS 信号相比，定位的 SRS 信号有以下几方面的不同设计。

- 定位 SRS 信号仅仅支持单天线端口。而用于 MIMO 的 SRS 信号可以支持 1 个、2 个或者 4 个天线端口。
- 定位 SRS 信号的梳状结构支持的梳齿尺寸进行了扩展，梳齿尺寸的取值除了支持 {2,4} 以外，还可以支持 8。
- 定位 SRS 信号可以映射到一个时隙的任何 OFDM 符号上，而在 R16 中，MIMO SRS 信号只能映射到一个时隙的最后 6 个 OFDM 符号上（在 R17 中，MIMO SRS 信号也可以映射到一个时隙的任何 OFDM 符号上）。

- 一个定位 SRS 信号资源可以占据的连续 OFDM 符号的个数进行了扩展。目的是为了提高定位 SRS 信号的覆盖性能。具体来讲，一个定位 SRS 信号资源可以占用的连续 OFDM 符号数量可以是 $\{1,2,4,8,12\}$。
- 定位 SRS 信号在连续的不同 OFDM 符号上采用交错结构的频域映射方法。因此会在不同的 OFDM 符号上映射到不同的资源单元上。而不采用频域跳频时，MIMO SRS 信号则在连续的不同 OFDM 符号上映射到同样的资源单元上。
- MIMO SRS 信号支持在一个资源内部不同的 OFDM 符号集合上进行频率跳跃。但是定位 SRS 信号不支持频率跳跃。

在 NR 定位 SRS 信号的结构配置设计上，考虑到各种不同级别的定位性能要求和应用场景，为此，定位 SRS 信号支持可配置的梳齿尺寸 K_{TC} 和时隙内一个定位 SRS 信号资源所占的 OFDM 符号数 $N_{\mathrm{symbol}}^{\mathrm{SRS}}$。在 NR R16 标准中，定位 SRS 信号的梳齿尺寸的取值可以是 $K_{\mathrm{TC}}\in\{2,4,8\}$，而可配置的OFDM符号数的取值范围也是 $N_{\mathrm{symbol}}^{\mathrm{SRS}}\in\{1,2,4,8,12\}$。但是在配置上，NR R16 标准规定 K_{TC} 和 $N_{\mathrm{symbol}}^{\mathrm{SRS}}$ 的取值并不能进行随意的组合。在这两个参数的取值选择上，与 NR DL PRS 的设计类似，也曾经有两种选项。一个选项是允许小于梳齿尺寸的 OFDM 符号数。这个选项的好处是可以降低定位 SRS 信号的资源开销，但是技术缺点是在 OFDM 符号数小于梳齿尺寸时，会导致某个定位 SRS 信号在某些频域资源单元上没有 SRS 信号，从而在 TRP 接收侧做 SRS 的自相关操作时会产生较大的侧峰，从而损害定位的精度和性能。另一个选项是只选择大于或等于梳齿尺寸 K_{TC} 的 $N_{\mathrm{symbol}}^{\mathrm{SRS}}$ 取值。这个选项的好处是可以保证定位 SRS 信号在所分配频宽的范围内，所有的频域资源单元上都有信号，在 TRP 接收端的 SRS 自相关操作只产生一个峰值，而侧峰可以被有效地压制，这样可以有效地提高定位精度和性能。但是这个选项的缺点是定位 SRS 信号的资源开销可能比较大。最终 NR R16 为定位 SRS 信号选择与 NR DL PRS 信号不同的选择。并没有为定位 SRS 信号去限制 $N_{\mathrm{symbol}}^{\mathrm{SRS}}$ 的取值必须大于或等于 K_{TC}。这是考虑到上行定位信号的应用场景以及处理都与下行定位信号有所不同。在 3GPP NR R16 协议中，定位 SRS 信号支持如下的 $\{K_{\mathrm{TC}},N_{\mathrm{symbol}}^{\mathrm{SRS}}\}$ 取值组合。

- {2，1}，{2，2}，{2，4}，{2，8} 和 {2，12}。
- {4，2}，{4，4}，{4，8} 和 {4，12}。
- {8，4}，{8，8} 和 {8，12}。

与 NR DL PRS 信号类似，定位 SRS 信号采取交错结构来把 SRS 信号映射到一个时隙内多个不同的 OFDM 符号的时频资源上。在一个定位 SRS 信号资源的配置中，系统会提供第一个 OFDM 符号上的频域资源单元偏移值，它的取值范围是 $k_{\mathrm{TC}}\in\{0,1,\cdots,K_{\mathrm{TC}}-1\}$。

在定位 SRS 信号映射到时频资源上时，在一个时隙内的定位 SRS 信号资源所占用的第一个 OFDM 符号上，所映射的频域资源单元由所配置的 k_{TC} 决定。而在这个时隙内的定位 SRS 信号资源所占用的其他 OFDM 符号上，所映射的频域单元由配置的 k_{TC} 以及规定的相对于第一个 OFDM 符号的相对偏移值 k' 所决定。3GPP TS38.211 规范了每种梳齿尺寸下 OFDM 符号相对于第一个 OFDM 符号的频域相对偏移值 k' 的取值，如表 19-4 所示。

表 19-4 定位 SRS 信号资源内部 OFDM 符号之间的相对频域偏移值

K_{TC}	相对于第一个 OFDM 符号的符号偏移值：$k_{offset}^{0},\cdots,k_{offset}^{N_{symb}^{SRS}-1}$				
	$N_{symb}^{SRS}=1$	$N_{symb}^{SRS}=2$	$N_{symb}^{SRS}=4$	$N_{symb}^{SRS}=8$	$N_{symb}^{SRS}=12$
2	0	0,1	0,1,0,1	—	—
4	—	0, 2	0, 2, 1, 3	0, 2, 1, 3, 0, 2, 1, 3	0, 2, 1, 3, 0, 2, 1, 3, 0, 2, 1, 3
8	—	—	0, 4, 2, 6	0, 4, 2, 6, 1, 5, 3, 7	0, 4, 2, 6, 1, 5, 3, 7, 0, 4, 2, 6

总之，定位 SRS 信号在已有的 MIMO SRS 信号的基础上引进了交错结构以支持定位测量的特殊需要，引进更多的 OFDM 符号个数和更大梳状尺寸以提高定位 SRS 信号的覆盖性能和容量。

19.5.3 定位 SRS 信号的配置与传输

定位 SRS 信号的配置信息由服务小区的 gNB 通过 RRC 信令提供给用户 UE。系统采用与 MIMO SRS 信号同样的方式来配置定位 SRS 信号。一个用户 UE 可以被配置一个或者多个定位 SRS 信号资源集。而一个定位 SRS 信号资源集里面可以包含一个或者多个定位 SRS 信号资源。和 MIMO SRS 信号相比，定位 SRS 信号的最大不同是定位 SRS 信号需要发送给非服务小区的 TRP，以使得多个 TRP 能测量到同一个用户的上行定位测量值，从而能计算这个用户的位置。因此在定位 SRS 信号的设计上需要考虑以下几个方面。

- 在 UE 计算定位 SRS 信号的上行发送功率时，要考虑到 UE 和非服务小区的 TRP 之间的传输路损。通常来讲，UE 和非服务小区 TRP 之间的距离比 UE 和服务小区 TRP 之间的距离要大，因为传输路损也就比较大。如果定位 SRS 信号的上行发送功率仅仅考虑与服务小区之间的路损，则这个定位 SRS 信号可能没有足够多的发送功率来传输到非服务小区。
- 第二个方面是支持 FR2 系统。在 FR2 系统中，UE 会用一个发送波束去传输一个 SRS 信号。如果一个定位 SRS 信号的发送目标是某个非服务小区的 TRP，那么 UE 就需要在这个定位 SRS 信号上使用指向这个非服务小区 TRP 的一个发送波束。所以，如何配置指向非服务小区的 TRP 的发送波束需要特殊的设计。
- 第三个方面是发送定位 SRS 的定时提前值（Timing Advance）。上行信号的定时提前是根据 UE 和 TRP 之间的传输时延决定的。定位 SRS 信号的发送目标可以是一个非服务小区的 TRP，UE 和这个 TRP 之间的传输时延就和服务小区中的不一样。那么是否需要修改以及如何修改这个定位SRS的定时提前值是设计中需要考虑的问题。

关于定位SRS信号的上行功率控制设计，以下 3 个选项在RAN1 96bis会议上进行了讨论。

- 选项一：在定位 SRS 信号上使用一个固定的发送功率，也就是不进行基于路损的功率控制。这个选项是考虑到定位 SRS 信号需要传输到达所有涉及的定位测量的 TRP，所以定位 SRS 信号的发送功率需要考虑信道信号最弱的 TRP。因此定位 SRS 信号需要选择一个足够大的发送功率。
- 选项二：沿用现有的 SRS 信号的功率控制机制。也就是说上行功率是根据服务小区的路损计算所得。
- 选项三：修改现有的 SRS 信号的功率控制机制。支持配置一个非服务小区的下行信号作为路损测量信号。

经过讨论，大多数公司支持选项三[15]。选项一的潜在问题是 UE 可能会使用过高的发送功率，从而既浪费 UE 的能耗又会对其他 UE 的上行信号造成严重的干扰。选项二的潜在问题是 UE 仅仅根据服务小区的路损去计算定位 SRS 信号的发送功率，造成了过低的发送功率，使得定位 SRS 信号无法可靠地到达非服务小区的 TRP。从而导致非服务小区 TRP 无法完成上行定位测量。最终在 RAN1 97 次会议上决定，基于选项三的机制，定位 SRS 信号的功率控制可以是基于从某个非服务小区的下行参考信号测量的路损值。定位 SRS 信号的功率控制仅仅支持开环功率控制。

$$P_{\mathrm{SRS},b,f,c}(i,q_s)=\min\begin{Bmatrix}P_{\mathrm{CMAX},f,c}(i),\\ P_{\mathrm{O\_SRS},b,f,c}(q_s)+10\log_{10}(2^{\mu}\cdot M_{\mathrm{SRS},b,f,c}(i)+\alpha_{\mathrm{SRS},b,f,c}(q_s)\cdot PL_{b,f,c}(q_d))\end{Bmatrix}$$

其中 $PL_{b,f,c}(q_d)$ 是 UE 根据配置的一个路损参考信号测量出来的路损值。而定位 SRS 信号所配置的路损参考信号可以是服务小区或者一个非服务小区的 SSB 信号或者一个 NR DL PRS 信号。

定位 SRS 信号的波束设计是基于以下选项进行讨论的。

- 选项一：给定位 SRS 信号配置一个服务小区或者服务小区的参考信号作为空间关系信息（Spatial Relation Information）。
- 选项二：在定位 SRS 信号发送时，UE 在多个定位 SRS 信号资源上进行发送波束扫描。
- 选项三：UE 在多个定位 SRS 信号资源使用固定的发送波束。

最终的设计是基于选项一。而选项二和三中的方法可以通过系统实现来支持。具体来讲，系统可以为每一个定位 SRS 信号资源配置一个服务小区或者非服务小区的 SSB 或者 NR DL PRS 作为空间关系信息（Spatial Relation Information）。如果某个定位 SRS 信号资源的空间关系信息是某个非服务小区的 SSB 或者 NR DL PRS，则这个定位 SRS 就会用一个指向这个非服务小区的发送波束来传输。

关于如何设计定位 SRS 信号的上行传输时间选择，公司之间有不同的观点。在 RAN1 96bis 会议上确定了考虑以下 3 个不同的选项。

- 选项一：继续使用为服务小区配置的定时提前值（Timing Advance），不做任何调整。
- 选项二：可以为发向非服务小区的定位 SRS 信号去调整定时提前值（Timing Advance）。所需要调整的值由 UE 报告给网络侧。
- 选项三：网络侧可以给发向非服务小区的定位 SRS 信号提供一个定时提前值（Timing Advance）的调整量。

在后续的讨论中，大多数公司倾向于支持选项一[21]。其中的一个技术原因是考虑到如果定位 SRS 信号的发送时间不按照服务小区的时间，定位 SRS 信号就可能对服务小区的上行信号造成严重的干扰。最终在 RAN1 98 次会议上决定，定位 SRS 信号的发送继续沿用服务小区定时提前值（Timing Advance）。

在时域传输方面，定位 SRS 信号继承了 MIMO SRS 信号所支持的所有时域传输行为。也就是说，定位 SRS 信号支持周期性传输、半持续传输和非周期的传输方式。半持续的发送时由 MAC CE 来激活或去激活发送的。而非周期的定位 SRS 信号是由 DCI 来触发发送的。这些都和已有的用于 MIMO 的 SRS 信号的发送机制相同。

19.6 Positoning in RRC_INACTIVE

为了节省 UE 的能耗，避免 UE 在执行定位过程中频繁进入连接态来进行相应的定位消息传输，R17 支持 RRC_INACTIVE 态下的定位。

RRC_INACTIVE 态下的定位流程交互依赖于第 22 章中描述的 NR 小数据包传输（Small Data Transmission，SDT）技术，也就是说，当终端在 RRC_INACTIVE 态时，如果有定位相关的上行消息要传输，会基于 SDT 业务触发的准则发起 SDT 过程来传输定位相关的消息。

在 RRC_INACTIVE 态下，任何的上行 LPP 信令或者 LCS 消息都可以在满足 SDT 传输条件的情况下使用 SDT 的资源进行传输，否则，UE 会发起 RRC resume 流程进入连接态进行传输。同样的，对于 RRC_INACTIVE 态下的下行定位相关的消息，包括下行 LCS 消息、LPP 信令或者用于配置 SRS 的 RRC 信令，若 UE 当前有正在进行的 SDT 业务，网络可以直接把这些消息发送给 UE，否则需要寻呼 UE 进入 RRC_CONNECTED 态进行下行接收。

为了保障 RRC_INACTIVE 态下的定位，定位参考信号的配置以及测量也是要解决的问题。 对于 RRC_INACITVE 态下的 UE，DL-PRS 的配置方式和 RRC_CONNECTED 态是一样的，都是通过 LPP 信令进行请求和配置。因为 RRC 状态的变化对于 LMF 是不可见的，所以，对于 LMF 而言，不会区分 RRC_INACITVE 和 RRC_CONNECTED 的 DL-PRS 配置信息。为了支持 RRC_INACTIVE 态下的定位服务，R17 支持 UE 在 RRC_INACTIVE 态下的接收和测量 DL PRS 信号。根据 R17 规范，一种可以接收 PRS 的方式是 UE 可以测量发送在初始下行 BWP 内的并且和初始下行 BWP 使用一样 SCS 和 CP 类型的 PRS 信号。另一种可以接收 PRS 的方式是 UE 可以测量发送在初始下行 BWP 之外的 PRS 信号。

RRC_INACTIVE 态的定位 SRS 信号配置是由基站在释放 UE 到 RRC_INACTIVE 态时配置的。UE 在进入 RRC_INACTIVE 态后发送定位 SRS 信号，为了满足不同的应用场景以及 UE 能力，定义了以下两种定位 SRS 信号的方式。

- 方式 1：RRC_INACTIVE 态的定位 SRS 信号和初始上行 BWP 关联。也就是说，RRC_INACTIVE 态的定位 SRS 信号需要传输在初始上行 BWP 的带宽之内，并且使用同样的 SCS 和 CP 长度。
- 方式 2：RRC_INACTIVE 态下的定位 SRS 信号可以配置有别于初始上行 BWP 的频域位置、带宽、SCS 和 CP 长度。也就是说，在这种选项中，定位 SRS 信号的发送独立于初始上行 BWP。为了避免和初始上行 BWP 中的上行传输冲突，特意规定在 UE 需要在初始上行 BWP 中传输上行信号时，UE 就不传输定位 SRS 信号。

在 UE 处于 RRC_INACTIVE 态时，UE 可能处于移动状态但是 gNB 又无法更新定位 SRS 信号的配置信息，因此可能造成之前配置的上行功控参数或者上行波束配置信息失效。如果 UE 继续使用失效的信息来传输定位 SRS 信号，就可能对系统造成负面的影响，比如干扰。因此在规范中规定，如果 UE 发现不能可靠地测量配置的路损参考信号，或者 UE 不能可靠地测量空间关系信息中的参考信号，UE 停止发送定位 SRS 信号。

另一方面，UE 在 RRC_INACTIVE 态发送 SRS 使用的是服务小区的定时提前（timing advance，TA），当 UE 移动后如果继续使用原来的 TA 可能会对服务小区的其他上行信号造成干扰，所以只有在 TA 有效时 SRS 的传输才是有效的。为了保障 SRS 在 RRC_INACTIVE 态的传输，如何保障 TA 的有效性也是定位要解决的问题之一。最终标准沿用了 SDT 中保障 TA 有效性的方法来保障 RRC_INACTIVE 态 SRS 传输的 TA 有效性， 具体来说，基站在

RRC release 消息中除了携带 R17 定位 SRS 信号配置之外，还会携带用于保障 TA 有效性的参数，比如 SRS TA 定时器、RSRP 变化阈值。当 UE 收到了基站的 RRC release 消息时，UE 会启动该 SRS TA 定时器，在定时器运行期间内，或者 UE 测量的 RSRP 变化量没有超过预配置的阈值，UE 认为 TA 是有效的，只有 TA 有效时 UE 才会执行 SRS 的传输。

19.7　UE 测量与 UE 能力

第 19.3 节所述的多种定位方法需要 UE 和 / 或基站执行相应的测量，定位方法与参考信号和测量量的对应关系汇总如表 19-5 所示。其中基站侧的 4 种定位测量为：UL-RTOA、gNB Rx-Tx time difference、 SRS-RSRP 和 AoA/ZoA，协议 TS 38.133 第 13 章中仅给出测量精度指标和上报映射表格，并没有约束基站的具体测量行为。而 UE 侧的定位测量中，基于 SSB 和 CSI-RS 这两种参考信号的测量量都是 R15 版本的 RRM 测量已经标准化的内容，R16 定位沿用了现有方案，并没有针对下行 E-CID 定位方法进行重新讨论或修改。因此，定位测量的讨论主要集中在剩下的 3 种与 UE 有关的定位方案中，本章节对相关的定位测量和 UE 能力做简单介绍。

表 19-5　定位方法、参考信号和测量量之间的对应关系

定 位 方 法	参 考 信 号	测 量 量
DL E-CID	SSB / CSI-RS	SS-RSRP / SS-RSRQ / CSI-RSRP /CSI-RSRQ
DL-TDOA	DL PRS	PRS-RSTD 为主，可选 PRS-RSRP 为辅助
UL-TDOA	SRS	UL-RTOA
DL-AoD	DL PRS	PRS-RSRP
UL-AoA	SRS	AoA/ZoA， SRS-RSRP
Multi-RTT	DL PRS	UE Rx-Tx time difference 为主，可选 PRS-RSRP 为辅
	SRS	gNB Rx-Tx time difference

19.7.1　UE 侧的定位测量

对于 UE 侧的定位测量，我们从测量流程和测量性能两方面来介绍。

定位测量流程中一个重要的问题是如何确定测量周期。目前测量周期是针对每种定位方法分别定义，当 UE 需要同时执行多种定位方法时，并没有约束不同定位方法测量的执行顺序，但允许每种定位方法的实际测量时间超过协议中所规定的时间。下面以 RSTD 测量为例做简单说明，其测量周期如式（19-20）所示。基于 UE 同一时刻只能处理一个定位频率层的假设，测量总周期通过各个待测频率层的测量时间求和的方式计算得出。而每个频率层的测量时间，除采样次数 N_{sample}、MG 共享放大因子 CSSF 和接收波束扫描因子 N_{RxBeam} 外，还考虑了 DL PRS 处理能力 N 和 N'，以及静默机制、DL PRS 处理时延、DL PRS 周期和 MG 周期等因素对有效测量时间单元 T_{effect} 的影响。

$$T_{\text{RSTD,Total}} = \sum\nolimits_{i=1}^{L} T_{\text{RSTD},i} + (L-1)\times\max\left(T_{\text{effect},i}\right) \tag{19-20}$$

其中，

$$T_{\text{RSTD},i} = \left(\text{CSSF}_{\text{PRS},i}\times N_{\text{RxBeam},i}\times\left\lceil\frac{N_{\text{PRS},i}^{\text{slot}}}{N'}\right\rceil\left\lceil\frac{L_{\text{available}_{\text{PRS}},i}}{N}\right\rceil\times N_{\text{sample}}-1\right)\times T_{\text{effect},i}+T_{\text{last}}$$

$$T_{\text{last},i} = T_i + T_{\text{available}_{\text{PRS},i}}$$

$$T_{\text{effect},i} = \left\lceil \frac{T_i}{T_{\text{available\_PRS},i}} \right\rceil \times T_{\text{available\_PRS},i}$$

$$T_{\text{available\_PRS},i} = LCM\left(T_{\text{PRS},i}, MGRP_i\right)$$

NR R17 定位技术的一个重要增强点是减小定位测量时延，目前主要围绕以下 3 个方向展开讨论。

- 减小采样次数 N_{sample}，R16 的测量时间和精度指标都是基于 $N_{\text{sample}}=4$ 次采样，主要是为了在信号带宽较小或信道条件较差的情况下保证测量精度。在信号带宽较大（带宽不小于 48RBs），信道质量较好（$E_s/I_{ot} \geqslant -6\text{dB}$，LOS 信道）等特定条件下，采样次数是可以减小的。对此，R17 引入 UE 能力来表示是否支持 $N_{\text{sample}}=1+M_2$ 次 PRS 采样。其中 M_2 取值可以是 1 或 0，分别用于表示是否需要一个额外的 DL PRS 采样用于 AGC。能够省去 AGC 的条件还在讨论中，目前达成一致的条件包括待测 PRS 在激活 BWP 之内，以及目标小区的 PRS-RSRP 与服务小区的 SS-RSRP 的差值不超过 6dB。减小 DL PRS 采样次数的方案可以用于 RRC_CONNECTED 态和 RRC_INACTIVE 态，且通过两个不同的 UE 能力来上报。
- 对于 FR2 频段，减小接收波束扫描因子 N_{RxBeam}。R16 假设最多 $N_{\text{RxBeam}}=8$ 个接收波束轮流接收 DL PRS。R17 引入更强的 UE 能力以便在更短的时间内完成接收波束扫描，UE 需要上报其支持的接收波束扫描因子 $N_{\text{RxBeam}}=\{1,2,4,6\}$。
- 测量间隔 MG 相关的，如第 19.4.5 节中提到引入低时延的 MG 请求和激活机制，结合多个共存 MG 的增强机制，为 DL PRS 测量配置专属 MG 以避免与 RRM 测量共享 MG 而增加测量时间，或第 19.4.5 节中所述的在测量间隔之外测量 DL PRS 等。
- 减小测量缩放因子，如 RRC_CONNECTED 态下的 $CSSF_{\text{PRS}}$ 和 RRC_INACTIVE 态下的 $K_{\text{carrier\_PRS}}$。$CSSF_{\text{PRS}}$ 可以通过 MG 增强来优化，具体方法与上一条类似。$K_{\text{carrier\_PRS}}$ 的优化与 UE 能力有关，当 UE 支持并行的 DL PRS 测量和 RRC_INACTIVE 态下其他测量时，$K_{\text{carrier\_PRS}}=1$；否则 $K_{\text{carrier\_PRS}}$ 还需要考虑用于小区选择和重选所配置的其他载波。

定位测量性能包括测量精度指标和测量结果上报的映射表格。协议 TS 38.133 中的第 10.1.23 节、第 10.1.24 节和第 10.1.25 节分别给出了 RSTD、PRS-RSRP 和 UE Rx-Tx time difference 的测量精度指标和上报映射表格。对于基于定时的 RSTD 和 UE Rx-Tx time difference 测量，分别定义了 $T=2^k \times T_c, k=\{0,1,2,3,4,5\}$ 6 种不同时间粒度的上报映射表格。LMF 可以通过辅助信息通知 UE 所希望的时间粒度 k_1，UE 根据能力选择不小于 k_1 的时间粒度来上报测量结果。

19.7.2 定位测量相关的能力

与定位测量有关的 UE 能力主要包括以下几个方面：处理 DL PRS 资源的能力、能支持的 DL PRS 资源数量、能支持的测量能力以及能支持的用于定位测量的 MG 的能力。下面将详细介绍各个方面的处理能力。

1. DL PRS 资源的处理和测量能力

考虑到市场上可能存在多种不同能力的 UE 终端，其缓存处理 DL PRS 资源的速度和个数等能力会有所区别，从而导致不同的测量时间。为此，协议中引入相应的 UE 能力上报，通过 PRS-ProcessingCapabilityPerBand 参数列表来指示该 UE 在每个频带内的 DL PRS 处理能力，所包含的具体内容如下。需要注意的是，R16 版本仅支持基于 MG 内进行 DL PRS 测量，下述 DL PRS 处理能力也是基于这一假设制定的。

（1）参数组 {supportedBandwidthPRS, durationOfPRS-ProcessingSysmbols, durationOfPRS-ProcessingSymbolsInEveryTms}，用于指示在最大 DL PRS 带宽不超过 B MHz 时，UE 每处理 N ms 的 DL PRS 符号所需要的缓存和处理时间为 T ms。这一能力与子载波间隔配置无关。目前协议中，这 3 个参数取值范围分别是：

① B= {5, 10, 20, 40, 50, 80, 100, 200, 400}MHz；

② T={8, 16, 20, 30, 40, 80, 160, 320, 640, 1280}ms；

③ N = {0.125, 0.25, 0.5, 1, 2, 4, 8, 12, 16, 20, 25, 30, 35, 40, 45, 50} ms。根据如下的缓存类型，DL PRS 持续时间 N 有不同的计算方式，UE 在能力上报时通过参数 dl-PRS-BufferType 来指示所支持的缓存类型。

- Type-1: 符号级别缓存能力，仅考虑 DL PRS 资源所占据的符号长度。具体计算方式为：$K=\sum_{s\in S}K_s$，$K_s=T_s^{\text{end}}-T_s^{\text{start}}$，其中 $[T_s^{\text{end}},T_s^{\text{start}}]$ 表示时隙 s 内的包含 PRS 资源的 OFDM 符号的最小时间间隔。
- Type-2: 时隙级别缓存能力，需要考虑 DL PRS 资源所占据的整个时隙长度。具体计算方式为：$K=\frac{1}{2^{\mu}}|S|$，其中 S 是指包含 DL PRS 资源的时隙集合。

（2）参数 maxNumOfDL-PRS-ResProcessedPerSlot，用于指示 UE 在一个时隙所能处理的最大 DL PRS 资源个数 N'。UE 可以针对不同的子载波间隔配置上报不同的 N'，目前的取值范围为 N' ={1, 2, 4, 8, 12, 16, 32, 64}。

类似 RRM 测量，UE 可以上报其所支持的最大 DL PRS 资源个数，可以是以定位频率层 PFL、TRP、DL PRS 资源集或 DL PRS 资源个数为单位。这些能力是针对每种定位方法分别上报的。

（1）Per-UE 能力

① maxNrOfDL-PRS-ResourceSetPerTrpPerFrequencyLayer 表示每个频率层、每个 TRP 的最大 PRS 资源集个数，取值范围为 {1,2}。

② maxNrOfTRP-AcrossFreqs 表示所有频点上 TRP 总数的最大值，取值范围为 {4, 6, 12, 16, 24, 32, 64, 128, 256}。

③ maxNrOfPosLayer 表示所支持的最大定位层个数，取值范围为 {1, 2, 3, 4}。

（2）Per-Band 能力

① maxNrOfDL-PRS-ResourcesPerResourceSet 表示每个资源集中的最大 DL PRS 资源个数，取值范围为 {1, 4, 8, 16, 32, 64}，其中 16、32、64 只能用于 FR2，1 不能用于 DL-AOD。

② maxNrOfDL-PRS-ResourcesPerPositioningFrequencylayer 表示每个定位频率层 PFL 的最大 DL PRS 资源个数，取值范围为 {64, 128, 192, 256, 512, 1024, 2048}。

（3）Per-BandCombination 能力

maxNrOfDL-PRS-ResourcesAcrossAllFL-TRP-ResourceSet 表示所有频率层、TRP 和资源

集上的最大 DL PRS 资源个数，可以针对 FR1-only、FR2-only、 FR1-FR2-mix 等不同的频带组合分别上报。

当 UE 支持上述 DL PRS 资源个数能力时会进一步指示相应的测量和上报能力。以 DL-TDOA 定位方法为例，包括以下内容。

- dl-RSTD-MeasurementPerPairOfTRP 表示每对 TRP 所上报的 RSTD 的个数，一对 TRP 最多可以上报 4 个 RSTD 测量结果。
- supportOfDL-PRS-RSRP-Meas 表示是否支持为 DL-TDOA 定位方法测量 PRS-RSRP。

2. 定位测量 MG 能力

如第 19.4 节所述，NR PRS 资源配置非常灵活，单周期内的重复传输次数最多可达 32 次。在 R15 版本协议所定义的 24 种 MG 图样配置中，最长的测量间隔 MGL 是 6 ms，不足以支持 DL PRS 测量。经过多次讨论，最终在 RAN4 96e 会议达成结论，新增两个 MG 图样，如表 19-6 所示。类似于其他的可选支持 MG 图样，UE 也需要向网络上报是否支持这两个新增的 MG 图样。此外，这两个新增的 MG 图样还具备以下特点。

表 19-6　新增 MG 图样

测量间编号 Gap pattern ID	测量间隔长度 MGL [ms]	测量间隔重复周期 MGRP [ms]
24	10	80
25	20	160

- 只适用于进行 PRS 测量的 UE，但不能单独用于其他 RRM 测量。主要原因是现有 RRM 测量的参考信号持续时间较短，采用较长的 MGL 对 RRM 测量没有帮助，反而会影响系统吞吐量。
- 只支持 per-UE MG 类型。这两个 MG 图样主要用于 PRS 测量，而 R16 只支持采用 per-UE MG 测量 DL PRS。
- 对于同时需要进行 PRS 测量和 LTE/NR RRM 测量的 UE，可以共享 MG 图样 24 和 25。这样可以允许 UE 在定位过程中保持 RRM 测量，且不会限制 MG 图样 24 和 25 配置的灵活性。此外，由于 LTE RRM 不支持 160 ms 周期的测量，MG #25 不适用于 LTE RRM 测量。

在此基础上，R17 引入可选的 UE 能力来指示是否支持 R15 中定义的 per-FR MG 用于 PRS 测量。

19.8　定位时延（Latency）缩短

NR R17 定位增强很重要的一项工作是研究如何能够减小定位整体流程的时延，以使得定位服务器或者终端能够更加快捷地获取定位结果。RAN2 在 R17 的研究和标准化过程中识别出如下几个重要的技术方向并加以改进。

- 将终端定位能力存储在 AMF，从而在每一个定位会话中，LMF 不需要再通过空口从终端获取终端的定位能力。
- 支持预配置的定位辅助信息， LMF 可以预配置定位辅助信息（包含下行 PRS 配置）给终端，终端在后续的定位会话中可以直接进行定位测量，不用再执行定位辅助信息获取的流程。

- 降低 LPP 信令提供位置信息（ProvideLocationInformation）的反馈时间。现有 LPP 信令位置信息反馈（LocationInformationResponse）对于 LPP 信令位置信息请求（LocationInformationRequest）允许的最大反馈时间过大，不利于 LMF 及时获取终端的测量结果。
- 引入预定时间的定位测量和上报。定位代理服务器或者终端应用层可能需要获取在某个时间点的终端位置。这种情况下，终端需要提前进入 CM-Connected 状态，以便更快地对网络的请求测量或者 SRS 发送请求进行响应。

19.8.1 终端定位能力存储

在图 19-2 中可以看到，在定位会话起始时，LMF 需要通过 LPP RequestCapabilities 信令向终端请求发送终端定位能力。之后，终端向 LMF 通过 LPP ProvideCapabilities 信令返回终端的定位能力。可见，这样的信令交互要涉及两次 N2 接口信令交互和两次空口传输。

出于降低信令交互开销的目的，RAN2 决定当初始定位会话开启后，LMF 可以将接收到的终端定位能力发送至 AMF 进行存储。在之后的定位会话开启后，LMF 可以直接从 AMF 获取终端的定位能力，而不用再从终端获取。这样可以节省两次空口传输的交互时延，达到降低定位时延的目的。

在 RAN2 讨论过程中，一些公司认为终端的定位能力是变化的，比如终端因为省电的原因可能会关闭几个载波，所以需要引入一个指示信息告知 AMF 终端的定位能力是否是变化的。针对这一问题，其他大部分公司认为 LMF 基于接收到的定位能力已经可以判断出终端的定位能力是否是可变的。另外，定位能力本身就不可能是永远不变的。综上，引入这个新的指示信息的意义并不大。

19.8.2 为终端预配置的定位辅助信息持续有效

定位辅助信息中包含终端需要执行测量的下行 PRS 配置。不同的 PRS 配置是绑定在给定范围内的传输点 TRP 和给定频带上的，即不同位置上的 TRP 具有不同的 PRS 配置。这样的话，在终端经过测量不同位置的 TRP 发送的不同 PRS 后，终端可以确定与不同 TRP 的相对位置或者相对角度，进而用于定位。因为电磁波衰落的自身特性，随着终端离 PRS 信号作用的区域越来越远，来自给定 TRP 的 PRS 信号强度逐渐变小，从而无法为定位功能提供有效帮助。反之，如果终端始终在给定区域里移动，那么终端接收到的定位辅助信息也应该是有效的（只要 TRP 没有结束 PRS 信号的发送）。基于此想法，3GPP RAN2 在 R17 引入了预配置辅助信息和相应的有效区域概念。

首先，网络将预配置的定位辅助信息和相应的有效区域（由小区列表所定义）发送至终端。在后续每一次定位会话到来时，终端判断当前驻留小区是否属于有效区域内。如果属于有效区域内，终端则可以直接应用之前获得的定位辅助信息，而不是从网络重新获取新的辅助信息。这样的话，在定位会话阶段，可以缩短两次 LMF 和终端之间的信令传输时延。

另外，网络也预配置多个有效区域的下行辅助信息，并将其发送给终端。当终端在不同的区域移动时，终端可以直接使用所处区域关联的下行辅助信息直接进行定位测量。这样的话，定位会话阶段中的信令传输时延也可以得以降低。

19.8.3 加快 LPP ProvideLocationInformation 的反馈

根据现有标准 TS 37.355，在终端接收到 LMF 发送的 LPP 信令 RequestLocationInformation 请求终端发送定位测量信息或者定位结果时，终端需要根据该信令中规定的响应时间（由 responseTime IE 中的 time IE 指示）及时将信息反馈给网络。time IE 指示的取值定义为终端从接收到 RequestLocationInformation 的时刻到发送 ProvideLocationInformation 的时刻之间的最大可容忍时间。在 R16 标准中，time IE 的最小值被设为 1 s，可以看出还是一个比较大的数值。在 R17 的研究过程中，RAN2 向 RAN1 发送了联络函，询问是否可以加速终端的回复过程，以便网络能更快地得到终端定位结果或者定位测量结果。之后 RAN1 针对 RAN2 提出的问题进行了研究，最终确定修改 time IE 的最小颗粒度为 10 μs。也就是说，当网络在 LPP 信令 RequestLocationInformation 请求信令中将相关 ReponseTime IE 中的 time IE 设置为 10 μs，那么终端接收到 LPP 信令 RequestLocationInformation 后，需要在 10 ms 内通过 ProvideLocationInformation 将测量结果发送出去。

19.8.4 预定时间的定位测量和上报

3GPP SA 工作小组经研究提出一种需求：系统对终端在特定时间点上进行定位。根据此项需求，终端或者基站在给定特定时间点需要分别对下行 PRS 或者上行 SRS 信号执行测量，并且将测量结果汇总到定位节点，计算出最终位置结果。在接收到 SA 工作小组这一需求后，3GPP RAN2 围绕终端是否有必要在 LPP RequestLocationInformation 等从 LMF 发送的信令中直接接收到预定时间展开了广泛的讨论。一些公司认为提前接收到预定的时间可以使得终端提前做好相关准备，比如从网络侧提前获取辅助信息和提前请求获得测量间隔等都有利于终端在预定时间到来后执行定位。但其他公司认为该信息不需要发送到终端，而只需要发送到 LMF。LMF 在预估后续定位准备相关信令交互的时延后，提前将 LPP 信令 RequestLocationInformation 等信令发送给终端，启动终端执行测量。这样的话，网络可以很大程度上保证终端在正确的时间点上执行定位信号测量。最终，3GPP RAN2 接到 SA 发送的联络函，SA 认为将此时间信息发送给终端的好处是可以提前使得终端进入 CM-Connected 态，为定位做好准备。最终，RAN2 根据此意见同意在 LPP 相关信令上携带时间相关信息。

19.9 定位完好性（Integrity）

从前面介绍可以看到，由于各种因素（例如干扰、定时误差等）的影响，目标 UE 的位置估计值会存在误差。对于一些业务，对位置估计值的误差范围具有较高的要求，例如当误差可能超过一定要求后，这一位置估计值就不能用于这些业务。如何描述位置估计值的可靠性，NR 系统借鉴 GNSS 系统的基本方法和原理，引入了定位完好性（Integrity）的概念。作为第一步，在 NR R17 协议中只针对辅助 GNSS 定位（AssistedGNSS Positioning）方法引入了定位完好性，因此在本小节，将重点介绍其中的基本概念。根据 3GPP 标准化规划，NR 将在 R18 协议中引入针对其他方法（例如 DL-TDOA、UL-TODA 等）的定位完好性。

19.9.1 定位完好性的概念

定位完好性旨在为用户提供对定位系统给出的定位结果可信度的量化评价。同时，在定位结果无法满足一定可信度时，定位系统需要将告警信息提供给用户。

1. 准确性和定位完好性的比较

为了能够清晰地理解定位完好性的概念，需要首先了解定位精度和定位完好性的区别。通常来讲，定位精确性反映的是定位结果与定位目标的真实位置之间的距离（定位差错）以及相应的定位差错的概率分布。假设，当一个在公路上行驶的车辆的车道级定位精度为“100 cm，95%”，则说明该车辆的定位精度在 95% 的时间里小于 100 cm，但是在剩余的 5% 的时间内定位结果可能为 200 cm，也可能为 1 m，甚至也可能为 500 m、500 km，总之定位精度是无法反映出来定位差错的边界性的。

而定位完好性就是提供一种给出定位差错边界的方法。在应用定位完好性时，目标完好性风险（Target Integrity Risk， TIR）给出危险误导性输出 （hazardously misleading outputs）发生的概率。假设 TIR 被设为 10^{-7}/hr，则在一小时的运行时间内，定位系统的危险误导性输出事件的目标发生最大概率为 0.000 01%。为了达到该目标，定位系统需要综合监测众多可能发生的对于通信定位结果不利的威胁事件（feared event）。当 TIR 要求进一步提高时（即 TIR 数值进一步下降时），定位系统需要监测更多的威胁事件，以便缩小不确定性，提高对定位结果的可信赖度。

2. 定位完好性关键 KPI

定位完好性关键 KPI 是用于系统判断定位结果的完好性是否满足需要的重要参考依据。定位完好性关键 KPI 由以下几个指标组成：警告高限（Alert Limit）、超限最大容忍时间（Time-to-Alert）、Integrity Availability （完好性可用性）和目标完好性风险 （TIR）。下面将分别对于它们进行介绍。

（1）警告高限（Alert limit， AL）

警告高限被定义为最大可容忍的定位差错。如若定位差错高于该警告高限，则可认为当前定位系统及结果不可用。

（2）超限最大容忍时间（Time-to-Alert，TTA）

超限最大容忍时间给出定位差错高于警告高限的最大容忍时长。如若定位差错在最大容忍时长前未恢复小于警告高限的状况，则宣布定位结果不可用，定位系统需要将告警信息发送至用户。

（3）目标完好性风险（Target Integrity Risk，TIR）

如上所述，目标完好性给出危险误导性输出（hazardously misleading outputs）发生的概率。而被认定为危险误导性输出，通信系统的结果需要满足下面的条件。

①事件 1：定位差错超过警告高限。

②在经过 TTA 定义的时间长度后，系统并没有检测到事件 1，也没有将告警信息发送至用户。

③完好性可用性：保护等级（protection level，PL）比警告高限低的时间百分比。

下面将详细介绍各个 KPI 与保护等级的详细关系。

3. 完好性保护等级

保护等级旨在为定位系统提供一个所需置信度下的实时定位差错的统计估计上限，其中所需置信度由 TIR 来确定。简单来讲，当 TIR 要求越高（TIR 数值越低），实时定位差错的估计上限也就变得更高。保护等级满足以下不等式。

$$\text{Prob per unit of time }[((PE > AL)\ \&\ (PL \leqslant AL))\text{ for longer than TTA}] < \text{required TIR}$$

也就是说，在一段大于 TTA 给出时长的时间范围内，保护等级 PL 小于警告高限 AL 且真实定位差错 PE 大于警告高限 AL 的事件发生概率需小于用户给定的 TIR。根据这个不等式，完好性计算单元可计算得出保护等级 PL。

在实际应用定位完好性时，当 PL>AL，则可认为定位系统不可用。相比计算定位精确度时需要考虑的正常事件，当计算保护等级 PL 时，需要将发生概率更低的顾虑事件（feared event）考虑进去。总的来说，TIR 要求越高，需要考虑的顾虑事件越多。

这里所述的顾虑事件分为两类，故障相关的顾虑事件（fault feared events）和与故障无关的顾虑事件（fault-free feared event）。顾名思义，故障相关的顾虑事件的导火索往往是定位系统某子模块的故障。而与故障无关的顾虑事件往往与定位系统的输入信息错误有关。

在计算 PL 过程中，所有发生概率大于或者等于要求的 TIR 的潜在的故障相关和与故障无关的顾虑事件都需要考虑进去。给定 PL 的值，定位差错的概率分布的长尾有很高的确定性落入以其作为最大限的数值范围内。

4. 完好性保护等级与定位完好性的关系

定位系统的两种需要关注的状态为 HMI（Hazardous Misleading Information）和 MI（Misleading Information）。如上所述，当发生 HMI 时，定位结果的实际差错大于警告高限且没有在 TTA 时长内告警（系统未监测到这一情况，且用户认为定位系统仍可用）。而当发生 MI 时，定位结果的实际差错比计算得出的保护等级要高（PE>PL）。通常来讲，只要 PE<AL，就算发生一定次数的 MI，定位系统也是可以容忍的。为了避免出现这两种状态，定位完好性系统需要监测可能导致 MI 或 HMI 的故障和无故障顾虑事件。图 19-29 所示为 PE 与 PL、AL、MI 和 HMI 之间的关系。

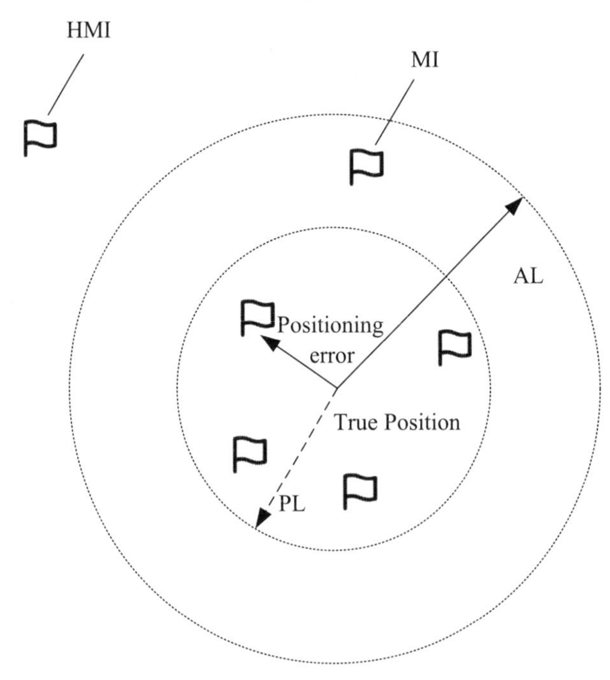

图 19-29　定位差错、保护等级、告警高限、MI 与 HMI 之间的关系 [22]

为了更好地理解完好性 KPI 和 PL 之间的关系，图 19-30 示出了完好性事件的斯坦福图表。

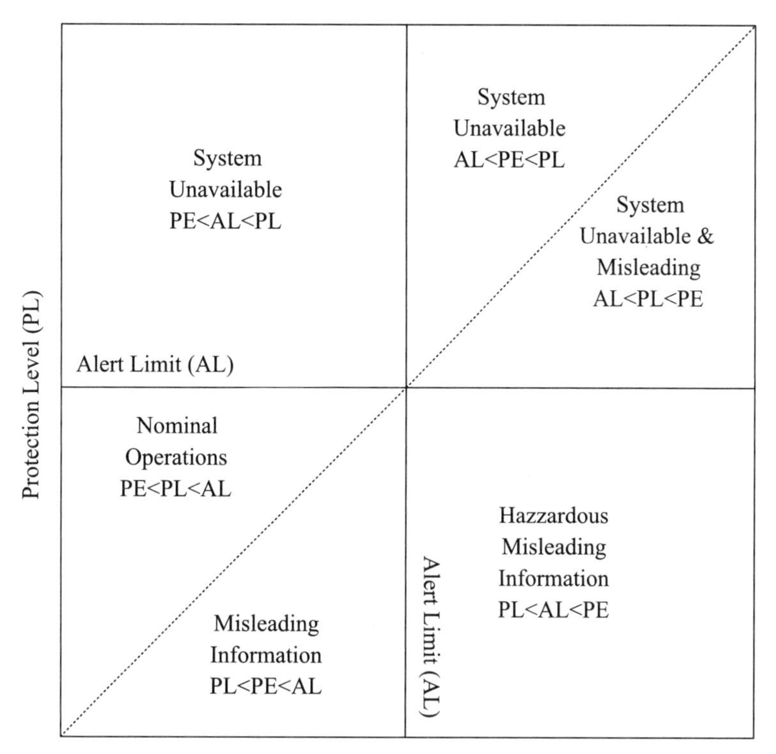

图 19-30 定位完好性的斯坦福图表[23]

从该图可以看出以下几点：

①对角线上方的 3 个区块表征了定位系统运行在正轨上——在 PL>AL 时，定位完好性宣布定位系统不可用；在 PE<PL<AL 时，定位系统正常运转。

②对角线下方的 3 个区块表征了定位系统没有运行在正轨上。我们需要通过监测必要的顾虑事件来避免遭遇这 3 个区域对应的事件。

19.9.2 完好性操作原则

网络需要保证以下公式成立。

$$P(Error > Bound \mid NOT\ DNU) \leqslant Residual\ Risk + IRallocation \tag{19-21}$$

其含义为：在系统标识了给定 NOT DNU 指示 IE 可用于完好性计算的情况下，相关差错大于边界（Bound）的概率需要小于剩余风险（Residual Risk）与完好性风险（Integrity Risk）的和。

进而，边界（Bound）由以下公式给出。

$$\begin{gathered} Bound = mean + K \times stdDev \\ K = \mathrm{normInv}(IR_{\mathrm{allocation}}/2) \\ irMinimum \leqslant IR_{\mathrm{allocation}} \leqslant irMaximum \end{gathered} \tag{19-22}$$

式（19-22）中，mean 值和方差 stdDev 是从辅助消息直接获得，而 K 值可由辅助消息推导而出。

当从辅助消息推算出某个 IE 的边界，边界的有效期限为两倍的状态空间表示（State Space Representation，SSR）更新间隔。也就是说从网络发出该边界的时间到 SSR 更新第二次的时间段内，边界都被认为是有效的。因而在此期间，式（19-21）也被认为是有效的。假设在有效期到期前式（19-21）不再满足，那么网络需要将 DNU 置 1。特别需要注意的是，这里给出的边界是指剩余差错的边界，也就是说，在系统已应用定位校正的相关技术的前提下得到的。

19.9.3 定位完好性在 5G RAT-independent 定位中的应用

在第 19.10.2 节讲到，给定 IE 的边界是由式（19-22）推导得来的，而式（19-22）中等式右边的量是由辅助消息得到的。

如果想要在 5G RAT-independent（5G NR 中支持的 GPS）定位方法中为终端提供定位完好性的结果，3GPP 首先需要先归纳总结可能遇到的顾虑事件，如表 19-7 所示。

表 19-7 辅助 GNSS 顾虑事件和相应定位完好性的辅助信息的总结 [24]

顾虑事件的类型	顾 虑 事 件	定位辅助信息示例
GNSS 辅助信息的顾虑事件	对于 GNSS 辅助信息的错误计算或者其他影响 GNSS 辅助信息的外部事件	对于现有辅助信息的有效期或者质量标识
在传输 GNSS 辅助信息时的顾虑事件	数据完好性差错	CRC 码校验
GNSS 顾虑事件	卫星顾虑事件，如，无线信号质量差或者输出错误的信号	卫星健康度标识
	大气环境顾虑事件	电离层指示和对流程指示
	本地环境顾虑事件，如多径、干扰等	辅助信息：多径和干扰的区域性的指示信息
终端顾虑事件	GNSS 接收机测量错误或者软 / 硬件差错	不在 RAN2 考虑范围内
LMF 顾虑事件	软 / 硬件差错	不在 RAN2 考虑范围内

下面将依次对表 19-7 中的顾虑事件进行介绍和说明。

1. GNSS 辅助信息的顾虑事件

GNSS 校正网络收集和处理 GNSS 测量值，以估计各种 GNSS 校正（例如，卫星轨道、时钟等）。如果校正中包含不正确的数据，则可能导致潜在的完整性事件。不同类型的事件都可能导致校正计算错误。

- GNSS 校正服务提供方用于计算 GNSS 辅助数据的算法实现可能存在错误。
- 设备故障或者由更正提供者计算的更正数据在发送之前可能已损坏。所以在任何情况下，GNSS 校正提供者都应对输入数据执行一致性检查，并且在发送校正数据之前检查校正的有效性并应用 CRC 校验码。
- 影响 GNSS 辅助信息的外部顾虑事件：GNSS 校正生成用于估计 UE 位置的校正数据。任何影响生成数据质量的事件都将被视为影响 GNSS 校正提供者的顾虑事件。注意，这里所说的外部顾虑事件与上面所述的 GNSS 辅助数据的错误计算不同。外部事件主要是由一些对估计过程造成影响的情形所组成。例如，用于计算校正的错误数据输入。处理这类事件的一种方法是在 GNSS 校正提供者处监视这些类型的事件是否发生，继而网络需要对于那些不符合某些条件的卫星进行标记，或不向外发送针对它们的校正信息。

2. 在传输 GNSS 辅助信息时的顾虑事件

数据篡改（例如欺骗）也会影响 5GS 提供的定位服务的质量和完整性。例如，5GS 和 GNSS 校正网络（需要 RTK、PPP-RTK 等）之间的接口可能会受到恶意攻击。

3. GNSS 顾虑事件

（1）卫星顾虑事件

卫星可能会遭受硬件故障，并可能在一段时间内输出不正确的信号。在这种情况下，GNSS 卫星和相关传输信号的健康情况必须实时传达给定位服务方。对于 UE 辅助的定位模式，3GPP 网络实体可以接收 SBAS 系统或受影响的 GNSS 星座广播消息中的特定标志来知晓 GNSS 卫星的健康情况。而在基于终端的定位模式下， GNSS-RealTimeIntegrity IE 可为终端提供相应的信息。这是 LPP 协议中最基本的完整性能力形式。

（2）大气环境顾虑事件

电离层是地球上方约 80 ~ 600 km 之间的大气层区域。 GNSS 信号会在海拔 80 km 以上区域经历传输延迟，且延迟量与太阳释放的自由电子数量成正比。由于电离层延迟与频率有关，实际上，可以通过对两个 GNSS 频段进行测距测量和差分运算来消除它。但是使用这种方法，尽管消除了电离层延迟误差，但测量误差被显著放大。

对流层位于大气层的下方，对于高达 15 GHz 的频率是非色散的。也就是说，在该介质中，GNSS L 波段所有频率上的 GNSS 载波和信号信息（测距码和导航数据）相关的相位速度和群速度都具有同样的延迟。

在 R16 的 LPP 中已存在特定 IE GNSS-SSR-STEC-Correction 和 GNSS-SSR-GriddedCorrection 提供相应的校正数据。它们消除了大部分影响定位精度的大气误差。然而，校正后的残余误差仍有可能使得位置误差超过 AL，且这种事件的发生概率大于 TIR。另外需要注意的是，如果这些误差时间或空间上的变化率异常大的话，残差也可能比预期更大。因此，需要额外的完好性指标来探测可能出现的顾虑事件。网络辅助完整性的一个关键优势是利用 GNSS 参考站网络提供的额外数量的测量、冗余和交叉检查，从而带来更低的 TIR 和更少的 UE 开销。在 R17 中，需要对已有的 IE 进行增强。

（3）本地环境顾虑事件

本地环境顾虑事件中，主要有三大类因素：多径、干扰和欺诈。

多径：多径是 GNSS 接收机测量过程中最严重的误差之一。多径误差的大小会因接收机所处的环境、卫星仰角、接收机信号处理、天线增益方向图和信号特性的不同而发生迅速、显著的变化。与其他误差源不同，多径误差不能通过差分技术（例如 RTK）来进行消除。通常来讲，存在两种多径状况：无遮挡直射径和被遮挡直射径。相比之下，被遮挡直射径的多径传播因其直射径信号的显著衰减而对最终定位精度造成更大的影响。

干扰：GNSS 射频干扰（RFI）分为有意和无意两种。

- 无意的 RFI：附近的无线电设备的广播影响 GNSS 信号的传输。
- 故意 RFI：通过在 GNSS 频率上广播强信号来阻断接收 GNSS 信号的蓄意行为。

通常来讲，干扰器依靠对频谱的占用来干扰 GNSS 信号的接收。研究表明，如果有足够的广播功率，那么就很容易对给定地理区域内的 GNSS 接收进行干扰。干扰可能会产生非常严重的影响，具体取决于受影响用户的数量和类型、中断的持续时间等。

但是，干扰很容易被检测到和被定位的。通常 GNSS 系统提供商通过使用更强的信号、在更多频率上广播以及使用更多不同的 GNSSS 星座提供服务来抗干扰。

欺诈：攻击者通过广播虚假信号来威胁 GNSS 传输的完整性和机密性，目的是让受害者接收器将它们误解为真实信号。欺骗旨在使接收方计算出错误的位置。欺骗攻击难以检测，也可以以连贯的方式部署，因此可以绕过任何完整性检测和恢复措施（即 RAIM）。为了克服这些威胁，GNSS 系统提供商正在部署信号和消息 / 数据通道认证解决方案，以确保测距测量和数据通道的真实性。这种身份验证解决方案对道路用户、无人机、铁路用户和计时用户特别有用。然后，这些 UE 将需要检索以下信息。

- 测距认证数据：主要是验证信号 / 测距认证所需的密码数据。
- 数据通道认证数据：导航数据及其签名。

对于 3GPP 系统来说，GNSS-ReferenceTime、GNSS-SystemTime 和 NetworkTime IE 可以用于对 GNSS 接收机提供的 GNSS 时间的真实性进行交叉比较。除了这些可用于检测欺骗事件的功能外，5GS 还可以通过充当空间中 GNSS 信号的替代数据通道来传播加密辅助数据，从而实现 GNSS 测距和导航认证。在这种情况下，UE 可以立即验证接收到的信号和数据是否来自正确的源，即 GNSS 星座，并避免花费无谓精力接收 GNSS 信号。

4. 终端顾虑事件

UE 侧的错误由 UE 本身负责消除。UE 顾虑事件由 3 种差错源构成，分别如下所述。

- GNSS 测量差错：测量误差由跟踪器跟踪环路引起，它是一种接收器内部固有噪声。噪声引起的典型误差在分米量级或更小，与多径引起的误差相比可以忽略不计。
- 软件差错。
- 硬件差错。

19.9.4 5G 用于支持定位完好性的信令和流程

1. 定位完好性 KPI 以及结果的传输

定位完好性 KPI（如 Alert Limit、Time-to-Alert，TIR）来源于 UE APP 层或者 LCS Client（定位服务代理服务器）。当 KPI 传输至 LMF 后，在基于 UE 决定定位完好性的模式下，LMF 需要将其发送至终端。3GPP RAN2 决定由 LPP 位置信息请求信令承载该信息。

而当 UE 计算好 PL 或者根据计算得出的 PL 与 AL 进行比较，判断得出是否完好性得到保障的结论后，UE 将完好性结果通过 LPP 信令位置信息提供给 LMF。因为 R17 标准只支持模式 1 的定位完好性结果上报（即只上报 PL），那么 AL 和 TTA 都不需要作为 KPI 向终端进行传输。

2. 定位完好性顾虑事件的传输

在基于 UE 决定定位完好性的模式下，当 LMF 需要发送完好性辅助消息如顾虑事件（被侦测到）时，LMF 需要将相关顾虑事件的参数发送至 UE。3GPP RAN2 规定终端可以使用 LPP 信令辅助消息请求网络发送相关完好性辅助消息请求信令，网络在监测到顾虑事件或者接收到终端的请求后，使用 LPP 信令辅助消息提供将完好性辅助信息发送至 UE。

3. 应用 TTA 判断完好性是否满足要求

当终端根据完好性计算得出结果 PL>AL，此时定位完好性结果不满足需求。但终端此时并不急于将此结果告知给终端应用层或者通过 LMF 转发告知给 LCS 代理服务器，而是启动 TTA 计时器。如果在 TTA 计时器运行过期之前终端重新得出结果 PL<AL 或者 PL=AL，则终端认为定位完好性得到保证，不需要告知给应用层或者 LCS 代理服务器。但如果在 TTA 计时器到期前仍然保持 PL>AL，则终端应用层或者 LCS 代理服务器需要知晓定位完好性结果不符合要求。

4. 一种可能的基于 UE 的定位完好性流程图

基于以上各节叙述的研究细节，3GPP 决定在信令上对 5G 定位系统的完好性保障进行支持。在此，图 19-31 给出了一种可能的基于 UE 计算定位完好性的整体框架，基本步骤如下所述。

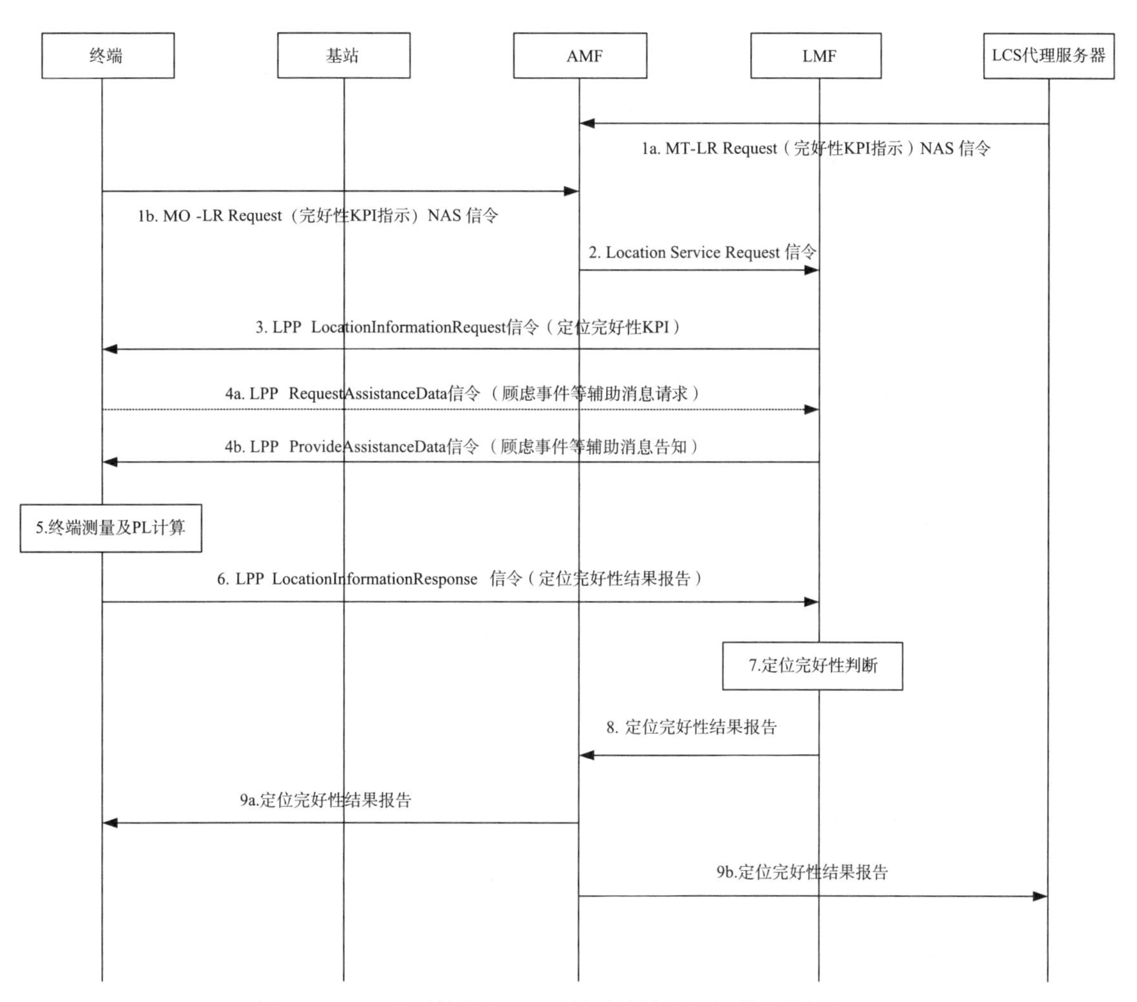

图 19-31　一种可能的基于 UE 计算定位完好性的整体框架 [24]

第一步：LCS 代理服务器或者终端将定位完好性 KPI 发送至 AMF。

第二步：在 AMF 选择合适 LMF 后，将 KPI 通过 NAS 信令位置服务请求信令发送至 LMF。

第三步：LMF 根据终端能力等因素选定基于终端的模式 1 计算定位完好性，并将 KPI 通过 LPP 请求位置信息信令发送至终端。

第四步：LMF 将顾虑事件等用于计算定位完好性的辅助消息发送至终端。

第五步：终端根据测量结果和探测到的顾虑事件等信息计算 PL。

第六步：终端将 PL 计算结果通过 LPP 位置信息相应位置信息响应信令发送至 LMF。

第七步：LMF 根据接收到的 PL 和存储的 KPI 判断定位完好性是否满足系统需求。

第八步：LMF 将定位完好性判断结果发送至 AMF。

第九步：AMF 将定位完好性判断结果发送至触发定位服务的单元。

19.10 小　结

定位功能已成为现代蜂窝通信系统必不可少的一个基本功能。本章首先回顾了蜂窝系统中定位技术的逐步发展，然后介绍了 NR 定位系统的定位需求和设计目标。接下来，针对 NR 定位系统的基本原理和重点功能进行了详细介绍，其中包括 NR 定位系统的基本架构和核心信令流程，NR 定位方法的基本原理以及详细交互流程，NR 系统用于定位的参考信号（DL PRS 信号、定位 SRS 信号），RRC_INACTIVE 状态下的定位，终端的测量和终端能力，缩短定位时延的增强方法以及定位完好性。

参考文献

[1] Jose A. del Peral-Rosado, Ronald Raulefs, et. al. Survey of Cellular Mobile Radio Localization Methods: From 1G to 5G. IEEE Communications Survery & Tutorials, Vol.20, No.2, Second Quarter 2018.

[2] 3GPP TS 36.305. Stage 2 functional specification of User Equipment (UE) positioning in E-UTRAN.

[3] 3GPP TS 36.355. LTE Positioning Protocol (LPP).

[4] 3GPP TR 38.855. Study on NR positioning support.

[5] 3GPP TS 38.305. Stage 2 functional specification of User Equipment (UE) positioning in NG-RAN.

[6] 3GPP TR 38.857. Study on NR Positioning Enhancements.

[7] 3GPP TS 37.355. LTE Positioning Protocol (LPP).

[8] 3GPP TS 38.455. NR Positioning Protocol A (NRPPa).

[9] Foy W H. Position-Location Solutions by Taylor-Seriers Estimation[J]. IEEE Transactions on Aerospace and Electronic Systems, 1976, AES-12(2):187-194.

[10] Chan Y T, HO K C. A simple and Efficient Estimator for Hyperbolic Location[J]. IEEE Transaction on Signal processing, 1994, 42(8):1905-1915.

[11] Norrdine A. An Algebraic Solution to the Multilateration Problem[J]. 2012 International Conference on Indoor Positioning and Indoor Navigation, 2012.

[12] https://en.wikipedia.org/wiki/Multilateration.

[13] TS 38.215. NR physical layer measurements (Release 16).

[14] R1-1907841. Summary#2 of 7.2.10.4: PHY procedures for positioning measurements.

[15] R1-1901361. Offline discussion outcome for AI - 7.2.10.1.1 DL only based positioningIntel Corporation.

[16] R1-1900512. Analysis of Techniques for NR DL Positioning. Intel Corporation.

[17] R1-1900036. Downlink based solutions for NR positioning. Huawei, HiSilicon.

[18] R1-1913473. Feature Lead Summary#2 on AI 7.2.10.1 - DL Reference Signals for NR Positioning. Intel Corporation.

[19] R1-1912112. Downlink RS design for NR positioning. MediaTek Inc.

[20] R1-1909643. Summary#2 of 7.2.10.4: PHY procedures for positioning measurements. Qualcomm Incorporated.

[21] Zhu, N., Marais, J., Betaille, D., Berbineau, M., GNSS Position Integrity in Urban Environments: A Review of Literature. IEEE Transactions on Intelligent Transportation Systems, Vol. 19, No. 9, Sep 2018.

[22] European Space Agency, Integrity. Navipedia, 2018, https://gssc.esa.int/navipedia/index.php/Integirty.

[23] 3GPP TR 38.857. Study on NR Positioning Enhancements.

第 20 章

5G 多播广播业务

马腾　王淑坤　卢飞

5G NR 广播多播业务（Multicast Broadcast Services，MBS）的发展使得多媒体内容能够通过广播的传输方式传送到手机终端，用户能够随时随地观看广播电视节目或接收数据推送服务。传统的视频软件是以单播形式传输数据内容的，当用户人数过多时网络不堪重负会出现拥塞。一个无线小区有多个用户同时观看视频内容，无线下行速率可能就是瓶颈，此时在无线小区内广播就可以保证用户流畅观看。

在 R17 NR MBS 的物理层设计中，根据接收 MBS 的 UE 的连接状态不同，MBS 的叫法也稍有区别。多播（Multicast）是网络向一组连接态 UE 发送 MBS 业务，基站发送组公共 PDCCH（CRC 使用 G-RNTI 或 G-CS-RNTI 加扰）调度组公共 PDSCH。广播（Broadcast）是网络向覆盖内的 UE 发送 MBS 业务，UE 的连接状态可以是连接态也可以是非连接态，基站发送组公共 PDCCH（CRC 使用 MCCH-RNTI 或 G-RNTI 加扰）调度组公共 PDSCH。对于连接态的 UE，NR MBS 讨论并设计了发送模式、公共频域资源、半持续调度 SPS PDSCH，为了提升传输的可靠性，NR MBS 还支持 HARQ-ACK 反馈和重传等机制。在 R15/R16 NR 中，单播的下行和上行传输已经有了非常完整详细的结构、过程和逻辑，因此，R17 NR MBS 的设计主要是基于单播的上下行设计，同时进行了必要的改动。此外，当一个 UE 同时支持 MBS 和单播业务的接收时，如何进行资源的复用也会对已有的物理层设计产生影响。本节将重点介绍 R17 NR MBS 在物理层所涉及的问题和相关解决方法。

20.1　MBS 网络架构

图 20-1 和图 20-2 描述了 5G MBS 系统的架构图，其中图 20-1 中的控制面采用服务化接口描述，图 20-2 中采用参考点的方式描述 MBS 系统架构。

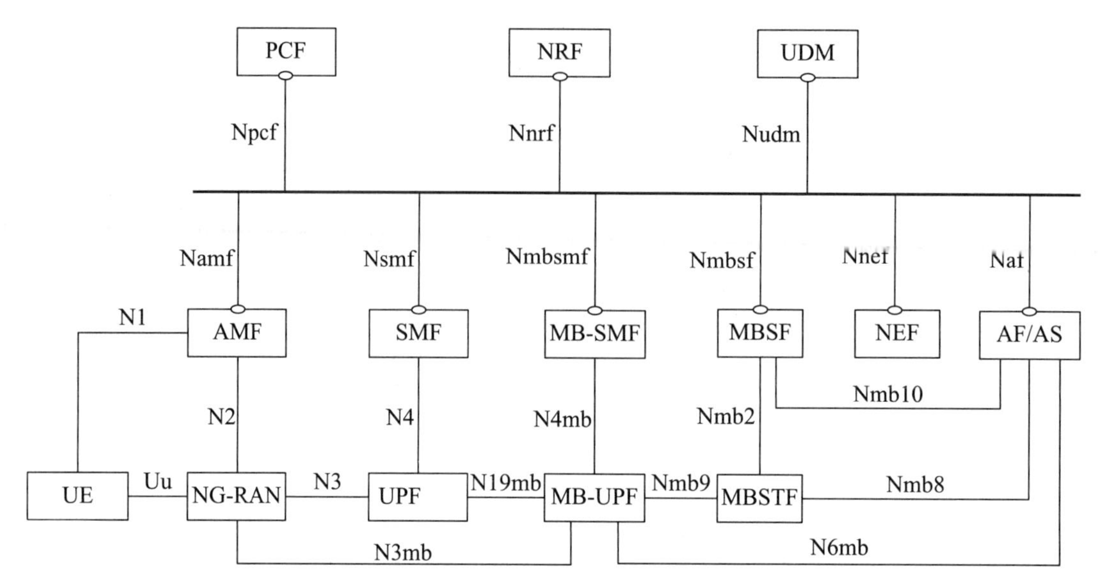

图 20-1　5G MBS 系统架构（引自参考文献 [1] 中图 5.1-1）

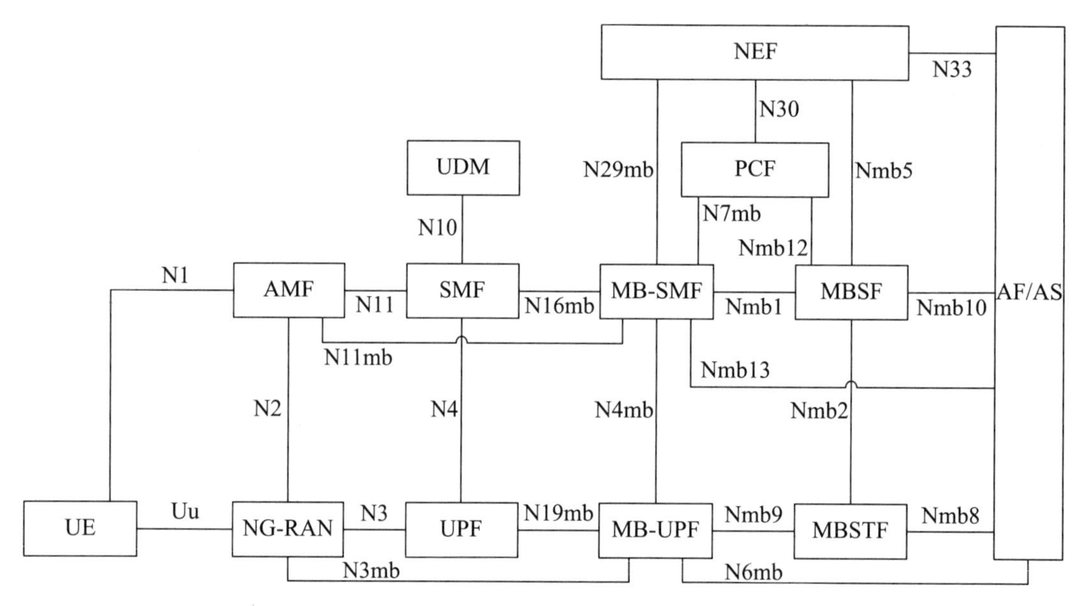

图 20-2　5G MBS 系统架构（引自参考文献 [1] 中图 5.1-2）

5G MBS 架构包含以下网络功能，具体功能如下所述。

- PCF，支持 MBS 会话的 QoS 处理；向 MB-SMF 提供有关 MBS 会话的策略信息，用于授权相关的 QoS 配置文件；与 UDR 交互以获取 QoS 信息；PCF 可以从 AF、NEF 或 MBSF 接收 MBS 信息。
- 多播 / 广播 - 会话管理功能（Multicast/Broadcast Session Management Function，MB-SMF），支持 MBS 会话管理（包括 QoS 控制）；基于 PCF 或本地的广播服务策略，为广播流传输配置 MB-UPF；与 RAN（通过 AMF）交互以使用 5GC 共享 MBS 流量传输方法控制数据传输；与 SMF 交互以向 SMF 提供会话上下文信息；5GC 单播 MBS 流量传输方法传输 MBS 多播数据时，控制 MB-UPF。

- SMF，多播通信时发现 MB-SMF；与 RAN 交互以建立共享数据传输资源；与 MB-SMF 交互以获取多播会话上下文信息，与 RAN 交互以建立共享数据传输资源。这里需要注意的是，SMF 和 MB-SMF 可以合设或单独部署。
- 多播 / 广播 - 用户面功能（Multicast/Broadcast User Plane Function，MB-UPF），对输入的下行多播广播流的数据包进行过滤；基于已有方法执行 QoS（MFBR）和流量使用报告；与 MB-SMF 交互以接收多播广播数据，当使用 5GC 共享 MBS 流量传送方法时，向 RAN 节点传送广播数据。
- AMF，同 NG-RAN 和 MB-SMF 交互信令，以管理 MBS 会话；选择用于广播流量分配的 NG-RAN；选择负责通知向空闲态 UE 以激活其多播会话的 NG-RAN。
- NG-RAN，通过 N2 管理 MBS QoS 流，使用 PTP 或者 PTM 的方式向多个 UE 传递来自于 5GC 的 MBS 数据；通知空闲态或者 RRC_INACTIVE 状态的 UE 激活多播会话。
- UE，通过 PTP 或者 PTM 的方式接收多播数据，通过 PTM 的方式接收广播数据，处理传入的 MBS QoS 流，支持基于会话管理的信令来加入或者退出 MBS 会话；支持在空闲态或者 RRC_INACTIVE 状态时接收 NG-RAN 通知来激活多播会话。
- AF，通过向 5GC 提供包括 QoS 要求在内的业务信息，向 5GC 请求多播广播服务；如果需要，向 5GC 指示 MBS 会话操作；与 NEF 交互以获取 MBS 相关能力开发服务。
- NEF，为包括服务提供、MBS 会话和 QoS 管理在内的 MBS 流程提供到 AF 的接口；同 AF 与 5GC 中的 NF 交互，例如，MBS 会话操作的 MB-SMF、传输参数的确定；选择 MB-SMF 以服务于 MBS 会话。
- 多播 / 广播业务功能（Multicast/Broadcast Service Function，MBSF），与 AF 和 MB-SMF 交互以进行 MBS 会话操作、传输参数的确定和会话传输；选择 MB-SMF 以服务于 MBS 会话； 如果使用 MBSTF，则 MBSF 控制 MBSTF； 如果 IP 多播地址来自 MBSTF，则确定 MBS 会话的 IP 多播地址。
- 多播 / 广播业务传输功能（Multicast/Broadcast Service Transport Function，MBSTF），可作为 MBS 数据传输的媒体锚点、IP 多播地址的源侧。
- UDM，管理多播 MBS 会话的授权数据。
- UDR，管理多播 MBS 会话的授权数据，支持多播或广播 MBS 会话的策略信息管理。
- NRF，支持新的 NF 类型 MB-SMF 和 MBSF 及其相应的 NF 配置文件；对于多播或广播 MBS 会话，在 MBS 会话创建时，支持基于 DNN、S-NSSAI 等参数的 MB-SMF 发现；在 UE 加入多播会话时，NRF 需要根据 MBS 会话标识进行 MB-SMF 发现。

20.2 MBS session 管理

20.2.1 MBS 会话标识

5G 系统使用 MBS 会话标识识别 MBS 多播会话或广播会话，并应用于与 AF 的外部接口、AF 和 UE 之间以及与 UE 的接口上。

MBS 会话标识具有以下类型：TMGI。TMGI 的组成如图 20-3 所示。

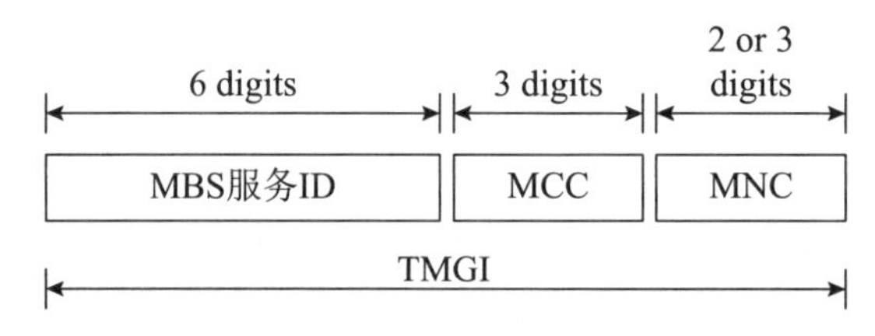

图 20-3 TMGI 的结构（引自参考文献 [2] 中的图 15.2.1）

TMGI 由 3 部分组成。

（1）MBS 业务标识（MBS Service ID）由 3 个 8 位字节组成。MBS 业务标识由 000000 和 FFFFFF 之间的 6 位固定长度 16 进制数字组成。MBS 业务标识唯一标识 PLMN 内的 MBS 服务。

（2）移动国家代码（MCC）由 3 位数字组成。MCC 唯一标识 MB-SMF 的所在国家。

（3）移动网络代码（MNC）由两位或 3 位数字组成（由国家编号计划管理者来分配）。

TMGI 可以由 5GC 或外部 AF 分配，并发送到 UE，在 RAN、CN 和 UE 之间的信令消息中使用。

UE 应能够通过 MBS 业务通告（service annoucement）获得至少一个 MBS 广播会话标识。

20.2.2 多播或者广播会话用户面管理

MB-UPF 作为 MBS 会话的锚点。如果 MBS 会话中引入 MBSTF，则 MBSTF 作为 MBS 数据流的媒体锚点。MB-UPF 从 AF 或 MBSTF 只接收一份 MBS 数据包。

MBSTF 和 MB-UPF 之间的用户面或 MB-UPF 和 AF 之间的用户面可以使用 MBS 会话的单播隧道或多播传输，这取决于应用和控制面的能力。如果传输网络不支持多播传输，则 MBS Session 的用户面使用单播隧道。MBSTF 和 AF 之间的用户平面可以使用单播隧道、多播传输或其他方式（例如，从外部 CDN 下载 HTTP）。MB-UPF 在接收到下行 MBS 数据后，采用单播的 MBS 会话，转发不带外层 IP 头和隧道头信息的下行 MBS 数据。

从 MB-UPF 到 NG-RAN 的下行 MBS 数据传输可以采用两种模式：共享模式和单播模式。共享模式为 MB-UPF 使用共享传送的用户平面直接发送到 NG-RAN，单播模式为使用单独传送的用户平面从 MB-UPF 到 UPF 再到 NG-RAN 传输，如图 20-4 所示。共享模式下，N3mb 接口使用公共 GTP-U 隧道进行多播传输，单播模式下，每个 MBS 会话针对每个 UE 存在单独 GTP-U 隧道，在 NG-RAN 或 UPF 使用单播传输。

如果用户面使用单播传输，传输层目的地址是 NG-RAN 或 UPF 的 IP 地址，每个 NG-RAN 或 UPF 为 MBS 会话单独分配多条 GTP-U 隧道。如果用户平面使用多播传输，则公共 GTP-U 隧道用于 RAN 和 UPF 节点。GTP-U 隧道由公共隧道标识和 IP 多播地址标识作为传输层目的地，两者均由 5GC 分配。

用户面的数据传输如图 20-4 所示。

MB-SMF 配置 MB-UPF 接收一个 MBS 会话相关的数据包。

对于共享传送，如果 N3mb 接口上采用单播传输，MB-SMF 将配置 MB-UPF 以复制接收到的 MBS 数据包，并通过单独的 GTP 隧道将它们转发到多个 RAN 节点。如果 N3mb 接口上采用多播传输，则 MB-SMF 配置 MB-UPF 以复制接收到的 MBS 数据，并通过单个

GTP 隧道转发数据。

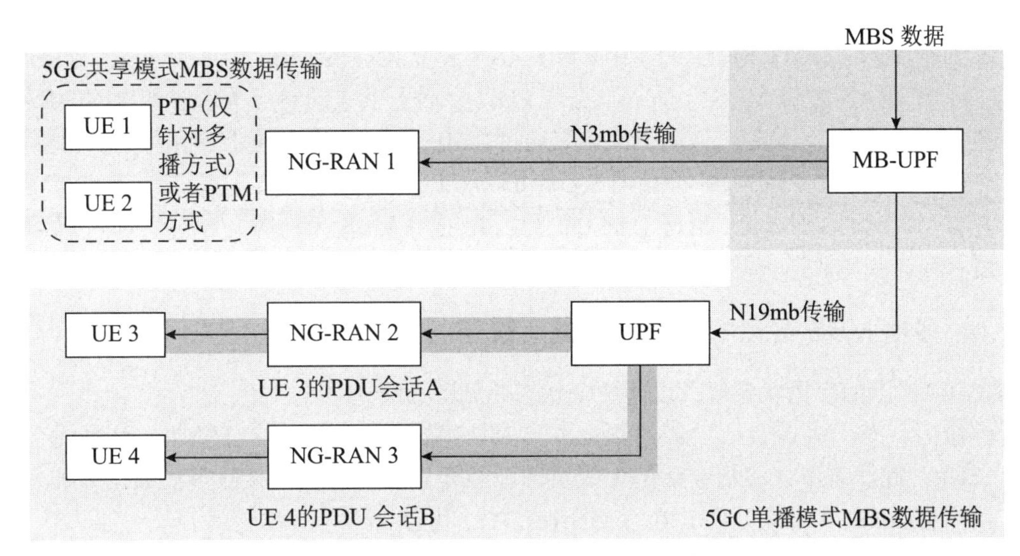

图 20-4　用户面的数据传输（引自参考文献 [1] 中的图 6.7-1）

对于单独传送，MB-UPF 接收到的 MBS 数据被复制，并采用单独传送方式传输到 UPF。

- 为 MB-UPF 接收与 MBS 会话相关的数据包，MB-SMF 配置 MB-UPF 复制这些数据包，在 N19mb 接口上采用单播传输时将它们通过不同 GTP 隧道转发到多个 UPF，在 N19mb 接口上采用多播传输时则通过单个 GTP 隧道。
- SMF 配置 UPF 以从 MB-UPF 经过 N19mb 接口接收一个 MBS 会话相关的数据包，复制这些数据包并转发到多个 PDU 会话。

对于 SMF 和 UPF，MBS 会话的流量复制和转发是通过为每个 MBS 会话使用 UPF 内部接口（“MBS 内部”）和两步检测转发过程实现的。在第一步中，从单个数据源接收到的数据包由 UPF 转发到 UPF 内部接口（即在 FAR 中目标接口设置为“MBS 内部”并且 MBS 会话标识指示为网络实例）。在第二步中，安装在 UPF 内部接口（即源接口设置为“MBS 内部”和 MBS 会话标识指示为网络实例）的 PDR 检测数据包并将它们转发到相应的传出接口。

对于 MB-SMF 和 MB-UPF，MBS 会话的流量复制和转发是通过为每个 MBS 会话使用一个 PDR 来实现的，该 PDR 检测传入的 MBS 数据包并指向一个 FAR，该 FAR 描述向多个目的地转发数据（UPF 或 RAN 节点）。

- 无论是通过 N3mb 和 N19mb 的多播还是单播传输，都会在 MBS 会话开始时创建 PFCP 会话。
- 对于 N3mb 和 N19mb 上的多播传输，FAR 中的目的地包含 MB-UPF 的 IP 多播分发信息。
- 对于 N3mb 和 N19mb 上的单播传输，PFCP 会话中的 FAR 可能包含由 NG-RAN N3mb 隧道信息和 UPF N19mb 隧道信息表示的多个目的地。

20.2.3　加入或者退出多播 MBS 会话

在 UE 加入多播 MBS 会话时，UE 首先需要建立 MBS 会话相关联的 PDU 会话。UE 建立 PDU 会话过程中所需要的 DNN 及 S-NSSAI 可以在业务宣告过程中获取。PDU 会话建立完成后，UE 可以通过在 PDU 会话修改消息中携带 TMGI 来请求加入相应的 MBS 会话。SMF 收到相应的 TMGI，SMF 可以请求 NG-RAN 建立相应的 MBS 会话上下文，同时 SMF 也可以向 NG-RAN 提供 MBS 会话上下文与 PDU 会话上下文的对应关系。如果 NG-RAN 还没有建立 MBS 会话上下文，NG-RAN 可以通过 AMF 向 MB-SMF 请求建立共享数据资源。

当 UE 需要退出多播 MBS 会话时，UE 可以在 PDU 会话修改消息中携带退出指示及需要退出的 MBS 会话 TMGI。当所有的 UE 都已经退出 MBS 会话时，NG-RAN 可以向 MB-SMF 请求释放共享数据资源。当 PDU 会话被网络释放，UE 认为自动退出了多播 MBS 会话。

20.2.4 多播 MBS 会话的激活和去激活管理

NG-RAN 上的多播状态包括以下两个状态（见图 20-5）。

- 激活状态：多播会话已经建立，并且 MBS 数据可以发送给已经加入该多播会话的 UE。此状态下，多播会话的无线资源已经建立完成。为了接收多播数据，加入该多播会话的 UE 必须处在 RRC_CONNECTED 状态 .
- 去激活状态：多播会话已经建立，但是无法向加入该多播会话的 UE 发送 MBS 数据。在此状态下，多播会话的无线资源已经被释放，所以加入该多播会话的 UE 可以处于 RRC_CONNECTED 或者 RRC_IDLE 状态。

多播状态通过会话激活及去激活方式的进行转换。

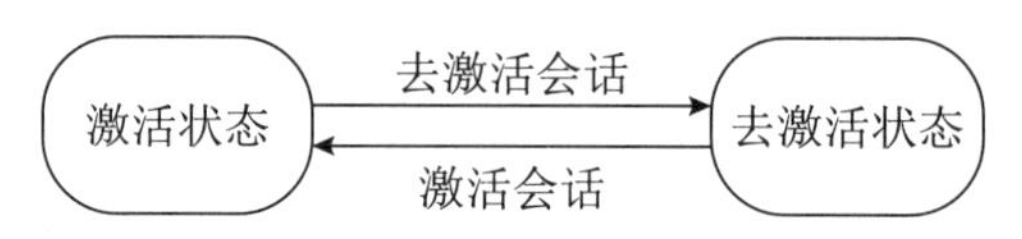

图 20-5　NG-RAN 上 MBS 会话的状态及状态转换

MBS 多播业务需要 UE 在 RRC_CONNECTED 状态下进行接收多播业务数据的配置和多播业务的接收。当 UE 的 MBS session 没有业务数据要发送时，网络侧可以通知 UE 进入 RRC_IDLE 或者 RRC_INACTIVE 状态。当 UE 的 MBS session 被激活，存在 MBS 多播业务数据发送时，网络侧通过组通知的方式通知处在 RRC_IDLE 或者 RRC_INACTIVE 状态的 UE，触发这些 UE 进入 RRC_CONNECTED 状态获取多播业务的配置数据，进而进行多播业务的接收。多播通知通过 paging 消息中包含被激活 MBS session 标识来通知 UE 被激活的多播业务，如果 UE 已经加入该多播业务，则 UE 会进入 RRC_CONNECTED 状态。

20.3 MBS 多播业务接收

20.3.1 多播配置

MBS 多播业务需要 UE 在 RRC_CONNECTED 状态下接收多播业务数据的配置信息和多播业务数据。

网络侧通过 RRC 专用信令配置多播承载 MRB。多播承载 MRB 的类型可以是只包含 PTM 的 MRB、只包含 PTP 的 MRB，或同时包含 PTM 和 PTP 的 MRB，同时通过 RRC 重配置消息可以改变 MRB 承载的类型。为了降低 MRB 重配置过程中的数据丢失，网络侧可以配置 UE 发送 PDCP 状态报告。

一个多播承载包含的 L2 协议栈有：SDAP、PDCP、RLC、MAC，如图 20-6 所示。其中 SDAP 主要完成 Qos flow 到 MRB 的映射功能。PDCP 主要完成维护 PDCP SN、按序递交、重复检测以及头压缩功能（包含 ROHC 和 EHC）。RLC 可以是 RLC AM 和 RLC UM，其中 PTM 只支持 RLC UM，PTP 支持 RLC AM，或者仅下行 RLC UM，或者双向 RLC UM。当一个 MRB 配置了 RLC AM PTP 时才称为 AM MRB。

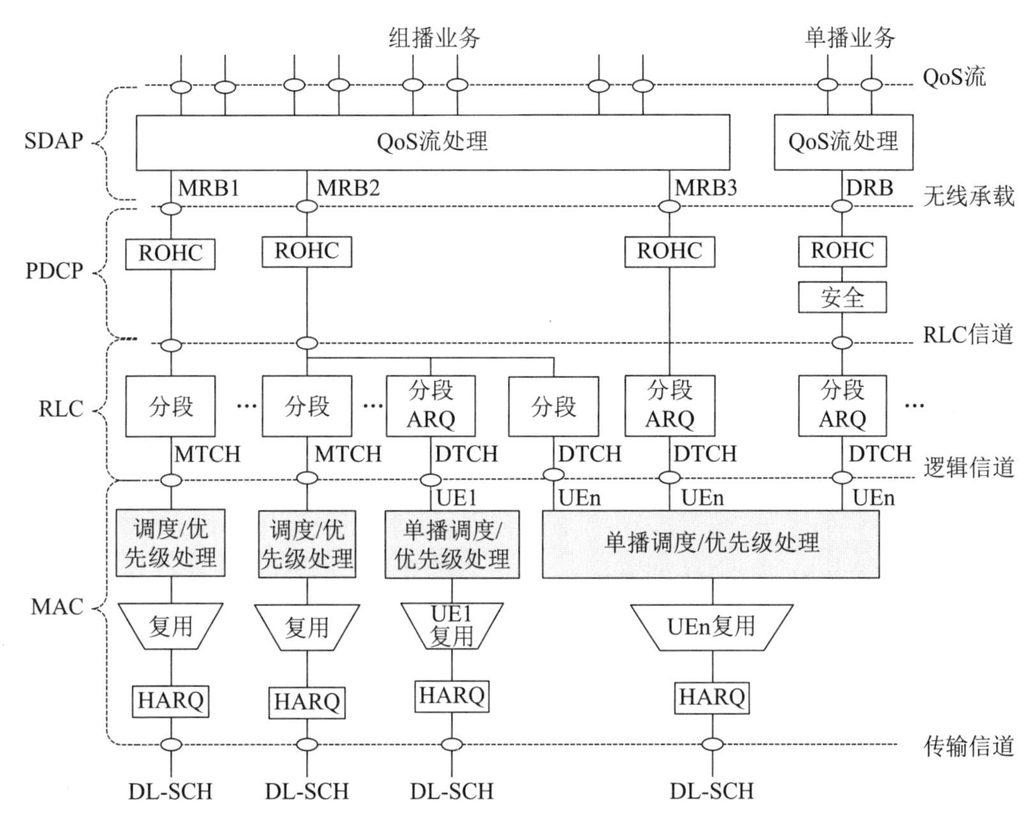

图 20-6　多播 L2 协议栈架构

每个多播承载 MRB 都由一个 UE 内唯一的标识来标识，即 MRB 标识。MRB 标识和 DRB 标识是独立的两个 ID 空间。每个多播承载 MRB 的每一个 RLC 承载都配置一个逻辑信道 ID，即 LCID 来标识，这个 LCID 可以和 DRB 共享一个 LCID 空间或者使用两个字节的 eLCID。多播 MRB 的 PTP LCID 标识的逻辑信道和单播 LCID 标识的逻辑信道在 MAC 复用在一个 TB 中，通过 C-RNTI 加扰的 PDCCH 进行调度，所以多播 MRB 的 PTP LCID 和单播 LCID 在同一个空间进行 ID 分配，以便于接收端区分单播数据还是多播数据。多播 MRB 的 PTM 数据通过 G-RNTI 加扰的 PDCCH 进行调度，所以可以额外定义一个 LCID 空间给 MRB PTM。但是由于支持 PTP 仅为 PTM 重传的场景，此时，如果单播的 LCID 和多播 PTM 的 LCID 相同，则 MAC 层不清楚将该解复用的数据发送给哪个 RLC 实体。所以，标准上同意多播 MRB 的 PTM 对应的 LCID 和单播 LCID 在一个空间进行 ID 分配。

多播承载在 PTM 上使用的逻辑信道是 MTCH，在 PTP 上使用的逻辑信道是 DTCH。这两个逻辑信道都映射到 DL-SCH 传输信道上，其中 PTM 上传输的数据通过 G-RNTI/G-CS-RNTI 进行动态调度，而 PTP 上的业务数据使用 C-RNTI/CS-RNTI 进行动态调度。

一个 MBS session 通过 RRC 信令配置关联一个 G-RNTI/G-CS-RNTI，用于动态调度 MBS session 的业务数据。一个 MBS session 配置一个 G-RNTI 是基本的配置方式，UE 可以不用接收和解码 UE 不感兴趣的 MBS session。但是这会增加复杂度，例如需要接收多个 MBS session 的用户需要监听多个 G-RNTI。所以基于具体的部署场景，可以取决于网络实现支持多个 MBS session 配置一个 G-RNTI。即，G-RNTI 和 MBS session 之间的关联关系可以是一对一或者一对多。

当 UE 通过 RRC 专用信令接收多播业务的配置信息并建立多播承载 MRB 时，需要对 PDCP、RLC 层进行状态变量的初始化。

对于 PTM RLC，状态变量 RX_Next_Highest 设置为第一个接收到的 UMD PDU 包含的 SN，而状态变量 RX_Next_Reassembly 取决于 UE 实现设置为一个 RX_Next_Highest 前面的 SN，避免不必要的数据丢失。

对于 PTM PDCP，状态变量 RX_NEXT 的 SN 部分设置为 $(x+1)$ modulo $(2^{[PDCP\text{-}SN\text{-}Size]})$，而状态变量 RX_DELIV 的 SN 部分设置为 $(x-0.5\times2^{[PDCP\text{-}SN\text{-}Size-1]})$ modulo $(2^{[PDCP\text{-}SN\text{-}Size]})$，其中 x 为接收到的第一个 PDCP PDU 包含的 SN。状态变量 RX_NEXT 和 RX_DELIV 的 HFN 部分通过网络侧配置的 HFN 和参考 PDCP SN 来确定，如果没有配置，则通过 UE 实现来确定。其中参考 PDCP SN 的配置是为了避免出现 UE 和网络侧之间 HFN 不同步的问题。

20.3.2 多播业务的非连续接收

多播业务数据的接收也要考虑 UE 节能的问题，所以也支持多播 MBS DRX。多播 MBS DRX 是 per G-RNTI/G-CS-RNTI 配置的，即对不同 G-RNTI/G-CS-RNTI 可以配置不同的 MBS DRX，且多播 MBS DRX 之间以及多播 MBS DRX 和单播 DRX 之间是相互独立的。

多播 MBS DRX 的配置参数包括：drx-onDurationTimerPTM、drx-SlotOffsetPTM、drx-InactivityTimerPTM、drx-LongCycleStartOffsetPTM、drx-RetransmissionTimerDL-PTM 以及 drx-HARQ-RTT-TimerDL-PTM。多播 DRX 不支持 short DRX，支持 per G-RNTI/G-CS-RNTI 的 DRX command，也就是 DRX command 通过 G-RNTI 加扰传输，则该 DRX command 用于这个 G-RNTI 对应的多播 MBS DRX。

DRX 的操作和单播 DRX 类似，但是在多播 MBS 中，由于多播业务数据接收的反馈引入了 NACK only HARQ 反馈方式、HARQ 反馈去使能方式以及 PTP 用于传输 PTM 重传等操作，所以多播 MBS DRX 具有自己的特殊性。

当使用 HARQ 反馈去使能方式后，UE 没有 HARQ 反馈，所以 UE 不会启动 drx-HARQ-RTT-TimerDL-PTM 定时器和 drx-RetransmissionTimerDL-PTM 定时器。

当使用 NACK only HARQ 反馈方式后，如果接收 MAC PDU 正确解码，则 UE 没有 HARQ 反馈，所以 UE 不会启动 drx-HARQ-RTT-TimerDL-PTM 定时器和 drx-RetransmissionTimerDL-PTM 定时器。

当使用 PTP 用于传输 PTM 重传方式后，如果存在 HARQ 反馈，此时 UE 不确定重传数据来自 PTM 还是 PTP，则同时启动单播 drx-HARQ-RTT-TimerDL 定时器和多播 MBS DRX 的 drx-HARQ-RTT-TimerDL-PTM 定时器。

20.3.3 多播移动性和业务连续性

正在进行多播业务数据接收的 UE 可以在小区切换后通过 PTM 或者 PTP 继续接收 MBS

多播业务，同时支持 MBS 的目标基站可以通过 delta 配置来配置多播 MBS 的配置信息。

当切换的原基站和目标基站都支持 MBS 时，多播 MBS 的切换过程支持无损切换，但仅限于这个切换的 UE 在目标小区有 PTP RLC AM 的 MRB 承载的情况。为了支持无损切换，切换前后需要保证 DL PDCP SN 号的同步和继续，同时原基站可以转发未传输的数据到目标基站，目标基站可以配置 UE 提供 PDCP 状态报告。

当切换的原基站支持 MBS 而目标基站不支持 MBS 时，原基站可以将 MRB 转化为 DRB，然后再执行切换过程。

当切换的原基站不支持 MBS 而目标基站支持 MBS 时，则先按照 DRB 到 DRB 执行切换过程到目标基站，目标基站将 DRB 转化为 MRB。

20.4　MBS 广播业务接收

20.4.1　广播业务配置和更新

对于 MBS 广播业务的接收，任何 RRC 状态的 UE，即 RRC_IDLE、RRC_INACTIVE、RRC_CONNECTED，都可以接收广播业务的配置信息和广播业务数据。

广播 MBS 的配置信息通过 2-step 方式进行配置，首先通过 MBS SIB 对 MCCH 进行配置，而 MCCH 对 MTCH 进行配置，如图 20-7 所示。当 UE 接收完 MBS SIB 和 MCCH 信令之后就可以接收广播 MBS 业务数据了。

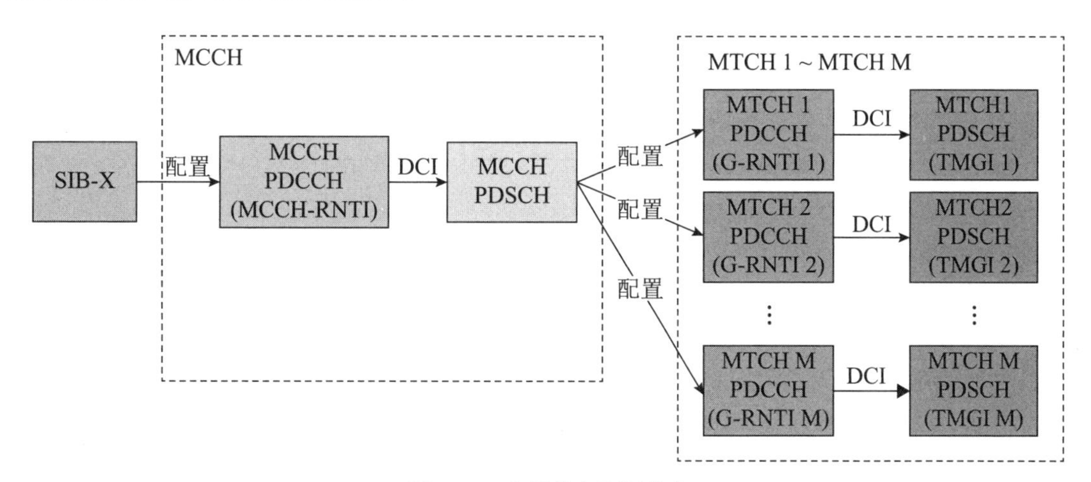

图 20-7　广播业务配置信息

MBS SIB 用于配置 MCCH 接收的配置信息，包括接收 MCCH 的公共无线时频资源信息、MCCH 接收窗口配置信息以及 MCCH 修改周期等信息。

MCCH 只传输一个 MCCH 信令消息，即 MBSBroadcastConfiguration，该消息用于配置 MTCH 的配置信息。MCCH 只会在 MCCH 接收窗口传输。为了接收 MCCH，引入新的 RNTI，MCCH-RNTI（固定取值 FFFD）用于识别 MCCH 在 PDCCH 上的调度信息。

MCCH 的信令内容也会发生变化，例如广播 MBS 业务的开始、停止或者配置内容变更等。MCCH 变更通知 DCI 通过 MCCH-RNTI 加扰，DCI 中包含两个 bit，第一个 bit 用于指示 MBS 业务开始，第二个 bit 用于指示 MBS 业务停止或者 MCCH 信令内容变更。MCCH

变更通知只在特定的 SFN 上发送，即满足 SFN mod *mcch-ModificationPeriod* = 0 的 SFN。当 UE 接收到 MCCH 变更通知，则 UE 在同一个 slot 上接收变更的 MCCH 信令。

MCCH 的信令包括如下内容：广播 MBS session 配置、DRX 配置、MBS 邻区列表配置以及 MBS PDSCH 信道配置、小区广播 MBS 的时频资源配置等。其中 MBS MCCH 中配置 Neighbouring cell 是告诉 UE 邻区中支持相同 MBS 业务的小区列表，且 per MBS session 配置的。网络节点之间的协调取决于实现或者 OAM，UE 如何使用这个小区列表取决于 UE 实现。支持该配置的公司认为 MCCH 中配置 Neighbouring cell 的目的是为了 MBS 业务的连续性。MBS 业务在某些小区可能不广播，例如不支持 MBS 业务或者该小区缺乏感兴趣的用户。当 UE 移动到一个不支持该 MBS 业务的邻区时，UE 可以基于实现通过 APP 层请求该业务。否则 UE 重选到新小区后，需要获取 SIB/MCCH 之后才建立和应用服务器的单播连接，继续业务接收。该机制和 LTE 中的 SC-PTM 类似。

针对每个 MBS session，配置 MBS session id、G-RNTI、广播 MRB、广播 DRX、支持同一个 MBS 业务的邻区列表、物理信道 PDSCH 的配置等。

广播的逻辑信道 MCCH 和 MTCH 映射到 DL-SCH 传输信道上，通过 PDCCH 动态调度进行传输。一个 MBS session 可以配置多个广播承载 MRB，如图 20-8 所示。每个广播 MRB 支持的协议栈包括：SDAP、PDCP、RLC、MAC。MCCH 的协议栈包括 RLC 和 MAC，其中 MCCH/MTCH RLC 为 UM 模式。MCCH 的逻辑信道 ID 为 0，每个广播 MRB 配置一个广播逻辑信道 ID，取值为 1~32。广播逻辑信道 ID 的空间为独立空间。

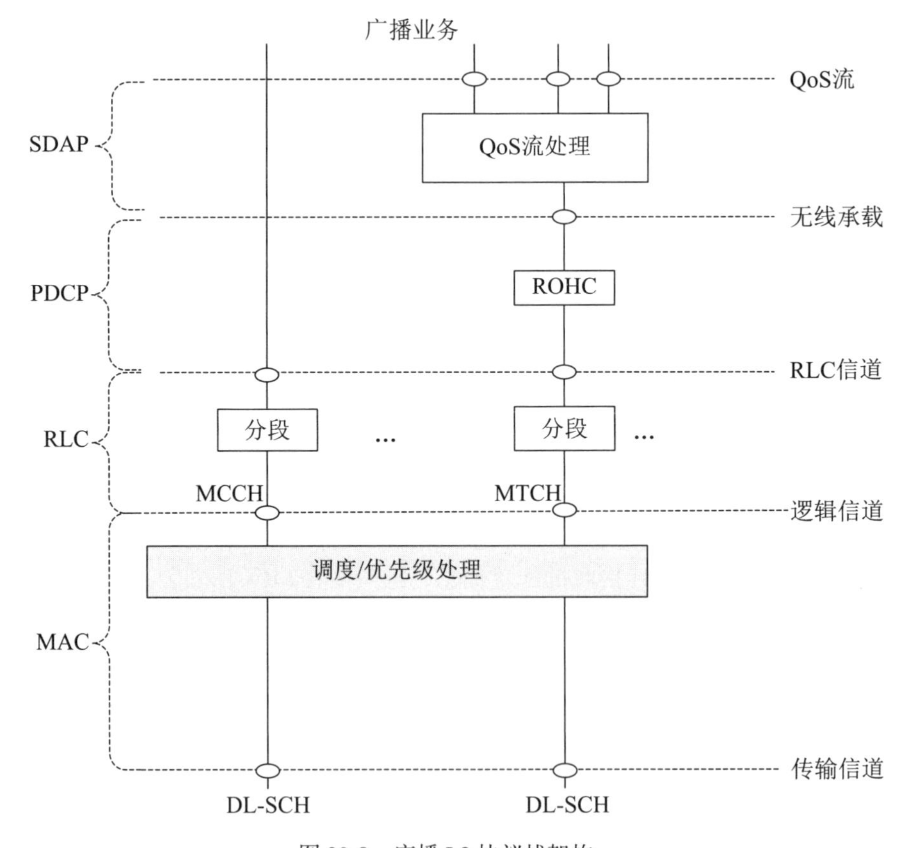

图 20-8　广播 L2 协议栈架构

在广播 MBS 中，G-RNTI 和 MBS session 之间的关联关系可以是一对一或者一对多。

20.4.2　广播业务调度和接收

广播业务数据的接收也要考虑 UE 节能的问题，所以也支持广播 MBS DRX。广播 MBS DRX 是 per G-RNTI 配置的，且广播 MBS DRX 之间以及广播 MBS DRX 和单播 DRX、多播 MBS DRX 之间是相互独立的。

广播 MBS DRX 的配置参数包括：drx-onDurationTimerPTM、drx-SlotOffsetPTM、drx-InactivityTimerPTM 以及 drx-LongCycleStartOffsetPTM。

当满足 [(SFN × 10) + subframe number] modulo (drx-LongCycle-PTM) = drx-StartOffset-PTM 时启动定时器 drx-onDurationTimerPTM；当接收到下行 PDCCH 调度时，启动定时器 drx-InactivityTimerPTM；只有当定时器 drx-onDurationTimerPTM 或 drx-InactivityTimerPTM 运行时才接收下行广播 MBS 业务。

在 NR 中，引入了 beam sweeping，所以 MCCH 和 MTCH 都通过 beam sweeping 方式进行传输。

在 MCCH 传输窗口中，将 MCCH PDCCH occasion 从 1 开始编号，第 $[x \times N+K]^{\text{th}}$ 个 PDCCH 时机对应第 K^{th} 个 SSB。其中 $x = 0, 1, \cdots, X-1$, $K = 1, 2, \cdots, N$，N 是实际传输的 SSB 的数目，X 为 CEIL（number of PDCCH monitoring occasions in MCCH transmission window/N）。UE 根据测量的好的 beam 方向对应的 SSB 索引，找到对应的 PDCCH 时机来接收 MCCH 的调度信息，进而接收 MCCH 信令。

MTCH 传输窗口通过 RRC 信令 per G-RNTI 配置，在 MTCH 传输窗口中，将 MTCH PDCCH occasion 从 1 开始编号，第 $[x \times N+K]^{\text{th}}$ 个 PDCCH 时机对应第 K^{th} 个 SSB。其中 $x = 0, 1, \cdots, X-1$, $K = 1, 2, \cdots, N$，N 是实际传输的 SSB 的数目，X 为 CEIL（number of PDCCH monitoring occasions in MCCH transmission window/N）。UE 根据测量的好的 beam 方向对应的 SSB 索引，找到对应的 PDCCH 时机来接收 MTCH 的调度信息，进而接收 MTCH 数据。

20.4.3　多播业务连续性

为了保证 RRC_IDLE 或者 RRC_INACTIVE UE 移动过程中广播业务数据接收的连续性，定义新的 SIB 来配置 MBS 业务连续性辅助信息。该 SIB 配置了同频和异频的 MBS FSA ID 列表。

当支持 MBS 业务的 UE 正在接收或者有兴趣接收 MBS 业务，UE 在满足如下条件时，认为目标频率优先级最高（注意：某个位置，一个 MBS 业务只会在一个频点上部署）。

条件一：由于 MBS 频率优先级小区重选目标小区提供 MBS SIB，则小区对应频点优先级最高。

条件二：当前服务小区广播 MBS 业务连续性辅助信息的 SIB，且某一频率的 MBS FSA ID 列表与 USD 中 MBS FSA ID 相同；或者当前服务小区广播 MBS 业务连续性辅助信息的 SIB，但是关心的 MBS 业务频点没有在该 SIB 中广播，但频点包含在 USD 中；或者当前服务小区没有广播 MBS 业务连续性辅助信息的 SIB，但是关心的 MBS 业务频点包含在 USD 中；则该频点优先级最高。

当支持 MBS 业务的 UE 正在接收或者有兴趣接收 MBS 业务，如果 UE 不能在小区候选频点上接收 MBS 业务，但满足上述条件一和二，则认为该频点优先级最低。

为了保证 RRC_CONNECTED UE 移动过程中广播业务数据接收的连续性，允许 UE 通过专用信令 MBSInterestIndication 上报 UE 正在接收或者感兴趣接收的 MBS 业务列表，以便于 UE 在切换过程中，基站选择支持 MBS 业务的小区作为切换的目标小区如图 20-9 所示。MBSInterestIndication 消息与 LTE MBMS 中的 MBMSInterestIndication 的安全需求不同，需要在 AS 安全激活之后才能上报，且要求加密和完整性验证等安全保护。UE 在 MBSInterestIndication 中可以上报如下信息：UE 正在接收或者感兴趣接收的 MBS 广播业务的 MBS 频率列表、广播 MBS 接收和单播接收冲突的优先级级指示、UE 正在接收或者感兴趣接收的 MBS 广播业务的业务标识列表。

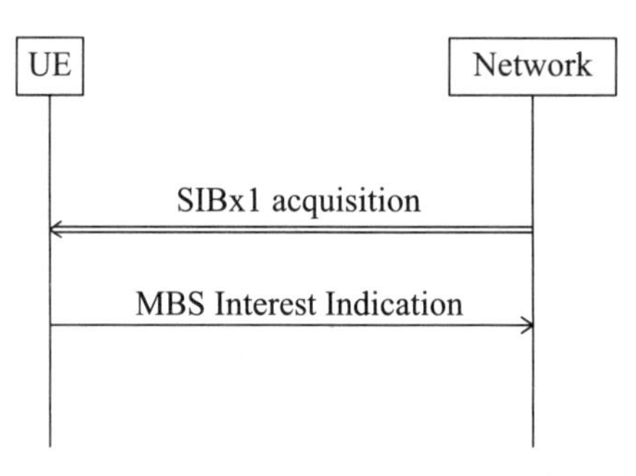

图 20-9　MBSInterestIndication 上报

UE 进入 RRC_CONNECTED 状态后，触发 UE 发起 MBSInterestIndication 传输的因素可以有很多种，例如成功建立 RRC 连接、离开或者进入 MBS 广播服务区域、MBS 业务的开始或者停止、改变感兴趣的 MBS 广播业务、改变单播接收和广播接收的优先级、PCell 开始广播 SIBx1。UE 在一个小区可以发送 MBSInterestIndication 的前提是小区广播了 SIBx1。

20.5　MBS 连接态 UE 的组调度

20.5.1　概述

NR MBS 的组调度是基站面向连接态的一组 UE 在共享的时频资源上发送相同的业务数据信息。本节将介绍 MBS 对于连接态 UE 的调度发送模式、公共 MBS 频域资源、下行控制信道、半持续调度、基于 HARQ 反馈的重传方式等内容。

20.5.2　MBS 组调度发送模式

NR MBS 组调度的发送模式是从系统角度、根据网络发送的 PDCCH/PDSCH 的加扰方式及时频资源的占用等因素定义的。无论是点到点的发送模式还是点到多点的发送模式，目的都是在不同的业务需求和无线通信条件下保证多播业务的顺利传输。如果是面向一组多个 UE 的发送，那么 PDCCH/PDSCH 是组公共 Group-common 性质的，简称 GC-PDCCH/PDSCH；如果是面向单个 UE 的发送，那么与单播类似，PDCCH/PDSCH 都是 UE 专属的，即 UE-specific。在讨论设计方案的过程中，并结合图 20-10 和图 20-11，主要有如下几种传输模式 [3]。

- PTP 发送模式（Point to Point）：对于一个连接态的 UE，基站向这个 UE 发送专属 PDCCH，PDCCH 的 CRC 采用 UE 专属 RNTI（如 C-RNTI）加扰，UE 专属 PDCCH

用于指示 UE 专属 PDSCH，并且被指示的 PDSCH 采用相同的 UE 专属 RNTI 加扰。

- PTM 发送模式 1（Point to Multi-point）：对于一组连接态的 UE，基站向这组 UE 发送组公共 PDCCH，PDCCH 的 CRC 采用组公共 RNTI 加扰，组公共 PDCCH 用于调度组公共 PDSCH，并且被调度的 PDSCH 采用相同的组公共 RNTI 加扰。发送模式 1 又称为“基于组公共 PDCCH 的组调度模式”。
- PTM 发送模式 2（Point to Multi-point）：对于一组连接态的 UE，基站向组内的每一个 UE 分别发送专属 PDCCH，每个 PDCCH 的 CRC 采用 UE 专属 RNTI（如 C-RNTI）加扰，这些 UE 专属 PDCCH 都用于调度同一个组公共 PDSCH，并且被调度的 PDSCH 采用一个组公共 RNTI 加扰。发送模式 2 又被称为“基于 UE 专属 PDCCH 的组调度模式”。

在上述发送模式中，UE 专属 PDCCH/PDSCH 表示基站所发送的 PDCCH 及被调度的 PDSCH 只能被一个目标 UE 识别并正确接收，而无法被同组内接收相同 MBS 业务的其他 UE 所识别。组公共 PDCCH/PDSCH 表示基站在同一时频资源上发送的 PDCCH 及被调度的 PDSCH 可以被一组接收相同 MBS 业务的 UE 所识别。从单个 UE 接收 MBS 的角度来看，无论是 PTP 发送模式还是 PTM 发送模式 1/2，接收是透明的，除了加扰 PDCCH/PDSCH 所使用的 RNTI 不同以外，其他接收行为都是类似的。

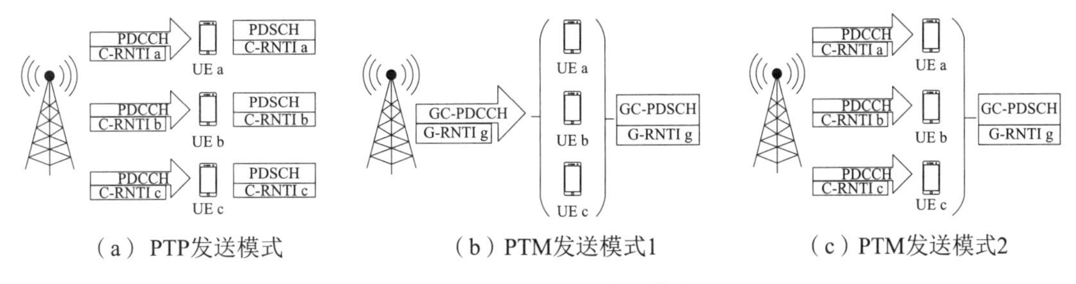

图 20-10　NR MBS 发送模式

PTP 发送模式采用现有的单播传输方式发送 MBS 的相关业务数据。从基站发送角度来看，尽管基站向一组 UE 发送相同的 MBS 数据信息，但是针对每个 UE 都使用单独的时频资源进行发送，与发送单播业务的行为、资源占用情况相同，唯一不同点在于承载的业务数据是不同的。从一个 UE 接收的角度来看，接收 MBS 和接收单播业务没有区别，即在自己专属的时频资源上接收。

对 PTM 发送模式 1，从基站发送角度来看，发送一个 TB 仅需要占用一套时频资源，向一组 UE 发送一次 PDCCH 和 PDSCH，接收相同 MBS 数据信息的这一组 UE 都会在相同的时频资源上接收同样的内容。对于 NR MBS 多播这种点到多点的发送模式，都是基站向覆盖范围内的多个 UE 发送相同的业务数据信息，尤其是当接收 MBS 的 UE 数量较为庞大时，采用 PTM 发送模式 1 可以最大程度地节省下行资源的开销。

PTM 发送模式 2 可以认为是 PTP 发送模式和 PTM 发送模式 1 的简单结合模式。从基站发送角度来看，基站向每个 UE 使用单独的时频资源发送专属 PDCCH，而这些 PDCCH 都指向同一个时频资源用于承载 PDSCH。当系统支持并开启 HARQ-ACK 反馈机制时，采用 PTM 发送模式 2 可以通过 UE 专属 PDCCH 为每个 UE 指示独立的上行反馈资源，不仅可以最大限度地重用现有单播业务的反馈机制，而且还能够提升上行反馈资源占用的灵活度。但是，当接收 MBS 的 UE 数量增加时，发送同一 MBS 数据所需的 UE 专属 PDCCH 就会增加，需要占用的下行控制资源也会随之增加。此外，HARQ-ACK 反馈机制是根据具体的场景和需求进行使能 / 去使能，并不是时刻都需要进行反馈。因此，无法明确地认为采用 PTM 发送模式 2 可以带来实质的增益。

最终，经过对不同发送模式的优缺点分析和讨论，确定了 R17 NR MBS 支持两种发送模式，即 PTP 发送模式和 PTM 发送模式 1，并且 PTP 仅能作为 MBS 中重传的发送模式。对于一组接收 MBS 的连接态 UE，如果一个 TB 的初传采用了 PTM 发送模式 1，那么基于 HARQ-ACK 反馈的重传可以采用 PTM 发送模式 1 或 PTP 发送模式。但无论是初传还是重传，基站向一组 UE 发送一个 TB 时只能采用一种发送模式。例如，TB1 的初传采用了 PTM 发送模式 1，且基于 ACK/NACK 的反馈机制开启，一组接收 UE 中有 3 个 UE 反馈了 NACK，基站采用 PTP 发送模式分别给这 3 个 UE 调度了重传，那么这个 TB 的重传就不能再选择 PTM 发送模式 1 了。

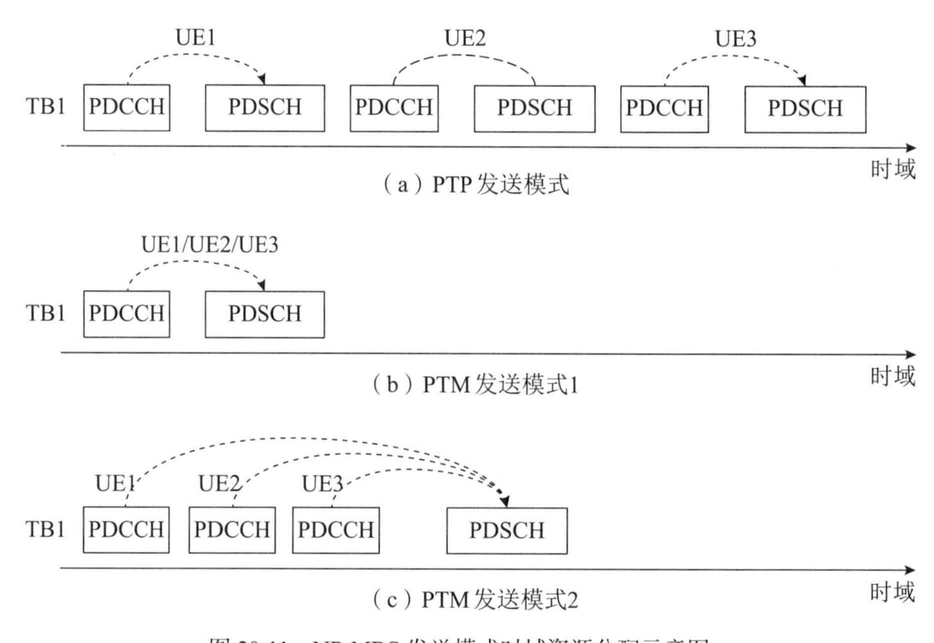

图 20-11　NR MBS 发送模式时域资源分配示意图

20.5.3　公共 MBS 频率资源的设计

公共 MBS 频率资源（common MBS frequency resource，CFR）是定义在一个 BWP 内的连续的公共资源块 RB 集合。一个 CFR 的频域位置起始点是基于 point A 来定义的，通过起始点的频域位置和具体占用的连续 RB 个数来唯一地确定一个 CFR 的频域位置和频域宽度，具体的指示方式与 BWP 的指示方式相同，这里就不再赘述。CFR 作为公共频域资源集合，用于发送 MBS 的组公共 PDCCH 和组公共 PDSCH，其中组公共 PDCCH 的 CRC 采用 G-RNTI、G-CS-RNTI 或 MCCH-RNTI 加扰。用于发送 MBS 的组公共 PDCCH/PDSCH，不会在 CFR 以外的其他频域位置进行发送。

在初期讨论 CFR 的设计过程中，首先达成的共识就是采用已有的 NR BWP 的设计理念和架构来设计 MBS 的 CFR 最为简单和高效，但随之也带来了一系列问题，需要进一步讨论和解决。例如 CFR 与 BWP 之间的关系是什么、每个 UE 可以支持配置多少个 CFR 等。这些问题将在本节给出进一步的分析和结论。首先，关于 CFR 与 BWP 在频域的关系，存在如下几种可行方案[4]。

- 方案一：为 UE 配置专属的 BWP 用于接收 NR MBS，MBS 专属 BWP 和 UE 专属的单播 BWP 在频域资源上的关系可以是无重叠、有重叠或包含，但两者的配置相互独立。此方案的优势在于 MBS 专属 BWP 的配置可以最大程度地复用已有单播 BWP 配置的机制，包括 RRC 信令等，此外可以根据不同的 MBS 业务类型和特点配置独立的参数集，充分体现配置的灵活性。此方案的缺点也比较明显，因为 UE 无法支持同时激活多个 BWP，那么 UE 就无法同时接收单播业务和 MBS，所以需要在 MBS 专属 BWP 和单播 BWP 之间不停地切换，由此带来的 BWP 切换时延以及业务接收的中断问题无法避免。
- 方案二：为 UE 配置专属的 BWP 用于接收 NR MBS，MBS 专属 BWP 附属于 UE 专属的单播下行 BWP，即 MBS 专属 BWP 被包含在 UE 专属的单播下行 BWP 内部，并且采用相同的参数集（子载波间隔和循环前缀）。此方案同样可以使 MBS 专属 BWP 的配置最大程度地复用已有单播 BWP 配置的机制，并且将 MBS 专属 BWP 的频域资源完全包含在单播 BWP 内部以及采用相同的参数集，目的就是为了避免 BWP 之间的切换。但是，基于现有 BWP 在协议中的定义，此方案无法完全避免 BWP 切换，即 BWP 切换时延无法减少至 0。如果为了满足 BWP 的零切换时延而定义新的 MBS 专属 BWP，需要对当前 R15/R16 协议中的 BWP 的相关内容进行修改，此外还需要在 RAN4 定义新的 BWP 切换指标。考虑到 R17 NR MBS 在立项阶段，并未包含 RAN4 的相关工作，因此方案二仍需要考虑由 BWP 切换所带来的一系列问题。
- 方案三：CFR 作为 UE 专属的单播 BWP 配置内的一个参数而不是一个 BWP，即在给 UE 配置专属的单播 BWP 时，额外配置一套参数指示一组连续的频域资源专门用于 MBS，由于 CFR 基于单播 BWP 配置，那么参数集与所属单播 BWP 一致。此方案的优势在于 UE 可以同时接收 MBS 和单播业务，并且不需要考虑 BWP 切换导致的时延和接收中断等问题，无需改变当前 BWP 的机制，对协议的改动也非常小。基站在给 UE 配置多个单播 BWP 时，理论上在每个单播 BWP 上都可以配置一个 CFR，无论 UE 当前工作在哪个激活的单播 BWP 上，UE 都可以进行 MBS 的接收。
- 方案四：基站为同一组内的每一个 UE 都配置相同的单播 BWP，即 BWP 的频域资源、参数集等完全相同，以此来保证所有 UE 能使用相同的 BWP 接收 MBS 的组公共 PDCCH 和组公共 PDSCH。此方案的优势在于完全基于当前的 BWP 定义，不会对协议内容带来任何修改。基站在给每个 UE 配置单播 BWP 时，至少会配置一个“特殊”BWP 用于接收 MBS，处于同一组内的所有 UE 都会被配置一个完全相同的“特殊”BWP，从系统角度来看，所有 UE 的这个“特殊”BWP 就相当于一个 CFR。但是这个方案存在较大的限制性，因为这个 BWP 要求所有 UE 都支持相同的频域资源位置、大小、参数集等，对于能力相对较弱的 UE 来说难以实现。此外，每个 UE 可以支持的 BWP 个数有限（4 个），而其中一个被配置为“特殊”BWP 会影响 UE 自身的灵活性和节电特性，这也有违当初引入 BWP 的初衷。即便是这个 BWP 的频域大小可以不同，但仍需保证所有 UE 的这个 BWP 必须存在重叠部分，而这个重叠部分就限制了用于发送 / 接收 MBS 的最大频域带宽，也限制了每个 UE 配置单播 BWP 的位置。

经过讨论，在充分权衡了可行性、有效性、复杂度、协议修改程度等的情况下，最终确定采用方案三来设计 MBS 的 CFR。从 UE 的角度来看，在一个 UE 专属的下行 BWP 上最多可以配置一个 CFR。如果一个 UE 专属的下行 BWP 在配置时没有包含 CFR 的配置信息，那么 UE 工作在这个 BWP 的激活状态时，无法接收 MBS，只能接收单播。

当一个 UE 专属的下行 BWP 配置包含了 CFR 的配置信息并处于激活状态时，整个 BWP 的频域资源（包括 CFR 的频域资源）都可以支持单播的发送，但具体如何占用频域资源调度发送单播取决于基站的实现。如果 CFR 仅用于 MBS 的发送而不能发送任何单播，最直接的问题就是导致所属的下行 BWP 在频域上被截断且资源不连续，从而导致频域碎片化，大大降低了频域资源的利用效率。因此，CFR 仅用于 MBS 的发送，而整个下行 BWP 都可用于单播的发送。

如图 20-12 所示，基站在为 UE 配置专属的下行 BWP 时，增加配置参数 CFR-Config-Multicast 用于指示在这个 BWP 上用于接收 MBS 的 CFR 配置信息，具体包括 CFR 的频域位置（起始点 + 带宽）、PDCCH 配置、PDSCH 配置、SPS 配置等内容。

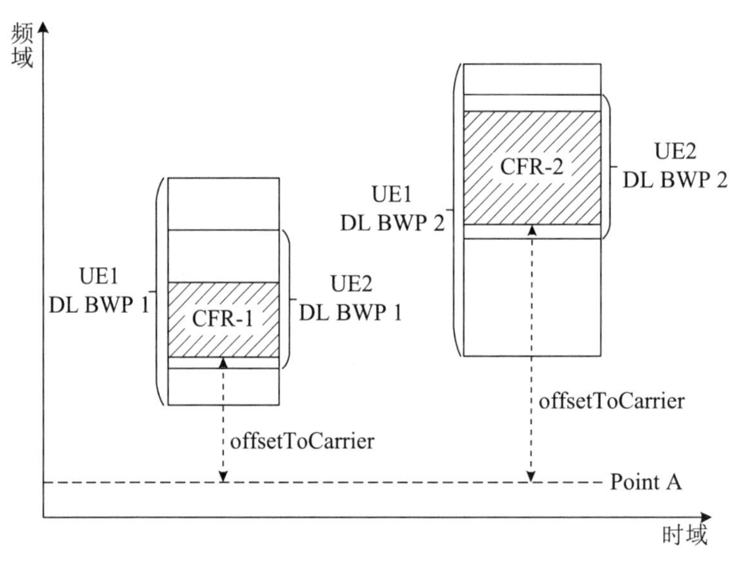

图 20-12　BWP-CFR 设计

1. CFR 指示方法

NR MBS 的 CFR 的指示方法与 BWP 的指示方法一致，采用 Type 1 资源分配类型来配置 CFR，即采用“起点 + 长度”联合编码的 RIV（Resource Indication Value）来指示，以确保 CFR 的连续频域资源完全被所属 BWP 包含。在讨论指示方式的过程中，存在两种方案来指示 CFR 的起点[4]。

- 方案一：CFR 的起始 PRB 基于 Point A 作为参考点。虽然 CFR 的指示配置信息是通过 RRC 信令在为每个 UE 配置下行 BWP 时携带的，但是 CFR 的起始点参考位置是基于载波的，所有 UE 都被指向了统一的参考起始点。对于同一个 CFR 配置，不同 UE 的下行 BWP 的配置中包含了相同的 CFR 频域资源位置信息。当 UE 支持多个不同的下行 BWP 时，如果重配置了下行 BWP 或 UE 需要在不同的下行 BWP 之间切换，只要 CFR 不改变，那么 UE 就无需重新计算 CFR 的资源位置。此方案的唯一潜在缺点是当 CFR 的起始点距离 Point A 点较远时，相比方案二，方案一的指示信令开销较大。但仔细分析，较大的指示信令开销仅仅出现在 CFR 起始点与 Point A 点较远时，这种情况并非常态；而 CFR 起始点与所属下行 BWP 起始点的距离通常比较近。因此，这个潜在的比特开销不足以弱化方案一的优势[6]。

- 方案二：CFR 的起始 PRB 基于所属下行 BWP 的起始 PRB 作为参考点。CFR 的指示配置信息是通过 RRC 信令在为每个 UE 配置下行 BWP 时携带的，那么 CFR 的起始点参考位置基于每个 UE 的 BWP 的起始点也是顺理成章的，而且由于 CFR 在频域是包含在 BWP 内部的，因此 CFR 的起始点距离 UE 的下行 BWP 的起始点更近一些，那么相较于 Point A 点，方案二的指示信息会消耗较小的信令开销。但是正如在方案一中分析的一样，方案二的这点优势并不明显。当一个 UE 可以支持多个不同的下行 BWP，即便是 CFR 的频域资源不改变，UE 也需要根据不同的下行 BWP 的起始点来重新计算 CFR 的频域位置和长度。

最终，讨论决定采用方案一作为 CFR 的起点指示方案，以 CFR 与所属 BWP 的子载波间隔相同，如图 20-12 所示，通过参数 offsetToCarrier 指示 CFR 的第一个 PRB 与 Point A 点（common RB0 的最低子载波）之间相差的 PRB 个数来确定 CFR 的起始位置。RIV 值由配置 CFR 的高层信令 locationAndBandwidthMulticast 指示，如果 CFR-ConfigMulticast 中没有配置 locationAndBandwidthMulticast，CFR 所属 BWP 配置的 locationAndBandwidth 将作为默认值。采用式（20-1）（见 TS 38.214 的第 5.1.2.2.3 节所述）可以从 RIV 值反推出 CFR 的起点和大小。

$$\text{如果}\ (L'_{\mathrm{RBs}}-1)\leqslant\left\lfloor N_{\mathrm{BWP}}^{\mathrm{initial}}/2\right\rfloor,\ \text{则}\ RIV=N_{\mathrm{BWP}}^{\mathrm{initial}}(L'_{\mathrm{RBs}}-1)+RB'_{\mathrm{start}}$$

$$\text{否则，}\ RIV=N_{\mathrm{BWP}}^{\mathrm{initial}}(N_{\mathrm{BWP}}^{\mathrm{initial}}-L'_{\mathrm{RBs}}+1)+(N_{\mathrm{BWP}}^{\mathrm{initial}}-1-RB'_{\mathrm{start}}) \qquad (20\text{-}1)$$

其中，$L'_{\mathrm{RBs}}=\dfrac{L_{\mathrm{RBs}}}{K}$，$RB'_{\mathrm{start}}=\dfrac{RB_{\mathrm{start}}}{K}$，且 L'_{RBs} 不能超过 $N_{\mathrm{BWP}}^{\mathrm{initial}}-RB'_{\mathrm{start}}$。

2. RBG 和 PRG 的指示方法

在 CFR 中，多播组公共 PDSCH 对应的资源块组 RBG（Resource Block Group）和预编码资源块组 PRG（Precoding Resource Block Group）的定义方式均与单播 PDSCH 在下行 BWP 中的 RBG 和 PRG 一致。

RBG：当采用 Type 0 下行资源分配类型时，使用组公共 DCI 的 CRC 采用 G-RNTI 或 G-CS-RNTI 加扰，CFR 中 RBG 的大小定义复用了 TS 38.214 的第 5.1.2.2.1 节中基于 BWP 定义单播业务 RBG 的公式，仅需要将公式中 BWP 对应的参数改为 CFR 对应的参数即可，例如 $N_{\mathrm{BWP},i}^{\mathrm{start}}$ 代表 CFR 的起始 PRB，$N_{\mathrm{BWP},i}^{\mathrm{size}}$ 代表 CFR 的频域大小，高层配置参数 rbg-Size 由配置 CFR 的高层信令 PDSCH-Config-Multicast 来指示配置。

PRG：PRG 的定义复用了 TS38.214 的第 5.1.2.3 节中基于 BWP 定义单播业务 PRG 的公式，仅需要将公式中 BWP 对应的参数改为 CFR 对应的参数即可。例如例如 $N_{\mathrm{BWP},i}^{\mathrm{start}}$ 代表 CFR 的起始 PRB，$N_{\mathrm{BWP},i}^{\mathrm{size}}$ 代表 CFR 的频域大小。此外，UE 假定的预编码粒度是集合 {2，4，wideband} 中的一个值[7]。

3. 基于定时器的 BWP 切换

在 R15/R16 的下行 BWP 中，通过 BWP 计时器 BWP-InactivityTimer 来控制 UE 从当前激活的下行 BWP 切换至默认 BWP，以此达到省电的目的。简单来讲，UE 工作在一个激活的下行 BWP 上，每当 UE 成功接收并解码一个 UE 专属 PDCCH（如 PDCCH 的 CRC 通过 C-RNTI 或 CS-RNTI 加扰）时，UE 开启或重启 BWP 计时器的减法计数直至零，UE 从当前激活的下行 BWP 切换至默认 BWP。在 R17 NR MBS 中，CFR 是基于每个 UE 的下行 BWP 配置的，计时器触发的 BWP 切换也会影响 MBS 的接收，如果维持现有设计且完全不考虑 MBS 的接收，那么很可能会出现一个问题，当一部分 UE 的 BWP-InactivityTimer 到期而切换至各自默认的下行 BWP 上，而另一部分计时器未到期的 UE 仍然驻留在当前激活的下行 BWP 上，如果此时基站正在给这组 UE 调度发送 MBS，将会导致已经切换了 BWP 的 UE 中断 MBS 的接收，甚至是无法继续接收。因此，是否将 MBS 的接收和 CFR 的影响也纳入 BWP 计时器的触发条件范畴，存在如下几种方案[9]。

- 方案一：如果成功接收并解码 MBS 的组公共 PDCCH（PDCCH 的 CRC 通过 G-RNTI 或 G-CS-RNTI 加扰）或 MBS 对应的 MAC PDU，UE 启动 / 重启 BWP 计时器。当一个下行 BWP 上配置了 CFR，UE 会在这个下行 BWP 上接收 MBS 和单播业务，除了单播业务的 PDCCH，组共享 PDCCH 也将作为触发计时器的条件。此方案在基于现有单个定时器切换 BWP 的前提下，也能同时兼顾 MBS 和单播业务的接收，不会因为 BWP 的切换而导致 MBS 接收的中断。但是，当 MBS 和单播业务的发送频率都比较低且非常稀疏时，此方案将会延长 UE 在某个激活的下行 BWP 上的驻留时间，即便是没有单播业务需要接收了，由于收到 MBS 的组公共 PDCCH 而触发重启 BWP 计时器，UE 也无法切换至默认的下行 BWP。此外，BWP-InactivityTimer 的值是基于每个 UE 的单播业务特点进行配置的，即可长可短，且配置相同计时器的概率也极低，不同 UE 在各自激活的下行 BWP 上的驻留时间无法统一，因而不能完全保证所有 UE 都能同步地维持在当前的 CFR 上接收 MBS。因此，方案一潜在降低了 UE 通过 BWP 切换而达到节能的效果。
- 方案二：在下行 BWP 上配置 CFR 时，引入新的计时器 MBS-BWP-InactivityTimer。对于一个 UE 的下行 BWP，配置双定时器，即 BWP-InactivityTimer 和 MBS-BWP-InactivityTimer，当两个定时器都到期时，UE 才会从当前激活的下行 BWP 切换至默认 BWP。当只有一个定时器到期而另一个定时器仍在计数，例如单播定时器到期而 MBS 计数器未减至 0，则 UE 仍驻留当前 BWP，但可以切换搜索空间集合组，或在一段时间内跳过对应单播 PDCCH 的监测，并且保持在 CFR 上正常接收 MBS。双定时器的方案弥补了方案一的缺陷，既兼顾 MBS 和单播业务的接收，又考虑到了节电的效果，但是对于现有机制和协议的改动较大，还需要新增搜索空间切换、PDCCH 监测跳过的设计方案，设计复杂度的增加能否真正带来可观的增益，也需要进一步地评估和分析。
- 方案三：保持现有的 BWP 计时器的开启 / 重启的触发条件不变。在充分考虑 MBS 和单播业务特点的前提下，通过基站灵活、有序的调度能力，可以避免由于 BWP 的切换而导致的 MBS 接收中断。首先，基站在配置 BWP-InactivityTimer 时，可以同时参考 MBS 和单播业务，从跨度 2~2560 ms 的候选数值中选出较为合理的计数器时长，从而减小两种业务之间的相互影响。其次，基站掌握了每个 UE 的切换时间点，可以避免在某些 UE 切换 BWP 时调度 MBS。为了达到节电的目的，默认 BWP 通常被配置为较小的频域带宽，CFR 通常需要较大带宽来接收 MBS 较高的数据速率，能否在默认 BWP 上支持较大带宽的 CFR 配置也是一个问题。当某些 UE 切换至默认 BWP

且仍有接收 MBS 的需求，而默认 BWP 上没有配置 CFR，那么这些 UE 将无法继续接收 MBS。即便是默认 BWP 上配置了 CFR，同组内的 UE 当前的 CFR 不同，基站在多个 CFR 上就需要发送多份相同的 MBS 数据，因而也会大大降低频谱的效率。

经过讨论以及分析了各个方案的优劣势，最终决定采用方案一。当连接态的 UE 接收多播时，如果一个 UE 的激活下行 BWP 上配置了一个 CFR 和切换 BWP 的定时器，那么除了单播业务对应的 PDCCH，当 UE 成功接收并解码了组公共 PDCCH 或 MBS 的 MAC PDU 时，都会触发启动 / 重启 BWP 切换的定时器。但是，对于连接态的 UE 接收 MBS 的广播时，这种机制并不在考虑的范围内。

20.5.4 组公共下行控制信道

1. 搜索空间集

5G NR 标准引入的时域搜索空间集（Search Space Set）用于描述 UE 检测 PDCCH 的时域位置，搜索空间集分为两种类型，一种是公共搜索空间 Common Search Space，CSS），另一种是 UE 专属搜索空间（UE-Specific Search Space，USS）。在 NR MBS 中，通过多播向连接态的 UE 发送 MBS 同样需要支持搜索空间集的设计来检测 PDCCH。由于 MBS 的多播采用 PTM 发送模式 1 向一组 UE 发送公共的 PDCCH，那么 MBS 的搜索空间集是根据 NR 标准中的 CSS、USS 或者是全新的一个搜索空间进行设计，有如下几种方案[3]。

- 方案一：NR MBS 多播专属的新搜索空间类型。根据 NR MBS 多播发送的特点，即 PTM 发送模式 1 的点对多点形式，为连接态的多个 UE 设计一个新的搜索空间类型，专门用于搜索 MBS 多播的组公共 PDCCH。专属的新搜索空间设计可以为 NR MBS 提供独立的搜索资源集合，且不与现有的 CSS/USS 有任何冲突的情况。但是，此方案需要为多播增加一套完整的内容，工作量和对现有协议的影响都比较大。
- 方案二：复用 5G NR 中的 CSS 设计。5G NR 定义了公共搜索空间，一组 UE 可以使用公共搜索空间来监听 PDCCH 用于调度系统消息、寻呼消息等公共消息。NR MBS 的搜索空间设计可以借用这个设计概念，之所以可以复用类似设计，原因在于它们都是基站向一组 UE 发送公共的内容。此方案不仅可以沿用现有 CSS 的设计，而且协议的修改量是最小的。
- 方案三：基于 5G NR 中的 USS 改进。尽管 MBS 通过多播的方式向一组 UE 发送，它与 5G NR 中的公共消息的发送是不同的，MBS 发送具体的业务信息，如高清视频等，无论是从业务特点还是需求上都有别于公共消息。因此，根据 USS 的特点为 UE 设计调度 MBS 的 PDCCH 的搜索空间也就有了较为合理的动机。但是，结合 MBS 多播发送的特点，基于 USS 来为一组 UE 设计公共的搜索空间，显然需要更加复杂的设计和更大的协议修改的工作量。

这 3 种方案都是为了使连接态的 UE 更好地进行 MBS 的接收而提出的方案，除了上述的分析以外，还有一个重要的因素需要考虑，就是为 MBS 多播设计的搜索空间应当遵循哪种优先级。5G NR 充分考虑了 UE 实现的复杂度并做了简化处理，搜索空间的设计遵循如下准则：首先，CSS 优先于 USS；其次，在 USS 集合内，根据 searchspaceID 的大小来决定优先级，即 searchspaceID 编号小的 USS 优先于 searchspaceID 编号大的 USS；最后，当超过 UE 在每个时隙的盲检测能力（最大 DCI 个数或最大无重叠的 CCE 数量）时，这个 USS 的 DCI 均不进行盲检。如果 MBS 多播的搜索空间被定义为一个 CSS，那么就会对 USS 产生较大的影响，因为此时 MBS 的 DCI 盲检优先级总是高于单播业务 DCI 的优先级，尤其是当 MBS 多播业务频繁调度时，基于现有的 UE 盲检测能力将极有可能导致小概率甚至无法对 USS 进行盲检。如果 MBS 多播的搜索空间被定义为一个 USS，MBS 多播的 DCI 与现有的 UE 专属 DCI 就可以放在同一类型的搜索空间中进行优先级的比较，再进行盲检测的取舍，既不会影响现有 CSS 与 USS 之间的准则，又将 USS 的盲检测影响降至最小。但是，为一组 UE 发送公共的 PDCCH，却要采用 USS 的搜索空间类型，这将会带来更加复杂的设计和较多的协议修改工作量。

最终，结合了上述 3 种方案各自的优势，在维持 UE 能力不变的前提下（一个 UE 最多可以配置 40 个搜索空间集），NR MBS 多播 PDCCH 的搜索空间采用了 Type3-PDCCH CSS 的设计，但对于盲检测优先级按照 USS 的现有规则，多播 CSS 的 searchspaceID 编号与 USS 的 searchspaceID 编号进行比较来决定优先级的高低。

NR MBS 多播支持两种 DCI 格式，DCI 格式 4_1 和 4_2。两种格式的 DCI 的总信息比特长度不同，将两种格式的 DCI 分别配置在 Type3-PDCCH CSS 下的不同搜索空间集遵循了已有的规则；当然，从实现的角度来看，将两种格式的 DCI 配置在相同的搜索空间集中也是可以支持的。因此，最终的设计方案时，基站可以灵活地将两种 DCI 格式配置在同一个搜索空间集中，或不同的搜索空间集中。

2. 控制资源集

与 R16 中的连接态 UE 在下行 BWP 上配置 CORESET 的用法基本类似，在 R17 NR MBS 中，控制资源集（CORESET）定义为通过配置一组时频资源集合，用于连接态的 UE 搜索调度 MBS 多播的组公共下行控制信息。对于 PTM 发送模式 1 来说，CORESET 是基于每个 CFR 来配置的 [8]。

首先需要探讨并解决的问题是，在现有下行 BWP 支持的最大 CORESET 数量基础上，是否要在 CFR 上增加 CORESET 用于 MBS 多播。在 R16 中，每个下行 BWP 可以配置 3 个 CORESET 和 10 个搜索空间集，两者之间通过关联组合可以灵活配置，一个 UE 最多可以配置 4 个下行 BWP、12 个 CORESET、40 个搜索空间集，可以看出，现有配置数量较为充足，如果为了 MBS 多播而额外增加 CORESET，那么势必会增加 UE 监测 PDCCH 的能力需求。因此，R17 NR MBS 不增加在每个下行 BWP 上配置的 CORESET 个数，即在一个下行 BWP 上，基于 CFR 配置的 CORESET 个数与基于下行 BWP 配置的 CORESET 个数总和不能超过 3 个，所有下行 BWP 和 CFR 上的 CORESET 个数不能超过 12 个。如何将这 3 个 CORESET 分配给 CFR 和下行 BWP，完全交给基站通过实现来决定。

既然维持了现有 NR 在下行 BWP 上可以配置 CORESET 的个数，而又将其中一部分 CORESET 配置在 CFR 用于 MBS 多播，是否会影响单播业务的 PDCCH 监测呢？要解答这个问题，首先需要讨论 CORESET 是否可以通用的问题。

- 问题一：当 PDCCH-Config 中配置的一个 CORESET 在频域上被 CFR 所包含，这个 CORESET 是否可用于 MBS 多播。
- 问题二：PDCCH-Config-Multicast 中配置的一个 CORESET 是否可以用于单播业务。

对于问题一，虽然一个 CORESET 在频域上被 CFR 包含，但它是基于某个 UE 的下行 BWP 配置的，也意味着 ControlResourceSetId、具体的频域资源都是针对某个 UE 专门配置的。然而，对于一组接收 MBS 多播的 UE，需要保证每一个 UE 在自己的下行 BWP 上都配置这样一个完全相同的 CORESET 并在频域上包含于 CFR 内，这样的限制条件太过严苛，而且会导致每个 UE 在下行 BWP 上的 CORESET 频域资源过于集中。因此，问题一中的 CORESET 不能被 MBS 多播用于监测组公共 PDCCH。对于问题二，当一个 CORESET 基于 CFR 配置时，必然是包含在 CFR 所属的下行 BWP 内部，完全可以支持用于单播业务的 PDCCH 监测。如果 CFR 上的 CORESET 仅限于 MBS 多播，肯定就限制了能够用于单播业务的 CORESET 个数，进而影响了单播 PDCCH 的监测的灵活性。因此，对于这个问题，在 NR MBS 中，基站通过配置来决定 CFR 中配置的 CORESET 是否可以额外用于所属下行 BWP 的单播业务和 MBS 多播 PTP 重传的 PDCCH 监测。此外，从上述的分析也可以看出，CFR 配置中的 CORESET 是否可以用于单播业务的 PDCCH 监测完全取决于基站配置，因而也会产生不同的监测性能。

3. 下行控制信道的配置

NR MBS 多播的 PDCCH 配置是通过 CFR 中的参数 PDCCH-Config-Multicast 配置的，而实际上为了简化信令流程，多播的 PDCCH 是基于 UE 专属 PDCCH-Config 进行配置的，也就是说，PDCCH-Config 既可以用于 UE 单播的下行控制配置，也可以用于这个 UE 的 MBS 多播下行控制配置。此外，当 PDCCH-Config 用于 MBS 多播的 CFR 配置时，有些信令信息元素是不会出现的，例如 tpc-PUSCH、tpc-SRS、uplinkCancellation 等。

4. DCI 格式

NR MBS 支持 3 种新的 DCI 格式，如表 20-1 所示，本节只介绍用于 MBS 多播的 DCI 格式 4_1 和 4_2 [13]。

表 20-1　NR MBS 的 DCI 格式

DCI 格式	用　途	传播方式
4_0	用于调度 MBS 广播的 PDSCH，且 PDSCH 的 CRC 使用 MCCH-RNTI 或 G-RNTI 加扰	广播
4_1	用于调度 MBS 多播的 PDSCH，且 PDSCH 的 CRC 使用 G-RNTI 或 G-CS-RNTI 加扰	多播
4_2	用于调度 MBS 多播的 PDSCH，且 PDSCH 的 CRC 使用 G-RNTI 或 G-CS-RNTI 加扰	多播

DCI 格式 4_1 用于调度 MBS 多播的下行组公共 PDSCH，与 R15/R16 NR 中回退 DCI 格式 1_0 类似，DCI 格式 4_1 携带的净荷较少，信息域不可配置且大小相对固定，能够满足 NR MBS 中最基本的业务传输。DCI 格式 4_1 的净荷长度与 DCI 格式 1_0 的长度是一样的，因此无需通过在末位补零才能达到长度相同的目的。

DCI 格式 4_2 同样是用于调度 MBS 多播的下行公共 PDSCH，与 R15/R16 NR 中非回退 DCI 格式 1_1 类似，DCI 格式 4_2 支持 NR MBS 的所有特性，根据不同的配置，一些信息域可能出现或不出现，不仅能支持较为高端的特性，而且通过灵活配置使得 DCI 的净荷长度不至于始终过长而增加下行控制信令的开销。DCI 格式 4_2 的实际大小与配置相关，支持 20~140 比特。

在 R15/R16 NR 中，为了限制 UE 在盲解码 DCI 时的复杂度，定义了“3+1”DCI 长度预算，即单个 UE 最多可以使用 C-RNTI 监测 3 种不同长度的 DCI，使用“其他 RNTI”监测一种长度的 DCI。为了保证 UE 的能力和盲检复杂度不增加，NR MBS 在引入新的 DCI 格式以后，维持了现有“3+1”规则不变。DCI 格式 4_1 和 4_2 在盲解码过程中是被归类于“3”还是“1”呢？如果算在“3”当中，MBS 多播的 DCI 盲解码势必会对 UE 基于 C-RNTI 加扰的 DCI 盲解码造成影响，考虑到 MBS 多播的业务并非时延敏感型业务，更不需要去挤占 UE 的单播

DCI 的盲解码预算。因此，MBS 多播的 DCI 格式在盲解码过程中被归类于“1”，也就是使用“其他 RNTI”监测一种长度的 DCI。

在 R15/R16 NR 中规定了 UE 处理 DCI 个数的能力，例如，在一个 CC 中的一个时隙内，对于 FDD，UE 只能处理 1 个调度单播下行的 DCI 和 1 个调度单播上行的 DCI；对于 TDD，UE 只能处理 1 个调度单播下行的 DCI 和 2 个调度单播上行的 DCI。为了不增加 UE 的处理能力，R17 NR MBS 维持了已有的 UE 处理 DCI 个数的能力不变，而且 MBS 多播的 DCI 被归类于单播下行的 DCI 进行处理。虽然这样归类会潜在影响到处理单播 DCI 个数，但如果为了支持 NR MBS 而额外增加 UE 处理 DCI 个数，势必会要求 UE 的处理能力和成本有所提升。MBS 多播业务并没有单播业务那样频繁发送，因此即便是出现了 DCI 集中发送的现象，基站也可以通过合理的调度将这些 DCI 分时发送，避免 UE 无法同时处理。因此，这种方式既维持了现有的 UE 能力，也能保证单播和 MBS 多播的正常接收。

20.5.5 基于 HARQ-ACK 的重传机制

基站可以为连接态 UE 配置两种 HARQ-ACK 反馈模式，第一 HARQ-ACK 模式（ACK/NACK）和第二 HARQ-ACK 模式（NACK-only）[14]。当基站给 UE 配置了第一 HARQ-ACK 模式时，通过 PTM 发送模式 1 给一组 UE 调度一个 TB 的初传，根据每个 UE 的反馈情况 ACK、NACK 或不反馈任何信息，基站采用 PTM 发送模式 1 或 PTP 发送模式调度这个 TB 的重传。当基站给 UE 配置了第二 HARQ-ACK 模式时，通过 PTM 发送模式 1 给一组 UE 调度一个 TB 的初传，如果至少有一个 UE 反馈了 NACK，基站采用 PTM 发送模式 1 调度这个 TB 的重传。与单播业务基于 HARQ-ACK 反馈重传的机制类似，NR MBS 也采用 HARQ 进程 ID 和 NDI 两个信息域结合的方式将一个 TB 的初传和重传联系起来。例如，对于一个 TB，初传使用 PTM 发送模式 1，重传使用 PTP，初传使用的组公共 PDCCH 中包含的 HPID 和 NDI，与重传使用的 UE 专属 PDCCH 中包含的 HPID 和 NDI 是分别对应相同的。

UE 可以支持的最大 HARQ 进程数直接反映了 UE 对于数据的处理能力和缓存能力，增加最大 HARQ 进程数会需要 UE 能力的提升，从而增加设备制造的成本。因此，当连接态的 UE 支持 MBS 和单播业务的接收时，R15/R16 中 UE 能够支持最大 HARQ 进程数不变，即 MBS 的 HARQ 进程数与单播业务的 HARQ 进程数的总和不能超过 16。当基站给一组 UE 发送 MBS 时，一个 HARQ 进程（例如 HPID#1）正在被组内的一个 UE 的单播业务使用，那么这个 HARQ 进程号就暂时无法被 MBS 使用。如何在 MBS 和单播业务之间分配 HARQ 进程数，完全取决于基站的灵活配置和调度能力。

20.5.6 半持续调度 PDSCH

根据 NR MBS 的业务特点，对于连接态的 UE 采用半持续调度 SPS 的方式周期性地发送组公共 PDSCH，会大量节省下行控制信令的开销。对于连接态的 UE，通过组公共 PDSCH 周期性地发送 MBS，为了区别于单播业务的 SPS，R17 NR MBS 定义了 G-CS-RNTI 用于组公共 PDCCH/PDSCH 的加扰。基于 R15/R16 NR 的单播 SPS 设计，MBS 的 SPS 设计主要涉及下面这些问题。

1. SPS 激活与释放

与单播业务的 SPS 设计类似，MBS 的 SPS 也需要通过下行控制信令 PDCCH 进行激活和释放操作。在一个 CFR 上，如果配置了 SPS 用于发送 MBS，那么如何进行激活和释放，有如下几种方案[9]。

2. SPS 激活方案

- 组公共 PDCCH：对于一个组公共的 SPS，使用一个组公共 PDCCH（CRC 使用 G-CS-RNTI 加扰）对一组 UE 进行统一激活并进行后续组公共 PDSCH 的周期性调度行为，简而言之，就是采用类似于 PTM 发送模式 1 的方式发送 PDCCH 激活 SPS。此方案可以大量节省激活信令的开销。当 SPS 支持 NACK-only 反馈模式且一组 UE 之间共享上行反馈资源时，基站无法识别具体哪个 / 些 UE 没有成功激活 SPS，会再发送一个组公共 PDCCH 进行 SPS 重激活，重激活对于那些已经正确激活并开始接收 PDSCH 的 UE 同样有效，但这样会导致这些 UE 接收 SPS 的重启。因此，采用组公共 PDCCH 激活 SPS 的方式，对于 NACK-only 反馈模式的 UE 来说并不友好。
- UE 专属 PDCCH：对于一个组公共的 SPS，使用 UE 专属的 PDCCH（CRC 使用 CS-RNTI 加扰）分别对每个 UE 进行激活，简而言之，就是采用 PTP 发送模式激活 SPS。此方案可以适用于基于 ACK/NACK 和 NACK-only 反馈模式的 SPS，通过 PTP 向首次激活失败的那个 / 些 UE 发送重激活信令。但是此方案在 SPS 的初始激活时，尤其是组内 UE 的个数较多时，需要消耗大量的下行信令。

3. SPS 释放方案

- 组公共 PDCCH：采用组公共 PDCCH 对一组 UE 统一进行释放 SPS。此方案的优势与 SPS 激活时采用组公共 PDCCH 类似，这里不再赘述。
- UE 专属 PDCCH：使用 UE 专属 PDCCH 分别对每个 UE 进行释放。此方案除了与激活 SPS 采用 UE 专属 PDCCH 时的特点相同，还有一个额外的应用场景。当基站正在为一组 UE 调度发送 SPS 的组公共 PDSCH，发现某个 / 些 UE 不再需要接收，或不再适合接收此 SPS 了，那么基站可以专门释放这个 / 些 UE 当前的 SPS，同时不影响其他正在接收 SPS 的 UE。

经过讨论和分析对比，NR MBS 最终确定了 SPS 的激活和释放的方法。对于 SPS PDSCH 激活，仅支持采用组公共 PDCCH（CRC 使用 G-CS-RNTI 加扰）激活的方式；对于 SPS PDSCH 释放，支持采用组公共 PDCCH 和 UE 专属 PDCCH 两种方式的释放。

4. SPS 配置个数

当一个连接态的 UE 支持通过 SPS PDSCH 的方式接收 MBS 和单播业务时，为了不增加系统的复杂度和 UE 的负荷，R15/R16 里定义的 UE 的 SPS 配置个数上限保持不变，即基站为一个 UE 配置的单播 SPS 和 MBS SPS 的总和不能超过 8 个。在单播的 *SPS-Config* 中 *sps-ConfigIndex* 的取值范围是 {0，7}，同样，MBS 的 *SPS-Config-Multicast* 中 *sps-ConfigIndex* 的取值范围也是 {0，7}。当基站为一个 UE 配置 SPS 时，需要确保单播和 MBS 的 sps-ConfigIndex 值不同，否则，会引起调度冲突[10]。

5. SPS 重传模式

对于连接态的 UE 接收 MBS 的 SPS PDSCH，支持基于 HARQ-ACK 反馈的重传，反馈模式支持第一 HARQ-ACK 模式（ACK/NACK）和第二 HARQ-ACK 模式（NACK-only）。对于第一 HARQ-ACK 模式，PDSCH 的重传支持 PTM 发送模式 1 和 PTP 发送模式两种方式，PTM 发送模式 1 通过组公共 PDCCH（CRC 使用与初传 TB 相同的 G-CS-RNTI 加扰）调度组公共 PDSCH；PTP 发送模式通过 UE 专属的 PDCCH（CRC 使用 CS-RNTI 加扰）调度 PDSCH，并且 PDCCH 中的信息域 NDI 比特置 1，这个 CS-RNTI 也将用于所有 G-CS-RNTI

的 PTP 重传发送模式。对于第二 HARQ-ACK 模式，PDSCH 的重传仅支持 PTM 发送模式 1。

MBS 的 SPS PDSCH 在第一 HARQ-ACK 模式支持两种重传方式，这两种重传方式的使用需要遵循一定的准则。当一个 TB 有多次重传时，那么每次重传的方式是可变的，如前一次重传可使用 PTM 发送模式 1，后一次重传可以变成 PTP 发送模式。但是，当前一次重传选择 PTP 发送模式，后一次重传就只能使用 PTP 而不能使用 PTM 发送模式 1。这是因为 PTM 发送模式 1 的主要使用场景是接收 MBS 的用户较多时可以大量节省控制信令，如果一个 TB 的某一次重传采用了 PTP 发送模式，那么本次有重传需求的 UE 个数应该相对较少，并且本次重传接收、解码正确的概率更高，即便需要后一次重传，UE 的个数也相对更少，因此，后一次重传选择 PTP 发送模式更为合理。一个 TB 的某一次重传只能根据上述规则选择其中一种发送模式，一个 TB 的某一次重传是否可以同时采用 PTM 和 PTP 两种发送模式，协议并没有明确的规定。

20.5.7 MBS 和单播业务同时接收

NR MBS 支持 3 种复用方式，TDM、FDM 和 SDM。无论哪种复用方式，在一个 CC（component carrier）上，UE 在同一时隙能够成功接收并解码的 PDSCH 的总数由 UE 能力确定并指示的。

1. FDM

当 UE 能够支持并且被配置了 FDMed 复用方式时，UE 能在一个时隙内接收并解码一个单播业务 PDSCH（使用 C-RNTI/CS-RNTI 加扰）和一个 MBS 的组公共 PDSCH（使用 G-RNTI/G-CS-RNTI 加扰），两个 FDMed 的 PDSCH 之间在频域上没有任何 PRB 的重叠，在时域上可以部分或全部重叠。

2. TDM

TDMed 复用方式分为两种情况，即不同时隙之间的 TDM 和同一时隙内的 TDM。对于不同时隙之间的情况，即不同 PDSCH 分别在不同的时隙上，UE 通过 TDMed 的方式接收并解码单播业务 PDSCH 和 MBS 的组公共 PDSCH 被看作是一个必须支持的能力。对于同一时隙的情况，当 UE 能够支持并且被配置了 TDMed 复用方式时，UE 能在同一时隙内接收并解码一个单播业务 PDSCH（使用 C-RNTI/CS-RNTI 加扰）和一个 MBS 的组公共 PDSCH（使用 G-RNTI/G-CS-RNTI 加扰）。此外，同一时隙的情况还可以根据 UE 的能力支持如下几种 TDMed [5]，其中 M、N、K 和 L 的具体值需要根据 UE 能力进一步确定。在本书撰写期间，3GPP 尚未确定具体值。

- M（$M>1$）个 TDMed 单播业务 PDSCH 和一个 MBS 组公共 PDSCH 之间进行 TDM。
- N（$N>1$）个 MBS 的组公共 PDSCH 之间进行 TDM。
- K（$K>1$）个 TDMed 单播业务 PDSCH 和 L（$L>1$）个 TDMed 的 MBS 组公共 PDSCH 之间进行 TDM。

为了不额外增加 UE 的能力和网络调度的复杂度，R15/R16 中 UE 在同一时隙能够接收 PDSCH 的最大个数被保留，MBS 组公共 PDSCH 被当作单播业务的 PDSCH 来计算，因此，在 UE 在同一时隙内通过 TDMed 的复用方式可以接收的单播业务 PDSCH 和 MBS 组公共 PDSCH 的总数不能超过 2/4/7 个。

3. SDM

对于 SDM 复用方式[3]，在不对现有协议做任何增强的前提条件下，支持连接态的 UE 在一个时隙内通过 SDM 的复用方式接收单播 PDSCH 和 MBS 的组公共 PDSCH。

20.6　MBS 连接态 UE 的可靠性增强

在 NR MBS 的设计中，其中一项重要的目标就是如何提升业务传输的可靠性。根据以往在 LTE 设计时的经验及现有 NR 的机制，目前主流的提升可靠性的手段包括上行反馈、PDSCH 时隙级重复传输、CSI 上报等。本节将重点介绍 NR MBS 的上行反馈机制的设计。

20.6.1　HARQ-ACK 反馈

1. HARQ-ACK 反馈模式

NR MBS 在初期讨论的过程中，研究了两种 HARQ-ACK 反馈模式，第一 HARQ-ACK 反馈模式和第二 HARQ-ACK 反馈模式[12]。下面从多个角度来分析这两种反馈模式的特点。

- 第一 HARQ-ACK 反馈模式：基于 ACK/NACK 的反馈。

第一反馈模式是最常见的 HARQ-ACK 反馈模式，广泛用于 LTE 和 NR 的 HARQ-ACK 反馈机制中。根据每个 UE 反馈的 ACK/NACK 信息，基站可以明确地获知每个 UE 是否成功收到且正确解码了 MBS 多播的 PDSCH，从而决定是否需要调度相应 PDSCH 的重传，而且可以选择使用 PTM 发送模式 1 或 PTP 发送模式进行重传，例如反馈 NACK 的 UE 较多，可以使用 PTM 发送模式 1 调度组公共 PDSCH 重传，节省下行信令和资源；反馈 NACK 的 UE 很少，可以使用 PTP 发送模式为这几个 UE 调度 PDSCH 的重传。虽然第一反馈模式的调度和反馈灵活度较高，但是需要为每个 UE 独立分配上行反馈的资源，即 UE 之间通过 PUCCH 资源的正交来相互区分，因此上行资源的利用效率较低。此外，当接收 MBS 多播的 UE 数量非常大时，需要消耗大量的上行资源用于组公共 PDSCH 的反馈。

- 第二 HARQ-ACK 反馈模式：基于 NACK-only 的反馈。

第二反馈模式借鉴了 R16 NR V2X 在 sidelink 组播（groupcast）中的一种反馈方式，只有当 UE 需要反馈 NACK 时，才会通过 PUCCH 资源向基站发送，而其他情况下 UE 不会通过 PUCCH 向基站发送任何反馈信息。这也就意味着，基站无法区分 UE 是因为没有收到 PDCCH 和 PDSCH，还是因为成功接收并解码 PDSCH 才导致没有上行反馈。在可靠性的角度上，第二反馈模式低于第一反馈模式。从系统分配 PUCCH 资源的角度来看，基站可以为一组接收 MBS 多播的 UE 分配相同的 PUCCH 资源，即这组 UE 采用相同的序列循环移位并共享相同的 PUCCH 资源向基站反馈 NACK 信息，这也导致了基站无法通过任何标识或独立资源来区分这些反馈 NACK 的 UE，正因如此，PDSCH 的重传方式也只能采用 PTM 发送模式 1，即便是只有一个 UE 反馈了 NACK，基站也会面向所有 UE 重传对应的 PDSCH。尽管如此，当接收 MBS 多播的 UE 数量非常庞大时，第二反馈模式可以节省大量的上行反馈资源。此外，MBS 多播业务的可靠性需求并不是一成不变的，对于可靠性需求指标不高，且接收 UE 数量较多的场景，第二反馈模式仍是一个不错的选择。

在充分考虑了 MBS 业务可靠性需求、应用场景、系统设计的复杂程度等因素，最终确定，NR MBS 对于 PDSCH 动态调度和 SPS PDSCH 发送，均支持上述两种反馈模式。通过高层配置参数 harq-Feedback-Option-Multicast 指示每个 G-RNTI 或 G-CS-RNTI 对应的 MBS 业务采用第一或第二 HARQ-ACK 反馈模式。

对于第二 HARQ-ACK 反馈模式，UE 最多能够传输的反馈信息比特数不能超过 4 比特[14]，否则会带来潜在的资源浪费。但是当 UE 遇到如下情况时，需要将 NACK-only 反馈方式转换为第一 HARQ-ACK 反馈模式（ACK/NACK），再生成对应反馈比特信息。

- 当网络给 UE 配置了采用第二 HARQ-ACK 反馈模式进行 MBS 多播的 SPS PDSCH 的反馈，对于组公共 DCI 发送的激活调度的第一个 PDSCH 和组公共 DCI 发送的去激活，UE 都需要转换成 ACK/NACK 反馈模式，而对于 SPS 中无 DCI 调度的 PDSCH 全部按照 NACK-only 的模式进行反馈。
- 当 UE 需要将第二 HARQ-ACK 反馈模式的比特信息与其他 UCI 复用在相同 PUCCH 上发送时，需要转换成 ACK/NACK 反馈方式。
- 当 UE 需要在一个 PUCCH 资源上发送多个第二 HARQ-ACK 反馈模式的比特信息时，需要转换成 ACK/NACK 反馈方式。

2. HARQ-ACK 使能 / 去使能

NR MBS 支持通过 HARQ-ACK 反馈机制和重传来提高传输 PDSCH 的可靠性，但是并非所有情况下都需要通过 HARQ-ACK 反馈和重传来保证可靠性。例如，信道条件非常可靠从而保证了所有连接态 UE 接收 MBS 多播的正确接收率，从而无需重传。此外，当接收 MBS 多播的 UE 数量非常庞大时，HARQ-ACK 反馈也会大量增加上行反馈资源的开销。为了既能够保证 MBS 多播的可靠性，又可以根据不同条件来灵活使用 HARQ-ACK 反馈机制，NR MBS 考虑通过如下几种方案进行使能 / 去使能 HARQ-ACK 反馈功能[11]。

- 方案一：DCI 指示。根据实时信道条件的变化、接收 MBS 多播 UE 数量的多少等条件，通过 DCI 中包含的信息域指示每次调度传输的 MBS 多播的 HARQ-ACK 反馈开启还是关闭，此方案非常灵活和高效，但唯一的不足是需要在 DCI 中占用指示信息域，从而导致 DCI 净荷的增加。
- 方案二：RRC 配置。通过 RRC 信令配置指示 HARQ-ACK 反馈功能的使能 / 去使能，不会增加 DCI 信息域的净荷，适用于通信条件较为稳定的场景，如信道条件稳定、UE 数量的增减不明显等，此时通过高层信令半静态地配置反馈功能的开启 / 关闭是一种不错的选择。
- 方案三：RRC 配置 + DCI 指示。无线通信的环境、接收 MBS 多播的 UE 数量等因素都是在不断变化的，仅仅通过 RRC 配置的方式使能 / 去使能 HARQ-ACK 反馈功能，无法根据这些实时变化的因素及时开启 / 关闭反馈功能，方案三充分结合了前两种方案的特点，通过两级开关来控制 HARQ-ACK 反馈功能。首先，高层通过信令配置指示使能“DCI 指示”功能。然后，网络通过 DCI 中携带的信息域来指示每次调度发送的 PDSCH 是开启或关闭 HARQ-ACK 的反馈。当高层通过信令配置指示去使能“DCI 指示”功能时，DCI 中就不会包含对应的信息域，从而节省了下行控制信令的开销。由此不难看出，此方案较为高效，网络侧先根据 MBS 业务的特点和可靠性需求来开启 DCI 指示功能，当基站发现当前 MBS 多播传输的信道条件非常稳定可靠，或者 UE 数量急剧增加导致 ACK/NACK 所需上行反馈资源激增时，就可以通过 DCI 指示关闭 HARQ-ACK 反馈功能；当基站发现信道条件较差时，通过 DCI 指示开启 HARQ-ACK 的反馈功能。
- 方案四：MAC-CE 指示。通过 MAC-CE 承载 HARQ-ACK 反馈功能的使能 / 去使能信息，主要是考虑 PUCCH 资源的数量少于接收相同 PDSCH 的 UE 数量的场景。针对一组接收 MBS 多播的 UE 配置共享 PUCCH 资源。通过 UE 专属的 MAC-CE 开启一部分 UE 进行 HARQ-ACK 反馈，另一部分 UE 关闭 HARQ-ACK 反馈，这样可以节省上行反馈资源。MAC-CE 不仅可以针对每个 UE 指示反馈的使能 / 去使能，还可以为每个使能反馈的 UE 指示使用具体哪个 PUCCH 资源进行 HARQ-ACK 的反馈。但是，考虑 HARQ-ACK 反馈的两种模式及配置 PUCCH 资源的方式，ACK/NACK 反馈方式为每个 UE 配置了专属的上行反馈资源，尽管 NACK-only 为一组 UE 配置了共享上行反馈资源，但并不需要限制其中某些 UE 发送 NACK 信息。因此，方案四并不适配 NR MBS 中的反馈模式和上行资源分配机制。

- 方案五：RRC 配置 + MAC-CE 指示。此方案结合了 RRC 配置和 MAC-CE 指示的特点进行两级指示，类似于方案三，但是由于方案四在适配性上较差，因此方案五也无法获得支持。

经过讨论和分析确定，方案二和方案三用于 R17 NR MBS 使能 / 去使能 HARQ-ACK 反馈，包括第一和第二反馈模式。高层配置参数 harq-FeedbackEnabler-Multicast 的值配置为“enabled”时，指示 UE 需要针对接收 MBS 多播进行 HARQ-ACK 反馈；高层配置参数 harq-FeedbackEnabler-Multicast 的值配置为“dci-enabler”时，指示开启“DCI 指示”功能，此时 DCI 格式 4_2 中会承载 1 比特信息域用于使能 / 去使能 HARQ-ACK 反馈的第二级指示；当高层参数 harq-FeedbackEnabler-Multicast 没有出现在配置信令中时，意味着 RRC 信令去使能 HARQ-ACK 反馈，此时 DCI 中也不会包含 1 比特的指示信息域。对于 MBS 多播 PDSCH 的动态调度，使能 / 去使能都是基于每个 G-RNTI 来配置的；对于 SPS PDSCH，使能 / 去使能都是基于每个 G-CS-RNTI 来配置的，这也是在充分考虑了多播调度通过 PTM 发送模式 1 调度的特点并且降低反馈复杂度设计的基础上进行的设计。

20.6.2　上行反馈码本设计

为提高上行反馈的传输效率和资源利用率，NR MBS 的 HARQ-ACK 反馈也讨论了如何使用 HARQ-ACK 码本将多个 PDSCH 的 ACK/NACK 反馈信息复用在一起传输的设计方案。现有的 NR 码本设计支持 Type-1、Type-2、增强型 Type-2 和 Type-3 4 种码本类型，后两种类型的码本是 R16 NR-U 中为应对 LBT 失败导致的 HARQ-ACK 传输机会的减少问题而引入的，而 NR MBS 并不支持 LBT 的信道接入机制。唯一可能出现的 HARQ-ACK 传输冲突问题，可能与动态调度更高优先级的 PDSCH 的 HARQ-ACK 反馈产生冲突，从而导致当前组调度较低优先级的 PDSCH 对应的 HARQ-ACK 反馈无法传输。但是类似问题完全可以通过网络灵活、合理的调度避免，或通过复用等方式来解决，并非一定要通过增强型 Type-2 和 Type-3 码本来解决。因此，NR MBS 最终确定支持最基本的两种码本类型用于 HARQ-ACK 的反馈，即支持 Type-1（半静态）码本和 Type-2（动态）码本[13]。

当网络给一个 UE 配置了多个 G-RNTI 或 G-CS-RNTI 时，在同时为 UE 配置 HARQ-ACK 码本类型时，此类型将用于这个 UE 所有的 G-RNTI 或 G-CS-RNTI，以此来保证 MBS 多播组调度反馈的统一性和简化设计的原则。

1. Type-1 码本

将单播和 MBS 多播的 PDSCH TDRA 统一之后，相同的业务优先级的单播 PDSCH 和多播 PDSCH 对应的反馈可以生成在同一个码本中，也称为联合生成码本。根据单播 PDSCH

和 MBS 多播 PDSCH 在同一个时隙的复用方式不同，可以从如下两个方面来解析码本的构成。

- FDMed：从 UE 角度来看，同一个 TRP 发送的单播 PDSCH 和 MBS 多播 PDSCH 具有相同的优先级，并且通过 FDMed 的复用方式在同一个时隙发送，Type-1 码本的构成原则是先单播后多播，即码本的前一部分由所有服务小区的单播 PDSCH 对应的 HARQ-ACK 比特构成，码本的后一部分由所有服务小区的多播 PDSCH 对应的 HARQ-ACK 比特构成。如果 UE 在上报接收能力时告知网络无法支持 FDMed 单播和多播的接收，那么 UE 也就不会期待网络会为自己在一个时隙上进行 FDMed 的方式调度单播和 MBS 多播的 PDSCH。
- TDMed：从 UE 角度来看，单播 PDSCH 和 MBS 多播 PDSCH 是通过 TDMed 的复用方式在不同时隙接收的，在产生 Type-1 码本时需要根据时序参数 $K1$ 的值确定码本中的 HARQ-ACK 比特构成顺序，确定 $K1$ 值有两种方式，即模式 1 和模式 2。当高层配置了模式 1，那么 $K1$ 的取值集合是单播 $K1$ 集合与多播 $K1$ 集合的交集；当高层配置了模式 2，那么单播和多播基于统一的一套 $K1$ 取值集合。由此可以看出，对于 TDMed 的复用方式，Type-1 码本是根据统一的 $K1$ 值以及多个 PDSCH 的接收时序顺序生成的。

2. Type-2 码本

动态码本的特点是根据实际调度的 PDSCH 数量生成对应大小的码本，在基于现有单播动态码本生成机制的前提下，DAI 计数器将单播和 MBS 多播区分开单独进行计数，以此来避免两者之间因复用而产生的技术错误，当然，调度多播的 DCI 中也需要增加额外的 2 比特用于指示多播的 DAI。当单播的上行反馈码本与多播的上行反馈码本需要在同一个上行资源上发送时，则 UE 需要分别生成两个独立的 Type-2 子码本，然后将两个子码本级联起来，级联仍遵循先单播后多播的原则。此外，当高层配置了多个 G-RNTI 且需要产生同一个码本时，DAI 需要基于每个 G-RNTI 分别计数，码本内的比特根据 G-RNTI 值按照升序进行级联。

当单播的 HARQ-ACK 反馈信息与多播的 HARQ-ACK 反馈信息具有相同优先级时，并且网络为 UE 配置的单播码本类型和多播码本类型不一致，此时 UE 可以将两种不同的码本类型复用在相同的 PUCCH 或 PUSCH 上进行发送，复用的原则是先单播后多播，也就是将多播的 HARQ-ACK 码本接在单播的 HARQ-ACK 码本之后。在决定上行资源时，UE 将最后收到的单播 DCI 格式用于指示确定 PUCCH 的确切资源，而不是采用组公共 DCI，从而避免了上行资源的拥塞问题。

20.6.3 其他可靠性增强方案

对于连接态 UE，除了进行 HARQ-ACK 反馈和重传，还可以考虑通过 CSI 反馈和时隙级的重复传输来提高 MBS 多播的可靠性。R15/R16 NR 中的 CSI 反馈机制的设计已经比较成熟，因此，无需任何增强，就可以完全复用于 R17 NR MBS 多播的 CSI 反馈中。此外，MBS 还可以通过两种方式来指示时隙级重复 PDSCH 传输 [15]。

- 配置 A：配置参数聚合等级（pdsch-AggregationFactor）。通过 DCI 格式 4_2 指示使用连续 2/4/8 个时隙重复发送同一个 PDSCH。对于 SPS PDSCH，DCI 格式 4_2 在指示此功能时，需要将 NDI 设置为 1，同样连续重复时隙可以为 2/4/8。当网络没有配置聚合等级时，PDSCH 只发送一次即可。

- 配置 B：TDRA 指示重复次数（repetition Number）。通过高层参数的配置，TDRA 指示对应表格中的某个序号直接对应重复次数 2、3、4、5、6、7、8、16，这种配置方案具有高于配置 A 的优先级。

20.7　非连接态 UE 的基本功能

对于非连接态的 UE，只能通过广播的方式接收 NR MBS。NR MBS 广播的配置信息映射在逻辑信道 MCCH 上，MCCH 承载的配置信息 MBSBroadcastConfiguration 用于指示本小区内的 MBS 广播会话及相关的调度信息。此外，MBSBroadcastConfiguration 还可以选择性地包含发送相同 MBS 广播会话的邻小区列表。配置信息由 SIBx 提供给 UE，此外，SIBx1 还保证了 MBS 广播的业务连续性所需的信息。

20.7.1　公共 MBS 频率资源的设计

NR MBS 可以通过广播的形式发送业务会话，MBS 广播可以被网络覆盖范围内的所有 UE 接收，包括非连接态（RRC_IDLE/RRC_INACTIVE）和连接态（RRC_CONNECTED）UE。MBS 广播传输所使用的逻辑信道 MCCH 和 MTCH 都是映射在物理共享信道 PDSCH 上的，因此，对于物理层来讲，传输是透明的。

逻辑信道 MCCH 与 MTCH 都是映射在物理共享信道 PDSCH 上，虽然从逻辑上来讲，MCCH 是用于配置、指示 MTCH 的控制信息，但是在物理层看来都是通过组公共 PDCCH 来调度组公共 PDSCH，唯一的区别在于 PDCCH 的 CRC 使用 RNTI-MCCH 加扰还是 G-RNTI 加扰。因此，MBS 广播仅配置一个 CFR 带宽用于 MCCH 和 MTCH 的传输。

对于 MBS 广播，同样需要配置公共 MBS 频率资源 CFR 用于发送组公共 PDCCH 来调度组公共 PDSCH（MCCH/MTCH），而且需要研究如何让非连接态的 UE 也能接收成功。因此，CFR 的频域资源的大小就成为一个至关重要的环节。如图 20-13 所示，MBS 广播在设计 CFR 时有如下几种方案 [4]。

- 方案一：CFR 与 CORESET#0 在频域具有相同的位置和大小。为了使 UE 能够顺利接入网络，CORESET#0 的带宽必须不能超过 UE 的最小带宽。对于不同能力的 UE，支持 CORESET#0 带宽大小的 CFR 用于接收 MBS 广播是非常容易的，因此这也是方案一的天然优势，即能够满足覆盖内所有非连接态且具备不同能力的 UE 接收 MBS 广播。方案一的缺点是 CORESET#0 的带宽太小，虽然 CORESET#0 的带宽设计也包括了大于最小信道带宽的配置，但是在多数情况下仍然无法满足 MBS 业务的大数据包传输对于较大带宽的需求。
- 方案二：CFR 在频域小于并包含于 CORESET#0。CFR 带宽小于 CORESET#0 的带宽，将很难支持 MBS 广播业务的大数据量传输，因此，也就失去了支持的意义。
- 方案三：CFR 与 SIB1 配置的下行初始 BWP 在频域具有相同的位置和大小。SIB1 配置的初始下行 BWP，可以配置的带宽范围非常大，因此可以支持 MBS 业务的不同数据类型对于带宽的需求。方案三不仅弥补了方案一、二中 CORESET#0 带宽太小的缺陷，而且还有一个较大的优势在于，当接收 MBS 广播的 UE 从非连接态进入连接态时，从非连接态的 CFR 到连接态的初始下行 BWP 是无需切换过程的，因为无论是带宽大小还是频域位置，两者都是相同的，因此可以使 UE 做到“无缝衔接”，不会因为 BWP 的切换导致接收 MBS 广播业务的中断。此外，CFR 在频域上包含了 CORESET#0，因此并不影响 UE 在 CORESET#0 上的监听和接收。

- 方案四：CFR 在频域小于并包含于 SIB1 配置的下行初始 BWP。根据 CFR 在频域的位置和大小，以及与 CORESET#0 之间的关系，此方案又可以分成两种情况，① CFR 包含 CORESET#0；② CFR 不包含 CORESET#0。由于第②中配置方式会导致非连接态的 UE 需要同时维持 CFR 和 CORESET#0，且二者在频域上无论有无交叠，都需要 UE 进行 BWP 切换，因此，方案四仅支持①的配置方式，即在 SIB1 配置的下行初始 BWP 带宽范围内，CFR 的带宽大小灵活可配。方案三也可以视作方案四的一个特例。
- 方案五：CFR 在频域大于并包含 SIB1 配置的下行初始 BWP。为了支持 MBS 中高清视频等业务对于高数据速率的大带宽需求，为 MBS 广播配置更大的 CFR 带宽就被提出来了。此方案的优势在于 CFR 带宽与 SIB1 配置的下行初始 BWP 带宽解耦，当 MBS 业务需要较大 CFR 带宽传输大数据速率，但初始 BWP 只需要配置一个较小的带宽用于连接态的 UE 接收单播时，方案五便可以支持这种灵活的配置。但是，当 UE 从非连接态进入到连接态时，需要进行 BWP 的切换，从而导致 MBS 广播接收的中断。

经过分析与讨论，支持方案一、三、五作为 MBS 广播配置 CFR 的带宽大小。通过 SIBx 为 MBS 广播配置 MCCH 所需的参数信息，cfr-ConfigMCCH-MTCH-r17 就是用于为 MCCH 和 MTCH 的接收配置 CFR 的相关信息。CFR 对应的频域资源指示参数 LocationAndBandwidthBroadcast 有 3 种配置选择，与 CORESET#0 相同、与 SIB1 配置的下行初始 BWP 相同、大于 SIB1 配置的下行初始 BWP，当配置第三种情况时，通过 locationAndBandwidth 为 CFR 配置具体的频域资源，包括位置和带宽。如果网络没有为 MBS 广播配置 CFR，那么 Type0-PDCCH 公共搜索空间集相关联的 CORESET#0 的频域资源将作为 CFR 用于 MCCH 和 MTCH 的接收。

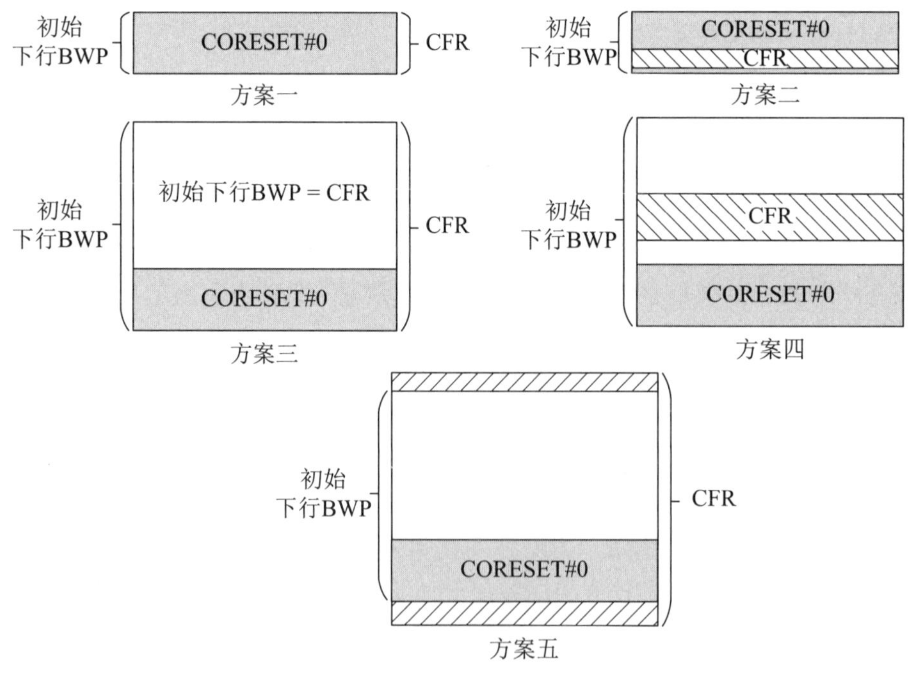

图 20-13　MBS 广播 CFR 设计方案

MBS 广播是面向所有覆盖范围内的 UE 发送的，在满足接收条件的前提下，无论是否处于连接态的 UE 都可以接收 MBS 广播。对于连接态的 UE，如果 UE 当前激活的下行 BWP 频域上包含 MBS 广播 CFR 的所有 RB，并且 BWP 与 CFR 具有相同的子载波间隔和循环前缀长度，同时 UE 在主小区的 Type0B-PDCCH 或辅小区的 Type3-PDCCH 的公共搜索空间集配置了 searchSpaceBroadcast，UE 在当前激活的下行 BWP 上就可以正常监测、接收 MBS 广播的 DCI 以及被调度的组公共 PDSCH（MCCH 和 MTCH）。

20.7.2　下行控制信道

1. 搜索空间

MBS 广播支持 3 种类型的公共搜索空间集，Type0-PDCCH、Type0B-PDCCH 和 Type3-PDCCH CSS。

- Type0-PDCCH 公共搜索空间集：在 MCG 的主小区中，当 pdcch-Config-MCCH 和 pdcch-Config-MTCH 都没有配置 MBS 广播的搜索空间，PDCCH-ConfigCommon 中的 searchSpaceZero 用作 MBS 广播的公共搜索空间集，发送 DCI 格式 4_0（CRC 使用 MCCH-RNTI 或 G-RNTI 加扰）。
- Type0B-PDCCH 公共搜索空间集：在 MCG 的主小区中，pdcch-Config-MCCH 和 pdcch-Config-MTCH 中包含参数 searchSpaceBroadcast 用于配置 MBS 广播的公共搜索空间集，发送 DCI 格式 4_0（CRC 使用 MCCH-RNTI 或 G-RNTI 加扰）。
- Type3-PDCCH 公共搜索空间集：在辅小区中，pdcch-Config-MCCH 和 pdcch-Config-MTCH 中包含参数 searchSpaceBroadcast 用于配置 MBS 广播的公共搜索空间集，发送 DCI 格式 4_0（CRC 使用 MCCH-RNTI 或 G-RNTI 加扰）。

2. 控制资源集

在 NR MBS 中，非连接态 UE 接收 MBS 广播时默认使用的控制资源集是 CORESET#0。当高层配置 CFR-ConfigMCCH-MTCH 中包含了 commonControlResourceSetExt 时，这个额外配置的 CORESET 可以用于 MCCH/MTCH 搜索空间或 UE 在专属 BWP 上的搜索空间。在 R15/R16 NR 的设计中，非连接态 UE 最大能够支持的 CORESET 个数为 2 个，为了避免提高对 UE 能力的要求，R17 NR MBS 仍然要求非连接态 UE 维持现有 2 个 CORESET 不变。当不同的 GC-PDCCH 用于调度承载 MCCH 的 PDSCH 和承载 MTCH 的 PDSCH 时，GC-PDCCH 所在的 CORESET 索引可以是相同的。此外，当网络侧在 commonControlResourceSet 中没有配置 CORESET，并且 CFR-ConfigMCCH-MTCH 带宽大于 CORESET#0 时，CFR-ConfigMCCH-MTCH 中配置的 CORESET 带宽是可以大于 CORESET#0 的。

3. DCI 格式

NR MBS 发送时所使用的是 DCI 格式 4_0，如表 20-1 所示。DCI 格式 4_0 用于在下行小区内调度 NR MBS 广播的 PDSCH，DCI 格式 4_0 的 CRC 使用 MCCH-RNTI 加扰用于调度承载 MCCH 的 PDSCH，并通过 2 比特信息域指示 MCCH 的信息变更，除此之外，DCI 格式 4_0 的 CRC 使用 G-RNTI 加扰用于调度承载 MTCH 的 PDSCH。为了减少 DCI 盲检的复杂程度，DCI 格式 4_0 需要在末位补零来保证在一个小区的公共搜索空间内其净荷等于 DCI 格式 1_0。

20.7.3 多小区接收 MBS

当 UE 接收 MBS 广播时，为了减少同时接收多个信道而带来的复杂度，NR MBS 规定了 UE 接收能力的一系列原则。

①当存在两个服务小区时，不要求一个 UE 在两个服务小区内同时接收多个 PDSCH（携带 MCCH 或 MTCH），简而言之，就是一个 UE 某一时刻只能在一个小区内接收一个 PDSCH 用于传输 MCCH 或 MTCH。

②在一个服务小区内，对于一个非连接态（RRC_IDLE 或 RRC_INACTIVE）UE，可以同时接收 PDSCH（MCCH）和主小区内的 PBCH，PDSCH（MCCH）和 PBCH 在频域无 PRB 交叠但在时域可以是部分或全部交叠；对于一个非连接态（RRC_IDLE 或 RRC_INACTIVE）UE，不能同时接收如下的任意一种 FDMed 的情况：

- PDSCH（MCCH）和 PDSCH（MTCH）。
- 2 个及以上的 PDSCH（MTCH）。
- PDSCH（MCCH 或 MTCH）和主小区的 SIB 消息，PDSCH 和 SIB 在频域无 PRB 交叠但在时域是部分或全部交叠。
- PDSCH（MTCH）和主小区的 PBCH，PDSCH 和 PBCH 在频域无 PRB 交叠但在时域是部分或全部交叠。
- PDSCH（MCCH 或 MTCH）和 DCI 格式 1_0（CRC 使用 SI-RNTI 或 P-RNTI 加扰）调度的 PDSCH。

20.8 小　结

NR MBS 的整体设计原则是基于 R15/R16 NR 现有设计并且不影响单播业务接收的前提下支持连接态、非连接 UE 的组公共 PDCCH 调度组公共 PDSCH。无论是 MBS 多播还是广播，都是网络使用相同的资源向多个 UE 发送数据，形式类似于网络发送系统消息，不同的是 MBS 发送的是业务数据信息，且需要占用较大的带宽、存在周期性发送、需要一定的传输可靠性等。

参考文献

[1] 3GPP TS 23.247 V17.2.0 (2022-03). Architectural enhancements for 5G multicast-broadcast services; Stage 2 (Release 17).
[2] 3GPP TS 23.003 V17.5.0 (2022-03). Numbering, Addressing and Indentification (Release 17).
[3] R1-2009744. Summary#6 on mechanisms to support group scheduling for RRC_CONNECTED UEs for NR MBS. Moderator (CMCC), 3GPP TSG RAN WG1#103-e, October 26th – Novermber 13th, 2020.
[4] R1-2102171. Summary#10 on mechanisms to support group scheduling for RRC_CONNECTED UEs for NR MBS. Moderator (CMCC), 3GPP TSG RAN WG1#104-e, January 25th – February 5th, 2021.
[5] R1-2104097. Summary#10 on mechanisms to support group scheduling for RRC_CONNECTED UEs for NR MBS. Moderator (CMCC), 3GPP TSG RAN WG1#104bis-e, April 12th – 20th, 2021.
[6] R1-2106304. Summary#7 on mechanisms to support group scheduling for RRC_CONNECTED UEs for NR MBS. Moderator (CMCC), 3GPP TSG RAN WG1#105-e, May 10th – 27th, 2021.
[7] R1-2108574. Summary#8 on mechanisms to support group scheduling for RRC_CONNECTED UEs for NR

MBS. Moderator (CMCC), 3GPP TSG RAN WG1#106-e, August 16th – 27th, 2021.

[8] R1-2110637. Final Summary on mechanisms to support group scheduling for RRC_CONNECTED UEs for NR MBS. Moderator (CMCC), 3GPP TSG RAN WG1#106bis-e, October 11th – 19th, 2021.

[9] R1-2200002. Final Report of 3GPP TSG RAN WG1 #107-e v1.0.0 (Online metting, 11th – 19th Novermber 2021). 3GPP TSG RAN WG1#107bis-e, January 17th – 25th, 2022.

[10] R1-2200784. Summary#5 on mechanisms to support group scheduling for RRC_CONNECTED UEs for NR MBS. Moderator (CMCC), 3GPP TSG RAN WG1#107bis-e, January 17th – 25th, 2022.

[11] R1-2202827. Last round discussion on mechanisms to support group scheduling for RRC_CONNECTED UEs for NR MBS. Moderator (CMCC), 3GPP TSG RAN WG1#108-e, Feburary 21st – March 3rd, 2022.

[12] 3GPP TS 38.211 V17.0.0 (2021-12). NR. Physical channels and modulation (Release 17).

[13] 3GPP TS 38.212 V17.0.0 (2021-12). NR. Multiplexing and channel coding (Release 17).

[14] 3GPP TS 38.213 V17.0.0 (2021-12). NR. Physical layer procedures for control (Release 17).

[15] 3GPP TS 38.214 V17.0.0 (2021-12). NR. Physical layer procedures for data (Release 17).

第 21 章

5G 多卡通信

范江胜　许阳　杨皓睿

21.1 概　述

多卡（Mutiple Subscriber Identity Module， Multi-SIM）通信技术并不是 5G NR 通信系统中的一项特有技术，早在 4G 通信系统时代，市面上就已经出现了众多类型的多卡终端，多卡终端的典型特点是多张 SIM 卡同时在一个终端设备上工作，从宏观上看，同一个终端设备包含的多张 SIM 卡似乎都可以进行任务收发，但实际上，由于共用一套硬件设备，多卡之间的任务也会相互影响，相较于单卡终端，多卡终端上运行的每一个 SIM 卡性能都会有所下降，但多卡终端的好处在于为用户提供了更加便利的通信体验，避免了 SIM 来回切换的繁琐操作。

在此之前，多卡技术并不是一项标准技术，而是依赖于各厂商产品的研发实现，这也导致了不同厂商开发的多卡终端性能差异较大，为了标准化多卡终端研发过程中碰到的一些共性问题，RAN#86 次会议通过了多卡 WI（Work Item，工作项目）[1]。该项目总共包含了 3 个方面的技术内容，即：寻呼冲突解决、多卡网络转换以及寻呼任务原因通知。进一步地，由于多卡通信问题大多与终端配置天线类型强相关，因而针对上述不同技术内容，项目中又分别给出了对应的终端配置天线约束条件，其中，寻呼冲突解决针对的是单发送天线和单接收天线多卡终端，而多卡网络转换和寻呼任务原因通知针对的是单发送天线和单接收天线多卡终端或者单发送天线和双接收天线多卡终端。

接下来，本章将详细阐述该项目各个技术方向的内容，侧重介绍一些关键技术点的标准化讨论过程，便于读者多角度了解该项目的标准化工作。

21.2 寻呼冲突解决

寻呼冲突指的是多卡终端卡 A 的寻呼时刻 PO1 与卡 B 的寻呼时刻 PO2 发生了部分或者完全重叠，导致只有单接收天线的多卡终端无法同时兼顾卡 A 及卡 B 上的寻呼消息接收，即，出现了卡 A 或者卡 B 上的寻呼遗漏，而寻呼接收本身又是一项基本通信功能，遗漏寻呼无疑是不可接受的。图 21-1 所示为多卡终端 PO 间时域重叠示意图，其中 $T1$ 和 $T2$ 分别为卡 A 和卡 B 的寻呼周期，横坐标 t 表示时域。

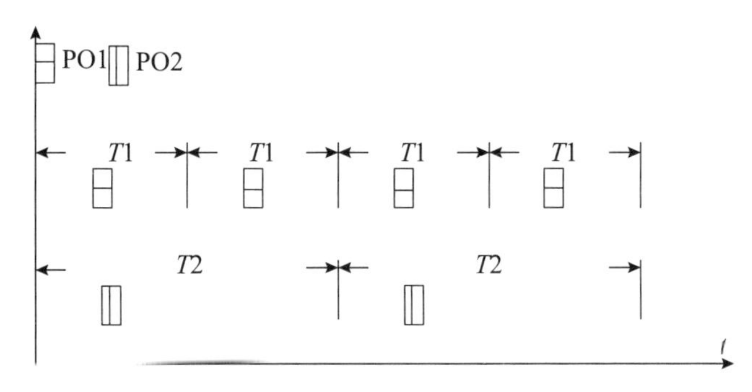

图 21-1 多卡终端 PO 间时域重叠示意图

该技术方向只针对单发送天线和单接收天线多卡终端，因为对于多接收天线多卡终端，卡 A 和卡 B 可以使用独立的接收天线进行寻呼接收，不会出现上述寻呼接收遗漏情形。另一方面，由于多卡终端在 4G 时代已经大量出现，寻呼冲突问题也同样存在，因而，NR 多卡项目同时包括对 LTE（Long Term Evolution）和 NR 系统的标准化工作。

在正式介绍寻呼冲突解决方案之前，首先简单回顾一下 NR 系统的寻呼机制，处于 RRC 空闲态或 RRC 非激活态的终端需要周期性监听寻呼过程，一方面是为了接收可能的网络告警消息，另一方面也是为了检查自身是否被网络呼叫。终端的时域寻呼帧号 PF（Paging Frame）及寻呼时刻 PO（Paging Occasion）分别通过如下公式计算获得。

$$\text{PF}：(\text{SFN} + \text{PF\_offset}) \bmod T = (T \operatorname{div} N) \times (\text{UE\_ID} \bmod N)$$

$$\text{PO}：\text{i\_s} = \text{floor}(\text{UE\_ID}/N) \bmod N\text{s}$$

其中 PF 取值对应公式中 SFN 帧号取值，而 PO 相对 PF 的位置编号取值对应公式中 i_s 取值，公式中各参数含义如下。

T，寻呼周期；N，一个寻呼周期 T 中 PF 的个数；Ns，一个 PF 关联的 PO 个数；

PF_offset，PF 计算需要的偏移量；UE_ID，5G-S-TMSI mod 1024。

对于处于 RRC 连接态的终端，虽然这类终端也需要通过寻呼短消息接收可能的网络告警消息，但由于网络告警消息是公共广播消息，任何终端接收的消息内容无差别，同时考虑到连接态终端醒来的时间较长，这类终端可以根据自身需求决定监听一个寻呼周期内的任意一个 PO，这一点相较处于 RRC 空闲态或 RRC 非激活态的终端更加灵活。

正是由于连接态终端监听 PO 的灵活性，对于多卡终端，只要有一张 SIM 卡处于连接态，不论另外一张 SIM 卡处于何种 RRC 状态，寻呼冲突问题基本不会出现，因而多卡终端寻呼冲突问题限定在卡 A 和卡 B 均处于空闲态或者非激活态场景。

前面介绍了寻呼冲突问题背景以及寻呼技术背景，接下来将正式展开寻呼冲突问题的标准化过程讨论。寻呼冲突问题解决方案的核心在于如何使得卡 A 和卡 B 的 PO 之间不发生重叠，对于时域上不重叠的两个 PO，单天线多卡终端能通过天线时分复用方式完成多张 SIM 卡的寻呼监听。通过观察 PO 的计算公式很容易发现，有些参数来自于 NAS（Non-access stratum，非接入层），比如，5G-S-TMSI，而其余大多数参数来自于 AS（Access stratum，接入层），因而在项目初始阶段，NAS 和 AS 解决方案都有公司提出，其中，比较有影响力的方案总结如下。

方案 1：终端复用移动性注册更新过程，向 5GS 请求一个新的 5G-GUTI，即 5G-S-TMSI，方案 1 仅适用于 5GS 系统。

方案 2-1：在 5G-S-TMSI 基础上再定义一套新的 UE_ID，其中，终端在计算 PF 和 PO 时使用新的 UE_ID，但是寻呼消息中仍然只携带基本的 5G-S-TMSI，方案 2 同时适用于 5GS 和 EPS 系统。

方案 2-2：终端在计算 PF 和 PO 时，在原本 UE_ID 基础上加上一个偏移量，针对 EPS 系统，由于 UE_ID 为终端 IMSI，因而该方案下，UE_ID 等于 IMSI+offset。该参数通过 EPS 的跟踪区更新（Tracking Area Update， TAU）流程进行，即终端首先在 TAU 请求中提供建议的 Offset 值，MME 根据建议值确定最终的 Offset 值，并携带在 TAU 回复消息中告知终端使用。

方案 3：在接入网侧多个连续的 PO 上寻呼终端，终端只需要成功接收其中一个 PO 即可。

方案 4：基于终端实现解决。

上述方案各有利弊，对于方案 1，终端设备 NAS 需要定义一个新的移动性注册触发条件，但该方案可以复用现有协议信令，对标准的影响相对不大，但方案 1 只适用于 5GS 场景，所谓 5GS 场景包括 NR 场景和 eLTE 场景；与方案 1 相对应的是方案 2-2，与 5GS 场景使用 5G-S-TMSI 计算 PO 不同，EPS 场景终端使用 IMSI 计算 PF 和 PO，而终端 IMSI 不能请求更新，因而只能在 IMSI 基础上加上一个偏移量来避免 PO 重叠问题；方案 2-1 定义了一套新的 UE_ID 来解决 PO 重叠问题，标准化工作量较大；方案 3 要求网络侧在连续的几个 PO 上寻呼同一个终端，增加了网络寻呼开销；方案 4 不属于标准化方案。

经过讨论，对于 EPS 场景，SA2 同意采纳方案 2-2，即，每当多卡终端发生寻呼 PO 冲突，终端 NAS 会向核心网请求一个 IMSI 偏移量，得到核心网配置的 IMSI 偏移量后，在计算 PO 时，终端 UE_ID 等于 IMSI+ 寻呼偏移量 [2]。

对于 5GS 场景，SA2 并没有很快选择方案，一方面是因为 SA2 希望 RAN2 可以评估这些候选方案并提供一些方案上的建议；另一方面，SA2 内部有公司强烈倾向于采纳方案 4，即：不进行标准化，因而早期的标准化进展比较缓慢。最终，经过几轮讨论，RAN2 决定采纳方案 1，相对来讲，方案 1 简单且标准化工作小，但各公司在方案 1 是否需要终端向核心网提供 5G-S-TMSI 更新辅助信息问题上分歧仍然较大，大多数公司倾向于终端提供 5G-S-TMSI 更新辅助信息，认为这样可以保证更新的 5G-S-TMSI 不会再次导致 PO 发生重叠；反对的公司认为核心网实现可以保证更新的 5G-S-TMSI 不会再次导致 PO 重叠问题。由于少数公司的强烈反对，最终，没有 5G-S-TMSI 更新辅助信息的方案 1 被采用。

对于 NR-NR 或者 NR-eLTE 或 eLTE-eLTE 多卡场景，终端会采用 5GS 方案解决 PO 重叠问题；对于 LTE-LTE 多卡场景，终端会采用 EPS 方案解决 PO 重叠问题；对于 NR-LTE 或者 eLTE-LTE 多卡场景，终端既可以采用 5GS 方案也可以采用 EPS 方案，而选择过程属于终端实现。

21.3 接入层多卡网络转换

多卡网络转换解决的是卡 A 和卡 B 任务不能同时满足时卡 A 行为标准化的问题，具体来说，卡 A 处于连接态时，如果卡 B 也有任务需要执行，那么，卡 A 需要执行一些操作以保证卡 B 任务的执行。由于整个多卡项目不考虑双连接态场景，因而，当卡 A 处于连接态时，卡 B 只能处于空闲态或者非激活态。由于多卡项目是一个 NR 项目，项目约定卡 A 对应的网络 A 属于 NR 系统，而卡 B 对应的网络 B 既可以属于 NR 系统也可以属于 LTE 系统。对于多卡网络转换场景对应的天线类型，项目规定只研究单发送天线和单接收天线多卡终端或者单发送天线和双接收天线多卡终端场景，这样的规定也是为了避免研究卡 A 和卡 B 同时处于连接态的场景。

有了前面的背景介绍，下面进一步讨论多卡网络转换问题的不同场景。虽然卡 B 处于空闲态或者非激活态，但是卡 B 仍然需要执行空闲态或者非激活态对应的任务，这些任务中有的是周期性的，比如，寻呼监听以及邻区测量等任务，有些则是非周期性任务，比如，系统消息请求。由于多卡终端共享一套硬件天线资源，为了执行卡 B 关联的上述任务，卡 A 的连接态任务也会受到不同程度的影响，对于卡 B 短时任务，临时中断卡 A 任务是可行的，此时卡 A 还能保持在连接态；但对于卡 B 长时任务，比如，卡 B 寻呼通知语音被叫任务，由于卡 B 语音任务需要进入连接态，卡 A 连接态只能被释放，考虑到上述卡 B 任务对卡 A 任务影响的不同，多卡网络转换问题被进一步细分为如下两个子场景。

场景一：起初多卡终端卡 A 处于连接态，由于卡 B 任务需要执行，终端需要从卡 A 转换到卡 B 执行任务且终端在卡 B 执行任务期间卡 A 仍然可以保持连接态。

场景二：起初多卡终端卡 A 处于连接态，由于卡 B 任务需要执行，终端需要从卡 A 转换到卡 B 执行任务，但终端去卡 B 执行任务前首先需要让卡 A 离开连接态。

总的来讲，场景一针对的是卡 B 临时短暂任务，例如，测量过程、寻呼监听等，场景二针对的是卡 B 长时任务，例如，语音任务、注册更新等，但标准协议不会明确规定场景一和场景二分别适用于哪些任务，一方面因为终端的任务种类较多，分别讨论每一种任务的适用场景不仅耗时而且容易出现遗漏；另一方面，任务归类明确化不利于终端实现的灵活性，因而上述场景分类不会从标准层面明确规定各自的任务适用范围，而是依靠终端实现决定具体任务的适用场景。

对于场景一，虽然终端在卡 B 执行任务期间卡 A 仍然可以保持连接态，但卡 A 在卡 B 执行任务期间不能收发数据，因而终端从卡 A 转换到卡 B 执行任务之前需要通过卡 A 向网络 A 请求 GAP，根据多卡终端任务需求，标准协议为多卡终端引入了两种类型的 GAP，即，周期性 GAP 和非周期性 GAP，其中，周期性 GAP 定义一般包括 GAP 周期、GAP 偏移量以及 GAP 窗持续时长 3 个参数，而非周期性 GAP 定义通常包括 GAP 时域起始点位置以及 GAP 窗持续时长两个参数，不论上述哪种 GAP 类型，GAP 都是一个时域窗的概念，一般认为在 GAP 窗口内，终端与配置 GAP 参数的网络不会交互数据[3]。

针对场景一，为了保持卡 A 的连接态，同时保证卡 B 任务的执行，多卡终端卡 A 需要向网络 A 协商 GAP。针对卡 B 上的寻呼监听以及测量等周期性任务，卡 A 需要向网络 A 请求周期性 GAP；而针对卡 B 系统信息请求等非周期性任务，卡 A 需要向网络 A 请求周期性 GAP，标准同时规定，终端同时请求的周期性 GAP 个数加上非周期性 GAP 个数之和不能超过 4 个。终端卡 A 通过辅助信息上报过程向网络 A 请求一个或者多个 GAP，而网络 A 通过重配置过程告知终端卡 A 实际被接受的 GAP 配置，具体 GAP 协商流程可以参见图 21-2。

如图 21-2 所示，初始时卡 A 处于连接态且与网络 A 保持连接，卡 B 处于空闲态或者非激活态，各步骤含义如下。

步骤 1：终端通过内部实现发现卡 B 有任务需要执行，这一过程完全取决于终端实现，标准协议不会规定本步骤如何执行。

步骤 2：卡 A 向网络 A 请求一个或者多个 GAP 配置，该步骤请求的 GAP 种类以及数量完全取决于卡 B 需要执行哪些任务，但请求的周期性 GAP 个数加上非周期性 GAP 个数之和不能超过 4 个，需要强调的是，终端如何生成步骤 2 请求的 GAP 配置过程也取决于终端实现，一般认为，终端通过内部实现获知卡 B 的一个或者多个任务在卡 A 时域上出现的位置，然后基于该信息生成一个或者多个 GAP 配置。

步骤 3：网络 A 通过重配置过程告知卡 A 最终协商成功的 GAP 配置，网络 A 最终配置的 GAP 配置内容也是网络实现，由于网络 A 并不知道卡 B 任务的细节，因而步骤 2 中终端卡 A 提供的 GAP 配置建议将会是网络 A 配置 GAP 时的重要参考。

步骤 4a/4b: 步骤 4a 和步骤 4b 是同时发生的，步骤 3 获取的 GAP 生效期间终端卡 A 与网络 A 不进行数据交互，步骤 3 获取的 GAP 生效期间终端卡 B 执行相应任务。

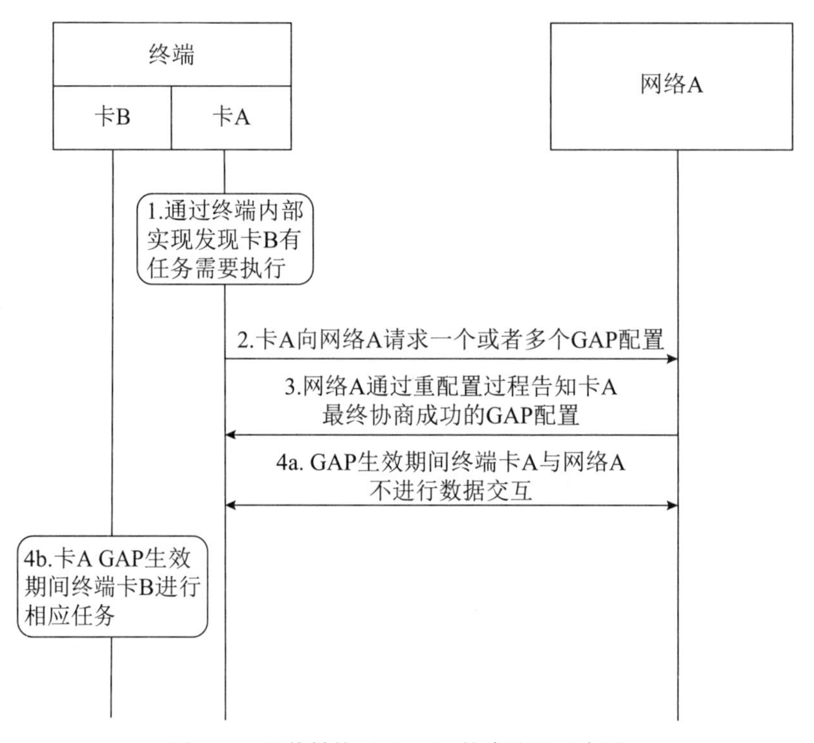

图 21-2　网络转换过程 GAP 协商流程示意图

需要特别说明的是，标准会议讨论过协商 GAP 取消的问题，最终标准同意可以通过终端卡 A 发送的辅助信息过程取消已经生效的协商 GAP 配置，这样做也是为了尽可能地减少协商 GAP 对卡 A 任务的影响，实现资源的高效利用。标准会议还讨论过卡 B 在协商 GAP 内提前完成卡 B 任务后的行为，许多公司建议卡 B 提前完成任务后可以通过卡 A 向网络 A 发送提前回归消息，从而让网络 A 利用剩余 GAP 时间调度卡 A 任务，但大多数公司认为剩余的 GAP 时间非常有限，再加上额外的回归消息标准化过程，带来的潜在好处十分有限，所以卡 B 在协商 GAP 内提前完成卡 B 任务后的剩余 GAP 时间内的行为并没有标准化，但有一点是确定的，那就是 GAP 窗结束后，需要立即由卡 B 转换到卡 A，从而让卡 A 与网络 A 恢复连接并接受网络 A 的资源调度，这一点与传统测量 GAP 的使用规则是一致的；另一方面，还有公司提出卡 B 在协商 GAP 内没有按时完成卡 B 任务后的行为，经过标准讨论，大多数公司认为终端应该按照 GAP 使用规则首先让卡 A 恢复与网络 A 连接，至于卡 A 是继续向网络 A 请求 GAP 从而完成卡 B 任务还是直接放弃卡 B 任务取决于终端实现，这一过程没有标准化。

最后，标准讨论了多个协商 GAP 的激活问题，主要有以下两种方案。

方案一：图 21-2 中步骤 3 配置的一个或者多个 GAP 在配置时立即激活。

方案二：图 21-2 中步骤 3 配置的一个或者多个 GAP 在配置时不激活，后续通过 MAC CE 过程请求激活这些配置的 GAP。

经过几次会议讨论，标准同意采用方案一，一方面是因为方案一简单直接，标准化工作少；另一方面是因为方案二的好处并不是很显著，这样的结果也是标准化过程一般的思路，倾向于简单且标准化工作较少的方案。

对于场景二，终端需要从卡 A 转换到卡 B 执行任务，但终端去卡 B 执行任务前首先需要让卡 A 离开连接态，场景二一般针对卡 B 任务耗时较长情形，已然不可能保持卡 A 任务的继续进行，当然也有可能是因为卡 B 任务需要建立 RRC 连接，由于本次多卡项目不研究双连接态场景，卡 B 需要建立连接势必意味着卡 A 需要首先离开连接态，不论上述何种情形，结果都是卡 A 离开连接态。

卡 A 离开连接态有如下两种思路。

思路 1：NAS 方案，通过 NAS 过程让终端离开连接态。

思路 2：AS 方案，通过 AS 过程让终端离开连接态。

上述两种思路各有利弊，思路 1 符合逻辑，因为卡 A 离开连接态最终需要告知核心网进行连接释放，但 NAS 过程耗时较长；思路 2 耗时较短，但需要空口和接口的标准增强。

经过几次会议讨论，SA2 首先同意了思路 1，即 NAS 方案，但同时强调 NAS 方案只能让终端回到空闲态，RAN2 的讨论相对滞后，但最终同意了思路 2，即 AS 方案[3]，这样的标准化结果是不寻常的，通常一个问题只会同意 NAS 方案或者 AS 方案，像这样同时存在 NAS 和 AS 的标准解决方案很少出现，理由是 RAN2 R16 节能项目已经在终端辅助信息中引入了终端期望的 RRC 状态参数，该思路可以被多卡终端复用以解决卡 A 离开连接态的问题，大多数公司认为，复用现有机制来实现新的功能需要的标准化工作量较少，同时 AS 方案时延较低，也算有些增益，因而同意了 NAS 和 AS 方案并存，至于遇到卡 A 离开连接态时终端使用哪种方案完全取决于实现，AS 方案的流程示意图见图 21-3，关于 NAS 方案，见第 21.5 节关于任务请求流程扩展的描述。

如图 21-3 所示，初始时卡 A 处于连接态且与网络 A 保持连接，卡 B 处于空闲态或者非激活态，各步骤含义如下。

步骤 1：终端通过内部实现发现卡 B 有任务需要执行且卡 A 需要离开连接态，这一判断过程属于终端内部实现，没有标准化影响。

步骤 2：卡 A 向网络 A 请求离开连接态，这一过程卡 A 通过终端辅助信息上报过程发送请求，请求内容可以包括离开连接态、回到空闲态以及回到非激活态 3 种期望中的任一种。

步骤 3：网络 A 通过连接释放消息让卡 A 离开连接态，这一消息本身复用现有连接释放机制，没有标准增强，网络 A 自主决定将卡 A 释放到空闲态还是非激活态，当然，步骤 2 卡 A 上报的状态期望信息会作为网络 A 决策的参考输入之一，最终的决定权还是取决于网络 A 实现。

步骤 4：终端从卡 A 转换到卡 B，完成卡 B 相应的任务。

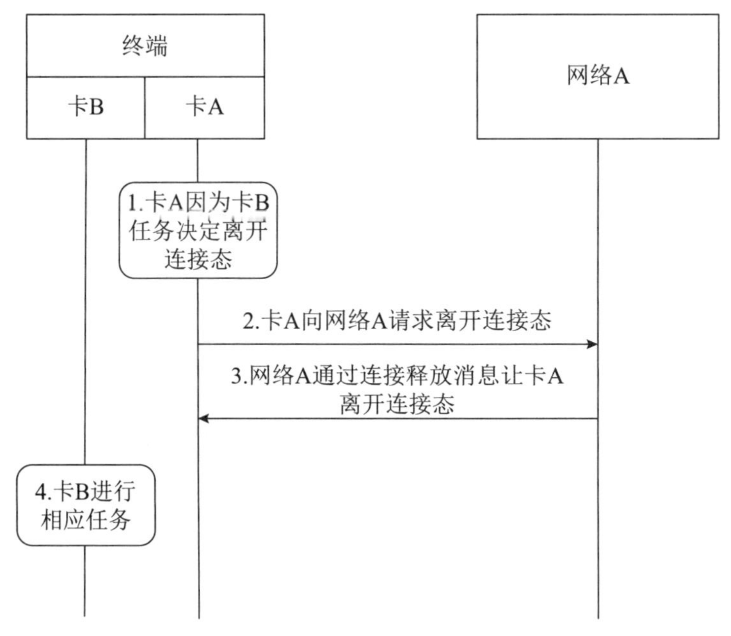

图 21-3 网络转换过程中卡 A 离开连接态流程示意图

需要强调的是，图 21-3 中步骤 3 是一个可选步骤，标准规定，如果终端卡 A 在执行步骤 2 后且在网络 A 配置的一个定时器内没有收到步骤 3 发送的信息，则卡 A 自动释放到空闲态，接着转换到卡 B 并执行卡 B 任务，当然，标准没有规定卡 A 自动释放到空闲态后多久会转换到卡 B 执行任务，这一过程取决于终端实现。换句话说，执行步骤 2 后，卡 A 会等待网络 A 回复步骤 3，如果在网络 A 配置的一个定时器内成功接收步骤 3 发送的信息，则按照步骤 3 的要求回到空闲态或者非激活态；如果在网络 A 配置的一个定时器内没有成功接收步骤 3 发送的信息，则卡 A 只能自动释放到空闲态。

以上详细介绍了多卡网络转换问题的标准化工作，接下来介绍一个网络转换问题中穿插的技术点：繁忙指示信息。

繁忙指示信息主要用于控制网络寻呼消息的发送，寻呼监听是终端设备需要执行的基本功能之一。对于多卡终端设备，这一基本功能的执行也面临着挑战，由于卡 A 和卡 B 共享一套硬件资源，如果多卡终端的硬件资源，例如收发天线资源，在某段时间内被卡 A 完全占用，这段时间内卡 B 可能无法监听寻呼消息。而网络设备并不知道寻呼不到终端设备的原因是因为终端设备主动放弃监听寻呼消息，这样一来，网络设备会多次触发寻呼消息重传过程，直到达到网络规定的寻呼最大重传次数。显然，如果网络设备无法感知终端设备主动放弃寻呼消息监听的行为，网络设备侧空口和接口的寻呼重传机制会一定程度上浪费网络资源。在上述技术背景下，繁忙指示机制被提出，目的在于让网络设备动态感知终端设备的寻呼监听策略，避免无用的寻呼消息发送。

寻呼过程包括核心网触发的寻呼过程及接入网触发的寻呼过程。其中，处于空闲态的终端设备只需要监听核心网触发的寻呼消息；而处于非激活态的终端设备需要同时监听核心网触发的寻呼消息以及接入网触发的寻呼消息。除了系统消息更新通知监听之外，处于连接态的终端设备不需要接收寻呼消息。虽然不同 RRC 状态下的终端设备接收寻呼过程略有差别，但理论上来讲，任何 RRC 状态下的终端设备都可以触发寻呼控制信息发送过程，即繁忙指示信息发送过程。

处于空闲态的终端设备只需要接收核心网触发的寻呼消息，因而繁忙指示消息最终需要发送给核心网设备，实现该技术点的方案有两种：通过NAS消息过程直接发送给核心网设备或者首先通过AS消息过程发送给接入网设备，然后通过接口消息转发给核心网设备。由于空闲态终端设备发送繁忙指示信息也需要进入连接态，而空闲态进入连接态过程本身就已经包含初始NAS消息的传递且初始NAS消息的传递终点就是核心网设备，因而只需要在现有的初始NAS消息中添加繁忙指示信息内容即可，没必要通过接入网设备解析后再转发给核心网设备。

基于上述技术分析，标准最后规定，处于空闲态的终端设备通过NAS消息向核心网设备发送繁忙指示信息，核心网设备成功接收寻呼控制消息后不会给该终端设备建立连接资源，而是直接通过接口连接释放消息将该终端设备释放回空闲态，同时核心网设备会保存接收的繁忙指示信息内容，控制该终端设备后续寻呼消息的发送。当然，处于空闲态的终端设备也可以通过NAS消息指示核心网设备解除自身的寻呼发送限制，标准规定，如果终端设备从空闲态进入连接态后发送的初始NAS消息不包含繁忙指示信息内容，就意味着之前已经生效的繁忙指示信息内容失效，即解除寻呼控制限制[4]。

处于非激活态的终端设备既可以接收接入网触发的寻呼消息也可以接收核心网触发的寻呼消息，显然，繁忙指示信息的上报有两种方案：方案一，终端设备可以首先将繁忙指示信息发送给核心网设备，然后由核心网设备通过接口消息通知接入网设备进行对应的接入网寻呼限制；方案二，终端设备可以首先将繁忙指示信息发送给接入网设备，然后由接入网设备通过接口消息通知核心网设备进行对应的核心网寻呼限制。两种方案各有利弊：方案一可以实现非激活态与空闲态繁忙指示信息发送方案对齐，即：均采用NAS过程发送繁忙指示信息，缺点是NAS方案时延比AS方案时延大；方案二的优点是繁忙指示信息发送时延较小，但缺点是消息3很难扩展且有安全风险。经过几次会议的讨论，标准采纳了方案一，即处于非激活态的终端设备采用NAS过程发送繁忙指示信息且一旦触发该过程，终端设备最终只能被释放回空闲态[4]。

21.4 寻呼原因值

寻呼原因值是对现有寻呼机制的增强，现有寻呼机制下，终端设备只能根据标识信息判断自身是否被寻呼，但终端设备并不知道被叫的原因，针对单卡终端设备，不引入寻呼原因值信息问题不大，因为单卡终端设备总能拿出资源响应寻呼，有没有寻呼原因值都不会影响寻呼响应过程；但对于多卡终端设备，寻呼响应资源，比如接收天线，并不总是可用的，以双卡终端设备为例，卡A处于连接态时，卡B并不一定有资源响应寻呼，卡B是否响应寻呼既受卡B被叫任务约束，也受卡A任务约束。假设卡A正在进行语音通话，如果卡B寻呼提示被叫任务为数据任务，此时，在资源受限条件下，不去响应卡B寻呼被叫数据任务更加合理。假设卡A正在进行数据任务，如果卡B寻呼提示被叫任务为语音任务，此时，在资源受限条件下，暂停或中断卡A任务并响应卡B寻呼被叫语音任务更加合理。基于上述分析，引入寻呼原因值对于多卡终端设备是有好处的，多卡终端设备可以基于寻呼原因值信息做出更加合理的动作，提高了多卡终端设备的用户体验。

在回答了为何引入寻呼原因值的问题后，接下来将具体介绍怎样在标准中引入寻呼原因值信息。由于任务类型众多，潜在的寻呼原因值的取值范围很大，但太精细的寻呼原因值划分似乎也没必要，因为很多任务的优先等级类似，处理方式区别不大，总的来讲，寻呼原因值的定义需要兼顾实用性和低开销性。标准讨论主要在 SA2 进行，主流方案为如下两种。

方案 1：只定义一个寻呼原因值，即语音任务。

方案 2：定义多个寻呼原因值，但数量尽可能少。

经过 SA2 的激烈讨论后认为，方案 1 已经够用，方案 2 相比方案 1 增益并不明显，定义多个寻呼原因值反而带来潜在的安全风险，因为寻呼消息是不加密的公共消息，引入多个寻呼原因值容易暴露用户任务，进而被非法者利用攻击，最终 SA2 同意只定义一个寻呼原因值，即语音任务。但同时 SA2 希望接入网在引入语音寻呼原因值时考虑如下两个方面的需求。

需求 1：被叫时，终端设备能够从寻呼消息中区分语音和非语音任务。

需求 2：终端设备能够区分接入网是否支持寻呼原因值功能。

经过标准讨论，RAN2 最终认为简单扩展寻呼消息就能满足 SA2 的两个基本需求，寻呼原因值会和终端设备标识一起通过寻呼消息发送给终端设备[3]。收到寻呼原因值信息后，终端设备 AS 层会将寻呼原因值信息传递给终端设备 NAS，由 NAS 决定后续的终端行为，比如发起繁忙指示信息过程。

21.5 非接入层功能

非接入层（Non Access Stratum， NAS）对于多卡特性的增强主要在于 5GS 和 EPS 的注册 / 附着流程和任务请求流程[4]。

对于注册流程，其针对多卡终端的增强主要体现在能力的协商方面。基于 NAS 层的交互可以为多卡终端实现如下一个或多个能力的协商。

- N1 NAS 连接释放的支持情况。具体功能见本章关于任务请求流程的场景（1）的介绍。
- 语音任务寻呼原因值的支持情况。具体功能见第 21.4 节的介绍。
- 寻呼限制的支持情况。具体功能见本章关于任务请求流程的场景（1）和（2）的介绍。
- 拒绝寻呼的支持情况。具体功能见本章任务请求流程的场景（3）的介绍。
- 寻呼时间冲突控制的支持情况。该功能是在 UE 接入 EPS 时通过 NAS 消息协商 Offset，具体见第 21.2 节的介绍。另外，在 5GS 中，终端可以通过触发移动性注册更新使网络更新终端的 5G-GUTI，以实现避免寻呼时间冲突。

如图 21-4 所示，当终端工作在多卡模式时，可以在注册请求或附着请求消息中指示终端支持的一个或者多个多卡能力，网络侧会根据终端上报的能力支持情况确定其中的哪些能力是网络侧所支持的，并在回复消息中发送给终端。终端接收到回复消息后，原则上必须使用网络侧指示支持的多卡能力。

任务请求流程增强如图 21-5 所示。对于任务请求流程，针对多卡终端主要用于以下 3 个场景。

（1）卡 A 正在执行任务，卡 B 收到寻呼消息后，终端决定切换到卡 B 执行任务。

此时，处于 CM-CONNECTED 状态的终端卡 A 发送任务请求消息以请求释放 UE 连接。

请求释放 UE 连接对应于第 21.3 节里提到的 NAS 方案，UE 在请求 UE 连接释放的同时，还可以一并停止任何数据传输、丢弃任何未完成传输的数据以及可选地发送存储寻呼限制信息。这里，存储寻呼限制信息是指示网络侧按照终端的指示对于低优先级任务进行寻呼消息过滤，即在后续接收到下行数据时，如果是特定类型或任务的下行数据则不触发寻呼流程，以避免终端接收低优先级任务数据触发的寻呼消息和后续的信令交互。

作为一个例外，对于一些法律规定的优先服务（例如紧急服务、紧急回叫等待等）正在进行，则多卡终端不应执行请求释放 UE 连接的服务请求过程。

（2）卡 B 执行完任务后，终端切换回卡 A。

此时，处于 CM-IDLE 状态的终端卡 A 可以发送任务请求消息以请求移除寻呼限制信息。

当终端不再需要网络侧为其进行寻呼消息的过滤时，可以通过发送任务请求消息且不携带寻呼限制信息，以使网络删除之前存储的寻呼限制信息。

（3）卡 A 正在执行任务，卡 B 收到寻呼消息后，终端决定拒绝该寻呼。

此时，处于 CM-IDLE 状态的终端卡 B 发送拒绝寻呼消息。

当多卡终端在卡 A 上执行任务并决定拒绝此时收到的卡 B 的寻呼消息时，终端可以使用任务请求消息并指示网络侧该终端拒绝寻呼，这样网络侧不会维持该终端在连接态。同时，如（a）中描述，终端可以发送寻呼限制信息给网络，以防止后续网络再次因为低优先级任务来寻呼终端。

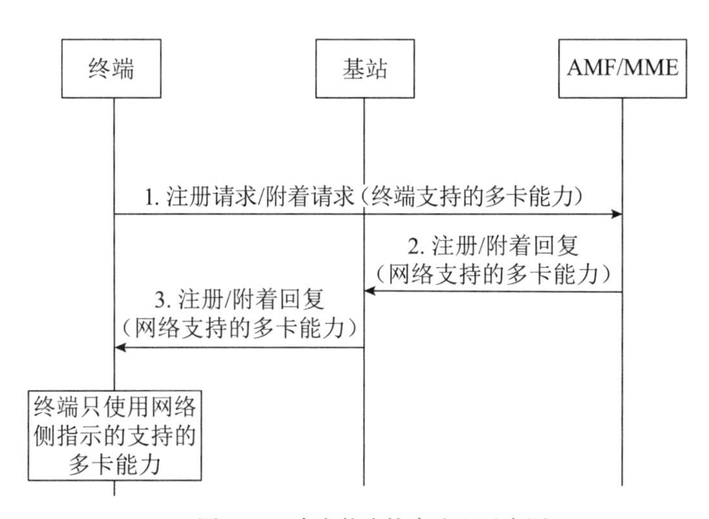

图 21-4　多卡能力协商流程示意图

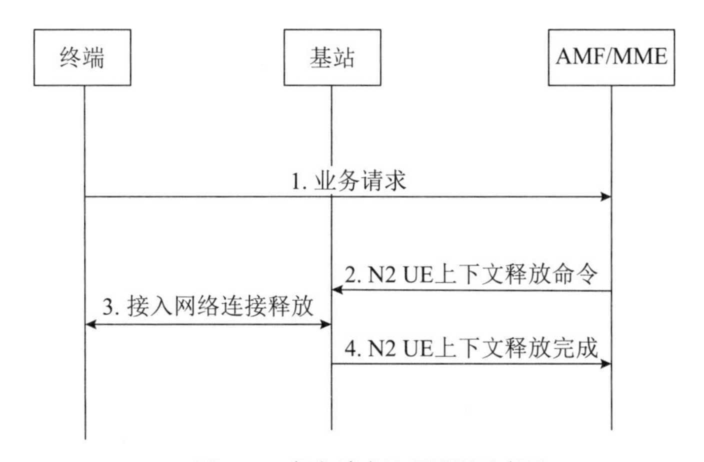

图 21-5　任务请求流程增强示意图

21.6 小 结

R17 是 NR 多卡通信的第一个版本，主要针对的是 1Rx/1Tx 或者 2Rx/1Tx 终端场景，而在后续的 NR R18 版本中，将进一步针对 2Rx/2Tx 终端场景进行优化。

参考文献

[1] RP-193263. New WID: Support for Multi-SIM devices in Rel-17.
[2] 3GPP TS 36.304 h20 User Equipment (UE) procedures in idle mode.
[3] 3GPP TS 38.331 h20 Radio Resource Control (RRC) protocol specification.
[4] 3GPP TS 23.501 h30 System architecture for the 5G System (5GS).

第 22 章

5G 小数据传输

林雪　尤心

22.1 概　　述

在 R16 及之前的协议版本中，UE 不支持在 RRC_INACTIVE 状态的数据传输。当有上行或下行数据到达时，UE 需要恢复 RRC 连接，待数据传输完成后，基站再选择指示终端释放到非激活态。对于数据量小且传输频率低的 UE，这样的状态转换会导致不必要的功耗和信令开销。因此，R17 开展了以支持 UE 在 RRC_INACITVE 态下执行少量的数据传输过程的立项，即小数据传输（Small Data Transmissions， SDT）。SDT 支持两种数据传输方案，分别为基于随机接入过程的 SDT（SDT over RACH，RA-SDT）以及基于预配置资源的 SDT（SDT over Configured Grant， CG-SDT）。本章将对小数据传输流程及两种传输方案的主要区别进行介绍。

22.2 小数据传输流程

UE 触发 SDT 过程需要同时满足如下条件。

- 待传输的上行数据全部映射到支持 SDT 的无线承载（Radio Bear basis SDT，SDT-RB）。考虑到在 5G NR 精细的 QoS 模型下，并不是所有业务类型的数据都适合在 RRC_INACTIVE 态传输，例如 URLLC 这类对时延较为敏感的业务，需要恢复到连接态以确保连续实时的数据调度和较为完善的链路质量保障。因此，SDT 引入了基于无线承载的触发机制，网络为 UE 配置 SDT-RB，只有映射到 SDT-RB 的数据，才能触发 SDT 过程并在 SDT 过程中传输。
- 待传输的上行数据的数据量不大于网络配置的数据量门限。
- 下行 RSRP 测量结果不小于网络配置的触发 SDT 的 RSRP 门限。
- 存在有效的 SDT 资源，包括 RA-SDT 资源或 CG-SDT 资源。

UE 触发 SDT 后，需要恢复处于挂起状态的 SDT-RB，并衍生用于 SDT 数据及信令加密和完保的密钥信息。UE 选择有效的 SDT 资源向网络发送上行数据。对于 RA-SDT，上行数据通过 Msg3/MsgA 传输；对于 CG-SDT，上行数据通过 CG 资源传输。但无论是哪种传输方案，UE 都需要优先包含 RRCResumeRequest 消息，用于网络识别和验证 UE 身份。若剩余的上行资源不足以将待传输的上行 SDT 数据一次性传完，UE 还可以携带用于请求后续传输上行资源的 BSR。

网络成功收到包含 RRCResumeRequest 的上行消息后，可以根据当前数据传输情况选择将 UE 保持在 RRC_INACTIVE 态继续执行上下行调度，包括：

- 网络侧有待传输的下行数据，且下行数据映射到 SDT-RB。
- UE 侧有待传输的 SDT 数据。

SDT 过程只允许传输 SDT 数据，因此，当有新传数据来自不支持 SDT 的无线承载时，网络需要将 UE 状态恢复到连接态。在标准化过程中，一个极具争议的问题是，UE 该通过什么样的方式指示网络当前有上行 non-SDT 数据到达。讨论的焦点主要针对如下两个候选方案。

方案一：UE 在 non-SDT 数据到达时发起传统的 RRC 连接恢复流程，向网络发送 RRCResumeRequest。

方案二：UE 在 non-SDT 数据到达时，向网络发送一条 DCCH 消息，例如，UEAssistantInformation。

支持方案一的公司认为可以沿用现有技术中 RRC_INACTIVE 态 UE 恢复 RRC 连接的行为，然而，这种方案存在很多安全相关的问题，例如，如何避免 UE 第一次和第二次发送 RRCResumeRequest 时重用 I-RNTI，如何生成用于 UE 身份验证的 resumeMAC-I，UE 如何在没有收到 NCC 的情况下衍生新的密钥等。由于方案一存在诸多待解决的问题，经过多轮讨论，标准最终采纳了较为简单的方案二作为指示 non-SDT 数据到达的方法。[1]

SDT 过程发起后，网络可以向 UE 发送 RRCRelease/RRCResume/RRCReject/RRCSetup 中的一种。UE 将收到 RRC 消息作为 SDT 成功完成的标志。在接收到上述 RRC 消息前，UE 在发生以下事件时，认为 SDT 过程失败，并进入 RRC_IDLE 态。

- SDT 过程中发生了小区重选。
- SDT 失败检测定时器超时。
- RLC 达到最大重传次数。
- 对于 RA-SDT，preamble 达到最大重传次数。
- 对于 CG-SDT，UE 在收到网络侧响应前用于维护定时器提前量有效性的定时器超时。

22.3 RA-SDT

基于随机接入过程的 SDT 资源在系统广播消息中配置。网络通过配置 SDT 专用的随机接入资源，以判断 UE 当前发起随机接入过程的目的是否为 SDT。类似于现有技术中的随机接入，用于 SDT 的随机接入资源同样包括基于 4 步随机接入的 SDT 资源和基于两步随机接入的 SDT 资源，且每种类型的随机接入资源支持最多配置两个前导码分组。随机接入类型选择及前导码分组选择准则均参照现有技术。

RA-SDT 不支持 CFRA 配置，均基于 CBRA 过程。在竞争冲突解决后，若 UE 侧仍存在待传输的 SDT 数据，网络通过动态调度为 UE 分配上行传输资源。

对于 RA-SDT，UE 接入的 gNB 可以不是最后提供服务的 gNB。目标基站通过 XnAP 信令向源基站请求获取 UE 接入上下文，并指示当前 UE 发起的过程为 SDT。为了避免基站间频繁地交互 UE 接入上下文，源基站可以决定将上下文保留在源侧，只将 UE 的 RLC 配置到目标基站。源基站和目标基站通过传递 PDCP PDU 传输上下行信令 / 数据。除了 SDT 指示，目标基站还可以提供其他辅助信息帮助源基站决定是否迁移UE上下文,例如,数据包数量等。

22.4　CG-SDT

基于预配置资源的 SDT 资源通过 RRCRelease 消息配置。不同于基于随机接入资源的 SDT，UE 不需要向网络发送前导码以获取 TA，因此，CG 资源需要在 UE 具有有效 TA 的情况下使用。判断 TA 是否有效的准则包括以下几个。

- UE 驻留在接收到 CG 资源配置的小区。
- cg-SDT-TimeAlignmentTimer 处于运行状态。当 UE 进入 RRC_INACTIVE 态后，用于维护连接态定时提前量有效性的定时器 timeAlignmentTimer 将会停止运行。为了继续在 RRC_INACTIVE 态维护定时提前量且避免对 timeAlignmentTime 现有运行机制的影响，SDT 引入了 cg-SDT-TimeAlignmentTimer。cg-SDT-TimeAlignmentTimer 在 UE 收到包含预配置资源的 RRCRelease 消息时启动。
- 下行 RSRP 变化量不超过 RSRP 门限。为了进一步判断 UE 是否在小区内发生了位置移动，SDT 还引入了基于 RSRP 变化量的 TA 验证准则。以接收到 RRCRelease 时的下行 RSRP 为基准，UE 判断触发 SDT 时的 RSRP 变化是否超过预配置门限，若超过，则认为 TA 无效。

为了获取 UE 发起 CG-SDT 时的下行波束信息，CG 资源配置包含 SSB 与每个 CG 资源的关联关系，类似于现有技术中 SSB 和 RO 的映射关系。UE 通过选择满足门限的 SSB 关联的 CG 资源，帮助网络确定数据传输的波束信息。

由于 CG-SDT 资源为 UE 专用资源，UE 在判断是否存在有效的 SDT 资源时，需要优先判断 CG-SDT 资源的有效性，包括：

- UE 存在有效的 TA。
- 所选载波上配置了 CG 资源。
- 存在满足阈值且关联了 CG 资源的 SSB。

对于 CG-SDT，UE 可以在包含 RRCResumeRequest 的第一条上行消息被网络成功接收后，基于网络侧的动态调度或有效的 CG 资源传输未传完的上行 SDT 数据。由于 CG-SDT 没有竞争冲突解决过程，UE 通过接收网络侧的上行新传调度或下行配置，判断是否成功传输第一条上行消息。为了提高第一条上行消息成功传输的概率，引入了基于定时器的自动重传机制。UE 利用 CG 资源传输第一条上行消息后，启动 cg-SDT-RetransmissionTimer。当 cg-SDT-RetransmissionTimer 超时，UE 选择与初传具有相同 HARQ 进程和 SSB 的 CG 重新传输第一上行消息，并重启 cg-SDT-RetransmissionTimer。

UE 在 TA 无效（例如，cg-SDT-TimeAlignmentTimer 超时或移动到配置 CG 资源外的小区）或发起 RA-SDT 过程时，需要对 CG 资源进行释放。这里的释放指的是底层协议层对资源的释放，如 MAC 层，而 CG 配置依然保存在 RRC 层，方便网络通过 delta 方式重新配置 CG 资源，益于节省信令开销。

22.5 小　结

本章主要介绍了 R17 引入的由上行数据到达触发的 SDT 过程，包括基于随机接入过程和基于预配置资源的两种数据传输方式。在后续的协议版本中，将进一步讨论由下行数据到达触发的 SDT 过程。

参考文献

[1] 3GPP TS 38.300 V15.8.0 (2019-12). NR and NG-RAN Overall Description; Stage 2 (Release 15).

第 23 章

R17 与 B5G/6G 展望

杜忠达　沈嘉　肖寒

23.1　R18 简介

本书重点介绍了 5G NR R15~R17 版本的内容，本节简单展望一下刚刚开始的 R18 5G 演进的方向。从 R18 开始，3GPP 将 5G NR 的演进版本重新命名为 5G-Advanced 技术，说明 3GPP 期望 R18 以后版本引入一些创新幅度更大的增强技术。R18 的项目包（主要是 RAN1 和 RAN2/3 的项目）在 3GPP RAN#94 会议获得通过。为了更好地进行 R17 项目的收尾工作，R18 实际的开始时间是 2022 年的第一季度。按照惯例，RAN2、RAN3 和 RAN4 核心项目顺延一个季度开始。R18 核心功能冻结的时间是 18 个月。R18 的工作计划如图 23-1 所示。

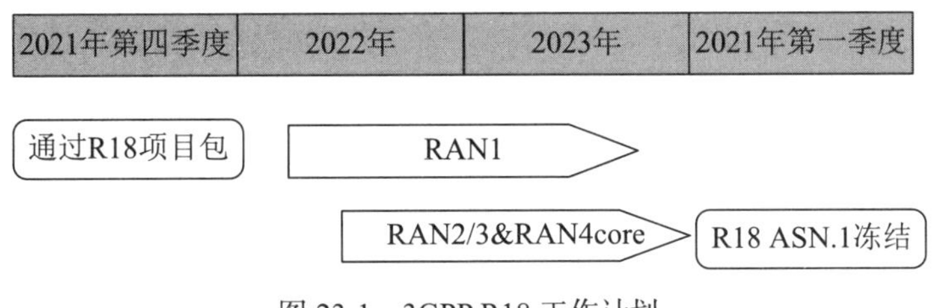

图 23-1　3GPP R18 工作计划

R18 的增强技术中引入了一些新的业务（XR）和技术（AI/ML、全双工、WUS、移动性管理增强），并且对运营商呼吁比较高的需求提出了相应的解决方向（网络节能、智能中继器 /IAB+ 上行覆盖增强、UL MIMO+CA）。另外垂直行业的相关技术特征也得到了进一步的增强（SL、定位、Redcap、NTN、MBMS）。

XR[1] 包括虚拟现实（VR）、增强现实（AR）以及混合现实（MR）等内容。相关应用在目前的 5G 网络中的体验还不尽如人意。除了因为带宽有限之外，主要是因为目前的 5G 系统并没有为 XR 做私人订制式的优化。在 R17 中，3GPP 针对 XR 业务特性进行了详细的探索。R18 中基站将根据从核心网下载的 XR 相关的应用层 QoS 信息进行针对性的调度优化，降低终端的能量消耗，提高频谱效率，并且提高系统的容量。其中应用层的 QoS 信息包括了 QoS flow 的关联性、业务帧级别的 QoS、基于应用层数据单元 QoS 等。

基于神经网络算法（AI/ML）的深度学习方式已经广泛应用于互联网中。相关的研究表明这种基于非线性的自学习算法还可以应用到提高无线通信系统的性能上。在 R17 中，

3GPP 已经在网络运营和维护方面进行了尝试性的研究，并且取得了一定的效果。在 R18 中，3GPP 的研究[2]将集中在物理层的 3 个应用实例上，即 CSI 上报的开销和准确性、波束预测和提高定位精度。传统的物理层研究方法基本上是基于被广泛认同的信道模型以及发射机/接收机模型假设进行的。而基于深度学习的方式则基于神经网络算法的训练和推演。研究的结果不仅要和现有 5G NR 性能做垂直比较，也需要在不同的公司之间进行横向的比较，保证研究的方法和结果的合理性。而另外一方面，算法本身被看成是一个黑盒，所以对模型的选取、管理、训练集的选择以及最后对算法的可测试性都将对研究过程本身提出很高的挑战。对此，我们将拭目以待。

除了 AI/ML 这种新颖的研究方式之外，R18 中分别采用全双工来提高频谱效率、WUS（WakeUp Signal，唤醒信号）来降低能耗，以及基于 L1/L2 信令的切换方式来实现小区间的无缝连接。

区别于现有的 FDD 和 TDD，全双工指的是上行和下行采用完全一样的频谱。全双工的技术难题在于如何消除自干扰。自干扰指的是同一个通信设备中发射机由于商用射频器件的不完善性而泄漏到接收机电路的无线电干扰。尽管近年来自干扰消除技术逐渐成熟，为了保证商用的可能性，R18 的全双工[3]还是进行了适当的裁剪。首先上下行的频段只是在 TDD 的子带之间进行复用，而不是真正的全双工，称为子带全双工（Sub-Band Full Duplex，SBFD）。这种 SBFD 只能应用于基站侧，而终端还是保持现有的半双工的模式。除了频域之外，还保留了部分时域上的双工，所以同时还需要实现动态干扰消除。和之前的版本相比，SBFD 主要的干扰来源是小区内终端之间的干扰，所以干扰的程度要更强一些。由于这个原因，终端的射频指标也需要一定程度的提高。

唤醒信号 WUS[4]的基本想法是在终端植入一个简单的电路，这个简单电路会接收和处理基于简单波形的无线电信号。这个电路在收到约定的无线电信号时，认为这是网络想要和智能终端进行信号交互，所以会进一步唤醒智能终端的复杂电路。显然，智能终端的复杂电路在没有被唤醒之前可以处于“深度睡眠”的状态，从而节省能源消耗。而维护简单电路工作的能量要比维护复杂电路小几个数量级。在 R16 引入并且在 R17 中强化的 WUS 在技术上还是依靠 5G NR 的 PDCCH 信道来实现的，相比较而言，R18 的 WUS 的节电效果理论上会好得多。但由于担心这个技术的成熟度，R18 中只是针对这种 WUS 进行研究，并且主要的研究对象是用于 IoT 的小型终端设备。如果 R18 的研究表明，这种方式是一种有效的节电方案，那么将在 R19 中进行正式的标准化，而且也可能进一步扩展到真正的智能终端。

5G NR 的移动性管理在 R16 和 R17 中通过引入 DPS（Dual Protocol Stack，双栈）切换和条件切换得到了改善。但是这些方案一定程度上不大适合 FR2 频段。FR2 频段的蜂窝覆盖范围更小（几十米到一二百米之间）。所以，当终端在 FR2 小区之间移动时，切换的频度会大大增加。另外在高速铁路上，即使是在 FR1 频段上，切换的频度也很高。现有的切换机制在控制面上都是基于 RRC 信令来进行的，包括测量报告和切换命令。这种切换机制的优点是鲁棒性比较好，但是缺点也是很明显的，即准备和执行切换的时间过长，用户面被打断的时间也比较长（因为 PDCP 层需要重建）。R18 中切换增强方法[5]的基本理念是把控制面信令从 RRC 层向下移动，比如采用物理层信令来进行触发和执行，同时也把需要重建的用户面协议栈下移（这个和具体的网络架构有关），从而来缩短切换的准备和执行时间，减少用户面被打断的时间。

R18 的一个特点是充分考虑了运营商的痛点。在刚商用 5G NR 不久，运营商就发现 5G

NR 基站的耗电量惊人。中国移动 2021 年的电费估计在 500 亿元左右。为了降低耗电量，简单通过在夜间关停基站的做法效果不佳。事实上，白天工作的基站也有忙闲的时段差别。R18 中引入的基站节电项目 [6] 的目的就是在不大影响用户体验的前提下 24 小时提高节电效果。其基本的思路是"节约"。在繁忙时段，基站为了满足众多终端的各种各样的 QoS，包括前面提到的 XR，基本上是满负荷运行，也就是说，所配置的天线阵列和发射功率都工作在全频段上。在逐渐空闲的时候，如果所服务的终端数量变少，或者终端比较集中在基站附近时，那么可以通过减少天线个数、降低发射功率和带宽，或者降低 SSB 和系统消息的发送频度等方法来降低基站的功率消耗。另外，如果采用分层网络覆盖的策略，可以适当地让高频比如 FR2 小区进入到睡眠状态，而让低频比如 FR1 小区来完成基本的覆盖任务。所有的机制也需要配置反方向的唤醒机制，从而可以保证终端的业务不会受到影响。比如在深夜的时候，如果 FR1 低频小区发现某个终端开始请求高流量业务，那么这个小区可以让覆盖该终端的 FR2 小区重新开始工作，从而满足这个终端的需求。

除了节能需求，网络覆盖一直是运营商最关心的网络性能。在 R17 引入的 IAB（Integrated Access Backhaul，集成接入回传）节点可以在很大程度上解决高频小区的覆盖问题。问题是 IAB 节点可以认为是终端和 DU（Data Unit，数据单元）的结合体，所以无论是复杂度和成本都不亚于一个基站。R18 引入网络控制的智能中继器（smart repeater）[7] 的目的就是为扩展覆盖提供一个低成本的解决方案。和以往对接收到的无线电信号进行简单的放大和发送的中继器不一样的地方在于，智能中继器对于信号的接收和放大更加有的放矢。为了达到这个目的，基站会提供辅助信息给智能中继来控制中继在信号发送（下行）和接收（上行）的波速、功率、时序等。这使得智能中继的工作效率更高、性能更好。R18 的智能中继是一种带内中继，即前传回程的频谱（基站和中继之间的回程）和空口的频谱是共享的。而且为了让这种 R18 引入的中继能够接入任何版本的 5G 终端，前传回程接口上的技术增强对于终端来说是透明的。这种智能中继的功能在一定程度上和智能表面有比较相似的地方，特别是透传式的智能表面。除了引入智能中继外，R18 对 R17 中已有的技术特征也进行了增强，比如引入了移动式的 IAB 节点 [8]。在上行覆盖增强 [9] 上引入了随机接入信道的重复发送机制。在侧链中继项目 [10] 中增加了远端终端在基站之间移动以及终端到终端中继的场景。支持远端终端通过多个中继接入网络的方式，该方式除了能够增强覆盖之外，还可以提供多终端集成的功能，即一个终端利用其他终端的能量来发送数据包的功能。

R18 被 3GPP 标识为 5G advanced 的第一个版本，而 5G advanced 网络的一个显著特点是对上行链路的增强。除了覆盖以外，上行性能，特别是数据流量，也是运营商看重的核心指标。这主要是因为自媒体的发展使得上行的流量需求持续增加。比如个人直播业务的发展，使得上载的图片和视频流量激增。上行增强的技术方向包括在上行 MIMO 上引入多面板发送、CSI 上报的增强和增加正交的 DMRS 端口、允许上行发射功率的临时上调、动态上行载波选择（3 选 2）以及允许 OFDMA 和 DFT-S-OFDMA 之间的切换等。

在支持垂直行业的技术特征上，R18 中引入的最主要内容是在侧向链路上引入了非授权频谱 [11]。把非授权频谱和 NR 侧向链路第二模式（自选资源模式）结合在一起可以让智能终端（包括智能手机）间的直接通信不再依赖于网络。也就是说在网络覆盖范围外，终端之间可以临时组建一个无线网络进行点对点的通信。由于非授权频谱（比如 60 GHz）上有超过 1 GHz 的带宽，从而使得终端之间不需要网络就可以实现类似云游戏、XR 等对带宽要求很高的应用。XR 眼镜和智能终端之间也可以通过基于非授权频谱的侧向链路连接起来，从而不再受限于现有的有线连接，这对用户的 XR 体验是至关重要的。

除了侧向链路的非授权频谱之外，R18 中引入了侧向定位技术[12]，用来测定两个设备之间的相对位置，或者借助于侧向链路获得某个设备的绝对定位。比如当汽车行驶在某个偏僻的路段，只要汽车能够测定它和路边单元（RSU）之间的相对位置，就可以推断出自己的绝对位置，前提是 RSU 的位置是已知的。当然，对于传统定位精度的追求 3GPP 也从来没有停止过。在 R18 中，会对基于大带宽或者基于相位测量的解决方案进行研究，从而确认是否需要进行标准化。在相同的定位立项中，还会对 Redcap 终端进行定位性能的评估。其他针对 Redcap 终端的提升主要是指引入相对于 R17 Redcap 终端更加耗能低、成本低的支持 5 MHz 带宽的终端设备。

在 R18 中，卫星通信[13]最让人期待的是在智能终端上实现语音和短消息等低带宽业务，也就是说普通的智能手机即使在荒无人烟的地带，比如沙漠、海洋和沼泽等地方，也可以继续使用。虽然 R17 的卫星通信在理论上也可以支持智能终端，但是因为在天线增益上的不当假设（0 dBi），使得 R17 版本实际上无法支持普通的智能终端。

R18 中也对其他一些小的技术特征进行了增强，比如在 INACTIVE 状态引入了多播业务和被叫触发的小数据包发送和接收，支持针对无人机的移动性增强，支持针对多 SIM 卡场景的终端能力协调以及设备内 5G NR 和 WiFi 的共存解决方案等。

23.2 B5G/6G 展望

移动通信技术十年一代，通常在一代技术完成标准化后就开始下一代的预研与规划，这是因为移动通信标准需要全球统一，在演进方向和核心技术上需要国际产业界取得高度共识后才能开始标准化，除去正式标准化一般要耗费的 3~4 年，留给预研阶段的也只有 6~7 年。5G NR R15 版本标准化 2015 年启动，2018 年底正式完成，R16 作为 5G 标准不可或缺的一部分，2020 年才最终完成。假设新一代技术（正式名称未定，我们姑且称其为 6G）2025 年开始标准化工作，自今日始，也就还有 3 年左右的准备时间了。实际上，面向 6G 的思考、设想和关键技术预研从 2019 年就已开始，可以统称为 B5G（Beyond 5G，后 5G）研究。为什么称为 B5G 而不称为 6G？这两种叫法有什么不同吗？在两代技术之间通常还存在一系列渐进式的增强优化，5G 之后、6G 之前也会有“5.5G”等过渡性技术，在早期研究阶段，很多预研技术难以判断会在 5.5G 这样的中间标准版本中出现，还是会等到 6G 才标准化，所以统称 B5G 更为准确，B5G 技术预研既可以服务于 6G，也可以服务于 5.5G 等中间版本，这取决于实际市场需求何时到来及关键技术何时成熟。如果一项原本为 6G 储备的新技术，可以和 5G 标准兼容，市场需求提前出现了，技术也成熟了，当然可以提前在 5.5G 中标准化。所以在现阶段，无法划清 B5G 研究和 6G 研究的界限，也不需要进行硬性区分。

1. B5G/6G 愿景与需求

研究新一代移动通信技术，制定新一代移动通信标准之前，首先要想清楚：新一代技术要达到什么新的目标？满足人和社会何种新的需求？什么业务应用是以前的系统没有支持而在未来将变得非常重要的？也就是要从 B5G/6G 的愿景（Vision）和需求（Requirement）开始研究。

在移动通信发展历史上，每一代技术都肩负起了“提升业务性能、扩展应用范围”的任务，如图 23-2 所示，一般每一个重要的移动业务会经历两代技术，从引入走到普及：1G 系统就可以提供移动话音业务，但到 2G 时代移动话音才真正成熟；2G 系统开始支持移动数据（Mobile Data），但 3G 系统（HSPA）才具备了高速传输数据的能力；以视频为代表的移动多媒体（Mobile Multimedia）应用从 3G 时代出现，而在 4G 时代才真正流行起来；4G 系统从后期开始引入物联网（IoT）技术，但真正将 IoT 作为核心业务的是 5G。在话音、数据、多媒体、物联网业务均已得到较好的支持后，B5G/6G 又能为人们的工作、生活带来什么新的价值和意义呢？——相信这个新增的部分是智能交互（Exchange of Intelligence），预计这种新型的业务将从 5G 后期引入，并成为 6G 时代的主要特征。

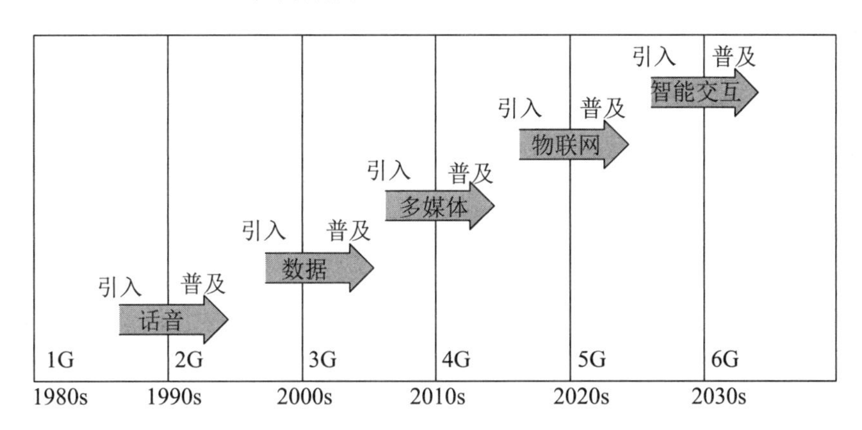

图 23-2　每代移动通信技术支持的新业务新应用

移动通信技术是为了满足世界上的信息交互而产生的（见图 23-3）。

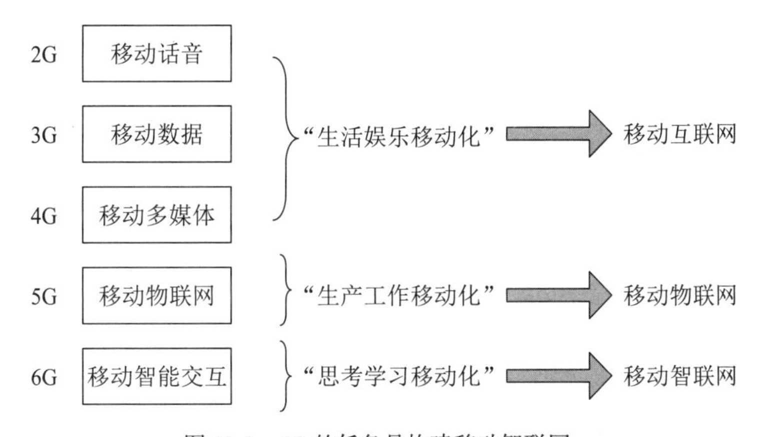

图 23-3　6G 的任务是构建移动智联网

- 从 1G 到 4G 时代，重点主要是实现人与人之间的信息交互，满足信息互通、情感交流和感官享受的需要，部分或全部地将书信交谈、书报阅读、艺术欣赏、购物支付、旅游观光、体育游戏等传统生活方式转移到了手机上，相当程度上实现了"生活娱乐的移动化"，因此可以将 4G 称为"移动互联网"。
- 5G 除了继续提升移动生活的体验之外，将重点转移到"生产工作的移动化"上来，基于 5G 的物联网、车联网、工业互联网技术正试图将千行百业的生产工作方式用"移动物联网"来替代。
- 但在 10 年前规划 5G 的目标和需求时，始料未及的是人工智能（Artificial Intelligence，AI）技术的快速普及。因此 6G 需要补上的一个短板是"思考学习的移动化"，我们可以称其为“移动智联网”（Mobile Internet of Intelligence）。

信息流动的模式，是在世界和人类漫长的历史中逐渐形成的，自有其合理性和科学性。回顾移动通信乃至信息技术的发展历史，成功的业务均是将生产、生活中合理的信息流动模式转移到移动网络中来。在日常生产、生活过程中，数据的交互、感官的互动不能替代智能的传递。这就像现实生活中，如果要让一个人去完成一项工作，不会始终站在他身边，像“提线木偶”一样指挥他的一举一动，而是会将完成此项工作所需的知识、方法和技能教授给他，然后放手让他用这些学到的智能去自己完成工作。而目前在 4G、5G 系统中实现的仍然是“提线木偶”式的物联网——终端的每一个传感数据都收集到云端，终端的每一个动作都由云端远程控制，只有云端掌握推理（Inference）和决策的智能，终端只是机械地“上报与执行”，这种工作方式是和真实世界的合理工作方式相悖的，虽然 5G 在低时延、高可靠、众连接等方面做了大量突破性的创新，但也需消耗大量的系统资源，仅靠有限的无线频谱资源来满足不断增长的物联网终端数量和业务需求，未必是“可持续”的发展模式。

随着 AI 技术的快速发展，为以更合理的方式实现物 - 物信息交流提供了可能。越来越多的移动终端开始或多或少地具备智能推理的算力和架构，可以支持“学而后做”式的工作模式，但现有的移动通信网络还不能很好地支持“智能”这一新型业务流的传输。数据信息（包括关于人的数据和关于机器的数据）和感官信息（各类音视频信息）的交互均已在 4G、5G 系统中得到高效传输，但唯有智能信息（知识、方法、策略等）的交互尚未被充分考虑。人和人之间的智能交互（学习、教授、借鉴）自然可以通过数据和感官信息交互来完成，但其他类型的智能体（Intelligent Agent）之间的智能交互则需要更高效、更直接的通信方式来实现，相信这应该是 B5G/6G 技术的核心目标之一。因此“智能流”（Intelligence Stream）可能是继数据流、媒体流之后的一种在移动通信系统中流动的新业务流，是 6G 系统新增的核心业务形式（见图 23-4）。

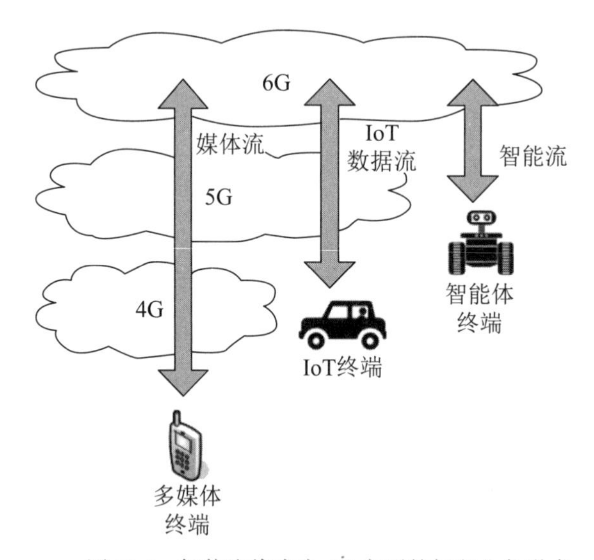

图 23-4　智能流将成为 6G 主要的新兴业务形式

随着 AI 技术的快速普及，预计不远的将来，世界上其他类型的智能体（如智能手机、智能机器、智能汽车、无人机、机器人等）的数量将远远超过人的数量，6G 等新一代通信系统应该是服务于所有智能体，而不仅仅是服务于人和无智能机器的，因此也应该设计一代能够用于所有智能体（尤其是非人智能体）之间“智能协作、互学互智”的移动通信系统（见图 23-5）。

图 23-5　6G 愿景：为所有智能体服务的移动通信系统

在当前的 AI 发展阶段，非人智能体之间的智能交互的具体形式，主要是 AI 模型（Model）和 AI 推理、训练过程中的中间数据的交互。2019 年年底，3GPP SA1（系统架构第 1 工作组，负责业务需求研究）工作组启动了“在 5G 系统中传输 AI/ML 模型传输”研究项目，用于研究 AI/ML（Machine Learning，机器学习）相关业务流在 5G 网络上传输所需的功能和性能指标 [14]。项目定位 3 个典型的应用场景：

- 分割式 AI/ML 操作（Split AI/ML operation）。
- AI/ML 模型数据的分发与共享。
- 联邦学习与分布式学习。

本书不是关于 AI 技术的书籍，这里不对 AI 与 ML 技术的基本知识进行介绍，仅对 AI/ML 模型和数据在 B5G 及 6G 系统上传输的潜在需求进行讨论。目前最常用的 AI/ML 模型是深度神经网络（Deep Neural Network，DNN），广泛应用于语音识别、计算机视觉等领域。以图像识别常用的卷积神经网络（Convolutional Neural Network，CNN）为例，模型的分割式推理（Split Inference）、模型下载和训练（Training）如果在移动终端和网络上协同进行，均需要实现比现有 5G 系统更高的关键性能指标（Key Performance Indicator，KPI）。

Split Inference 是为了将终端与网络的 AI 算力有机结合，将 Inference 过程分割在两侧完成的技术。相对于由终端或网络独自完成 Inference 过程，由终端和网络配合完成 Inference 可以有效缓解终端与网络的算力、缓存、存储和功耗压力，降低 AI 业务时延，提高端到端推理精度和效率 [15~19]。以参考文献 [18] 中分析的 CNN AlexNet[20] 为例（见图 23-6），可以在网络的中间某几个池化层（Pooling Layer）设定候选分割点（Split Point），即在分割点以前各层的推理运算在终端执行，由终端算力承担，然后将生成的中间数据（Intermediate Data）通过 B5G/6G 网络传输给网络侧服务器，由网络侧服务器完成分割点以后的各层的推理运算。可以看到，不同的 Split Point 要求不同的终端算力投入和中间数据量。在一定的 AI 推理业务时延要求下，不同的中间数据量带来不同的上行数据率需求。部分 AI 业务的分割式图像识别所要求的移动网络传输数据率示例如表 23-1 第二列所示，可以看到，对于某些实时性要求较高的业务，需要在几十毫秒甚至几毫秒内完成一帧图像的识别，某些分割方式下的单用户最高上行传输速率需求可超过 20 Gbps。

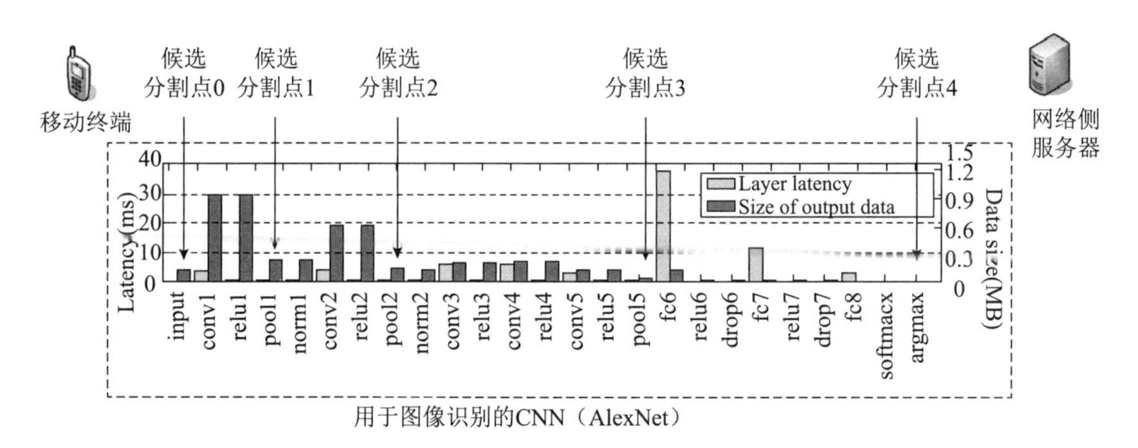

图 23-6　基于神经网络的 split AI inference 示例

表 23-1　AI/ML 业务的传输数据率需求示例

应 用 场 景	Intermediate data 上传数据率需求	AI 模型下载数据率需求	联邦学习数据双向传输数据率需求
智能手机未知图像识别	1.6~240 Mbps	2.5~5 Gbps	6.5 Gbps
监控系统身份识别	1.6~240 Mbps	2.5~5 Gbps	11.1 Gbps
智能手机图像增强	1.6~240 Mbps	2.5~5 Gbps	16.2 Gbps
视频识别	16 Mbps~2.4 Gbps	8.3~16.7 Gbps	19.2 Gbps
AR 视频 / 游戏	160 Mbps~24 Gbps	250~500 Gbps	20.3 Gbps
远程自动驾驶	>16 Mbps~2.4 Gbps	>250~500 Gbps	6.5 Gbps
远程控制机器人	16 Mbps~2.4 Gbps	250~500 Gbps	11.1 Gbps

由于移动终端的算力和存储容量有限，难以使用泛化能力强的大型 AI 模型，而计算量、内存和存储量较小的 AI 模型又往往只适用于特定的 AI 任务和环境，当任务或环境发生变化时，就需要重新选择优化的模型，如果终端因为存储空间限制没有存储所需的模型，则需要从网络侧服务器上下载，常见的图像识别 CNN 模型大小可达到数十至数百兆字节[20~25]。部分 AI 业务的模型下载所要求的移动网络传输数据率示例如表 23-1 第三列所示，由于移动终端工作环境的不确定性与突变性，可能需要在 1 ms 内完成模型的下载，对于某些实时性要求较高的业务，所要求的单用户下行传输速率需求最高可达到 500 Gbps。

AI 模型训练所需的训练数据的多样性和完备性，使移动终端采集的训练数据集（Training Set）有很高的训练价值，而为了保护终端数据的隐私性，基于移动终端的联邦学习（Federated Learning，FL）成为一项很有吸引力的 AI 训练技术[20,26~28]。移动联邦学习需要在网络和终端之间迭代交互待训练的模型和训练后的梯度（Gradient），一次迭代的典型的传输数据量可达到上百兆字节。由于移动终端在适宜训练的环境中停留的不确定性和训练数据保存的短期性，应该充分利用联邦终端的可用算力，在尽可能短的时间内完成一个终端的模型训练工作，为了跟上终端的 AI 训练能力，不使移动通信传输成为短板，需要在数十毫秒时间内完成一次训练迭代，所要求的单用户上下行双向传输速率需求最高也可达到 20 Gbps 以上。

由此可见，AI 模型和数据的传输需要数十甚至数百 Gbps 单用户可见传输数据率，这是 5G 系统无法达到的，可能构成向 B5G 及 6G 演进的一个重要的业务类型。另外，人的更高层次的感官感受需求也可能继续推动多媒体业务的需求提升。例如，全息视频（Holographic）业务由于需要一次性传输数十路高清视频，也可能需要移动通信系统提供数十至数百 Gbps

的传输速率。当然，用户对这种消耗大量设备和无线资源的新型多媒体业务到底有多强的需求，还需要进一步研究。

新一代移动通信技术在更高数据率方面的追求是始终不变的，以移动 AI、移动全息视频为代表的 6G 新业务可能需要 1 Tbps 级别的峰值速率和几十上百 Gbps 的终端可见数据率，和 5G 相比需要将近 2 个数量级的提高，如图 23-7 所示。

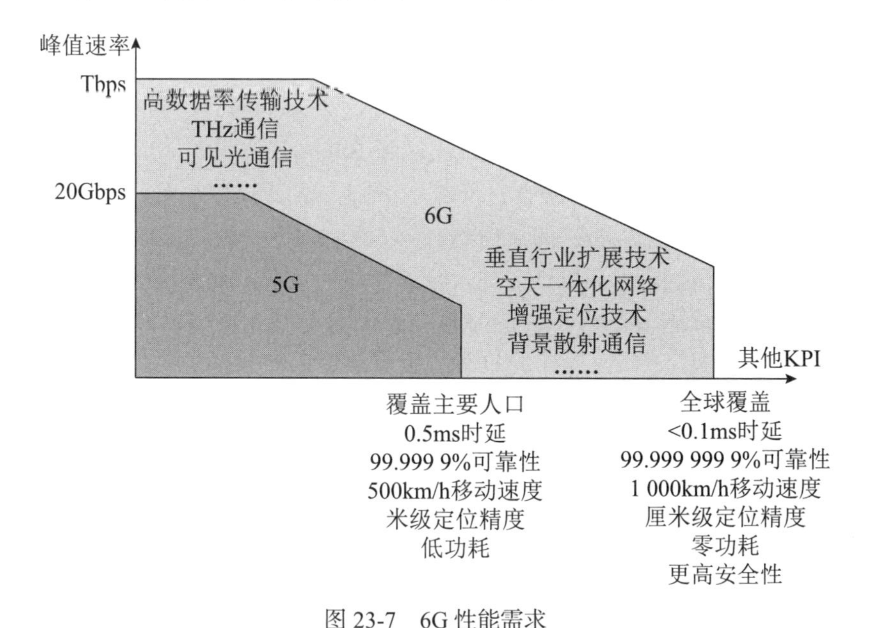

图 23-7　6G 性能需求

另外，在 4G、5G 阶段的“向垂直行业渗透”的努力也不会停止，业内正在探讨的性能提升方向包括以下几个。

- 覆盖范围的全球化扩展：即将以地面移动通信为主的 5G 系统扩展到能覆盖空天、荒漠、海洋、水下的各个角落。
- 支持更低时延（如 0.1 ms）和更高可靠性（如 99.999 999 9%）。
- 支持 1 000 km/h 的移动速度，覆盖飞机等应用场景。
- 支持厘米级的精确定位。
- 每平方千米范围内百万级的终端连接数量。
- 支持极低的物联网功耗，甚至达到“零功耗”的水平。
- 支持更高的网络安全性。

这些垂直行业的新需求很多还在初步的畅想阶段，对这些 KPI 的必要性还缺乏扎实、务实的研究分析。

- “无所不在的 6G 覆盖”确实可以把目前 5G 系统不能达到的地域、场景也纳入移动通信的覆盖范围，但在这些极端场景中到底有多少用户、多少容量需求？是否存在能支撑 6G 这样一个商用系统的产业规模性？
- 零时延和 99.999 999 9% 可靠性从技术上讲也并非无法做到，但必然会带来巨大的通信冗余，消耗很多系统资源才能换取。而 6G 系统毕竟是一个需要计算投入产出比的民用通信网络，是否存在能付出如此高成本的业务应用？在 AI 时代，对于具有一定智能和容错能力的终端，是否需要追求如此严苛的极端性能指标？

因此，这些垂直行业的需求还需要得到真正来自目标行业的需求输入。另外，时延、可靠性、覆盖率、用户数、定位精度、功耗、安全性这些需求是随着垂直行业需求随时出现，且可以附加在现有 5G 技术之上的。如果确有需求，不一定要等待 6G 再去标准化，完全可以纳入 5G 增强版本（如 5.5G）。只有数据率的"数量级提升"是 6G 能够显著区别于 5G 的"标志性"指标。

另外，从上面对"AI 业务在 B5G/6G 系统中的传输"的介绍可以看到，智能域（intelligence domain）的资源（如 AI 算力）可以与时域、频域等传统维度的资源形成互换。因此，相应的，B5G/6G 性能 KPI 体系中也可能会增加智能域这个新的维度。AI 与 B5G/6G 的结合将从"为 AI 业务服务"（for the AI）、"用 AI 增强 B5G/6G 技术"（by the AI），最终将应用层的 AI 与无线接入层的 AI 完全融合，形成一个归一的 AI 6G 系统（of the AI）。随之，6G 系统的设计目标应该是针对跨层的 AI 操作的效率最大化，而不仅仅是通信链路的性能优化。例如以 AI 推理的精确度（inference accuracy）和 AI 训练的精确度（training loss）代替通信的精确度（error rate），以 AI 推理的时延（inference latency）和 AI 训练的时延（training latency）代替通信的时延，以 AI 操作的效率替代数据传输的效率。对比 5G 的 KPI 体系（如图 23-8 左图所示），6G 的 KPI 体系可能会引入这些智能域 KPI，如图 23-8 右图所示。

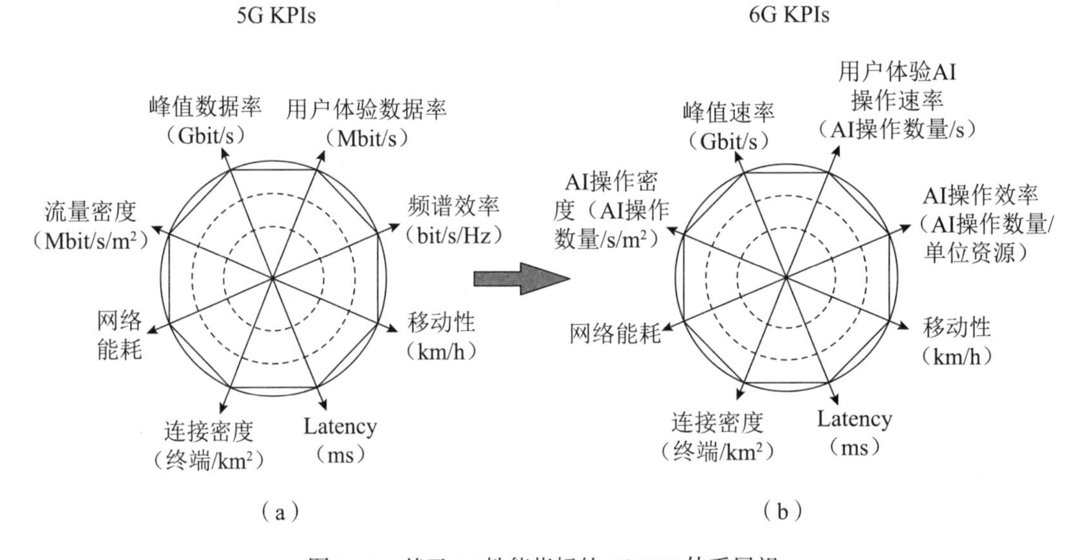

图 23-8　基于 AI 性能指标的 6G KPI 体系展望

- 比用户体验数据率（User Experienced Data Rate）更合理的指标，应该是用户体验 AI 操作速率（User Experienced AI Operation Rate）。
- 比频谱效率（Spectrum Efficiency）更合理的指标，应该是 AI 操作效率（AI Operation Efficiency）。
- 比流量密度（Area Traffic Capacity）更合理的指标，应该是 AI 操作密度（Area AI Operation Capacity）。

AI 操作速率可以按式（23-1）定义，针对这个 KPI，系统的设计目标应该是尽可能提高用户每秒能够完成的 AI 操作（推理、训练）的数量，而不单纯追求空中接口每秒传输的比特数量。为了提高 AI 操作速率，可以采用上面介绍的那些 AI 与 B5G/6G 结合的方法，如在一定的空口传输数据率下，采用一个适当的分割点进行分割 AI 操作，可以实现更高的 AI 操作速率。将一定的空口传输数据率用于下载适当的 AI 模型，相对于仅仅将其用于传输传统数据，可以实现更高的 AI 操作速率。

$$\text{AI操作速率}=\frac{\text{AI操作数量}}{\text{时间}} \tag{23-1}$$

AI 操作效率可以按式（23-2）定义，针对这个 KPI，系统的设计目标应该是尽可能提高消耗单位资源（包括时频域、算力、存储、功耗等各种维度的资源）实现的 AI 操作数量，分母中各个维度的资源之间可以灵活互换、取长补短，避免出现“短板”维度，实现综合资源利用率最优。例如，采用最优的 AI 模型和 AI 分割点进行 AI 推理可以节省空口资源，选择覆盖好的终端进行联邦学习可以节省终端的存储资源和功耗，从而提升 AI 操作的效率。

$$\text{AI操作效率}=\frac{\text{AI操作数量}}{\text{时间}\cdot\text{频率}\cdot\text{算力}\cdot\text{存储}\cdot\text{功耗}} \tag{23-2}$$

2. B5G/6G 候选技术展望

为了实现上述明显高于 5G 的性能指标，需要找到相应的使能技术。本书并非专门介绍 B5G/6G 候选技术的书籍，这里对业内研究较多的 B5G/6G 候选技术进行简单的介绍，对应于上述潜在 6G 需求，大致可以分如下几类来讨论。

（1）高数据率使能技术

追求更高的传输数据率，始终是移动通信技术的主题。在 4G 以前，主要是通过扩展带宽和提高频谱效率两个手段来提升数据率，在 3G 引入 CDMA（码分多址）和链路自适应（Link Adaptation），在 4G 引入 OFDMA 和 MIMO，都获得了数倍的频谱效率提升，并分别将传输带宽扩展到 5 MHz 和 20 MHz。但到了 5G 阶段，似乎已经缺乏大幅提高频谱效率的技术，NOMA（非正交多址）这样的能小幅提高频谱效率的技术最终也没有被采用，数据率提升主要依靠扩展传输带宽这一条路了，而大带宽传输主要在高频谱（如毫米波频谱）实现。预计 6G 将延续“向更高频谱寻找更大带宽，换取高数据率”的技术路线，候选技术主要包括 THz 传输和可见光通信（Visible Light Communications，VLC），如图 23-9 所示。

在 6G 中使用 THz 技术，延续了移动通信“逐次提高频谱”的思路，随着 100 GHz 以下的毫米波技术已经在 5G 阶段完成标准化，再向上进入到 100 GHz 以上频谱，已经进入了泛义上的 THz 频谱。关于 THz（Terahertz）的频率范围有一种常见的说法是 0.1~10 THz，可望提供数十、上百 GHz 带宽的可用频谱，实现 100 Gbps 乃至 1 Tbps 的传输速率。THz 发射机可能会延续类似毫米波通信的大规模天线体制，阵元的数量可能达到数百甚至上千个，在 MIMO 技术上与 5G 可能有一定的继承性，这是无线通信产业对这个技术最为关注的原因。关于 THz 通信技术的传播特性试验还处于早期阶段，THz 电磁波已经在质量、安全检测等领域用于透视，说明其在很近距离内对衣物、塑料等一部分材质具有一定的能量穿透性，但这不意味着 THz 是一种像 6 GHz 以下无线通信技术那样可以在 NLOS（Non-Line-of-Sight，非视距）环境工作的宽带通信技术，在穿透后的 THz 信号中是否能还原高速数据，还有待于试验的验证。另外，THz 信号的空间衰减无疑是很大的，其覆盖距离会比毫米波更小，主要用于很近距离的无线接入或特定场景的无线回传（Backhaul）。最后，THz 的收发信机及相关射频器件的研发还处于早期阶段，短期内还无法实现小型化、实用化，是否能在 2030 年前提供大规模商用的低成本设备，还面临着较大挑战。

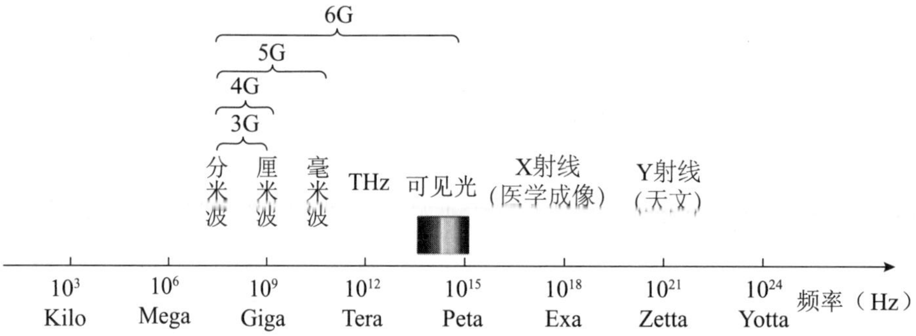

图 23-9　THz 与可见光频谱

VLC 是一种使用可见光频谱的无线通信技术。光纤通信已经成为最成功的有线宽带通信技术，近些年也逐渐用于无线通信场景。无线激光通信已经用于卫星间和星地间通信，基于发光二极管（LED）照明的室内宽带无线接入技术（称为 LiFi）也已经在产业界研发了十几年的时间。与 THz 一样，VLC 的最大优势是可以提供充裕的频谱资源。可见光频谱位于 380~750 THz，VLC 通信带宽主要受限于收发信机的工作带宽，传统 LED 发射机的调制带宽只有数百 MHz，传输速率最高也就 1 Gbps 左右，在类似照明灯的扩展角范围内难以实现比高速 Wi-Fi、5G 更高的传输速率，这可能是 LiFi 技术尚未普及的主要原因。激光二极管（LD）发射机可以实现数 GHz 的传输带宽，通过多路并行传输（类似 MIMO 光通信）实现数十 Gbps 传输速率是完全可行的。与 THz 通信相比，VLC 的优点是可以在成熟的光纤通信器件基础上研发 VLC 通信设备，研发的基础好得多。但 VLC 也存在容易被自然光干扰、容易受到云雾遮挡、收发需要不同的器件等缺点。尤其是 VLC 已经完全脱离了传统无线通信基于射频天线进行收发的技术路线，需要采用光学系统（如透镜、光栅等），无线通信产业要适应这套新的技术体制，远比 THz 通信（仍沿用大规模天线）难度要大。

无论是 THz 通信还是 VLC，即使解决了无线链路的收发问题，随之而来的棘手问题是波束、光束如何对准的问题。从能量守恒的角度可以判断，在不显著提升发射功率的条件下，传输带宽的大幅提升必然带来功率谱密度（Power Spectral Density，PSD）的急剧降低，要想维持一个起码可用的覆盖距离，只能在空间上聚集能量予以补偿。5G 毫米波技术之所以采用基于大规模天线的波束赋形，就是为了将能量集中在很窄的波束中（被形象地称为 Pencil Beam，笔形波束），换取有效的覆盖。如果 THz 通信或 VLC 的传输带宽比毫米波更宽，势必需要进一步收窄波束宽度。基于 LD 的 VLC 发射机天生可以生成极窄的光束，在接收机侧将能量集中在一个很小的光斑内，但即使是设备发生难以察觉的抖动，都会丢失链路。因此，6G 系统无论采用何种高速率传输方案，都必须解决极窄波束 / 光束的快速对准、维持和恢复问题。其实，5G 毫米波采用的波束管理（Beam Management）和波束失败恢复（Beam Failure Recovery）可以看作一个初步的波束对准和恢复技术。对于 5G 毫米波这样的 Pencil Beam 尚且需要设计如此复杂的对准技术，THz 通信及 VLC 的极窄波束的对准技术势必是一个具有很高技术难度的课题。

最后，从网络拓扑角度看，侧行链路（Sidelink）可能在 6G 高数据率系统中发挥更重要的作用。由于 100 Gbps~1 Tbps 的高数据率连接的覆盖范围可能进一步缩短（如在 10 m 以内），采用蜂窝拓扑实现的难度进一步增大，预计采用侧行链路实现的可行性更大。因此，与以前的各代移动通信技术在下行链路实现最高峰值速率不同，6G 技术的最高峰值速率很可能在侧行链路获得。

（2）覆盖范围扩展技术

6G 的覆盖范围扩展技术大致可以分为两类：高速传输的 LOS（Line-of-Sight，可视径）扩展技术和特殊场景的广覆盖技术。

从 5G 毫米波开始，能获得大带宽、高数据率的通信技术都只能用于 LOS 信道，基本没有 NLOS 覆盖能力，造成在建筑物较多的环境中（如城区）覆盖率较低。因此，如何尽可能地获取更多的 LOS 信道，将部分 NLOS 信道转化为 LOS 信道，是一个学术界、产业界正在研究的课题。其中一种有可能实现的技术是智能反射表面（Reconfigurable Intelligent Surface，RIS）。IRS 可以通过可配置的反射单元阵列，将照射到表面上的波束折射到指定的方向（如图 23-10（a）所示），绕过发射机和接收机之间的障碍物，将 NLOS 信道转化为 LOS 信道。IRS 不同于普通的反射表面，可以不服从入射角等于出射角的光学原理，可以通过反射单元的配置，改变反射波束的角度，覆盖障碍物后的不同终端或跟随终端移动。另外，IRS 也可以将一个窄波束扩展成一个相对宽的波束，同时覆盖多个终端（如图 23-10（b）所示）。相对中继站（Relay Station），IRS 如果能实现更低的部署成本和更简单的部署环境，使其成为一个有吸引力的 LOS 信道扩展技术。

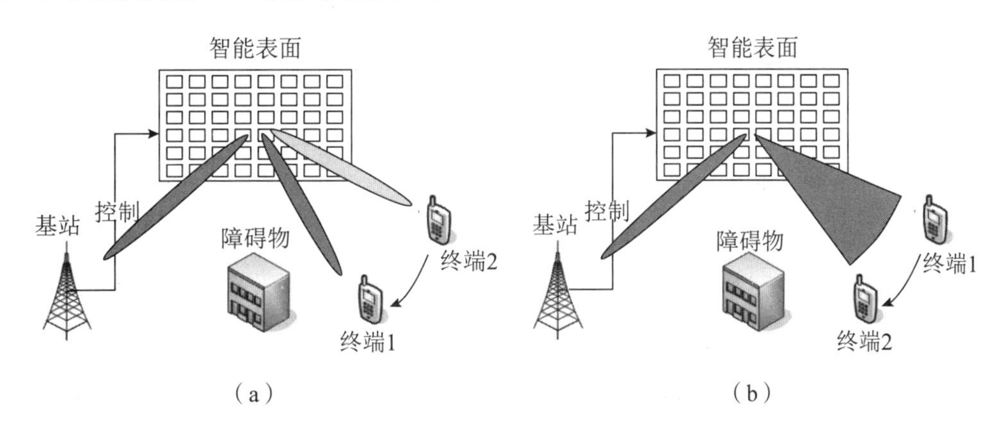

图 23-10 智能反射表面示意图

其他的 LOS 信道扩展技术还包括移动基站技术，即通过可移动的车载或无人机基站，根据被服务终端的位置主动移动，绕过障碍物，获得 LOS 信道，实现毫米波、THz 或 VLC 通信。

特殊场景的广覆盖技术的目标是覆盖空天、海洋、荒漠等特殊的应用环境。这些环境中虽然没有大量的通信用户，但对应急救灾、远洋运输、勘探开采等特殊场景仍有重要的意义。在第 1.5 节已经介绍 R17 NR 标准中已开展 NTN（Non-Terrestrial Networks，非地面通信网络）标准化工作，利用卫星通信网络覆盖范围广、抗毁能力强的特点，实现上述应用场景。但卫星通信网络也有容量有限、不能覆盖室内、时延相对较大、需要专用终端等问题，因此未来 6G 网络的一个重要方向是构建空天地一体化网络，即将地面移动通信网络、天基通信网络（航空器、无人机）、空间网络（卫星）融合在一起，实现互联互通、优势互补，实现最大覆盖广度和深度的 6G 网络（如图 23-11 所示）。空天地一体化网络主要是一种网络技术，需要解决的主要是空天、地面两个网络的联合组网和资源灵活配置的问题。

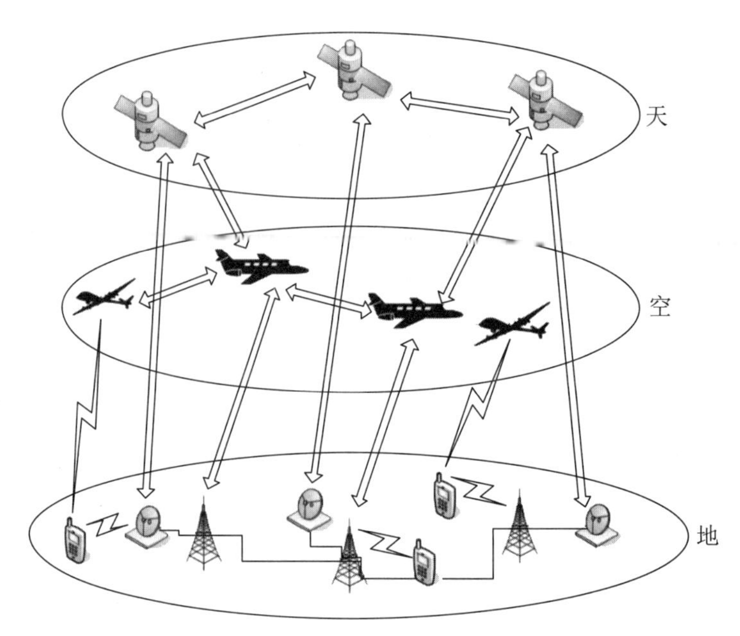

图 23-11　空天地一体化网络示意图

（3）垂直应用使能技术

与 5G 一样，B5G/6G 技术也将会持续针对各种垂直行业应用进行优化。在 4G 中，已经支持 NB-IoT 这样的窄带物联网技术，目标是尽可能低成本、低功耗地实现物物通信，支持远程抄表、工业控制等各种垂直应用。但是即使将功耗降到很低水平，可以在数年内不用更换电池，但这种电池寿命仍然不能满足某些应用场景下的需求。例如，很多嵌入在封闭设备、建筑内或危险地区的物联网模块，希望能做到在模块的整个生命周期内（如几十年）都不用更换电池。要做到这一点，完全靠消耗电池里的电量是不足够的，必须有借助外部能量进行工作的技术，我们可以统称为“零功耗”（Zero-power）技术。实现“零功耗”有几种可能的方法，如能量收割（Power Harvesting）、无线功率传送（Wireless Power Transfer）、反向散射通信（Backscatter Communications）等。能量收割是通过收集周围环境中的能量（如太阳能、风能、机械能甚至人体能量），将其转化为电能，供物联网模块收发信号；无线功率传送类似于无线充电技术，可以远距离隔空为物联网设备传输电能；反向散射通信已经广泛用于 RFID 等短距离通信场景，即通过被动反射并调制收到的环境能量，向外传递信息。传统的反向散射通信是由读写器（Reader）直接向电子标签（Tag）发射一个连续波背景信号，在电子标签的电路上反射形成一个调制有信息的反射信号，由读写器进行接收（如图 23-12（a）所示）。但由于读写器的发射功率有限，这种传统的方式只能在很近距离内工作。一种改进的方式是在工作区域内建立一些专门发射背景信号的能量发射器（Power beacon），电子标签反射来自能量发射器的背景信号（如图 23-12（b）所示），这种方法可能可以在较远的距离实现反向散射通信。“零功耗”通信的核心是研发有效、可靠、低成本的“零功耗”射频模块，但由于外部能量获取的非连续性和不稳定性，通信系统设计也需要进行相应的考虑。

另一个重要的垂直应用使能技术是高精度的无线定位技术。基于 GNSS（Global Navigation Satellite System，全球导航卫星系统）的定位技术广泛应用于移动通信业务，但也有不能覆盖室内的缺陷。如第 1.4 节所述，R16 NR 标准已经支持精度 10 m 以内的基于 5G

网络的定位技术，可以用于 GNSS 无法覆盖的室内场景，R17 NR 又将定位精度进一步提高到亚米级。但是面向多种移动业务，这一精度仍然有提升的空间，6G 系统的目标可能是实现厘米级的定位精度。目前还不明确采用何种新技术能实现如此高的定位精度。同时，通过无线信号进行定位也不是高精度定位的唯一技术路线，事实上，目前基于计算机视觉和 AI 技术来进行定位的应用更为广泛。基于 5G、6G 的高精度定位技术也需要和这些定位技术竞争，看哪种技术最终能在市场中胜出。

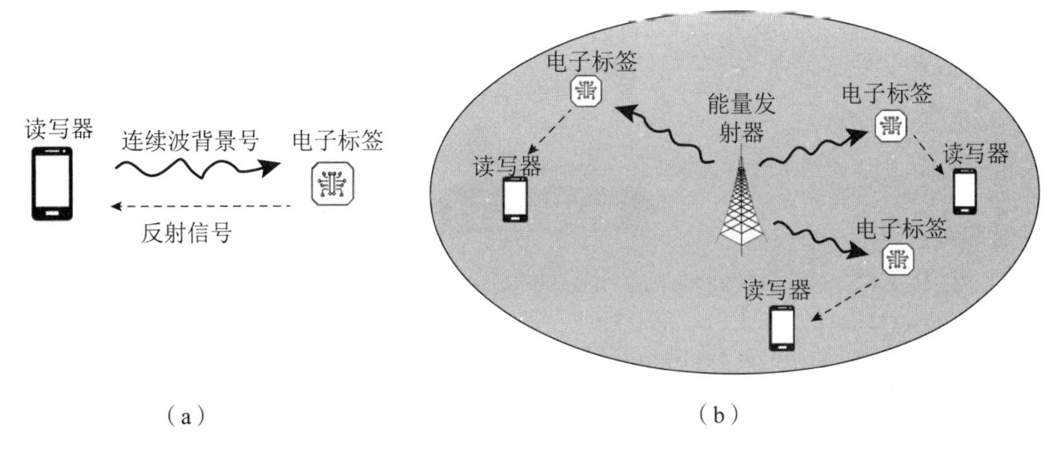

图 23-12　反向散射通信示意图

除了上述两例，还有很多潜在的垂直应用使能技术可能包含在 B5G/6G 系统中。当然，像上面曾经谈到的，由于这些技术不依赖于 6G 核心技术，也不采用 6G 新频谱，因此可能随时根据市场的需要启动研发和标准化工作，从而成为 5G 增强技术的一部分，不一定等到 6G 时代再进入国际标准。

总之，6G 关键技术的研究还处于早期阶段，产业界正在广泛地考察、评估各种可能的候选技术，现在谈论技术的遴选和集成还为时过早，今天看好的技术未必最后真的会成为 6G 的一部分，反之可能还有有竞争力的 6G 技术尚未进入研究者的视野，当前的核心工作应该是尽早厘清 6G 的业务需求和技术需求，想清楚要设计一个怎样的 6G 系统，为用户、为产业带来哪些新的价值和感受。

最后，一个不确定的问题是：6G 是否会对 5G 已覆盖的频谱中的技术进行重新设计？从 2G、3G 到 4G，移动通信系统都是按照完全替代上一代技术来设计的。在 5G 技术规划的早期，曾考虑了两种思路：一是 5G NR 系统只针对高频新频谱（即毫米波频谱）进行设计，6 GHz 以下的原有频谱重用 4G LTE 即可，即 5G 和 4G 是长期共存互补的关系；二是 5G NR 系统对 6 GHz 以下的系统也进行重新设计，从而能够逐步完全替代 4G 系统。显然，最终的结果是采用了第二种思路，正如本书很多章节中介绍的，这是因为在 2004—2008 年设计 4G 系统时，考虑到当时设备、芯片的可实现能力水平，LTE 系统只设计了一个简化的、缩减版本的 OFDMA 系统，没有充分挖掘 OFDMA 在灵活性和效率上的设计潜力。因此，5G NR 有充分的理由重新设计一个能够充分发挥 OFDMA 潜力的完整版本的 OFDMA 系统，来替代 LTE 系统。但是 6G 和 5G 又会是什么关系呢？ 6G 是否还要把 100 GHz 以下的 5G 系统进行重新设计、致力于最终替代 5G 呢？还是只需要对 100 GHz 以上的新频谱进行设计，在 100 GHz 以下重用 5G 系统，使 6G 和 5G 长期共存互补呢？显然这取决于在 100 GHz 以下是否存在足够的增强、优化的空间，是否值得重新进行系统设计。这要看产业在未来几年的思考和共识。

23.3 小　结

2020—2025 年，5G 标准仍将持续演进，满足更多垂直行业应用的需求，同时对 5G 基础设计进行优化和改进。按既往规律，6G 标准化可能于 2025 年启动。对 6G 的业务和技术需求、关键技术、系统特性的预研，目前还处于早期阶段，但可以预计，很多 5G 技术和设计在 6G 时代还会得到沿用及增强。因此，深入了解 5G 标准，对未来 6G 的系统设计和标准化也具有重要的作用。

参考文献

[1] RP-213587. New SI: Study on XR (Extended Reality) enhancements for NR. Nokia, 3GPP TSG RAN Meeting #94e, Electronic Meeting, Dec. 6 - 17, 2021.
[2] RP-213599. New SI: Study on Artificial Intelligence (AI)/Machine Learning (ML) for NR air interface. Qualcomm, 3GPP TSG RAN Meeting#94e, Electronic Meeting, Dec. 6 - 17, 2021.
[3] RP-213591. New SI: Study on evolution of NR duplex operation. CMCC, 3GPP TSG RAN Meeting#94e, Electronic Meeting, Dec. 6 - 17, 2021.
[4] RP-213645. New SI: Study on low-power wake-up signal and receiver for NR. vivo, 3GPP TSG RAN Meeting #94e, Electronic Meeting, Dec. 6 - 17, 2021.
[5] RP-213565. New WI: Further NR mobility enhancements. MediaTek, 3GPP TSG RAN Meeting#94e, Electronic Meeting, Dec. 6 - 17, 2021.
[6] RP-213554. New SI: Study on network energy savings for NR. RAN1 vice-chair (Huawei), 3GPP TSG RAN Meeting#94e, Electronic Meeting, Dec. 6 - 17, 2021.
[7] RP-213592. New SI: Study on NR Smart Repeaters. ZTE, 3GPP TSG RAN Meeting#94e, Electronic Meeting. Dec. 6 - 17, 2021.
[8] RP-213601. New WI: Mobile IAB (Integrated Access and Backhaul) for NR. Qualcomm, 3GPP TSG RAN Meeting#94e, Electronic Meeting, Dec. 6 - 17, 2021.
[9] RP-213579. New WI: Further NR coverage enhancements. China Telecom, 3GPP TSG RAN Meeting#94e, Electronic Meeting, Dec. 6 - 17, 2021.
[10] RP-213585. New WI: Enhanced NR Sidelink Relay. LG Electronics, 3GPP TSG RAN Meeting#94e, Electronic Meeting, Dec. 6 - 17, 2021.
[11] RP-213678. New WI: Further enhancements for NR sidelink. OPPO, LG Electronics, 3GPP TSG RAN Meeting #94e, Electronic Meeting, Dec. 6 - 17, 2021.
[12] RP-213588. New WI: Study on expanded and improved NR positioning. Intel, 3GPP TSG RAN Meeting#94e, Electronic Meeting, Dec. 6 - 17, 2021.
[13] RP-213690. New WI: NR NTN (Non-Terrestrial Networks) enhancements. RAN vice-chair (AT&T), Thales, 3GPP TSG RAN Meeting#94e, Electronic Meeting, Dec. 6 - 17, 2021.
[14] 3GPP TR 22.874.
[15] Zhi Zhou, Xu Chen, En Li, Liekang Zeng, Ke Luo, Junshan Zhang. Edge intelligence: Paving the last mile of artificial intelligence with edge computing. Proceeding of the IEEE, 2019, Volume 107, Issue 8.
[16] Jiasi Chen, Xukan Ran. Deep learning with edge computing: A review. Proceeding of the IEEE, 2019, Volume 107, Issue 8.

[17] I. Stoica et al. A Berkeley view of systems challenges for AI. 2017, arXiv:1712.05855. [Online]. Available: https://arxiv.org/abs/1712.05855.
[18] Y. Kang et al. Neurosurgeon: Collaborative intelligence between the cloud and mobile edge. ACM SIGPLAN Notices, vol. 52, no. 4, pp. 615–629, 2017.
[19] E. Li, Z. Zhou, and X. Chen. Edge intelligence: On-demand deep learning model co-inference with device-edge synergy. in Proc. Workshop Mobile Edge Commun. (MECOMM), 2018, pp. 31–36.
[20] A. Krizhevsky, I. Sutskever, and G. E. Hinton. ImageNet classification with deep convolutional neural networks. in Proc. NIPS, 2012, pp. 1097–1105.
[21] K. Simonyan and A. Zisserman. Very deep convolutional networks for large-scale image recognition. 2014, arXiv:1409.1556. [Online]. Available: https://arxiv.org/abs/1409.1556.
[22] K. He, X. Zhang, S. Ren, and J. Sun. Deep residual learning for image recognition. in Proc. IEEE CVPR, Jun. 2016, pp. 770-778.
[23] A. G. Howard et al. MobileNets: Efficient convolutional neural networks for mobile vision applications. 2017, arXiv:1704.04861. [Online]. Available: https://arxiv.org/abs/1704.04861.
[24] C. Szegedy, et al. Going deeper with convolutions. in Proc. CVPR, 2015, pp. 1-9.
[25] Sergey Ioffe and Christian Szegedy. Batch normalization: Accelerating deep network training by reducing internal covariate shift. In ICML., 2015.
[26] T. Nishio and R. Yonetani. Client selection for federated learning with heterogeneous resources in mobile edge. 2018, arXiv:1804.08333. [Online]. Available: https://arxiv.org/abs/1804.08333.
[27] Federated Learning. https://justmachinelearning.com/2019/03/10/federated-learning/.
[28] Nguyen H. Tran; Wei Bao; Albert Zomaya; Minh N. H. Nguyen; Choong Seon Hong. Federated Learning over Wireless Networks: Optimization Model Design and Analysis. IEEE INFOCOM 2019 - IEEE Conference on Computer Communications.

缩 略 语

2G	the 2nd Generation	第 2 代
3G	the 3rd Generation	第 3 代
3GPP	3rd Generation Partnership Project	第 3 代合作伙伴计划
4G	the 4th Generation	第 4 代
5G	the 5th Generation	第 5 代
6G	the 6th Generation	第 6 代
8PSK	8-state Phase Shift Keying	八相相移键控
ACK	Acknowledgement	肯定确认
A-GNSS	Advanced GNSS	先进 GNSS
A-GPS	Assisted GPS	辅助 GPS
AI	Artificial Intelligence	人工智能
AM	Acknowledgement Mode	确认模式
AMBR	Aggregate Maximum Bit Rate	聚合最大比特速率
AMC	Adaptive Modulation and Coding	自适应调制和编码
AMR	Adaptive Multi Rate	自适应多速率
ARP	Almost Regular Permutation	近似规则置换
ARQ	Automatic Repeat-reQuest	自动重传请求
AS	Access Stratum	接入层
AWGN	Additive White Gaussian Noise	加性高斯白噪声
B5G	Beyond 5G	后 5G
BBU	BaseBand Unit	基带单元
BCCH	Broadcast Control CHannel	广播控制信道
BCH	Broadcast CHannel	广播信道
BER	Bit Error Ratio	误码率
BF	Beamforming	波束赋形
BLER	BLock Error Ratio	误块率
BPSK	Binary Phase Shift Keying	二相相移键控
BS	Base Station	基站
CAZAC	Constant Amplitude Zero Auto-Correlation	等幅零相关
CB	Code Block	码块
CCE	Control Channel Element	控制信道粒子
CCSA	China Communications Standardization Association	中国通信标准化协会
CDF	Cumulative Distribution Function	累积分布函数
CDM	Code-Division Multiplexing	码分复用
CDMA	Code-Division Multiple Access	码分多址
CF	Contention Free	无竞争

CFI	Control Format Indicator	控制格式指示
CN	Core Network	核心网
CNN	Convolutional Neural Network	卷积神经网络
CoMP	Coordinative Multiple Point	协同多点
CP	Control Plane	控制面
CP	Cyclic Prefix	循环前缀
C-Plane	Control Plane	控制面
CQI	Channel Quality Indicator	信道质量指示
CRC	Cyclic Redundancy Check	循环冗余校验
C-RNTI	Cell RNTI	小区 RNTI
CSFB	Circuit Switch FallBack	电路域回落
CSI	Channel State Information	信道状态信息
CT	Core Network and Terminal	核心网及终端
CW	Code Word	码字
DC	Direct Current	直流
DCI	Downlink Control Information	下行控制信息
DFT	Discrete Fourier Transform	离散傅里叶变换
DFT-S-OFDM	DFT-Spread OFDM	DFT 扩展 OFDM
DL	DownLink	下行
DL-SCH	Downlink Shared CHannel	下行共享信道
DM	Demodulation	解调
DNN	Deep Neural Network	深度神经网络
DRS	Discovery Reference Signal	发现参考信号
DRX	Discontinuous Reception	不连续接收
DTX	Discontinuous Transmission	不连续发送
EIRP	Equivalent Isotropic Radiated Power	有效全向辐射功率
eNodeB (eNB)	Evolved Node B	演进型节点 B
EPC	Evolved Packet Core network	演进型分组核心网
EPS	Evolved Packet System	演进型分组系统
ETSI	European Telecommunications Standards Institute	欧洲电信标准研究所
EUL	Enhanced Uplink	增强上行
E-UTRA	Evolved UTRA	演进型 UTRA
E-UTRAN	Evolved UTRAN	演进型 UTRAN
EVM	Error Vector Magnitude	差错矢量值
FDD	Frequency Division Duplex	频分双工
FDM	Frequency Division Multiplexing	频分复用
FDMA	Frequency Division Multiple Access	频分多址
FEC	Forward Error Correction	前向纠错编码
FER	Frame Error Rate	误帧率
FFT	Fast Fourier Transform	快速傅里叶变换
FH	Frequency Hopping	跳频
FL	Federated Learning	联邦学习

FTP	File Transfer Protocol	文件传送协议
GBR	Guaranteed Bit Rate	保证比特率
GEO	Geostationary Orbit	地球静止轨道卫星
gNodeB (gNB)	5G Node B	5G 节点 B
GNSS	Global Navigation Satellite System	全球导航卫星系统
GP	Guard Period	保护时隙
GPS	Global Positioning System	全球定位系统
GSM	Global System for Mobile communication	全球移动通信系统
GTP-U	GPRS Tunneling Protocol for User Plane	GPRS 用户平面隧道协议
HARQ	Hybrid Automatic Repeat-reQuest	混合自动重传请求
HSPA	High Speed Packet Access	高速分组接入
HSS	Home Subscriber Server	归属用户服务器
HTTP	Hyper Text Transfer Protocol	超文本传输协议
ID	Identifier	标识符
IEEE	Institute of Electrical and Electronics Engineers	电气和电子工程师学会
IMS	IP Multimedia Subsystem	IP 多媒体子系统
IMT-2020	International Mobile Telecommunications 2020	国际移动通信 2020
IMT-2030	International Mobile Telecommunications 2030	国际移动通信 2030
IP	Internet Protocol	因特网协议
IPv4	Internet Protocol Version 4	因特网协议第 4 版本
IPv6	Internet Protocol Version 6	因特网协议第 6 版本
IR	Incremental Redundancy	增量冗余
IRC	Interference Rejection Combining	干扰抑制合并
IRS	Intelligent Reflecting Surface	智能反射表面
ITU	International Telecommunication Union	国际电信联盟
ITU-R	ITU-Radio	国际电信联盟无线部门
L1	Layer 1	层 1
L2	Layer 2	层 2
L3	Layer 3	层 3
LA	Location Area	位置区
LAN	Local Area Network	局域网
LDPC	Low Density Parity Check	低密度奇偶校验（码）
LED	Light Emitting Diode	发光二极管
LEO	Low Earth Orbit	近地轨道卫星
LOS	Line-of-Sight	视距
LRI	Latin square and Rectangle structured Interleaver	拉丁正方与矩形结构交织器
LTE	Long Term Evolution	长期演进
MAC	Media Access Control	媒体接入控制
MBMS	Multimedia Broadcast and Multicast Service	多媒体广播和多播业务
MBR	Maximum Bit Rate	最大比特率
MCS	Modulation and Coding Scheme	调制编码方式
MEO	Medium Earth Orbit	中地球轨道卫星

MG	Measurement Gap	测量间隔
MIB	Master Information Block	主信息块
MIMO	Multiple Input Multiple Output	多入多出
ML	Machine Learning	机器学习
MME	Mobility Management Entity	移动性管理实体
MPR	Maximum Power Reduction	最大功率回退
MU-MIMO	Multiple User MIMO	多用户 MIMO
NACK	Negative Acknowledgement	否定确认
NAS	Non-Access Stratrum	非接入层
NB-IoT	Narrow-Band Internet of Things	窄带物联网
NDI	New Data Indicator	新数据指示符
NF	Network Function	网络功能
NFC	Near Field Communications	近场通信
NLOS	Non-Line-of-Sight	非视距
Node B	Node B	节点 B（UMTS 基站）
NTN	Non-Terrestrial Networks	非地面通信网络
OFDM	Orthogonal Frequency Division Multiplexing	正交频分复用
OFDMA	Orthogonal Frequency Division Multiple Access	正交频分多址
OQAM	Offset QAM	位移 QAM
OS	Orthogonal Sequence	正交序列
OTT	Over The Top	通过互联网提供的业务
PAPR	Peak-to-Average Power Ratio	峰平比
PBCH	Physical Broadcast CHannel	物理广播信道
PCC	Policy and Charging Control	策略与计费控制
PCFICH	Physical Control Format Indicator CHannel	物理控制格式指示信道
P-CSCF	Proxy Call Session Control Function	代理呼叫会话控制功能
PDCCH	Physical Downlink Control CHannel	物理下行控制信道
PDCP	Packet Data Convergence Protocol	分组数据汇聚协议
PDSCH	Physical Downlink Shared CHannel	物理下行共享信道
PDU	Packet Data Unit	分组数据单元
PHICH	Physical HARQ Indicator CHannel	物理 HARQ 指示信道
PHY	Physical layer	物理层
PLMN	Public Lands Mobile Network	公众陆地移动通信网
PMI	Precoding Matrix Indicator	预编码矩阵指示符
PRACH	Physical Random Access CHannel	物理随机接入信道
PRB	Physical Resource Block	物理资源块
PSAP	Public Safety Answering Point	公共安全应答点
PSD	Power Spectral Density	功率谱密度
PSK	Phase Shift Keying	相移键控
PSS	Primary Synchronization Signal	主同步信号
PTP	Point-To-Point	点到点
PUCCH	Physical Uplink Control CHannel	物理上行控制信道

PUSCH	Physical Uplink Shared CHannel	物理上行共享信道
QAM	Quadrature Amplitude Modulation	正交调幅
QoS	Quality of Service	服务质量
QPP	Quadratic Permutation Polynomial	二次置换多项式
QPSK	Quaternary Phase Shift Keying	四相移相键控
R15	Release15	第 15 版本
R16	Release16	第 16 版本
R17	Release 17	第 17 版本
R18	Release 18	第 18 版本
RACH	Random Access CHannel	随机接入信道
RAN	Radio Access Network	无线接入网
RA-RNTI	Random Access RNTI	随机接入 RNTI
RAT	Radio Access Technology	无线接入技术
RB	Resource Block	资源块
RB	Radio Bearer	无线承载
RE	Resource Element	资源粒子
REG	RE Group	RE 组
RF	Radio Frequency	射频
RFID	Radio Frequency Identity	射频标签
RI	Rank Indicator	秩指示
RIV	Resource Indicator Value	资源指示值
RLC	Radio Link Control	无线链路控制
RNTI	Radio Network Temporary Identifier	无线网络临时标识
ROHC	Robust Header Compression	可靠头压缩
RRC	Radio Resource Control	无线资源控制
RRM	Radio Resource Management	无线资源管理
RRU	Radio Remote Unit	无线远端单元
RS	Reference Signal	参考信号
RSRP	RS Received Power	RS 接收功率
RSRQ	RS Received Quality	RS 接收质量
RSSI	Received Signal Strength Indication	接收机信号强度指示
RV	Redundancy Version	冗余版本
Rx	Receive	接收
SA	Services and System Aspects	业务与系统方面
SC-FDMA	Single Carrier FDMA	单载波 FDMA
SCTP	Streaming Control Transport Protocol	流控制传输协议
SDF	Service Data Flow	业务数据流
SDM	Space Division Multiplexing	空分复用
SDMA	Space Division Multiple Access	空分多址
SDU	Service Data Unit	业务数据单元
SFBC	Space Frequency Block Code	空频块码
SFN	System Frame Number	系统帧号

SI	System Information	系统信息
SIB	System Information Block	系统信息块
SID	Silence Descriptor	静寂描述
SIM	GSM Subscriber Identity Module	GSM 用户识别模块
SINR	Signal to Interference plus Noise Ratio	信干噪比
SIP	Session Initiated Protocol	会话初始化协议
SMF	Session Management Function	会话管理功能
SN	Secondary Node	辅节点
SNR	Signal to Noise Ratio	信噪比
SON	Self-Organizing Network	自组织网络
SR	Scheduling Request	调度请求
SRS	Sounding Reference Signal	信道探测参考信号
SRVCC	Single Radio Voice Call Contibuity	单无线语音连续性
SSC	Session and Service Continuity	会话与服务连续性
SSS	Secondary Synchronization Signal	辅同步信号
SU-MIMO	Single User MIMO	单用户 MIMO
SVD	Singular Value Decomposition	奇异值分解
SvLTE	Simultaneous Voice and LTE	双待手机
TA	Timing Advance	时间提前量
TA	Tracking Area	跟踪区域
TAC	Tracking Area Code	跟踪区域码
TAI	Tracking Area Indicator	跟踪区域标识
TB	Transport Block	传输块
TBS	Transport Block Size	传输块大小
TCP/ IP	Transport Control Protocol/ Internet Protocol	传送控制协议 / 因特网协议
TDD	Time Division Duplex	时分双工
TDM	Time Division Multiplexing	时分复用
TDMA	Time Division Multiple Access	时分多址
TD-SCDMA	Time Division Synchronous CDMA	时分同步码分多址
TFI	Transport Format Indicator	传输格式指示符
THz	Terahertz	太赫兹
TM	Transparent Mode	透明模式
TPC	Transmit Power Control	发送功率控制
TR	Technical Report	技术报告
TS	Technical Specification	技术规范
TTI	Transmission Time Interval	发送时间间隔
Tx	Transmisson	发送
UCI	Uplink Control Information	上行控制信息
UE	User Equipment	用户设备
UL	Uplink	上行
UL-SCH	Uplink Shared CHannel	上行共享信道
UM	Un-acknowledgement Mode	非确认模式
UMTS	Universal Mobile Telecommunications System	通用移动通信系统

UP	User Plane	用户面
VLC	Visible Light Communications	可见光通信
VoIP	Voice over IP	IP 话音
VoLTE	Voice over LTE	基于 LTE 接入技术的语音
VoNR	Voice over NR	基于 NR 接入技术的语音
VSF-OFDM	Variable Spread Factor OFDM	可变扩频系数 OFDM
WCDMA	Wideband CDMA	宽带 CDMA
WG	Working Group	工作组
WI	Work Item	工作阶段
Wi-Fi	Wireless Fidelity	无线高保真
WiMAX	World interoperability for Microwave Access	全球微波接入互操作
WLAN	Wireless Local Area Network	无线局域网